Mathematik
für alle

Lancelot Hogben

Mathematik für alle

Einführung
in die Wissenschaft
der Zahlen und Figuren

Neu überarbeitete Ausgabe

Lizenzausgabe für
Manfred Pawlak Verlagsgesellschaft mbH, Herrsching
© 1985 by Verlag Kiepenheuer + Witsch, Köln
Alle Rechte vorbehalten
Titel der Originalausgabe:
MATHEMATICS FOR THE MILLION
Deutsch von Hildgard Pleus
Umschlaggestaltung: Bine Cordes, Weyarn
Der Inhalt dieses Buches wurde sorgfältig geprüft,
dennoch kann eine Garantie nicht übernommen werden.
Eine Haftung des Verlages bzw. der Übersetzerin
und deren Beauftragten für Personen-, Sach- und
Vermögensschäden ist ausgeschlossen.
ISBN: 3-88199-208-1

Inhalt

Prolog:	Achilles und die Schildkröte	7
Kapitel I:	Mathematik in vorgeschichtlicher Zeit	29
Kapitel II:	Die Grammatik der Größe, der Ordnung und der Form	67
Kapitel III:	Euklid als Sprungbrett	101
Kapitel IV:	Arithmetik im Altertum	142
Kapitel V:	Aufstieg und Verfall der alexandrinischen Kultur	169
Kapitel VI:	Morgenröte des »Nichts«	204
Kapitel VII:	Mathematik für Seefahrer	251
Kapitel VIII:	Die Geometrie der Bewegung	300
Kapitel IX:	Logarithmen und Reihen	354
Kapitel X:	Der Calculus bei Newton und Leibniz	398
Kapitel XI:	Algebra des Schachbrettes	463
Kapitel XII:	Wahrscheinlichkeitsrechnung	486

Übungen zu den Kapiteln	537
Lösungen zu gestellten Aufgaben	599
Tafeln	607
Personen- und Sachregister	627

PROLOG

Achilles und die Schildkröte

Von dem Enzyklopädisten und Materialisten Diderot, einer führenden Persönlichkeit jener Zeit geistigen Erwachens, die der Französischen Revolution unmittelbar vorausging, erzählt man folgende Geschichte: Diderot weilte am russischen Hof, wo er den Adel mit geistreichen Gesprächen unterhielt. Da die Zarin jedoch fürchtete, dadurch könne der Glaube ihrer Gefolgsleute leiden, beauftragte sie Euler, den bedeutendsten Mathematiker der Zeit, mit Diderot öffentlich zu diskutieren. Man teilte Diderot mit, ein Mathematiker, dessen Name ihm verschwiegen wurde, habe einen gültigen Beweis für die Existenz Gottes, und befahl ihm, an den Hof zu kommen. Vor versammeltem Hof begrüßte ihn Euler tieferst mit den Worten: »$\frac{a + b^n}{n} = x$, donc Dieu existe, répondez!« Algebra war für Diderot Arabisch; er verstand gar nicht, worum es sich handelte. Hätte er geahnt, daß es eine Sprache ist, in der die Dinge der *Größe* nach beschrieben werden, hätte er wohl Euler gebeten, auch die erste Hälfte des Satzes ins Französische zu übersetzen. Auf Deutsch würde der Satz so heißen: »Man kann eine Zahl x erhalten, indem man eine gewisse Anzahl gleicher Zahlen b miteinander multipliziert, das Ergebnis zu einer Zahl a addiert und das Ganze durch die Anzahl der b dividiert. Also existiert Gott. Was haben Sie dagegen einzuwenden?« Hätte Diderot Euler gebeten, den ersten Teil zu kommentieren, hätte dieser wohl geantwortet, daß x den Wert 3 hat, wenn man a = 1, b = 2 und n = 3 setzt, daß x den Wert 21 annimmt, wenn a = 3, b = 3, n = 4 ist, usw. Euler wäre in Verlegenheit geraten, wenn etwa der Hof gefragt hätte, wie denn der zweite Teil des Satzes aus dem ersten folge. Es kam nicht dazu: Diderot wurde von Lampenfieber erfaßt angesichts einer Aussage in der Größensprache. Unter allgemeinem Gelächter verließ er abrupt den Hof, schloß sich in seinem Zimmer ein, bat um sicheres Geleit und kehrte schleunigst nach Frankreich zurück.

Zur Zeit Diderots konnte man noch sagen, daß Leben und Glück des Individuums von seiner religiösen Überzeugung abhingen. Heute sind wir in dieser Hinsicht – mehr als viele von uns wahrhaben wollen – von der richtigen Auslegung öffentlicher Regierungsstatistiken abhängig. Atomkraft beruht auf Berechnungen, die uns entweder vernichten oder weltweite Freiheit von Hunger und Not garantieren. Die kostspielige Eroberung des Weltraums erfordert gewaltiges mathematisches Können. Ohne ein Mindestmaß von Mathematik fehlt uns einfach die Sprache, in der wir uns über die Kräfte, die wohl die Zukunft der Menschheit bedeuten (wenn es eine solche überhaupt gibt), vernünftig unterhalten können.

Wir leben in einer Welt von Zahlen: Kochrezepte, Fahrpläne, Arbeitslosenquoten, Geldbußen, Steuern, Kriegsschulden, Überstundentabellen, zulässige Höchstgeschwindigkeiten, Wettquoten, Kalorien, Säuglingsgewichte, klinische Temperaturen, Niederschlagsmenge, Sonnenscheindauer, Motorrekorde, Stromverbrauch, Bankdiskont, Frachtsätze, Sterblichkeitsraten, Rabatt, Zins, Lotterien, Wellenlängen, Gummireifendruck. Jede Nacht kontrolliert der moderne Mensch beim Aufziehen seiner Uhr ein wissenschaftliches Instrument von einer Präszision und Feinheit, welche die geschicktesten Handwerker im alten Alexandrien nicht einmal ahnen konnten. So vieles ist alltäglich geworden. Aber unserer Beobachtung entgeht, daß wir Kunstgriffe gelernt haben, die den gescheitesten Mathematikern des Altertums unüberwindliche Schwierigkeiten bereiteten. Verhältnisse, Grenzwerte, Beschleunigung sind uns keine fernliegenden, den einsamen Genies vorbehaltenen Abstraktionen; sie erscheinen vielmehr wie fotografische Abbildungen auf jeder Seite unserer Existenz.

Im Verlauf des Abenteuers, dem wir entgegengehen, werden wir immer wieder finden, daß es für uns nicht schwierig ist, Fragen zu beantworten, mit denen sich die größten Mathematiker des Altertums herumgequält haben. Das ist nicht deshalb so, weil wir, du und ich, besonders gescheit wären, sondern weil wir eine soziale Kultur ererbt haben, die den Einbruch fremder materieller Kräfte in das geistige Leben der Antike erfahren hat. Der glänzendste Intellekt bleibt Gefangener seines eigenen gesellschaftlichen Erbgutes. Eine Illustration mag helfen, das klarzumachen. Der eleatische Philosoph Zenon gab all seinen Zeitgenossen eine Reihe von Rätseln auf, von denen das am meisten zitierte das Paradoxon von Achilles und der Schildkröte ist. Achilles macht einen Wettlauf mit der Schildkröte. Er läuft zehnmal so schnell wie sie. Die Schildkröte hat 100 m Vorsprung. Nun, sagt Zenon, läuft Achilles 100 m und erreicht den Startplatz der Schildkröte. Unterdessen hat sich die Schildkröte um ein Zehntel des Weges von Achilles fortbewegt und ist jetzt 10 m vor ihm. Achilles durchläuft diese zehn Meter. Inzwischen ist die Schildkröte um 1

Meter vorgerückt. Achilles rennt diesen Meter. Die Schildkröte hat dann einen Vorsprung von $\frac{1}{10}$ Meter vor Achilles. Durchläuft er diese Strecke, so beträgt der Vorsprung der Schildkröte nur noch $\frac{1}{100}$ Meter, weiterhin $\frac{1}{1000}$ Meter... So, schließt Zenon, kommt Achilles der Schildkröte immer näher, ohne sie je ganz einholen zu können.

Man braucht nicht zu glauben, Zenon und alle Gelehrten, die dieses Thema erörterten, hätten nicht gewußt, das Achilles in Wirklichkeit die Schildkröte überholt. Was ihnen problematisch war: *Wo* holt er sie ein? Wahrscheinlich stellen wir uns die gleiche Frage, aber aus einem ganz anderen Grunde. Wir wundern uns, warum solche lächerlichen Probleme überhaupt ausgedacht wurden. Was uns daran aufregt, ist ein *historisches* Problem. *Mathematische* Schwierigkeiten bereitet es uns nicht. Wir wissen, wie man es in die Größensprache übersetzen kann, weil unser kulturelles Erbe von der Kultur der Alten durch den Zusammenbruch zweier großer Zivilisationen und durch zwei soziale Revolutionen getrennt ist. Die Schwierigkeit der Alten war nicht *historischer,* sie war *mathematischer* Art. Sie besaßen keine Größensprache, in die sie das Problem entsprechend übertragen konnten.

Die Griechen kannten weder zulässige Höchstgeschwindigkeiten noch Höchstgewichte für Handgepäck. Ein Problem, das eine Division erforderte, war für sie viel schwerer zu lösen als eines, das zu einer Multiplikation führte. Sie konnten keine absolut genaue Division durchführen, weil sie sich auf die mechanische Hilfe des Abakus, des Rechenbrettes (Fig. 6/7) verließen. Sie konnten keine schriftliche Addition durchführen. So konnte der griechische Mathematiker vieles nicht erkennen, worüber wir uns den Kopf nicht zu zerbrechen brauchen, ob wir es mit den Sinnen erfassen oder nicht.

Wenn wir fortwährend immer größere Mengen eines beliebigen Materials zu einer Säule aufschichten, so wächst diese immer rascher, und zwar ins Endlose. Da beim endlosen Addieren stets wachsender Zahlen kein endliches Resultat zu erreichen ist, mochte es Zenons Zeitgenossen scheinen, daß man beim endlosen Addieren immer kleinerer Größen ebenfalls keine Grenze erreichte. Sie glaubten vielmehr, daß die Säule in beiden Fällen ins Unendliche wächst, im ersten Falle schneller, im zweiten langsamer. Nichts in ihrer Zahlensprache deutet darauf hin, daß eine Maschine stillsteht, wenn sie ihre Bewegung über einen gewissen Punkt hinaus verlangsamt.

Weder die griechische Geometrie noch die griechische Zahlen-

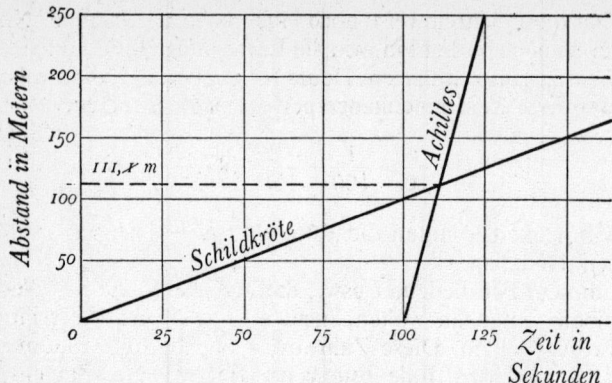

Fig. 1 Der Wettlauf von Achilles und der Schildkröte

sprache konnte »die Schildkröte des Zenon einholen«. Der Grund liegt darin, daß die griechische Geometrie den *Raum* von den Tempelarchitekten und den Steuerbeamten borgte und die *Zeit* den Priestern überließ, welch die Kalender machten.

Zur Klärung wollen wir zunächst die Entfernungen, die die Schildkröte in den verschiedenen Phasen des Wettlaufs zurücklegt, in Zahlen wiedergeben:

$$10 \text{ m in Phase 1,}$$
$$1 \text{ m in Phase 2,}$$
$$\tfrac{1}{10} \text{ m in Phase 3,}$$
$$\tfrac{1}{100} \text{ m in Phase 4, usw.}$$

Angenommen, wir würden wie die Griechen, Römer und Hebräer Buchstaben des Alphabets zur Kennzeichnung von Zahlen benutzen, Buchstaben, wie sie heute noch für Uhren, Friedhöfe und Gerichtshöfe im Gebrauch sind. Dann kann man die Summe aller Strecken, die die Schildkröte durchlaufen mußte, bis sie von Achilles erwischt wurde, etwa so schreiben:

$$x + 1 + \frac{1}{x} + \frac{1}{c} + \frac{1}{m} \text{ usw.}$$

Usw. steht deshalb da, weil die alten Völker vor großen Schwierigkeiten standen, wenn sie mit Zahlen zu tun hatten, die größer als einige tausend waren. Aber abgesehen davon, daß wir den Rest der Reihe der Phantasie des Lesers überlassen (man vergesse nicht, daß ein unendlich langer Schwanz das Längste an einem Tier ist), hat diese Schreibweise noch einen anderen Nachteil. Nichts deutet nämlich darauf hin, wie die Entfernungen jeder Phase des Rennens zusammenhängen. Heute haben wir ein Zahlenvokabular, das diese Zusammenhänge perfekt sichtbar macht:

$$10 + 1 + \frac{1}{10} + \frac{1}{100} + \frac{1}{1000} + \frac{1}{10000} \text{ usw.}$$

In Wirklichkeit konnten die Römer Brüche noch gar nicht so einfach darstellen.

In diesem Fall bedeutet usw., daß wir der Mühe des Weiterschreibens entgehen wollen, nicht aber, daß uns die richtigen Zahlwörter fehlen. Diese Zahlwörter sind bei den Indern entlehnt, die nach dem Tode Zenons und Euklids eine »Zahlensprache« entwickelten. Eine soziale Revolution, die protestantische Reformation, gab uns Schulen, die diese Zahlensprache zum gemeinsamen Gut der Menschheit werden ließen. Eine zweite soziale Umwälzung, die Französische Revolution, brachte uns eine neue »Rechtschreibung«. Dank den Erziehungsgesetzen des 19. Jahrhunderts ist diese Reformschreibung heute ein Teil des gemeinsamen Wissensgutes, an dem nahezu jedes normale Individuum der zivilisierten Welt teil hat. Wir wollen die letzte Summe in dieser Reformschrift, die wir das Dezimalsystem nennen, schreiben:

$$10 + 1 + 0{,}1 + 0{,}01 + 0{,}001 + 0{,}0001 \text{ usw.}$$

Damit soll an die kürzere Form erinnert werden:

$11{,}11111$ usw., oder noch besser: $11{,}\dot{1}$.

Der Bruch $0{,}\dot{1}$ stellt eine Größe dar, die kleiner als $\frac{2}{10}$ und größer als $\frac{1}{10}$ ist. Aus der Schularithmetik weiß man, daß $0{,}\dot{1}$ dem Bruch $\frac{1}{9}$ entspricht; das heißt, daß die Summe der Reihe $0{,}1 + 0{,}01 + 0{,}001 + \ldots$ um so näher an den Wert $\frac{1}{9}$ herankommt, je länger wir sie machen, und daß dieser Wert nie größer als $\frac{1}{9}$ wird. Demnach ist der Weg, den die Schildkröte zurücklegt, bis zwischen ihr und Achilles kein Abstand mehr ist, genau $11\frac{1}{9}$ m lang, nicht mehr und nicht weniger.

Die ungeheure Schwierigkeit, die sich den Mathematikern des Altertums entgegenstellte, sobald sie mit einem Teilungsprozeß zu tun hatten, der unendlich viele Schritte erforderte, oder mit dem, was moderne Mathematiker unendliche Reihen, Grenzwerte, transzendente Zahlen, irrationale Größen usw. nennen, ist beispielhaft für eine große soziale Erkenntnis: Fruchtbare geistige Betätigung auch der intelligentesten Menschen schöpft ihre Stärke aus dem gemeinsamen Wissensgut, das wir alle teilen. Über einen gewissen Punkt hinaus kann sogar das Genie niemals die Grenzen der ererbten sozialen Kultur überschreiten. Wenn einer, der sich klug nennt, auf seine völlige Isolierung stolz ist, mag man mit Recht bezweifeln, ob er wirklich klug ist. Stolz zu sein auf die geistige Isolation vom Gemeinschaftsleben der Menschheit, ist genau so dumm wie verwerflich. Es ist das Ende des Fortschritts der Wissenschaft. Der Mathematiker und der einfache Mann brauchen einander.

In einer Zeit wie der unseren können wir auf die Mathematik jene Worte beziehen, mit denen Cobbet den Nutzen der Grammatik für die arbeitenden Menschen seiner Zeit beschrieb, als es noch keine öffentlichen Schulen gab. Im ersten seiner Briefe an einen Arbeiterjungen heißt es: »Aber für das Erlernen dieses Wissenszweiges gibt es, mein lieber Sohn, einen Beweggrund, der zu allen Zeiten stark empfunden wurde und der in der heutigen Zeit in ganz besonderem Grade empfunden werden müßte. Ich meine jenes Streben, welches jeder Mensch, und besonders jeder junge Mensch pflegen sollte, um die Rechte und die Freiheiten seines Landes erfolgreich behaupten zu können. Wenn Du dazu kommst, die Geschichte jener Gesetze von England zu lesen, welche die Freiheit des Volkes gesichert haben, dann wirst Du finden, daß die Tyrannei keinen schrecklicheren Feind hat als die Feder. Frohlockend wirst Du erfahren, wie der lange eingekerkerte, schwerbestrafte, verbannte William Prynne in die Freiheit zurückkehrt, wie er die Tyrannen, unter denen er und sein Land ungerecht und grausam litten, anklagt, sie vor Gericht zieht und zum Richtklotz bringt; und während sich Dein Herz wie das jedes jungen Mannes im Königreich bei diesem Anblick mit Freude füllt, solltest Du stets daran denken, daß Herr Prynne ohne die Kenntnis der Grammatik keine jener Taten hätte vollbringen können, die seinem Namen Dauer und Ehre verliehen.«

Ein Blick auf das griechische Paradoxon von Achilles und der Schildkröte zeigt uns die eine Art von Therapie für Leute, denen die Angst vor mathematischen Formeln angeboren ist. Cobbets Worte weisen auf eine andere hin. Wir können uns die Sache leichter machen, wenn wir Mathematik nicht so sehr als die Tat eines genialen Geistes sehen, sondern als simple Übung in der Grammatik einer Fremdsprache. Wahrscheinlich ist der erste Zugang für uns schwierig. Die früheste mathematische Abhandlung des Euklid von Alexandrien (um 300 v. Chr.) wirft immer noch ihren Schatten auf den heutigen Mathematikunterricht. Sie übermittelte der Nachwelt eine Mystik, die wir weitgehend dem Philosophen Plato (380 v. Chr.) verdanken. Die Gebildeten der griechischen Stadtstaaten spielten mit der Geometrie, wie wir heute mit Kreuzworträtseln und Schach spielen.

Plato lehrte, Geometrie sei die beste Übung, der man Mußestunden weihen könne. Darum wurde sie ein Teil der klassischen Schuldbildung im abendländischen Erziehungssystem, ohne daß man ihre Beziehung zu der aktuellen Aufgabe, der Messung der von Drake »umsegelten Welt«, erkannt hätte. Wer Geometrie lehrte, hatte ihren praktischen Wert nicht begriffen; Generationen von Schülern haben sie studiert, ohne zu erfahren, wie eine spätere alexandrinische Geometrie, aus der Lehre Euklids weiterentwikkelt, es möglich machte, die Größe der Erde auszumessen. Diese Messungen sprengten das Pantheon der Sterngötter und schufen den Weg zu großen Seefahrten. Was wir den Glauben des Kolumbus nennen, ist nichts als die Enthüllung, wieviel von der Oberfläche der Erde noch zu entdecken sei.

Mathematik als geheimnisvolles Ritual, zu dem Plato sie erhob, entstammt dunklem, verwirrendem Aberglauben, der Menschen in den Kinderjahren der Zivilisation verzauberte, als nicht einmal die Gelehrten den klaren Unterschied zwischen zwei Aussagen – etwa: 13 ist eine Primzahl und 13 ist eine Unglückszahl – erkennen konnten. Platos Einfluß auf die Erziehung legte einen Schleier des Geheimnisses über die Mathematik und half mit, das sonderbare Freimaurertum der Pythagoräer zu erhalten, deren Mitglieder für den Verrat mathematischer Geheimnisse – die heute in Schulbüchern gedruckt sind – mit dem Tode bestraft wurden. Es gereicht keinem zur Unehre, wenn dieser geheimnisvolle Schleier das Fach abstoßend macht. Platos Größe liegt darin, daß er eine Religion schuf, die dem Gefühl derer entsprach, die nicht in Harmonie mit ihrer gesellschaftlichen Umgebung lebten, aber zu intellektuell oder zu individualistisch waren, Heiligtümer in den rohen Formen des Animalismus zu erblicken.

Die Neugier des Menschen entdeckte die Eigenschaften des Magnetsteins, beobachtete die Wirkung geriebenen Bernsteins, sezierte Tiere, katalogisierte Pflanzen drei Jahrhunderte bevor Aristoteles den Grabgesang auf die griechische Wissenschaft anstimmte. Plato verdrängte den Animalismus aus der experimentellen Reichweite, indem er eine Welt von »Universalien« erfand. Diese Welt der Universalien war die Welt, wie sie nur Gott kennt, die »wirkliche« Welt, von der die unsere nur ein Schatten ist. In dieser »wirklichen« Welt sind die Symbole für Sprache und Zahl mit dem Zauber ausgestattet, der die Körper der Tiere und die Baumstümpfe verläßt, sobald sie verletzt oder beschrieben werden. Sein *Timaeus* ist eine faszinierende Anthologie seltsamer Ungereimtheiten, in die solche Zauberei des Symbolismus ausarten konnte. Wirkliche Erde – im Gegensatz zu der, auf der wir unsere Häuser bauen – ist ein gleichseitiges Dreieck. Wirkliches Wasser – im Gegensatz zu dem, was manchmal als Getränk angesehen wird – ist ein rechtwinkliges Dreieck. Wirkliches Feuer – im Gegensatz zu dem Feuer, gegen das man sich versichert – ist ein gleichschenkliges Dreieck. Wirkliche Luft – im Gegensatz zu der, die wir atmen – ist ein ungleichseitiges Dreieck.

Wer das nur schwer glauben kann, lese nach, wie Plato die Geometrie der Kugel in eine magische Erklärung vom Ursprung des Menschen verwandelt hat. »Gott hat«, sagt er, »in Nachahmung der Kugelgestalt des Universums die beiden göttlichen

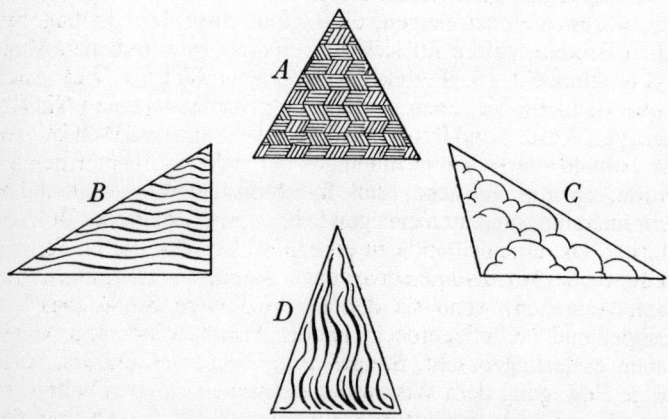

Fig. 2 Plato nahm das Messen aus der Geometrie heraus und führte an dessen Stelle die Zauberei ein. Die »wirkliche« Welt Platos war eine Formwelt, aus der die Materie verbannt wurde.
a) Ein gleichseitiges Dreieck ist die elementare Erdform.
b) Ein rechtwinkliges Dreieck ist der Geist des Wassers (Geist im Wasser zu finden, ist äußerste Magie).
c) Ein ungleichseitiges Dreieck ist der Geist der Luft.
d) Ein gleichschenkliges Dreieck ist das elementare Feuer.

Ideen in einen kugelförmigen Körper eingeschlossen, nämlich den Kopf. Damit nun der Kopf nicht durch Höhen und Tiefen der Erde geschleift werde, gab er ihm einen Körper als Traggestell und Mittel der Bewegung, der natürlich Längenausdehnung haben mußte und mit vier biegsamen Gliedmaßen ausgestattet war.«

Der reine Denker, den praktische Probleme nicht interessieren, freut sich der Vormachtstellung des Kopfes. Daher erklärt sich, wie lange und wie stark die Metaphysik Platos die Erziehung beeinflußte, nachdem sein kühner Entwurf einer Gesellschaftsordnung als Lehrstoff für die Jugend abgelehnt worden war. Ein Erziehungssystem, das sich auf seine Lehre gründet, wird den Mathematikunterricht immer denen anvertrauen, die den Geist über den Magen stellen und zwischen Höhen und Tiefen der Welt schwanken würden, sollten sie gezwungen sein, praktische Dinge zu vermitteln. Menschen mit gesundem Menschenverstand, denen Symbole nur Werkzeuge ihrer Welterfahrung bedeuten, werden davon abgestoßen; andere benutzen Symbole als »wirkliche« Welt selbstverständlicher Wahrheit, um dem Schatten dieser Erde zu entfliehen.

Mathematiker gleichen oft diesen letzteren und das mag erklären, warum sie dazu neigen, die Geheimnisse ihrer Pythagoräischen Bruderschaften für sich zu behalten; gewöhnlichen Menschen schmeckt die Perfektion ihrer »wirklichen« Welt nach Unwirklichkeit. Sie leben in einer Welt von Kampf und Niederlage, von Prüfung und Irrtum. In der mathematischen Welt ist alles klar, sobald man sich in sie hineingelebt hat. Was uns kaum gelehrt wurde, ist die Tatsache, daß die Menschheit tausend Jahre gebraucht hat, um einen einzigen Schritt mathematischer Beweisführung als »einleuchtend« zu erkennen. Der Priester im Tempel weiß, wie der Nilstandmesser arbeitet. Alle anderen können es nur dann verstehen, wenn sie den unterirdischen Kanal zwischen Tempel und Nilfluß entdeckt haben. Priesterschaft und Magie haben es fertiggebracht, Steigen und Fallen des Flusses, seine ewige Bewegung dem Wissen der Menschen vorzuenthalten; so blieb die vielleicht großartigste Heldengeschichte vom Kampf des Menschen mit den Elementen unbekannt.

Plato, in dessen Denkmodellen so viele europäische Lehrer aufgewachsen sind, wollte keine Beobachtungen machen und mathematische Formeln zu ihrer Koordination benutzen. In einem seiner Dialoge läßt er seinen Lehrer Sokrates Worte sagen, die heute noch für manche im Gebrauch befindliche Lehrbücher der Mechanik Gültigkeit zu haben scheinen: »Der Sternenhimmel,

Fig. 3 Mathematik im Alltagsleben

den wir erblicken, ist vor einem sichtbaren Hintergrund aufgerollt, und deshalb muß er, obwohl wir in ihm das Schönste und Vollkommenste im Bereich des Sichtbaren erschauen, notwendig geringer erscheinen als die absolute Geschwindigkeit oder der absolute Geist... Diese sind mit der Vernunft und dem Geist, nicht aber mit dem Auge zu erfassen... Der geschmückte Himmel sollte als Modell im Hinblick auf höheres Wissen dienen. Aber die Astronomen werden niemals einsehen, daß die Verhältnisse der Nacht zum Tag... oder der Sterne zu diesen und untereinander ewig sein können... und es ist gleicherweise absurd, *so viel Mühe für die Erforschung ihrer genauen Wahrheit aufzuwenden... In der Astronomie wie in der Geometrie sollten wir Probleme stellen und den Himmel sich selbst überlassen,* wenn wir uns dem Gegenstand in richtiger Weise nähern und uns so die natürliche Gabe der Vernunft irgendwie zunutze machen wollen.«

Dieses Buch will erzählen, wie sich die Grammatik des Messens und Zählens unter dem Druck der Wandlung menschlicher, gesellschaftlicher Bedingungen entwickelt hat, wie sie in aufeinan-

---

Diese Abbildung ist aus Agricolas berühmter Abhandlung (sechzehntes Jahrhundert) über Bergwerkskunde entnommen. Damals waren die Bergleute die Aristokraten unter den Arbeitern. Diese Schrift machte auf eine Menge neuer wissenschaftlicher Probleme aufmerksam, die die Sklavenkulturen der Antike vernachlässigt hatten; bestand doch dazumal geringer Zusammenhang zwischen theoretischer Forschung und Erfahrungspraxis. Nachdem man die Länge des gestreckten Seiles *HG* gemessen hat, kann man die horizontale Bohrlänge zur Erreichung des Schachtes ermitteln. Man kann auch rechnerisch feststellen, wie tief der Schacht gesenkt werden muß, bis er den horizontalen Stollen erreicht. Der Leser wird mit Hilfe einer Maßstabzeichnung leicht erkennen, daß das Verhältnis der horizontalen Bohrlänge zur gemessenen Distanz *HG* gleich dem Verhältnis der beiden Strecken *N* und *M* ist. Ebenso ist das Verhältnis der Schachttiefe zu *HG* gleich *O:M*. Nach Kenntnisnahme der Demonstration 2 wird der Leser das leichter einsehen. Die Stecke *N* wird durch die Länge eines Seilstückes wiedergegeben, das durch eine Nivellierwaage horizontal gehalten wird. Dabei bildet es rechte Winkel mit jedem der beiden Bleilote. Wenn der Leser das Kapitel V durchgenommen haben wird, wird er einsehen, daß ein Bleilot und die Nivellierwaage nicht notwendig sind, sofern man im Besitze eines Winkelmessers ist, um den Winkel an der Spitze messen zu können, und eine Sinus- oder Cosinustafel hat.

derfolgenden Phasen, durch Schranken der Tradition gezügelt, angewandt wurde, ein Universum auszuloten, das nur beherrscht werden kann, wenn man seine Gesetze befolgt, aber niemals durch Zeremoniell und Opfer zu erobern ist. Die Geschichte zeigt, daß Schwierigkeiten sich selbst aus dem Weg räumen. Der Mathematiker ist im wesentlichen Techniker; daher sind Mathematikbücher weitgehend vollgestopft mit praktischen Übungen für Techniker. Das aber ist entmutigend wegen der Weite des Gebietes, das wir zu durchwandern haben, bevor wir einen Einblick in die Art Mathematik erhalten können, die in der modernen Wissenschaft und Statistik anwendbar ist. Moderne Mathematik entlehnt nicht viel aus der Antike. Natürlich beruht jede Entwicklung auf historischen Fundamenten der frühen Anfänge. Zugleich aber entledigt sich jede neue Entwicklungsstufe der plumperen Werkzeuge, die vorausgingen. Algebra, Trigonometrie, graphische Verfahren, Infinitesimalrechnung, sie alle sind zwar von den Regeln der griechischen Geometrie abhängig, aber weniger als ein Dutzend der 200 Lehrsätze in Euklids Elementen ist brauchbar für das Verständnis ihrer Anwendung. Alle übrigen sind komplizierte Lösungswege, die eine weitere Entwicklung vereinfacht hat. Dem mathematischen Techniker bieten diese Verwicklungen eine nützliche Übung. Ein Mensch, der sich über die Stellung der Mathematik innerhalb der modernen Kultur zu orientieren wünscht, wird durch sie verwirrt und entmutigt. Die folgenden Abschnitte sind für alle jene bestimmt, die das einst Erlernte schon vergessen haben oder – den Sinn und die Nützlichkeit dessen, was sie im Kopf behalten, nicht einzusehen vermögen. Deshalb wollen wir ganz von vorne beginnen.

Zwei Ansichten werden üblicherweise über die Mathematik geäußert. Die eine stammt von Plato. Nach dieser stellen mathematische Sätze ewige Wahrheiten dar. Platos Lehre wurde vom deutschen Philosophen Kant als Waffe gegen die Materialisten seiner Zeit gebraucht, gegen revolutionäre Schriften, wie die von Diderot. Kant glaubte, die Prinzipien der Geometrie seien unabänderlich und vollständig unabhängig von unseren Sinnesorganen. Kant schrieb das, unmittelbar bevor die Biologen entdeckten, daß wir ein dem Gravitationseinfluß unterworfenes Sinnesorgan besitzen, das einen Teil des inneren Ohres bildet. Seit dieser Entdeckung, deren Bedeutung erst vom deutschen Physiker Ernst Mach voll erkannt wurde, ist die Geometrie, die Kant kannte, durch Einstein der Erde zurückgegeben worden. Sie wohnt nicht mehr im Himmel, wohin sie von Plato versetzt wurde. Wir wissen, daß geometrische Wahrheiten, angewandt auf die wirkliche Welt, nur angenäherte Wahrheiten sind. Die Relativitätstheorie hat die Mathematiker beunruhigt, und jetzt hat sich die Mode herausgebildet, zu sagen, Mathematik sei bloß ein Spiel. Natürlich sagt das nichts aus über Mathematik. Es sagt lediglich etwas über die kulturellen Beschränktheiten einiger Mathematiker aus. Wenn ein Mensch sagt, Mathematik sei ein Spiel, so hat er eine subjektive Meinung ausgesprochen. Er sagt etwas über sich selbst aus, über seine eigene Einstellung zur Mathematik. Er teilt uns nicht mit, was eine mathematische Formulierung für die Öffentlichkeit bedeutet.

Ist die Mathematik ein Spiel, dann ist nicht einzusehen, warum Leute damit spielen sollten, die keine Lust dazu haben. Wie der Fußball gehörte sie dann zu jenen Vergnügungen, ohne die das Leben zu ertragen wäre. Wir werden darlegen, daß die Mathematik eine Größensprache ist und daß es wesentlich zur Ausrüstung eines intelligenten Zeitgenossen gehört, diese Sprache zu verstehen. Wenn die Regeln der Mathematik Grammatikregeln sind, dann bedeutet es nicht Dummheit, die Offensichtlichkeit einer Wahrheit nicht einzusehen. Die Regeln der gewöhnlichsten Grammatik sind nicht einleuchtend. Sie müssen erlernt werden. Sie sind keine ewigen Wahrheiten. Sie stellen Erleichterung dar, ohne deren Hilfe Wahrheiten über die Eigenschaften von Dingen nicht von Mund zu Mund weitergegeben werden könnten. Nach Cobbetts denkwürdigen Worten wäre Herr Prynne nicht imstande gewesen, den Erzbischof Laud anzuklagen, wenn er nicht genügend Grammatik beherrscht hätte, um sich verständlich zu machen. Genauso ist es mit der Mathematik, der Grammatik der Größe. Die Regeln der Mathematik müssen erlernt werden. Wenn man sie schrecklich findet, dann nur deshalb, weil ihr erster Anblick ungewohnt ist, ähnlich wie das Gerundium und der Nominativus absolutus. Sie sind auch schrecklich, weil es in allen Sprachen so viele Regeln und Wörter auswendig zu lernen gibt, bevor man Zeitungen lesen oder Radionachrichten fremder Stationen anhören kann. Jedermann weiß, daß die Fähigkeit, in mehreren fremden Sprachen zu reden, noch kein Zeichen für große Intelligenz in sozialen Dingen ist; dasselbe gilt in der Größensprache. Wahre Intelligenz in sozialen Dingen liegt im Gebrauch einer Sprache, in der Anwendung der richtigen Worte im richtigen Zusammenhang. Es ist wichtig, die Größensprache zu sprechen; vertraute man die Gesetze der menschlichen Gesellschaft, der sozialen Statistik, der Bevölkerung, der menschlichen

Vererbung, der Handelsbilanz einem verspielten Mathematiker an, ohne seine Schlußfolgerungen zu kontrollieren, so wäre das so ähnlich, als wollte man einen Ausschuß von Philologen auf Grund ihrer eigenen Phantasie Erkenntnisse über die menschliche, tierische und pflanzliche Anatomie sammeln lassen.

Man hört oft sagen, nichts sei sicherer als daß zwei und zwei vier gebe. Die mathematische Aussage, auf die man dabei Bezug nimmt, lautet korrekt:

$$2 + 2 = 4$$

Das kann so übersetzt werden: »Addiert man 2 zu 2, so erhält man 4.« Dies ist keineswegs immer eine Auslegung dessen, was in der wirklichen Welt vor sich geht. Die Abbildung (Fig. 4) zeigt uns, daß man nicht immer 4 erhält, wenn man 2 zu 2 addiert. Die Aussage $2 + 2 = 4$ illustriert bloß die Bedeutung des Verbs »addieren«, wenn man es braucht, um das mathematische Verb »+« zu übersetzen. Die Aussage, daß $2 + 2 = 4$ richtig sei, hat ganz den Charakter einer grammatikalischen Übereinkunft über das Verb »+« und die Zahlwörter 2 und 4. Im Deutschen ist es grammatikalisch richtig zu sagen: »Mäuse« ist die Mehrzahl von »Maus«, aber auch: Addiere »Maus« zu »Maus«, es gibt »Mäuse«. Falsch wäre es, zu sagen: »Häuse« ist die Mehrzahl von »Haus«. Im genau gleichen Sinne ist es falsch, zu sagen: »$2 + 2 = 2$«. Ein kleiner Bedeutungswandel des Wortes »addieren« als Übersetzung für »+« macht eine richtige Aussage daraus.

Wir brauchen uns nicht zu wundern, wenn die mathematischen Regeln nicht immer eine vollständige Beschreibung darüber geben, wie die Distanz eines Sternes gemessen oder eine Volkszählung durchgeführt wird. Grammatikregeln geben auch nur eine unvollständige Anleitung zum Gebrauch einer Sprache. Die mathematischen Sprachregeln sind genauso dem Wechsel unterworfen. In der modernen Vektoranalysis gelten für die Verwendung von »+« andere Regeln, als wir in der Schule gelernt haben.

Man kann schon in der Alltagssprache viele Meilensteine der historischen Entwicklung aufdecken; das gilt um so mehr für die Sprache der Mathematik. Die Sprache, in der man die *Qualitäten* der Dinge dieser Welt beschreibt, ist weit primitiver und konservativer als die Größensprachen, die bereichert werden mußten, um mit der wachsenden Präzision, mit der der Mensch die Natur beherrscht, Schritt halten zu können. In der Welt, die der allgemeinen Kontrolle offensteht, also in der Welt anorganischer und organischer Beschaffenheit, brauchte der Mensch in der Zeit-

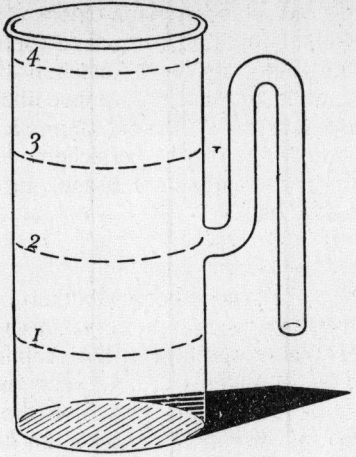

Fig. 4 In der realen Welt erhält man nicht immer 4, wenn man zwei zu zwei addiert. Versuche, dieses Gefäß mit Wasser zu füllen. Die Gesetze der »Addition« wären hier:

$$1 +. 1 = 2$$
$$1 +. 2 = 3$$
$$1 +. 3 = 2$$
$$2 +. 2 = 2 \text{ usw.}$$

Der Punkt ist hinzugefügt worden, um diese Additionsart von der üblichen Addition (+ ohne Punkt) zu unterscheiden. Letztere würde für ein Gefäß gelten, welches kein Leck hat und so groß ist, daß es nie gefüllt werden könnte.

spanne zwischen 2000 v. Chr. und den Forschungen von Faraday und Hertz den Bereich der Sprache kaum zu erweitern, um neue Phänomene zu beschreiben. Sogar elektrische und magnetische Anziehungskräfte waren als besondere Gattung von Dingen bekannt, ehe es Historiker auf der Erde gab. Im 2. Jahrhundert v. Chr. beschreibt Thales die Anziehung leichter Körperchen durch ein Stück geriebenen Bernsteins (griech. *elektron*). Die Chinesen kannten den Magneteisenstein, den natürlichen Magneten. Seit etwa 1000 v. Chr., als die Schrift, die – wie die chinesische – Silben mit Bildsymbolen verbindet, gegen das Alphabet eingetauscht wurde, das rein auf dem Klang der Worte beruht, hat es nur eine einzige umwälzende Erfindung gegeben, die es ermöglicht, Eigenschaften bestimmter Objekte der Welt genau zu beschreiben: die der Biologen des 18. Jahrhunderts. Sie sahen sich angesichts der Konfusion in den alten Heilkräuterbüchern gezwungen, eine internationale Sprache zu erfinden, die keine Begriffsverwirrung erlaubt. Durch die Einführung ungewohnter Bezeichnungen sind innerhalb der ungeheueren Mannigfaltigkeit organischer Objekte klare Definitionen möglich geworden. Bezeichnungen wie »Bellis perennis« für das Gänseblümchen oder »Pulex irritans« für den gemeinen Menschenfloh sind toten Sprachen entnommen. Jede für Biologen nicht brauchbare Bedeutung ist mit dem längst vergessenen sozialen Kontext untergegangen. Genauso haben die Europäer ihr Alphabet der Lautsymbole von Bilderschriften entlehnt und die Assozionen der verwirrenden Metaphern in den Symbolen der alten Kulturvölker verdrängt.

Die Sprache der Mathematik unterscheidet sich von der Umgangssprache dadurch, daß sie eine von der Vernunft diktierte Sprache ist. Größensprachen haben keinen Raum für Gefühle, weder für individuelle noch für nationale. Sie sind internationale Sprachen wie die binomiale Nomenklatur der Biologie. Der moderne Mensch in der Komplexität der modernen Gesellschaft hat noch nicht einmal begonnen, zur Beschreibung unterschiedlicher Institutionen und menschlichen Verhaltens eine für alle verständliche Sprache rational zu planen. Unsere Umgangssprache ist mit Gefühl überladen, aber die Humanwissenschaft ist noch nicht so weit fortgeschritten, daß wir ein individuelles Gefühl klar beschreiben könnten. Deshalb hemmt der Konservativismus das konstruktive Denken über Gesellschaftsformen, wie er früher die Naturforscher hemmte. Wir brauchen heute nicht darüber zu streiten, welches Tier mit Cimex oder Pediculus gemeint ist, weil diese Bezeichnungen nur von Leuten benutzt werden, die sie eindeutig verwenden. Immerhin kann man noch (und tut es auch häufig) darunter verschiedene Dinge meinen, wenn gesagt wird, eine Matratze wimmele von Wanzen oder Läusen. Die Soziologie hat noch keinen Linnaeus hervorgebracht. Folglich kann ein Argument wie etwa das »Schwinden der Staatsautorität« zu verschiedenen Auffassungen Anlaß geben; Meinungsverschiedenheiten über die Pflicht eines Polizisten gibt es wohl kaum. Die Notwendigkeit einer vernünftigen internationalen Sprache wird seltsamerweise gerade von denen oft nicht eingesehen, die für die Planung anderer sozialer Verbesserungen sehr empfänglich sind.

Die Technik des Messens und Zählens ist den Karawanen und

Galeeren der großen Handelsstraßen gefolgt. Sie hat sich sehr langsam entwickelt. Mindestens viertausend Jahre liegen zwischen der Zeit, in der der Mensch die nächste Sonnenfinsternis vorauszuberechnen lernte, und der Zeit, in der er bestimmen konnte, wieviel Eisen in der Sonne vorhanden ist. Zwischen den ersten aufgezeichneten Beobachtungen der Reibungselektrizität und den Messungen der Anziehung zweier elektrisierter Körper liegen zweitausend Jahre. Vielleicht trennt eine noch längere Periode die Entdeckung des magnetischen Eisens (Magneteisenstein) von der ersten Messung der magnetischen Kraft. Das Ordnen von Dingen der Größe nach hat sich als eine viel schwierigere Aufgabe erwiesen als das Erkennen der Arten vorhandener Dinge. Es stand in viel engerer Beziehung zu den sozialen Errungenschaften des Menschen als zu seiner biologischen Ausstattung. Unsere Augen und Ohren können verschiedene Arten von Dingen auf große Distanzen erkennen. Um aber auf größere Entfernungen Dinge messen zu können, mußte der Mensch sich neue Sinnesorgane, wie den Sternhöhenmesser (Astrolabium), das Fernrohr und das Mikroskop zulegen. Er stellte sich Waagen her, die Gewichtsdifferenzen noch angeben, für die unsere Hände ganz unempfindlich sind. In jeder Entwicklungsphase der Meßwerkzeuge hat der Mensch die Werkzeuge der Größensprache verfeinert. Als die menschliche Erfindungskraft vom Auszählen von Herden und Jahreszeiten zum Bau von Tempeln überging, als sie vom Tempelbau zur Lenkung von Schiffen auf kartenlosen Meeren fortschritt und vom Piratentum zu Maschinen mit Antriebskräften, die der leblosen Materie entnommen sind – jedesmal folgte eine neue Größensprache nach. Kulturen kamen und vergingen. In jeder Phase durchbricht eine primitivere, weniger gekünstelte Kultur die Schranken des Gewohnheitsdenkens, bringt frische Regeln in die Grammatik des Messens hinein, wobei sie die Schranken für ihr weiteres Wachstum und die Unvermeidlichkeit ihrer Verdrängung in sich selbst birgt. Die Geschichte der Mathematik ist der Spiegel der Kultur.

Die Anfänge einer Größensprache sind in den priesterlichen Kulturen der Ägypter und Sumerer zu finden. Wir sehen die ersten Früchte uralten Wissens von diesen alten Kulturen entlang den Binnenhandelsstraßen nach China ausstrahlen und über das Mittelmeergebiet hinaus vordringen, wohin die semitischen Völker ihre Schiffe schicken, um Handel mit Zinn und Farbmitteln zu treiben. Die primitiveren nördlichen Eindringlinge aus Griechenland und Kleinasien übernehmen die Geheimnisse der Pyramidenbauer in Städten, in denen es noch keine Priesterkaste gibt. Sobald die Griechen wohlhabend werden, wird die Geometrie zum Spielzeug. Das griechische Denken selbst wird durch die Verehrung der Sterne in der Alten Welt verdorben. In dem Moment, da es fast unvermeidlich scheint, daß die Geometrie den Weg für eine neue Sprache bahnt, hört sie auf, sich weiter zu entwickeln. Die Szene verschiebt sich nach Alexandria, dem größten Zentrum für nautische und mechanische Künste in der Alten Welt. Menschen denken darüber nach, wieviel von der Erde noch zu erforschen bleibt. Die Geometrie wird bei der Vermessung des Himmels angewandt. Die Trigonometrie taucht auf. Die Größe der Erde, die Entfernungen von der Sonne und vom Mond werden gemessen. Die Sterngötter sind entthront. Im intellektuellen Leben von Alexandria, der Fabrik von Weltreligion, hat der alte Synkretismus seine Glaubwürdigkeit verloren. Es mag noch ein Gott jenseits des Himmels willkommen sein; aber der Glaube an die Götter innerhalb des Himmels ist verloren.

In Alexandria, wo die neue Sprache der Sternmessungen ihren Ursprung hat, denken Menschen über Zahlen nach, die unvorstellbar groß sind im Vergleich zu den Zahlen, die der griechische Verstand erfassen konnte. Anaxagoras hatte den Hof des Perikles durch die Erklärung erschüttert, daß die Sonne so groß sei wie das Festland von Griechenland. Nun war Griechenland selbst zur Bedeutungslosigkeit hinabgesunken, seit Eratosthenes und Poseidonius den Umfang der Erde ausgemessen hatten. Die Erde ihrerseits versank in Bedeutungslosigkeit im Vergleich zur Sonne, als Aristarch diese ausgemessen hatte. In dieser Weltstadt des Altertums waren Menschen auf der Suche nach neuen Mitteln des Rechnens. Die Stäbe des Rechenrahmens (Rechenbrettes) wurden zu Stäben eines Käfigs, in dem das intellektuelle Leben von Alexandria eingesperrt war. Männer wie Diophant und Theon verwendeten geometrische Figuren, um schwerfällige Rechenvorschriften zu ersinnen. Fast hätten sie die dritte neue Sprache, die Algebra, erfunden. Daß ihnen dies nicht gelang, war die Nemesis der sozialen Kultur, die sie ererbten. Im Osten haben die Inder auf einem viel tieferen Niveau begonnen. Nicht belastet mit einem alteingewurzelten Zahlenwörterbuch, schufen sie neue Symbole, welche ihnen ein einfaches Rechnen ohne mechanische Hilfsmittel gestatteten. Die muselmanische Kultur, die über den südlichen Teil des römischen Imperiums hinwegstrich, fügte zur Meßtechnik, wie sie in den Händen der Griechen und der Alexandriner entwickelt worden war, das neue Instrument für die Handhabung von Zahlen hinzu, das sich aus der Erfindung der indischen Zahlensymbole entwickelte. Unter den Händen arabischer Mathematiker wie Omar Khayyam nahmen die Hauptzüge einer Rechensprache Gestalt an. Wir nennen sie heute noch mit dem arabischen Namen »Algebra«.

Den Handelsstraßen entlang wird die neue Arithmetik durch jüdische Gelehrte der maurischen Universitäten Spaniens und durch christliche, mit der Levante Handel treibende Kaufleute nach Europa gebracht; unter diesen befanden sich solche, die dem Schutz von Adligen unterstanden, deren Horizont ungewollt durch die Kreuzzüge erweitert worden war. Europa steht an der Schwelle der großen Schiffahrten. Seefahrer führen jüdische Astronomen mit sich, welche die Sternjahrbücher zu benützen verstehen, die arabische Gelehrsamkeit vorbereitet hatte. Die Kaufleute werden reich. Mehr denn je denkt die Welt in großen Zahlen. Die neue Arithmetik oder »Algorithmus«, durch den Bedarf an genaueren Tafeln für Sternmessungen zum Gebrauch der Seefahrer gedrängt, schafft eine erstaunliche Neuerung. Die Logarithmen gehören zu den ersten Kulturergebnissen der großen Weltumseglungen. Die Gedanken der Mathematiker kreisen um Landkarten und um deren Einteilung in geographische Längen und Breiten. Eine neue Art von Geometrie (die wir im täglichen Sprachgebrauch graphische Darstellung nennen) ist eine unausweichliche Folge davon. Diese neue Geometrie von Descartes enthält etwas, was die griechische Geometrie nicht besaß. In der gemächlichen Welt des Altertums gab es keine Uhren. In der geschäftigen Welt der großen Schiffahrten ersetzten mechanische Uhren das Zeremoniell der Priesterschaft als Zeitmesser. Eine Geometrie, welche die Zeit darstellen konnte, und eine Religion, die keinen Platz für Heiligentage hatte, entstehen aus dem gleichen sozialen Zusammenhang. Aus dieser Geometrie der Zeit heraus entwickelte eine Gruppe von Männern, die dem Studium der Mechanik der Pendeluhr oblagen und neue Entdeckungen über die Planetenbewegungen machten, eine neue Größensprache zur Messung der Bewegungen. Wir nennen sie heute Analysis.

Dieser kurzer Überblick über die Geschichte der Mathematik als eines Kulturspiegels, der zeigt, wie sie in die Kultur des Menschen, in seine Erfindungen, in seine ökonomischen Einrichtungen, in seine Glaubensbelange eingreift, mag hier auf der Stufe abschließen, die mit dem Tode Newtons erreicht war. Seither sind nur Lücken ausgefüllt und bereits erfundene Instrumente verfeinert worden. Hier und da gibt es Anzeichen einer neuen Art von

Mathematik. Es kündigen sich Möglichkeiten für neue Größensprachen an, die über die von uns benutzten hinausgehen, wie etwa die Analysis der Bewegungen, die alles umfaßt, was zuvor geschaffen wurde.

Da es recht heilsam ist, sich klarzumachen, wie lange andere, klügere als wir es sind, brauchten, um das zu erarbeiten, was wir heute in einer Schulstunde zu begreifen versuchen, müssen wir weit in eine Vergangenheit zurückgehen, in deren Verlauf sich die Landkarte mehr und mehr verändert hat. Für diejenigen Leser, denen die Geographie des antiken Mittelmeerraumes nicht vertraut ist, muß etwas über die wechselnden Ortsnamen vorausgeschickt werden.

Das Gebiet des heutigen Irak z. B. wurde zwischen 3000 und 300 v. Chr. von den verschiedensten Eroberern beherrscht, aber die Tempel bewahrten während dieser ganzen Zeit eine ununterbrochene Tradition im Umgang mit Zahlen. Wo die heutigen Geschichtsbücher von Sumerien, Chaldäa, Babylonien und Mesopotamien sprechen, soll hier die Bezeichnung verwandt werden, die das alles umfaßt. Dabei müssen wir uns vergegenwärtigen, daß das persische Reich islamischer Kultur zur Zeit Omar Khayyams sowohl Irak wie Iran umfaßte; Regierungssitz war Bagdad, die heutige Hauptstadt des Irak.

Auch der Gebrauch des Adjektivs »griechisch« bedarf eines Kommentars. Von etwa 2500 v. Chr. an überfluteten Volksscharen verschiedener verwandter Dialekte nacheinander vom Norden her das Gebiet des heutigen Griechenlands und die anliegenden Teile der asiatischen Türkei. Um 1000 v. Chr. hatten sie viele der Mittelmeerinseln erobert und kolonisiert, darunter Zypern, Kreta und Sizilien. Schon vor 500 v. Chr. besaßen sie Handelshäfen entlang der Küste von Kleinasien und westlich bis Marseille. Sie hatten eine gemeinsame Sprache und verwendeten nach 600 v. Chr. ein gemeinsames Alphabet. Dieses war weitgehend von ihren semitischen Geschäftspartnern, den Phöniziern des Alten Testaments, übernommen, die damals schon blühende Hafenstädte besaßen, wie Tyrus und Sidon in Syrien, Karthago in Afrika, und weitere in Spanien.

Wir müssen uns also davor hüten, die sogenannten Griechen der Antike als eine Nation mit Stadtzentren im Gebiet des heutigen Griechenlands anzusehen. Vor den Eroberungszügen Philipps von Mazedonien und seines Sohnes Alexander waren unter diesem Namen viele unabhängige Stadtstaaten zusammengefaßt, von denen einige, selbst bei enger kultureller Verwandtschaft, Krieg gegeneinander führten. Nach dem Tode Alexanders des Großen übernahmen seine Generale die einzelnen Teile seines auseinanderbrechenden Reiches, und die Veteranen siedelten sich dort an. Sie gründeten Dynastien in Ägypten (Ptolemäer) und im Irak (Seleukiden), also im Gebiet der ältesten Tempelkulturen der antiken Welt. Dort nahm die griechische Kultur wahre Reichtümer an neuen Informationen auf, die zuvor Geheimwissen gewesen waren. Im Verlaufe dieser Entwicklung wurde die Stadt Alexandria, von ihrem Eroberer (332 v. Chr.) geplant und nach ihm benannt, vorherrschendes Zentrum der Wissenschaft und des Seehandels für die ganze antike Welt. Seit Euklid war es so, daß ihre Bibliothek und ihr Museum – beide unter dem ersten Herrscher der Militär-Dynastie gegründet – sechs Jahrhunderte lang Anziehungspunkt der bedeutendsten Gelehrten und Erfinder waren. Die Stadt blieb Mittelpunkt der Wissenschaft, bis Rom fremdem Glauben und fremden Göttern verfiel. Die Gelehrtensprache war griechisch, aber die Forscher waren Kosmopoliten mit beträchtlichem Anteil einer jüdischen Komponente. Es ist darum irreführend, die großen Mathematiker Griechen zu nennen. In diesem Buch werden sie als Alexandriner bezeichnet werden; »Griechen« sollen nur griechisch-sprechende Persönlichkeiten der Zeit vor dem Tode Alexanders des Großen heißen.

Unterweisung für Leser dieses Buches

Gewöhnlich schreibt man ein Mathematikbuch, um zu zeigen, wie jeder Schritt *logisch* aus dem vorangegangenen folgert, ohne jedoch den praktischen Nutzen dieses Schrittes anzudeuten. Dieses Buch will zeigen, wie jeder Schritt *historisch* aus dem vorhergehenden erfolgt und welchen Nutzen es bringt, ihn zu gehen. Intelligente und sozial aktive Menschen lehnen die erstgenannte Methode ab, weil sie bloßer Logik gegenüber mißtrauisch sind und das menschliche Gehirn als Instrument sozialer Aktivität betrachten.

Obwohl die logischen oder besser gesagt die grammatischen Regeln hier sehr sorgsam in eine stetige Ordnung eingereiht wurden, darf keiner erwarten, daß er beim ersten Anlauf unbedingt jedem Beweisschritt folgen kann. Ein großer schottischer Mathematiker, Chrystal, gab folgenden guten Rat: »Jedes mathematische Buch von Wert muß vorwärts und rückwärts gelesen werden.« Der Rat eines französischen Mathematikers: »Allez en avant et la foi vous viendra.«

Zwei unentbehrliche Vorsichtsmaßregeln sind also zu beachten, wenn jemand Freude an diesem Buch haben will.

Erstens: Man lese das Buch einmal schnell durch, um einen Überblick über die sozialen Zusammenhänge in der Mathematik zu gewinnen. Beim zweiten Lesen verschaffe man sich einen Überblick über jedes Kapitel, bevor man sich mit den Details befaßt.

Zweitens: Bei der gründlichen Bearbeitung des Textes habe man stets Schreibzeug und Papier (am besten kariertes) zur Hand, auch Bleistift und Radiergummi. Man rechne alle angegebenen numerischen Beispiele durch und zeichne die zugehörigen Figuren. Wieviel einer aus dem Buch herausholt, hängt von seiner eigenen Mitarbeit in der Gemeinschaftsleistung des Lernens ab.

Kapitel I
Mathematik in vorgeschichtlicher Zeit

Wenn man von Mathematik im primitivsten Sinne spricht, stellt man schon die Existenz von Regeln, wenn auch einfacher Natur, für Berechnungen und Messungen fest. Solche Regeln setzen voraus, daß der Mensch über Zahlenzeichen verfügte, z. B. XV oder 15, CXLVI oder 146. Um zu den Quellen der Mathematik zu gelangen, muß man also tief hinabtauchen zu den frühesten Bedürfnissen für Zahlen. Wahrscheinlich liegt hier der Impuls zur Zeitmessung und zur Bestimmung des Wandels am Firmament. Nach diesem ersten Schritt der Menschheit wurde für einige Jahrtausende die Sternkunde zum Schrittmacher mathematischer Erfindungen. Für unsere fernen Vorfahren, die als Nomaden, Sammler und Jäger lebten, waren Aufgang und Position von Sternen am Horizont, ob sie bei beginnender Dunkelheit oder bei Tagesanbruch bereits im Steigen begriffen waren oder nicht, die einzigen Mittel, einen früher entdeckten Jagdgrund wiederzufinden; sie waren auch der zuverlässigste Führer zu den besonderen Stellen, die im Wechsel der Jahreszeiten Wild, Beeren, Wurzeln, Eier, Muscheln oder Korn im Überfluß boten. Wie für alle heutigen primitivsten Gemeinschaften feststeht, so müssen unsere Artgenossen, als sie noch Nomaden waren, erkannt haben, daß jeder Stern an jedem Tag um ein weniges früher auf- und untergeht. Sie datierten ihre regelmäßigen Wanderungen nach der Beobachtung, wann ein bestimmter Stern kurz vor der Morgendämmerung oder kurz nach Sonnenuntergang auf- oder niederging. Ehe es Feldbestellung irgendwelcher Art gab, hatten die Stammesältesten bereits gelernt, nach der Aufeinanderfolge von Vollmond und Neumond den Zeitpunkt zu bestimmen, wann jeder Junge und jedes Mädchen das Alter für die Zeremonie der Stammeseinführung erreicht hatte.

Irgendwann zwischen 10000 v. Chr. und 5000 v. Chr. entstanden angesiedelte Dorfgemeinschaften von Hirten und Ackerbauern, hauptsächlich in den fruchtbaren Regionen des Mittleren Ostens. Dort konnte man mit größerer Mühe das wechselnde Antlitz des Nachthimmels und die Jahreszeiten im Wandel des Säens, Reifens und Lammens beobachten. Auch die Bedingungen zur Betrachtung der verschiedenen Sonnenauf- und -untergänge und der wechselnden Länge des Mittagschattens von einer Regenzeit zur anderen waren hier weitaus günstiger.

Schon vor 3000 v. Chr. gab es große Bevölkerungsballungen mit weitgehender Arbeitsteilung an den Ufern großer Flüsse, deren Überflutungen Jahr für Jahr das angrenzende Land mit Schlamm anreicherten. Zu nennen sind der Nil in Ägypten, Euphrat und Tigris im Irak, der Indus in Pakistan und weiter östlich Yangtse-Kiang und Hwang-ho.

In Ägypten und im Irak finden wir von Anfang an eine Priesterkaste als verantwortliche Hüterin eines Zeremonienkalenders, dessen Schrift eine Art von Zahlsymbolen aufweist, und der in Gebäuden aufbewahrt war, die Beobachtungen von Himmelskörpern als Markierungszeichen des Kalenderzyklus ermöglichten. Das Erkennen des Jahres als Zeiteinheit ergab sich in den Dorfgemeinschaften, die sich zu Stadtstaaten und Königreichen zusammenschlossen; die Vorstellung des Lunarmonats von 30 Tagen ging der des ägyptischen Jahres von 365 Tagen (12 Lunarmonate plus 5 Extra-Tage) voraus. Es begann, wenn der Sirius unmittelbar vor Sonnenaufgang am Himmelsrand erschien; damit zeigte sich das Kommen der jährlichen Überflutung des heiligen Flusses an. Lange bevor es Tauschhandel mit Vieh oder Bodenprodukten gab, hatte sich die Notwendigkeit ergeben, den Ablauf der Zeit zu messen. Dabei muß der Mensch erkannt haben, daß das Zählen von Vieh auf ein und demselben Stück Land nicht so dringlich war. Schweine fliegen nicht wie die Zeit davon. Um die Zeit in Einheiten, welcher Art auch immer, zu messen, bedurfte es eines Kerbholzes als Gedächtnisstütze. Daher ist es sehr wahrscheinlich, daß Zahlzeichen ihren Ursprung in Kerben in Holz oder Stein haben, die Abfolge von Tagen markierten. Tatsächlich stellen die frühesten Zahlenreihen der priesterlichen Astronomen eine Wiederholung von Strichen dar (Fig. 5). Ein Überbleibsel davon hat sich in den uns vertrauten römischen Zahlen erhalten: I, II, III, XXX, CC für 1, 2, 3, 30, 200.

Der nächste Schritt bestand darin, die Striche zu gruppieren und Zeichen einzuführen, um das Zählen zu beschleunigen und Platz zu sparen. Im Vollzuge dieses Schrittes wurde das Muster, das wir meinen, wenn von zehn als Basis unseres Rechnens in Zehnern, Hunderten, Tausendern die Rede ist, diktiert von den körperlichen Möglichkeiten, mit Dingen umzugehen.

Die frühesten Zahlschriften tragen alle den Stempel der zehn Finger des Menschen. In den alten priesterlichen Bilderschriften der Mittelmeerwelt waren die Zahlen eins bis neun wirklich durch Finger dargestellt. Die spätere Handelsschrift der Phönizier hatte ein Symbol für die Einheit, welches bis zu neun Malen wiederholt werden konnte (ähnlich wie in der römischen Schrift I, II, III). Es gab ein Buchstabensymbol für zehn, welches neunmal wiederholt werden konnte (ähnlich wie das römische X, XX, usw.), dann ein anderes Buchstabensymbol für Hundert (ähnlich dem römischen C). Diese alte phönizische Schrift, welche die Grundlage für die Zahlen bildete, die von den jonischen Griechen und den Etruskern verwendet wurden, war schwerfällig, aber wenigstens vernünftiger als ihre Vorgängerinnen. Um sie bequemer zu gestalten, gingen die Etrusker auf die Zählung mit einer Hand zurück und fügten die Symbole hinzu, die in der römischen Schreibweise 5, 50, 500 (V, L, D) darstellen. Die späteren Griechen verwarfen die jonische Schrift, indem sie ein Zahlensystem annahmen und den Alexandrinern hinterließen, das alle Buchstaben des Alphabets erschöpfte, wie das hebräische Zahlensystem. Dieses System war knapp und hatte zwei Folgen, die sich als verhängnisvoll erwiesen. Eine, die wir im Kapitel 4 studieren werden, war die, daß es eine besondere Art von Zahlenmagie, »Gematria« genannt, förderte. Die andere, die von größerer Bedeutung ist, wird in Kapitel 6

Fig. 5 Antike Zahlschriften

behandelt werden. Die Einführung eines Buchstabensystems für Zahlen machte es den besten Mathematikern von Alexandria unmöglich, einfache Rechenregeln ohne die Hilfe mechanischer Hilfsmittel aufzustellen.

Die zivilisierte Menschheit entwickelte geschriebene Zeichen für Zahlen, lange bevor sich ein Bedarf an schnellen und einfachen Rechenverfahren einstellte. Bei der Bildung ihrer Zahlschriften sahen die Menschen die Anforderungen nicht voraus, die an eine Zahlschrift zu stellen sind, welche gestatten soll, einfache arithmetische Operationen auszuführen. Da sie gezwungen waren, mit großen Zahlen zu arbeiten, stützten sie sich auf einen physikalischen Apparat, der ihren ganzen Gesichtskreis über Zahl und Maß umriß. Die Elastizität ihrer geistigen Verfahren war fortwährend durch die Starrheit ihrer materiellen Ausrüstung eingeengt.

Als der Mensch die Stufe hinter sich hatte, da er noch durch Kerben an Kerbholzstücken Zahlen darstellte, verfiel er auf die Praxis der Benutzung von Kieselsteinchen oder Muscheln, die schnell weggeworfen oder immer wieder benutzt werden konnten. So entstand der Rechenrahmen (das Rechenbrett). Anfangs bestand er vermutlich aus einer Reihe von Rillen in einer ebenen Fläche. Dann war es ein Satz gerader Stäbe, der durchbohrte Steinchen, Muscheln oder durchlochte Kügelchen aufnehmen konnte. Der Rechenrahmen oder *abakus* (Fig. 6/7) war eine recht frühe Errungenschaft der Menschheit. Er folgte den Straßen der Megalithkultur durch die ganze Welt. Der Abakus war bei den Mexikanern und Peruanern im Gebrauch, als die Spanier nach Amerika kamen. Die Chinesen und Ägypter besaßen den Abakus bereits viele Jahrtausende vor der christlichen Zeitrechnung. Die Römer übernahmen ihn von den Etruskern. Bis zum Beginn der christlichen Ära war dieser feste Rahmen das einzige Recheninstrument, das die Menschheit besaß.

Für uns bedeuten Ziffern Zeichen, mit denen wir Rechnungen lösen können. Diese Auffassung der Ziffern war den fortschrittlichsten Mathematikern des alten Griechenlands durchaus fremd. Die alten Zahlschriften lieferten lediglich die Möglichkeit, das am Abakus und nicht durch schriftliches Rechnen erzielte Ergebnis festzuhalten. In der ganzen Geschichte der Mathematik gibt es keine revolutionärere Tat, als die, welche die Inder vollbrachten, als sie das Zeichen »0« erfanden, um die leere Kolonne des Rechenbrettes anzudeuten. Man wird im Kapitel 6 deutlicher sehen, warum diese Erfindung wichtig war, und wie sie einfache Rechenregeln ermöglichte.

MATHEMATIK IN VORGESCHICHTLICHER ZEIT

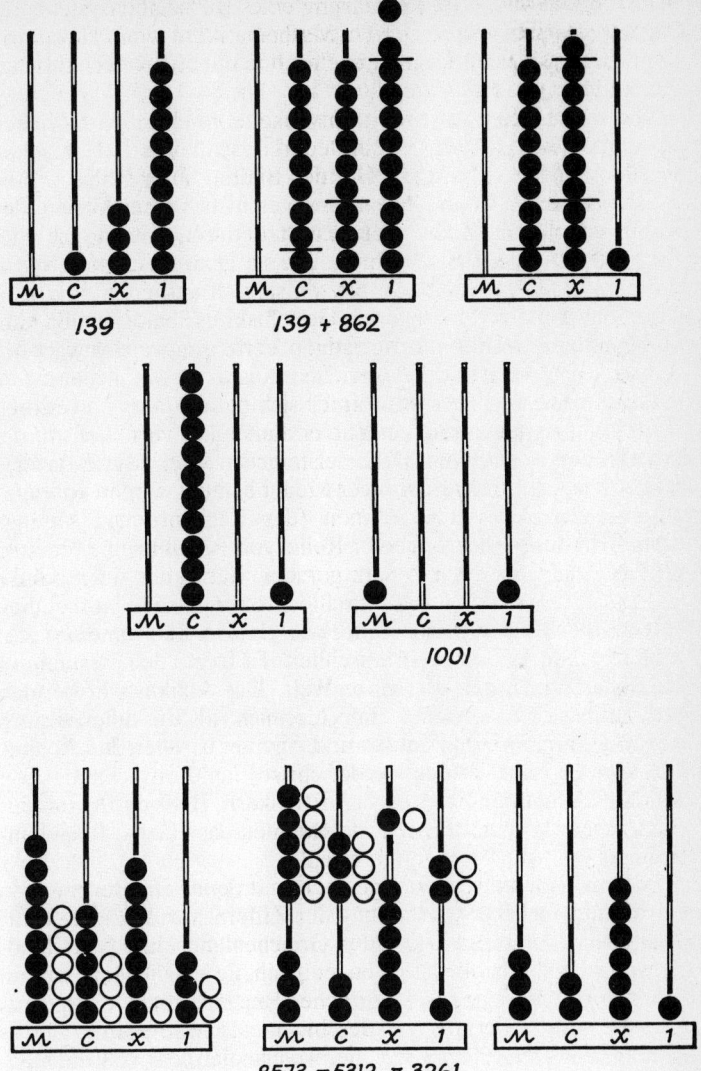

Fig. 6/7 Einfacher Abakus, Addition und Subtraktion

Hier sollen zwei Bemerkungen über die Entdeckung des
»Nichts« gemacht werden. Wählt man die Zahl 10 als Basis des
Zählsystems, so benötigt man nur noch neun andere Ziffern, um
eine beliebig große Zahl auszudrücken. Die Fähigkeit des Lesers,
Zahlen darzustellen, ist nun nicht mehr durch die Anzahl der
Buchstaben seines Alphabets beschränkt. Er hat es nicht notwenig, jedesmal, wenn er mit zehn multipliziert, neue Zeichen, wie
das römische X, C und M, einzuführen. Die zweite wichtige
Bemerkung über »Nichts« erahnt man, wenn man Figur 6/7
betrachtet. Der neue Zahlwortschatz der Inder gestattet, auf dem
Papier in gleicher Weise wie am Abakus zu addieren. Wie die
Erfindung zustande kam und wie sie die weitere Entwicklung der
Mathematik beeinflußte, kann erst später dargelegt werden. Es ist
wichtig, zu begreifen, daß die Mathematiker des klassischen
Altertums eine soziale Kultur ererbt haben, die mit einer Zahlschrift ausgestattet wurde, bevor man die Notwendigkeit schwieriger Rechnungen empfand. Deshalb waren sie vollständig abhängig
von den mechanischen Hilfsmitteln, die heutzutage in die Kinderstube verbannt sind.

Die Erfindung eines Symbols für die leere Kolonne des Abakus
ereignete sich nur einmal in der Alten Welt; aber sie geschah
unabhängig davon in der ältesten Eingeborenenzivilisation der
Neuen Welt bei den Maya in Guatemala und den umliegenden
Gebieten. Die Priester-Astronomen der Mayatempel benutzten
eine Zahlenschrift mit drei Symbolen in einer vertikalen Folge von
Blöcken in vier Horizontalreihen: Eines stand für Null, eines in
Kreisform für eine einzige Einheit und horizontale Blöcke für
fünf. Ein einzelner Block konnte höchstens drei Fünfen = 15
zusammenfassen, und vier Einheiten darüber ergaben im Ganzen
19. (Vgl. Fig. 8). Das System entsprach der Basis 20. Abgesehen
von einem schwachen Punkt würde es der Notwendigkeit schnellen Rechnens entsprechen. Der ungewöhnliche Stellenwert von
360 anstelle von 400 ist zweifellos das Überbleibsel einer frühen
Schätzung des Jahres auf 12 Dreißig-Tage-Monate und beweist so
sein Alter als handgefertigtes Kerbholz des Zeremonialkalenders.

Die ersten Menschen, die Zahlsymbole gebrauchten, erkannten
dabei nicht, daß Schafe zählen und das Areal eines Feldes schätzen
nicht unbedingt vergleichbare Operationen darstellen. Wenn man
sagt, eine Herde bestehe aus 50 Schafen, so meint man nicht mehr
und nicht weniger als 50. Was die Feststellung, ein Feld umfasse 50
Ar bedeutet, hängt von der Art und Weise der Messung ab. Will
man die traditionelle geschichtliche Mystifikation abschütteln, tut

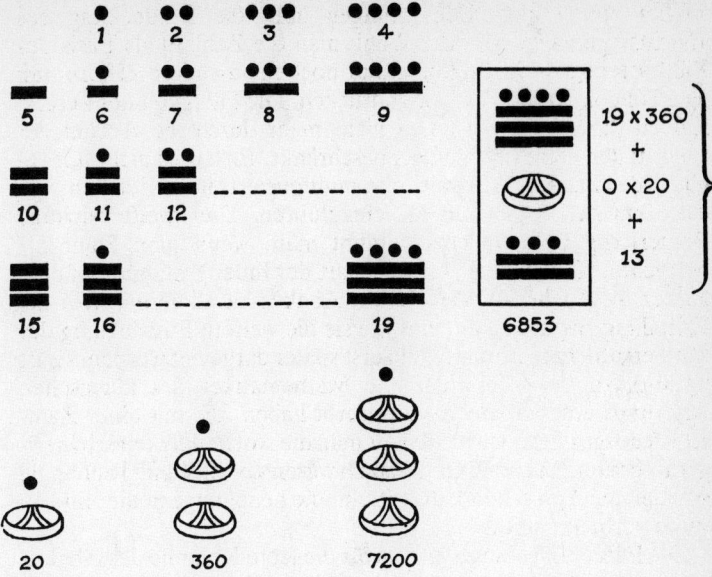

Fig. 8 Das Positionsprinzip in der Maya-Schrift, deren Basis Zwanzig war, kommt folgendermaßen zur Anwendung: Die unterste Gruppe der Symbole stellt die Einer-Kolonne dar, die unmittelbar darüberstehende die 20er Kolonne, der nächste die 360er-Kolonne und die oberste die 7200er-Kolonne.

man gut daran, die Unterscheidung zwischen *Herdenzahlen* (d. h. wie viele Schafe) und *Feldzahlen* (d. h. wie viele Ar) schon sehr früh anzusetzen.

Der Schwierigkeit gegenübergestellt, ganze Zahlen für Messungen geeignet zu machen, welche unvollkommene menschliche Wesen mit Hilfe unvollkommener Sinnesorgane und unvollkommener Instrumente in einer unvollkommenen und wechselnden Welt vornehmen, gab sich der praktische Mensch lange damit zufrieden, immer neue Teilungen an seiner Meßskala anzubringen. Daß das bis zu einem gewissen Grade sehr gut funktioniert, kann man folgender Erläuterung entnehmen. Angenommen, vier Männer werden beauftragt, den Flächeninhalt eines länglichen

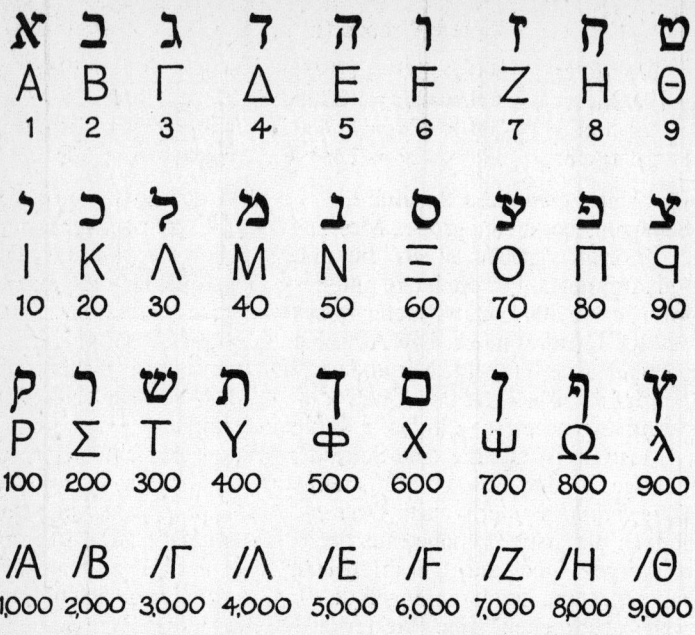

Fig. 9 Hebräische und attische (spät)griechische Zahlschriften

Feldes von 300 Meter Breite und $427\frac{1}{2}$ Meter Länge zu messen. Wir wollen für den Moment annehmen, wie es übrigens der Praktiker tut, daß das Feld genau 300 m breit und $427\frac{1}{2}$ m lang sei. Ferner nehmen wir an, daß der erste Mann ein 100 Meter langes Seil, der zweite ein 10 Meter langes Band, der dritte einen 3 Meter langen Stab und der vierte ein 1 Meter langes Lineal hat. Keiner von ihnen findet irgendeine Schwierigkeit bei der ersten Seite. Ihre Maße können in ihr 3mal, beziehungweise 30mal, 100mal und 300mal aufgetragen werden. Die Sorge beginnt erst bei der $427\frac{1}{2}$ Meter langen Seite. Der erste findet, daß sein Maß mehr als 4- und weniger als 5mal in ihr aufgeht, daher schätzt er, daß der Flächeninhalt des Feldes zwischen 300 × 500 Quadratmeter oder 150 000 Quadratmeter und 300 × 400 Quadratmeter oder 120 000 Quadratmeter liegen muß. Der zweite findet, daß sein Maß mehr als 42- und weniger als 43mal aufgeht. Seine Schätzung liegt zwischen 420 × 300 und 430 × 300 Quadratmeter. Stellen wir eine Tabelle ihrer Schätzungen auf:

Maß	Untere Grenze (m²)	Obere Grenze (m²)
100 Meter	300 × 400 = 120 000	300 × 500 = 150 000
10 Meter	300 × 420 = 126 000	300 × 430 = 129 000
3 Meter	300 × 426 = 127 800	300 × 429 = 128 700
1 Meter	300 × 427 = 128 100	300 × 428 = 128 400

Betrachtet man diese Resultate, so bemerkt man, daß die obere Schätzung der ersten groben Messung 30 000 Quadratmeter (oder 25 Prozent) größer ist als die untere Schätzung von 120 000 Quadratmeter. Für die letzte und beste Schätzung liegt die obere Grenze um 300 Quadratmeter höher als die untere Grenze von 128 100 Quadratmeter. Die Abweichung beträgt 1 auf 427, d. h. weniger als $\frac{1}{4}$ Prozent. Mit andern Worten: die erste Schätzung beträgt 135 000 ± 15 000 Quadratmeter. Die beste aller dieser Schätzungen beträgt 128 250 ± 150 Quadratmeter.

Messung ist nur die eine Seite der Zahlengeschichte. Unsere heutige Mathematik umfaßt viele andere Gebiete, nicht nur *Berechnung* sondern auch *Ordnung* und *Form*. Messung war jedoch die erste Domäne, aus der echte mathematische Regeln hervorgegangen sind. Um ihren Ursprung ausfindig zu machen, müssen wir zu den Uranfängen der Zivilisation, einige 5000 Jahre weit zurückgehen. Eine Priesterkaste, Hüterin des Zeremonienkalenders, der Regelung einer nach Jahreszeiten bedingten Nahrungsproduktion und der ritualen Opfer zur Versöhnung der Unsichtbaren, erhob sich zur privilegierten Kaste, die von den Ackerbauern getrennt, aber durch deren Tribute reich wurde.

So lieferte ein Teil des Überschusses der bäuerlichen Produktion die Mittel zur Errichtung prächtiger Bauten, dem Kalenderritual und den großen religiösen Veranstaltungen gewidmet. In Ägypten waren die Türen dieser Tempel-Observatorien manchmal nach Osten gerichtet, um die aufgehende Sonne der Äquinoktien (heute 21. März u. 23. Sept.) zu grüßen, manchmal mehr nach Norden oder Süden, damit die aufgehende Sonne des Mittsommer- oder Mittwintertages einen langen Lichtstrahl durch die Korridore werfen konnte. Beides: sowohl die zeitliche Festsetzung der Tribute wie auch die architektonische Überlegung beim Bau von Tempeln und Gräbern, wie die Pyramiden für einen himmlischen Herrscher, brachte Probleme der praktischen Geometrie mit sich. Betrachten wir zunächst die Probleme der Tempelschreiber, die für die Abrechnungen der Steuereinreicher verantwortlich waren:

Nach griechischen Quellen berechnete die ägyptische Hierarchie den Tribut jedes Bauern nach der Größe seiner Ackerfläche. Da aber die jährlichen Überschwemmungen des Nils häufig die Landmarken verwischten, bedurfte es einer ständigen Landüberwachung; man darf annehmen, daß der Überwacher drei Dinge schon sehr früh lernte: 1) die Möglichkeit, jeden rechteckigen Streifen in kleine Quadrate zu zerlegen (Fig. 10); 2) die Tatsache, daß jede Fläche, deren Seiten geradlinig sind, in Dreiecke aufgeteilt werden kann (Fig. 11); 3) daß jedes Dreieck gleich dem halben Flächeninhalt eines Rechtecks ist, mit dem es eine Seite gemeinsam und gleiche Höhe hat. Die Zusammenfassung der beiden letzten Regeln in einer einzigen, um jede Fläche zu erfassen, muß eine sehr frühe Errungenschaft gewesen sein und eine entscheidende Rolle bei allen geometrischen Überlegungen gespielt haben (Fig. 12).

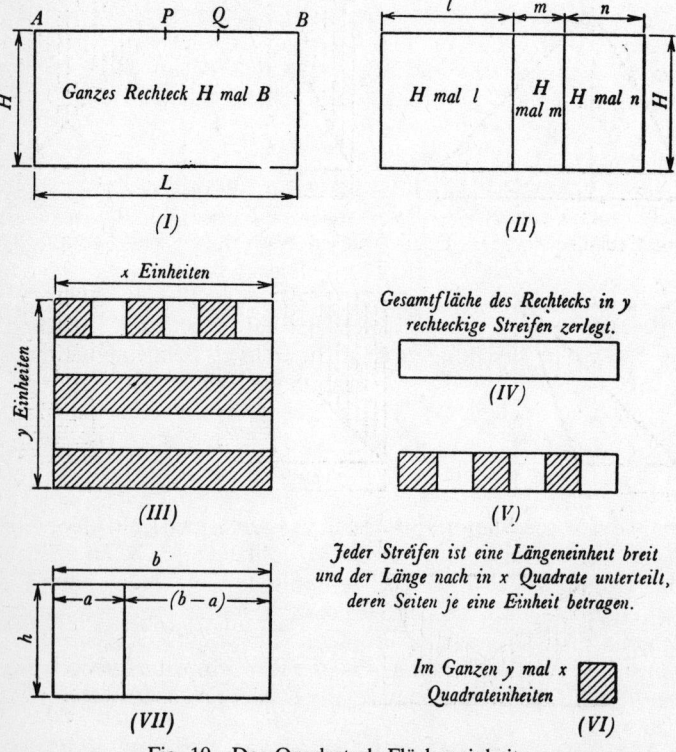

Fig. 10 Das Quadrat als Flächeneinheit

MATHEMATIK IN VORGESCHICHTLICHER ZEIT

Fig. 11 Kann man den Inhalt eines beliebigen Dreiecks ermitteln, so ist man imstande, die Fläche eines Landfleckens irgendwelcher Gestalt auszumessen, sofern diese geradlinige Begrenzungen aufweist.

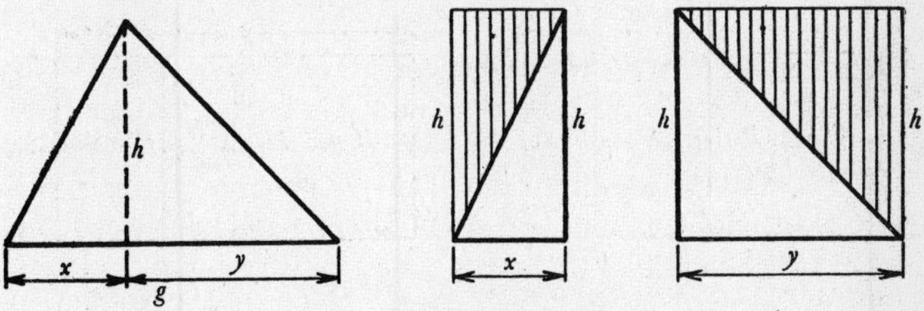

g = Grundlinie $\qquad F\triangle = \frac{1}{2}hx + \frac{1}{2}hy = \frac{1}{2}h(x+y) = \frac{1}{2}h \cdot g$

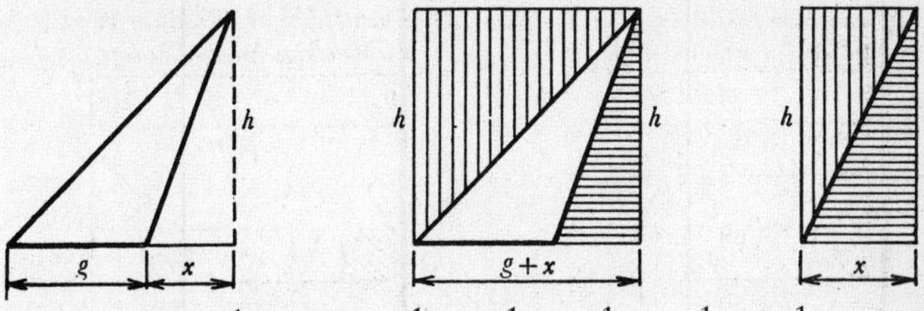

$$F\triangle = \frac{1}{2}h(g+x) - \frac{1}{2}hx = \frac{1}{2}hg + \frac{1}{2}hx - \frac{1}{2}hx = \frac{1}{2}hg$$

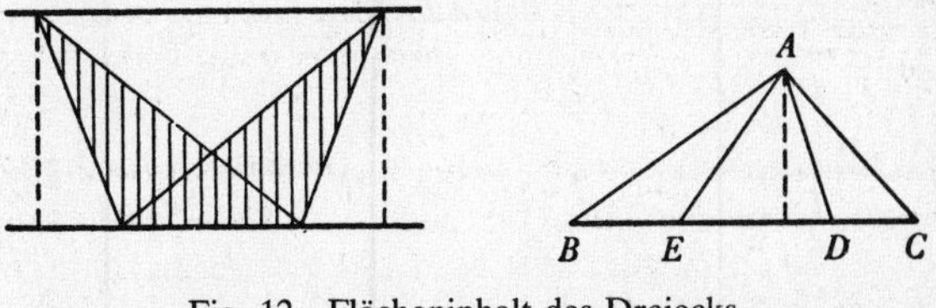

Fig. 12 Flächeninhalt des Dreiecks

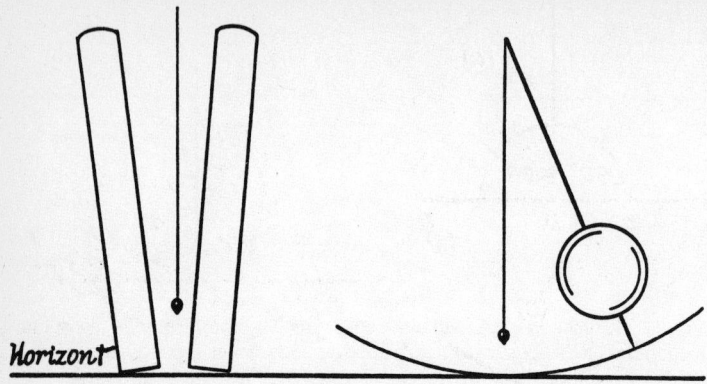

Fig. 13 Berührungsgesetz, durch Lot und Pendel illustriert

Tribut in Form von Naturalien ergab andere Probleme. Bei Korn, Mehl oder Wein z. B. ist es einfacher, nach Volumen als nach Gewicht zu messen. Dafür kann man leicht drei Typen von Meßgeräten standardisieren: ein Gefäß mit geraden Seiten *(rectilinear)*, einen Hohlzylinder und einen Kegel. Man kann nur raten, wie die Tempelschreiber in Ägypten und im Irak es fertiggebracht haben, alle drei zum Gebrauch zu verbinden, indem sie Regeln anwandten, die auf einer einzigen Meßeinheit basieren. Vielleicht kam ihnen die Erleuchtung beim Aufschichten von Ziegelsteinen oder kleinen Scheiben für Mosaikwände und Fußböden. Wie auch immer, der erste Schritt muß die Erkenntnis gewesen sein, daß eine Kiste, deren innere Maße 7 Fuß Länge, 4 Fuß Breite und 3 Fuß Höhe betragen, genau $7 \times 3 \times 4 = 84$ Würfel von je 1 Fuß Kantenlänge aufnehmen kann. Der Schritt zu einer Regel für die Berechnung des Volumens von Zylinder und Kugel bleibt uns verborgen. Sicher wissen wir nur, daß die Priester diese Formeln kannten, lange bevor sie des Lesens und Schreibens kundig waren, und daß sie die geheimnisvolle Zahl π darin erkannten.

Der Bau von Tempel und Grab konfrontierte den Priester-Architekten sowohl mit Messungen der Länge als auch mit Messungen der Richtung, d. h. der Winkel. Eine Mauer senkrecht zu erbauen, stellt ein sehr elementares Problem der Winkelmessung dar. Zu diesem Zweck ist eine Art Bleilot ein Werkzeug von sehr hohem Alter (Fig. 13), vielleicht schon in den Dorfgemeinschaften entdeckt, bevor sie sich zu Stadtstaaten zusammenschlossen. Aus mehr als einem Grunde erhellt daraus, daß der rechte

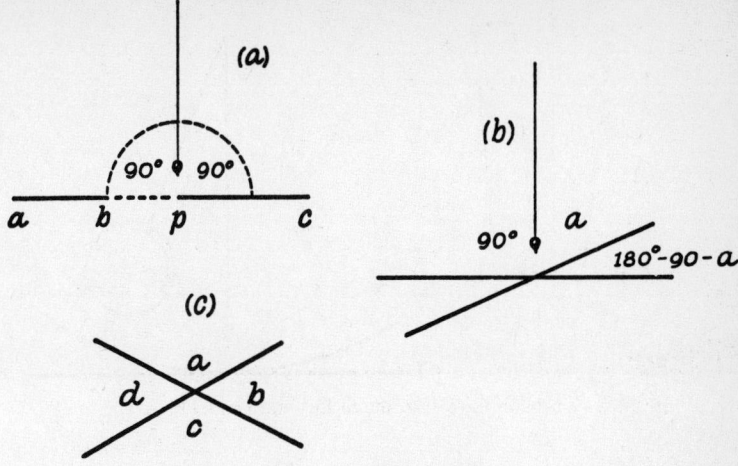

Fig. 14 Winkelregeln
In *(c)*, $a + b = 180° = b + c = c + d = d + a$. Also $a + b = b + c$ und $a = c$, etc.

Winkel (90°) zur fundamentalen Einheit der Winkelmessung werden sollte. Das Lot, das in einem Kreisbogen schwingt, der die Bodenfläche in einem Punkt berührt, kommt an dieser Stelle zur Ruhe in einer Position mit gleicher Neigung zur Grundfläche. Diese beim Bau bekannte Tatsache beinhaltet vier Grundregeln der Euklidschen Geometrie:

a) Die Tangente bildet rechte Winkel mit dem Radius auf dem Berührungspunkt des Kreises (Fig. 13 und 14a).

b) Treffen sich zwei Geraden auf derselben Fläche in einem Punkt, in dem mit einer dritten Geraden rechte Winkel entstehen, so liegen sie in einer Linie (Fig. 14a).

c) Schneiden sich zwei Geraden, so beträgt die Summe der dabei entstandenen Winkel zwei Rechte (Fig. 14b).

d) Dabei sind zwei einander gegenüberliegende Winkel gleich (Fig. 14c).

Aus der letzten Regel d) ist abzuleiten, wie man einen rechten Winkel horizontal bilden kann, wenn zwei Mauern rechtwinklig zusammenstoßen; dabei sind die drei Möglichkeiten der Konstruktion eines einzigen Dreiecks zu beachten (Fig. 28). Man kann sich auch aus einer Schnur, die mit 12 Knoten in jeweils gleicher Entfernung voneinander versehen wird, ein Richtungsquadrat herstellen, sie um Festpunkte, jeweils drei bzw. vier Elemente

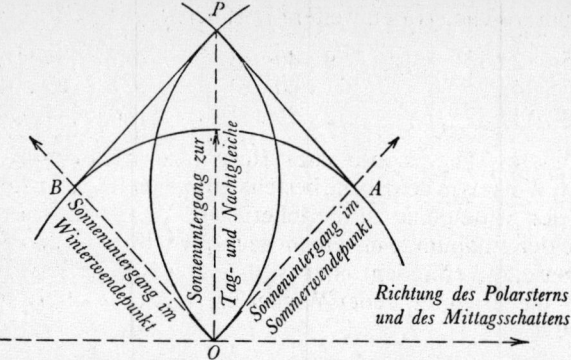

a) Durch Halbierung eines Winkels (AOB) erhält man den West- (und Ost-) Punkt des Horizontes.

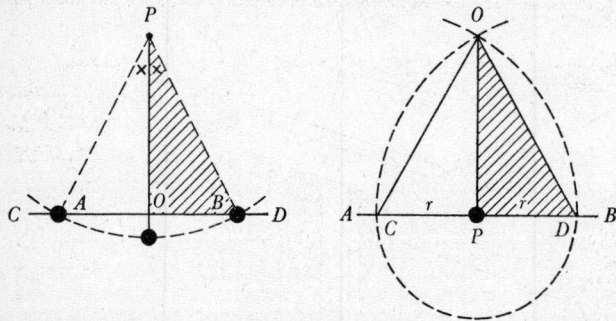

b) Das Fällen eines Lotes von P aus.
c) Das Errichten eines Lotes in einem bestimmten Punkte P einer Geraden.

Fig. 15   Zerlegungsregeln

voneinander getrennt straff ziehen und mit den übrigen fünf Elementen ein rechtwinkliges Dreieck bilden.

Ob die Tempel-Architekten ein solches Hilfsmittel gebrauchten oder nicht, jedenfalls war ein Richtungsquadrat dieser Art bei den Astronomen schon im frühesten Altertum bekannt. Schon 2000 v. Chr. erkannte man im Irak das Verhältnis 3 : 4 : 5 als Beispiel einer Regel für weitere Anwendungen; wir nennen es heute das Theorem des Pythagoras. Bezeichnet man die längste Seite (die sogenannte Hypotenuse) eines rechtwinkligen Dreiecks mit c, die beiden anderen mit a bzw. b, so daß in Fig. 17 c = 5, a = 4, b = 3 ist, so lautet die Regel $a^2 + b^2 = c^2$.

MATHEMATIK IN VORGESCHICHTLICHER ZEIT

Zu untersuchen wären weitere Beispiele der Regel, wie etwa:

5 : 12 : 13	9 : 40 : 41	13 : 84 : 85
7 : 24 : 25	11 : 60 : 61	16 : 63 : 65
8 : 15 : 17	12 : 35 : 37	17 : 144 : 145

Ein anderes, fast ebenso altes Rezept zur Gewinnung eines rechten Winkels in der Ebene besteht darin, einen Kreis zu ziehen, durch den Mittelpunkt zur Peripherie eine Linie zu zeichnen und ihre beiden Endpunkte mit einem beliebigen dritten Punkt auf der Peripherie zu verbinden. Hier ist die geometrische Regel angewandt, die so lautet: Jeder Winkel im Halbkreis ist ein rechter Winkel.

Fig. 16   Das Zeichendreieck der Tempelarchitekten

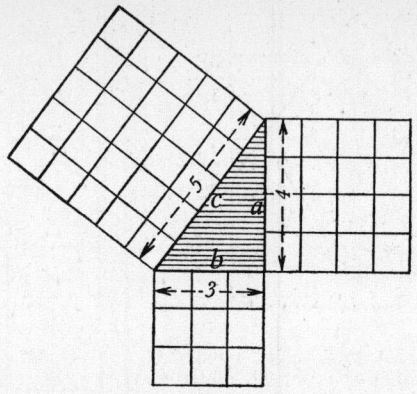

Fig. 17 Das rechtwinklige Dreieck der Tempelbaumeister

Längste Seite,	5 Meter	($5^2 = 25$ [Quadratmeter])
Kürzere Seiten	4 Meter	($4^2 = 16$ [Quadratmeter])
	3 Meter	($3^2 = 9$ [Quadratmeter])
	$25 = 16 + 9$	
oder	$5^2 = 4^2 + 3^2$	

Unerläßliche Vorbedingung zur Planung eines Tempels oder einer Grabstätte, die der aufgehenden Sonne des Äquinoktiums zugewandt sein sollten, ist 1) einen Winkel halbieren; 2) einen rechten Winkel herstellen zu können. Die Tempel-Architekten der Alten Welt und später die in Mittelamerika konnten das, und zwar mit erstaunlicher Präzision, selbst an modernen Maßstäben gemessen. Mit den ihnen zur Verfügung stehenden Mitteln war es das Einfachste, zuerst den Meridian (Nord-Süd-Linie) festzulegen, indem die genaue Position des kürzesten Sonnenschattens (d. i. am Mittag) lokalisiert wurde. Damit lag die Verbindungslinie zwischen dem imaginären Süd- und Nordpunkt am Horizont fest, und der Architekt konnte die Ost-West-Achse im rechten Winkel dazu bestimmen. Die einfachste Art, die genaue Position des Sonnenschattens zu fixieren (Fig. 22) besteht darin, eine Säule zu errichten, um ihre Basis einen Kreis mit dem Mittelpunkt A zu ziehen, die Punkte B und C genau zu bestimmen, wenn die Enden des Morgen- und Abendschattens die Kreislinie berühren, und dann den Winkel B A C zu halbieren.

Die Daumenregel-Geometrie der Tempelplaner enthielt auch die Möglichkeit der Konstruktion einfacher Figuren wie etwa das gleichschenklig-rechtwinklige Dreieck und das regelmäßige Sechseck. Im ersteren sind zwei Winkel jeweils die Hälfte eines

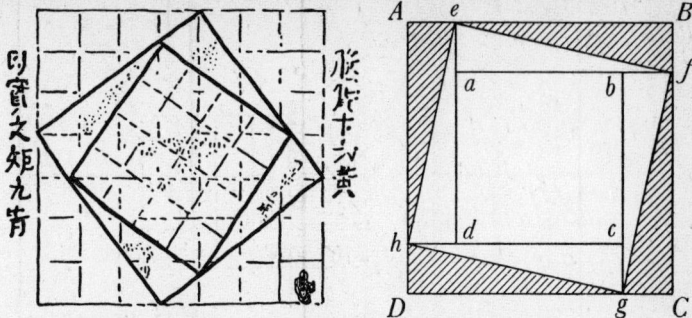

Fig. 18 Das Buch von Tschau Pei Suan King, wahrscheinlich um 40 n. Chr. geschrieben, enthält mündlich Überliefertes aus einer Zeit, bevor die griechischen Geometer das lehrten, was wir den Pythagoräischen Lehrsatz nennen, d. h., daß das Quadrat über der längsten Seite eines rechtwinkligen Dreiecks hinsichtlich des Inhaltes gleichwertig ist mit der Summe der Quadrate über den beiden anderen Seiten. Dieses hier abgebildete, sehr frühe Beispiel der Holzdruckkunst, welches einer alten Ausgabe von Tschau Pei entnommen und in der »History of Mathematics« von Smith wiedergegeben wurde, weist die Wahrheit dieses Lehrsatzes nach. Fügt man an ein beliebiges rechtwinkliges Dreieck (schwarzes Dreieck *eBf*) drei weitere rechtwinklige Dreiecke derselben Größe passend an, so entsteht ein Quadrat. Nun zeichne man vier Rechtecke von der Größe *eafB,* von denen jedes aus zwei Dreiecken von der Größe *efB* besteht. Wenn der Leser das Kapitel III gelesen haben wird, wird er imstande sein, das chinesische Zusammenspiel zu enträtseln, das viel weniger Kopfzerbrechen als jenes von Euklid verursacht. Nämlich so:

Dreieck $efB = \frac{1}{2}$ Rechteck $eafB = \frac{1}{2} Bf \cdot eB$
Quadrat $ABCD$ = Quadrat $efgh$ + 4 Dreiecke $efB = ef^2 + Bf \cdot eb$
Andererseits: Quadrat $ABCD = Bf^2 + eB^2 + 2 Bf \cdot eB$
Daher: $ef^2 + 2 Bf \cdot eB = Bf^2 + eB^2 + 2 Bf \cdot eB$
Und hieraus: $ef^2 = Bf^2 + eB^2$

rechten Winkels (45°); das letztere läßt sich in sechs gleichseitige Dreiecke zerlegen, in denen jeder Winkel zwei Drittel eines rechten Winkels beträgt (60°).

Wahrscheinlich haben sich die Tempel-Architekten zur Höhenmessung der Länge des Sonnenschattens bedient.

Wenn der Sonnenstrahl einen Winkel von 45° mit der Horizontalen (oder der Lotlinie) bilden würde, dann würde das Verhältnis der beiden 1 : 1 sein. Da sie mit Sicherheit ein gleichseitiges Dreieck konstruieren und es in zwei gleiche rechtwinklige Dreiecke teilen konnten, haben sie vermutlich einen numerischen Näherungswert für das Verhältnis zwischen Höhe und Schatten

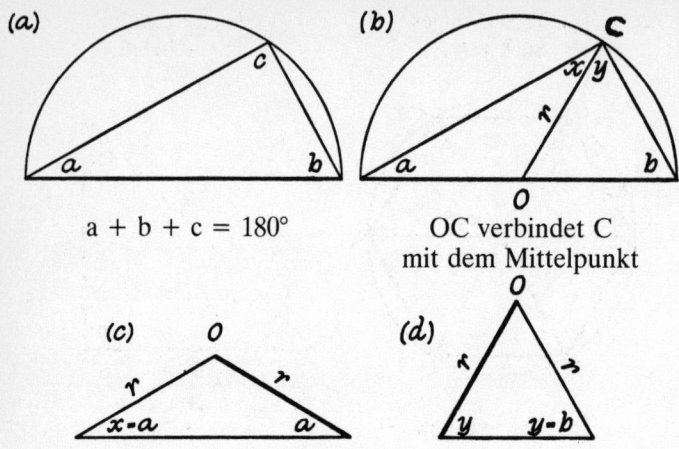

Fig. 19 Der Winkel im Halbkreis
Die Sage erzählt, Thales, der Vater der griechischen Geometrie, habe den Göttern einen Ochsen geopfert, als er zeigen konnte, warum das so ist. Hier ∢c = x + y, so daß ∢c = a + b, a + b + c = 180° = 2a + 2b, also 2c = 180°.

gefunden, wenn die Höhe der Sonne (Neigung zur Horizontalen) 30° und die sogenannte Zenit-Distanz (Neigung zur Lotlinie) 60° betrug oder umgekehrt.

Wahrscheinlich ist auch, daß eine sehr frühe Methode des Winkelmessens das war, was wir heute den Tangens nennen (Fig. 51). Zur Lokalisierung (Fig. 24) der Himmelskörper am Nachthimmel mit Hilfe ihrer Höhe beim *Transit* benutzte man vermutlich noch andere Messungsmethoden. Die Einteilung des Kreises in 360° ist ein Verfahren, das die alexandrinischen Astronomen von den griechisch-sprechenden Kolonien, die mit dem Wissensgut der irakischen Tempel Kontakt hatten, übernahmen. Da in diesem Teil der Welt schon früh das Jahr auf 12 Monate von je 30 Tagen geschätzt wurde, ist diese Praxis wohl daraus entstanden, daß man den Tageslauf der Sonne in ihrem vollen Zyklus durch die Ekliptik berechnete, der am Nachthimmel durch die Tierkreis-Konstellation bestimmt war. Diese Vermutung wird erhärtet durch die Tatsache, daß chinesische Geometer schon zu einem sehr frühen Zeitpunkt des Kreis in 365° einteilten.

Eine Sternenkarte aus einem ägyptischen Grab, datiert auf etwa 1100 v. Chr., zeugt davon, daß die astronomische Beobachtung damals schon ein hohes Niveau an Information hatte, das überzeu-

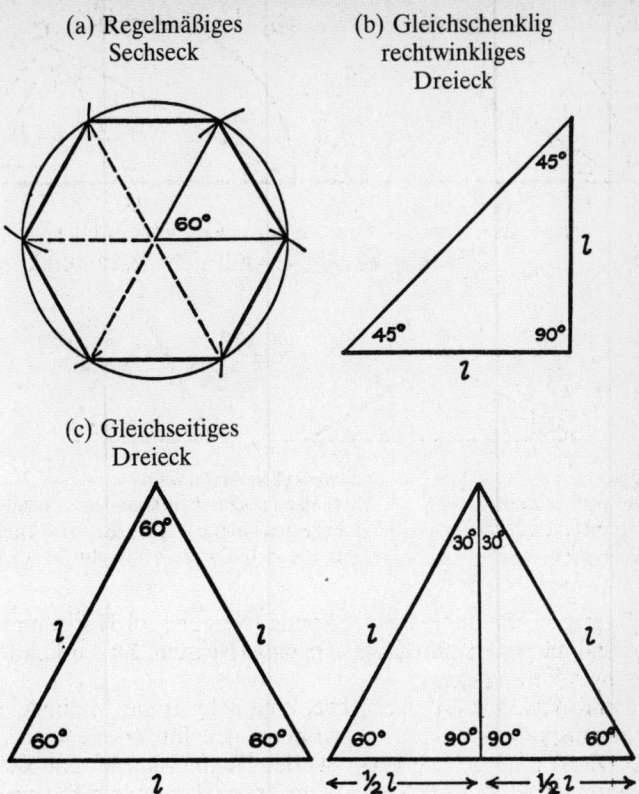

Fig. 20 Konstruktion von Winkeln 45°, 60°, 30°

gend in einem langen Bericht über sorgfältige, nicht nur präzise Beobachtungen zum Ausdruck kommt. Wir wissen wenig über die Methoden der Verfasser, Himmelskörper zu bestimmen. Was wir aber über ägyptische Geometrie und ihre Berechnungsmöglichkeiten wissen, kann weitgehend auf zwei Papyrusrollen bezogen werden, von denen eine (der *Rhind*) im Britischen Museum in London, die andere zur Zeit in Moskau liegt. Sie sind auf 1600 bzw. 1850 v. Chr. datiert. Der Moskauer Papyrus zeigt, daß die ägyptischen Tempel-Bibliotheken das Geheimnis einer genauen Methode zur Berechnung des Volumens einer Pyramide schon vor ungefähr 4000 Jahren besaßen. Ihre Schreiber arbeiteten mit dem Wert 256 : 81 für die Zahl π (Verhältnis des Kreisumfanges zum

Wie man die Höhe der Grossen Pyramide messen kann.

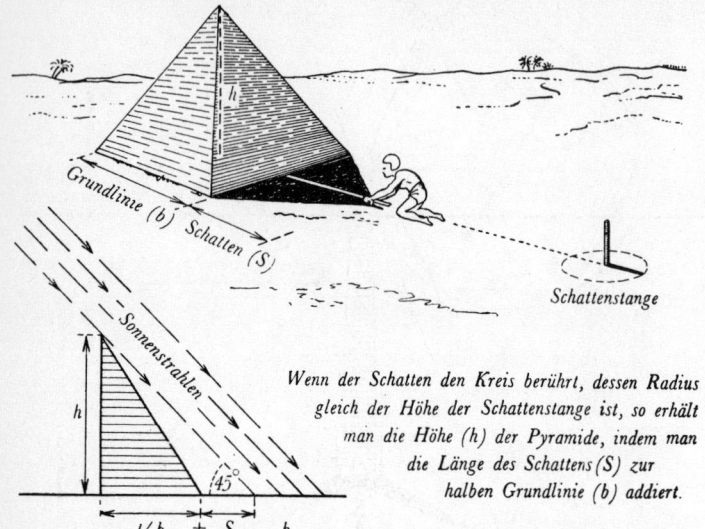

Wenn der Schatten den Kreis berührt, dessen Radius gleich der Höhe der Schattenstange ist, so erhält man die Höhe (h) der Pyramide, indem man die Länge des Schattens (S) zur halben Grundlinie (b) addiert.

Fig. 21

Beträgt die Höhe der Mittagssonne 45°, dann ist die Höhe der Pyramide gleich der Länge des Schattens, vermehrt um die Hälfte der Grundkante der Pyramide.

Durchmesser des Kreises), in unserem Dezimalsystem fast genau 3,16, weniger als 1 % Abweichung von dem heute anzusetzenden Wert. Das mag auf eine Entdeckung zurückgehen, die beim Messen des Zylinders gemacht wurde. Nicht unwahrscheinlich ist auch, daß es (Fig. 66) auf dem Mittelwert des Um- und Inkreises (mit Einheitsradius) von Vielecken mit 12 gleichen Seiten basierte.

Der Gebrauch von π, das zur Berechnung des Volumens von Zylinder und Kegel notwenig ist, stellt uns vor die Frage, wie die Ägypter mit Brüchen umgegangen sind. Sicher ist, daß sie sich Brüche nie anders als kleine Meßeinheiten vorstellten. Weniger klar ist, warum (oder wie) sie immer einen Bruch, dessen Zähler größer als 2 ist, auszudrücken versuchten durch die Summe von einem oder mehreren Brüchen mit Zählern 1 oder 2, z. B.

$$\frac{7}{12} = \frac{1}{3} + \frac{1}{4}; \frac{13}{45} = \frac{2}{9} + \frac{1}{18} + \frac{1}{90} \text{ oder } \frac{1}{5} + \frac{2}{45} + \frac{2}{45}.$$

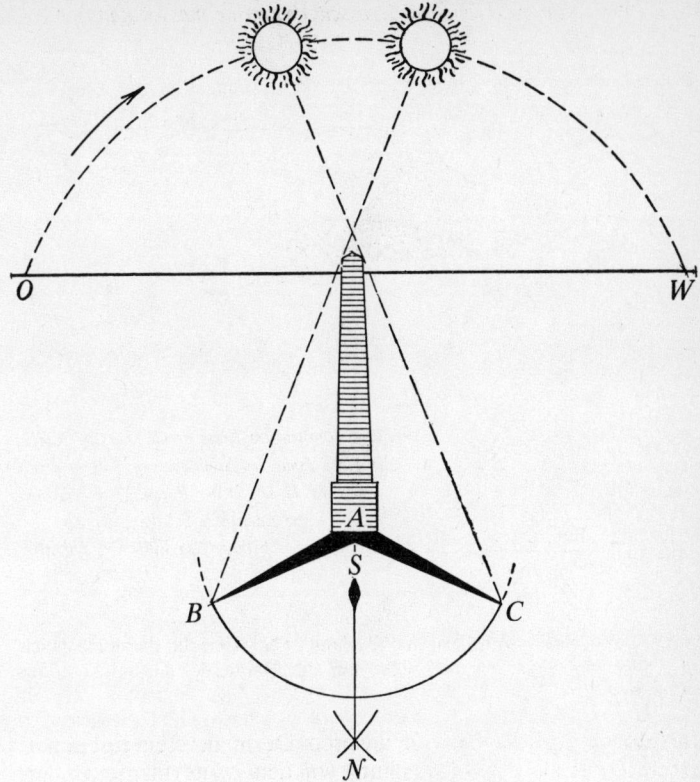

Fig. 22 Festlegung der Mittagslinie

Vor 2000 v. Chr. hatte die Kunst des Berechnens in den Tempelbezirken des Irak ein weit höheres Niveau erreicht als die ägyptische Priesterkaste jemals vorweisen konnte. Seltsamerweise gab man sich dort zufrieden mit einem so ungenauen Wert für $\pi = 3$, Fehlerquote 4 %. Die Lehmtafeln von 2000 v. Chr. zeigen an, daß ihre Hersteller mit Quadrat- und Kubiktabellen Probleme lösen konnten, die alles enthielten was wir heute quadratische und kubische Gleichungen nennen. Sie kannten Beispiele der pythagoräischen Regel für rechtwinklige Dreiecke, die über das 5 : 4 : 3-Rezept der Ägypter hinausgingen, z. B. 17 : 15 : 8. Noch eindrucksvoller ist, daß sie sich in einen Bereich vorgewagt haben, den spätere Generationen den der *irrationalen* Zahlen nennen

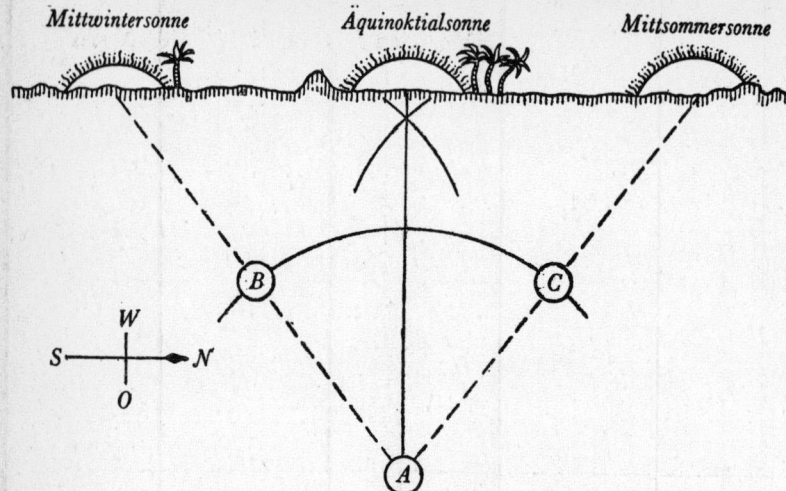

Fig. 23 Festlegung der Äquinoktiallinie

Einige ältere Kalendermonumente lassen vermuten, daß die Äquinoktiallinie durch Beobachtungen des Auf- und Unterganges der Sonne zur Zeit der Sonnenwenden (21. Dezember und 21. Juni), da die Sonne am weitesten gegen Süden bzw. Norden auf- und untergeht, ermittelt wurde. In der Abbildung bedeuten A und B zwei Meßstangen, die in gleicher Linie mit der untergehenden Sonne zur Zeit der Wintersonnenwende stehen. Ebenso sind die Meßstangen A und C in gerader Linie mit der untergehenden Sonne zur Zeit der Sommersonnenwende, wobei die Entfernung zwischen A und C die gleiche ist wie zwischen A und B. Genau in der Mitte ihrer Reise zwischen den zwei äußersten Lagen geht die Sonne genau im Osten auf und im Westen unter; Tag und Nacht haben dann gleiche Länge. Aus diesem Grunde nennt man diese beiden Tage (21. März und 23. September) Äquinoktien (Tag- und Nachtgleichen). Nach antikem Brauch waren diese Tage von großer Bedeutung. Der Ost- und der Westpunkt des Horizontes können durch Halbierung des Winkels BAC erhalten werden (siehe Seite 42 Fig. 15).

MATHEMATIK IN VORGESCHICHTLICHER ZEIT 51

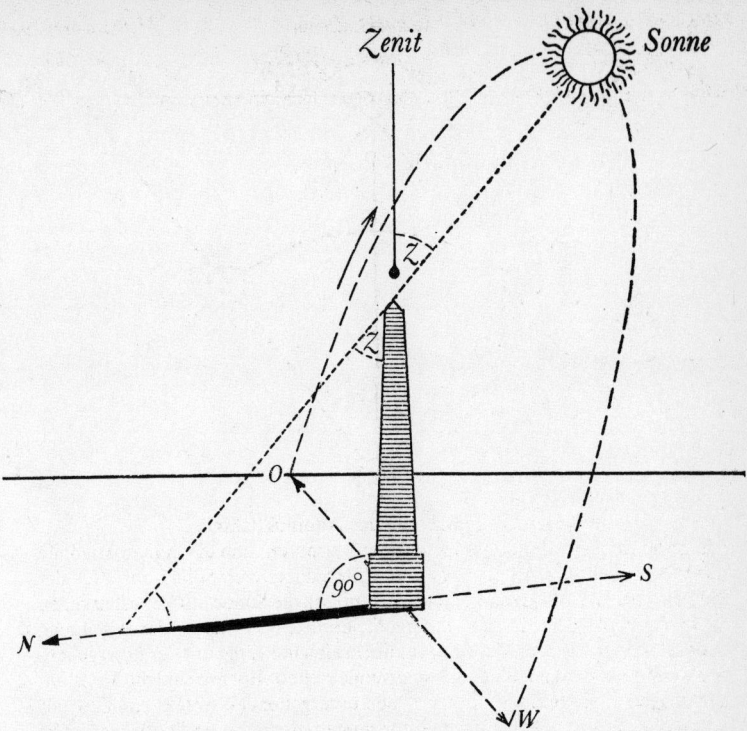

Fig. 24 Mittag zur Zeit der Äquinoktien (21. März und 23. September); die Sonne geht genau im Osten auf und genau im Westen unter. Der Schatten, den die Mittagssonne wirft, liegt immer in der Geraden, welche den Nordpunkt des Horizontes mit dem Südpunkt verbindet. Durch diese Gerade geht auch die Meridianebene des Beobachtungsortes; in dieser Ebene liegt der »Längenkreis« des Ortes; dieser Kreis verbindet den Nord- und den Südpol miteinander. Unter »Zenit« versteht der Astronom die direkt über dem Kopf befindliche Stelle an der Himmelskugelfläche.

Beachte, daß der Winkel *(A)*, den die Visierlinie nach der Sonne mit dem Horizont bildet (»Sonnenhöhe« genannt), und der Winkel *(Z)*, den diese Visierlinie mit dem Bleilot oder der Vertikalen einschließt (»Zenitdistanz« genannt), zusammen einen rechten Winkel ergeben, so daß *A = 90° − Z und Z = 90° − A.*

würden. Es ist keine große Errungenschaft zu sagen: wenn 3^2 (drei zum Quadrat) = 9 ist, dann ist $\sqrt{9}$ (Quadratwurzel aus 9) = 3. Es bedeutet nur: wenn 9 dreimal 3 ist, so ist 3 die Zahl, die mit sich selbst multipliziert 9 ergibt. Es ist jedoch eine Tat von großer Tragweite, als erster zu sagen: wir wollen eine Zahl finden ($\sqrt{2}$), die mit sich selbst multipliziert 2 ergibt. Vielleicht bedeutete es noch mehr, einen Wert wie 17 : 12 in unserer Bruch-Schreibweise darzustellen. Wenn man das nämlich quadriert, d. h. mit sich selbst multipliziert, so ist die Fehlerquote geringer als $\frac{1}{200}$.

$$\left(\frac{17}{12}\right)^2 = \frac{17 \cdot 17}{12 \cdot 12} = \frac{289}{144} = 2\frac{1}{144}.$$

Hier ist zu bemerken, daß

$$\left(\frac{16}{12}\right)^2 = \frac{256}{144} = 1\frac{112}{144}.$$

Mehr als zwei Jahrtausende mußten vergehen, bevor Menschen begriffen, daß $\sqrt{2}$ sich mühelos als eine Zahl zwischen (16 : 12) = 1,3 und (17 : 12) = 1,416 vorstellen läßt, wie auch zu realisieren, daß man *unendlich* weitergehen und den Abstand immer kleiner machen kann. Z. B. liegt $\sqrt{2}$ auch irgendwo zwischen 1,414 und 1,415.

$$1,415 \cdot 1,415 = 2,002225$$
$$1,414 \cdot 1,414 = 1,999396$$
$$\text{Differenz} = 0,002829.$$

Heute ist an $\sqrt{2}$ nicht viel Irrationales außer der Irrationalität der Hoffnung, daß ein Computer programmiert werden kann, der den Prozeß des Immer-näher-zum-Ziel-Strebens beenden kann, bevor die Welt für Menschen unbewohnbar geworden ist.

Zu einer Zeit, in der ungewöhnliche Ereignisse am Himmel wie z. B. Eklipsen, unter Bauern, Handwerkern und Händlern Angst und Schrecken erregten, hatten die Priester-Astronomen das starke Bedürfnis, ihre Glaubwürdigkeit zu beweisen. Etwa 1500 v. Chr. entdeckten die Astronomen einen ungefähr 18-Jahre-Zyklus, in dem sich Lunar- und Solareklipsen wiederholen.

Da sie nun in der Lage waren, diese vorauszusagen, vergrößerten sie damit zweifellos ihr soziales Prestige und den Anspruch auf höhere Abgaben und andere Privilegien. Dieser Eklipsen-Zyklus lag in seiner Ausdehnung ein wenig über 18 Jahre, genauer: 6585,83 Tage.

Unnötig zu sagen, es brauche Beobachtungen über eine Periode vieler solcher Zyklen, um eine zuverlässige Schätzung zu bekommen. Und astronomische Berechnungen hätten sich mit weit größeren Zahlen zu befassen als solche, die zur Schätzung von Tempelbesitz benötigt wurden. Zu einer nicht gewissen Zeit vor 300 v. Chr. erkannten die Astronomen des Irak den 25 000-Jahre-Zyklus, in dem die Daten der Äquinoktien eine Kalender-Runde beschließen.

Für astronomische Berechnungen benutzten sie eine ältere Gruppe von Symbolen für das Rechnen mit Vielfachen von 10, immer noch befangen im Sinne von Handel und Buchhaltung; aber sie gaben ihnen neue Werte als Vielfache von 60. Sie drückten Brüche aus (wie wir es immer noch bei Teilen von Graden tun), wie mittelalterliche Schreiber in Latein Minuten (pars minutus) und Sekunden (pars secundus). So schreiben wir etwa statt 4,03416 Grade

$$4° \ 2' \ 3'', \text{ was bedeutet } 4 + \frac{2}{60} + \frac{3}{60 \cdot 60}.$$

In diesem System beträgt eine Sekunde weniger als 1 : 3000 und dieser Bruch ist klein genug für alle Berechnungen, mit denen die Mathematiker der Antike zu tun hatten. Darüber hinaus hat die Wahl der Zahl 60 als Basis einen besonderen Vorteil; es gibt auch heute noch Leute, die von Zeit zu Zeit mit der Anregung kommen, wir sollten 10 als Basis unseres Zahlensystems durch 12 ersetzen. Der Vorteil der Basis 12 besteht darin, daß 12 exakt teilbar ist durch die ganzen Zahlen 2, 3, 4, 6 und 12, wohingegen 10 nur durch 2, 5 und 10 teilbar ist. Die Zahl 60 ist teilbar durch 2, 3, 4, 5, 6, 10, 12, 15, 20, 30 und 60. So ist jeder echte Bruch, der eine dieser Zahlen als Nenner hat, exakt in Minuten auszudrücken. Um herauszufinden, wie viele Zahlen in Minuten und Sekunden darstellbar sind, braucht man nur zu fragen, welche ganzen Zahlen Faktoren von 3600 (= 60·60) sind. In der Reihe der Brüche, größer als $\frac{1}{60}$, bringt das auch solche, deren Nenner 8, 9, 16, 18, 24, 25, 36, 40, 45, 48 und 50 sind, z. B.

$$\frac{7°}{48} = 7 \cdot (1' \ 15'') = 8' \ 45''.$$

Aus der vorhergehenden Rechnung wird klar, daß die Priesterkaste und ihr Schreibergefolge in den Tempeln von Ägypten und Irak ein beträchtliches Handelskapital an verwendbarer Geometrie besaßen, lange bevor die Griechen als ihre Schüler um 600 v. Chr. die Bühne der Geschichte betraten.

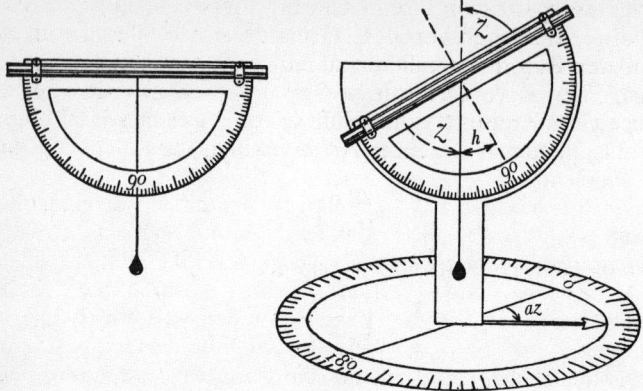

Fig. 25 Man kann sich einen einfachen Theodoliten oder ein Astrolabium (Sternhöhenmesser) zur Messung des Winkels, den die Visierlinie nach einem Stern (oder nach einem anderen Gegenstand) mit dem Horizont (Höhenwinkel oder Höhe) oder mit der Vertikalen (Zenitdistanz) bildet, herstellen, indem man von einer Lehrmittelhandlung einen Wandtafelwinkelmesser bezieht und an diesem ein Metallrohrstück genau parallel zur Basislinie des Winkelmessers fest anbringt. Im Zentrum des Winkelmessers befestige man eine Schnur, die mit einem Gewicht (z. B. einem Klumpen aus Typenmetall, der von einem Setzer gratis zu erhalten ist, wenn man ihn höflich darum bittet) zu beschweren ist, damit sie wie ein Bleilot wirke. Die Teilmarke, die die Schnur verdeckt, wenn der Gegenstand anvisiert ist, gibt die Zenitdistanz Z, und die Höhe h beträgt $90°-Z$. Montiert man den bereits hergestellten Teil freibeweglich an einer aufrechten Holzstütze, die sich ihrerseits frei drehen kann und über einer festen Basis mit Kreisteilung (man schraube zwei Winkelmesser an diese an) zu stehen kommt, und bringt man ferner an der Stütze einen Zeiger an, der mit dem Rohrstück in der gleichen Ebene liegt, so kann man das Azimut (AZ), d. h. die horizontale Abweichung eines Sternes oder eines anderen Gegenstandes (z. B. die untergehende Sonne), von der Mittagslinie messen. Zu dem Zweck befestigt man die Skala so, daß der Zeiger auf 0° weist, wenn die Mittagssonne oder der Polarstern anvisiert wird. So sah ein Instrumententypus aus, den man zur Zeit der Weltumsegelungen zur Messung der geographischen Länge und Breite verwendete. Der Leser kann das Instrument zur Bestimmung der geographischen Breite und Länge seines Hauses (Kapitel III), oder zur Herstellung einer Kartenaufnahme seiner Nachbarschaft (Kapitel III und IV) benutzen.

Was sie später von ihren Lehrern unterscheidet, ist, daß sie keinerlei Anzeichen verraten, Gründe für den Glauben an die benutzten Regeln formulieren zu müssen. So erklärt der für den Rhind-Papyrus verantwortliche Schreiber Ahmes, wie man die Fläche eines Kreises (A) mit Hilfe seines Durchmesser (d) durch eine Daumenregel folgender Art berechnen kann.

$$A = \left(\frac{8\,d}{9}\right)^2;$$

das lautet, mit Hilfe des Radius r ausgedrückt

$$A = \left(\frac{16\,r}{9}\right)^2 = \frac{256\,r^2}{81} = (3{,}1605)\,r^2.$$

Das ist gleichbedeutend mit unserer Formel $A = \pi r^2$, wenn wir 3,1605 als Wert für π ansetzen, was weniger als 1 % von dem auf fünf Dezimalstellen genauen Wert 3,14159 abweicht. Es kommt hier nicht darauf an, ob wir die Abweichung als groß oder klein ansehen, sondern darauf, daß der Schreiber eine Regel anwendet ohne die geringste Andeutung, wie sie gefunden wurde oder warum man sie für zuverlässig halten sollte.

Die Verehrung der Griechen durch ihre Nachfolger beruht auf der Tatsache, daß sie als erste explizit auf der Notwendigkeit eines *Beweises* bestanden. Es gibt mehrere Umstände, die diese Neuerung vorantrieben. Ihre Vorfahren, die soviel Land um das Mittelmeer herum eroberten und kolonisierten, kamen aus Gebieten, frei von dem Alpdruck einer hoch privilegierten Priesterschaft. Sie wurden durch ihren Seehandel reich und kamen dadurch in Kontakt mit Gebieten, wo Architektur, Sternkunde und die verschiedensten Künste der Messung schon vor ihrer Ankunft einen hohen Standard erreicht hatten. Getrieben von einer unbelasteten Neugier, alles, was sie durch Hörensagen erfuhren, für bare Münze zu nehmen, brachten sie von ihren Reisen die Kenntnis neuer Techniken mit, deren Übernahme nur in offener Debatte mit streitlustigen Nachbarn zu erzwingen war.

So ist es relevant, daß wir das Datum der Geburt griechischer Geometrie für die letzten Jahre von Thales (640–546) ansetzen; dieser war ein wohlhabender, handeltreibender Seefahrer mit Hauptquartier in der griechischen Kolonie von Milet am Rand von Kleinasien, in enger Nachbarschaft zu phönizischen Häfen. Die Geburt des Thales, selber phönizischer Abstammung, ereignete sich, als eine breitere Bildung möglich wurde durch die Angleichung des Alphabets ihrer semitischen Rivalen an die Erfordernisse der griechischen Sprache, deren Struktur grundsätzlich von der ihren verschieden war. In seiner Lebenszeit wurde durch die Einführung des ägyptischen Papyrus als Schreibmaterial das allgemeine Lesen in den griechischen Kolonien gefördert; und etwa 25 Jahre nach seinem Tode wurde Aeschylos geboren, der zum erstenmal den Dialog der Stammeschöre im Drama institutionalisierte. So schuf der Gebrauch des geschriebenen Wortes ein Muster für Berichte und Kontroversen über Politik, Religion und andere Gegenstände in geordneter und logischer oder quasilogischer Weise.

Zu Lebzeiten des ersten griechischen Dramatikers konnten Lehrer, die ebenfalls weitgereist waren unter den wohlhabenden Bürgern, Schüler gewinnen. Einer der ersten unter ihnen war Pythagoras, der um 550 auf der Höhe seines Könnens stand und seine Schule in dem griechisch sprechenden Teil von Süditalien gründete. Er selbst hat kein geschriebenes Werk hinterlassen und seine Schüler zur Geheimhaltung verpflichtet. Aber nach seinem Tode bewirkte griechischer Forschungsdrang, griechische Vorliebe für Diskussionen und der Wettbewerb zwischen rivalisierenden Lehrern, daß jeder Versuch, die Wissenschaft zu monopolisieren, zunichte gemacht wurde.

Griechische Historiker berichten übereinstimmend, daß Thales Kenntnis und Vorliebe für Geometrie auf seinen Reisen in Ägypten erworben habe, wo er mit dem Wissensgut der Tempel in Kontakt kam. Pythagoras bereiste nicht nur Ägypten, sondern auch Irak und wahrscheinlich auch noch fernere Gebiete. Er kam zurück mit großem Interesse für Zahlenkunde, einschließlich der figurierten Darstellung von Zahlen (Fig. 36 – 37) als Dreiecke und Quadrate. Zweifellos war das Rohmaterial der griechischen Mathematik importiert; aber als Import mußte es die Zollämter griechischer Skepsis passieren. Der reisende Lehrer, der seine Ware an Bürger verkaufen wollte, die reich genug waren, ihm ihre Söhne zu Studien anzuvertrauen, mußte seine Kunden davon überzeugen, daß diese zumindest dauerhaft waren; das Verlangen nach Beweisen wuchs mit der sich ausbreitenden öffentlichen Diskussion. Meßkunst und Rechenkunst bildeten seither eine offene Verschwörung.

Einerseits war das eine gute Sache, andererseits mag es wohl zu Zweifeln Anlaß gegeben haben. Bevor die griechische Geometrie während des Jünglingsalters von Euklid ihren Höhepunkt erreicht hatte, war der Begriff »Beweis« zur Mumie geworden. Man kann von zwei Phasen in der griechischen Mathematik sprechen. Die erste war abenteuerliche Jugend; ihre Vertreter fühlten sich noch der Daumenregel verpflichtet, die das Geheimnis der Tempelbezirke in Ägypten und Irak waren. Klar ist, daß sie sich noch als Schuldner ihrer Lehrer aus viel älteren Kulturen betrachteten. Demokrit – allem Anschein nach der erste, der verständliche Gründe zur Betrachtung der Materie auch der Luft als Zusammengesetztes (d. i. aus Atomen bestehend) vorbrachte – sagt folgendes:

»Unter all meinen Zeitgenossen bin ich es, der den größten Teil der Welt durchkreuzt, die fernsten Gebiete besucht, die unterschiedlichsten Klimazonen, die meisten Länder erforscht und den meisten Menschen zugehört hat. Es gibt keinen, der mich in geometrischen Konstruktionen und Demonstrationen übertroffen hätte, nicht einmal die Geometer Ägyptens, bei denen ich fünf volle Jahre meines Lebens verbrachte«.

Demokrit (um 400 v. Chr.) stand am Kreuzweg: seine Lebenszeit überlappt die Platos, der 389 achtzigjährig starb, und die seines berühmten Schülers Eudoxus (408 – 355). In der Phase der griechischen Mathematik, die wir mit der Schule Platos verbinden, haben die Lehrer der Geometrie deren Wurzeln im praktischen Denken der Menschheit verleugnet. An ihrem Ende wurde eine Art der Beweisführung gefördert, die nichts mit der Praxis zu tun hatte und in Wirklichkeit die Messung aus der Mathematik verbannte. Wie das geschehen konnte, gehört zu der Geschichte (Kap. 3) von Euklids Gabe an Alexandrien. Hier sollen jetzt nur die Hauptzüge erwähnt werden, die Platos Schüler als wesentlich für einen überzeugenden Beweis ansahen:

Erstens: Es ist wesentlich, die benutzten Ausdrücke zu *definieren*.

Zweitens: Es ist wesentlich, klar herauszustellen, was wir übereinstimmend für gesichert halten, z. B. $a + n = b + n$, wenn $a = b$.

Drittens: Es ist wesentlich, klarzumachen und zu rechtfertigen, nach welchen Verfahren wir definieren oder Figuren so teilen, daß die Beziehungen zwischen den Teilen erkennbar werden.

Etwas willkürlich beschränkte die Platonische Schule die Verfahren der dritten Kategorie auf das, was nur mit Lineal und Zirkel zu zeichnen war, nämlich gerade Linien und Kreisbögen. Wenn wir diese Begrenzung akzeptieren, bleibt uns dennoch zu zeigen, daß unsere Regeln für die vier Hauptmöglichkeiten der Teilung gültig sind:

a) wie man eine Gerade teilt,
b) wie man einen Winkel teilt,
c) wie man in einem bestimmten Punkt einer Geraden die Senkrechte errichtet,
d) wie man von einem außerhalb der Geraden gelegenen Punkt die Senkrechte fällt.

Die Rechtfertigung all dieser Verfahren hängt von zwei Voraussetzungen ab. Die erste ist, daß die Entfernung zwischen dem Mittelpunkt und jedem Punkt des Kreisbogens gleich ist. Das folgt aus der Art und Weise, wie man einen Kreis zeichnet und ist daher eine echte Definition des Kreises. Die zweite hängt davon ab, was man wissen muß, um ein spezielles Dreieck zu konstruieren, und also wissen muß, wann zwei Dreiecke gleichwertig sind. Jede der folgenden Bedingungen genügt, ein einziges Dreieck (oder sein Spiegelbild) zu konstruieren. Woraus folgt, daß zwei Dreiecke gleichwertig sind, wenn man von beiden die eine oder andere entsprechende Vorschrift kennt:
1. Wir kennen die Länge zweier Seiten und den von ihnen eingeschlossenen Winkel.
2. Wir kennen die Länge einer Seite und die beiden anliegenden Winkel.
3. Wir kennen die Länge der drei Seiten.

Um die Relevanz der uns verfügbaren Mittel zur Definition einer Figur zu illustrieren, genügt die des Quadrates. Man zeichnet zwei Strecken gleicher Länge im rechten Winkel zueinander; dann läßt sich die Figur mit dem Zirkel vervollständigen:
1. indem man Kreisbögen derselben Länge wie jede Seite zeichnet mit ihrem freien Endpunkt als Zentrum;
2. den Schnittpunkt beider mit den Zentren verbindet.

Oder man zeichnet Linien, die in den Endpunkten der beiden zuerst gezeichneten senkrecht stehen. Somit kann man ein Quadrat definieren mit dem, was sich mit Lineal und Zirkel tun läßt
1. *entweder* als eine Figur mit vier gleichen Seiten, von denen zwei einen rechten Winkel einschließen;
2. *oder* als eine Figur mit zwei angrenzenden Seiten und vier rechten Winkeln.

Was diese Spielregeln nicht hergeben, ist die Definition eines Quadrates als einer Figur mit vier gleichen Seiten und vier eingeschlossenen rechten Winkeln. Arbeitet man nach 1), so muß noch gezeigt werden, wieso die drei weiteren Winkel rechte sind; nach 2) ist zu zeigen, wieso die beiden übrigen Seiten gleich den genannten sind.

MATHEMATIK IN VORGESCHICHTLICHER ZEIT 59

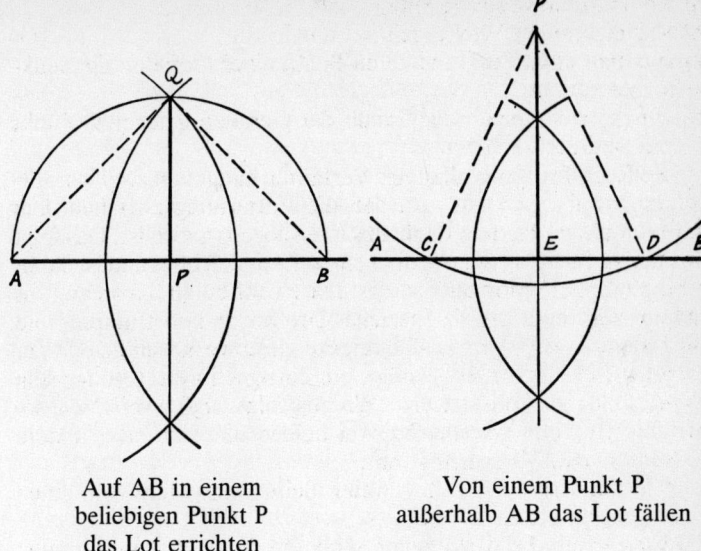

Auf AB in einem beliebigen Punkt P das Lot errichten

Von einem Punkt P außerhalb AB das Lot fällen

Fig. 26 Zwei Euklidsche Konstruktionen

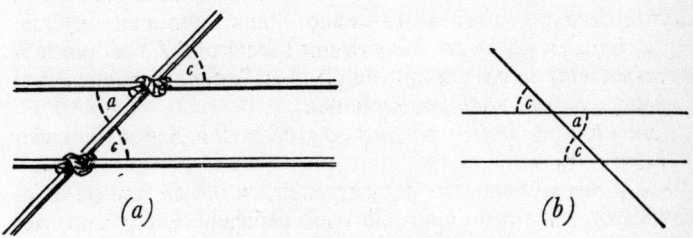

Die zwei Parallelenregeln
a) Feststellen, wann zwei Stangen parallel sind.
b) Erkennenlernen der Gleichwertigkeit zweier Winkel.
Fig. 27 Parallelen

Soweit Euklid oder seine Vorgänger auf der Folgerichtigkeit von Definitionen mit dem Gebrauch von Lineal und Zirkel bestanden, hatten sie festen Boden unter den Füßen; aber zumindest Euklid baut von einem ungestützten Dach abwärts, wenn er nacheinander einen *Punkt*, dann eine *gerade Linie,* dann eine *Ebene* definiert. Wir nennen das eine gerade Linie, was wir mit der geraden Kante jedes beliebigen Lineals zeichnen können; der Ingenieur muß wissen, wie er eine Fläche glättet, bevor er eine Gerade ziehen kann. Realistisch gesehen, sind alle Prioritäten falsch, und die Art der Worte, mit denen Euklid eine gerade Linie als *eben* zwischen zwei Punkten liegend definiert, geht von falschen Voraussetzungen aus. Noch weiter von der praktischen Wirklichkeit entfernt ist Euklids Definition des Wortes *parallel*. Er definiert Parallelen als gerade Linien, die in derselben Ebene liegen und, wie auch immer produziert, einander nicht treffen. Nach dieser etwas obskuren Definition dreht er die eigentliche Ordnung von Definition und Beweis um, indem er deduziert, daß eine Gerade, die zwei Parallelen schneidet, entsprechende Winkel gleich macht. In Wirklichkeit ist unser Kriterium der Parallelität zweier Geraden, daß sie gegenüber jeder sie kreuzenden Geraden gleiche Neigung aufweisen.

Zweifellos haben einige Leser irgendwie den Eindruck, daß wir an die absolute Richtigkeit der Euklidschen Geometrie nicht mehr glauben. Solche Feststellungen sind tatsächlich verwirrend, wenn man nicht zwischen zwei Gebieten unterscheidet, auf die sie anzuwenden sein könnten. Um es ganz einfach zu sagen: wir können nützlicherweise das Feld einengen; hier soll erklärt werden, warum. Aus zwei Gründen werden wir in diesem Buch Euklids Geometrie der festen Körper nicht betrachten. Es sind seit langem bessere Methoden zur Behandlung dieses Themas im Gebrauch. Und ferner gibt es keine überzeugende Verbindung zwischen Euklids Darstellung dieser Körper und den von ihm angewendeten Methoden zur Behandlung ebener Figuren – wenn man nicht jede Überlegung, die die Orientierung angeht, außer Acht läßt; z. B. den wesentlichen Unterschied zwischen einem rechten und einem linken Handschuh oder zwischen zwei Kristallen, die als optische Isomeren anzusehen sind. Unter dieser Voraussetzung kann man sagen, daß die Euklidsche Geometrie der Ebene mit nichts im Widerspruch steht, was der Konstrukteur auf dem Zeichenbrett entwirft oder was dessen Entwurf der Erfahrung nach als getreues Modell aufweist.

Diese letzte Feststellung bedeutet nicht, daß Euklids Lineal und

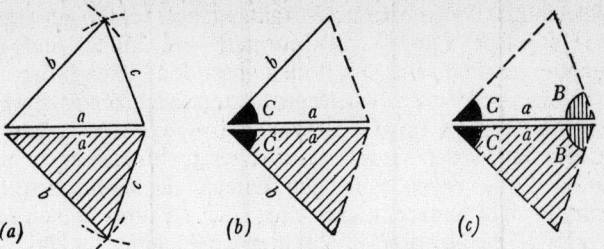

Wie man ein Dreieck zeichnet.

Man kennt:
a) Die Längen der drei Seiten.
b) Die Längen zweier Seiten und die Größe des eingeschlossenen Winkels.
c) Die Länge einer Seite und die zwei Winkel, die die beiden anderen Seiten mit ihr bilden.

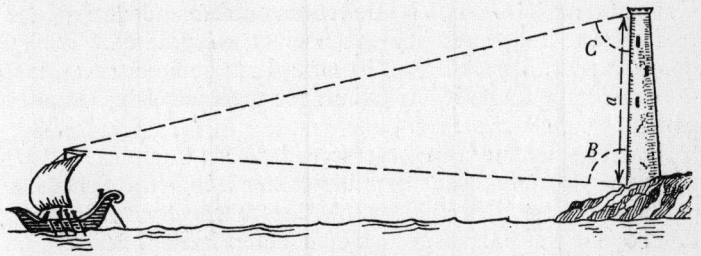

Eine frühe Anwendung von (c). Sie wird Thales zugeschrieben.

Fig. 28

Zirkel ausreichend seien für jede Kurve, die mit Hilfe eines geeigneten mechanischen Werkzeugs gezeichnet werden kann. Das stimmte schon zu Euklids Zeiten nicht. Ob seine Geometrie richtig ist oder nicht – in dem Sinne, daß sie verkörpert, was Zeichenbrett-Modelle korrekt beschreiben, ist nicht der Zankapfel für Mathematiker, die über Nichteuklidsche Geometrie nachdenken. Was hinter einer Nebelwand von Abstraktionen ansteht, ist ein astronomisches Problem.

Wir sprechen vom Weltraum und können ihn uns doch nicht anders vorstellen als ein Medium, aus dem wir Lichtzeichen und Strahlenenergie empfangen. Die gesamte Astronomie der Griechen beruhte auf zwei Annahmen: daß Licht sich geradlinig fortbewegt und daß die Lichtstrahlen von jedem Fixstern aus parallel laufen. Im interstellaren Raum können wir nichts konstruieren, was mit dem Zeichenbrettverfahren zum Erhalt einer Geraden vergleichbar wäre, und nur die Beobachtung kann bestätigen, daß diese Zeichenbrettgeometrie getreu wiedergeben kann, wie das Licht von der Milchstraße uns erreicht. Ersetzen wir Euklids von falschen Voraussetzungen ausgehende Definition der geraden Linie durch eine Alternative, die von Archimedes stammt, so entbindet uns das nicht von der Notwendigkeit, die Zuverlässigkeit unseres Modells zu überprüfen.

Archimedes definiert die Gerade als die kürzeste Entfernung zwischen zwei Punkten. Da nur Lichtstrahlen sichtbar den Raum durchqueren, ist ihr Weg, wie auch immer er verlaufen mag, der kürzeste, über den wir etwas wissen können. So gesehen, laufen Lichtstrahlen in Archimedischen geraden Linien, aber nicht notwendig wie Geraden des Zeichenbrettes. Diese Aussage soll in keiner Weise die Brauchbarkeit der griechischen Geometrie in Frage stellen aus einer Zeit, als Astronomie und die daraus entstehende Geographie die einzigen Zweige der Wissenschaft waren, die mathematischer Geschicklichkeit bedurften.

Für alle praktischen Zwecke, die die griechische Astronomie umfaßte, war die Zeichenbrettgeometrie entsprechend geeignet, und die Astronomie schritt damit voran.

Schon vor Platos Zeit hatte die griechische Astronomie die Errungenschaften der Vorgänger überholt. Die Einrichtung des Kalenders war eine vorrangige soziale Funktion der Priesterkaste gewesen, und die Tempel in Ägypten und im Irak waren seit langem Aufbewahrungsort für viele Informationen über Aufgang, Untergang, Neigungswinkel zum Horizont der Fixsterne, des Mondes und der Sonne. Die Astronomen wußten, was Eklipsen waren, daß die Mond-Eklipsen den Schatten enthüllen, den die Randkurve der Erde wirft, wenn sie zwischen Mond und Sonne in gerader Linie mit ihm steht. All das könnte – und tat es wohl auch – die Vorstellung vermitteln, daß die Erde eine kreisrunde Scheibe sei. Nichts in den Tempelobservatorien sprach dagegen. Erst als phönizische Handelsschiffe bis über die Grenzen des Mittelmeeres vordrangen, nach Norden für Zinn, nach Süden für Gewürze entlang der Küste von Europa und Afrika segelten, während der drei Jahrhunderte vor dem Erwachen der griechischen Geometrie begann die Vorstellung einer Kugelform der Erde aus der allgemeinen Praxis heraus zwingend Gestalt anzunehmen.

Lange Seereisen nach Nord und Süd brachten den Schiffskapitänen eine ständig wachsende Menge an Erfahrungen, die völlig

MATHEMATIK IN VORGESCHICHTLICHER ZEIT 63

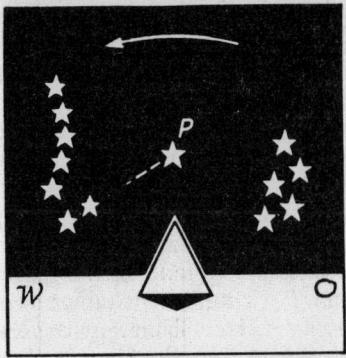

Kurz vor Sonnenaufgang

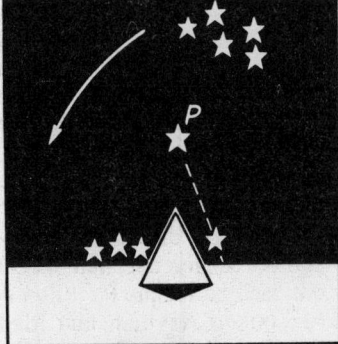

Mitternacht

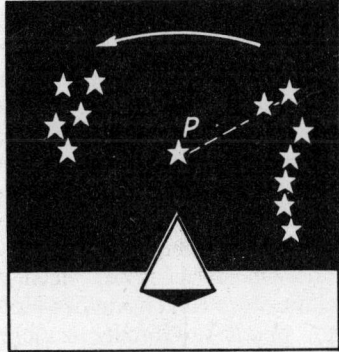

Sonnenuntergang

Fig. 29 Nächtliche Rotation der Sterne

anders waren als alles, was die Tempel-Astronomen ihr Leben lang über den Himmelsraum geglaubt hatten. Schon bevor Schiffe zu den Säulen des Herkules, der Straße von Gibraltar, vorgedrungen waren, war der Schiffsführer vertraut mit der Tatsache, daß ein Leitstern, Canopus, nach dem Sirius der hellste am Firmament und einen großen Teil des Jahres bis zu dem südlichen Rande des Mittelmeeres überall sichtbar, nördlich von Sizilien niemals zu sehen war. Er wußte auch, daß die relativen Längen des Mittagsschattens der Sonne zur Zeit der Äquinoktien und der Sonnenwenden in Marseille anders waren als in Cyrene. Er hatte keine Karten, sondern nur Berichte, wie (in unserer Sprache) die Höhe eines Himmelskörpers im Durchgang von der *Breite* abhängt (Fig. 59–62).

Wagte sich ein Navigator nordwärts oder südwärts über die Grenzen des Mittelmeeres hinaus, so war er völlig abhängig von dem wechselnden Antlitz des Himmels und eifrig bereit, darüber zu berichten. Um 400 v. Chr. beschrieb ein Seefahrer Pythias allein durch Beobachtung des Mittsommermittagsschattens die Breite von Marseille auf ein Zehntel Grad genau; aber schon lange vorher hatten griechische Schiffer und Lehrer aus der Erfahrung ihrer phönizischen Rivalen gelernt, die Erde als eine Kugel anzusehen.

Nur so läßt sich erklären, warum Sternhaufen in manchen Breiten niemals sichtbar, in andern einen Teil des Jahres und in andern das ganze Jahr sichtbar sind, wie z. B. Cassiopeia und der Große Bär heute in London. Fig. 29 zeigt, daß der Große Bär *(Ursa Major)* in der Breite der Großen Pyramide von Gizeh nur teilweise sichtbar ist während des ganzen Jahres. Wenn ein Seemann, wie der Karthager Hanno um 500 v. Chr., südwärts der afrikanischen Küste bis etwa zum heutigen Liberia segelte, kam er zuerst an eine Stelle, an der die Mittagssonne, ohne Schatten zu werfen, direkt über seinem Kopf stand. Weiter südlich innerhalb des tropischen Gürtels begegnete er einem Phänomen, das für die frühere Vorstellung von der Erde als einer Scheibe völlig unverständlich war: Während einiger Zeiten im Jahr zeigte der Mittagsschatten in entgegengesetzte Richtungen.

Die Zirkumpolarsterne oder Konstellationen wie z. B. die beiden vorher erwähnten scheinen um einen festen Punkt zu rotieren und alle anderen Sterne in Kreisbögen in Ebenen parallel zu diesen. Dieser feste Punkt *(Himmelspol)* entspricht heute ziemlich genau der Position von Polaris im Kleinen Bär *(Ursa Minor),* der in einem winzigen Kreis von weniger als 1° um ihn rotiert.

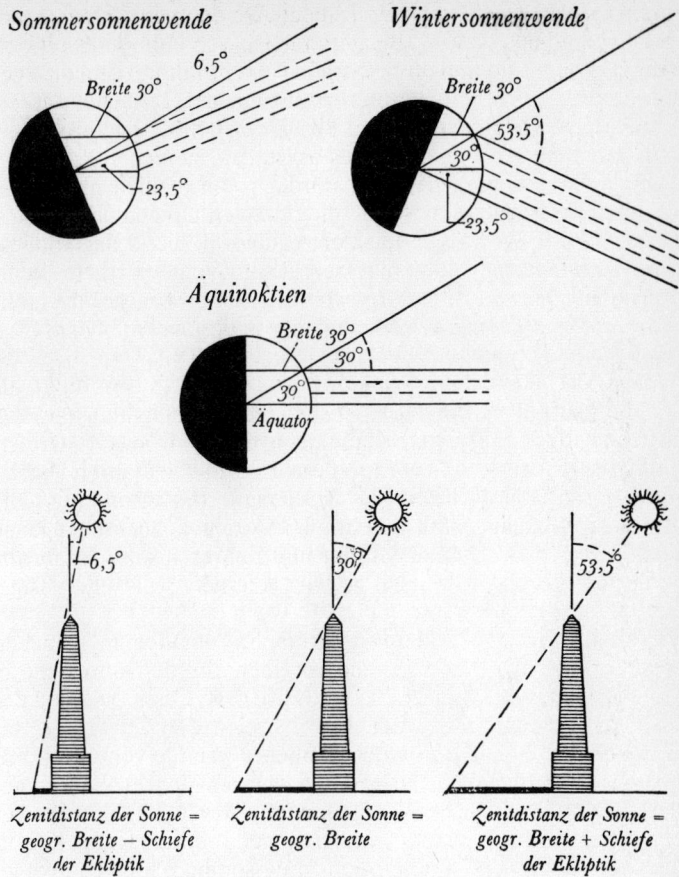

Fig. 30 Ägyptische Messung der Schiefe der Ekliptik mit Hilfe des Schattens der Mittagssonne

Mittags steht die Sonne am höchsten. Der Himmelspol, der Erdmittelpunkt, der Beobachter und der Sonnenmittelpunkt liegen sämtlich in derselben Ebene (ebene Fläche). Zur Zeit der Äquinoktien (21. März und 23. September) gibt die Zenitdistanz der Mittagssonne direkt die geographische Breite L des Beobachtungsortes an (30° in Memphis). Bezeichnet man die Schiefe der Ekliptik mit E, so gilt

$L + E$ = Zenitdistanz der Sonne zur Zeit des Wintersolstitiums (21. Dezember)

$L - E$ = Zenitdistanz der Sonne zur Zeit des Sommersolstitiums (21. Juni)

Sein Winkel mit dem Horizont ist gleich dem Winkel, den die Mittagssonne des Äquinoktiums mit der Lotrechten bildet. Jeder Winkel stimmt überein mit dem, was wir unsern Breitengrad nennen. Diese Feststellung war schon vor Euklid ein Gemeinplatz in der griechischen Astronomie, wie auch die Einteilung der Welt in *Klimazonen*.

Die Astronomen in Ägypten und im Irak wußten, daß der scheinbare Rückzug der Sonne in den Konstellationen des Tierkreises (Fig. 30) in einer festen Ebene (der Ekliptik) vor sich geht, die in einem festen Winkel ($23\frac{1}{2}°$) auf eine imaginäre Ebene, dem Himmeläquator, am Firmament geneigt ist. Was sie nicht konnten, war, ihre Beobachtungen auf die Gestalt und die Temperatur der Erde zu beziehen. Ihnen schloß die feste Ebene die des Erdäquators mit rechten Winkeln zu einer Achse sowohl durch den Himmelspol wie einen Erdpol in einer Region extremer Kälte ein. Die ekliptische Ebene schnitt die Erdoberfläche in extremen Punkten, wo die Mittagssonne in der einen oder anderen Sonnenwende direkt senkrecht stand. Das waren die Breiten der Wendekreise. Zwischen dem Nordpol und dem Wendekreis des Krebses, wo die Sonne am Mittsommertag um Mittag in der nördlichen Hemisphäre direkt senkrecht steht, gibt es einen Breitenkreis, innerhalb dessen die Sonne um Mitternacht desselben Tages noch sichtbar ist.

Kapitel II

Die Grammatik der Größe, der Ordnung und der Form

Am Kai eines großen internationalen Hafens wie etwa Port Said oder Hongkong kann man Jungen von 15 Jahren treffen, die fließend und verständlich ein halbes Dutzend Sprachen sprechen. Nur wenige vorbeikommende Schiffspassagiere halten das für eine außerordentliche intellektuelle Begabung. So mag es auch beruhigend für viele sein, denen mathematische Ausdrücke so etwas wie Seekrankheit verursachen, sobald sie lernen, Mathematik weniger als eine Tat der Vernunft als die Übersetzung einer ungewohnten Schrift wie den Braille oder Morse-Code zu betrachten. Dieses Kapitel soll darum die historischen Überlegungen verlassen und sich hauptsächlich zwei Gegenständen zuwenden: 1) Für welche Art von Kommunikation brauchen wir diese außerordentlich raumsparend *geschriebene* Sprache; 2) auf welche Art von Symbolen stützen wir uns? Zu betonen ist dabei, daß das Ziel ist, den Leser daran zu gewöhnen, mathematische Regeln als Übungen in knapper Übersetzung anzugehen; darum soll jede Regel in der Zeichensprache der Mathematik eine arithmetische Illustration erhalten, z. B. $3a + b = c$ bedeutet *inter alii* $c = 7$, wenn $a = 2$, $b = 1$ ist, usw.

Gleich zu Beginn soll die erste der vorhergehenden Fragen kurz verabschiedet werden. Im Unterschied zur gewöhnlichen Sprechweise, die sich weitgehend mit den Eigenschaften der Dinge befaßt, behandelt die Mathematik Größe, Ordnung und Form. Nehmen wir die letztere als erwiesen an, und verschieben wir das, was mit Größe und Ordnung gemeint ist, auf später. Zunächst gilt es zu betrachten, welche verschiedenen Arten von Symbolen zu einer mathematischen Feststellung gehören:
1. Zeichensetzung,
2. Modelle,
3. Bezeichnungen, z. B. 5 oder x für Aufzählung, Messung und Position innerhalb einer Folge,
4. Zeichen für Beziehungen,
5. Zeichen für Verfahrensweisen.

Vielen Lesern wird manches in diesem Kapitel vertraut sein, manches neuartig selbst für die Erfahrenen.

Mathematische Zeichensetzung

Als Kinder lernen wir das Alphabet vor der Zeichensetzung. Die kam erst viertausend Jahre später in Gebrauch, als die Menschheit die alphabetische Schrift erfunden hatte. Tatsächlich ließen die ersten Inschriften nicht einmal Zwischenräume zwischen Wörtern, benutzten auch keinerlei Mittel, um Sätze voneinander zu trennen, wie wir es mit »Stop« bei Überseekabeln tun. Das folgende Beispiel soll zeigen, wie Sinn und Unsinn einer Aussage von solch einem Mittel abhängen:

King Charles walked and talked half an hour after his head was cut off*.

In der mathematischen Kommunikation ist es noch wichtiger, irgendwelche Mittel zu erfinden, um klarzustellen, welche Teile einer Feststellung trennbar oder nicht trennbar sind wie Haupt und Körper von König Charles. Zum Beispiel kann 32 : 8 + 8 bedeuten

$$(32 : 8) + 8 = 4 + 8 = 12, \text{ oder } 32 : (8 + 8) = 32 : 16 = 2.$$

Zwei Mittel sind hier anwendbar:
a) drei Arten von Klammern
   $(\ldots), [\ldots], \{\ldots\}$
b) ein Strich oberhalb der zu verbindenen Ausdrücke
   $32 : \overline{8 + 8} = 2$, *oder* $\overline{32 : 8} + 8 = 12$.

Ist es wichtig, mehrere Paare oder Gruppen von Zahlen bei einer einzigen Angabe zu unterscheiden *(Formel* oder *Gleichung),* müssen wir Gruppen innerhalb von Gruppen unterscheiden:

$$5[32 : (8 + 8)] = 5(32 : \overline{8 + 8}) \text{ usw.}$$

In komplizierteren mathematischen Ausdrücken kann es notwendig sein, vier oder mehr Gruppen ineinander zu schachteln wie die Häute einer Zwiebel. Um den Ausdruck auseinanderzuwikkeln, gehen wir allerdings nicht wie bei der Zwiebel von außen nach innen vor, sondern beginnen von innen her, z.B.

$$6\{20 - 5[32 : (8 + 8)]\} = 6\{20 - 5[32 : 16]\}$$
$$= 6\{20 - 5[2]\} = 6\{20 - 10\} = 60.$$

Modelle. Unter Modellen oder Mustern verstehen wir hier jedes *bildmäßige* Mittel zur Informationsvermittlung. So wie die Hieroglyphen der Priester Bilder waren, bestanden die ersten Werkzeuge mathematischer Kommunikation entweder aus graphischen Skalen oder aus *figurierten Mustern* (Fig. 35–38). Trotz der

---

* Zum besseren Verständnis englisch wiedergegeben.

DIE GRAMMATIK DER GRÖSSE, DER ORDNUNG UND DER FORM 69

beträchtlichen Menge brauchbaren (und weniger brauchbaren) mathematischen Wissens in der Alten Welt vor Beginn der christlichen Ära waren dies die einzigen verfügbaren Hilfsmittel; sie blieben es, bis die muselmanische Kultur dem Westen eine ganze Batterie neuer Zahlzeichen übermittelte. Diese ermöglichten es, das Zahlenbrett auszurangieren und alphabetische Buchstaben in die Formulierung einfacher Regeln einzubringen, wie die folgende:

1. Sind die Längen anstoßender Seiten eines Rechtecks a und b, so ist sein Flächeninhalt A das Produkt von a und b; kurz
$$A = a \cdot b$$
z. B. a = 7 m, b = 3 m; A = 21 m² (Fig. 10).

2. Ist die Länge der Basis eines Dreiecks b und seine Höhe h, so ist sein Flächeninhalt A das halbe Produkt dieser beiden, kurz
$$A = \tfrac{1}{2} b \cdot h$$
z. B. b = 10 m, h = 15 m; A = 75 m² (Fig. 12).

Die Mathematiker der Antike verließen sich indessen auf die bildlichen Methoden nicht zur bloßen Formulierung von Meß-Regeln. Sie hatten keine anderen Mittel zur Bewältigung einfacher Regeln über den Umgang mit Zahlen, wie wir etwa heute schreiben

$$\frac{a}{b} \cdot \frac{c}{d} = \frac{ac}{bd}, \text{ d. h. } \frac{3}{5} \cdot \frac{4}{7} = \frac{12}{35} \text{ (Fig. 31)}.$$

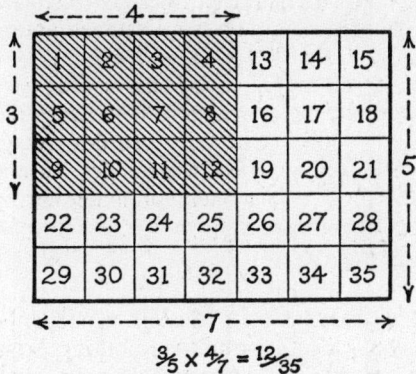

Fig. 31 Multiplikation von Brüchen

Obwohl das Wort *Geometrie* nichts anderes bedeutet als *Erd-Messung,* besteht die durch Euklid auf uns gekommene platonische Geometrie aus nichts anderem als einfachen Rechenregeln, die wir mit Buchstaben (a, b, etc.) für Messungen, Operationen (+ oder 2 in a^2) und Beziehungen (=) versehen.

Das hat dem mathematischen Vokabular ein unauslöschliches Siegel aufgedrückt, wenn wir etwa Ausdrücke wie das *Quadrat* von a für $a \cdot a = a^2$, den *Kubus* von b für $b \cdot b \cdot b = b^3$ schreiben, die *Quadratwurzel* von 25, geschrieben $\sqrt{25} = 5$ nennen und damit meinen $5^2 = 25$, oder die Kubikwurzel von 64, geschrieben $\sqrt[3]{64} = 4$, und damit meinen $4^3 = 64$.

Folgende Beispiele einfacher Rechenregeln in geometrischer Darstellung stammen aus Euklids Buch II:

1. $(a + b)^2 = a^2 + 2\,ab + b^2$ (Fig. 33)
   z. B. $(3 + 4)^2 = 49 = 9 + 24 + 16$

2. $(a - b)^2 = a^2 - 2\,ab + b^2$ (Fig. 33)
   z. B. $(9 - 4)^2 = 25 = 81 - 72 + 16$

3. $(a + b)(a - b) = a^2 - b^2$
   z. B. $(7 + 4)(7 - 4) = 33 = 49 - 16$ (Fig. 34).

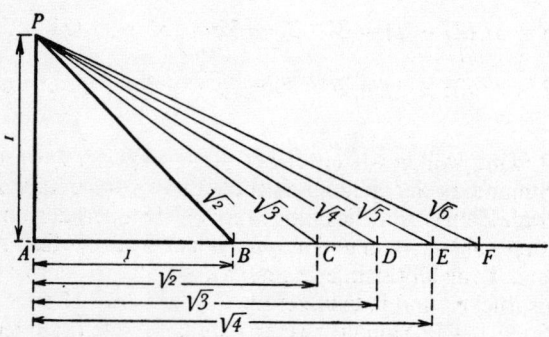

Fig. 32 Sand-Zeichnen zur Ermittlung einer Quadratwurzel
$1^2 + 1^2 = 2$
$1^2 + (\sqrt{2})^2 = 1 + 2 = 3$
$1^2 + (\sqrt{3})^2 = 1 + 3 = 4$ usw.

Fig. 34 war mit Sicherheit schon den Priester-Astronomen von Mesopotamien um 2000 v. Chr. bekannt; denn die Tempelbibliotheken besaßen ausgedehnte Tabellen von Quadraten in Keilschrift auf Lehmtafeln. Wahrscheinlich brauchten sie diese, um allgemeine Rechnungen durchzuführen, wie wir sie als Kinder lernen. So ist das Verfahren: Um 37 mit 25 zu multiplizieren, finde das sogenannte *arithmetische Mittel*, d. h. die halbe Summe der Faktoren $\frac{1}{2}(37 + 25) = 31$. Dann prüfe das Resultat: $37 = 31 + 6$ und $25 = 31 - 6$; also

$$37 \cdot 25 = (31 + 6)(31 - 6) = 31^2 - 6^2 = 961 - 36 = 925.$$

Ähnlich multipliziert man $36 \cdot 28$

$$\tfrac{1}{2}(36 + 28) = 32;\ 36 \cdot 28 = (32 + 4)(32 - 4) = 32^2 - 4^2$$
$$= 1024 - 16 = 1008.$$

In diesen Beispielen sind die beiden Faktoren entweder ungerade (37 und 25) oder gerade (36 und 28). Etwas schwieriger wird die Sache, wenn ein Faktor gerade, der andere ungerade ist ($37 \cdot 26$).

Hätten wir nur Lehmtafeln mit Quadraten ganzer Zahlen zur Verfügung, so müßten wir auf eine der folgenden verschiedenen Weisen verfahren:

$37 \cdot 26 = 37(25 + 1) = 37 \cdot 25 + 37 = (31 + 6)(31 - 6) + 37$
und
$26 \cdot 37 = 26(36 + 1) = 26 \cdot 36 + 26 = (31 + 5)(31 - 5) + 26$
oder
$37 \cdot 26 = 37(27 - 1) = 37 \cdot 27 - 37 = (32 + 5)(32 - 5) - 37$
und
$26 \cdot 37 = 26(38 - 1) = 26 \cdot 38 - 26 = (32 - 6)(32 + 6) - 26$

Zur Übung wollen wir an dieser Stelle überlegen, warum die halbe Summe zweier gerader und die zweier ungerader Zahlen eine gerade Zahl ist und die halbe Stumme einer geraden und einer ungeraden Zahl nicht. m und n sollen beliebige ganze Zahlen sein, 1, 2, 3 etc.; dann läßt sich jede gerade Zahl als 2m oder 2n (2, 4, 6 etc.) ausdrücken und jede ungerade Zahl als $2m - 1$ oder $2n - 1$ (1, 3, 5 etc.). Die Summe zweier gerader Zahlen läßt sich also ausdrücken $2m + 2n$, deren Hälfte die ganze Zahl $m + n$ ist. Sind beide Zahlen ungerade, so ist ihre Summe $(2m - 1) + (2n - 1) = 2m + 2n - 2$, deren Hälfte die ganze Zahl $m + n - 1$ ist. Dagegen ist die Summe einer geraden und einer ungeraden Zahl $2n + (2m - 1)$ oder $2m + (2n - 1) = 2m + 2n - 1$; ihre Hälfte beträgt $m + n - \tfrac{1}{2}$.

Die Mathematiker der Antike humpelten entweder mit der linken Krücke des Zahlenbrettes oder mit der rechten Krücke eines Skalen-Diagramms einher, wenn sie einfache Rechenregeln bewältigen wollten, wie sie heute jedes Kind in der Schule lernt.

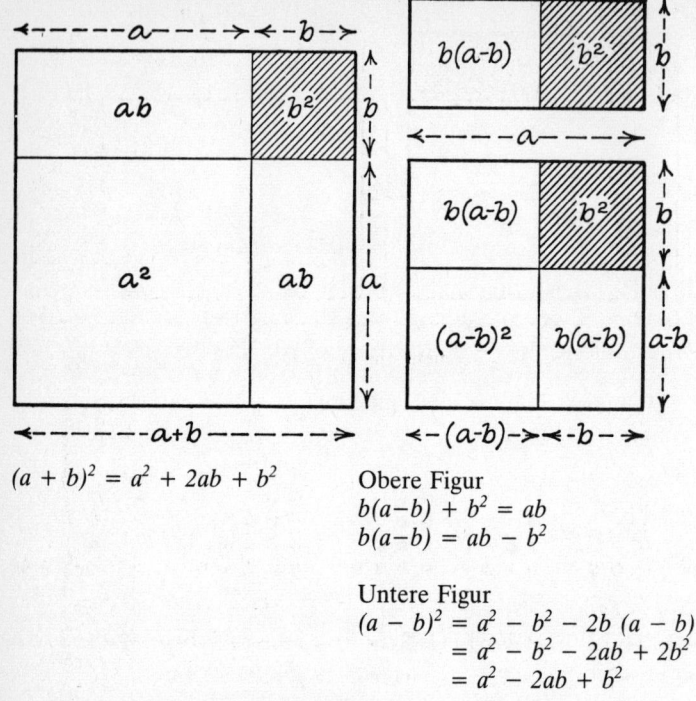

$(a + b)^2 = a^2 + 2ab + b^2$

Obere Figur
$b(a-b) + b^2 = ab$
$b(a-b) = ab - b^2$

Untere Figur
$(a - b)^2 = a^2 - b^2 - 2b\,(a - b)$
$ = a^2 - b^2 - 2ab + 2b^2$
$ = a^2 - 2ab + b^2$

Fig. 33 Geometrische Darstellung von $(a + b)^2$ und $(a - b)^2$

Außer den geometrischen Figuren hatten sie keine Möglichkeit, auszudrücken, was ihre Nachfolger *Inkommensurablen* nannten. Um $\sqrt{2}$ oder $\sqrt{5}$ darzustellen, mußten sie die Eigenschaften des phythagoräischen rechtwinkligen Dreiecks heranziehen.

Ist eine Seite a = 1 und die andere b = 1, $\sqrt{2}$ oder $\sqrt{3}$ etc., so ist die Diagonale d so beschaffen, daß (Fig. 32)

wenn b = $\phantom{\sqrt{2}}$1, $d^2 = a^2 + b^2 = 1^2 + 1^2$ $\phantom{(\sqrt{2})^2\,}$ = 2; also d = $\sqrt{2}$
wenn b = $\sqrt{2}$, $d^2 = a^2 + b^2 = 1^2 + (\sqrt{2})^2$ = 3; also d = $\sqrt{3}$
wenn b = $\sqrt{4}$, $d^2 = a^2 + b^2 = 1^2 + (\sqrt{4})^2$ = 5; also d = $\sqrt{5}$.

Hier definieren wir d = $\sqrt{2}$ etc.
a) wenn d^2 (d mit sich selbst multipliziert) = 2,
   so nennen wir $\sqrt{2}$ die Zahl d;
b) wenn d^2 (d mit sich selbst multipliziert) = 3,
   so nennen wir $\sqrt{3}$ die Zahl d;

DIE GRAMMATIK DER GRÖSSE, DER ORDNUNG UND DER FORM

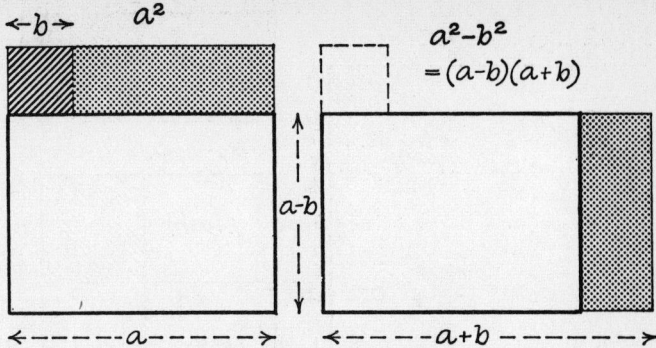

Fig. 34 Geometrische Darstellung von $a^2 - b^2$

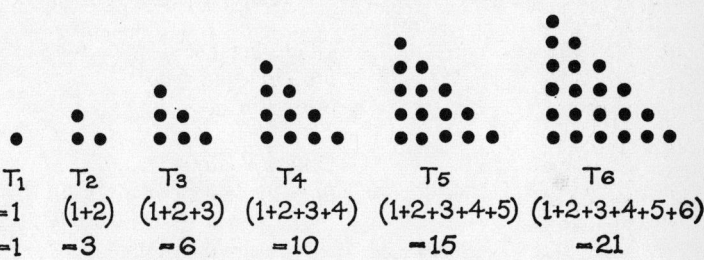

Fig. 35 Die ersten sechs pythagoräischen Zahlen

c) wenn d^2 (d mit sich selbst multipliziert) = 5
so nennen wir $\sqrt{5}$ die Zahl d.

Aus derselben Figur, die $\sqrt{2}$, $\sqrt{5}$ darstellt, kommen wir zu $\sqrt{6}$, etwa so:

$$(\sqrt{5})^2 + 1^2 = (\sqrt{6})^2.$$

Geometrische Figuren waren nicht die einzigen bildlichen Mittel, mit denen die vorchristliche Ära vertraut war. Fig. 35 zeigt, entsprechend der dritten Zeile darunter, eine numerische Folge *(Reihe)*, die zur *Mystik* der pythagoräischen Bruderschaft gehörte. Dieser Art waren die *Dreieckszahlen;* das Bild zeigt, warum sie so genannt wurden.

Fig. 36 zeigt auch, warum man die Reihe der vierten Zeile tetraedrische Zahlen nennen kann.

DIE GRAMMATIK DER GRÖSSE, DER ORDNUNG UND DER FORM

1	1	1	1	1	1	1	1	1	1...
1	2	3	4	5	6	7	8	9	10...
1	3	6	10	15	21	28	36	45	55...
1	4	10	20	35	56	84	120	165	220...

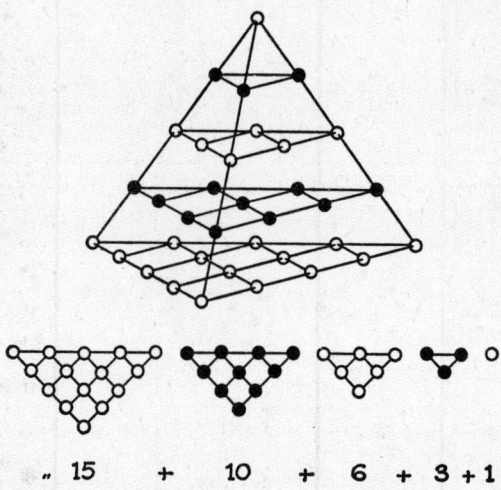

Fig. 36 Die fünfte tetraedrische Zahl, aufgebaut aus den Dreieckszahlen, so wie diese aus den natürlichen Zahlen gebildet werden

Eine kurze Prüfung dieser Tafel genügt, uns mit weiteren Formationsregeln bekanntzumachen, die für jede beliebige Zahl einer bestimmten, von der obigen verschiedenen Reihe passen:
1. Sie ist die Summe der Zahl zur Linken und der darüber, (z. B. 6 = 5 + 1; 21 = 15 + 6; 56 = 35 + 21);
2. Sie ist die Summe aller Zahlen zur Linken in der Reihe darüber und der entsprechenden Zahl in derselben Reihe (z. B. in Linie 4, 35 = 1 + 3 + 6 + 10 + 15).

Bevor wir eine mehr *ökonomische,* d. h. zeit- und raumsparende Regel aufstellen können, um Zahlen ohne Addition einer zur anderen zu finden, müssen wir die Ordnung kennzeichnen, in der jeder Ausdruck innerhalb seiner Sequenz steht. Zunächst aber eine andere Familie von Reihen, die aufgebaut ist, wie es Fig. 37 und Fig. 38 zeigen.

DIE GRAMMATIK DER GRÖSSE, DER ORDNUNG UND DER FORM

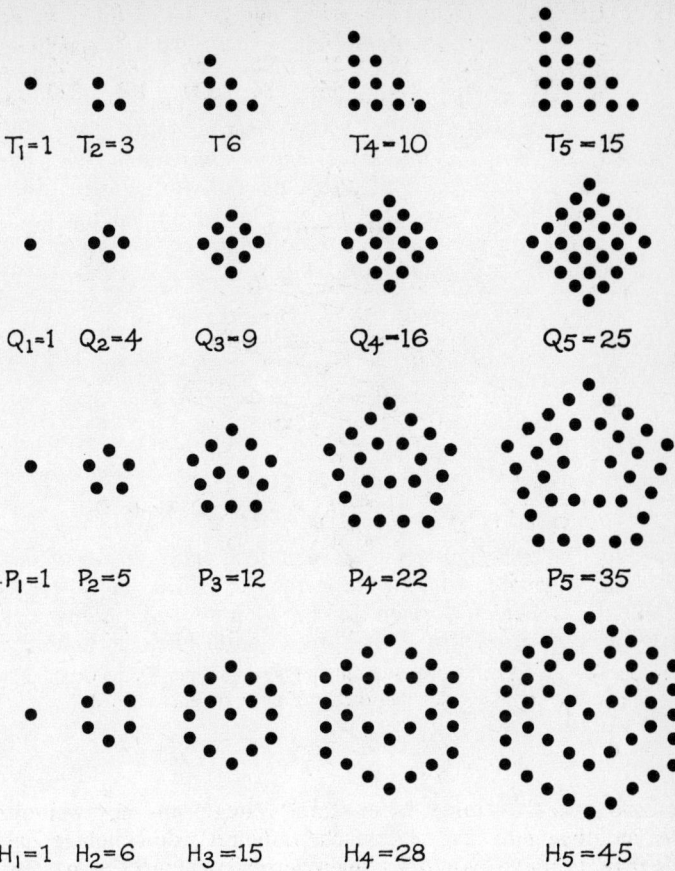

Fig. 37 Eine Familie ebener Figurate, aufgebaut wie die Dreieckszahlen (vgl. Fig. 38 für die Quadrate Q_r)

2	2	2	2	2	2	2	2	2	2..
1	3	5	7	9	11	13	15	17	19..
1	4	9	16	25	36	49	64	81	100..
1	5	14	30	55	91	140	204	285	385..

Hier ersetzen die *ungeraden* Zahlen die sogenannten *natürlichen* Zahlen (1, 2, 3, 4 ...) der zweiten Reihe in der vorhergehenden

Tafel, die *Quadrat*zahlen ersetzen die Dreieckszahlen in der dritten Reihe und die *Pyramidal*zahlen ersetzen die *tetraedrischen* in der vierten Reihe.

Es mag sein, daß die Faszination der sogenannten Dreieckszahlen für einen Geheimbund von Mathematikern etwas Ähnliches war wie das, was Landmesser *Triangulation* nennen; d.h. man kann jede *geradlinige* Figur, also eine, die von geraden Linien begrenzt ist, in Dreiecke zerlegen, deren Flächeninhalt meßbar ist (Fig. 11, 12). Ebenso kann man jede Zahlensequenz aus ebenen figurierten Mustern in Dreieckszahlen zerlegen, etwa so:

Quadrate	Dreiecke
1	1
4	3 + 1
9	6 + 3
16	10 + 6
25	15 + 10
36	21 + 15
usw.	usw.

Bevor wir die figurierten Zahlen fürs erste verabschieden, betrachten wir noch die zweite Reihe (natürliche und ungerade Zahlen) der beiden vorigen Tafeln. Man kann die *Summe* der ersten sechs *natürlichen* Zahlen mit S_6 bezeichnen, so daß

$$S_6 = 1 + 2 + 3 + 4 + 5 + 6$$
$$S_6 = 6 + 5 + 4 + 3 + 2 + 1$$
$$2 \cdot S_6 = (6+1) + (5+2) + (3+3) + (3+4) + (2+5) + (1+6)$$
$$= 7 + 7 + 7 + 7 + 7 + 7$$
$$2 \cdot S_6 = 6 \,(7) \text{ und } S_6 = 3 \,(7) = \tfrac{6}{2}(1+6)$$

Nun bezeichnen wir die ersten 8 ungeraden Zahlen mit Z_8:

$$Z_8 = 1 + 3 + 5 + 7 + 9 + 11 + 13 + 15$$
$$\therefore Z_8 = 15 + 13 + 11 + 9 + 7 + 5 + 3 + 1$$
$$\therefore 2 \cdot Z_8 = (15+1) + (13+3) + (11+5) + (9+7) + (7+9) +$$
$$(5+11) + (3+13) + (1+15)$$
$$= 16 + 16 + 16 + 16 + 16 + 16 + 16 + 16$$
$$\therefore 2 \cdot Z_8 = 8 \,(16) \text{ und } Z_8 = 4\,(16) = \frac{8}{2}(1+15) = 8^2$$

Hier erkennt man, daß
1. in jeder Sequenz jede der ersten folgenden Zahl sich von der vorhergehenden durch den gleichen Betrag unterscheidet: 1 bei den natürlichen, 2 bei den ungeraden Zahlen;

DIE GRAMMATIK DER GRÖSSE, DER ORDNUNG UND DER FORM

2. wenn die erste f (hier = 1) und die letzte l (hier = 6 oder 15) genannt wird, so erhält man S_n (bzw. Z_n) der ersten n-Zahlen durch die Formel

$$S_n = \frac{n}{2}(f + l).$$

In Worten ausgedrückt, wie Archimedes oder Omar Khayyam es tun würden, lautet das etwa so:

»Um die Summe einer Sequenz einschließlich der ersten und letzten Zahl zu erhalten, multipliziert man die Hälfte ihrer Anzahl mit der Summe des ersten und letzten Gliedes.«

Daran ist zu erkennen, wie unsere Formel weniger Raum und Zeit braucht als jede mögliche wörtliche Aussage. So läßt sich ohne Schwierigkeit die Summe der ersten hundert natürlichen Zahlen schreiben:

$$\frac{100}{2}(1 + 100) = 50 \cdot 101 = 5050.$$

Die Summe der ersten 100 ungeraden Zahlen ist mit dieser Formel nicht ganz so leicht zu finden. Aber die dritte Reihe der zweiten Tafel legt nahe (und Fig. 38 zeigt, warum das so ist), daß sie $100^2 = 10\,000$ beträgt; man braucht keine Stoppuhr, um zu bestätigen, daß die Sprache der Mathematik Regeln hat, die zugleich zeit- und raumsparend sind. Wir nennen eine Sequenz, die so aufgebaut ist, daß jedes Glied durch Addition der gleichen Zahl d entsteht, eine *arithmetische Reihe*. So lauten die folgenden sieben Glieder einer arithmetischen Reihe mit d = 5

$$-8, -3, 2, 7, 12, 17, 22.$$

Entsprechend unsere Formel ist

$$S_n = \frac{7}{2}(-8 + 22) = \frac{7 \cdot 14}{2} = 49.$$

Eine dritte Art von mathematischer Bildsprache hat ihren Ursprung in der Konstruktion von Stern- und später von Erdkarten während der letzten beiden Jahrhunderte vor Beginn der christlichen Ära, wie etwa die Koordinaten-Geometrie, genannt *graphische Darstellung*. Sie kam erst im Jahrhundert Newtons zur Entfaltung und führte dann zu mancherlei Entdeckungen. Im Gegensatz zu Euklids Geometrie bringt sie die *Zeit*messung ins Bild. Sie ist imstande klarzulegen (Fig. 1), warum und wann Achilles die Schildkröte ein- und überholt.

Zahlen. Größe, Ordnung und Verfahrensweisen sind inzwischen diskutiert; mehr ist zu sagen über den Gebrauch von Zahlen und die verschiedene Art und Weise, sie zu unterscheiden. Hier lassen sich zwei Arten feststellen, deren jede in allen drei Gebieten auftritt.

Eine läßt sich vergleichen mit *Eigen*namen, z. B. Napoleon der Große, Johanna von Arc. Solcherart sind 0,7 und 3,264. Die andere ist vergleichbar mit *Kollektiv*namen, z. B. Kaiser und Heilige; solcherart sind a oder b, N oder M, x oder y. Allerdings braucht nicht jeder Buchstabe des Alphabets eine Kollektivzahl zu sein. In der Antike brauchten Juden, Griechen und Römer sie als eigentliche Zahlen, z. B. L = 50, C = 100, D = 500, M = 1000 im römischen Zahlensystem. Außerdem und aus Gründen, die wir darlegen werden, benutzen wir heute noch e und den griechischen Buchstaben π für unendliche Zahlenreihen, während wir sonst nur die zehn indisch-arabischen *Ziffern* 0, 1, 2, 3, ... 9 gebrauchen.

Relationen. Statt einer Wort-Definition von der Bedeutung allgemeiner Relationen bringen wir eine kurze Aufstellung der für uns notwendigen Symbole:

$a = b$	a und b sind numerisch gleich,
$a \neq b$	a und b sind *nicht* gleich,
$a^2 \equiv a \cdot a$	a^2 bedeutet das gleiche wie $a \cdot a$,
$a \simeq b$	a ist b ähnlich,
$a > b$	a ist größer als b,
$a < b$	a ist kleiner als b,
$a \geq b$	a ist entweder größer als b oder gleich groß; d. h. a ist mindestens so groß wie b,
$a \leq b$	a ist in keinem Falle größer als b.

Operationen. Darunter versteht man eine Anweisung, wie etwas zu tun ist. Die elementaren Operationen kennen wir schon aus der Schule: $+, -, \times$ oder $\cdot, :$. Sie können *kommutativ* (umkehrbar) oder anders sein.

Kommutativ sind
$$a + b = b + a, \quad a \times b = b \times a.$$

Nicht umkehrbar sind
$$a - b \neq b - a, \text{wenn nicht } b = a,$$
$$a : b \neq b : a, \text{wenn nicht } b = a.$$

Zwar sind + und − in unserm Vokabular unersetzlich, dagegen sind es × und : nicht.

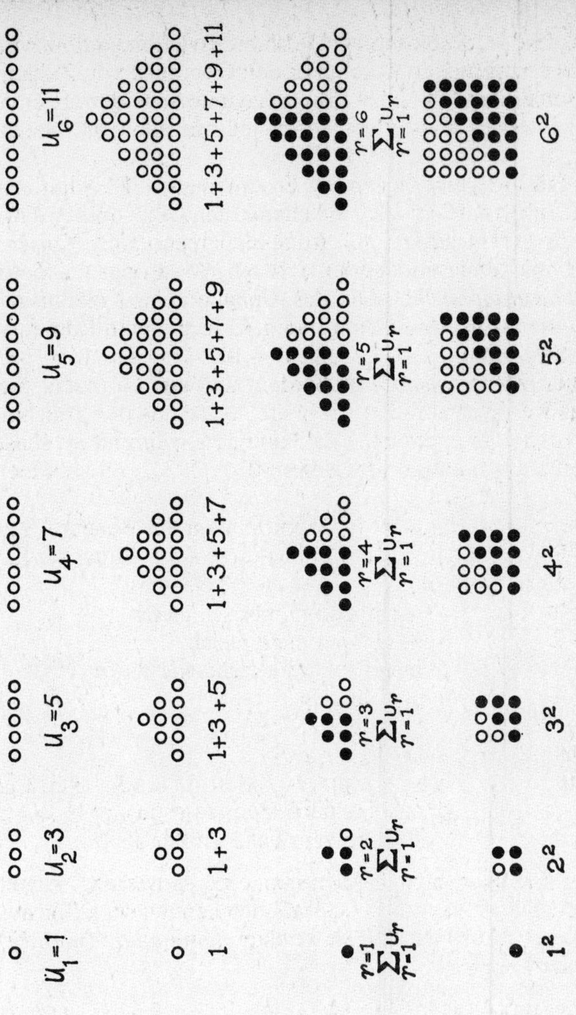

DIE GRAMMATIK DER GRÖSSE, DER ORDNUNG UND DER FORM 79

Fig. 38 Summe der Quadrate der ersten ungeraden Zahlen

Wir können schreiben 2×5 als $2 \cdot 5$ oder $2(5)$; bei Buchstaben $a \times b = ab$, aber wir benötigen Klammern: wenn $b = c + d$, so ist $ab = a(c + d)$. $a : b$ können wir auch als $\frac{a}{b}$ schreiben; wenn $b^{-1} \equiv 1 : b$, so gilt $a : b \equiv ab^{-1}$.

In der Schule lernt man, daß Multiplikation eine repetitive Addition ist, Division eine repetitive Subtraktion; aber diese Form der Aussage verschleiert einen Unterschied. Sind a und b ganze Zahlen, so ist ab eine ganze Zahl (28×3 = 84). Kurz, die Operation kommt zu einem Ende. Aber die Operation ab^{-1} führt nicht zu einem exakten Ergebnis in diesem Sinne, z. B. sind 28 und 3 ganze Zahlen, aber $28 : 3 \equiv 28 \cdot 3^{-1} = 9,3$ ist keine ganze Zahl.

Geradeso wie eine Beziehung besteht zwischen Addition und Multiplikation oder zwischen Subtraktion und Division, gibt es auch eine aufschlußreiche Beziehung zwischen Addition und Subtraktion sowie zwischen Multiplikation und Division. Das wird bestätigt durch die Aussage, es handle sich jeweils um *inverse* Operationen. In der Zeichensprache der Mathematik läßt sich das so ausdrücken:

1. $(a + b) = c \equiv a = (c - b) \equiv b = (c - a)$
   z. B. $(3 + 4) = 7 \equiv 3 = (7 - 4)$
2. $ab = c \equiv a = c : b$
   z. B. $3 \cdot 4 = 12 \equiv 3 = 12 : 4$.

Hieraus ergibt sich die *Diagonalregel* für kreuzweise Multiplikationen von Brüchen:

$$\frac{a}{b} = \frac{c}{d} \equiv ad = bc$$
$$\frac{5}{3} = \frac{35}{21} \equiv 5 \cdot 21 = 3 \cdot 35.$$

Bei Gleichungen (verbunden durch =) kann man auf beiden Seiten die gleiche Zahl addieren, sie subtrahieren oder mit ihr multiplizieren, ohne daß das Gleichheitszeichen ungültig wird: $a = b \equiv (a + c) = (b + c) \equiv (a - c) = (b - c) \equiv ac = bc$. Das stimmt sogar für $c = 0$; also gilt für jede Zahl N, einschließlich $N = 0$

$$N + 0 = N \text{ und } N \cdot 0 = 0.$$

Die entsprechende Regel der *Kanzellation* (Aufhebung) bei der Division gilt nur, wenn $c \neq 0$, also

$$\frac{a}{b} = \frac{ac}{bc} \text{ für } c \neq 0$$
$$\frac{5}{7} = \frac{15}{21} = \frac{3 \cdot 5}{3 \cdot 7}.$$

Diese Einschränkung ist notwendig, weil $0 : 0$ keine nennbare Größe ist. Entsprechend der Feststellung $a(b + c) = ab + ac$ kann man sagen (wenn $a \neq 0$) $(b + c) : a \equiv \frac{b}{a} + \frac{c}{a}$. Daraus ergeben sich durch Anwendung der Kanzellationsregel die *Additions- und Subtraktionsregeln für die Division*:

DIE GRAMMATIK DER GRÖSSE, DER ORDNUNG UND DER FORM

$$\frac{a}{c} + \frac{b}{d} \equiv \frac{ad}{cd} + \frac{bc}{cd} \equiv \frac{ad + bc}{cd}$$

$$\frac{a}{c} - \frac{b}{d} \equiv \frac{ad}{cd} - \frac{bc}{cd} \equiv \frac{ad - bc}{cd}.$$

Die Multiplikationsregel für Brüche lautet folgendermaßen: Unter der Voraussetzung, daß weder b noch d Null ist, setzen wir a = pb und c = qd; also

$$\left(\frac{a}{b}\right)\left(\frac{c}{d}\right) = pq = \frac{pq \cdot bd}{bd} = \frac{pb \cdot qd}{bd} = \frac{ac}{bd}.$$

Wir benötigen ein Zeichen für die Operation, die sich mit einer Zahlensequenz nach der *Sukzessionsregel,* wie 1, 4, 7, 10, 13 ... oder 1, 3, 9, 27, 81 ..., befassen kann; aber wir können ihren Sinn erst einsehen, wenn wir uns klar sind über den Gebrauch von Zahlen zur Kennzeichnung der Ordnung, in der die Glieder solcher Sequenzen anfallen.

Man braucht in vielen Zweigen der Mathematik Hinweise oder Buchstaben, die anzeigen, wie oft eine Operation durchzuführen ist. Z. B. schreibt man 3^4 für $3 \cdot 3 \cdot 3 \cdot 3$, und die meisten von uns nehmen das als vier Dreien, die miteinander multipliziert sind. Besser ist es zu sagen: viermal die Einheit (+ 3) mit sich selbst zu multiplizieren, also: $3^4 = 1 \cdot 3 \cdot 3 \cdot 3 \cdot 3$; $3^3 = 1 \cdot 3 \cdot 3 \cdot 3$; $3^2 = 1 \cdot 3 \cdot 3$; dann ist $3^1 = 1 \cdot 3 \ (= 3)$ und $3^0 = 1$.

Eine allgemeine Übereinkunft in der höheren Mathematik kennzeichnet die sogenannte inverse Operation durch ein Minuszeichen, so daß 3^{-4} bedeutet, die Einheit durch 3, viermal mit sich selbst multipliziert, zu *dividieren.*

$n^1 = 1 \cdot n$ $\qquad n^{-1} = 1 \cdot \frac{1}{n}$

$n^2 = 1 \cdot n \cdot n$ $\qquad n^{-2} = 1 \cdot \frac{1}{n} \cdot \frac{1}{n}$

$n^3 = 1 \cdot n \cdot n \cdot n$ $\qquad n^{-3} = 1 \cdot \frac{1}{n} \cdot \frac{1}{n} \cdot \frac{1}{n}$

$n^4 = 1 \cdot n \cdot n \cdot n \cdot n$ $\qquad n^{-4} = 1 \cdot \frac{1}{n} \cdot \frac{1}{n} \cdot \frac{1}{n} \cdot \frac{1}{n}$

$n^5 = 1 \cdot n \cdot n \cdot n \cdot n \cdot n$ $\qquad n^{-5} = 1 \cdot \frac{1}{n} \cdot \frac{1}{n} \cdot \frac{1}{n} \cdot \frac{1}{n} \cdot \frac{1}{n}$

$$n^0 = 1$$

Der Gebrauch von $-a$, um eine Operation mit n^{-a} zu kennzeichnen, ergibt sich folgerichtig aus der Subtraktion, wenn wir nämlich -1 von a subtrahieren, um n^a durch n zu dividieren, so daß $n^a : n = n^{a-1}$, z. B. $100\,000 : 100 = 10^5 : 10^2 = 10^3 = 1000$.

Das wäre allerdings sehr schwierig gewesen zu einer Zeit, als der Abakus mit oder ohne Hilfe von Bildmodellen die Kunst des Rechnens für alle praktischen Zwecke bestimmte. Darum scheint es angebracht, an dieser Stelle sorgfältig zu überlegen, was wir eigentlich unter Subtraktion verstehen.

Der Gebrauch des Minus-Zeichens. Wenn wir schreiben $a - b$, also b von a subtrahieren, so können wir das Minus am Abakus sichtbar machen, indem wir b Kugeln aus der a-Reihe wegschieben, oder aber b Einheiten entlang einer Linie von der Länge a-Einheiten wegnehmen, so daß ein Segment von der Länge $(a - b)$ Einheiten zurückbleibt.

Wie auch immer: zwei Dinge sind vorauszusetzen:
1. $a > 0$; dann ist a eine sogenannte *positive* Zahl.
2. $a \geq b$; dann ist a größer als b oder im Grenzfall $a = b$ und $(a - b) = 0$.

In dieser primitiven Anwendung der Minus-Zeichen bei der Subtraktion ist enthalten, was wir das *Balancieren einer Gleichung* nennen, d. h. $+$ in $-$ zu verwandeln (oder umgekehrt), wenn wir eine Zahl von der einen Seite auf die andere bringen. Eines der Axiome in der euklidschen Geometrie ist die selbstverständliche Tatsache, daß, wenn a und c gleich sind, $a + n = c + n$; d. h. wenn $a = 3 = c$ und $n = 5$, $a + n = 8 = c + n$. Ähnlich bedeutet $a = c$ dasselbe wie $a - n = c - n$; d. h. wenn $a = 7 = c$ und $n = 4$, $(a - n) = 3 = (c - n)$. Daraus ersieht man, daß

$$(a - b) = c \equiv (a - b) + b = c + b, \text{ so daß}$$
$$(a - b) = c \equiv a = c + b.$$

Gleichermaßen
$$(a + b) = c, \text{ wenn } a = (c - b).$$

Obwohl wir $(a-b)$ als Abschnitte einer Geraden oder als Operation am Abakus nur dann darstellen können, wenn $a \geq b$, läßt sich erklären, was es sonst noch bedeutet, wenn man sich ein Konto vorstellt, auf dem a und b auf der Haben- bzw. Sollseite erscheinen, so daß ein Defizit entsteht, wenn $a < b$. Numerisch kann man das Defizit c nennen, was bedeutet

$$a + c = b \text{ oder } a = b - c.$$

DIE GRAMMATIK DER GRÖSSE, DER ORDNUNG UND DER FORM 83

Es berührt weder die Soll- noch die Habenseite, wenn beiden Seiten die gleiche Summe zugefügt wird, so daß

$$(a - b) = (b - c) - b = - c.$$

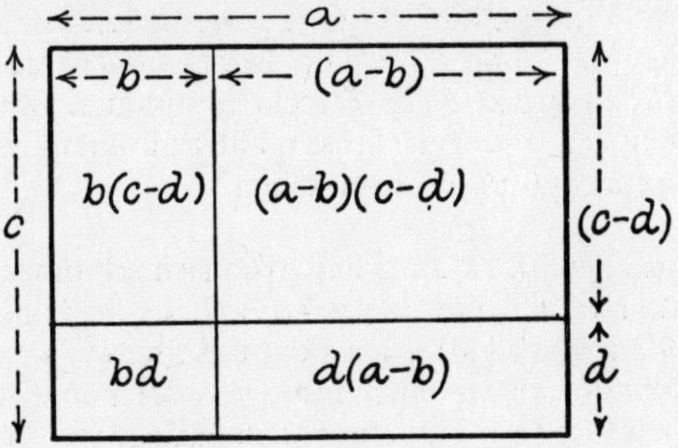

Fig. 39 Geometrische Darstellung der Vorzeichen-Regel

Angenommen a > b und c > d, dann ist

$$(a - b)(c - d) + bd + b(c - d) + d(a - b) = ac$$
$$(a - b)(c - d) + bd + bc - bd + ad - bd = ac$$
$$(a - b)(c - d) + bc + ad - bd = ac.$$

Nimmt man bc und ad von jeder Seite weg und fügt bd zu jeder hinzu, dann ist

$$(a - b)(c - d) = ac - ad - bc + bd.$$

Das ergibt einen Sinn für −c, d. h. −10 Dollar bedeuten 10 Dollar in den roten Zahlen. Dasselbe gilt folgerichtig für den Sinn des Minus-Zeichens auf der Thermometerskala. Wenn die Lufttemperatur von nachts 5° beim Morgengrauen um 8° sinkt, so bedeutet das, daß sie in der Frühe $(5 - 8)° = - 3°$ beträgt. Indessen ergibt weder die Thermometerskala noch die doppelte Buchführung einen Sinn für das, was wir in der Schule als *Vorzeichen-Regel* lernen:

$$(+ a) \cdot (+ b) \equiv + ab$$
$$(+ a) \cdot (- b) \text{ oder } (- a) \cdot (+ b) \equiv - ab$$
$$(- a) \cdot (- b) \equiv + ab.$$

Folgerichtig lauten die Divisionsregeln

$$(+ a) : (+ b) = + (a : b)$$
$$(+ a) : (- b) \text{ oder } (- a) : (+ b) = - (a : b)$$
$$(- a) : (- b) = + (a : b).$$

Sofern (a + b), (a − b), (c + d) und (c − d) jeweils größer als Null sind, lassen sie sich nach Fig. 39 so darstellen, daß alle Produkte sich auf rechtwinklige Flächen beziehen.

$$(a + b)(c + d) = ac + ad + bc + bd$$
$$(a + b)(c - d) = ac - ad + bc - bd$$
$$(a - b)(c + d) = ac + ad - bc - bd$$
$$(a - b)(c - d) = ac - ad - bc + bd$$

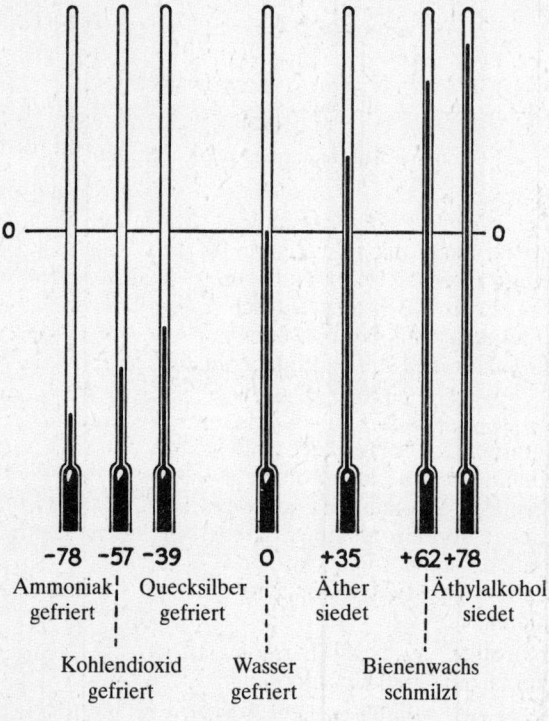

Fig. 40

Allerdings sind Diagramme dieser Art nur mit Vorbehalt für die Vorzeichenregeln relevant. Eine isolierte Feststellung (− a) · (− b) = ab kann damit nicht bewiesen werden; es hilft auch nicht, einen Saldo-Kontostand oder eine Thermometerskala als Analo-

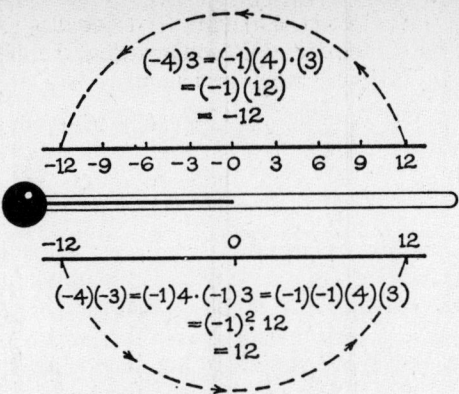

Fig. 41   Multiplizieren mit (-1) und $(-1)^2$

gie heranzuziehen. Es ist sinnlos, eine Überziehung mit einer anderen zu multiplizieren, eine Kredit-Überziehung mit einer anderen. Auch 5° unter Null läßt sich nicht mit 8° über Null multiplizieren. Höchstens läßt sich Kredit-Überziehung oder Kredit-Überhang oder positive oder negative Temperatur mit einer Zahl *ohne Vorzeichen* multiplizieren. Wir wissen, was 7 $(-3°)$ = $-21°$ bedeutet; aber es ist nicht ersichtlich, was unter $(-3°) \cdot (-7°)$ zu verstehen sein soll. Es muß also ein anderer Weg zur Erläuterung der Vorzeichenregeln gefunden werden, wenn wir sie in Situationen anwenden wollen, in denen eine geometrische Figur irrelevant ist. Wir müssen also aufhören, $-n$ als eine *negative* Zahl anzusehen, sondern als eine Zahl betrachten, mit der eine Rechen-Operation vorgenommen wird oder werden soll. Wir wollen diese Operation eine Multiplikation mit (-1) nennen und im Folgenden definieren.

Erste Hilfe bietet das Thermometer; wir legen es wie in Fig. 41 horizontal mit der Quecksilberkugel auf der linken Seite. t Teilstriche links der Nullmarke sind das, was wir gewöhnlich als $-t°$ bezeichnen. Dann können wir $-t$ als das Ergebnis einer – gegen den Uhrzeigersinn gerichteten – Rotation von t Skala-Einteilungen im positiven Teil der Skala um einen Winkel von 180° darstellen; geschieht das zweimal, so sind wir wieder bei t Einteilungen im positiven Bereich*. Dann gilt $-t$ sowohl als eine Zahl

---

* In diesem Zusammenhang ist die Richtung im Uhrzeigersinn oder gegen ihn irrelevant; relevant wird sie, wenn sich ein Sinn für $\sqrt{-1}$ finden läßt.

wie auch als eine Operation, die mit (− 1) ausgeführt wird. Wir können das (− 1) t schreiben und im übertragenen Sinn von einer Operation des Multiplizierens mit (− 1) sprechen. Diese Operation zweimal durchgeführt, ergibt (− 1) (− 1) = (− 1)^2, und das entspricht einer Drehung um 360°, so daß

$$- t \equiv (- 1) \cdot t \text{ und } (- 1)^2 \cdot t \equiv t.$$

Nun läßt sich ohne Schwierigkeit schreiben n (− t) = − nt; das ist anzusehen als eine doppelte Multiplikation, zuerst mit n, dann mit (− 1), d. h. (− 1) (n · t). Das läßt sich auf zweierlei Weise machen: *entweder:* zunächst n mal t Skala-Einteilungen auf der positiven Seite durchgehen, dann um 180° drehen; *oder:* zunächst t Skala-Punkte im Positiven um 180° drehen und dann n mal nacheinander in dem neuen Gebiet voranschreiten.

Damit lassen sich unsere Vorzeichenregeln folgendermaßen schreiben:

$$\begin{aligned}(- a)(b) &\equiv (- 1) a (b) \equiv - ab \\ (a)(- b) &\equiv a (-1) b \equiv - ab \\ (- a)(- b) &\equiv (- 1)^2 ab \equiv ab.\end{aligned}$$

Später werden wir erkennen, daß das mysteriöse $i \equiv \sqrt{-1}$, das die Mathematiker zu Newtons Zeit noch mit Zweifeln bedachten, gar nicht mysteriöser ist als − 1, wenn wir es wie dieses als eine Anleitung zur Drehung unserer Skala betrachten.

Division, Verhältnis und Proportion

Wir betrachten nun das nicht-kommutative Verfahren, das wir Division nennen. Heute scheint es unwesentlich, zwischen 27 geteilt durch 4, dem Verhältnis 27 : 4 oder dem Bruch $\frac{27}{4}$ zu unterscheiden, genau so, wie es nichts ausmacht, ob wir a × b als ab oder a(b) schreiben. In der Antike war das anders. Auf dem Abakus kann man nur dann eine ganze Zahl b teilen, wenn a das Produkt aus b und einer dritten ganzen Zahl m ist.

Heutzutage sehen wir Aussagen über Zahlen praktisch dann als exakt an, *wenn wir genaue Grenzen angeben können, innerhalb derer sie liegen;* und unsere Dezimal-Schreibweise für Brüche ermöglicht uns das zur Division von zwei Zahlen, von denen keine im Sinne Platos exakt ist.

Man betrachte, was es heißt a : b, wenn a und b folgende Zahlen sind:

DIE GRAMMATIK DER GRÖSSE, DER ORDNUNG UND DER FORM

$$1{,}125 \leq a \leq 1{,}126;\ 2{,}666 \leq b \leq 2{,}667.$$

In dieser Situation kann a:b bedeuten 1,125 : 2,666; 1,125 : 2,667; 1,126 : 2,666 und 1,126 : 2,667.

Darunter ist der kleinste Bruch der mit dem größtmöglichen Nenner (2,667) und dem kleinstmöglichen Zähler (1,125). Der größte Bruch ist der mit dem größtmöglichen Zähler und dem kleinstmöglichen Nenner, also

$$\frac{1{,}125}{2{,}667} \leq \frac{a}{b} \leq \frac{1{,}126}{2{,}666}.$$

Kurz, a : b liegt zwischen 0,4218 und 0,4223. Das ist die exakteste Art von Feststellung, die wir jemals über das Verhältnis zweier *Messungen* erhoffen können.

Wollen wir noch tiefer in die Bedeutung des Begriffes *Verhältnis* eindringen, so ist das von Wert, um sich über die Bedeutung des Begriffes *Proportion* klarzuwerden.

Wir gebrauchen das Wort Proportion gewöhnlich in zweifachem Sinne. Wenn wir sagen, die Proportion von Jugendlichen in einem ko-edukativen Kolleg sei 60 %, meinen wir damit, daß die Anzahl eines Teiles einer Menge (hier: der *männlichen Studenten)*, in einem Bruch der Gesamtmenge (d. h. *aller Studenten)* ausgedrückt, drei Fünftel beträgt. Sagen wir aber, daß der Benzinverbrauch *direkt proportional* der zurückgelegten Strecke sei, so ist damit nicht ein Teil der Menge als Bruch eines anderen Teiles ausgedrückt. Wir stellen eine Beziehung her zwischen Messungen innerhalb von verschiedenen Einheitssystemen, z. B. Liter und Kilometer. Die Aussage beinhaltet die Voraussetzung, daß wir zwei entsprechende Werte in den beiden Mengen miteinander verknüpfen, so daß K_a (z. B. 70) Kilometer einem Verbrauch von l_a (z. B. 8) Litern entspricht. Das Wort *direkt* beinhaltet zusätzlich, daß jeder Wert der Menge K ein festes Vielfaches *(Proportionalitäts-Konstante)* des entsprechenden Wertes in der l-Menge ist. Zum Beispiel liege unser Verbrauch bei 4 Liter auf 40 Kilometer; dann ist die Proportionalitätskonstante 40.

Wenn wir sagen x ist direkt proportional zu y, wobei x = Cy für entsprechende Paare x und y ist, so hängt der numerische Wert der Konstante C von dem besonderen hier anstehenden Einheitssystem (Kilometer und Liter) ab. Wir können dies aber auch in allgemeiner Form, ohne Bezug auf eine numerische Konstante, die uns auf spezielle Einheitssysteme verweist, ausdrücken. Es sei $k_a = 40\ l_a$ und $k_b = 40\ l_b$ dann ist

$$\frac{k_a}{k_b} = \frac{40\, l_a}{40\, l_b}, \text{ also } \frac{k_a}{k_b} = \frac{l_a}{l_b}.$$

In Worten: eine Menge (q) ist *direkt proportional* einer anderen Q, wenn das *Verhältnis* jedes Paares ($q_1 : q_2$) der ersten numerisch gleich ist dem entsprechenden Paar ($Q_1 : Q_2$) der zweiten. Damit sind beide Mengen auf je einer Seite der Gleichung im gleichen Einheitssystem, hier entweder beide in Kilometern oder beide in Litern. Diese Definition beschränkt uns nicht in der Wahl der Einheiten, ob wir nun die Strecke in Meilen oder Kilometern und den Verbrauch in Gallonen oder Litern messen.

In einem Autoreifen hängt das Luft-Volumen (v) vom Druck (p) auf andere Weise ab. Wir können es so ausdrücken: Das Produkt pv für entsprechende Werte von Druck und Volumen ist eine konstante Zahl K für die speziellen Einheiten, z. B. Kubikmeter und Gewicht pro Quadratmeter. Druck und Volumen nennen wir *invers* (umgekehrt) *proportional,* und zwar aus folgendem Grunde, der die Diagonalregel erklärt:

$$p_a \cdot v_a = K = p_b \cdot v_b, \text{ so daß } \frac{p_a}{p_b} = \frac{v_b}{v_a}.$$

Hier ist das Verhältnis jedes Paares von Druckwerten gleich den *reziproken* entsprechenden Volumenwerten; das zeigt, daß die umgekehrte Proportion unabhängig ist von den vorkommenden Einheiten, solange sie konsequent benutzt werden:

Nebenbei bemerkt: es gibt ein gutes Übereinkommen, daß bei zwei sogenannten *Veränderlichen* (x und y), vergleichbar mit Kilometern und Litern oder Druck und Volumen, nach allgemeinem Gebrauch *große Buchstaben* angeben, welche Mengen *(Konstanten)* einen festen numerischen Wert im gleichen Einheitssystem haben: Für direkte Proportion schreibt man x = Cy, für umgekehrte Proportion xy = K.

Die beiden vorhergehenden Wege der Definition von direkter Proportion enthüllen den Kern der Krise, die schließlich die griechische Geometrie von der übrigen Welt trennte. Perfektionisten, durch Platos Lehre angeregt, weigerten sich, die Erkenntnis anzunehmen, daß das Verhältnis zweier sogenannter *Inkommensurabeln* (z. B. $\sqrt{2}$ oder $\sqrt{5}$) eine ehrbare, anständige Zahl sein könnte.

Hingegen waren sie nicht zimperlich mit der Aussage, daß das Verhältnis eines Paares dem eines andern gleich sein konnte. In Übereinstimmung mit dieser Doktrin des Plato-Schülers Eudoxus, die von Euklid ganz und gar übernommen wurde, konnte man von zwei Kreisen aussagen, daß das Verhältnis ihrer Grenzlinien ($p_1 : p_2$) dem Verhältnis ihrer entsprechenden Durchmesser ($d_1 : d_2$) gleich sei.

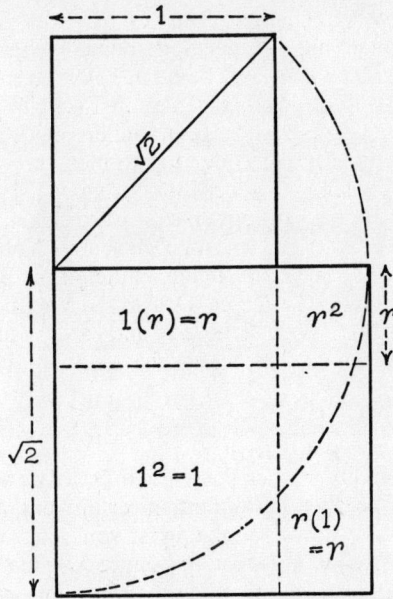

Fig. 42 Geometrische Darstellung von $(1 + r)^2 = 2$

Andererseits wollte Euklid nicht zugeben, daß der Begriff Verhältnis auf eine Division zurückzuführen ist. Was uns angeht, ist, daß eine solche Regel uns keinerlei Anleitung gibt, wie der Umfang eines Kreises, dessen Durchmesser bekannt ist, berechnet werden kann. Dazu müßten wir die *Proportionalitätskonstante* ins Bild bringen.

Da *Perimeter* das griechische Äquivalent für Umfang-Messung und π das griechische Äquivalent für das römische P ist, war es lange Zeit Brauch, diese Konstante π zu nennen. So lautet eine andere Form der Regel $p = \pi d$.

Archimedes und seine alexandrinischen Nachfolger brachten die Messung wieder in die Wildnis des euklidschen Systems zurück, d. h. sie führten die *Zahl* wieder ein; das bedeutet, daß

Archimedes erkannt hatte: man kann *mit jedem beliebigen Präzisionsgrad* eine Proportionalitätskonstante berechnen, mit der diese Formel allen Erfordernissen unvollkommener Leute mit ungenügenden Meßinstrumenten gerecht wird.

Zwei Arten von Größe

Die mathematische Sprache ist die der Größe, der Ordnung und der Form; wenn man das ausspricht, zeigt man, daß man weiß, was mit diesen drei Worten gemeint ist. Nehmen wir hier die *Form* als erwiesen an; die Worte *Größe* und *Ordnung* bedürfen jeweils einer Untersuchung. Unter *Größe* könnte man das Ergebnis sowohl des *Messens* wie des *Rechnens* verstehen. Der Unterschied ist von entscheidender Bedeutung. Das Resultat des Zählens von Schafen auf einem Feld ist eindeutig, das Resultat des Messens der Seiten des Feldes ist es nicht. Nennen wir die Anzahl der Schafe n_s, so ist die Aussage $n_s = 25$ entweder richtig oder falsch. Bezeichnen wir die Länge einer Seite des Feldes (in Metern) mit L_f, so kann die Feststellung $L_f = 25$ nicht völlig korrekt sein, wie tatsächlich keine exakte Aussage über eine Beobachtung irgendwelcher Art es sein kann.

Der Unterschied ist also klar. Die Skaleneinteilung des Meterstabes kann so genau wie möglich sein; kein Verkäufer kann die vollkommene Gleichheit der Abstände und der Dicke der Markierungsstriche garantieren. Abgesehen von dem Grad an Unsicherheit, der der Materie als solcher anhaftet, liegt das Handikap bei Messungen auch in der Beschränkung unserer eigenen *Beobachtungsmöglichkeiten* begründet.

Mit diesem wichtigen praktischen Unterschied zwischen dem Gebrauch von Zahlen als Bezeichnungen für Zählen und Messen hängt zusammen, daß wir sie *rational* oder anders nennen. Eine Zahl heißt *rational,* wenn man sie als Verhältnis zweier *benennbarer* ganzer Zahlen (sogenannten *Integern*) ausdrücken kann; das sind die Zahlen, die man zum Zählen benutzt. Jede der folgenden ist rational:

$$\frac{51}{1} (= 51); \frac{52}{4} (= 13); \frac{53}{8} (= 6{,}625); \frac{51}{13} = 3{,}923076\dot{.}$$

Die letzte Zahl bedeutet

    3,923076 923076 923076 ... unendlich weiter.

Sogenannte rationale Zahlen umfassen also die ganzen Zahlen (wie die erstgenannte) und *gewöhnliche Brüche*. Bei diesen unterscheiden wir drei Arten:
1. solche, die sich auf ganze Zahlen zurückführen lassen
2. solche, die einen *endlichen* Dezimalbruch bilden
3. solche, die einen *unendlichen* Dezimalbruch bilden, bei dem sich eine oder mehrere Ziffern endlos periodisch wiederholen.

Die sogenannte Periode von 3. kann eine Ziffer, eine Sequenz von 2 Ziffern oder von jeder endlichen Anzahl von Ziffern beinhalten, wie

$$3,1\dot{8} = \frac{287}{90}; \quad 3,\dot{1}\dot{8} = \frac{315}{99}; \quad 3,1\dot{2}83\dot{9} = \frac{312527}{99999}.$$

Unser indisches Erbe der Dezimalbrüche macht klar, daß 3,12839 niemals 3,1284 überschreiten kann, wie viele Ziffern nach der 9 auch hinzugefügt werden, und könnte den letztgenannten Wert nur dann erreichen, wenn jede in endloser Folge hinzugefügte Ziffer zufällig 9 wäre. Außerdem kann 3,12839 ... nur dann genau 3,12839 sein, wenn alle endlos folgenden Ziffern Null sind.

In mathematischer Kurzschrift heißt das:

$$3,12840 \geq 3,12839 \ldots > 3,12839.$$

Man kann sich daher die Existenz von Zahlen vorstellen, die zwischen beliebig kleinen Grenzen angesiedelt werden, ohne die geringste Möglichkeit, sie exakt zu definieren. Sie könnten unendliche, nicht periodische Dezimalbrüche genannt werden; für gewöhnlich nennt man sie *nicht-rational*.

Der Unterschied zwischen solchen nicht-rationalen Zahlen ist von großer geschichtlicher Bedeutung. Er bewirkte, daß die Pioniere der griechischen Geometrie in dem Augenblick festgefahren waren, als der Begriff *Limit*, Grenze, mit einer simplen Daumenregel der Division ohne Hilfe des Zahlenbrettes in der griechischen Zahlenlehre genausowenig unterzubringen war wie unser Mittel, Brüche als Dezimalbrüche darzustellen. Die Krise, die die ersten weltlichen Mathematiker der Antike schockte, war die Entdeckung, daß die Quadratwurzel von 2 nicht ausdrückbar ist als Verhältnis zweier endlicher Zahlen. Wir wissen, daß das Quadrat von 1,5 (1,5 × 1,5) 2,25 ist und das Quadrat von 1,4 (1,4 × 1,4) = 1,96. Also liegt die Zahl, die quadriert 2 ergibt, zwischen 1,4 und 1,5; $1,4 < \sqrt{2} < 1,5$. Empirisch fortschreitend finden wir

$$1,41 < \sqrt{2} < 1,42; \; 1,410 < \sqrt{2} < 1,415;$$
$$1,414 < \sqrt{2} < 1,415 \text{ usw.}$$

Wir könnten so fortfahren, bis wir müde sind, ohne $\sqrt{2}$ als periodischen Dezimalbruch festzunageln; damit ist aber nicht gesagt, daß das überhaupt nicht möglich ist. Wir wollen es einmal aus der Sicht von Dr. Platos erlesener Akademie für junge Herren betrachten. Ihr Dilemma entstand so: Mit dem ältesten Rezept, ein Quadrat anzufertigen, läßt sich auch ein Rechteck konstruieren, dessen Seiten so genau wie möglich 3 und 4 Längeneinheiten betragen, mit einer Diagonale von 5 Längeneinheiten. Konstruieren wir nach derselben Regel (Fig. 32 und 42) ein Quadrat mit Seiten von je einer Längeneinheit, so beträgt die Diagonale (d) $\sqrt{2}$ Längeneinheiten, denn $d^2 = 1^2 + 1^2 = 2$. Griechische Mathematiker haben keinen Weg gefunden, die Grenzen, innerhalb derer $\sqrt{2}$ liegt, mit Präzision so eng wie möglich zu bestimmen.

Betrachten wir das griechische Dilemma stufenweise. Jedes Verhältnis zweier ganzer Zahlen, wenn es nicht schon reduziert ist auf zwei ganze Zahlen ohne einen einzigen gemeinsamen Faktor, kann auf diese Form gebracht werden.

$$\frac{33}{24} = \frac{11}{8}; \frac{50}{35} = \frac{10}{7}; \frac{119}{77} = \frac{17}{11}.$$

So reduziert, kann es nicht das Verhältnis zweier gerader Zahlen sein; denn die haben alle den Faktor 2. Die antiken Schreiber nannten sie *männliche* bzw. *weibliche* Zahlen; darum wollen wir die ungeraden mit M und m, die geraden mit F bezeichnen. Unser reduziertes Verhältnis kann daher eines von drei möglichen sein, hier dargestellt durch Verhältnisse, deren Quadrat nahe 2 ist:

$$\frac{M}{F} \text{ (z. B. } \frac{11}{8}\text{); } \frac{F}{M} \text{ (z. B. } \frac{10}{7}\text{); } \frac{M}{M} \text{ (z. B. } \frac{17}{11}\text{).}$$

Jede Möglichkeit soll für sich geprüft werden.

1. Wenn M : F die Quadratwurzel von 2 ist, so daß $(M : F)^2 = 2$, so muß auch $M^2 = 2F^2$ sein. Da eine ungerade Zahl aber niemals 2 als Faktor enthält, kann ihr Quadrat dies auch nicht. Dieses kann also nicht stimmen.
2. Die dritte Aussage M:m könnte nur dann stimmen, wenn $M^2 = 2m^2$ wäre, wobei 2 ein Faktor von M wäre und M keine ungerade Zahl sein kann. Auch diese stimmt also nicht.
3. Es bleibt noch die Möglichkeit, daß $F^2 = 2M^2$. Nun muß das Quadrat einer geraden Zahl den Faktor 4 enthalten; unsere Gleichung könnte also nur dann stimmen, wenn M^2 den Faktor 2 enthielte. Sie kann es nicht, wenn M ungerade ist. Also ist

DIE GRAMMATIK DER GRÖSSE, DER ORDNUNG UND DER FORM

auch diese Möglichkeit unvereinbar mit der Möglichkeit, die Quadratwurzel von 2 als einen Bruch gewöhnlicher Art darzustellen.

Wären Platos Zeitgenossen vertraut gewesen mit limitierbaren und unlimitierbaren unendlichen Reihen, oder einfach mit dem, was unser Gebrauch von Dezimalbrüchen offenlegt, so wäre wohl die Entwicklung anders verlaufen. Ob eine Zahl gerade oder ungerade ist, hängt von der letzten Ziffer ab. Z. B. sind 5943, 5945, 5947, 5949 ungerade, 5940, 5942, 5944, 5946 und 5948 gerade Zahlen. Addieren wir in dem Bruch a : b endlos Zahlen zu a und b, erreichen wir doch nie den Punkt, an dem wir sagen können, welches jeweils die letzte ist; sicher ist das mit ein Grund dafür, daß wir sagen, ein unendlicher, nicht wiederholbarer Dezimalbruch ist nicht ausdrückbar als gewöhnlicher Bruch, dessen Zähler und Nenner als benennbare Zahlen ausgewiesen sind.

Professionelle Mathematiker unterscheiden zwei Kategorien nicht-rationaler Zahlen: 1. die *irrationalen* Zahlen wie die Quadratwurzel von 2 oder die fünfte Wurzel von 4; 2. die *transzendenten* Zahlen wie π, das Verhältnis des Kreisumfanges zum Durchmesser. Grob genommen, beträgt das 22 : 7, präziser, d. h. mit einem Spielraum an Ungenauigkeit von weniger als 1 : 30 000 000.

$$3{,}1415926 < \pi < 3{,}1415927.$$

Mit dem Ungenauigkeitsgrad von 1 : 1 000 000 lauten die Quadratwurzeln von 2 und 10

$$1{,}414213 < \sqrt{2} < 1{,}414214$$
$$3{,}162277 < \sqrt{10} < 3{,}162278.$$

Für das Programm eines Elektronengehirns ist der zuletzt genannte Unterschied von allergeringstem Interesse. Wir können nur hoffen, eine Anleitung zu schaffen, nach der wir jede nicht-rationale Zahl mit der Genauigkeit spezifizieren, die erforderlich ist (z. B. $\sqrt{2} \cong 1{,}4142$ oder $\pi \cong 3{,}1416$). Mit diesem Ziel im Auge können wir einen von drei Wegen beschreiten: Einer davon ist die *Iteration* (Wiederholung), d. h. sukzessive Annäherung, wie sie für $\sqrt{2}$ bereits dargestellt wurde. Ein zweiter ist die Anwendung einer *infiniten* (endlosen) Reihe, deren Summe niemals einen Wert über eine bestimmbare Zahl erreichen kann. Solch eine Reihe läßt sich für $\sqrt{2}$ mit Hilfe des *Binomial-Theorems* aufstellen. Eine für π ist:

$$\frac{1}{4}\pi = 1 - \frac{1}{3} + \frac{1}{5} - \frac{1}{7} + \frac{1}{9} - \frac{1}{11} + \frac{1}{13} \cdots$$

Es gibt eine dritte Möglichkeit, die Quadratwurzel aus jeder beliebigen ganzen Zahl zu ziehen, einen Wert für π zu erhalten und einen Wert für eine andere wichtige *transzendente* Zahl e. Diese letztere ist als unendliche Reihe definiert:

$$e = 1 + \frac{1}{1} + \frac{1}{2 \cdot 1} + \frac{1}{3 \cdot 2 \cdot 1} + \frac{1}{4 \cdot 3 \cdot 2 \cdot 1} + \frac{1}{5 \cdot 4 \cdot 3 \cdot 2 \cdot 1}, \text{etc.}$$

Zu erkennen, daß die Summe dieser Reihe eine bestimmte Grenze nicht überschreiten kann, ist nicht allzu schwer. Die Nenner des elften und zwölften Gliedes sind $10 \cdot 9 \cdot 8 \cdot \ldots \cdot 3 \cdot 2 \cdot 1$ bzw. $11 \cdot 10 \cdot 9 \cdot \ldots \cdot 3 \cdot 2 \cdot 1$. Also ist jedes Glied nach dem elften weniger als $\frac{1}{10}$ kleiner als das vorhergehende. Das kann man schreiben:

$$2{,}71828182 < e < 2{,}71828183.$$

Dieser dritte Weg der Darstellung einer sogenannten Inkommensurablen ist älter als der vorhergehende; in bezug auf $\sqrt{2}$ verläuft er folgendermaßen: Da $2^2 = 4$ und $1^2 = 1$, wissen wir, daß $1 < \sqrt{2} < 2$. Also schreiben wir (Fig. 42) $(1 + r) = \sqrt{2}$, wobei $(1 + r)^2 = 2 = 1 + 2r + r^2$ und $2r + r^2 = 1$, daher $r(2 + r) = 1$, so daß

$$r = \frac{1}{2 + r}.$$

Daher, wenn r auf der rechten Seite unbegrenzt ersetzt wird

$$r = \cfrac{1}{2 + \cfrac{1}{2 + r}} \qquad r = \cfrac{1}{2 + \cfrac{1}{2 + \cfrac{1}{2 + r}}}$$

$(1 + r)^2$, so auf aufeinanderfolgenden Schätzungen basierend, über- oder unterschreitet 2.

$$\frac{1}{2} = 0{,}5; \quad \cfrac{1}{2 + \cfrac{1}{2}} = 0{,}4; \quad \cfrac{1}{2 + \cfrac{1}{2 + \cfrac{1}{2}}} = 0{,}416.$$

Das ergibt:

$$\sqrt{2} \cong 1{,}5; \quad \sqrt{2} \cong 1{,}40; \quad \sqrt{2} \cong 1{,}416.$$

Die nächste mit dieser Methode erreichte Annäherung ist $\sqrt{2} = \frac{41}{29}$; die ersten vier Annäherungen ergaben quadriert

DIE GRAMMATIK DER GRÖSSE, DER ORDNUNG UND DER FORM 95

$$2\frac{1}{4}; 1\frac{24}{25}; 2\frac{1}{144}; 1\frac{840}{841}.$$

Die letzte Zahl differiert von 2 wenig mehr als 1 : 1000. Man kann die Methode ausprobieren zur Bestimmung von $\sqrt{4}$, indem man $\sqrt{4} = (3 - r)$ setzt, so daß $r(6 - r) = 5$ ist. So nähert man sich immer mehr der 2, was in diesem Falle der exakte Wert ist. Kurz: die Quadratwurzel jeder beliebigen ganzen Zahl, sei sie rational oder nicht, ist als ein *stetiger Bruch* darstellbar. Zwei Wege dahin sind möglich: angenommen, N liegt zwischen n^2 und m^2, schreiben wir $(n + r)^2 = N$ oder besser $(m - r)^2 = N$, sofern N näher an m^2 liegt. Z. B. liegen $\sqrt{5}$ und $\sqrt{8}$ beide zwischen 2 und 3, da $2^2 = 4$, $(2,5)^2 = 6,25$ und $3^2 = 9$. Hier ist 2 näher $\sqrt{5}$, aber 3 ist näher $\sqrt{8}$; also schreibt man günstigerweise

$(2 + r)^2 = 5$, *so daß* $4 + 4r + r^2 = 5$ *und* $r(4 + r) = 1$
$(3 - r)^2 = 8$, *so daß* $9 - 6r + r^2 = 8$ *und* $r(6 - r) = 1$

Rang und Ordnung

Wir benutzen Zahlensymbole, um Gegenstände zu zählen, um Messungen durchzuführen und Rechenoperationen darzustellen (z. B n^3); aber wir bedürfen ihrer auch, um eine geordnete Aufeinanderfolge von Ereignissen zu berichten, wie z. B. in einem Kalender. Das war mit ziemlicher Sicherheit der früheste Gebrauch von Zahlen, der eine zentrale Rolle in dem großen Bereich der Mathematik der sogenannten *Reihen* spielt. Eine Reihe ist eine Zahlenfolge, in der eine einzige Regel jedes Glied mit einem oder mehreren vorausgehenden verbindet. Die natürlichen Zahlen, nach ihrer Größe angeordnet, bilden eine Reihe, in der die denkbar einfachste Regel ein Glied mit dem andern verbindet:

1; 2 = (1 + 1); 3 = (2 + 1); 4 = (3 + 1); 5 = (4 + 1); etc.

Eine wohlbekannte Reihe ist auch der Dezimalbruch $1,\dot{1}$ (vgl. das Paradoxon des Achilles, Fig. 1). Um so knapp wie möglich eine Regel auszudrücken, die aufeinanderfolgende Glieder einer solchen Reihe verknüpft, benutzen wir für jedes eine ganze Zahl, die wir ihren *Rang* nennen. Wichtig ist, daß ein Glied mit Rang r von dem Glied mit Rang (r + 1) gefolgt wird, und, ausgenommen das Anfangsglied, Vorläufer jedes Gliedes vom Rang r ein Glied des Ranges (r−1) ist. Dann kann man als *anerkannte* Schreibweise das

DIE GRAMMATIK DER GRÖSSE, DER ORDNUNG UND DER FORM

Glied mit Rang r als t_r bezeichnen; in der folgenden Sequenz ist $t_3 = 10^{-3}$ das Glied mit Rang 3

Rang (r) =	1	2	3	4	5 ...
Glied (t_r) =	0,1	0,01	0,001	0,0001	0,00001 ...
	$\frac{1}{10}$	$\frac{1}{10^2}$	$\frac{1}{10^3}$	$\frac{1}{10^4}$	$\frac{1}{10^5}$ ...

Mit dieser Kennzeichnung der Glieder läßt sich die Regel auf verschiedene Weise formulieren. Ist t_r das Glied vom Rang r, so kann man schreiben

$$t_r = \frac{1}{10} t_{r-1} \text{ oder } t_r = \frac{1}{10^r}.$$

Das ist keine sakrosankte Art, Reihen zu markieren. Eine andere vergleichbare Regel sieht so aus:

(r) =	1	2	3	4	5 ...
Glied (t_r) =	10	100	1000	10000	100 000 ...
	10^1	10^2	10^3	10^4	10^5 ...

Wir können auch schreiben:

$$t_{r-1} = \frac{1}{10} t_r \text{ oder } t_r = 10^r.$$

Die Reihe, deren Summe $0,\dot{1}$ ist, läßt sich in die gleiche Form bringen:

r =	−1	−2	−3	−4 ...
t_r =	0,1	0,01	0,001	0,0001 ...
	10^{-1}	10^{-2}	10^{-3}	10^{-4} ...

Im folgenden sehen wir, daß jedes Glied ein Zehntel seines Vorgängers zur Linken ist:

r =	4	3	2	1	0	−1	−2	−3 ...
t_r =	10000	1000	100	10	1	$\frac{1}{10}$	$\frac{1}{100}$	$\frac{1}{1000}$ ...
	10^4	10^3	10^2	10^1	10^0	10^{-1}	10^{-2}	10^{-3} ...

Andererseits ist jedes Glied zehnmal so groß wie sein Vorgänger zur Rechten, so daß jeder Rang um 1 höher ist als der vorhergehende.

DIE GRAMMATIK DER GRÖSSE, DER ORDNUNG UND DER FORM

$r =$	-3	-2	-1	0	1	2	3	4
$t_3 =$	$0{,}001$	$0{,}01$	$0{,}1$	1	10	100	1000	$10\,000$
	10^{-3}	10^{-2}	10^{-1}	10^0	10^1	10^2	10^3	10^4.

In einer andern sogenannten *geometrischen Reihe*, in der jedes Glied *doppelt* so groß ist wie das vorhergehende, läßt sich das Muster so anwenden:

$r =$	-3	-2	-1	0	1	2	3	$4\ldots$
$t_r =$	$\frac{1}{8}$	$\frac{1}{4}$	$\frac{1}{2}$	1	2	4	8	$16\ldots$
	$\frac{1}{2^3}$	$\frac{1}{2^2}$	$\frac{1}{2}$	1	2	4	8	$16\ldots$
	2^{-3}	2^{-2}	2^{-1}	2^0	2^1	2^2	2^3	$2^4\ldots$

Wenn wir also sagen: $b^0 = 1$, $b^{-1} = \frac{1}{b}$, $b^{-2} = \frac{1}{b^2}$ etc., so bedarf diese Aussage keines Beweises, denn wir konstatieren nur, welche Kennzeichen wir benutzen, um über eine Zahlenfolge zu sprechen, in der jedes Glied in aufsteigender Ordnung b mal größer ist als das vorausgegangene. Diese Art der Kennzeichnung wurde gewählt nicht nur, weil sie die einzig legitime ist, sondern auch, weil sie die Regel am deutlichsten zeigt, nämlich $t_r = b^r$.

Betrachten wir eine weitere Reihe, der die Regel nicht so leicht anzusehen ist. Die sogenannten Dreieckszahlen in Fig. 35 lauten

$r = 1\ \ 2\ \ 3\ \ 4\ \ 5\ \ 6\ldots$
$t_r = 1\ \ 3\ \ 6\ \ 10\ \ 15\ \ 21\ldots$

Hier entsteht jedes Glied durch Addieren seines Ranges zum Vorgänger:

$$t_r = t_{r-1} + r;\ \text{also}\ t_6 = t_5 + 6 = 15 + 6 = 21.$$

Diese Regel ist unvollständig, wenn man nicht ein Glied und seinen Rang kennt, z. B. $t_r = 1$, wenn $r = 1$. Die Erfahrung lehrt uns, daß wir die Glieder folgendem Muster entsprechend ordnen können:

$r =$	1	2	3	4	5	$6\ldots$
$t_r =$	1	3	6	10	15	$21\ldots$
	$\frac{1\,(2)}{2}$	$\frac{2\,(3)}{2}$	$\frac{3\,(4)}{2}$	$\frac{4\,(5)}{2}$	$\frac{5\,(6)}{2}$	$\frac{6\,(7)}{2}$.

Wir erkennen eine Regel, die wahrscheinlich so lautet

$$t_r = \frac{r(r+1)}{2}.$$

Was gibt uns die Gewissheit, daß sie immer stimmt? Erinnern wir uns, daß

$$t_r = t_{r-1} + r \text{ ist, also}$$

$$t_{r+1} = t_r + (r+1).$$

Stimmt die Regel, ist daher

$$t_{r+1} = \frac{r(r+1)}{2} + (r+1) = \frac{r^2 + r + 2(r+1)}{2}$$

$$= \frac{r^2 + 3r + 2}{2} = \frac{(r+1)(r+2)}{2}.$$

Setzen wir $r + 1 = n$, so ist

$$t_n = \frac{n(n+1)}{2}.$$

Dieselbe Regel hält also stand, wenn wir für einen Wert (r) des Ranges den Wert (r+1) seines Nachfolgers einsetzen, damit ist eine Möglichkeit angezeigt, zuverlässige Regeln zu erhalten, um jedes Glied einer Reihe zu berechnen, ohne daß sie Schritt für Schritt aufgebaut werden muß. Das muß gesagt werden, weil wir von einer Zahlenmenge nur dann als von einer Reihe sprechen können, wenn eine Beziehung jedes Gliedes zu einem (oder mehreren) vorausgehenden klar zu ersehen ist. Im folgenden nehmen wir an, daß eine solche Beziehung besteht:
$t_r = 2t_{r-1}$, wenn $t_r = 2^r$ und $t_r = t_{r-1} + r$, wenn $t_r = \frac{1}{2}r(r+1)$ wie im vorigen Beispiel. Die Regel (als *mathematische Induktion* bekannt) lautet so:

Wenn aus dem r-ten Glied das (r + 1)te zu erhalten ist durch Einsetzen von r+1 für r, so gilt das für alle folgenden Glieder und auch für das Anfangsglied.

Diese Methode ist von weitreichenderer Bedeutung, als auf den ersten Blick scheinen mag, weil die Summe jeder Anzahl von Gliedern einer Reihe selbst eine Reihe darstellt: Das gilt, wie wir gesehen haben, für die Summe (S_r) der ersten r ungeraden Zahlen. Wir stellen die Glieder wie folgt zusammen:

$r =$	1	2	3	4	5 ...
$n_r =$	1	3	5	7	9 ...
$S_r =$	1	4	9	16	25 ...
$=$	1	2^2	3^2	4^2	5^2 ...

Die Glieder der zweiten Reihe (ungerade Zahlen) sind abzuleiten aus der ersten durch die Formel $n_r = 2r - 1$; die Glieder der nächsten sind mit der darüber verbunden durch die Beziehung $S_r = S_{r-1} + n_r$, hier $S_5 = S_4 + n_5 = 16 + 9 = 25$. Da nun jedes Glied n_r der zweiten Reihe durch ein Glied der ersten ausgedrückt werden kann, ist jedes Glied der dritten Reihe mit seinem vorausgehenden Glied in bestimmter Weise verbunden:

$$S_r = S_{r-1} + (2r - 1) \text{ oder}$$
$$S_{r+1} = S_r + 2(r + 1) - 1 = S_r + (2r + 1).$$

Nun liegt es für die vierte Reihe nahe, daß jedes Glied der dritten r^2 ist; das gilt mit Sicherheit für das erste Glied. Wir brauchen also nur noch zu zeigen, daß wir $S_{r+1} = (r + 1)^2$ aus dem bereits Bekannten ableiten können:

$$S_{r+1} = S_r + (2r + 1). \text{ Wenn } S_r = r^2, \text{ also:}$$
$$S_{r+1} = r^2 + (2r + 1) = r^2 + 2r + 1 = (r + 1)^2.$$

Gilt also die Regel für das r-te Glied, dann auch für das (r+1)te. Stimmt sie für das erste Glied, dann auch für das zweite, das dritte usw.

Manchmal ist es angebracht, das Anfangsglied besser mit Rang 0 als mit Rang 1 zu versehen; dann aber gilt es zu bedenken,
a) daß das Glied von Rang r das letzte von (r+1) Gliedern ist;
b) daß dieselbe Formel nicht für beide anwendbar ist.

Geben wir der ersten ungeraden Zahl den Rang 1, so lautet die Formel für die ungerade Zahl jedes anderen Ranges $(2r - 1)$, z. B. die sechste ungerade Zahl ist 11. Geben wir der ersten ungeraden Zahl den Rang 0, so ist die Formel $(2r + 1)$. Das ist in diesem Falle nicht von Vorteil; aber wir zeigen jetzt eine Reihe, für die die allgemeine Formel bequemer anwendbar ist, wenn wir die Anfangsglieder wie in der untersten Anordnung benennen.

$r =$	1	2	3	4	5	6 ...
$t_r =$	3	7	11	15	19	23 ...
$r =$	0	1	2	3	4	5 ...

Die obere Anordnung ist eine *arithmetische Reihe*. Hat das Anfangsglied den Rang 1, so lautet die Formel für das r-te Glied

$3 + 4(r - 1)$; hat es den Rang 0, lautet die Formel $3 + 4r$. Eine vergleichbare Vereinfachung ergibt sich, wenn man das Anfangsglied einer *geometrischen Reihe* mit Rang 0 belegt. Siehe folgendes Beispiel:

$r =$	1	2	3	4	5	6 ...
$t_r =$	3	6	12	24	48	96 ...
$r =$	0	1	2	3	4	5 ...

Dafür gelten die beiden Formeln:

$t_r = 3(2^{r-1})$, wenn das Anfangsglied den Rang 1 hat,
$t_r = 3 \cdot 2^r$, wenn das Anfangsglied den Rang 0 hat.

KAPITEL III

Euklid als Sprungbrett

Es gibt einen einleuchtenden Grund für die Tatsache, daß das Image Euklids schon seit einem Jahrhundert von seinem früheren Platz in unseren Schul- und Universitätslehrplänen verbannt worden ist. Jede Form der Bildung hält an Traditionen fest, auch wenn sie den zeitgemäßen Bedingungen oft nicht mehr standhalten. Wenn wir aber begreifen, warum dieses oder jenes nicht mehr relevant ist, sparen wir Zeit und Mühe durch Abkürzungen von Wegen, die unsere Vorfahren nicht ahnen konnten.

Wir kennen den Geburtsort des ersten der großen Gelehrten an der kosmopolitischen Universität von Alexandria nicht. Euklid kann ein Ägypter oder ein Jude gewesen sein. Aber wie die anderen Lehrer seiner Schule schrieb er seine 13 Bücher (um die Zeit etwa 300 v. Chr.) in griechischer Sprache. Sein Lebensalter überschneidet sich mit dem des Aristoteles, möglicherweise auch mit dem Platos, dessen Einfluß und der seiner Schule in all seinen Werken offensichtlich ist. Die dreizehn Bücher, von denen nicht alle erhalten sind, umfassen alle Errungenschaften der griechischen Mathematik. Nur sieben von ihnen handeln von geometrischen Figuren. Die ersten vier Bücher enthalten 115 Beweise, das sechste 33, das elfte und zwölfte 70. Mit zwei Ausnahmen befassen sich die beiden letzten Bücher mit festen Körpern.

Zur Zeit Newtons (1642–1727) waren Euklids Abhandlungen die Grundlage der gesamten mathematischen Lehre in der westlichen Welt. Noch zu Beginn unseres Jahrhunderts stellten sie einen wesentlichen Teil der Schulmathematik des Westens dar. Das gilt heute nicht mehr, und aus zwei Gründen können wir froh darüber sein. Wie Plato war Euklid ein durchaus schlechter Lehrer. Für sie beide gab es keinen »königlichen Weg« zu mathematischem Können und auch keinen zwingenden Ansporn, den Weg so mühelos wie möglich zu gestalten. Kurz gesagt, Euklids Methode, einen Fall darzulegen, ist abschreckend und aus unserer Sicht langatmig. Ein Beispiel: zu dem Grundprinzip der bedeutendsten Entdeckung, nämlich dem des rechtwinkligem Dreiecks, dargestellt durch das Verhältnis 3 : 4 : 5 (Fig. 17) gelangt man erst nach Durcharbeitung von 40 anderen Beweisen seines 1. Buches.

Was diese Lehrmethode so abschreckend macht, ist die Tatsache, daß er bei der Idee der Inkommensurablen festgefahren war und daher keine gültige Regel als Anleitung für Zeichenbrett-Messung anbieten wollte. Anstatt von gleichen Längen zu sprechen, redet er von gleichen Linien; anstatt gleiche Flächen zu nennen, spricht er von äquivalenten Figuren (Dreiecke, Kreise, Rechtecke etc.). Sein ganzes 5. Buch ist einer bemerkenswert pedantischen Erklärung der Tricks gewidmet, mit denen sein Vorgänger Eudoxus versuchte, die Gleichheit von Verhältnissen zu definieren, ohne Zahlen zu benutzen oder die Möglichkeit der Darstellung der Inkommensurabeln durch Hilfsmittel zuzugeben, wie wir sie in Verbindung mit der Quadratwurzel von 2 untersucht oder zum Erhalt eines guten Wertes für π vorbereitet haben.

Wir sehen also, daß die Vorstellung von Verhältnissen und einer unendlichen Anzahl von Teilungen ein unüberwindliches Hindernis darstellte für Geometer, die nur mit dem Abakus arbeiteten und Zahlsymbole benutzten, die zu schnellen Berechnungen ungeeignet waren. So erklärt sich das Zögern Euklids, den Begriff »Verhältnis« zu einem frühen Zeitpunkt einzuführen. Unnötige Umschreibungen ergeben sich auch aus seiner Definition der Parallelen, die mit der Wirklichkeit wenig gemein hat. Wir tun besser daran, wie Euklids Nachfolger Archimedes (um 240 v. Chr.) die Messung wieder einzuführen und Parallelisierung in der Zeichenbrett-Terminologie zu definieren; dann erkennen wir, daß nur sehr wenige euklidsche Regeln dem Verständnis der mathematischen Errungenschaften vor der amerikanischen Revolution oder der Schlacht von Waterloo Genüge tun.

Lange bevor Euklid die griechische Geometrie mit Platos Philosophie in Übereinstimmung brachte, hatten seine Vorgänger schon entdeckt, wie man eine Tafel der *trigometrischen Verhältnisse* aufstellen kann, um den Anforderungen der Landmesser und der Astronomen gerecht zu werden. In diesem Kapitel wollen wir den Vorteil einer viel späteren Einsicht nutzen, die unentbehrlichen Regeln der griechischen Geometrie als Wegweiser aufzufassen. Zunächst ein paar Worte über Definitionen: Wenn Euklid von zwei Dreiecken spricht, die *in jeder Hinsicht gleich* sind, so meint er damit, daß die entsprechenden Seiten und die entsprechenden Winkel sich exakt decken. Unter entsprechenden Winkeln ABC und DEF verstehen wir Winkel, die von den Seiten AB = DE bzw. BC = EF eingeschlossen sind. Mit entsprechenden Seiten AB = DE bezeichnen wir Seiten, deren Endpunkte zwischen den Winkeln ABC = DEF und BAC = EDF liegen. Moderne Lehrbücher nennen gewöhnlich Dreiecke, die in diesem Sinne in jeder Beziehung gleich sind, *kongruent*. Wir wollen sie im folgenden äquivalent nennen; zur Abkürzung schreiben wir ∢ ABC zur Kennzeichnung des Winkels in B, wenn △ ABC die Scheitelpunkte A, B und C hat.

Nun wollen wir in acht Punkten zusammenfassen, was als gesichert angesehen werden kann:

1. Die beiden folgenden Regeln brauchen nicht als Beweis näher bekanntgemacht zu werden.
   Winkel-Regel I (Fig. 14)
   Schneidet eine Gerade eine andere, so beträgt die Summe der Winkel im Schnittpunkt zwei Rechte (180°).
   Winkel-Regel II (Fig. 14)
   Schneiden sich zwei Geraden, so sind die einander gegenüberliegenden Winkel gleich.
2. Wenn wir Parallele so definieren wie sie konstruiert werden, nämlich als Geraden mit gleicher Neigung zu einem Querbalken, können wir annehmen:
   Parallel-Regel I (Fig. 27)
   Geraden sind parallel, wenn sie gleiche Neigung zu einer beliebigen anderen von ihnen geschnittenen Gerade *(Transversale)* haben.
   Parallel-Regel II (Fig. 27)
   Jede Transversale zweier paralleler Geraden bildet gleiche Winkel mit diesen.
3. Wir können eine von 3 Anleitungen zur Konstruktion eines Dreiecks als ausreichendes Kriterium dafür ansehen, daß zwei Dreiecke gleich sind.
   Dreiecks-Regel I (Fig. 28)
   Zwei Seiten und der eingeschlossene Winkel sind gegeben.
   Dreiecks-Regel II (Fig. 28)
   Eine Seite und die beiden anliegenden Winkel sind gegeben.
   Dreiecks-Regel III (Fig. 28)
   Alle drei Seiten sind gegeben.
4. Aus der Art, in der wir einen Kreis ziehen, nehmen wir an, daß der Abstand zwischen dem Mittelpunkt und jedem Punkt der Peripherie gleich ist; daher läßt sich mit Hilfe von Nr. 3
   a) eine Strecke halbieren (Fig. 15)
   b) ein Winkel halbieren (Fig. 22)
   c) in jedem Punkt einer Geraden die Senkrechte errichten (Fig. 26)
   d) von jedem Punkt außerhalb einer Geraden die Senkrechte auf diese fällen (Fig. 26).
5. Die Sehne eines Kreises wird definiert als eine Gerade, die

jeweils zwei Punkte der Peripherie berührt. Mit Hilfe von Nr. 3 sehen wir, daß Geraden, die die Endpunkte gleicher Sehnen mit dem Mittelpunkt des Kreises verbinden, gleiche Winkel einschließen.

6. Segmente eines Kreises (durch 2 Radien ausgeschnitten) sind flächengleich, wenn die Radien im Mittelpunkt gleiche Winkel einschließen. Ein Durchmesser ist die Sehne, die den Kreis in zwei Segmente gleichen Inhalts teilt; seine Länge ist doppelt so groß wie die des Radius.
7. Ein Parallelogramm wird definiert als eine Figur mit zwei Paar parallelen Seiten, und ein Rechteck als ein Paralleleogramm, in dem *ein* Winkel ein rechter ist. Alles weitere darüber muß erst bewiesen werden (Fig. 27).
8. Der Flächeninhalt eines Rechtecks ist äquivalent dem Produkt zweier angrenzender Seiten, und der eines Dreiecks beträgt die Hälfte eines Rechtecks mit gleicher Grundlinie und Höhe wie dieses.

Nun läßt sich in 7 Regeln alles zusammenfassen, was wir aus den oben erwähnten sieben Büchern des Euklids wissen müssen. Lehrbücher sprechen dabei von *Theoremen;* wir wollen hier von *Demonstrationen* reden.

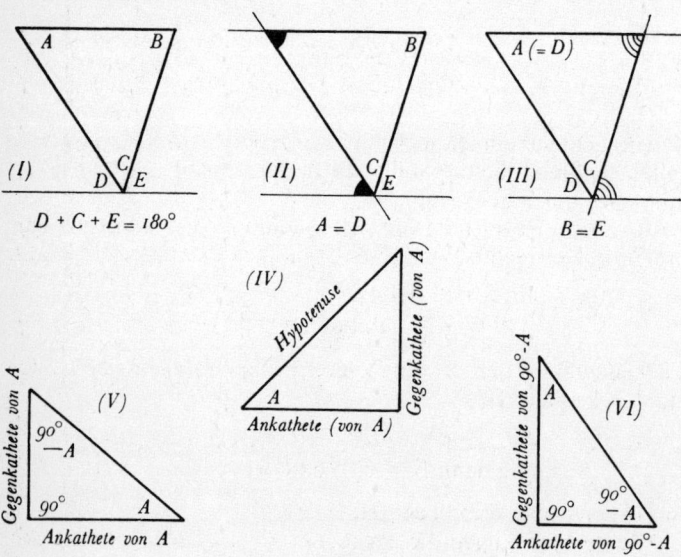

Fig. 43   Demonstration 1

EUKLID ALS SPRUNGBRETT

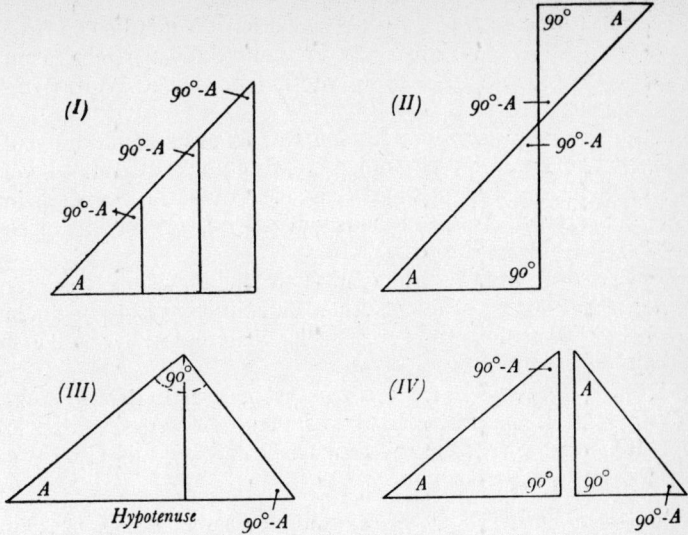

Fig. 44 Eigenschaften des rechtwinkligen Dreiecks

Demonstration 1:
Die Summe der Winkel eines Dreiecks beträgt 2 Rechte

Man braucht nur ein Dreieck mit einer Ecke so auf eine Gerade zu stellen, daß eine Seite parallel zu dieser verläuft. Alles weitere ergibt sich aus Fig. 43.

Aus dieser Regel folgt eine Besonderheit des rechtwinkligen Dreiecks. Der rechte Winkel sei C, die beiden anderen A und B

$$A + B + 90° = 180°, \text{ so daß } A + B = 180° - 90° = 90°$$
$$\therefore B = 90° - A \text{ und } A = 90° - B.$$

Wir kennen also den dritten Winkel, wenn wir einen der beiden anderen kennen: Ist

$A = 45°$, dann $B = 45°$
$A = 30°$, dann $B = 60°$; und vice versa.

Fig. 44 zeigt, daß dies bedeutet:
1. Alle rechtwinkligen Dreiecke mit dem gleichen Eckwinkel (d. h. jedem Winkel kleiner als 90°) sind *gleichwinklig*.

2. Rechtwinklige Dreiecke, die so gelegt werden können, daß
zwei aneinandergrenzende Seiten sich decken, sind ebenfalls
gleichwinklig.

Wir werden noch Kennzeichen benötigen für die Seiten eines
rechtwinkligen Dreiecks, wie in der unteren Hälfte von Fig. 43 zu
sehen ist. Die längste Seite nennt man Hypotenuse; die Seite A
gegenüber ist die Senkrechte = Gegenkathete von A, die noch
verbliebene Seite die Basis = Ankathete von A.

Man definiert zwei Dreiecke als *ähnlich* oder *winkelgleich,* wenn
ihre entsprechenden Winkel gleich sind. Aus III und IV in Fig. 44
ersehen wir, daß die folgende Teilungsregel für alle rechtwinkligen
Dreiecke gilt:

*Die Senkrechte, die vom rechten Winkel auf die Hypotenuse
gefällt wird, teilt ein rechtwinkliges Dreieck in zwei andere, einander ähnliche rechtwinklige Dreiecke.*

Nach der Definition von Parallelogramm und Rechteck in Punkt
7 läßt sich nun weiteres über sie aussagen: Jede Diagonale teilt ein
Parallelogramm in Dreiecke, die eine Seite, die Diagonale, und
gleiche Winkel an ihren Endpunkten gemeinsam haben; dies
aufgrund der Tatsache, daß eine Transversale, die 2 Parallelen
schneidet, gleiche Winkel erzeugt. Zwei Dreiecke sind ähnlich,
wenn auch die dritten Winkel einander gleich sind. Also sind

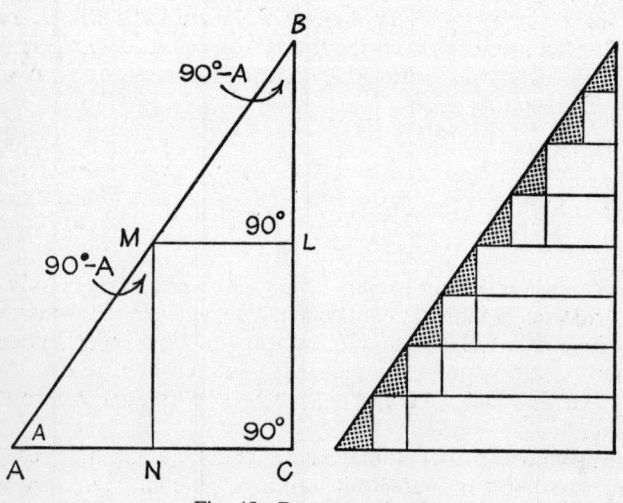

Fig. 45   Demonstration 2

gegenüberliegende Winkel eines Parallelogramms gleich; ist einer davon ein rechter Winkel, müssen auch die drei anderen rechte Winkel sein. Definieren wir ein Quadrat als Rechteck mit zwei gleichen anstoßenden Seiten, zeigt dieselbe Konstruktion, daß alle vier Seiten gleich sind.

Demonstration 2:

Die Verhältnisse der Längen entsprechender Seiten in ähnlichen rechtwinkligen Dreiecken sind einander gleich. Da man jedes Dreieck in zwei rechtwinklige zerlegen kann, mag der Leser selbst herausfinden, warum diese Regel stimmen muß, wenn dasselbe über Dreiecke mit einem rechten Winkel ausgesagt werden kann.

Zum Beweis der Regel: (Fig. 45)
1. Halbiere die Hypotenuse des rechtwinkligen Dreiecks ABC, in dem ∢ C = 90° und ∢ B = 90° − A, also AM = BM;
2. zeichne ML parallel zu AC, so daß ∢ MLB = ∢ ACB = 90° und ∢ BML = A;
3. zeichne MN parallel zu LC, so daß ∢ ANM = 90° und ∢ AMN = 90° − A.

Nun haben wir drei Dreiecke: BLM und AMN sind beide winkelgleich mit ABC. In diesen beiden Dreiecken ist MB = AM, und die Winkel in den Endpunkten der Seiten sind gleich A, bzw. 90° − A. Sie sind also gleich und BM = MA = $\frac{1}{2}$AB. MLCN ist ein Rechteck, MN = LC, also BL = LC = $\frac{1}{2}$BC und ML = AN = $\frac{1}{2}$AC. Daraus folgt, daß

$$\frac{NM}{AM} = \frac{\frac{1}{2}BC}{\frac{1}{2}AB} = \frac{BC}{AB}; \quad \frac{AN}{AM} = \frac{\frac{1}{2}AC}{\frac{1}{2}AB} = \frac{AC}{AB}; \quad \frac{MN}{AN} = \frac{\frac{1}{2}BC}{\frac{1}{2}AC} = \frac{BC}{AC}.$$

Man kann AB immer weiter teilen und durch eine ähnliche Konstruktion immer kleinere winkelgleiche Dreiecke erhalten. Wie klein auch AB, AC und BC werden in dem Dreieck, dessen Winkel A, 90° − A und 90° sind, jedes der Verhältnisse BC : AB, AC : AB und BC : AC hat einen festen Wert, der nur von A abhängt.

Die praktische Bedeutung dieser Schlußfolgerung besteht darin, daß wir ein Skalen-Diagramm von jeder Figur machen können, die sich in rechtwinklige Dreiecke zerlegen läßt; dann nämlich genügt die Messung eines Winkels A und einer Seite jedes rechtwinkligen Dreiecks zur Rekonstruktion aller Längen, die nicht gemessen wurden oder nicht zugänglich sind.

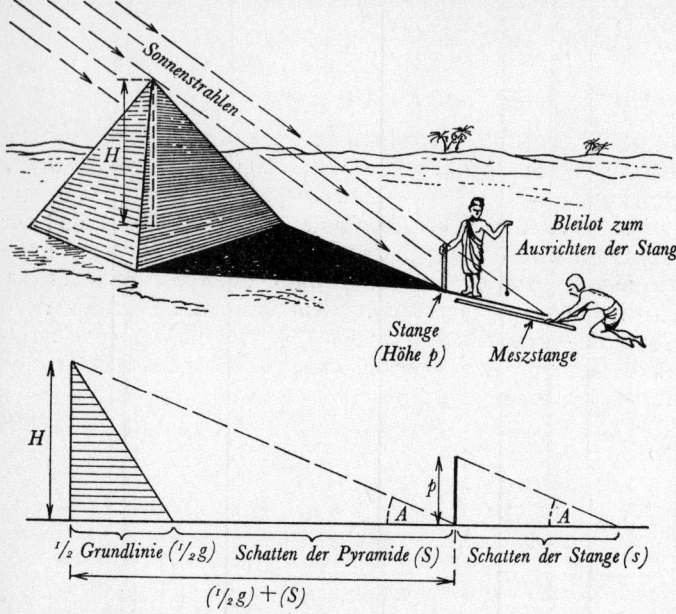

Fig. 46 Wie Thales die Höhe der Großen Pyramide maß
Der Winkel A ist die Höhe der Mittagssonne, daher ist er in beiden Dreiecken gleich groß.

$$H : \left(\frac{1}{2} g + S\right) = \operatorname{tg} A = p : s$$

$$\therefore H = p \left(\frac{1}{2} g + S\right) : s$$

Unser Bild (Fig. 46) zeigt, wie Thales die Höhe der großen Pyramide in Gizeh nach einer sehr einfachen Anwendung des Grundprinzips gemessen haben könnte. Zunächst wollen wir uns folgender Bezeichnungen bedienen:

$$\text{Sinus } A \equiv \sin A = \frac{\text{Gegenkathete von A}}{\text{Hypotenuse}}$$

$$\text{Cosinus } A \equiv \cos A = \frac{\text{Ankathete von A}}{\text{Hypotenuse}}$$

$$\text{Tangens A} \equiv \text{tg A} = \frac{\text{Gegenkathete von A}}{\text{Ankathete von A}}.$$

Wie Fig. 43 zeigt, ist die Ankathete von 90° − A = Gegenkathete von A und vice versa, so daß

$$\sin A = \cos(90° - A)$$
und $\cos A = \sin(90° - A).$

Mit Hilfe dieser Regel kann man eine Strecke in eine beliebige Anzahl gleicher Stücke teilen; z. B. wie in Fig. 47 eine *Dreiteilung* vornehmen.

Noch wichtiger ist die Anwendung der Erkenntnis, daß diese Verhältnisse feste Mengen sind, zur Konstruktion einer Skala, bei der jedes Teilstück von der Länge d Einheiten zu einer anderen mit D Einheiten in einem festen Verhältnis steht. Fig. 48 zeigt die Anleitung dazu und Fig. 49 den *Vernier,* eine bewegliche Hilfsskala, die zur Zeit Newtons die Genauigkeit der Messungen revolutionierte.

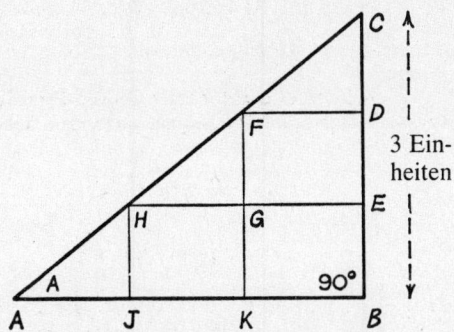

Fig. 47 Dreiteilung einer Strecke

Auf AB, der Strecke, die dreigeteilt werden soll, errichte die Senkrechte BC mit 3 Einheiten CD = DE = EB = 1. Zeichne FD und HE parallel zu AB, sowie FK und HJ parallel zu CB. Dann ist

$$FD = \frac{1}{\text{tg A}} = KB; \quad HG = \frac{1}{\text{tg A}} = JK; \quad AJ = \frac{1}{\text{tg A}}$$

$$\therefore AJ = JK = KB$$

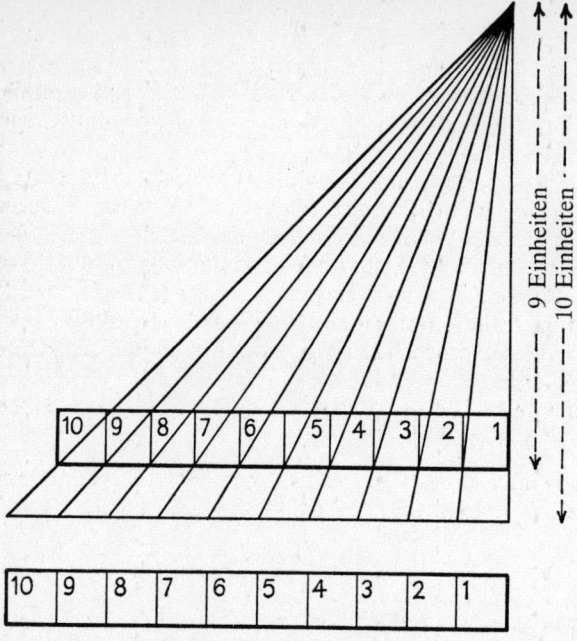

Fig. 48 Anleitung wie man eine Skala neun Zehntel mal solang wie eine andere machen kann

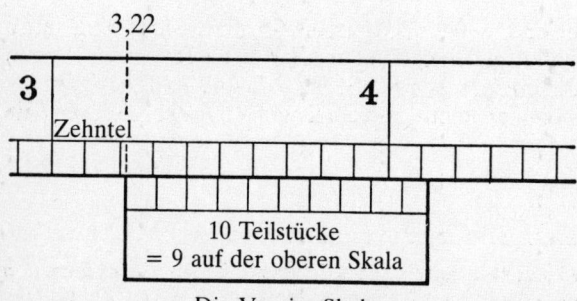

Die Vernier Skala

Fig. 49 Der Vernier

Die Vernierskala ist eine bewegliche Hilfsskala, von dem Franzosen Pierre Vernier im frühen 17. Jahrhundert erfunden. Unten sieht man eine Strecke mit 10 Teilstücken, die gleich ist der oberen mit 9 Teilen. Um ein Objekt zu messen, dessen Ende durch die gestrichelte Linie zwischen 3,2 und 3,3 markiert ist, setzt man den Anfang der Vernier-Skala auf die gleiche Höhe und sucht das erste

Demonstration 3:

Sind zwei Seiten eines Dreiecks von gleicher Länge, so sind die gegenüberliegenden Winkel einander gleich; sind zwei Winkel eines Dreiecks einander gleich, so sind die gegenüberliegenden Seiten gleich lang.

1. Im ersten Teil dieser Behauptung ist enthalten, daß AB = l = AC (Fig. 50_a). Wird der Winkel in A ($\sphericalangle$ BAC) durch AP halbiert, erhält man zwei Dreiecke; in einem schließen AP und AB den Winkel $\frac{1}{2}$A ein, in dem anderen AP und AC (= AB) den Winkel $\frac{1}{2}$A. Diese Dreiecke haben zwei gleich lange Seiten, und auch die eingeschlossenen Winkel sind gleich. Also sind auch die entsprechenden gegenüberliegenden Winkel ABC und ACB gleich.

2. Der zweite Teil der Behauptung beinhaltet, daß $\sphericalangle$ ABC = $\sphericalangle$ ACB (Fig. 50_b).

Halbiert man $\sphericalangle$ BAC wie zuvor durch AP, so erkennt man, daß $\sphericalangle$ ABP = $\sphericalangle$ ABC und $\sphericalangle$ ACP = $\sphericalangle$ ACB, so daß

$$\sphericalangle \text{ABP} + \sphericalangle \frac{1}{2}\text{A} + \sphericalangle \text{APB} = 180° = \sphericalangle \text{ACP} + \sphericalangle \frac{1}{2}\text{A} + \sphericalangle \text{APC}$$

$$\therefore \sphericalangle \text{ABC} + \sphericalangle \frac{1}{2}\text{A} + \sphericalangle \text{APB} = 180° = \sphericalangle \text{ABC} + \sphericalangle \frac{1}{2}\text{A} + \sphericalangle \text{APC}$$

$$\therefore \sphericalangle \text{APB} = 90° = \sphericalangle \text{APC}.$$

Die beiden Dreiecke ABP und ACP mit einer gemeinsamen Seite und je drei gleichen Winkeln sind einander gleich. Darum sind auch die entsprechenden Seiten AB und AC gleich lang.

Gewöhnlich nennt man ein Dreieck mit zwei gleichen Seiten ein

---

Teilstück, das exakt mit einem auf der oberen Skala übereinstimmt. Hier ist das der zweite Teilstrich, die genaue Messung ist 3,22. Die Theorie dieses Hilfsmittels ist folgende: Soll x als Bruchteil eines Teilstücks der oberen Skala ermittelt werden, so beträgt das korrekte Maß 3,2 + a. Auf der unteren Skala unterscheidet sich die erste ganze Zahl a der kleineren Teilstücke von einem übereinstimmenden der oberen durch x. Ein Teilstück der unteren Skala beträgt nun $\frac{9}{10}$ eines Teilstückes auf der oberen.
Also: ($\frac{9}{10}$ a) + x = a, so daß x = $\frac{1}{10}$ a. Ist a = 2, so ist x = 0,2 eines oberen Teilstückes. Beträgt ein Teilstück der oberen Skala 0,1, so ist x = 0,02

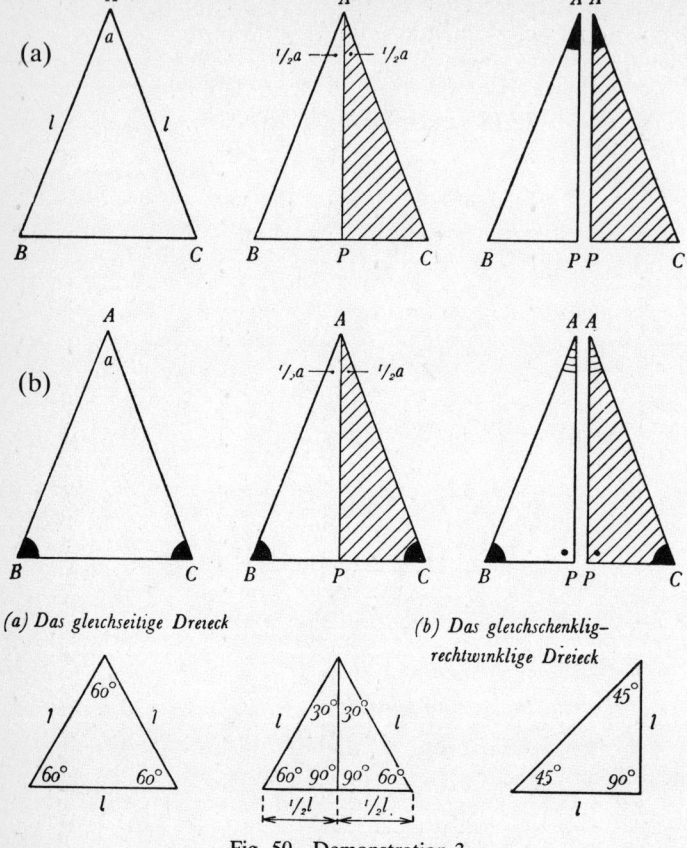

Fig. 50   Demonstration 3

gleichschenkliges und eines mit drei gleichen Winkeln ein *gleichseitiges* Dreieck. Aus Dem. 1 ersehen wir, daß (Fig. 20)

1. wenn ein Winkel A eines rechtwinkligen Dreiecks 45° beträgt, so ist der andere auch 45°, woraus folgt, daß die beiden den rechten Winkel einschließenden Seiten von gleicher Länge sind;
2. jeder Winkel eines gleichseitigen Dreiecks 60° ist, und durch Halbierung eines dieser Winkel zwei Dreiecke mit den Winkeln 30°, 60° und 90° entstehen.

EUKLID ALS SPRUNGBRETT

Nun läßt sich der erste Schritt zur Aufstellung eine Tabelle trigonometrischer Verhältnisse tun (Fig. 51):

$$\operatorname{tg} 45° = \frac{1}{1} = 1; \cos 60° = \frac{\frac{1}{2}1}{1} = \frac{1}{2};$$

$$\sin 30° = \frac{\frac{1}{2}1}{1} = \frac{1}{2}.$$

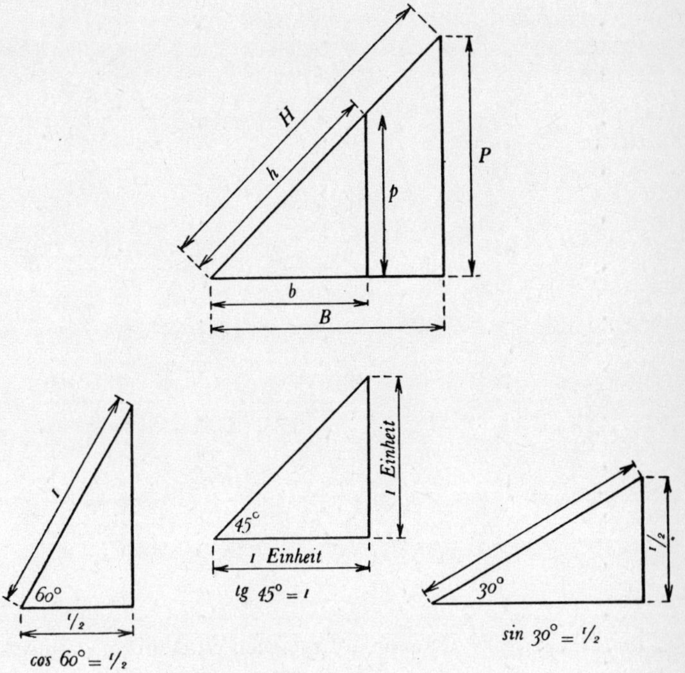

Fig. 51

Nach der Tradition stammt die folgende Regel (aus Demonstration 1 und 3) von Thales: Verbindet man die Endpunkte eines Durchmessers mit einem beliebigen Punkt der Peripherie des Kreises, so erhält man ein rechtwinkliges Dreieck; gewöhnlich sagt man: *der Winkel im Halbkreis ist ein rechter.* Thales soll den

Göttern einen Ochsen geopfert haben, als es ihm gelungen war, einen ausreichenden Beweis für die Richtigkeit seiner Behauptung zu finden.

Die Tatsache, daß tg 45° = 1, läßt sich auf verschiedene Weise anwenden:

1. wenn der Schatten eines senkrecht stehenden Pfahls gleich seiner Höhe ist, wenn der einer Mauer oder eines Turmes (wenn wir jeweils die Hälfte ihrer Basis addieren) ebenfalls gleich ihrer Höhe ist (Fig. 21);
2. wenn man eine gerade Linie von einer Landmarke A am Ufer eines Flusses (Fig. 52) senkrecht zur gegenüberliegenden Seite zieht und dann ein rechtwinkliges Dreieck in dem Punkt B herstellt, der mit unserm selbstgebastelten Theodoliten (Fig. 25) einen Winkel von 45° zwischen der Landmarke A und dem gegenüberliegenden Punkt C anzeigt.

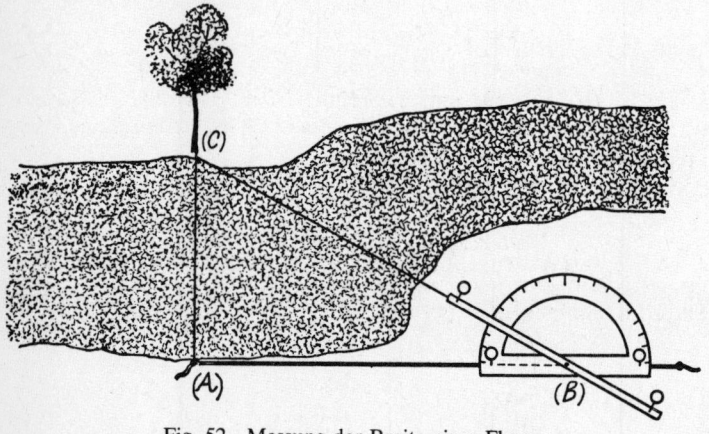

Fig. 52 Messung der Breite eines Flusses

Demonstration 4:

Das Quadrat der Hypotenuse eines rechtwinkligen Dreiecks ist gleich der Summe der Quadrate der beiden anderen Seiten.

Hier soll der Nachweis der Gültigkeit nach Fig. 44 geführt werden:

Das rechtwinklige Dreieck (a) links oben in Fig. 53 wird in zwei

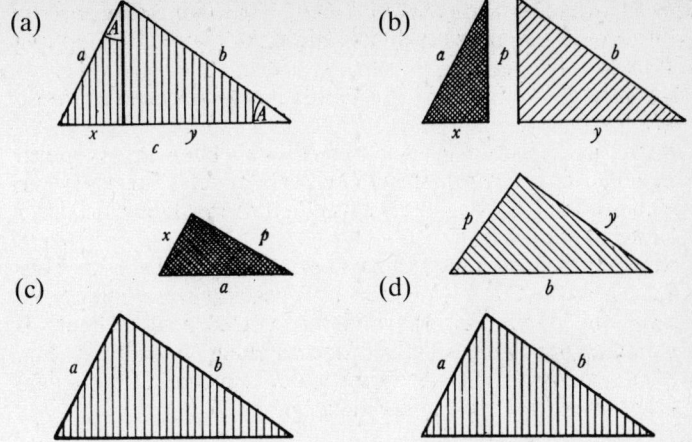

Fig. 53 Theorem des Pythagoras

Dreiecke (b), die mit ihm winkelgleich sind, geteilt, und diese werden so hingelegt, daß jedes wie das ursprüngliche Dreieck die Hypotenuse unten hat ((c) und (d)).

Nach Demonstration 2 ist

$$\frac{a}{c} = \frac{x}{a}, \text{ so daß } a^2 = cx; \frac{b}{c} = \frac{y}{b}, \text{ so daß } b^2 = cy.$$

Durch Kombination ergibt sich:

$$a^2 + b^2 = cx + cy = c(x + y).$$

Da aber $(x+y) = c$

$$c(x + y) = c^2$$

folgt

$$a^2 + b^2 = c^2,$$

was zu beweisen war. Wir halten ferner fest, daß

$$\frac{p}{x} = \frac{y}{p}, \text{ also } p^2 = xy \text{ und } p = \sqrt{xy}.$$

Hier nennen wir p das *geometrische Mittel* von x und y. Wenn also x = 3 und y = 27, $p^2 = 27 \cdot 3 = 81$, so ist p = 9. x, y, p gehören zu der geometrischen Reihe 3; $3^2 = 9$; $3^3 = 27$. Daran werden wir uns bei der Behandlung der Logarithmen erinnern.

Nun aber kommen wir einen weiten Schritt vorwärts mit einem Blick auf das gleichschenklige Dreieck in Fig. 51: sind die beiden gleichen Seiten jeweils gleich der Einheit 1, lautet die Gleichung für die Hypotenuse (h):

$$h^2 = 1^2 + 1^2 = 1 + 1 = 2$$
$$\therefore h = \sqrt{2}.$$

Daher (Fig. 54)

$$\sin 45° = \frac{1}{\sqrt{2}} = \cos 45°.$$

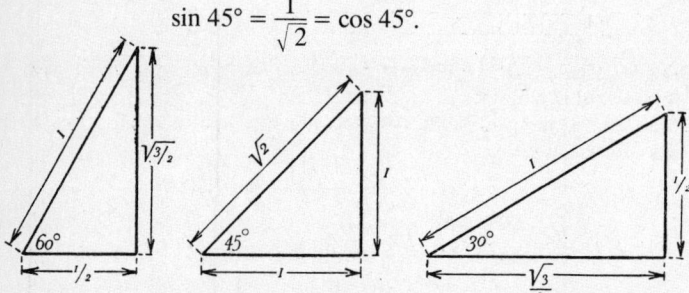

Fig. 54 Zweiter Schritt zur Herstellung einer trigonometrischen Tafel

tg $45°$ = 1	sin $45°$ = $\frac{1}{\sqrt{2}}$	cos $45°$ = $\frac{1}{\sqrt{2}}$
tg $60°$ = $\sqrt{3}$	sin $60°$ = $\frac{\sqrt{3}}{2}$	cos $60°$ = $\frac{1}{2}$
tg $30°$ = $\frac{1}{\sqrt{3}}$	sin $30°$ = $\frac{1}{2}$	cos $30°$ = $\frac{\sqrt{3}}{2}$

Fig. 55 Verhältniswerte für kleine Winkel

$$\sin A = \frac{p}{r} = p, \text{ und } \cos A = \frac{b}{r} = b$$

EUKLID ALS SPRUNGBRETT

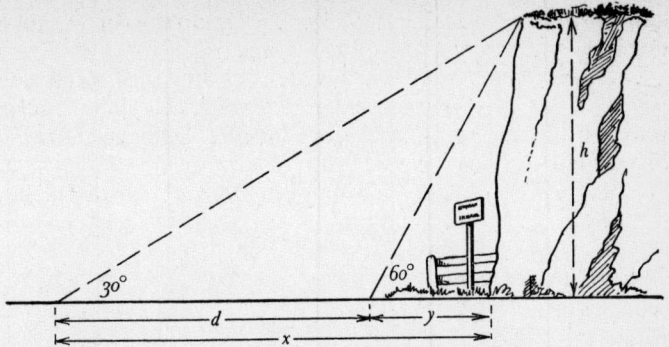

Fig. 56 Messung der Höhe eines Felsens, wenn der Zutritt zum Felsfuß bei Strafe verboten bleibt.
Man kann x oder y nicht ohne weiteres messen, wohl aber kann $d = (x - y)$ ausgemessen werden.

$$\therefore x - d = y$$

$$\therefore \frac{h}{x} = \frac{1}{\sqrt{3}} \text{ oder } h \cdot \sqrt{3} = x, \text{ ferner } \frac{h}{y} = \sqrt{3} \text{ oder } y = \frac{h}{\sqrt{3}};$$

$$h\sqrt{3} - d = \frac{h}{\sqrt{3}}$$

Nachdem man beide Seiten mit $\sqrt{3}$ multipliziert hat, erhält man

$$3h - d\sqrt{3} = h$$
$$2h = d\sqrt{3}, h = \frac{\sqrt{3}}{2} \cdot d$$

Als nächstes denke man an ein Dreieck (Fig. 51) mit den Winkeln A = 30°, B = 60°, C = 90°. Man erhält es durch Spaltung eines gleichseitigen Dreiecks, dessen Seiten = der Einheit = 1 sind. Dann kann man die Hypotenuse des Dreiecks h = 1 nennen und eine der Seiten b = $\frac{1}{2}$. Ist p die dritte Seite, dann ist h² = b² + p²; p² = h² − b²

$$p^2 = 1^2 - \left(\frac{1}{2}\right)^2 = 1 - \frac{1}{4} = \frac{3}{4}$$
$$\therefore p = \frac{\sqrt{3}}{2}.$$

So kommen wir zu dem Resultat (Fig. 54)

$$\sin 60° = \frac{\sqrt{3}}{2} = \cos 30°.$$

Ähnlich leiten wir ab

$$\text{tg } 30° = \frac{1}{\sqrt{3}} \text{ und tg } 60° = \sqrt{3}.$$

Bevor wir die erste trigonometrische Miniaturtafel aufstellen, sei festgehalten:
1. Nähert sich der Winkel A (Fig. 51, 55) eines rechtwinkligen Dreiecks mehr und mehr an 90°, so nähert sich p immer mehr h; ist also A = 90°, so wird p = h = 1.
2. Nähert sich A immer mehr der Null, so nähert sich b mehr und mehr h; ist also A = 0, so wird b = h = 1.

Wir können daher an unsere Liste anfügen:

$$\sin 90° = 1 = \cos \ 0°$$
$$\sin \ 0° = 0 = \cos 90°.$$

Aus Demonstration 4 folgt die wichtige Regel: $h^2 = p^2 + b^2$, wenn $\sin A = p : h$ und $\cos A = b : h$ also

$$\frac{h^2}{h^2} = \frac{p^2}{h^2} + \frac{b^2}{h^2}, \text{ so daß } 1 = (\sin A)^2 + (\cos A)^2.$$

Gewöhnlich schreibt man

$$\sin^2 A \equiv (\sin A)^2; \ \cos^2 A \equiv (\cos A)^2; \ \text{tg}^2 A \equiv (\text{tg } A)^2.$$

Diese Schreibweise ist zwar nicht sehr glücklich ($\sin^{-1} A$ erhält eine ganz andere Bedeutung); aber da fast alle Lehrbücher sie benutzen, geben wir unserer Regel die Form

$$\sin^2 A + \cos^2 A = 1$$
$$\therefore \sin A = \sqrt{1 - \cos^2 A} \text{ und } \cos A = \sqrt{1 - \sin^2 A}.$$

Das bedeutet, daß man eine Sinustafel in eine Cosinustafel umwandeln kann und umgekehrt. Die Regel soll untersucht werden, z. B.

$$\sin 30° = \sqrt{1 - \cos^2 30°} = \sqrt{1 - \frac{3}{4}} = \frac{1}{2}$$
$$\cos 30° = \sqrt{1 - \sin^2 30°} = \sqrt{1 - \frac{1}{4}} = \frac{\sqrt{3}}{2}.$$

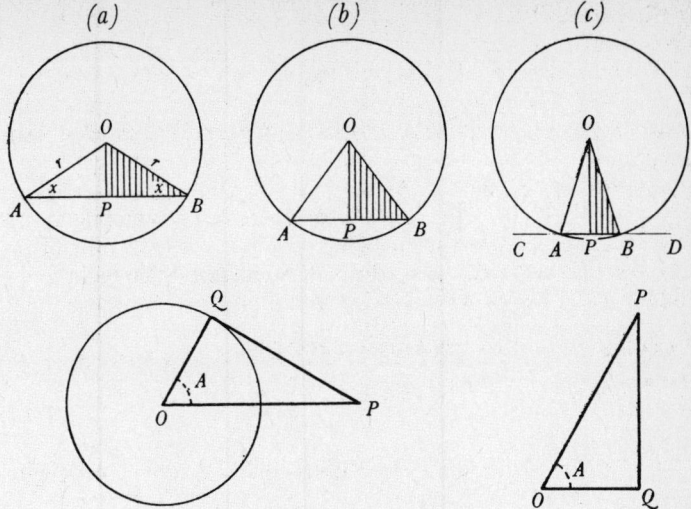

Fig. 57 Demonstration 5
Warum man den Tangens eines Winkels so nennt

Das Wort „Tangens" stammt aus dem Lateinischen: *tangere* heißt berühren. Dies erklärt, warum das Wort „Tangente" zugleich für das bekannte Verhältnis (Tangens oder trigonometrische Tangente) und für die einen Kreis berührende Gerade verwendet wird. Es ist

$$\operatorname{tg} A = \frac{PQ}{OQ}$$

Handelt es sich um den Einheitskreis ($OQ = 1$ Längeneinheit), dann ist $\operatorname{tg} A = PQ$.

Die Umwandlung einer Sinustafel in eine Cosinustafel genügt auch, um eine Tangenstafel herzustellen, weil ja tg A = sin A : cos A ist. Die letzte Formel erinnert an die erste Aufstellung, wenn wir schreiben:

A°	0°	30°	45°	60°	90°
$\sin^2 A$	$\frac{0}{4}$	$\frac{1}{4}$	$\frac{2}{4}$	$\frac{3}{4}$	$\frac{4}{4}$
$\cos^2 A$	$\frac{4}{4}$	$\frac{3}{4}$	$\frac{2}{4}$	$\frac{1}{4}$	$\frac{0}{4}$

Die Figuren 21 und 56 zeigen, wie man eine solche Tafel zur Messung von Höhen und anderen Entfernungen gebrauchen kann. Dazu kann man sich des selbstgebauten Theodoliten bedienen. Man muß nur entlang einer Grundlinie Punkte in einer meßbaren Entfernung finden, von denen aus eine besondere Landmarke (z. B. die Spitze eines Kliffs oder ein Baum am Flußufer) unter bestimmten Winkeln, wie 30° und 60° oder 90° und 45°, zu sehen ist. In Fig. 56 hat die Grundlinie Bodenniveau; praktisch muß sie in Augenhöhe liegen.

In der Wirklichkeit ist es oft nicht möglich und zumindest sehr mühsam, zwei Stellen in meßbarer Entfernung zu finden, von denen aus Sichtlinien aus zwei verschiedenen Winkeln zu der Landmarke geschickt werden können. Wir müssen unsere Tafel dahingehend erweitern, daß wir mit jeder Situation fertigwerden können, in der wir ein Objekt zur Winkelmessung von zwei Punkten einer meßbaren Grundlinie aus sichten können.

Demonstration 5:

Die Gerade, die einen Kreis berührt (Tangente) steht senkrecht auf der Geraden, die das Zentrum mit dem Berührungspunkt verbindet.

Fig. 13 liefert einen formlosen Beweis dazu: das Pendel-Lot hängt im Mittelpunkt eines Kreises und schwingt im Kreisbogen, bis es an der Stelle zur Ruhe kommt, wo der Kreis die Horizontalebene berührt. Für einen formgerechten Beweis (Fig. 57) verbindet man den Mittelpunkt P einer beliebigen Sehne (AB) des Kreises vom Radius r mit dem Mittelpunkt O. So entstehen zwei Dreiecke mit den Seiten OA = r = OB, AP = PB und der gemeinsamen Seite OP. Nach Dreiecksregel 3 sind diese einander gleich, und OPA = 90° = OPB, da OPA + OPB = 180°. Man verlängert APB bis zu beliebigen Punkten C und D jenseits der

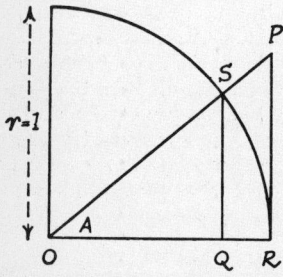

Fig. 58 Eine Definition der trigonometrischen Verhältnisse
im Einheitskreis ist OS = 1 = OR und
sin A = SQ : OS = SQ
cos A = OQ : OS = OQ
tg A   = PR : OR = PR

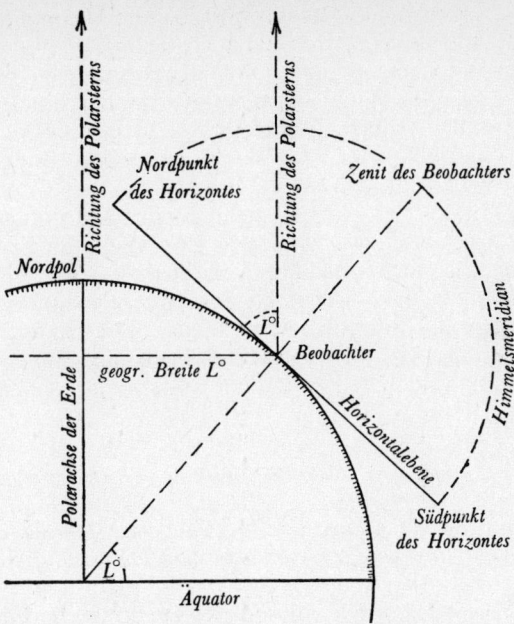

Fig. 59 Beim Passieren des Meridians liegt der Stern in derselben Ebene wie der Beobachter, die Erdpole, der Zenit, der Südpunkt, der Nordpunkt und der Erdmittelpunkt. Liegt eine Gerade nicht in einer bestimmten Ebene des Raumes, so kann sie diese höchstens einmal schneiden. Geht daher eine Gerade durch mehr als einen Punkt einer Ebene hindurch, so muß sie ganz in dieser Ebene liegen. Die ebene Fläche, die durch den Längengroßkreis des Beobachters und die Erdachse begrenzt wird, enthält als Punkte das Erdzentrum, den Beobachter und die Erdpole. Die Gerade, die den Beobachter mit dem Zenit verbindet, geht auch durch den Erdmittelpunkt, d. h. durch mehr als einen Punkt dieser Ebene. Daher liegt die Gerade ganz in ihr. Der Nordpunkt und der Südpunkt des Horizontes sind einfach die Punkte, in denen Geraden, die vom Erdzentrum ausgehen und den Meridian schneiden, die Horizontebene durchstoßen. Sie müssen daher in der gleichen Ebene wie diese Linien liegen. So liegen also die Nord- und Südpunkte, der Zenit und der Beobachter sämtlich in der gleichen Ebene wie das Erdzentrum und die Pole. Ein Kreis kann nur eine Ebene schneiden, wenn er nicht mehr als zwei Punkte mit ihr gemein hat. Der Kreis, der durch die Nord- und Südpunkte sowie durch den Zenit hindurchgeht, hat mehr als zwei Punkte mit der obigen Ebene gemein, daher liegt er ganz in ihr. Folglich liegt jeder Punkt dieses gedachten Kreises (des Himmelsmeridians) in dieser Ebene.

Kreislinie und bemerkt, daß man OB und OA immer näher an OP heranbringen kann, bis $\sphericalangle\,AOB = 0°$. Dann ist P der Berührungspunkt, CD die Tangente und OP die Senkrechte darauf.

Es gibt viele praktische Anwendungsmöglichkeiten dieser Demonstration; zwei davon sollten betrachtet werden, wenn wir erst herausgefunden haben, wie die Grenzlinie eines Kreises, etwa der Erdumfang, bestimmt werden kann, sofern wir nur die Länge des Radius kennen. Das ist tatsächlich der springende Punkt in der wissenschaftlichen Geographie. Angenommen, das Licht pflanzt sich gradlinig fort, so ist (Fig. 59)

1. *Die gerade Linie, die den Beobachter mit einem Punkt der Grenzlinie am Horizont verbindet, steht rechtwinklig auf der Linie, die ihn mit dem Erdmittelpunkt verbindet.*
2. *Zenit, Lotlinie und Erdmittelpunkt liegen auf ein und derselben Geraden.*
3. *Wenn ein Himmelskörper, wie z. B. die Sonne am Mittag, den höchsten Punkt über dem Horizont erreicht, liegt er in der gleichen Ebene wie die Lotlinie und der Erdmittelpunkt.*

Diese drei Feststellungen enthalten jede erforderliche, wesentliche Information zum Zwecke, den Begriff der geographischen Breite und Länge mit dem Zeichenbrett-Entwurf in Einklang zu bringen – unter der Voraussetzung, daß die Erde Kugelform besitzt. Wie wir gesehen haben, ist diese Annahme sehr alt, bereits ein Hauptpunkt der Lehre des Phöniziers Pythagoras. Sie ergab sich unausweislich aus der Erfahrung der Seefahrer. Längst bevor Schiffe nach Norden und Süden bis über die Säulen des Herkules hinaus segelten, war der Seemann im Hafen gewöhnt, ein Schiff an der Sichtgrenze erscheinen oder verschwinden zu sehen; auf See war er vertraut mit dem allmählichen Erscheinen oder Verschwinden eines Berggipfels, je nachdem sein Schiff sich dem Land näherte oder von ihm entfernte. Das wäre bei einer ebenen Erdoberfläche unmöglich gewesen.

Bestimmung der geographischen Breite (Fig. 60 und 61)

Die Sterne scheinen sich in Kreisen, vom Osten aufsteigend und zum Westen absinkend, um eine Achse durch den Punkt, den man Himmelspol nennt, zu bewegen. Heutzutage erklären wir das so: Die Erde dreht sich um eine Achse durch ihren Mittelpunkt, ihre Pole und den Himmelspol in entgegengesetzter Richtung zu der scheinbaren Bewegung der Himmelskörper. Die meisten Sterne bleiben unterhalb des Horizonts und sind nur ein Teil des Jahres

EUKLID ALS SPRUNGBRETT

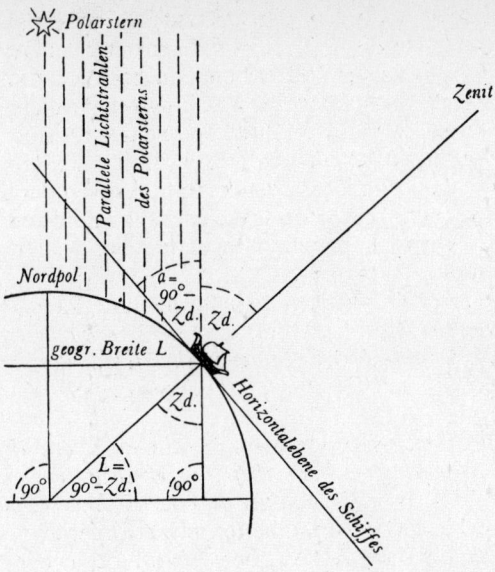

Fig. 60 Bestimmung der geographischen Breite mit Hilfe des Polarsterns
Die Höhe (Höhenwinkel) des Polarsterns gibt die Breite des Beobachtungsortes, da beide dem Winkel (90° − Zenitdistanz des Polarsternes) entsprechen.

nachts sichtbar; aber diejenigen, die dem Pol sehr nahe sind, wie in der Konstellation des Großen Bären, des Kleinen Bären, der Leier, des Drachen und der Cassiopeia, sinken hierzulande niemals unter den Horizont und sind je nach Jahreszeit unterhalb oder oberhalb des Poles zu sehen. Einer, der Polarstern, ist dem Himmelspol so nahe, daß er immer an derselben Stelle zu stehen scheint. Er liegt genau auf der Linie Nordpol – Mittelpunkt der Erde. Sternstrahlen verlaufen parallel, darum sind die Strahlen, die uns vom Polarstern erreichen, parallel zur Erdachse. Aus Fig. 60 ist ersichtlich, daß die geographische Breite eines Ortes gleich dem Winkel (Höhe) ist, den der Himmelspol mit dem Horizont bildet. Man kann also die geographische Breite seines Hauses in jeder klaren Nacht selbst bestimmen, indem man mit Hilfe des selbstgebauten Theodoliten die Höhe des Polarsterns ermittelt. Der Polarstern dreht sich zur Zeit in einem Kreis, ein Grad vom Himmelspol entfernt. Seine Höhe wird also in keinem Fall mehr

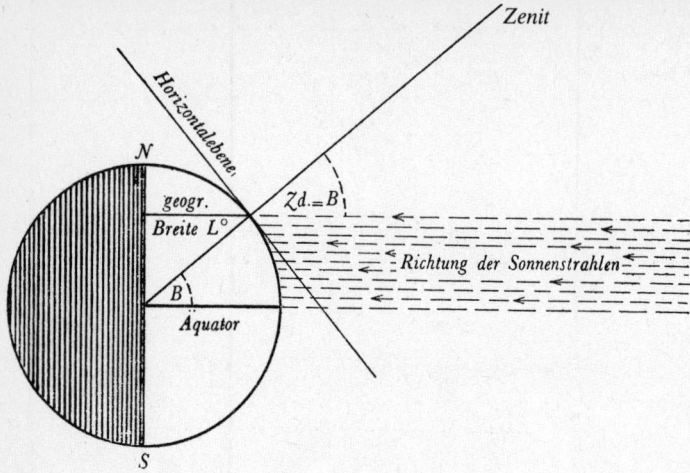

Fig. 61 Bestimmung der geographischen Breite mit Hilfe der Zenitdistanz der Mittagssonne zur Zeit der Äquinoktien

Am 21. März und am 23. September ist in der ganzen Welt Tag- und Nachtgleiche. Die Sonne befindet sich dann genau in der Ebene des Erdäquators. Mittags steht aber die Sonne immer oberhalb der Geraden, die den Nordpunkt des Horizontes mit dem Südpunkt verbindet, d. h. sie liegt in der Ebene des Längenmeridians des Beobachters. Daher befinden sich die Sonne, die Pole, der Beobachter, der Zenit und der Erdmittelpunkt in derselben ebenen Fläche. Da aber die Sonnenstrahlen, welche die Erde treffen, als parallel anzusehen sind, gibt die Zenitdistanz der Mittagssonne die geographische Breite des Beobachtungsortes.

als ein Grad größer oder kleiner sein als unsere Breite. Da der Erdumfang 40 000 km beträgt, ergibt sich eine Entfernung vom Äquator mit einem Spielraum von 40 000 : 360 oder annähernd 110 km. Um ganz genau zu sein, muß man im Abstand von zwei Monaten je eine Beobachtung zur gleichen Nachtzeit machen, wenn nämlich der Polarstern gerade soviel über dem Himmelspol steht wie vorher darunter.

Nun möchte man auch die geographische Länge ermitteln. Heutzutage ist das sehr einfach, weil die Schiffe genau gehende Uhren haben, die über lange Reisen die Greenwich-Zeit einhalten, und die meisten von uns können die Greenwich-Zeit im Radio einschalten. Mittag ist der Zeitpunkt, an dem die Sonne genau über dem Meridian in seinem höchsten Punkt am Himmel steht.

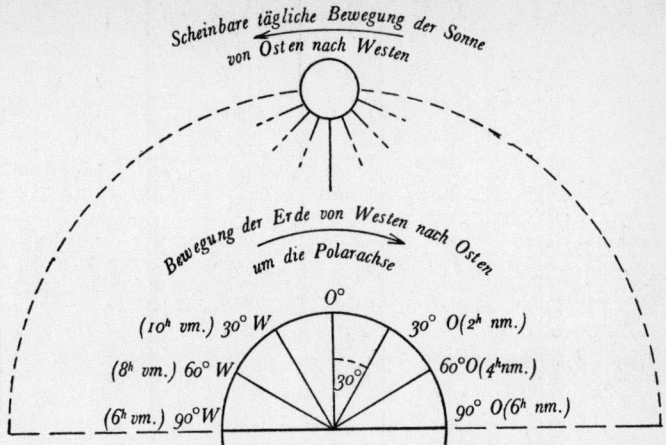

Fig. 62 Bestimmung der geographischen Länge

Mittags steht die Sonne oberhalb der Linie, die den Nordpunkt des Horizontes mit dem Südpunkt verbindet, d. h. in der Ebene des Längenmeridians des Wohnortes des Lesers. In der Figur ist die Sonne in der Meridianebene von Greenwich zu denken; daher ist jetzt Mittag in Greenwich. Befindet sich der Leser 30° östlich von Greenwich, so hat sich die Erde bereits um 30° gedreht, seitdem die Sonnenuhr des Lesers Mittag anzeigt. Die Erde hat daher den zwölften Teil ihrer vierundzwanzig Stunden dauernden Umdrehung zurückgelegt, und die Sonnenuhr zeigt jetzt zwei Uhr an. Befände sich der Leser 60° westlich von Greenwich, so müßte die Erde sich noch um 60° drehen, d. h. um ein Sechstel der vierundzwanzig Stunden dauernden Erdumdrehung, bis die Sonne in die Meridianebene des Beobachters zu stehen käme. Deshalb müßte die Sonnenuhr 8 Uhr vormittags anzeigen.

Zeigt die Sonnenuhr Mittag eine Stunde später als Greenwich-Zeit an, so muß die Sonne (wie die Alten sagen würden) 15° weiter nach Westen wandern, oder unsere Erde muß sich zwischen den beiden Mittagspunkten 15° ostwärts um ihre Achse drehen. Dann befinden wir uns 15° W von Greenwich. Schon die Völker der Antike stellten fest, daß die Zeit auf den Schattenuhren an verschiedenen Orten nicht übereinstimmte, wenn sie ihre Beobachtungen während einer Eklipse, oder wenn ein Planet hinter der Mondscheibe stand, machten. Die Babylonier hatten Sand-Stundengläser und konnten die Zeit beobachten, die zwischen dem Mittagspunkt eines bestimmten Tages und dem Beginn oder Ende einer Eklipse verstrich. Ehe Chronometer erfunden waren, war dies der Hauptweg zur Bestimmung der geographischen Länge. Stellte man an einem Ort den Beginn einer Mondfinsternis 8 Stunden nach Mittag und an einem anderen $9\frac{1}{2}$ Stunden nach Mittag fest, so lag der Mittagspunkt an dem zweiten Ort $1\frac{1}{2}$ Stunden früher als an dem ersten; der zweite lag also um $1\frac{1}{2} \cdot 15° = 22\frac{1}{2}°$ östlich vom ersten. Die Griechen haben niemals Karten aufgrund von Breiten- und Längengraden herstellen können; das gelang erst, als die griechische Geometrie in das klassische Zentrum der Schiffahrt, nach Alexandria, vorgedrungen war.

Das Prinzip der Tangente ermöglicht die Konstruktion eines regelmäßigen Vielecks mit einbeschriebenem Kreis (Inkreis). Ein regelmäßiges Vieleck (einschließlich gleichseitige Dreiecke mit drei und Quadrate mit vier Seiten) hat n gleiche Seiten. Es ist also teilbar in n Dreiecke, in denen jeweils zwei Seiten gleich dem Radius des Inkreises oder des Umkreises sind; ihre Scheitelwinkel sind $360°$: n. Können wir einen solchen Winkel herstellen (z. B. $60°$, wenn n = 6, oder $45°$, wenn n = 8), brauchen wir nur n Linien von der Länge r so zu ziehen, daß sie unter diesem Winkel zueinander geneigt sind. Die Verbindung ihrer Endpunkte ergibt das Vieleck mit dem Umkreis vom Radius r. Um ein Vieleck mit dem Inkreis vom Radius r zu konstruieren, müssen Linien rechtwinklig zu den Endpunkten gezogen werden. Da Winkel von $60°$ und $45°$ ohne weiteres herstellbar sind, kann man durch Halbierung Winkel von $30°$, $15°$, $7\frac{1}{2}°$ etc. oder $22\frac{1}{2}°$, $11\frac{1}{4}°$, $5\frac{5}{8}°$ etc. erhalten. Mit Lineal und Zirkel lassen sich also regelmäßige Vielecke mit 6, 12, 24, 48, 96 etc. Seiten oder mit 8, 16, 32, 64, 128 etc. Seiten konstruieren.

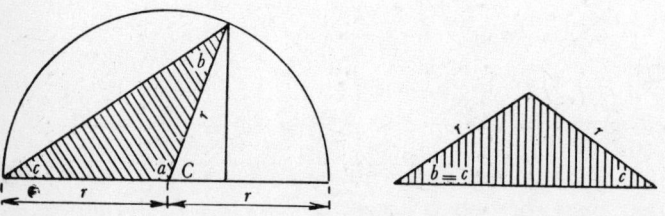

Fig. 63   Demonstration 6

EUKLID ALS SPRUNGBRETT

Demonstration 6:

Verbindet man die Endpunkte einer Sehne mit dem Mittelpunkt des Kreises, so ist der Zentriwinkel doppelt so groß wie die Peripheriewinkel.

Nach Dem. 3 : b = c (weil r = r)
Nach Dem. 1 : a + b + c = 180° = a + 2c
Nach Winkelregel 1: a + C = 180°

$$a + 2c = 180° = a + C$$

$$\text{also } 2c = C \text{ und } c = \tfrac{1}{2} C$$

Dritter Schritt zur Herstellung einer trigonometrischen Tafel

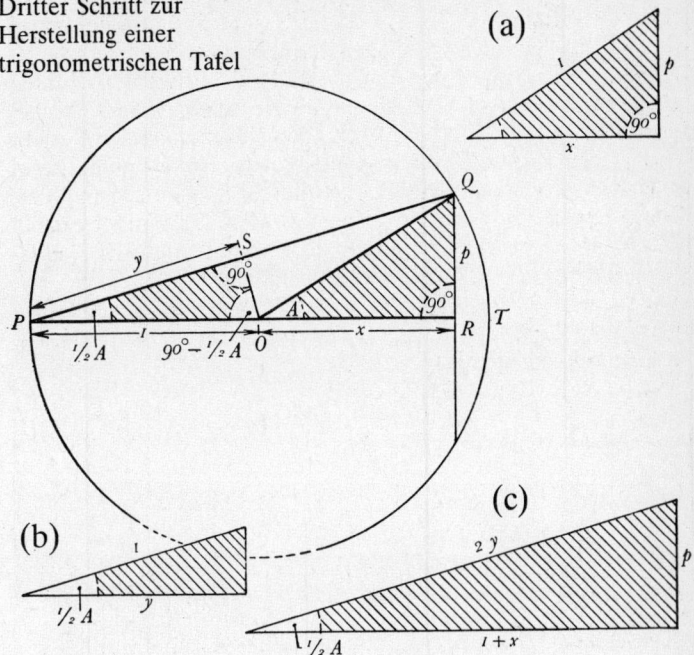

Fig. 64 Die Sinuswerte halber Winkel

Auf den ersten Blick scheint das nichts Großartiges zu sein, aber es führt zu einem bemerkenswerten Ergebnis, das leichter zu erklären ist (Fig. 64), wenn wir die gleiche Konstruktion im

Einheitskreis vornehmen, C = A und c = $\frac{1}{2}$A nennen. Dann brauchen wir nur noch das Dreieck POQ in zwei rechtwinklige Dreiecke zu teilen durch OS, das auf PQ senkrecht steht. Nach Dreiecksregel 2 sind die beiden Dreiecke gleich, weil

$$SO = SO$$

$$\sphericalangle SOP = 90° - \frac{1}{2}A = \sphericalangle SOQ$$

$$OP = 1 = OQ.$$

Ist PS gleich y Einheiten lang, so ist

$$PS = \frac{1}{2} PQ \text{ und } PQ = 2y.$$

Im Einheitskreis ist OQ = OP = 1. Die Figur zeigt:

$$\cos A = \frac{x}{OQ} = x \dots\dots (1)$$

$$\cos \frac{1}{2} A = \frac{PR}{PQ} = \frac{1+x}{2y} \dots (2)$$

Aus Dreieck POS

$$\cos \frac{1}{2} A = \frac{y}{PO} = y \dots\dots (3)$$

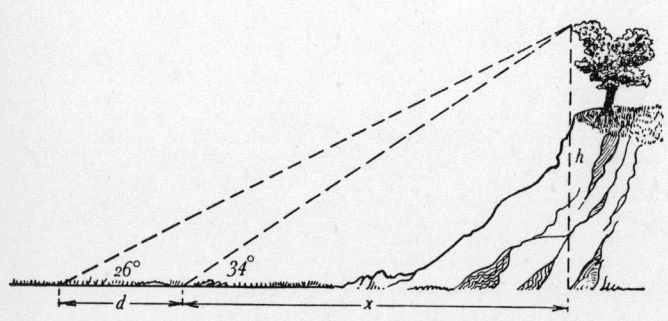

Fig. 65 Messung der Höhe aus beliebiger Entfernung

Durch Kombination von (1), (2), (3) erhalten wir

$$\cos \frac{1}{2} A = \frac{1 + \cos A}{2 \cos \frac{1}{2} A}$$

$$2 (\cos \frac{1}{2} A)^2 = 1 + \cos A$$

$$(\cos \frac{1}{2} A)^2 = \frac{1}{2} (1 + \cos A)$$

$$\cos \frac{1}{2} A = \sqrt{\frac{1}{2} (1 + \cos A)} \ldots \quad (a)$$

Wie wir bereits wissen, ist

$$\cos 60° = 0{,}5 \text{ und } \cos 30° = \frac{1}{2} \sqrt{3}.$$

Nach der neuen Regel:

$$\cos. 30° = \cos \frac{1}{2} (60°) = \sqrt{\frac{1}{2} (1 + \cos 60°)} = \sqrt{\frac{1}{2} (1{,}5)} = \sqrt{\frac{3}{4}}$$

$$\text{d. h. } \cos 30° = \frac{1}{2} \sqrt{3}.$$

Der Sinuswert für halbe Winkel ergibt sich genauso.

$$\sin A = p$$

$$\sin \frac{1}{2} A = \frac{p}{2y} = \frac{\sin A}{2 \cos \frac{1}{2} A} \ldots \quad (4)$$

Probe:

$$\sin 60° = \frac{1}{2} \sqrt{3}, \sin 30° = \frac{1}{2}$$

und

$$\cos 30° = \frac{1}{2} \sqrt{3};$$

also

$$\sin 30° = \sin \frac{1}{2} (60°) = \frac{\sin 60°}{2 \cos 30°} = \frac{\frac{1}{2} \sqrt{3}}{2 (\frac{1}{2} \sqrt{3})} = \frac{1}{2}.$$

Beide Regeln am Resultat aus dem Skalen-Diagramm (Fig. 84) überprüft:

$$\sin 15° = \sin \frac{1}{2}(30°) = \frac{\frac{1}{2}}{2\cos 15°}$$

$$\cos 15° = \cos \frac{1}{2}(30°) = \sqrt{\frac{1}{2}(1 + \cos 30°)}$$

$$= \sqrt{\frac{1}{2}(1 + 0{,}866)}$$

d. h. $\cos 15° = \sqrt{0{,}933} = 0{,}966$.

Dieser letzter Schritt ist der Quadrattafel zu entnehmen.

$$\sin 15° = \frac{0{,}5}{2 \cdot 0{,}966} = 0{,}259.$$

Das bedeutet einen Fehler gegenüber dem Skalenwert von weniger als 1%.

Nun läßt sich eine Sinustafel aufstellen ähnlich der, die Hipparch um 150 v. Chr. in Alexandria anfertigte, nur mit dem Vorteil für uns, daß wir genauere Quadratwurzel-Tafeln und Dezimalbrüche haben.

Wir haben errechnet

$$\cos 15° = 0{,}966,$$

also

$$\sin(90° - 15°) = \sin 75° = 0{,}966.$$

Außerdem:

$$\sin 15° = 0{,}259,$$

also

$$\cos(90° - 15°) = \cos 75° = 0{,}259.$$

Als nächstes erhalten wir aus der Quadratwurzel-Tafel

$$\cos 7\tfrac{1}{2}° = \cos \frac{1}{2}(15°) = \sqrt{\frac{1}{2}(1{,}966)} = \sqrt{0{,}983} = 0{,}991$$

$$\sin 7\tfrac{1}{2}° = \frac{\sin 15°}{2 \cdot \cos 7\tfrac{1}{2}°} = \frac{0{,}259}{2 \cdot 0{,}991} = 0{,}131.$$

Das ergibt:

$$\cos 7\tfrac{1}{2}° = 0{,}991 = \sin 82\tfrac{1}{2}°$$
$$\sin 7\tfrac{1}{2}° = 0{,}131 = \cos 82\tfrac{1}{2}°$$

Aus $\cos 75° = 0{,}259$ und $\sin 75° = 0{,}966$:

$$\cos 37\tfrac{1}{2}° = \cos \tfrac{1}{2}(75°) = \sqrt{\tfrac{1}{2}(1{,}259)} = \sqrt{0{,}629} = 0{,}793$$

$$\sin 37\tfrac{1}{2}° = \sin \tfrac{1}{2}(75°) = \frac{0{,}966}{2 \cdot (0{,}793)} = 0{,}609.$$

Das ergibt:

$$\cos 37\tfrac{1}{2}° = 0{,}793 = \sin 52\tfrac{1}{2}°$$
$$\sin 37\tfrac{1}{2}° = 0{,}609 = \cos 52\tfrac{1}{2}°.$$

Aus $\cos 45° = 0{,}707 = \sin 45°$:

$$\cos 22\tfrac{1}{2}° = \cos \tfrac{1}{2}(45)° = \sqrt{\tfrac{1}{2}(1{,}707)} = \sqrt{0{,}853} = 0{,}924$$

$$\sin 22\tfrac{1}{2}° = \frac{0{,}707}{2\,(0{,}924)} = 0{,}383.$$

Das ergibt:

$$\cos 22\tfrac{1}{2}° = 0{,}924 = \sin 67\tfrac{1}{2}°$$
$$\sin 22\tfrac{1}{2}° = 0{,}383 = \cos 67\tfrac{1}{2}°.$$

Wir können nun die vorausgegangenen Ergebnisse tabellieren, indem wir die vierte Kolonne der folgenden Tafel aus $\operatorname{tg} A = \dfrac{\sin A}{\cos A}$ berechnen.

Tafel der trigonometrischen Verhältniswerte für Vielfache von $7\tfrac{1}{2}°$

Winkel (A°)	sin A	cos A	tg A
90°	1,000	0,000	∞
$82\tfrac{1}{2}°$	0,991	0,131	7,56
75°	0,966	0,259	3,73

Winkel (A°)	sin A	cos A	tg A
$67\frac{1}{2}°$	0,924	0,383	2,41
60°	0,866	0,500	1,73
$52\frac{1}{2}°$	0,793	0,609	1,30
45°	0,707	0,707	1,00
$37\frac{1}{2}°$	0,609	0,793	0,77
30°	0,500	0,866	0,58
$22\frac{1}{2}°$	0,383	0,924	0,41
15°	0,259	0,966	0,27
$7\frac{1}{2}°$	0,131	0,991	0,13
0°	0,000	1,000	0,00

Wer Lust hat, kann natürlich die Intervalle weiter verkleinern:

$$\frac{1}{2}(7\frac{1}{2}°) = 3\frac{3}{4}°; \quad \frac{1}{2}(3\frac{3}{4}°) = 1\frac{7}{8}°; \quad \frac{1}{2}(1\frac{7}{8}°) = \frac{15}{16}° \text{ etc.}$$

Hipparch, der Verfasser der ersten Sinustafel, ging nicht weiter, als wir es taten.

Demonstration 7:

Das Verhältnis der Umfänge zweier regelmäßiger Vielecke mit gleicher Seitenzahl ist gleich dem Verhältnis der Radien ihrer Um- und Inkreise.

Das ist der Hauptpunkt des wichtigsten euklidschen Theorems in seinem 12. Buch, eine kurze Zusammenfassung der ganzen Meßbarkeit des Kreises. Euklid formuliert seine Beweise nie so, daß sie seine Schüler zu numerischen Resultaten führen. Daher wollen wir von der Sicht seines Nachfolgers Archimedes ausgehen, der die Zahl wieder in die Geometrie einführte.

Ein regelmäßiges Vieleck mit n Seiten ist eine Figur, deren

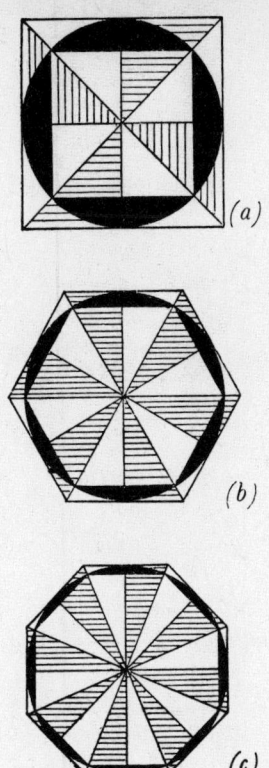

Fig. 66 Regelmäßige Vielecke mit Inkreis und Umkreis

Umfang aus n gleichen geraden Linien besteht, z. B. ein gleichseitiges Dreieck, ein Quadrat, ein regelmäßiges Sechseck etc. Jedes ist teilbar in n gleiche gleichschenklige Dreiecke, daher auch in 2n gleiche rechtwinklige Dreiecke, deren Winkel im gemeinsamen Mittelpunkt jeweils A = (360 : 2n)° betragen. Dadurch wird der Umfang P in 2n gleiche Segmente geteilt, von denen jedes Seite p senkrecht zu A genannt werden kann. Der Radius des Umkreises ist die Hypotenuse h in jedem der 2n rechtwinkligen Dreiecke und der Radius des Inkreises die Grundlinie g.

Ist r_1 der Radius des Umkreises, dann

$$\sin A = p : r_1, \text{ so daß } p = r_1 \cdot \sin A.$$

(a) Zeichne ein Vieleck mit n Seiten, dem ein Kreis vom Radius r umbeschrieben ist.

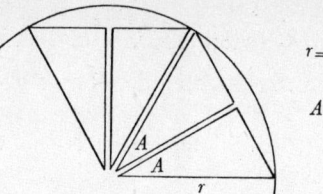

$r = $ Hypotenuse

$$A = \frac{360°}{2n}$$

(b) Zeichne ein Vieleck mit n Seiten, dem ein Kreis vom Radius R einbeschrieben ist.

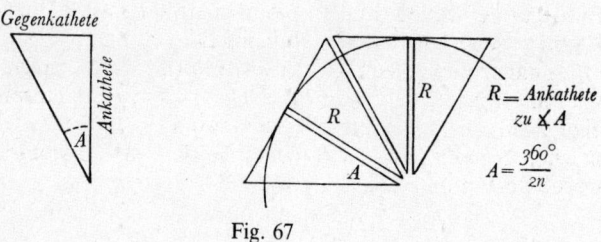

$R = $ Ankathete zu ∢ A

$$A = \frac{360°}{2n}$$

Fig. 67

Also ist der Umfang des umschriebenen Vielecks $P_1 = 2n \cdot p$ und $P_1 = 2n \cdot r_1 \cdot \sin A$. Für jedes andere Vieleck mit der gleichen Seitenzahl, dessen Umkreis den Radius r_2 hat, gilt

$$P_2 = 2n \cdot r_2 \cdot \sin A.$$

Es gilt also

$$\frac{P_1}{P_2} = \frac{2n \cdot r_1 \cdot \sin A}{2n \cdot r_2 \cdot \sin A} = \frac{r_1}{r_2}.$$

Ist r_1 Radius des Inkreises und P_1 der Umfang des Vielecks, so ist

$$\operatorname{tg} A = p : r_1, \text{ also } p = r_1 \cdot \operatorname{tg} A.$$

Und wenn Umfang und Radius eines weiteren umschriebenen Vielecks bzw. Inkreises gegeben sind, so ist

$$\frac{P_1}{P_2} = \frac{2n \cdot r_1 \cdot \operatorname{tg} A}{2n \cdot r_2 \cdot \operatorname{tg} A} = \frac{r_1}{r_2}.$$

So weit führt uns Euklid, wenn auch auf anderem Wege. Weitergehen wollen wir mit Archimedes. Wir müssen dann die Zahl n der Seiten eines regelmäßigen Vielecks unbegrenzt setzen. Mit Lineal und Zirkel kann man eines konstruieren, bei dem n jedes erkennbare Vielfache von 2 oder 3 sein kann, z. B. 6, 12, 24,

48 etc. oder 4, 8, 16, 32, 64 etc. Je größer n wird, desto kleiner wird die Differenz zwischen Umkreis und Inkreis des Polygons.

Die beiden werden ununterscheidbar, wenn

$$2n \cdot r \cdot \sin \frac{360°}{2n} = 2n \cdot r \cdot tg \frac{360°}{2n}$$

oder $\quad n \cdot d \cdot \dfrac{\sin 360°}{2n} = n \cdot d \cdot tg \dfrac{360°}{2n}.$

Hier stoßen wir zum erstenmal auf eine grandiose mathematische Entdeckung: In dem Maße, in dem n größer wird, nähern sich sin A und tg A immer mehr der Null, aber die Produkte n · sin A und n · tg A nähern sich einem Grenzwert, bei dem beide gleich werden. Diesen Grenzwert nennen wir π, das sich nun definieren läßt als eine Zahl, die in einem Zwischenraum liegt, den wir so klein machen können, wie wir wollen, indem wir n immer größer werden lassen, so daß

$$n \cdot \sin \frac{360°}{2n} < \pi < n \cdot tg \frac{360°}{2n}.$$

Aus den Tafeln am Ende dieses Buches (auf 4 Dezimalstellen genau) lesen wir

$$\sin 7\tfrac{1}{2}° = 0{,}1305 \text{ und } tg\, 7\tfrac{1}{2}° = 0{,}1317,$$

so daß

$$24\,(0{,}1305) < \pi < 24\,(0{,}1317)$$

$$\therefore 3{,}1320 < \pi < 3{,}1608.$$

So können wir den Zwischenraum verringern, bis Umkreis und Inkreis des regelmäßigen Vielecks miteinander verschmelzen und dann den Umfang P eines Kreises vom Durchmesser d (= 2r) ausdrücken:

$$P = \pi \cdot d = 2\pi r.$$

Flächeninhalt des Kreises

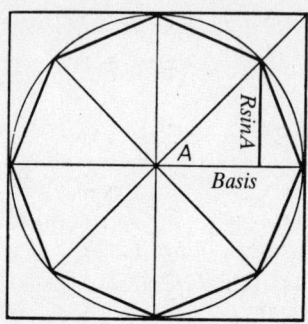

Fig. 68 Kreis mit umbeschriebenem Quadrat und einbeschriebenem Achteck

Um den Flächeninhalt eines Kreises zu finden, betrachten wir ihn als einbeschrieben in ein Polygon von n Seiten und umbeschrieben von einem mit $\frac{n}{2}$ Seiten (in Fig. 68 n = 8, $\frac{n}{2}$ = 4).

Wir zerlegen das innere Vieleck in n gleiche Dreiecke, deren Winkel an der Spitze alle $A = \frac{360°}{n}$ betragen; das äußere Vieleck wird auch in $2(\frac{1}{2}n) = n$ gleiche Dreiecke geteilt, die alle den spitzen Winkel $A = \frac{360°}{n}$ haben. Jede Grundlinie ist R, Radius des Kreises, ihre Höhen sind $R \cdot \sin A$, bzw. $R \cdot \operatorname{tg} A$. Ihre Flächeninhalte betragen also $\frac{1}{2} R \cdot R \cdot \sin A = \frac{1}{2} R^2 \sin A$, bzw. $\frac{1}{2} R \cdot R \cdot \operatorname{tg} A = \frac{1}{2} R^2 \operatorname{tg} A$.

Die Gesamtflächen beider Vielecke:

$$\frac{1}{2} n R^2 \sin A = \frac{1}{2} n R^2 \sin \frac{360°}{n}$$

und

$$\frac{1}{2} n R^2 \operatorname{tg} A = \frac{1}{2} n R^2 \operatorname{tg} \frac{360°}{n}.$$

Daraus kann man den Flächeninhalt S des Kreises ermitteln, wenn $\frac{1}{2} n = N$ geschrieben wird

$$N \cdot R^2 \sin \frac{360°}{2N} < S < NR^2 \operatorname{tg} \frac{360°}{2N}.$$

Wird N unendlich groß, läßt sich schreiben

$$N \sin \frac{360°}{2N} \cong \pi \cong N \operatorname{tg} \frac{360°}{2N}.$$

Für den Flächeninhalt des Kreises mit dem Radius R gilt dann

$$S = \pi R^2.$$

Nun können wir, um einige Annäherungswerte für den numerischen Wert von π zu ermitteln, die Tafel benutzen, die auf der Halbwinkelformel für trigonometrische Verhältnisse basiert:

Anzahl der Seiten (n)	$n \cdot \sin \frac{360°}{2n}$	$n \cdot \operatorname{tg} \frac{360°}{2n}$	π	Fehlquote %
3	2,598	5,196	3,90	24
4	2,828	4,000	3,41	8,5
6	3,000	3,464	3,23	2,8
8	3,062	3,314	3,19	1,5
12	3,106	3,215	3,16	0,6
18	3,125	3,173	3,150	0,3
36	3,139	3,150	3,144	0,07

Bei diesen Ableitungen sind wir dem Begriff *Limit* begegnet, einem Produkt, in dem der eine Faktor n endlos wachsen und der andere sin A oder tg A endlos abnehmen kann. Das Resultat ist eine *endliche* Zahl, die benannt werden kann, während ihre Faktoren unendlich (unnennbar) groß und klein sind. Was den Griechen, die auf den Abakus angewiesen waren, eine unüberwindliche Schwierigkeit bedeutete, ist für uns weit weniger schrecklich, wie das folgende Beispiel zeigt:

$$5,0 \cdot 0,1 = 0,5 = 50,0 \cdot 0,01 = 500,0 \cdot 0,001$$
$$= 5.000.000.000,0 \cdot 0,000.000.000.1.$$

Man braucht nicht bei 9 Nullen aufzuhören, sondern könnte das Spiel ausdehnen auf 99 oder 999 oder 9999 Nullen oder unendlich weiter, ohne daß der numerische Endwert des Produktes, d. h. 0,5 davon berührt würde.

Greifen wir zurück auf das Zeichen ∞ für *unendlich*, d. h. unmeßbar groß, so ergibt sich für π als Grenzwert

$$\lim_{n\to\infty} n \cdot \sin\frac{360°}{2n} = \pi = \lim_{n\to\infty} n \cdot \operatorname{tg}\frac{360°}{2n}.$$

Mit Hilfe dieser Demonstration läßt sich nun ein Weg zur Berechnung des Erdumfanges erkennen und wie man die Entfernung bestimmen kann, bei der ein Gegenstand, ein Schiff oder ein Berg, am Horizont verschwindet.

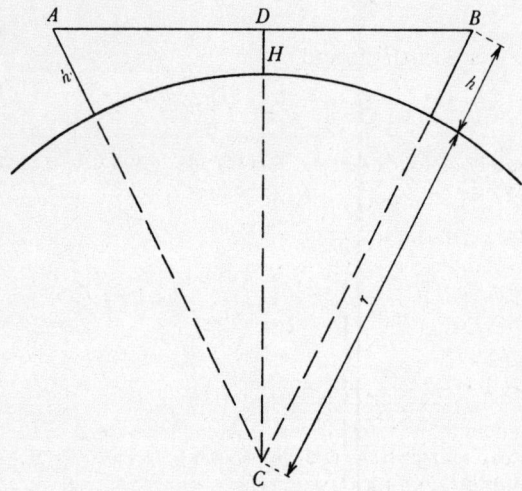

Fig. 69   Röhrenmethode zur Bestimmung des Erdumfanges

Der Erdumfang

A. R. Wallace, mit Darwin in die große Kontroverse um die Evolution verwickelt, hatte als Landmesser angefangen und dabei eine sehr einfache Methode gefunden, Erdradius und Erdumfang zu messen. Sie war das Ergebnis einer Wette, um die Glaubwürdigkeit eines sehr lautstarken Evangelisten der landläufigen Vorstellung von der Erde zu untergraben.

Zwei Stangen (Fig. 69), deren obere Enden (A und B) durch eine *gerade* Röhre von gemessener Länge AB voneinander getrennt sind, werden so in den Boden hineingeschlagen, daß sie aufrecht stehen und dieselbe Höhe h zum Wasserspiegel haben.

Genau in der Mitte zwischen diesen wird eine dritte Stange so
plaziert, daß ihr oberes Ende D in einer Sichtlinie mit A und B
liegt. Da die Oberfläche der Erde und die des Wassers in der
Röhre tatsächlich gekrümmt sind, ist die Höhe H von D ein wenig
kleiner als h. Messen wir h, H und BD genau, können wir nach
Dem. 3 und Dem. 4 den Erdradius finden.

$$AC = (r + h) = BC,$$

△ABC ist gleichschenklig und

$$AD = \frac{1}{2} AB = DB.$$

Also steht CD rechtwinklig auf AB (Dem. 3) △DBC ist ein rechtwinkliges Dreieck (Dem. 4). Daraus folgt:

$$\begin{aligned}
DB^2 + DC^2 &= BC^2 \\
DB^2 + (r + H)^2 &= (r + h)^2 \\
\therefore DB^2 + r^2 + 2rH + H^2 &= r^2 + 2rh + h^2 \\
\therefore DB^2 + H^2 - h^2 &= 2rh - 2rH \\
&= 2r(h - H) \\
\therefore r &= \frac{DB^2 + H^2 - h^2}{2(h - H)}.
\end{aligned}$$

Da DB, verglichen mit der Höhe der Stangen sehr lang ist, kann
man $(H^2 - h^2)$ außer acht lassen und

$$\begin{aligned}
r &= \frac{1}{2} DB^2 : (h - H) \\
&= \frac{1}{8} AB^2 : (h - H).
\end{aligned}$$

Entfernung des Horizonts

In Fig. 70 steht der Beobachter im Punkt A, und BC ist das
entfernte Objekt (Berg oder Schiff), von dem gerade die Spitze B
zu sehen ist; alles andere liegt unterhalb der Horizont-Linie AB.
Da Licht sich geradlinig fortpflanzt, ist das die Gerade durch B, die
die Peripherie der Erde in A berührt. ∢ BAD = 90°.

$$\begin{aligned}
AB^2 + AD^2 &= DB^2 \\
&= (DC + DB)^2 \\
&= DC^2 + 2DC \cdot CB + DB^2
\end{aligned}$$

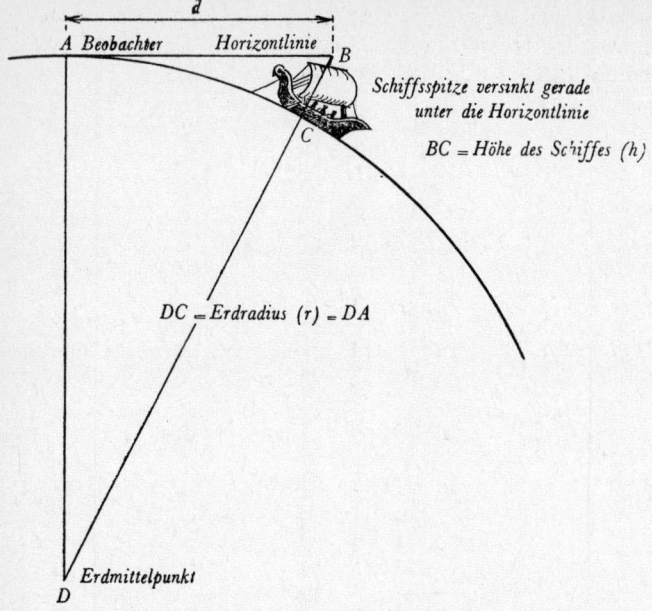

Fig. 70 Die sichtbaren Grenzen des Horizonts

AD und DC sind beide Radien, also

$$AD = r = DC$$
$$\therefore AB^2 + AD^2 = AD^2 + 2DC \cdot CB + CB^2$$
$$\therefore AB^2 = 2DC \cdot CB + CB^2.$$

AB = d ist die Entfernung des Objektes, wenn es unter den Horizont sinkt, und BC = h, wenn es in voller Höhe sichtbar ist; also

$$d^2 = 2rh + h^2$$
$$= h(2r + h).$$

Da die höchsten Berge rund 9 km hoch sind und der Erdradius rund 6370 km mißt, kann sich (r + h) von r um etwa 1,4‰ unterscheiden.

Die Höhe eines Schiffes ist natürlich außerordentlich klein im Vergleich zu r. Folglich darf man (2r + h) = 2r setzen, so daß

$$d^2 = 2rh \text{ wird.}$$

EUKLID ALS SPRUNGBRETT

Folgendes zeigt, wie weit ein Berg von 1000 m Höhe entfernt sein muß, wenn seine Spitze gerade den Horizont erreicht und sich das Auge des Beobachters auf Meereshöhe befindet.

$$d^2 = 2 \cdot \frac{1000}{1000} \cdot 6370$$

$$= 12740$$

$$d = \sqrt{12740}$$

$$= 113 \text{ km (angenähert)}.$$

Kapitel IV

Arithmetik im Altertum

Heutzutage benutzen wir das Wort *Arithmetik* für die Kunst des Rechnens ohne mechanische oder bildliche Hilfen, auf die sich die Mathematiker vor Anbruch der christlichen Ära verließen. Das Wort kommt aus dem Griechischen und wurde in der Griechisch sprechenden Welt der Antike zur Klassifikation von Zahlen verwendet, von denen viele mystische Bedeutung haben sollten, andere den Sinn, den Pythagoras wohl auf seinen östlichen Wanderungen im Kontakt mit den griechischen Kolonien in Asien aufgeschnappt hatte. Zwar bestehen noch Zweifel über das Alter der frühesten chinesischen Abhandlungen über Mathematik, besonders über das *Buch der Permutationen*, jedoch ist wohl einiges von dem Zahlengewirr der Pythagoräischen Bruderschaft auf den transasiatischen Karawanenstraßen zu uns gekommen, auf denen u. a. Zucker, Papier, Seide, Druckstöcke, Schwarzpulver, Kohle und Schleusentore für Kanäle zu uns gelangten. Das *Buch der Permutationen* stellt in figurativer Form dar, was man als das erste Bild eines magischen Quadrats bezeichnen kann. Es ist eine $n : n$ (z. B. 3 : 3 oder 4 : 4) Darstellung von Zahlen, deren Kolonnen, Reihen und Diagonalen identische Summen aufweisen. Das folgende mag sich jeder selbst aufstellen:

Erste Reihe: $8 + 3 + 4 = 15$,
zweite Reihe: $1 + 5 + 9 = 15$,
dritte Reihe: $6 + 7 + 2 = 15$.

Erste Kolonne: $8 + 1 + 6 = 15$,
zweite Kolonne: $3 + 5 + 7 = 15$,
dritte Kolonne: $4 + 9 + 2 = 15$.

Erste Diagonale: $8 + 5 + 2 = 15$,
zweite Diagonale: $6 + 5 + 4 = 15$.

In dem chinesischen Figurenbeispiel eines Quadrates bezeichnen helle Kreise die ungeraden und dunkle die geraden Zahlen, bzw. männliche und weibliche Zahlen; hier zeigt sich die besondere Bedeutung, die die Schüler des Pythagoras der Zahl 5 beimaßen. Zahlen und geometrische Figuren wurden von ihnen mit moralischen (oder unmoralischen) Eigenschaften versehen; wir können Spuren von Platos Lehre darin finden.

ARITHMETIK IM ALTERTUM 143

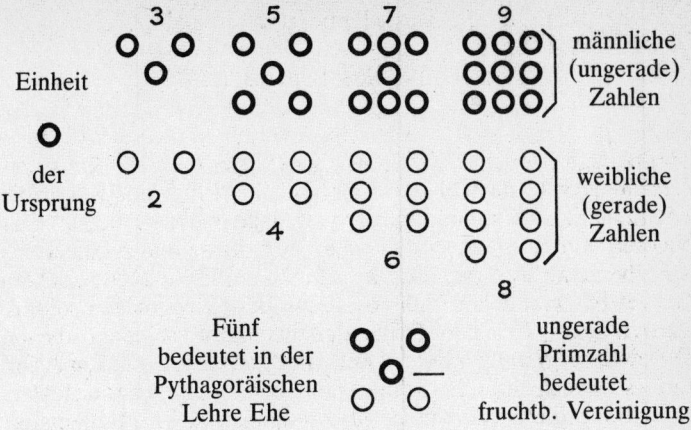

Fig. 71 Phallus-Symbolismus in der antiken Zahlenlehre

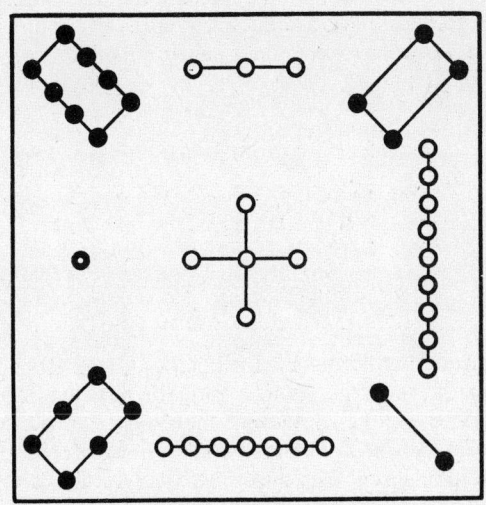

Fig. 72 Chinesische Figurendarstellung eines magischen Quadrates

Pythagoras' Zuhörer wünschten sich Scharaden; er gab ihnen bessere und schönere. Es war nur ein kleiner Schritt von da bis zum seltsamen Zeremoniell der Gebete, die seine Schüler den magischen Zahlen widmeten: »Segne uns göttliche Zahl, die du Götter und Menschen gebarst, heilige *Tetraktys,* die du Wurzel und Quell der ewig fließenden Schöpfung birgst.« Das war die Beschwörungsformel für die Zahl Vier.

Die Zahl Eins, die man eher als Quelle aller Zahlen statt als Zahl selbst betrachtete, bedeutete Vernunft, die Zwei Meinung, die Vier Gerechtigkeit, die Fünf Ehe, weil sie durch Verbindung der ersten männlichen Zahl 3 und der ersten weiblichen Zahl 2 entstanden ist. In den Eigenschaften der Fünf liegt das Geheimnis der Farbe, in der Sechs das der Kälte, in der Sieben das der Gesundheit, in der Acht das der Liebe, d. h. drei (Kraft) addiert zu fünf (Ehe). Der sechsflächige Körper enthielt das Geheimnis der Erde. Die Pyramide barg das Geheimnis des Feuers in sich (später den *logos spermatikos* der Stoiker), das Licht, das jeden erleuchtet. Der zwölfflächige Körper enthielt das Geheimnis der Himmel. Die Kugel war die vollkommenste Figur. Man nahm an, daß die Entfernungen der Gestirne eine harmonische Zahlenreihe bilden, wie die Saitenlängen alter Streichinstrumente; daher der Ausdruck »Harmonie der Sphären«. Die Zahlen wurden in Klassen von fröhlichen oder dummen und unzufriedenen Jungen und Mädchen eingeteilt. Es gab *vollkommene* Zahlen, d. h. solche, bei denen die Summe sämtlicher ganzzahliger Teiler, die kleiner als die Zahl selbst sind, gleich der Zahl selber war. Die erste Zahl dieser Gattung ist 6, weil die echten Teiler (Teiler kleiner als 6) 1, 2 und 3 sind $(1 + 2 + 3 = 6)$. Die zweite ist 28, weil ihre echten Teiler 1, 2, 4, 7 und 14 sind $(1 + 2 + 4 + 7 + 14 = 28)$. Der Neu-Pythagoräer Nikomachus von Alexandrien brachte einen großen Teil seines Lebens mit der Suche nach den nächsten zwei vollkommenen Zahlen zu, nämlich 496 und 8128. Es gibt bis 2096128 keine weitere Zahl dieser Art. Bei diesen fruchtlosen Anstrengungen entdeckte Nikomachus, daß »das Gute und Schöne selten auftritt und leicht aufzuzählen ist, wogegen das Häßliche und Schlechte überall gefunden wird«. Es gab auch *befreundete* Zahlen. Auf die Frage, was ein Freund sei, gab Pythagoras zur Antwort: »Einer, der das andere Ich ist.« Solche Zahlen sind 220 und 284. Das bedeutet, daß alle echten Teiler von 284 (1, 2, 4, 71 und 142) addiert 220, und alle echten Teiler von 220 (1, 2, 4, 5, 10, 11, 20, 22, 44, 55 und 110) addiert 284 ergeben. Der Leser kann sich, wie die Zuhörer des Pythagoras, mit dem Versuch amüsieren, andere

Zahlen dieser Eigenschaft herauszufinden. Eine andere Zahlenklasse guter Vorbedeutung war die Klasse der Dreieckszahlen (Fig. 36). Eine Anekdote zeigt, wie die Mathematik aufgehört hat, ein Instrument zu sein, das die griechischen Handel- und Gewerbetreibenden so verwenden konnten wie Thales sein Wissen. In Lucians Dialog fragt ein Kaufmann den Pythagoras, was er ihn lehren könne. »Ich kann das bereits«, antwortet der Kaufmann. »Wie zählen Sie denn?« fragt der Philosoph. Der Kaufmann beginnt: »Eins, zwei drei, vier, ...« »Halt«, schreit Pythagoras, »was Sie als vier ausgeben, ist zehn, oder ein vollkommenes Dreieck und unser Symbol.«

Der Kult der magischen Zahl kann vom fernsten Altertum an verfolgt werden; seine Wege führen entlang den Binnenhandelsstraßen, die von der alten sumerischen Zivilisation ausstrahlen. Die Inder und die Hebräer hatten vor Pythagoras ihre vollkommenen und befreundeten Zahlen. Die sechs Tage der Schöpfung und die achtundzwanzig Tage eines Mondmonats illustrieren die Vollkommenheit der göttlichen Vorsehung. Der heilige Augustin begriff die frühe Vorliebe der Hethiter für die Vollkommenheit, wenn er sagte, daß Gott alle Dinge in sechs Tagen schuf, weil diese Zahl vollkommen ist.

Der Kult des magischen Quadrates verbreitete sich über die ganze Alte Welt. Zu einer späteren Zeit hatte sein Ruf etwas mit der Magie, »Gematria« genannt, zu tun. Das magische Quadrat ist sicher die Unterlage für das verhältnismäßig späte kabbalistische Kreuz, das aus der mittleren Reihe und der mittleren Kolonne des in Fig. 73 abgebildeten Quadrates geformt wurde. Gematria ist der Name für den seltsamen Aberglauben, der in Verbindung mit dem Gebrauch der Alphabetbuchstaben zur Andeutung von Zahlen bei den Hebräern und Griechen entstand. In jenen Tagen, als die Menschen erstmals anfingen, Zeichen für Zahlen zu gebrauchen, entstand die größte Verwirrung durch die neuen Symbole, die weniger Platz als die früheren hieroglyphischen Formen beanspruchten. Wenn jeder Buchstabe eine bestimmte Zahl darstellte, so konnte jedem Wort etwas Zahlenhaftes zugewiesen werden, z. B. die charakteristische Zahl, die man durch Zusammenzählen sämtlicher durch die Einzelbuchstaben des Wortes dargestellten Zahlen erhält. Stimmten zwei Wörter in ihren Zahlen überein, so wurde das von den Scharen der Deuter als dunkles Anzeichen verborgener Geheimnisse ausgelegt. So verdankte Achilles seine Überlegenheit über Hektor der Tatsache, daß die Zahlenwerte der Buchstaben im Wort Achilles zusammengezählt 1276, hingegen im

Wort Hektor bloß 1225 ergeben. Im Hebräischen ergibt das Wort Eliasar die Zahl 318. Die jüdische Geschichte berichtet, daß Abraham 318 Sklaven vertrieb, als er Eliasar befreite. Die Gematria verband Sterne, Planeten und Vorzeichen in den astrologischen Schriften der Theosophen und der Astrologen des Mittelalters. Ein lateinisches Sprichwort, abgebildet in Fig. 74, illustriert ein ähnliches Spiel.

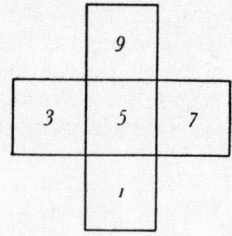

1. Das erste magische Zahlenquadrat.

2. Kabbalistisches Zeichen, das den Namen Jehovas verbirgt.

Fig. 73

Platos dunkle Zahl, welche »Herr über gute und schlechte Geburten« war, bildete den Ansporn für eine Menge unnützer geistiger Anstrengungen unter den Platonikern. Die dem Wort Tier im Buch der Offenbarung entsprechende Zahl gab späteren Forschern Gelegenheit, diesen Zweig der Arithmetik auszubauen. Auch das Buch Daniel, dem Newton in vorgerücktem Alter seine geistigen Kräfte widmete, tat das. Peter Bungus, ein katholischer Theologe, schrieb ein Buch von 700 Seiten, um zu beweisen, daß die Zahl 666 des Wortes Tier ein Kryptogramm für den Namen Martin Luther sei. Luther antwortete darauf, indem er es als Prophezeiung der Dauer der päpstlichen Herrschaft interpretierte, welche anfange, ihrem vorbestimmten Ende entgegenzugehen. Die Protestanten, welche die neue Handelsarithmetik förderten, waren in dieser Propagandamethode viel geschickter. Stifel, ein von Luther Bekehrter – übrigens der erste europäische Mathematiker, der die Zeichen +, − und $\sqrt{}$ in einem Buch über Algebra benutzte –, begründete seine Bekehrung mit der Entdeckung, daß sich die Zahl 666 auf Papst Leo X. beziehe. Schreibt man Leo X. vollständig aus, so hat man Leo Decimus. Die Einfachheit der Beweisführung verdient, daß wir sie wiederholen. Stifel bemerkte vorerst, daß E, O und S in der römischen

Zahlenschrift nicht vorkommen. Daher bedeutet ihre Hinzunahme lediglich ein Versehen. Die übrigen Zahlenbuchstaben können mit wenig Mühe so umgestaltet werden: MDCLVI, d. h. 1656. Dies ist 666 + 990. Es ist nur billig, erörterte Stifel, die erste Schreibweise »X« mit zu berücksichtigen, so daß wir 666 + 1000 haben. Die Zahl 1000 wird lateinisch mit M bezeichnet, dem Anfangsbuchstaben von Mysterium. Daher die apokalyptische Bezugnahme auf das »Mysterium« des Tieres. Die Interviews, welche zeitgenössische Mathematiker von einiger Bedeutung den Sonntagsblättern geben, brauchen uns nicht sehr zu überraschen, wenn man sich erinnert, daß Napier, der wegen seiner Logarithmen berühmt ist, genauso stolz ist auf seine eigene Methode, den Papst als Antichristen zu identifizieren.

S	A	T	O	R
A	R	E	P	O
T	E	N	E	T
O	P	E	R	A
R	O	T	A	S

sator   arepo   tenet   opera   rotas

Fig. 74 Ein Wortquadrat, auf dem lateinischen Satz – Sator arepo tenet opera rotas – aufgebaut. (Arepo, der Sämann, hemmt die Räder durch seine Tätigkeit – Inschrift in Cirencester, Gloucester.)

Eine besondere Klasse von ungeraden Zahlen, die schon in alter Zeit interessierten, sind die Primzahlen. Eine Primzahl kann nicht in eine Anzahl ganzer, gleicher Zahlen, die verschieden von 1 sind, aufgeteilt werden. Figürlich (Fig. 74) gesprochen: man kann sie nicht durch gleichwertige Reihen von Punkten oder Kreisen wiedergeben. Daher sind 3, 5, 7, 11 und 13 Primzahlen. Die ungeraden Zahlen 9, 15, 21 und 25 sind keine Primzahlen. Das Erkennen dieser Zahlenklasse war keine sehr nützliche Entdekkung, es sei denn, daß es das Aufsuchen von Quadratwurzeln vereinfachte, bevor moderne Methoden hierfür gefunden wurden.

Um alle Primzahlen zwischen 1 und 100 zu erhalten, lassen wir vorerst aus dieser Zahlengruppe alle geraden Zahlen (teilbar durch 2) und alle Zahlen, die in unserer Zahlenschrift mit 0 oder 5 endigen (weil sie teilbar durch 5 sind), außer natürlich 2 und 5 selbst, weg. Es bleiben übrig:

1	2	3	5	7	9	11	13	17	19
21	23	27	29	31	33	37	39		
41	43	47	49	51	53	57	59		
61	63	67	69	71	73	77	79		
81	83	87	89	91	93	97	99		

Nun muß man alle Zahlen, die teilbar sind durch 3 oder 7, mit Ausnahme von 3 und 7 selbst, entfernen. Es bleiben übrig:

1	2	3	5	7	11	13	17	19
23	29	31	37	41	43	47		
53	59	61	67	71	73	79		
83	89	97						

Wir haben bereits alle Zahlen weggelassen, die teilbar durch 9 sind, weil diese ja durch 3 teilbar sind, ferner alle Zahlen, die teilbar sind durch 6, 8 und 10, da sie sämtlich durch 2 teilbar sind. Irgendeine Zahl in dieser Gruppe, die durch 11 oder durch eine höhere Zahl teilbar wäre, müßte auch durch eine der ersten zehn Zahlen teilbar sein, da höhere Vielfache von 11 größer als 100 sind. Daher sind alle Zahlen, die zurückbleiben, Primzahlen.

Die Verwendung von Primzahlen bei der Aufsuchung von Quadratwurzeln stützt sich auf eine wichtige Regel, der wir immer wieder begegnen werden. Wir wollen sie durch folgende Beispiele erläutern:

$$\sqrt{4 \cdot 9} = \sqrt{36} = 6 = 2 \cdot 3 = \sqrt{4} \cdot \sqrt{9}$$

$$\sqrt{4 \cdot 16} = \sqrt{64} = 8 = 2 \cdot 4 = \sqrt{4} \cdot \sqrt{16}$$

$$\sqrt{4 \cdot 25} = \sqrt{100} = 10 = 2 \cdot 5 = \sqrt{4} \cdot \sqrt{25}$$

$$\sqrt{9 \cdot 16} = \sqrt{144} = 12 = 3 \cdot 4 = \sqrt{9} \cdot \sqrt{16}$$

$$\sqrt{4 \cdot 49} = \sqrt{196} = 14 = 2 \cdot 7 = \sqrt{4} \cdot \sqrt{49}$$

$$\sqrt{9 \cdot 25} = \sqrt{225} = 15 = 3 \cdot 5 = \sqrt{9} \cdot \sqrt{25}$$

$$\sqrt{9 \cdot 49} = \sqrt{441} = 21 = 3 \cdot 7 = \sqrt{9} \cdot \sqrt{49}$$

ARITHMETIK IM ALTERTUM

Diese Beispiele erläutern die Regel:

$$\sqrt{ab} = \sqrt{a} \cdot \sqrt{b} \text{ oder } (ab)^{1/2} = a^{1/2} \cdot b^{1/2}$$

Wir dürfen demnach schreiben:

$$\sqrt{6} = \sqrt{2} \cdot \sqrt{3}$$
$$\sqrt{8} = \sqrt{4} \cdot \sqrt{2} = 2\sqrt{2}$$
$$\sqrt{12} = \sqrt{4} \cdot \sqrt{3} = 2\sqrt{3}$$
$$\sqrt{18} = \sqrt{9} \cdot \sqrt{2} = 3\sqrt{2}$$
$$\sqrt{24} = \sqrt{4} \cdot \sqrt{6} = 2\sqrt{2} \cdot \sqrt{3}$$

Mit anderen Worten, kennt man $\sqrt{2}$ und $\sqrt{3}$, so kann man die Quadratwurzel jeder beliebigen Zahl erhalten, die durch Multiplikation von Zweiern und Dreiern gebildet werden kann, wie 32, 48, 72 und 96. Kennt man auch noch $\sqrt{5}$, so kann man alle Quadratwurzeln aus Zahlen, die durch Multiplikation von Fünfern mit Zweiern und Dreiern hervorgebracht werden, erhalten, z. B. 10, 15, 30, 40, 45, 50, 60. Man kann das, wie folgt, nachprüfen:

Nehmen wir $\sqrt{2} = 1{,}414$ und $\sqrt{3} = 1{,}732$, dann ist $\sqrt{6} = 1{,}414 \cdot 1{,}732 = 2{,}449$ auf drei Dezimalstellen genau. Durch Ausmultiplizieren erhält man:

1,414 · 1,414	1,732 · 1,732	2,449 · 2,449
1,414	1,732	4,898
0,5656	1,2124	0,9796
0,01414	0,05196	0,09796
0,005656	0,003464	0,022041
1,999396	2,999824	5,997601

Der Fehler ist, wie zu erwarten war, beim dritten Produkt größer ausgefallen, denn wir sind bei der Multiplikation von $\sqrt{2}$ und $\sqrt{3}$ von dreistelligen Näherungswerten dieser Zahlen ausgegangen. Das Schlußresultat ist um etwa $\frac{1}{2}$ Promille (0,0024 : 6) fehlerhaft.

Die behandelte Regel wird oft in unseren späteren Kapiteln Verwendung finden. Man muß sich ihrer erinnern, wenn man bei Brüchen von ihr Gebrauch machen will, z. B.

$$\sqrt{\frac{a}{b}} = \sqrt{a \cdot \frac{1}{b}} = \sqrt{a} \cdot \sqrt{\frac{1}{b}} = \frac{\sqrt{a}}{\sqrt{b}}$$

z. B. $\sqrt{\dfrac{3}{4}} = \dfrac{\sqrt{3}}{2}$

Man beachte, wie man sie zur Vereinfachung von Ausdrücken heranziehen kann, z. B.

$$\frac{3}{\sqrt{3}} = \frac{\sqrt{3} \cdot \sqrt{3}}{\sqrt{3}} = \sqrt{3} \text{ oder } \frac{1}{\sqrt{2}} = \frac{\sqrt{2}}{2}$$

Ferner beachte man ihren Gebrauch bei Aussagen folgender Art, denen wir bei der Ermittlung des Wertes für π begegnen werden:

$$\sqrt{1 - \left(\frac{2}{3}\right)^2} = \sqrt{1 - \frac{2^2}{3^2}} = \sqrt{\frac{3^2 - 2^2}{3^2}} = \frac{1}{3}\sqrt{3^2 - 2^2} = \frac{\sqrt{5}}{3}.$$

Die Dreieckszahlen des Pythagoras zahlten sich erst später aus. Noch Diophant, der bekannteste unter den alexandrinischen Mathematikern, schrieb um 250 n. Chr. eine Abhandlung über figurierte Zahlen, ohne daß er ihren Gebrauch bei dem Perser Omar Khayyam (um 1100) zur Aufschlüsselung des *Binomialtheorems* oder bei Bernoulli (1713), einem der Begründer der Wahrscheinlichkeitsrechnung, vorausgeahnt hätte. Hier können wir – wie bei der Abhandlung über Euklid (Kap. III) – aus der verspäteten Einsicht Nutzen ziehen, indem wir sie als den Beginn eines Aspektes der späteren Größensprache von wachsender Bedeutung untersuchen, d. h. *wie man sinnvoll soviel Information wie möglich auf kleinstmöglichem Raum unterbringen kann*. Es gibt sicher auch andere Methoden, das zu illustrieren; aber mit figurierten Zahlen bleiben wir auf dem festen Boden der einfachen Arithmetik.

Sie geben uns auch Gelegenheit, sowohl den Unterschied zwischen *Entdeckung* und *Beweis* wie auch den Grund für die Tatsache, daß unsere Lehrer oft den Wagen vor das Pferd spannen, zu verstehen.

In vielem, was wir in der Schule oder an der Universität lernen, kommt zuerst der Beweis, danach – wenn überhaupt – die Ermittlung. In der Geschichte der Wissenschaft steht sie an erster Stelle. Es ist die eigentliche Aufgabe der Beweisführung, zu zeigen, wie weit und unter welchen Umständen eine Entdeckung eine zuverlässige Verfahrensregel sein kann. Wir haben heute ein

ARITHMETIK IM ALTERTUM

weiteres Werkzeug der Beweisführung zur Hand: die *mathematische Induktion*.

Das folgende soll dem Leser helfen, Entdeckungen zu machen. Figurierte Zahlen bieten auch eine Möglichkeit, Regeln aufzustellen, mit denen Reihen in knappster Form gebildet werden können. Wir haben schon gesehen, wie man Dreieckszahlen aus natürlichen Zahlen ($N_r = 1, 2, 3, 4 \ldots$) entwickeln kann, nämlich durch Addition, übereinstimmend mit der Bildung natürlicher Zahlen aus der Einheit ($U_r = 1$).

1	15	14	4
12	6	7	9
8	10	11	5
13	3	2	16

Fig. 75 Das magische Quadrat

Man stellt fest, daß sämtliche Zahlen einer Kolonne oder einer Zeile oder einer Diagonalreihe immer die Summe 34 ergeben. Im sechzehnten Jahrhundert sollte dieses Quadrat, in eine Silberplatte eingraviert, seinen Besitzer von der Pest schützen. Diese Therapie war nicht auf Infektionskrankheiten beschränkt; sie galt als ebenso leistungsfähig wie heute die Psychoanalyse. Ein magisches Quadrat ist auf einem sehr berühmten Kupferstich Albrecht Dürers sichtbar.

$$U_r = \quad 1 \qquad\qquad 1 \qquad\qquad 1 \qquad\qquad 1$$
$$N_r = \; 0 + 1 \; = 1; \; (1 + 1) = 2; \; (2 + 1) = 3; \; (3 + 1) = 4;$$
$$\qquad\quad 1 \qquad\qquad 1 \qquad\quad \ldots$$
$$(4 + 1) = 5; \; (5 + 1) = 6 \; \ldots$$

$$T_r = (0 + 1) = 1; \; (1 + 2) = 3; \; (3 + 3) = 6; \; (6 + 4) = 10;$$
$$(10 + 5) = 15; \; (15 + 6) = 21 \ldots$$

Die Reihe T_r, der die Pythagoräer magische Eigenschaften andichteten, ist ein Beispiel für Reihenfamilien, die in figurierter Form darstellbar sind; jede von ihnen steht in einer bestimmten Beziehung zu jenen. Das folgende Beispiel einer Entdeckung, entstan-

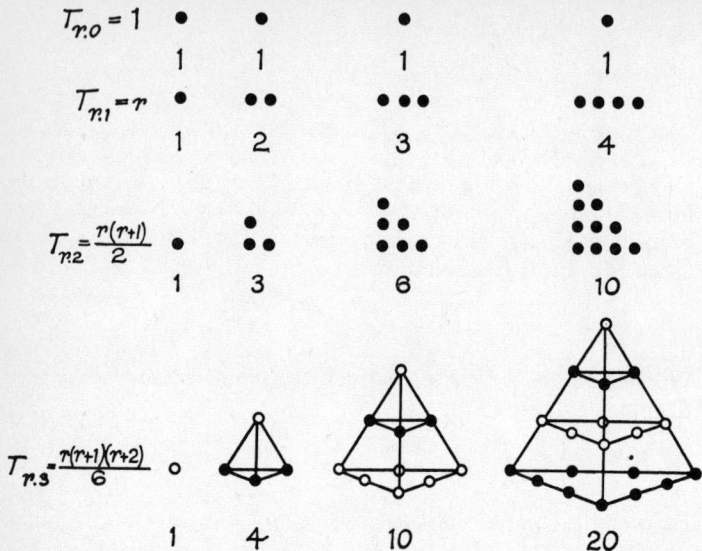

Fig. 76 Dimensionen figurierter Zahlen – Dreiecks- und Viereckszahlen

den aus dem Indischen in der frühen christlichen Ära, zeigt, wie der Gebrauch der Dreieckszahlen uns den Schlüssel zum Aufbau von Reihen bieten kann, die wir leicht auch anders darstellen können. Wir können z. B. die dritte Potenz der natürlichen Zahlen so bilden:

$$1^3 = 1; \; 2^3 = 8; \; 3^3 = 27; \; 4^3 = 64; \; 5^3 = 125 \text{ usw.}$$

Die dritte Potenz der natürlichen Zahlen lautet: 1; 8; 27; 64; 125, etc. Die Summe der Kubikzahlen läßt sich also ausdrücken:

$$0 + 1 = 1; \; 1 + 8 = 9; \; 9 + 27 = 36; \; 36 + 64 = 100;$$
$$100 + 125 = 225; \; \ldots$$

r =	1	2	3	4	5	...
S_r =	1	9	36	100	225	...
=	1	3^2	6^2	10^2	15^2	...

Die letzte Reihe nennt die Quadrate der Dreieckszahlen, deren allgemeine Form ist $\dfrac{r(r+1)}{2}$, so daß das Quadrat lautet:

$$\frac{r^2(r+1)^2}{4}.$$

Davon ausgehend erhalten wir

$$S_{r+1} = \frac{r^2(r+1)^2}{4} + (r+1)^3 = \frac{(r+1)^2(r^2+4r+4)}{4}$$

$$\therefore S_{r+1} = \frac{(r+1)^2 (r+2)^2}{4}.$$

Die Formel für die (r+1)ste Bezeichnung gilt also, wenn die Formel für die rte stimmt. Um diesen Induktionstest zu bestätigen, braucht man nur noch zu zeigen, daß die Formel auch für das erste Glied (die Einheit) stimmt.

$$S_1 = \frac{r^2 (r+1)^2}{4} = \frac{1 (1+1)^2}{4} = 1.$$

Wir wollen anhand dieser Formel die Summe der ersten sieben Kubikzahlen ermitteln:

$$S_r = 1^3 + 2^3 + 3^3 + 4^3 + 5^3 + 6^3 + 7^3$$
$$= 1 + 8 + 27 + 64 + 125 + 216 + 343 = 784.$$

Zu diesem Resultat kommen wir leichter:

$$S_7 = \frac{7^2 \cdot 8^2}{4} = 49 \cdot 16 = 784.$$

Wie oben dargestellt, entsteht die Reihe der Dreieckszahlen aus der Reihe der natürlichen Zahlen (N_r), beginnend mit der Einheit, und das Bildungsgesetz lautet

$$T_{r+1} = T_r + N_{r+1}.$$

Die natürlichen Zahlen bilden eine arithmetische Reihe, d. h. eine Reihe, bei der die Differenz zweier aufeinanderfolgender Glieder immer gleich bleibt.

Reihe: 1, 2, 3, 4 etc.; d = 1. Bei d = 2 entsteht bei gleicher Anfangszahl die Reihe der ungeraden Zahlen 1, 3, 5, 7 etc. Ist d = 3, lautet die Reihe 1, 4, 7, 10 etc. Mit dem Bildungsgesetz der Dreieckszahlen können wir so auch die folgenden Reihen aufstellen

Quadratzahlen:	1	3	5	7	9	11	13	...
(d = 2)	1	4	9	16	25	36	49	...
Fünfeckszahlen:	1	4	7	10	13	16	19	...
(d = 3)	1	5	12	22	35	51	70	...
Sechseckszahlen:	1	5	9	13	17	21	25	...
(d = 4)	1	6	15	28	45	66	91	...

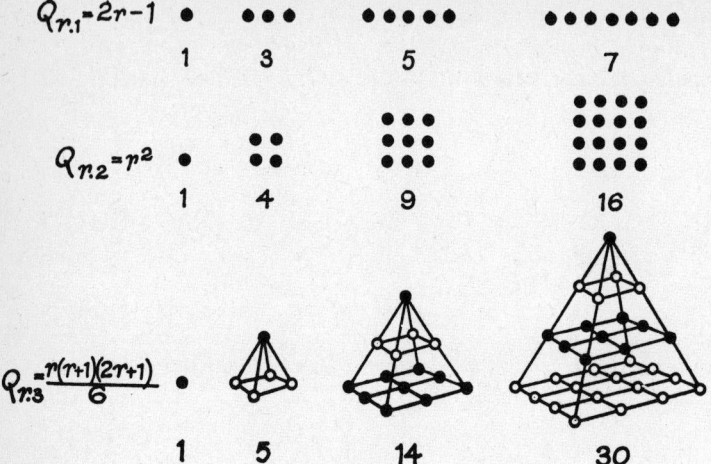

Fig. 77 Dimensionen von figurierten Zahlen – Quadrate und Pyramidalzahlen

Es gibt keine Grenze für die Anzahl von Reihen, die wir so herstellen können. Man prüfe die folgende Formel für P_r, wenn die Anzahl der Seiten s ist:

$$P_r = \frac{r}{2}[2 + (s-2)(r-1)].$$

Daraus leiten wir ab:

$s = 3; P_r = \frac{r}{2}(r+1)$

$s = 4; P_r = r^2$

$s = 5; P_r = \frac{r}{2}(3r-1)$

$s = 6; P_r = r(2r-1)$

Fig. 78 zeigt eine weitere Familie von Vielecken, unter denen die Achtecksreihe dem Quadrat der ungeraden Zahlen entspricht. Ist s die Anzahl der Seiten, so entsteht die Reihe 0, s, 2s, 3s, 4s, etc.; man erkennt das Bildungsgesetz:

0	s	2s	3s	4s	5s	6s	...
1	1 + s	1 + 3s	1 + 6s	1 + 10s	1 + 15s	1 + 21s	...

Ist s = 8, lautet die Reihe

0	8	16	24	32	40 ...
1	9	25	49	81	121 ...

ARITHMETIK IM ALTERTUM

Bei den zahllosen Reihenfamilien, die wir in ebenen, ihre Formeln enthüllenden Figuren darstellen können, haben gleiche Serien oft mehr als eine figurative Darstellungsmöglichkeit. Als Beispiel

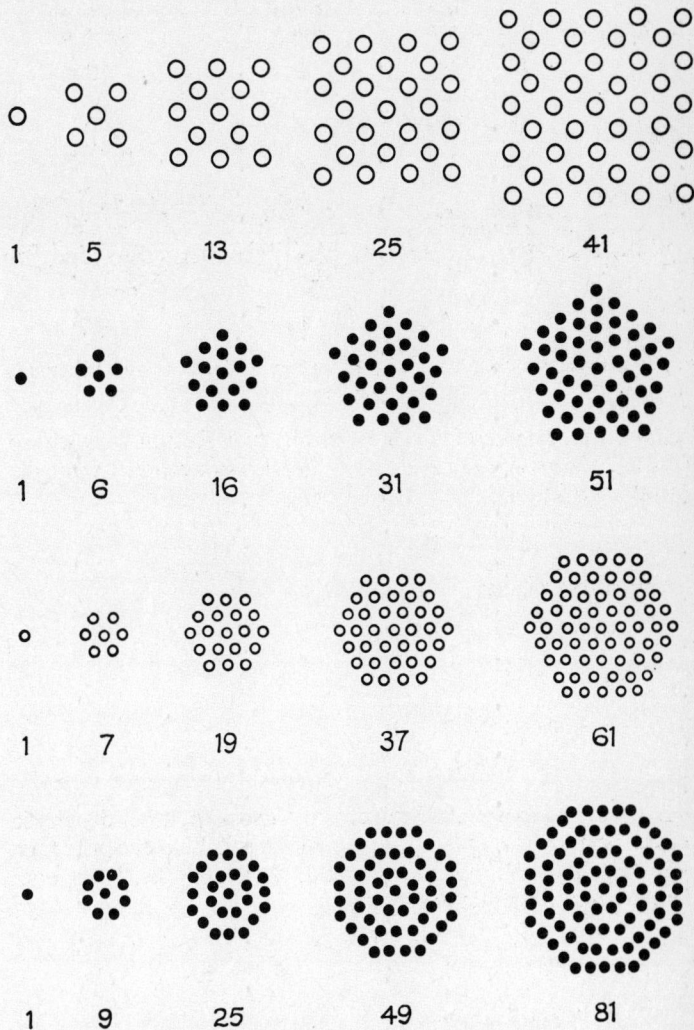

Fig. 78 Eine Familie von Vieleckszahlen

betrachten wir die Fünfeckszahlen von Fig. 37, dargestellt durch
$\frac{1}{2}r\,(3r-1)$.

Unten sehen wir links die ersten sechs Glieder senkrecht
angeordnet:

$$
\begin{aligned}
1 &= 1 & &= 1 + 0 \\
5 &= 3 + 2 & &= 3 + 2 \cdot 1 \\
12 &= 6 + 6 & &= 6 + 2 \cdot 3 \\
22 &= 10 + 12 & &= 10 + 2 \cdot 6 \\
35 &= 15 + 20 & &= 15 + 2 \cdot 10 \\
51 &= 21 + 30 & &= 21 + 2 \cdot 15
\end{aligned}
$$

Lauten die Allgemeinzahlen P_r und T_r für die Dreieckszahl Rang r,
so ergibt sich

$$P_r = T_r + 2T_{r-1}$$

$$= \frac{1}{2}r\,(r+1) + \frac{2\,(r-1)\,r}{2} = \frac{(r^2+r) + (2r^2 - 2r)}{2} = \frac{r}{2}(3r-1).$$

Das muß per Induktion nachgeprüft werden. Der allgemeine
Ausdruck g_r für die Reihe 1, 4, 7, 10, etc. ist $(3r-2)$, und die Regel
lautet:

$$P_{r+1} = P_r + g_{r+1} = \frac{r}{2}(3r-1) + (3r+1)$$
$$= \frac{(r+1)\,[3\,(r+1)-1]}{2}.$$

So stimmt das $(r+1)$te Glied mit dem rten überein, wenn wir r in
der Formel durch $(r+1)$ ersetzen, und die Formel stimmt für das
erste Glied $(P_1 = 1)$, denn

$$P_1 = \frac{1}{2}(3-1) = 1.$$

Eine andere Klasse von Zahlendreiecken wurde erst zur Zeit von
Newton in der Mathematik wichtig. Es ist recht wahrscheinlich,
daß diese Dreiecke bei bei den östlichen Völkern, die die Zahl »0«
etwa um 100 v. Chr. erfunden haben, viel früher als in Europa
bekannt waren. Wir haben die Herkunft gewisser Zahlenreihen
aufgespürt, die mit der Folge von Einern oder mit der aus ihnen
hergeleiteten Reihe der natürlichen Zahlen beginnen. Alle Reihen, die sich in der gleichen Art wie die Reihe der Dreieckszahlen
aufbauen, können darstellungsgemäß in ein »Nullstammdreieck«
(eine Art Stammbaum) eingegliedert werden. Die Spitze eines

ARITHMETIK IM ALTERTUM

solchen Dreiecks ist nämlich die Zahl Null. Nullstammdreiecke der einfachen Dreieckszahlen sehen etwa so aus:

```
               0
             0   0
           0   0   0
         1   1   1   1
       2   3   4   5   6
     1   3   6  10  15  21
```

oder

```
           0
         1   1
       2   3   4
     1   3   6  10
```

Man erhält solche Dreiecke, indem man eine gewisse Anzahl aufeinanderfolgender Glieder einer Reihe die Dreiecksbasiszeile bilden läßt. Die darüber gelegene Zeile enthält die Differenzen je zweier aufeinanderfolgender Glieder der Basisreihe. Darüber ist eine Zeile zu setzen, die sich in gleicher Weise aus den Differenzen der Zahlen in der unmittelbar darunter befindlichen Zeile aufbaut. Dieses Verfahren ist so weit fortzusetzen, bis man eine Zeile mit lauter Nullen erhält. Der Grund, warum die Reihen von Dreieckszahlen auf eine Folge von Nullen führen, ist leicht einzusehen, entstehen doch die Reihen der Dreieckszahlen höherer Ordnung aus den Reihen der Dreieckszahlen niederer Ordnung. Sie weisen daher alle dieselbe Herkunft auf. So ist die Elternreihe der Reihe der Dreieckszahlen zweiter Ordnung die Reihe der einfachen Dreieckszahlen, deren Elternreihe zweiter Ordnung wiederum die natürliche Zahlenreihe ist. Letztere kann wiederum als Abkömmling der Folge von lauter Einern angesehen werden. Die Differenz zweier aufeinanderfolgender beliebiger Glieder der Einerreihe ist aber offensichtlich gleich Null. Folgendes Nullstammdreieck erläutert ausführlicher die Herkunft der Reihe der Dreieckszahlen zweiter Ordnung:

```
              0
            1   1
          3   4   5
        3   6  10  15
      1   4  10  20  35
```

Diese dreieckigen Zahlenanordnungen führen zu einem sehr

einfachen Kunstgriff, der das Bildungsgesetz mancher Reihe entdecken hilft. In einem weiteren Kapitel werden wir ausführlicher darauf eingehen. Der Kunstgriff beruht darauf, daß eine Menge von Reihen, tatsächlich alle Reihen, die figürliche Darstellungen gestatten, als Erweiterung der Reihen der Dreieckszahlen betrachtet werden können. Da aber die Herkunft letzterer Reihen durch ein Nullstammdreieck aufgezeigt werden kann, muß das gleiche auch für alle Reihen von figurierten Zahlen der Fall sein. Der Leser versuche solche Stammdreiecke für die Reihen der in Fig. 37 und 78 angegebenen figurierten Zahlen zu entwerfen. Beispielsweise sieht das Nullstammdreieck für die Reihe der Quadrate der natürlichen Zahlen so aus:

```
            0
          2   2
        3   5   7
      1   4   9   16
```

Die folgende neue Reihe verrät ihre Herkunft gar bald, obwohl die Zahlen, wie sie dastehen, nichts erahnen lassen:

```
   1   2   3   4   5   6 ...
   1   5  14  30  55  91 ...
```

Das Bilden eines Stammdreiecks führt aber den Leser sofort auf die Reihe der Quadrate der natürlichen Zahlen:

```
               0
             2   2
           5   7   9
         4   9  16  25
       1   5  14  30  55
```

Die Beschaffenheit der Reihe ist demnach:

$1^2 \ (1^2 + 2^2) \ (1^2 + 2^2 + 3^2) \ (1^2 + 2^2 + 3^2 + 4^2)$ usw.

Eine vierte Dimension

Als in den zwanziger Jahren Einsteins Relativitätstheorie in aller Munde war, machte die Presse viel Lärm um eine *vierte Dimension*. Was Berufsmathematiker, wenn sie diesen Ausdruck gebrauchen, damit meinen, zeigen uns figurierte Zahlen auf leicht verständliche Weise. Man nennt ebene Figuren wie das Quadrat zweidimensional und Körper wie den Würfel dreidimensional.

ARITHMETIK IM ALTERTUM

Gleichermaßen können wir eine Gerade, die von Euklid als Länge, aber keine Breite besitzende definiert wird, eindimensional nennen und einen Punkt nulldimensional. Fig. 76 zeigt deut-

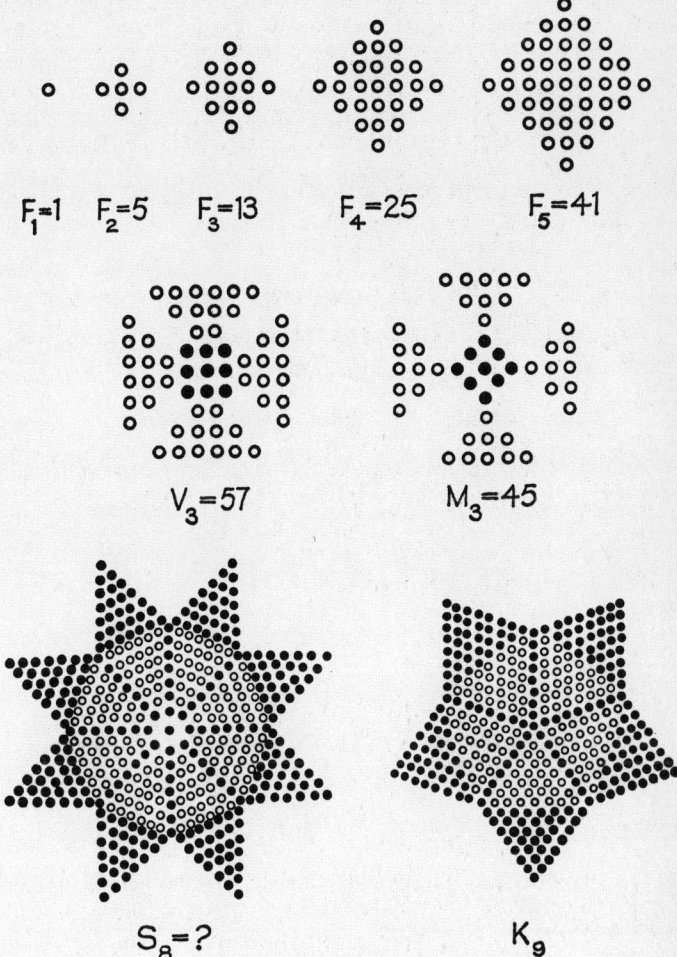

Fig. 79 Auf der Suche nach einer Formel. Antworten sind am Ende des Buches zu finden.

lich, daß wir eine Folge von Einheiten als nulldimensional, die Reihe der natürlichen Zahlen als eindimensional, die der Dreieckszahlen als zweidimensional, die der Viereckszahlen als dreidimensional bezeichnen können. Um klarzumachen, was wir legitim unter einer vierdimensionalen Folge verstehen, oder einer d-dimensionalen für d>3, ordnen wir die Glieder dieser Reihenfamilie (Fig. 76)

$F_{r \cdot 0}$ Einheiten
$F_{r \cdot 1}$ natürliche Zahlen
$F_{r \cdot 2}$ Dreieckszahlen
$F_{r \cdot 3}$ Viereckszahlen

Wir erhalten die fünfte natürliche Zahl, indem wir der vierten eine Einheit hinzufügen, die fünfte Dreieckszahl durch Hinzufügung der fünften natürlichen Zahl zur vierten Dreieckszahl. Kurz:

$$F_{5 \cdot 3} = F_{4 \cdot 3} + F_{5 \cdot 2}; \quad F_{5 \cdot 2} = F_{4 \cdot 2} + F_{5 \cdot 1}; \quad F_{5 \cdot 1} = F_{4 \cdot 1} + F_{4 \cdot 0}$$

So entspricht dasselbe Bildungsgesetz $F_{r \cdot 1}$, $F_{r \cdot 2}$, $F_{r \cdot 3}$, $F_{r \cdot 4}$, nämlich

$$F_{r \cdot d} = F_{(r-1) \cdot d} + F_{r(d-1)}.$$

Um keinen Zweifel über die Bedeutung unserer Symbole aufkommen zu lassen, wollen wir die Zahlen von Fig. 76 in einer Tabelle ordnen, die zeigt, daß $F_{7 \cdot 3} = F_{6 \cdot 3} + F_{7 \cdot 2}$ bedeutet $F_{7 \cdot 3} = 56 + 28 = 84$

		Rang r							
		0	1	2	3	4	5	6	7...
	0	1	1	1	1	1	1	1	1...
Dimension d	1	0	1	2	3	4	5	6	7...
	2	0	1	3	6	10	15	21	28...
	3	0	1	4	10	20	35	56	84...

Diese Tabelle enthält alles, was wir figuriert im dreidimensionalen Raum dargestellt haben; aber es gibt keinen Grund, warum wir nicht nach derselben Regel neue Reihen aufbauen sollten, z. B.

$$F_{7 \cdot 4} = F_{6 \cdot 4} + F_{7 \cdot 3} \text{ oder } F_{7 \cdot 5} = F_{6 \cdot 5} + F_{7 \cdot 4}$$

d								
3	0	1	4	10	20	35	56	84 ...
4	0	1	5	15	35	70	126	210 ...
5	0	1	6	21	56	126	252	462 ...

Eine allgemeine Formel für $F_{r \cdot 2}$ (die Dreieckszahlen), ist bereits verfügbar; wir wollen versuchen, die Methode der Dreieckszerlegung auszuprobieren, um so zu der der Vierecksahlen zu gelangen.

$$F_{r \cdot 3} = \frac{r(r+1)(r+2)}{6}, \text{ d. h. } F_{7 \cdot 3} = \frac{7 \cdot 8 \cdot 9}{6} = 84.$$

Es fragt sich, ob wir eine allgemeinere Regel für $F_{r \cdot d}$ formulieren können, ganz gleich, ob d = 0, 1, 2, 3 usw. ist.

$$F_{r \cdot 0} = 1 \qquad\qquad\quad = r^\circ$$

$$F_{r \cdot 1} = r \qquad\qquad\quad\; = \frac{r}{1}$$

$$F_{r \cdot 2} = \frac{r(r+1)}{2} \qquad\; = \frac{r(r+1)}{1 \cdot 2}$$

$$F_{r \cdot 3} = \frac{r(r+1)(r+2)}{6} = \frac{r(r+1)(r+2)}{1 \cdot 2 \cdot 3}.$$

Das läßt vermuten, daß

$$F_{r \cdot 4} = \frac{r(r+1)(r+2)(r+3)}{1 \cdot 2 \cdot 3 \cdot 4}$$

$$F_{r \cdot 5} = \frac{r(r+1)(r+2)(r+3)(r+4)}{1 \cdot 2 \cdot 3 \cdot 4 \cdot 5}.$$

Das läßt sich nachprüfen. Ersichtlich ist, daß hier ein sinnvolles Muster besteht, und ebenso klar, daß eine solche Formel unhandlich wird ,wenn d sehr groß ist. Damit ergibt sich eine neue Frage: Wie können wir eine Masse von Operationszeichen zur Anwendung einer Regel so kompakt wie möglich darstellen? Legen wir unsere Definition für n^3 (Kap. II) zugrunde und setzen wir eine vergleichbare ein, um ein Produkt wie $n(n+1)(n+2)(n+3)$ etc. auszudrücken:

$$n^0 = 1$$
$$n^1 = 1 \cdot n$$
$$n^2 = 1 \cdot n \cdot n$$
$$n^3 = 1 \cdot n \cdot n \cdot n$$
$$n^4 = 1 \cdot n \cdot n \cdot n \cdot n$$
$$n^5 = 1 \cdot n \cdot n \cdot n \cdot n \cdot n$$

$$n^{[0]} = 1$$
$$n^{[1]} = 1 \cdot n$$
$$n^{[2]} = 1 \cdot n(n+1)$$
$$n^{[3]} = 1 \cdot n(n+1)(n+2)$$
$$n^{[4]} = 1 \cdot n(n+1)(n+2)(n+3)$$
$$n^{[5]} = 1 \cdot n(n+1)(n+2)(n+3)(n+4)$$

Die Klammern in $n^{[r]}$ bedeuten Quadrate; später werden wir den runden Klammern $n^{(r)}$ eine andere Bedeutung geben. Der letzte Faktor von $n^{[5]}$ ist $(n+4) = (n+5-1)$; der von $n^{[r]}$ ist also $(n + r - 1)$. Also können wir schreiben

$$n^{[r]} = 1 \cdot n\,(n + 1)\,(n + 2)\,(n + 3)\,\ldots\,(n + r - 1).$$

Wir wollen prüfen, was $1^{[r]}$ bedeutet, das gewöhnlich r! geschrieben und r Fakultät genannt wird.

$$
\begin{aligned}
1^{[0]} &= 1 = 0! & &= 1 & &= 1 \\
1^{[1]} &= 1 \cdot 1 = 1! & &= 1 & &= 1 \\
1^{[2]} &= 1 \cdot 1 \cdot 2 = 2! & &= 1 \cdot 2 & &= 2 \\
1^{[3]} &= 1 \cdot 1 \cdot 2 \cdot 3 = 3! & &= 1 \cdot 2 \cdot 3 & &= 6 \\
1^{[4]} &= 1 \cdot 1 \cdot 2 \cdot 3 \cdot 4 = 4! & &= 1 \cdot 2 \cdot 3 \cdot 4 & &= 24 \\
1^{[5]} &= 1 \cdot 1 \cdot 2 \cdot 3 \cdot 4 \cdot 5 = 5! & &= 1 \cdot 2 \cdot 3 \cdot 4 \cdot 5 & &= 120
\end{aligned}
$$

Dann können wir schreiben:

$$F_{r \cdot 0} = \frac{r^{[0]}}{0!} = 1$$

$$F_{r \cdot 1} = \frac{r^{[1]}}{1!} = r$$

$$F_{r \cdot 2} = \frac{r^{[2]}}{2!} = \frac{r\,(r + 1)}{2}$$

$$F_{r \cdot 3} = \frac{r^{[3]}}{3!} = \frac{r\,(r + 1)\,(r + 2)}{6}$$

$$F_{r \cdot 4} = \frac{r^{[4]}}{4!} = \frac{r\,(r + 1)\,(r + 2)\,(r + 3)}{24}$$

Also läßt sich jedes beliebige Glied dieser Familie von Rang r und Dimension d ausdrücken:

$$F_{r \cdot d} = \frac{r^{[d]}}{d!}.$$

Nun haben wir einen neuen Zugang zum Wörterbuch unserer Operationszeichen, wenn das Muster lautet:

$$5_{[3]} \equiv \frac{5^{[3]}}{3!}; \quad 7_{[8]} \equiv \frac{7^{[8]}}{8!}; \quad \text{usw.}$$

Allgemein:
$$n_{[r]} \equiv \frac{n^{[r]}}{r!} \text{ und } F_{r \cdot d} = r_{[d]} \equiv \frac{r^{[d]}}{d!}.$$

Damit können wir kompakter als oben schreiben:
$$F_{r \cdot 6} = \frac{r(r+1)(r+2)(r+3)(r+4)(r+5)}{6!} \equiv r_{[6]}.$$

Binomialkoeffizienten: Wir wollen zunächst ein einfaches Problem der *Wahrscheinlichkeit* betrachten. Auf wie viele Arten und Weisen kann man (ohne Rücksicht auf die Anordnung) aus sechs Dingen 1, 2, 3 bis 6 verschiedene auswählen? Wir nennen sie A B C D E F; es gibt nur eine Möglichkeit, *keines* auszuwählen, und sechs Wege, 1 zu wählen. Das kann man so schreiben $^6C_0 = 1$ und $^6C_1 = 6$. Ordnet man die Resultate in einer Reihe an, haben wir den folgenden Weg zur Wahl von 2, 3 etc. und können sie entsprechend $^6C_2$, $^6C_3$ usw. nennen.

AB AC AD AE AF BC BD BE BF CD CE CF DE DF EF
$$\therefore {}^6C_2 = 15$$

ABC ABD ABE ABF ACD ACE ACF ADE ADF AEF
BCD BCE BCF BDE BDF BEF CDE CDF CEF DEF
$$\therefore {}^6C_3 = 20$$

ABCD ABCE ABCF ABDE ABDF ABEF ACDE ACDF
ACEF ADEF BCDE BCDF BCEF BDEF CDEF
$$\therefore {}^6C_4 = 15$$

ABCDE ABCDF ABCEF ABDEF ACDEF BCDEF
$$\therefore {}^6C_5 = 6$$

Es braucht nicht besonders erwähnt zu werden, daß es (bei Nichtberücksichtigung der Anordnung) nur *einen* Weg gibt, sechs verschiedene Dinge aus einer Menge von sechs auszuwählen; d. h. $^6C_6 = 1$. Also können wir diese Resultate tabellieren:

$^6C_0$	$^6C_1$	$^6C_2$	$^6C_3$	$^6C_4$	$^6C_5$	$^6C_6$
1	6	15	20	15	6	1

Um den Aufbau solcher Reihen klarer zu sehen, kehren wir noch einmal zu der Familie zurück, in der die pythagoräischen Dreieckszahlen die zweidimensionalen Reihen darstellen:

```
1  1   1   1   1    1    1    1    1
1  2   3   4   5    6    7    8    9
1  3   6   10  15   21   28   36   45
1  4   10  20  35   56   84   120  165
1  5   15  35  70   126  210  330  495
1  6   21  56  126  252
1  7   28  84  210
```

In anderer Form:

```
              1
            1   1
          1   2   1
        1   3   3   1
      1   4   6   4   1
    1   5  10  10   5   1
  1   6  15  20  15   6   1
```

Hier entspricht die untere Reihe der Folge $^6C_0, ^6C_1, ^6C_2$ usw. Setzt man nun Buchstaben ein wie für ^6C_r, so ergibt sich das Dreieck

$$
\begin{array}{c}
^0C_0 \\
^1C_0 \; ^1C_1 \\
^2C_0 \; ^2C_1 \; ^2C_2 \\
^3C_0 \; ^3C_1 \; ^3C_2 \; ^3C_3 \\
^4C_0 \; ^4C_1 \; ^4C_2 \; ^4C_3 \; ^4C_4
\end{array}
$$

etc. etc. etc.

Um das figuriert auszudrücken, verschiebt man am besten die Anordnung:

```
1
1  1
1  2   1
1  3   3   1
1  4   6   4   1
1  5  10  10   5   1
1  6  15  20  15   6   1
```

$F_{1\cdot 0}$
$F_{1\cdot 1}$ $F_{2\cdot 0}$
$F_{1\cdot 2}$ $F_{2\cdot 1}$ $F_{3\cdot 0}$
$F_{1\cdot 3}$ $F_{2\cdot 2}$ $F_{3\cdot 1}$ $F_{4\cdot 0}$
$F_{1\cdot 4}$ $F_{2\cdot 3}$ $F_{3\cdot 2}$ $F_{4\cdot 1}$ $F_{5\cdot 0}$
$F_{1\cdot 5}$ $F_{2\cdot 4}$ $F_{3\cdot 3}$ $F_{4\cdot 2}$ $F_{5\cdot 1}$ $F_{6\cdot 0}$
$F_{1\cdot 6}$ $F_{2\cdot 5}$ $F_{3\cdot 4}$ $F_{4\cdot 3}$ $F_{5\cdot 2}$ $F_{6\cdot 1}$ $F_{7\cdot 0}$

Mit Hilfe der Zeichen, die wir zur Kürzung des Ausdruckes $F_{r\cdot d}$ definiert haben, können wir nun folgendermaßen schreiben:

$$\frac{1^{[0]}}{0!}$$

$$\frac{1^{[1]}}{1!} \quad \frac{2^{[0]}}{0!}$$

$$\frac{1^{[2]}}{2!} \quad \frac{2^{[1]}}{1!} \quad \frac{3^{[0]}}{0!}$$

$$\frac{1^{[3]}}{3!} \quad \frac{2^{[2]}}{2!} \quad \frac{3^{[1]}}{1!} \quad \frac{4^{[0]}}{0!}$$

$$\frac{1^{[4]}}{4!} \quad \frac{2^{[3]}}{3!} \quad \frac{3^{[2]}}{2!} \quad \frac{4^{[1]}}{1!} \quad \frac{5^{[0]}}{0!}$$

$$\frac{1^{[5]}}{5!} \quad \frac{2^{[4]}}{4!} \quad \frac{3^{[3]}}{3!} \quad \frac{4^{[2]}}{2!} \quad \frac{5^{[1]}}{1!} \quad \frac{6^{[0]}}{0!}$$

$$\frac{1^{[6]}}{6!} \quad \frac{2^{[5]}}{5!} \quad \frac{3^{[4]}}{4!} \quad \frac{4^{[3]}}{3!} \quad \frac{5^{[2]}}{2!} \quad \frac{6^{[1]}}{1!} \quad \frac{7^{[0]}}{0!}$$

Nun erkennen wir in der unteren Reihe ein Muster, wenn wir die Zahlen senkrecht anordnen

$$\frac{1^{[6]}}{6!} = \frac{1 \cdot 1 \cdot 2 \cdot 3 \cdot 4 \cdot 5 \cdot 6}{1 \cdot 2 \cdot 3 \cdot 4 \cdot 5 \cdot 6} = 1 = \frac{6 \cdot 5 \cdot 4 \cdot 3 \cdot 2 \cdot 1}{1 \cdot 2 \cdot 3 \cdot 4 \cdot 5 \cdot 6}$$

$$\frac{2^{[5]}}{5!} = \frac{1 \cdot 2 \cdot 3 \cdot 4 \cdot 5 \cdot 6}{1 \cdot 2 \cdot 3 \cdot 4 \cdot 5} = 6 = \frac{6 \cdot 5 \cdot 4 \cdot 3 \cdot 2}{1 \cdot 2 \cdot 3 \cdot 4 \cdot 5}$$

$$\frac{3^{[4]}}{4!} = \frac{1 \cdot 3 \cdot 4 \cdot 5 \cdot 6}{1 \cdot 2 \cdot 3 \cdot 4} = 15 = \frac{6 \cdot 5 \cdot 4 \cdot 3}{1 \cdot 2 \cdot 3 \cdot 4}$$

$$\frac{4^{[3]}}{3!} = \frac{1 \cdot 4 \cdot 5 \cdot 6}{1 \cdot 2 \cdot 3} = 20 = \frac{6 \cdot 5 \cdot 4}{1 \cdot 2 \cdot 3}$$

$$\frac{5^{[2]}}{2!} = \frac{1 \cdot 5 \cdot 6}{1 \cdot 2} = 15 = \frac{6 \cdot 5}{1 \cdot 2}$$

$$\frac{6^{[1]}}{1!} = \frac{1 \cdot 6}{1} = 6 = \frac{6}{1}$$

$$\frac{7^{[0]}}{0!} = \frac{1}{1} = 1 = 1$$

Links verbindet sich das Muster, wie deutlich zu erkennen ist, mit dem der Familie pythagoräischer Figurierungen. Aber zwei Jahrhunderte lang hat man die allgemeine Form gewöhnlich so ausgedrückt:

$$^nC_r = \frac{n(n-1)(n-2)\ldots(n-r+1)}{r!}.$$

Meistens gebraucht man als Kurzschrift für den Zähler dieses Bruches:

$n^{(0)} = 1$
$n^{(1)} = 1 \cdot n$
$n^{(2)} = 1 \cdot n(n-1)$
$n^{(3)} = 1 \cdot n(n-1)(n-2)$
$n^{(4)} = 1 \cdot n(n-1)(n-2)(n-3)$
$n^{(5)} = 1 \cdot n(n-1)(n-2)(n-3)(n-4)$
$n^{(r)} = 1 \cdot n(n-1)(n-2)(n-3)\ldots(n-r+1)$

Hier bedeutet $n^{(n)} = n! = 1^{[n]}$; $n^{[r]} = (n+r-1)^{(r)}$ und $(n-r+1)^{[r]} = n^{(r)}$. Zur Abkürzung können wir also schreiben:

$$\frac{n^{(r)}}{r!} = n_{(r)} = {}^nC_r.$$

Warum wird dem mehr konventionellen $n^{(r)}$ gegenüber der Definition der eckigen Klammer zur Darstellung figurierter Zahlen der

Vorzug gegeben? Weil es in der *Wahrscheinlichkeitstheorie* brauchbarer ist.

Man spricht gewöhnlich von ^nC_r als der Anzahl von *Kombinationen von n verschiedenen Dingen* unter der Ausnahme, daß die Anordnung für die Wahl irrelevant ist. Dann gilt für ABC, ACB, BAC, BCA, CAB,. CBA, daß jedes von ihnen eine einzige Kombination von drei Buchstaben ist; aber wenn wir mit verschiedenen Möglichkeiten (linearen Permutationen) zu tun haben, mit denen wir drei verschiedene Buchstaben von sechs A B C D E F in einer Reihe anordnen können, schreibt man das zuweilen $^6P_3$. Aus Fig. 80 kann man ersehen:

$$^nP_r = n^{(r)}.$$

Die Anzahl solcher Anordnungen von sechs Buchstaben ist

$$6^{(6)} = 6 \cdot 5 \cdot 4 \cdot 3 \cdot 2 \cdot 1$$
$$= 1 \cdot 2 \cdot 3 \cdot 4 \cdot 5 \cdot 6 = 1^{[6]} = 6! = 720.$$

In der *Wahrscheinlichkeitslehre* hat $n_{(r)}$, wie oben definiert, mehr als eine Bedeutung. Wenn r der n Buchstaben identisch sind und die übrigen ihnen zwar nicht gleichen, aber doch identisch sind, so ist $n_{(r)}$ die Anzahl aller *unterscheidbaren* Anordnungen, die gemacht werden können, wobei alle benutzt werden. Z. B. können wir aus A A B B B B machen:

AABBBB ABABBB ABBABB ABBBAB ABBBBA
BAABBB BABABB BABBAB BABBBA BBAABB
BBABAB BBABBA BBBAAB BBBABA BBBBAA

Es ist gebräuchlich, das $^6P_{2\cdot 4}$ zu schreiben, und allgemein

$$^nP_{r\cdot(n-r)} = n_{(r)}.$$

Man mag fragen, warum $^nP_{r\cdot(n-r)}$ statt $^nP_{(n-r)\cdot r}$. Nun, man kann beides annehmen. In dieser Formel gibt es keine Doppelsinnigkeit, da

$$\frac{n^{(r)}}{r!} = \frac{n(n-1)(n-2)\ldots(n-r+1)}{1 \cdot 2 \cdot 3 \cdot 4 \cdot \ldots \cdot r}$$
$$= \frac{n(n-1)(n-2)\ldots(n-r+1)}{1 \cdot 2 \cdot 3 \cdot 4 \cdot \ldots \cdot r} \text{ mal}$$
$$\frac{(n-r)(n-r-1)\cdot\ldots\cdot 4 \cdot 3 \cdot 2 \cdot 1}{1 \cdot 2 \cdot 3 \cdot 4 \cdot \ldots \cdot (n-r-1)(n-r)}$$

$$\therefore \frac{n^{(r)}}{r!} = \frac{n!}{r!(n-r)} \text{ und } \frac{n^{(n-r)}}{(n-r)!} = \frac{n!}{r!(n-r)}$$

$$\therefore {}^nC_r = {}^nC_{n-r} \text{ und } {}^nP_{r\cdot(n-r)} = {}^nP_{(n-r)\cdot r}$$

ARITHMETIK IM ALTERTUM

1. Platz	2. Platz	3. Platz	4. Platz
5 Möglich-keiten	5·4 = 20 Möglich-keiten	5·4·3 = 60 Möglich-keiten	5·4·9·2 = 120 Möglichkeiten

A	AB	ABC	ABD	ABE	ABCD	ABDC	ABEC
					ABCE	ABDE	ABED
	AC	ACB	ACD	ACE	ACBD	ACDB	ACEB
					ACBE	ACDE	ACED
	AD	ADB	ADC	ADE	ADBC	ADCB	ADEB
					ADBE	ADCE	ADEC
	AE	AEB	AEC	AED	AEBC	AECB	AEDB
					AEBD	AECD	AEDC
B	BA	BAC	BAD	BAE	BACD	BADC	BAEC
					BACE	BADE	BAED
	BC	BCA	BCD	BCE	BCAD	BCDA	BCEA
					BCAE	BCDE	BCED
	BD	BDA	BDC	BDE	BDAC	BDCA	BDEA
					BDAE	BDCE	BDEC
	BE	BEA	BEC	BED	BEAC	BECA	BEDA
					BEAD	BECD	BEDC
C	CA	CAB	CAD	CAE	CABD	CADB	CAEB
					CABE	CADE	CAED
	CB	CBA	CBD	CBE	CBAD	CBDA	CBEA
					CBAE	CBDE	CBED
	CD	CDA	CDB	CDE	CDAB	CDBA	CDEA
					CDAE	CDBE	CDEB
	CE	CEA	CEB	CED	CEAB	CEBA	CEDA
					CEAD	CEBD	CEDB
D	DA	DAB	DAC	DAE	DABC	DACB	DAEB
					DABE	DACE	DAEC
	DB	DBA	DBC	DBE	DBAC	DBCA	DBEA
					DBAE	DBCE	DBEC
	DC	DCA	DCB	DCE	DCAB	DCBA	DCEA
					DCAE	DCBE	DCEB
	DE	DEA	DEB	DEC	DEAB	DEBA	DECA
					DEAC	DEBC	DECB
E	EA	EAB	EAC	EAD	EABC	EACB	EADB
					EABD	EACD	EADC
	EB	EBA	EBC	EBD	EBAC	EBCA	EBDA
					EBAD	EBCD	EBDC
	EC	ECA	ECB	ECD	ECAB	ECBA	ECDA
					ECAD	ECBD	ECDB
	ED	EDA	EDB	EDC	EDAB	EDBA	EDCA
					EDAC	EDBC	EDCB

Fig. 80 Lineare Permutationen
$$^nP_r = n(n-1)(n-2)\cdots(n-r+1) = n^{(r)} \text{ und } ^nP_n = n^{(n)} = n!$$

Kapitel V

Aufstieg und Verfall der alexandrinischen Kultur

Sechs Jahrhunderte lang, zwischen dem Tode Alexanders des Großen und der Annahme des Christentums als Staatsreligion im zerbröckelnden römischen Reich, war die Stadt, die der Eroberer Ägyptens, des mittleren Ostens und Persiens gegründet hat und die seinen Namen trägt, Zentrum des Handels und Leuchte der Gelehrsamkeit in der westlichen Welt. Von ihrer Gründung an war sie kosmopolitisch – teils griechisch, teils jüdisch, teils ägyptisch, mit ein paar Persönlichkeiten phönizischer und persischer Abstammung. Ihre Intelligenzschicht hatte lebhaften Kontakt mit den griechischsprechenden Niederlassungen der Kriegskameraden Alexanders auf dem Tempelgelände des Irak. Griechisch war das Medium ihrer säkularen Kultur, aber ihren Charakter verdankte sie weitgehend dem, was durch Menschen anderer Sprache in sie eindrang, und dem Umfang der zwar noch ungeschriebenen geographischen Kenntnisse derer, deren Väter an den Feldzügen Alexanders und seines Vaters Philipp von Mazedonien bis Indien innerhalb eines halben Dutzend von Jahren teilgenommen hatten.

Die Weltanschauung ihrer Denker hatte wenig gemein mit der geistigen Isolation athenischer Kreise, in denen Platos Einfluß vorherrschend war. Ihr sogenanntes Museum mit einer Bibliothek, die zeitweilig dreiviertel Millionen von Büchern gehabt haben soll, war unserer Idee einer Universität weit näher als den athenischen Schulen, die mit den Namen Plato und Aristoteles verbunden waren. Gewiß hielten sich ihre ersten Lehrer von Ruf an die athenische Tradition der Geometrie; aber schon Euklid hatte in seinen Abhandlungen über Optik die mehr werkgerechte Neigung seiner Nachfolger vorweggenommen. Seine Anwendung der Geometrie zur Erläuterung der Spiegeleigenschaften hat einen dauernden Einfluß auf den astronomischen Fortschritt gehabt, der Alexandria berühmt machte. Abgesehen von dem Phänomen der Lichtberechnung, das zuerst von Claudius Ptolemäus (150 n. Chr.) erforscht wurde, umfaßt Euklids Optik die ganze *Kenntnis der* Theorie von der Ausbreitung des Lichtes, wie sie bis zur Zeit Leonardo da Vincis (um 1500 n. Chr.) verfügbar war.

Dasselbe kann von der Mechanik seines unmittelbaren Nachfolgers Archimedes (um 255 n. Chr.) gesagt werden, der sowohl das Hebelgesetz wie auch das Prinzip des hydrostatischen Auftriebs formulierte. Nach der Überlieferung ist er auch Erfinder des Pumpgeräts, das unter dem Namen *Archimedische* Schraube bekannt ist, wie auch riesiger Konkavspiegel zur Konzentration von genügend Sonnenenergie, um Schiffe einer Invasionsflotte in Brand zu setzen. Archimedes war ein genialer Mathematiker und Ingenieur; die Reihe seiner Beiträge zur Entwicklung der Mathematik war enorm.

Zu späterer Zeit ist Heron zu nennen, von nicht ganz so hohem, aber immerhin bedeutendem Format. Er ist wahrscheinlich Zeitgenosse der Landung Cäsars in Ägypten, die nachweislich zur Zerstörung der ersten alexandrinischen Bibliothek durch Feuer führte. Ihm wird die Erfindung eines dampfgetriebenen Gebläses zugeschrieben, das als (totgeborener) Vorläufer der Turbine angesehen werden kann. Er benutzte seine trigonometrischen Kenntnisse zu der Berechnung, wie man einen Tunnel bei gleichzeitiger Bohrung von beiden Seiten aus durch einen Berg bauen kann. Zu weiteren Erfindungen des alexandrinischen Zeitalters gehören Wasseruhren von erstaunlicher Komplexität und von großem Wert für Astronomen. Archimedes selbst erfand ein Modell der Himmelskugel mit Radantrieb zur Darstellung der scheinbaren täglichen Bewegung der Fixsterne.

Tatsächlich ist es das Gebiet der Astronomie und ihrer Schwester-Wissenschaft Geographie, auf dem die alexandrinischen Mathematiker dauernde Spuren hinterlassen haben. Soweit bekannt, machten nicht einmal die bedeutendsten Mathematiker des griechischen Mutterlandes auch nur einen einzigen ernsthaften Versuch, die Erde oder ihre Entfernung von den Himmelskörpern auszumessen. Die Alexandriner taten es mit soviel Erfolg, wie möglich war, bevor die transatlantischen Seefahrten von Kolumbus und Cabot einen neuen Impetus für astronomische und geographische Forschungen lieferten. Die Geschichte beginnt mit einer Berechnung des Eratosthenes (um 250 v. Chr.), Bibliothekar in Alexandria in der Zeit zwischen Euklids Tod und der Geburt des Archimedes.

Um seine Methode zu verstehen, braucht man nur vier elementare Überlegungen, die einen Schlüssel zu Euklids Interesse an der Optik liefern:

a) Lichtstrahlen aus großer Entfernung scheinen parallel zu sein;
b) eine Gerade, die zwei Parallelen schneidet, macht die entsprechenden Winkel gleich (Parallel-Regel 1, Fig. 27);
c) wenn ein Himmelskörper direkt über dem Beobachter steht *(im*

AUFSTIEG UND VERFALL DER ALEXANDRINISCHEN KULTUR 171

Zenit), so verläuft die Linie von dem Himmelskörper zu ihm durch den Erdmittelpunkt (Fig. 59);

d) am Mittag steht die Sonne oberhalb eines Punktes auf dem Längengrad des Beobachters (Fig. 24).

Eratosthenes war Bibliothekar in Alexandria. Als solcher hatte er Zugang zu allen bedeutenden Ereignissen im Zusammenhang mit Kalenderfesten. So erfuhr er, daß die Sonne an einem

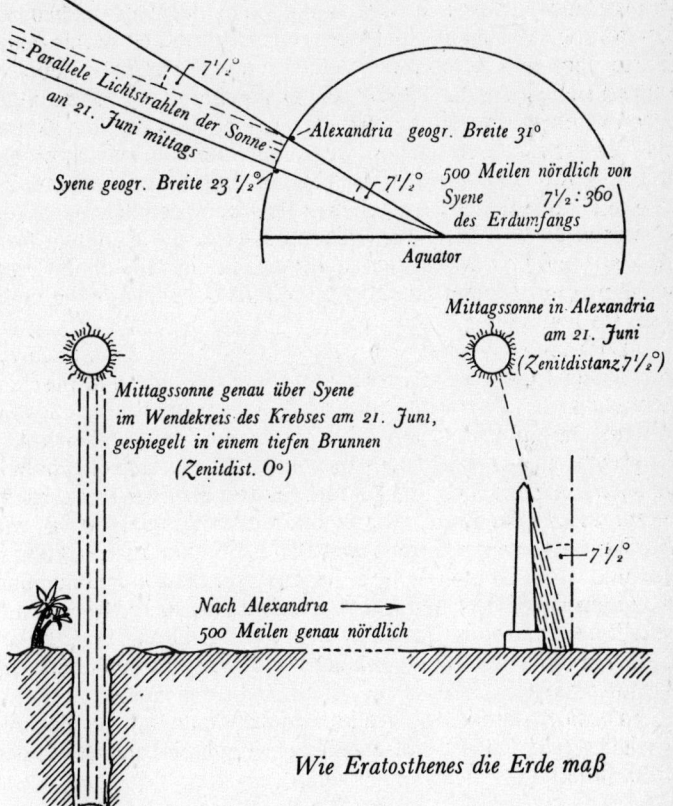

Wie Eratosthenes die Erde maß

Fig. 81 Beachte, daß die Sonne mittags direkt über dem Längenmeridian des Beobachters steht. Syene und Alexandria haben nahezu dieselbe Länge. Daher dürfen die Sonne, die beiden Orte und der Erdmittelpunkt auf der gleichen ebenen Fläche gezeichnet werden.

bestimmten Tag des Jahres um Mittag von dem Wasser eines Brunnens bei Syene (heute Assuan) reflektiert wird, also genau an der Grenze des tropischen Wendekreises. Der Schatten verschwindet am Mittsommertag, wenn die Sonne mittags im Zenit steht; ihre Spiegelung in dem Brunnen zeigt an, wann die Sonne direkt darüber steht, d. h. vertikal zum Horizont. In Alexandria, etwa 800 km nördlich von Syene, zeigt der Schatten einer Säule am gleichen Tag um Mittag eine Abweichung von $7\frac{1}{2}°$ Süd von der Senkrechten. Wenn Sonnenstrahlen parallel verlaufen (Fig. 81), so bedeutet das, daß die Radien, die die Enden (Alexandria und Syene) eines 800 km langen Bogens mit dem Mittelpunkt der Erde verbinden, einen Winkel von $7\frac{1}{2}°$ bilden. $7\frac{1}{2}°$ ist in den 360° des ganzen Kreises etwa fünfzigmal enthalten. Also beträgt der gesamte Erdumfang 50 mal 800 km, d. h. 40 000 km. Der Erdradius kann mit Hilfe von π errechnet werden, dessen ersten Annäherungswert Archimedes gegeben hat. Der Umfang jedes Kreises ist π mal Durchmesser; den Radius (r) erhält man, indem man den Umfang durch 2π teilt.

$$40000 = 2 \cdot 3\frac{1}{7} \cdot r$$

$$r = \frac{7 \cdot 40000}{22 \cdot 2} = \frac{280000}{44}.$$

Das ergibt

annähernd 6380 km.

Die Methode des Eratosthenes ist von bestechender Einfachheit. Er benutzte kein einziges mathematisches Prinzip, das nicht in der griechischsprechenden Welt seit zwei Jahrhunderten bekannt gewesen wäre; für die Nachwelt bedeutet sie weniger einen Impuls zu theoretischer Forschung als eine unentbehrliche Basis für jeden erfolgreichen Versuch, die Entfernung der Erde von Sonne oder Mond zu messen, wie es mit weniger Information schon sein Zeitgenosse Aristarch unternommen hatte. Aristarch ist nennenswert, weil er, ebenfalls mit ungenügenden Daten, die heliozentrische Auffassung von der Bewegung der Erde und anderer Planeten der Sonne voraussahnte. Er nahm auch bereits den gregorianischen Kalender vorweg, indem er einen Bruch von $(1623)^{-1}$ zu der geläufigen Schätzung der Tage eines Jahres hinzufügte; das ergibt die Zahl $365\frac{1}{4}$, wie sie schon von Julius Cäsar auf Anraten eines späteren Alexandriners mit Namen Sosigenes übernommen wurde.

Fig. 82 Weltkarte des Ptolemäus (150 n. Chr.)
Dieses ist eine von drei Planprojektionen, die in der Alten Welt bekannt waren.

Etwa ein Jahrhundert nach Aristarch und Eratosthenes, um 150 v. Chr., waren es drei Männer, die der alexandrinischen Astronomie und Geographie gewaltigen Aufschwung brachten: Hypsicles, Hipparch und Marinus. Der erste scheint seine Kollegen und Schüler in das babylonische System der Winkelmessung (360° für den kompletten Kreis) und in das der Sexagesimalbrüche eingeführt zu haben. Hipparch erfand ein neues System der Kartierung von Sternpositionen durch Leitlinien, das unserem System der irdischen Längen- und Breitenmessung vergleichbar ist. Auf diese Weise katalogisierte er etwa 850 Sterne. Zu diesem Zweck benötigte er eine Tabelle der trigonometrischen Verhältniswerte; er scheint selber als erster eine solche hergestellt zu haben, wahrscheinlich mit Hilfe der Halbwinkel-Formel. Marinus hat als erster Längen- und Breitenkreise zur Kartierung des zu seiner Zeit bekannten Globus eingeführt.

Wir kennen das Werk von Hipparch und Marinus durch das des Claudius Ptolemäus (um 150 n. Chr.), (nicht zu verwechseln mit der gleichnamigen Dynastie, die Alexandria vom Tode Alexanders an bis zu seiner Eroberung durch die Römer beim Tode Cleopatras beherrschte). Ptolemäus' Werk, in der arabischen Übersetzung *Almagest* genannt, war die Bibel der islamischen Geographen, auf der die Kartographie der Großen Navigationen beruht; Kolumbus ging bei ihr in die Lehre. Indische und islamische Mathematiker der Zwischenperiode verbesserten die prakti-

sche Mathematik gewaltig; dennoch ist Ptolemäus' Werk der
Eckstein aller angewandten Mathematik bis zur Zeit des Kolumbus. Er erweiterte den Sternkatalog des Hipparch um mehr als 200
weitere Sterne. Wir können ihn einen Pionier der sogenannten
Projektionsgeometrie nennen, weil er nämlich drei Anleitungen
gibt, Konturen einer Kugeloberfläche auf einer ebenen Fläche
darzustellen (Fig. 82/83). Vor allem aber verdanken wir ihm eine
umfassende Tabelle trigonometrischer Werte. Tatsächlich war die
Entwicklung der Trigonometrie das größte Geschenk der alexandrinischen Kultur an die Nachwelt.

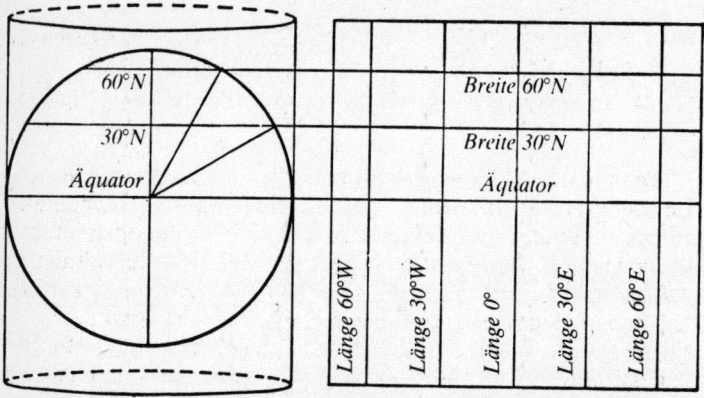

Fig. 83 Zylindrische Projektion der irdischen Landmassen.
Bei der zylindrischen Projektion erscheinen die Längenkreise als gleichmäßig
verteilte parallele Vertikallinien, die Breitenkreise als parallele Horizontallinien, deren Abstand bei Annäherung an die Pole geringer wird. Diese
Projektion bewahrt die Flächenrelationen der Land- und Seemassen, aber
verzerrt ihre Gestalt besonders an den Polen. Keine ebene Projektion kann
sowohl Gestalt wie Flächenrelationen wirklichkeitsgetreu wiedergeben.

Die Anwendungsmöglichkeiten der Trigonometrie für die Feldforschung auf dem Land unterscheiden sich nicht wesentlich von
denen, die zur Messung unserer Distanz von den nächsten Himmelskörpern ausgeschöpft werden. Wir wollen zunächst die Konstruktion einer Sinustabelle moderner Gestaltung ins Auge fassen
und dann ihre Benutzung in den Händen von Tunnelbauern, die
ihre Anregung von Heron bekommen hatten, betrachten.

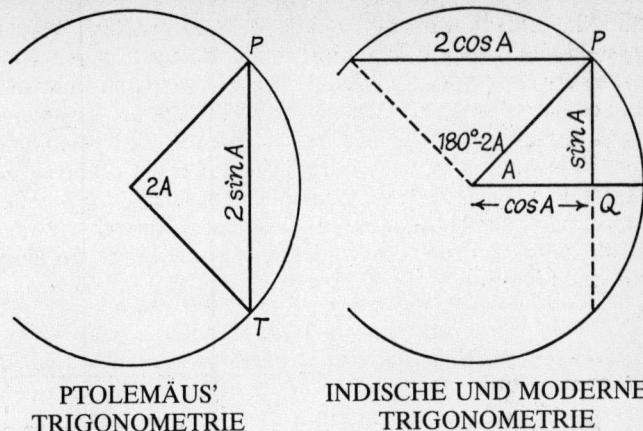

PTOLEMÄUS' TRIGONOMETRIE   INDISCHE UND MODERNE TRIGONOMETRIE

Fig. 84 Alexandrinische und moderne Trigonometrie. Radius des Kreises ist die Einheit (r = 1)

Wenn man von Triogonometrie spricht – zum Unterschied von Zeichenbrett-Geometrie –, so versteht man auf elementarer Ebene darunter eine Meßtechnik, die auf Formeln basiert, mit denen man Tabellen numerischer Werte von Längenverhältnissen, auf jeden beliebigen Winkel anwendbar, anfertigen kann. Wir haben bereits gesehen, daß eine einfache Relation ($\cos^2 A = 1 - \sin^2 A$) genügt, um den Cosinus eines Winkels vom Sinus abzuleiten; das gleiche gilt vom Tangens: tg A = sin A : cos A. Im Prinzip basiert Ptolemäus' Trigonometrie auf dem viel früheren Werk von Hipparch und vielleicht sogar auf dem des Archimedes und hat den gesamten Fortschritt bis zum Tode Newtons bereits eingeschlossen. Zweifellos gab sie der trigonometrischen Forschung der Moslems (800–1000 n. Chr.) gewaltigen Auftrieb; diese hinwiederum übermittelten ihre Kenntnisse den europäischen Geographen des Mittelalters, wobei sie einem Muster folgten, das bis zu ihren indischen Vorgängern während des 4. Jahrhunderts nach dem Verfall der alexandrinischen Kultur zurückverfolgt werden kann.

Zurück zu Euklid als Sprungbrett (Kap. III), von dem aus wir in die Trigonometrie eintauchen können! Ausgangspunkt sind die Eigenschaften des rechtwinkligen Dreiecks. Das ist in gewissem Sinne unvermeidlich; wir können unsere trigonometrischen Verhältniswerte aber auch alternativ vom Einheitskreis herleiten. Dabei wird (Fig. 58) der Sinus zur *Halbsehne*. Es ist nicht unwahrscheinlich, daß Hipparch diese tabellarisierte; Ptolemäus tat es sicher nicht (Fig. 84). Er ordnete die *Sehnen* nach den von ihnen eingeschlossenen Winkeln als Brüche des Durchmessers eines Kreises, dessen Radius 60 Einheiten beträgt; dies weil er das Sexagesimal-System benutzte. Tatsächlich war das äquivalent zu

$$\sin A = \frac{1}{2} \text{ Sehne } 2A$$
und
$$\cos A = \frac{1}{2} \text{ Sehne } (180° - 2A).$$

Vom Standpunkt des kontrollierenden Beobachters ist die Tabellisierung der *Sinus* praktischer. Alexandrinische Trigonometrie verstand sich als Dienerin der wissenschaftlichen Geographie und Astronomie; daher galt ihr Hauptinteresse der Kugel. Dabei könnten wir es belassen, bestünde nicht die Tatsache, daß die Anerkennung des *Sinus* als *Halbsehne* im Einheitskreis den letzten Schritt zur Konstruktion einer Tafel der trigonometrischen Verhältniswerte ermöglicht, die leicht in die bei uns übliche Form übertragen werden kann.

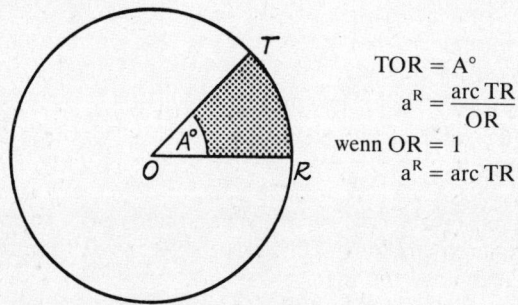

$$\text{TOR} = A°$$
$$a^R = \frac{\text{arc TR}}{\text{OR}}$$
wenn OR = 1
$$a^R = \text{arc TR}$$

Fig. 85   Radian Messung

OR = 1 und $A° \equiv a^R$ (A Grad = a Radian) d. h. a = arc TR. Wenn OR = R nicht gleich der Einheit ist, beträgt die Länge des Bogens: arc TR = R·A^R

In Kap. III haben wir gesehen, wie Hipparch mit Hilfe der Halbwinkelformel (Fig. 64) eine Tabelle der *Halbsehnen* hätte aufstellen können; aber wir haben nicht gesehen, wie man eine Tabelle von *gleichen Raumintervallen* bekommen kann, d. h. in Graden oder entsprechenden Bruchteilen von Graden. Zwei Dinge muß man notwendigerweise wissen:
a) Welchen Wert hat sin A, wenn A = 1°;
b) welchen Wert hat sin (A + B), wenn z. B. A = $1\frac{15}{16}$ und B = $3\frac{3}{4}$.

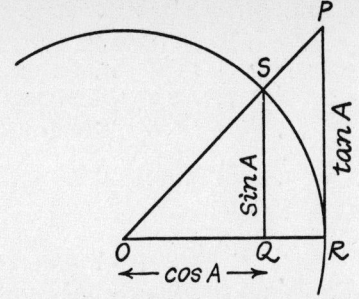

$OR=1;\ OQS=90°-ORP;\ A°=SOQ=a^R$

Fig. 86 Trigonometrische Quotienten im Einheitskreis

$OR = 1 = OS;\ OQS = 90° = OPR$ und $SOQ = A°$;

also $\dfrac{SQ}{OS} = \sin A = SQ;\ \dfrac{OQ}{OS} = \cos A = OQ;\ \dfrac{PR}{OR} = \text{tg } A = PR$

Verbindet man S mit R durch eine gerade Linie (SR),
so ist
$$\begin{aligned}SR^2 &= QR^2 + SQ^2 = (OR - OQ)^2 + \sin^2 A \\ &= (1 - \cos)^2 + \sin^2 A \\ &= 1 - 2\cos A + \cos^2 A + \sin^2 A \\ &= 2 - 2\cos A\end{aligned}$$

Mit Hilfe einer zwingenden Methode, die Grenzen, innerhalb deren π liegt, zu bestimmen, löste Archimedes das erste Problem und eröffnete eine Möglichkeit, später weitere zu lösen. Mit dem Vorteil unserer späteren Einsicht können wir seine Leistung interpretieren und feststellen, daß sie uns in eine neue Einheit der Winkelmessung einführt. In dem Kreis von Fig. 85 beträgt die Länge des Radius (OT = 1 = OR) die Einheit 1. Ist a die Länge des Bogens TR, so können wir sagen: der Winkel T0R = A^0 oder a *Radian* (geschrieben a^R). Wir umfahren den ganzen Kreisumfang $2\pi(OR) = 2\pi$, indem wir OR um 360° rotieren lassen, so daß 360° = 2π Radian ist. Nehmen wir nun π als annhähernd $3\frac{1}{7}$ an, so ist

$$1 \text{ Grad} = \dfrac{\pi}{180} \text{ Radian} \simeq \dfrac{11}{630} \text{ Radian}$$
$$1 \text{ Radian} = \dfrac{90 \cdot 7}{11} \text{ Grad} \simeq 57\dfrac{3}{11}°.$$

Der Winkel SOQ des Einheitskreises in Fig. 86 beträgt, in Radian gemessen, a, wenn a die Länge des Bogens SR ist. Dann wird klar, daß

$$SQ < a^R < PR$$

$$\therefore \frac{SQ}{a^R} < 1 < \frac{PR}{a^R}$$

$$\frac{\sin a^R}{a^R} < 1 < \frac{\operatorname{tg} a^R}{a^R}.$$

Bei der Schätzung von π haben wir festgestellt, daß $\sin a^R$ um so näher an $\operatorname{tg} a^R$ heranrückt, je kleiner a^R wird.

In dem Maße also, in dem a^R abnimmt, nähert sich der Quotient $\frac{\sin a^R}{a^R}$ der Einheit, und wir können schreiben:

$$\operatorname*{L+}_{a \to 0} \frac{\sin a}{a} = 1.$$

Wie schnell sich dieser Quotient der Einheit nähert, d. h. $\sin a \simeq a$ in Radian-Messung, können wir im Rückgriff auf die Halbwinkelformel (Fig. 64) ermitteln. Durch Definition (siehe oben) beträgt 15° in Radian gemessen annähernd

$$\frac{15 \cdot 11}{630} \simeq 0{,}2618$$

Im Rückgriff auf die Halbwinkelformel ist $\sin 15° \simeq 0{,}2588$. Mit der Halbwinkelformel und einer etwas besseren Annäherung von π erhalten wir die Werte der folgenden Tabelle. Aus diesen Resultaten zeigt sich, daß die Zahlen bis zur 5. Dezimalstelle exakt sind, wenn wir schreiben:

$$\sin 1° = 1° \text{ Radian-Messung}$$

$$\therefore \sin 1° = \frac{\pi}{180} = 0{,}01745$$

Grad	Sinus	Radian
$15°$	0,2588190	0,2617994
$11\frac{1}{4}°$	0,1950903	0,1963495
$7\frac{1}{2}°$	0,1305202	0,1308997

$5\frac{5}{8}°$	0,0980171	0,091747
$3\frac{3}{4}°$	0,0654031	0,0654498
$2\frac{13}{16}°$	0,0490676	0,0490873
$1\frac{7}{8}°$	0,0327190	0,0327249
$1\frac{13}{32}°$	0,0245412	0,0245436
$\frac{15}{16}°$	0,0163617	0,013624
$\frac{45}{64}°$	0,0122715	0,0122718

Offensichtlich können wir also die Sinus von $\frac{1}{8}°$ und $\frac{3}{16}°$ als Radian-Messung dieser Winkel annehmen. Aus der Tabelle kennen wir die Sinus von $1\frac{7}{8}°$ und $2\frac{13}{16}°$; daraus finden wir

$$\sin 2° = \sin\left(1\frac{7}{8} + \frac{1}{8}\right)°$$

und

$$\sin 3° = \sin\left(2\frac{13}{16} + \frac{3}{16}\right)°,$$

wenn wir eine Formel für sin(A + B) ableiten können. Zuvor wollen wir prüfen, was als genügend exakter Wert von π angesetzt werden kann, d. h. ein Wert innerhalb ausreichend enger Grenzen für unseren Zweck, eine Sinustafel zu konstruieren, also auf fünf Dezimalstellen genau.

Abgesehen von der Bedeutung, die diese Feststellung für unser Thema hat, d. h. die Aufstellung einer Sinustafel etc., ist das, was mit Sinus- und Radiantafeln zusammenhängt, auch noch aus anderen Gründen instruktiv. In Physikbüchern findet man oft

Formeln (z. B. in der Theorie des Pendels), die auf der Annahme basieren, daß man x statt sin x setzen kann, wenn x sehr klein ist. Das gilt aber nur, wenn x in Radian gemessen wird. Zum Beispiel: 5° ist kleiner als 0,1 Radian. Ist in Fig. 85 OT = R nicht unsere Längeneinheit, so beträgt die Länge des Bogens

$$\text{arc TR} = a^R \cdot R.$$

Bestimmung des Wertes von π.

Im Alten Testament (2. Chron., 4. Kap., Vers 2) lesen wir: »Und er machte ein gegossenes Meer, von einem Rand zum anderen zehn Ellen weit, rund umher, und fünf Ellen hoch; und ein Maß von dreißig Ellen mochte es rundum begreifen.« Der Umfang des Kreises war demnach als das Sechsfache des Radius oder als das Dreifache des Durchmessers angenommen worden. Das heißt, die alten Hebräer gaben sich wie die Babylonier mit dem Wert 3 zufrieden.

Der Ahmes-Papyrus zeigt, daß die Ägypter schon 1500 v. Chr. $\sqrt{10}$ oder 3,16 benutzten. Der Leser kann sich einen ebenso guten Wert wie diesen durch das Experiment verschaffen: er messe bei sich zu Hause Durchmesser und Umfang von Konservenbüchsen, Tellern und Kochtöpfen mit einem Meßband aus. Der gleiche Wert war gang und gäbe bei den chinesischen Kalendermachern und Ingenieuren. Um 480 n. Chr. finden wir bei einem Bewässerungsingenieur namens Tsu Chung Chih, der eine Art Motorboot konstruierte und den Kompaß als »südenanzeigendes« Instrument wiedereinführte, einen für die damalige Zeit staunenswerten Näherungswert, der zwischen 3,1415926 und 3,1415927 liegt, wenn man sich unserer Zahlenschreibung bedient. Wir wissen nicht, wie er zu diesem Wert gelangt ist. Es ist kaum anzunehmen, daß er durch Zeichnungen im großen Maßstab darauf kam. Einen Wink liefert vielleicht die Tatsache, daß die Japaner eine Methode benutzten, die ähnlich jener ist, welche in Europa um 1700 n. Chr. angewandt wurde.

Die japanische Methode beruht auf der Aufspaltung des Kreises in schmale rechteckige Streifen. Sie stützt sich darauf, daß der Inhalt eines Kreises πr^2 ist, wobei r den Radius angibt, so daß der Inhalt des Kreises π Flächeneinheiten beträgt, wenn der Radius gleich der Längeneinheit ist.

Zeichnet man nämlich auf graphischem Papier einen Kreis, dann erkennt man, daß die Fläche des Kreises zwischen den Flächen zweier Folgen übereinanderliegender länglicher Streifen liegt, die wir weiß und schraffiert wiedergeben (siehe Fig. 87). Bei

jeder Kreishälfte beträgt die Anzahl der äußeren oder längeren
Streifen eins mehr als die der inneren oder kürzeren Streifen; man
beachte die beiden Viertelkreise in der Fig. 87, wo die Streifen
getrennt dargestellt sind. Der Viertelkreis der Fig. 88 ist von fünf
rechteckigen Streifen gleicher Breite eingeschlossen und
umschließt selbst vier darübergelagerte rechteckige Streifen der
gleichen Breite. An der Art, wie

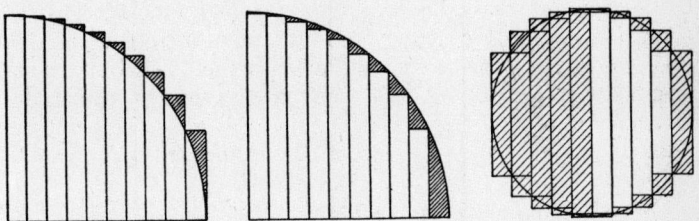

Fig. 87 Die japanische Methode zur Errechnung von π

die Rechtecke gezeichnet wurden, ist sofort zu erkennen, warum
das fünfte innere Rechteck verschwindet. Ist der Radius des
Kreises die Längeneinheit, so ist die Breite jedes Streifens $\frac{1}{5}$. Der
Inhalt aller Rechtecke der äußeren Folge ist

$$\frac{1}{5} y_0 + \frac{1}{5} y_1 + \frac{1}{5} y_2 + \frac{1}{5} y_3 + \frac{1}{5} y_4$$

$$= \frac{1}{5} (y_0 + y_1 + y_2 + y_3 + y_4).$$

Für einen vollen Kreis ergeben die zugehörigen rechteckigen
Streifen das Vierfache dieses Betrages, also

$$A_c = \tfrac{4}{5}(y_0 + y_1 + y_2 + y_4 + y_4).$$

Die Werte von y_1, y_2 usw. ergeben sich nach dem chinesischen Satz
über rechtwinklige Dreiecke, Dem. 4. Aus Dreieck ABC folgt
nämlich:

$$r^2 = y_2^2 + (AB)^2.$$

Da aber der Radius gleich 1 ist und AB zwei Fünftel der Einheit
mißt, darf man schreiben:

$$1 = y_2{}^2 + \left(\frac{2}{5}\right)^2$$

$$\therefore 1 - \left(\frac{2}{5}\right)^2 = y_2{}^2$$

d. h. $\quad y_2 = \sqrt{1 - \left(\frac{2}{5}\right)^2} = \sqrt{\frac{5^2 - 2^2}{5^2}} = \frac{1}{5}\sqrt{5^2 - 2^2}$

Ähnlich ergibt sich aus Dreieck AED:

$$1^2 = y_3{}^2 + \left(\frac{3}{5}\right)^2$$

$$\therefore y_3 = \frac{1}{5}\sqrt{5^2 - 3^2}$$

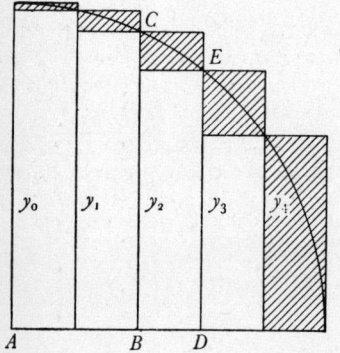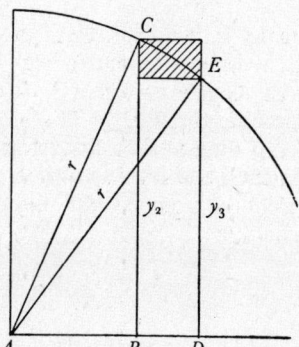

Fig. 88

Auf die gleiche Weise findet man:

$$y_1 = \frac{1}{5}\sqrt{5^2 - 1^2}$$

$$y_4 = \frac{1}{5}\sqrt{5^2 - 4^2}$$

Beachtet man noch, daß $y_0 = 1 = \frac{5}{5}$ ist, so darf man schreiben:

$$A_c = \frac{4}{5}\left(\frac{5}{5} + \frac{1}{5}\sqrt{5^2-1^2} + \frac{1}{5}\sqrt{5^2-2^2} + \frac{1}{5}\sqrt{5^2-3^2}\right.$$
$$\left. + \frac{1}{5}\sqrt{5^2-4^2}\right)$$

$$\therefore A_c = \frac{4}{5^2}\left(5 + \sqrt{5^2-1^2} + \sqrt{5^2-2^2} + \sqrt{5^2-3^2} + \sqrt{5^2-4^2}\right) \quad \text{(I)}$$

Ähnlich erhält man

$$A_i = \frac{4}{5^2}\left(\sqrt{5^2-1^2} + \sqrt{5^2-2^2} + \sqrt{5^2-3^2} + \sqrt{5^2-4^2}\right) \quad \text{(II)}$$

Das ergibt

$$A_c = \frac{4}{25}(5 + \sqrt{24} + \sqrt{21} + 4 + 3) = 3{,}44$$

und

$$A_i = \frac{4}{25}(\sqrt{24} + \sqrt{21} + 4 + 3) = 2{,}64$$

Da der Inhalt des Kreises, dessen Radius gleich der Längeneinheit ist, zwischen A_c und A_i liegt, und andererseits dieser Inhalt gleich π ist, liegt π zwischen 3,44 und 2,64. Daher ergibt sich als erste Annäherung $3{,}04 \pm 0{,}40$.

An Hand einer ähnlichen Figur, in der der Radius in zehn gleiche Teile geteilt wurde, so daß es zehn äußere und neun innere Rechtecke gibt, sollte der Leser imstande sein, folgendes zu erhalten:

$$A_c = \frac{4}{10^2}\left(10 + \sqrt{10^2-1^2} + \sqrt{10^2-2^2} + \sqrt{10^2-3^2}\right.$$
$$+ \sqrt{10^2-4^2} + \sqrt{10^2-5^2} + \sqrt{10^2-6^2}$$
$$\left. + \sqrt{10^2-7^2} + \sqrt{10^2-8^2} + \sqrt{10^2-9^2}\right)$$

und

$$A_i = \frac{4}{10^2}\left(\sqrt{10^2-1^2} + \sqrt{10^2-2^2} + \sqrt{10^2-3^2}\right.$$
$$+ \sqrt{10^2-4^2} + \sqrt{10^2-5^2} + \sqrt{10^2-6^2}$$
$$\left. + \sqrt{10^2-7^2} + \sqrt{10^2-8^2} + \sqrt{10^2-9^2}\right)$$

Wenn man vereinbart, unter π_n den aus der n-fachen Teilung des Radius gewonnenen Näherungswert für π zu verstehen, so würde man unter Benutzung einer Quadratwurzeltafel folgende Tabelle erhalten:

$$\pi_5 = 3{,}04 \pm 0{,}40$$
$$\pi_{10} = 3{,}10 \pm 0{,}20$$
$$\pi_{15} = 3{,}12 \pm 0{,}14$$
$$\pi_{20} = 3{,}13 \pm 0{,}10$$

Wer diese Werte selbst zu erhalten versucht, wird bald herausfinden, daß es nicht notwendig ist, jedesmal eine neue Figur zu entwerfen. Das Gesetz für die Ermittlung von π kann hier durch zwei Reihensummen dargestellt werden, nämlich durch die Summe der äußeren Rechtecke

$$\frac{4}{n^2}\left(n + \sqrt{n^2-1^2} + \sqrt{n^2-2^2} + \sqrt{n^2-3^2} + \sqrt{n^2-4^2} + \ldots\right)$$

und die Summe der inneren Rechtecke, die man aus der obigen Summe dadurch erhält, daß man das erste Glied in der Klammer fortläßt. Der für den Gesamtinhalt der äußeren rechteckigen Streifen zuletzt angeschriebene Ausdruck kann kurz so angeschrieben werden:

$$\frac{4}{n^2} \sum_{r=0}^{r=n} \sqrt{n^2-r^2}.$$

Das Verb (oder der „Operator") Σ mit den Adverbien $r = n$ oben und $r = 0$ unten besagt: „Addiere alle Größen (hier $\sqrt{n^2-r^2}$), die man erhält, wenn man r der Reihe nach jeden ganzzahligen Wert von 0 bis und mit n erteilt." Natürlich ist $\sqrt{n^2-r^2} = n$ für $r = 0$, und $\sqrt{n^2-r^2} = 0$ für $r = n$. Für den Gesamtinhalt der inneren rechteckigen Streifen würde man analog den Ausdruck

$$\frac{4}{n^2} \sum_{r=1}^{r=n} \sqrt{n^2 - r^2}.$$

anzuschreiben haben.

Erinnert man sich an eine frühere Erörterung über den Nutzen von Reihen (Kapitel IV), so wird man sich fragen, ob es denn nicht möglich sei, diese Reihensumme in eine Form zu bringen, bei der man imstande wäre, die Reihe an einer passenden Stelle abzubrechen, wenn n sehr groß ist, genauso wie man das bei den Reihen machen darf, die periodische Dezimalbrüche darstellen. Den Japanern gelang die Lösung dieses Problems am Ende des 17. Jahrhunderts, und zwar gänzlich unabhängig vom Einfluß des Westens. Matsunaga gab eine Schätzung für π, die in unserer Zahlenschreibung auf fünfzig Dezimalstellen genau erscheint. Wir werden dieses Problem erst wieder aufgreifen, wenn wir es in den eigentlichen historischen Zusammenhang setzen können, das heißt, sobald wir die Erörterung von Reihen in einem späteren Kapitel wieder aufgenommen haben werden. Was wir bereits gesehen haben, genügt, um eine Reihe für π zu finden, welche jedem Genauigkeitsgrad, den die Messungen verlangen, Genüge leisten.

Archimedes gab sich mit einem zwischen $3\frac{1}{7}$ und $3\frac{10}{71}$ gelegenen Wert für π zufrieden. Heute ist die Zahl π auf siebenhundert Dezimalstellen exakt bestimmt. Die folgende Tafel zeigt Werte verschiedener Autoren aus verschiedenen Ländern. Vieta berechnete π aus einem Vieleck von 393216 Seiten. Tatsächlich genügen 10 Dezimalstellen, um den Erdumfang bis auf ein Zoll genau zu bestimmen, und mit 30 Dezimalstellen läßt sich das gesamte sichtbare Universum vermessen mit einer Fehlerquote, die zu klein ist für das stärkste moderne Mikroskop. Zur Konstruktion der besten Flugzeugmotoren braucht man nicht mehr als vier Dezimalstellen (3,1416).

Tabelle der Näherungswerte von π

Babylonier, Hebräer und früheste Chinesen	3,0
Ägypter (ca. 1500 v. Chr.)	3,16
Archimedes (240 v. Chr.) (interessierte sich für Räder)	zwischen $\begin{cases} 3{,}140 \\ 3{,}142 \end{cases}$

Chinesische Kalendermacher und Ingenieure:

Liu Hsing (ca. 25 n. Chr.)	3,16
Wang Fu (ca. 250 n. Chr.)	3,15
Tsu Chung Chih (ca. 480 n. Chr.) (interessierte sich für Maschinen)	zwischen $\begin{cases} 3{,}1415926 \\ 3{,}1415927 \end{cases}$

Inder und Araber:

Aryabhata (ca. 450 n. Chr.)	3,1416
Al Kashi (ca. 1430 n. Chr.)	3,1415926535897932

Europäer:

Vieta (ca. 1593)	zwischen $\begin{cases} 3{,}1415926537 \\ 3{,}1415926535 \end{cases}$
Ceulen (ca. 1610 n. Chr.)	auf fünfundzwanzig Dezimalstellen genau
Wallis (ca. 1650 n. Chr.) Gregory (ca. 1668 n. Chr.)	nicht abbrechende Reihen

Japaner:

Takebe (ca. 1690 n. Chr.)	nicht abbrechende Reihen
Matsunaga (ca. 1720 n. Chr.)	in unserer Zahlenschreibung auf fünfzig Dezimalstellen genau.

Aufstellung unserer trigonometrischen Tabellen

Da wir nun wissen, wie sin A gefunden werden kann, wenn A = 1° oder einen beliebigen Bruch darstellt, kann nun der letzte Schritt zu einer Sinustafel (etc.) in gleichen Intervallen getan werden. Wir müssen nur noch eine Formel für sin(A + B) finden für den Fall, daß A = 1° und B irgendein Wert ist, der mittels der Halbwinkelformel gefunden werden kann. Das kann geschehen mit Hilfe des ptolemäischen Theorems oder der Methode, die in den meisten Lehrbüchern noch bis in die vierziger Jahre unseres Jahrhunderts geläufig war.

Wir gehen in 3 Stufen vor. Zunächst ein Blick auf die Sehne SR in Fig. 86!

$$SR^2 = 2 - 2 \cos A \qquad (I)$$

Ein zweiter gilt Fig. 89. Dort ist zu ersehen, daß die Sehne TS auch anders ausgedrückt werden kann:

$$\begin{aligned} TS^2 &= SX^2 + TX^2 \\ &= (\cos A - \cos B)^2 + (\sin B - \sin A)^2 \end{aligned}$$

$$= \cos^2 A - 2\cos A \cos B + \cos^2 B +$$
$$\sin^2 A - 2\sin A \sin B + \sin^2 B$$
$$= (\cos^2 A + \sin^2 A) + (\cos^2 B + \sin^2 B)$$
$$- 2\cos A \cos B - 2\sin A - \sin B$$
$$\therefore TS^2 = 2 - 2\cos A \cos B - 2\sin A \sin B \qquad (II)$$

Nun genügt ein Blick auf Fig. 90, in der die Winkel A, B und C so liegen, daß C = A + B:

Aus Fig. 89 und II:
$$UT^2 = 2 - 2\cos C \cos B - 2\sin C \sin B.$$

Aus Fig. 86 und I:
$$SR^2 = 2 - \cos A = 2 - 2\cos(C - B).$$

Es ist aber UT = SR, also
$$2 - 2\cos C \cos B - 2\sin C \sin B = 2 - 2\cos(C - B)$$
$$\therefore \cos(C - B) = \cos C \cos B + \sin C \sin B \qquad (III)$$

Diese letzte Formel wird allen Anforderungen zur Aufstellung unserer trigonometrischen Tabelle in gleichen Intervallen gerecht. Es ist unser Ziel, eine Formel für sin(A + B) zu finden; diese können wir nun aus dem Obigen ableiten. Dazu setzen wir C = (90° − D), so daß

$$\cos(90° - D - B) = \cos[90° - (D + B)] = \sin(D + B)$$
$$\therefore \sin(D + B) = \cos(90° - D)\cos B + \sin(90° - D)\sin B$$
$$\therefore \sin(D + B) = \sin D \cos B + \cos D \sin B \qquad (IV)$$

Lösungsverfahren bei Dreiecken

Die Trigonometrie des Ptolemäus enthält alles Wesentliche aus dem Meßsystem der Inder, wie es später in der ganzen westlichen Welt angewandt wurde; hier wollen wir einen Blick darauf werfen, welches die wichtigsten Regeln für die Kunst des Landmessers sind.

Erinnern wir uns: Jede geradlinige Figur ist in Dreiecke zerlegbar (Fig. 11). Ein Dreieck läßt sich konstruieren (Fig. 28), wenn eine Seite mit den beiden anliegenden Winkeln bekannt ist. Der Landmesser kartiert ein Stück Land, indem er so wenig wie möglich Entfernungen und so viele wie nötig Winkel mit dem Theodoliten (Fig. 25) mißt (Fig. 91).

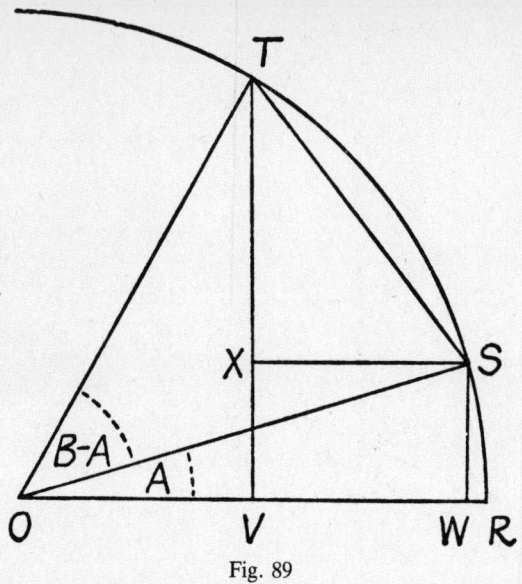

Fig. 89

Wie in Fig. 89:

   OR = 1, also OT = 1 = OS
   SOR = A°; TOR = B°
   $\cos A$ = OW; $\cos B$ = OV
   $TS^2 = SX^2 + TX^2$
   SX = VW = OW − OV = $\cos A - \cos B$
   TX = TV − XV = TV − SW = $\sin B - \sin A$
∴ $TS^2 = (\cos A - \cos B)^2 + (\sin B - \sin A)^2$

In der Figur 90:

$$UT = SR; \text{ und } OR = 1 = OS = OT = OU$$
$$UOR = A + B = C; TOR = B; A = C - B$$

Nach Fig. 89:

$$UT^2 = 2 - 2 \cos C \cos B - 2 \sin C \sin B$$

Nach Fig. 86:

$$SR^2 = 2 - 2 \cos A = 2 - 2 \cos (C - B)$$
$$\therefore \cos(C - B) = \cos C \cos B + \sin C \sin B$$

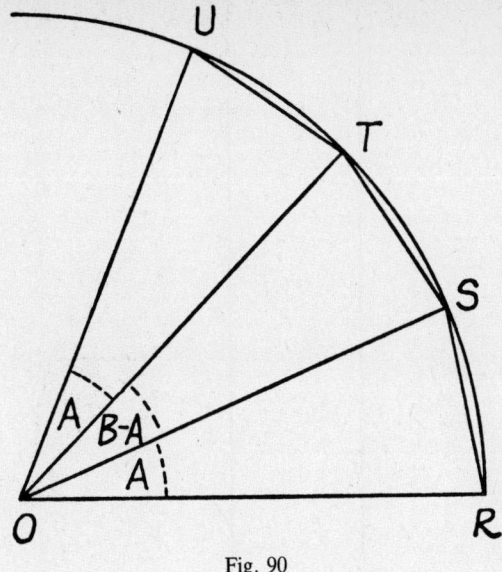

Fig. 90

Betrachten wir zunächst den Fall (obere Hälfte von Fig. 92), daß alle drei Winkel (A, B, C) kleiner als 90° sind. Sind drei Seiten a, b, c bekannt, so sehen wir (Dem. 4), daß

$$p^2 = a^2 - d^2$$
$$= c^2 - (b - d)^2$$
$$\therefore a^2 - d^2 = c^2 - b^2 + 2bd - d^2$$
$$\therefore c^2 = a^2 + b^2 - 2bd$$

$\cos C = d : a$, also $d = a \cos C$

$$\therefore c^2 = a^2 + b^2 - 2ab \cos C$$

$$\therefore \cos C = \frac{a^2 + b^2 - c^2}{2\,ab}.$$

Auf die gleiche Weise erhalten wir

$$\cos B = \frac{a^2 + c^2 - b^2}{2\,ac}$$

$$\cos A = \frac{b^2 + c^2 - a^2}{2\,cb}.$$

Wenn also a, b, c bekannt sind, können wir cos A, cos B und cos C erhalten und von der Cosinustafel die Winkel A, B und C ablesen.

Sind die beiden Seiten a und b mit dem von ihnen eingeschlossenen Winkel C bekannt, so kann die dritte Seite c aus der Cosinustafel gefunden werden, denn

$$c^2 = a^2 + b^2 - 2ab \cos C.$$

Aus dieser Formel erhält man die übrigen Winkel. Fig. 92 zeigt, daß

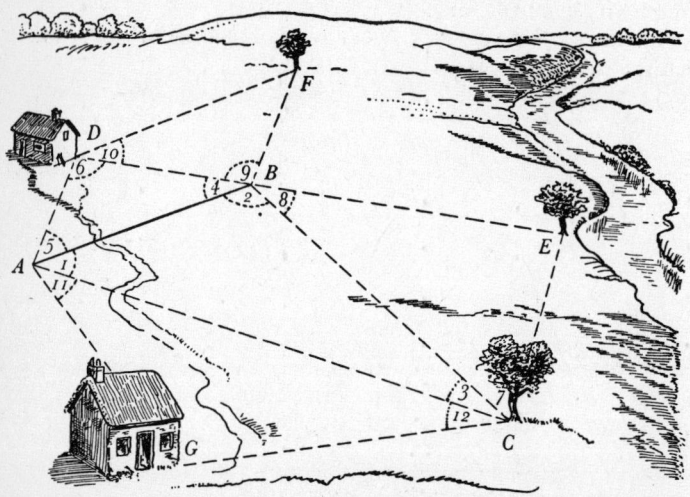

Fig. 91 Aufteilung eines Gebietes in Dreiecke beim Kartographieren. Bei der Vermessung eines Gebietes mißt der Geometer vorerst eine feste Distanz AB mit Kette und Stahlband genau aus. Dies ist die einzige notwendige Längenmessung. Vom Ende A der Standlinie AB aus visiert er mit seinem Theodoliten B und ein im Gelände sichtbares Objekt C, z. B. einen Baum, und erhält so den Winkel (1) zwischen AC und AB. Dann visiert er von B aus A und C und findet den Winkel (2). Die Seite AB und zwei Winkel des Dreiecks ABC sind nun bekannt. Daher kann er mit der Sinusformel und der Sinustafel die Längen von BC und AC ermitteln. Diese können nun ihrerseits benützt werden, um die Seiten der Dreiecke BEC und AGC zu erhalten. Zu diesem Zweck visiert er von B aus die Bäume E und C und erhält den Winkel (8) zwischen BE und BC, dann den Winkel (7) zwischen CB und CE. Er kennt dann zwei Winkel des Dreiecks BEC und die errechnete Länge von BC. In ähnlicher Weise visiert er G von A und von C aus. So fortschreitend visiert er in anderen Richtungen die Farm D und den Baum F von AB aus und kann auf diese Weise alle Landzeichen in die Karte eintragen.

$$\sin A = p : c$$
$$\therefore p = c (\sin A)$$
$$\sin C = p : a$$
$$\therefore p = a (\sin C)$$
$$\therefore \frac{\sin A}{a} = \frac{\sin C}{c}$$
$$\therefore \sin A = \frac{a \sin C}{a}$$

Wenn wir A haben, finden wir B, denn B = 180° − (A + C).

Sind aber 2 Winkel (A, C) bekannt und dazu eine Seite a, läßt sich Seite c finden, denn

$$c = \frac{a \sin C}{\sin A}.$$

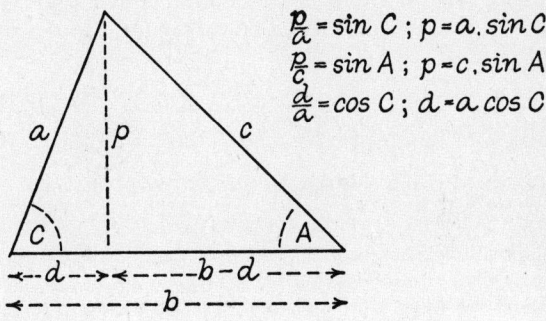

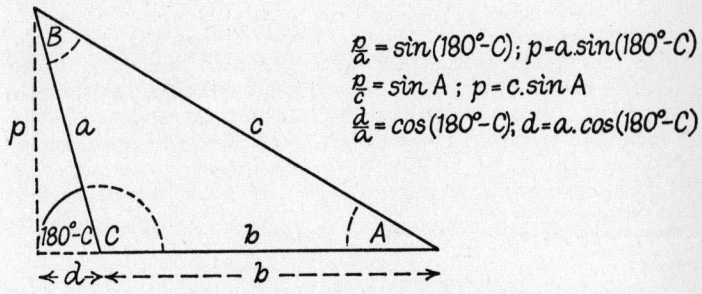

Fig. 92 Berechnung von Dreiecken

Aus $B = 180° - (A + C)$ erhalten wir b, denn
$$b^2 = a^2 + c^2 - 2ac(\cos B).$$
Es muß auch die Möglichkeit berücksichtigt werden, daß *ein* Winkel in der unteren Hälfte von Fig. 92 größer als 90° ist. Dann ist
$$c^2 = p^2 + (d + b)^2 = p^2 + d^2 + 2db + b^2 = a^2 + b^2 + 2bd$$
$$\therefore c^2 = a^2 + b^2 + 2ab \cdot \cos(180° - C).$$
Wir sehen auch, daß
$$a(\sin 180° - C) = p = C \sin A$$
$$\therefore \frac{\sin(180° - C)}{c} = \frac{\sin A}{a}.$$
Unsere beiden Formelgruppen konfrontieren uns mit einer Frage der Art, die den professionellen Mathematiker ständig vorwärts treibt in der Suche nach *größerer Allgemeingültigkeit;* d. h. er muß Regeln für einen breiteren Anwendungsbereich finden, die mit bereits bekannten Regeln übereinstimmen und in diesen enthalten sind.

Unsere Lösungsformel für Dreiecke, ob sie nun einen Winkel größer als 90° haben oder nicht, wäre folgerichtig, wenn wir schreiben würden:
$$\cos(180° - A) = -\cos A \; und$$
$$\sin(180° - A) = \sin A.$$
Aber jede Behauptung wie diese ist im Grunde sinnlos, denn in der Zwangsjacke Euklidscher Geometrie haben wir *sin A, cos A, tg A* für A≤90° definiert. Die neue Geometrie der Ära Newtons bietet einen Ausweg aus dieser Einschränkung. Mit ihrer Hilfe kann man sin 450° genauso sinnvoll definieren wie sin 45°, und zwar in Übereinstimmung mit allem, was bis jetzt dargelegt wurde.

Für die Aufgabe des Landmessers, der ein Gebiet in Dreiecken von meßbaren Seiten kartiert hatte, gab es eine Formel von Bedeutung, Entdeckung eines Alexandriners, deren Datum nicht genau feststeht, wahrscheinlich um 50 AD. Sie ergibt den Flächeninhalt jedes Dreiecks, bei dem alle drei Seiten bekannt sind. Heron, der sie formulierte, war ein hervorragender Erfinder. Seine Entdeckung der Formel zur Berechnung des Flächeninhalts eines Dreiecks aus der Seitenlänge besteht darin, daß er eine Fläche als Quadratwurzel eines vierdimensionalen Produkts ausdrückt.

Unter der Voraussetzung, daß die Seiten eines Dreiecks a, b und c lang sind und die Winkel A (eingeschlossen von b und c), B (eingeschlossen von a und c), C (eingeschlossen von a und b) heißen:

$$2bc \cdot \cos A = b^2 + c^2 - a^2 \qquad \text{(Fig. 92)}$$

$$2\left(\sin \frac{A}{2}\right)^2 = 1 - \cos A \qquad \text{(Fig. 64)}$$

$$2\left(\cos \frac{A}{2}\right)^2 = 1 + \cos A \qquad \text{(Fig. 64)}$$

$$\sin A = 2 \sin \frac{A}{2} \cdot \cos \frac{A}{2} \qquad \text{(Fig. 64)}$$

Wir nennen nun die *halbe* Summe der Seiten, so daß 2s = a + b + c:

$$2bc + b^2 + c^2 - a^2 = (b + c + a)(b + c - a) = 4s(s - a)$$
$$2bc - b^2 - c^2 + a^2 = (a + b - c)(a - b + c) = 4(s - b)(s - c)$$

Daraus läßt sich ableiten:

$$2\left(\sin \frac{A}{2}\right)^2 = \frac{2(s-b)(s-c)}{bc}$$

$$2\left(\cos \frac{B}{2}\right)^2 = \frac{2s(s-a)}{bc}$$

$$2\cos \frac{A}{2} \cdot \sin \frac{A}{2} = 2 \frac{\sqrt{s(s-a)(s-b)(s-c)}}{bc} = \sin A.$$

Wir können die Fläche S eines Dreiecks in der Form $S = \frac{1}{2} bc \cdot \sin A$ ausdrücken, so daß

$$S = \sqrt{s(s-a)(s-b)(s-c)}.$$

Himmelsmessung

Der direkteste Weg, die Entfernung der Erde vom Mond zu messen, besteht darin, gleichzeitig an zwei Stellen mit gleicher geographischer Länge den Winkel zu messen, den der Mond im Durchgang mit der Lotlinie, d. h. seiner Zenit-Distanz bildet. Lotlinie, Erdmittelpunkt, Mond und ihr Längenmeridian liegen dann jeweils in demselben ebenen Raumabschnitt (Fig. 59). Der Einfachheit halber nehmen wir an (Fig. 93), daß der Mond beim Durchgang über der einen Stelle S steht und daß sein Durchgang an einer anderen Stelle O den Winkel A° bildet. C ist hier der Erdmittelpunkt und L der bekannte Breitenunterschied zwischen beiden Stellen. OC = r = CS ist der ebenfalls bekannte Erdradius. Wir kennen durch direkte Beobachtung A (= 180° − COM) und L + COM + OMC = 180°, so daß OMC = A − L und mittels der Sinusformel

$$\frac{\sin(A-L)}{r} = \frac{\sin L}{OM}, \text{ also } OM = \frac{r \cdot \sin L}{\sin(A-L)}.$$

Wir können also OM schätzen.
Was wir finden müssen ist:

$$CM = d (\text{oder } SM = d - r).$$

Wir erhalten es durch die Cosinus-Formel: $d^2 = r^2 + OM^2 + 2r(OM) \cdot \cos A$. Hipparch schätzte $d \simeq 60r$; wenn wir r = 6370 km annehmen, erhalten wir damit $d \simeq 380\,000$ km, und das ist eine uns heute, im Zeichen der Raumfahrt vertraute Zahl. Um die Größe des Mondes zu ermitteln (Radius R), kann man ein Astrolabium (Fig. 25) benutzen und mit seiner Hilfe den Winkel A messen. Aus Fig. 94 ergibt sich

$$\sin\left(\frac{1}{2} A\right) = \frac{R}{d}$$

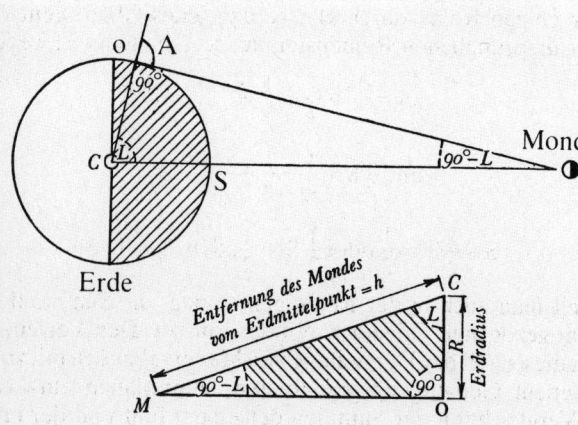

Fig. 93 Die sogenannte geozentrische Parallaxe

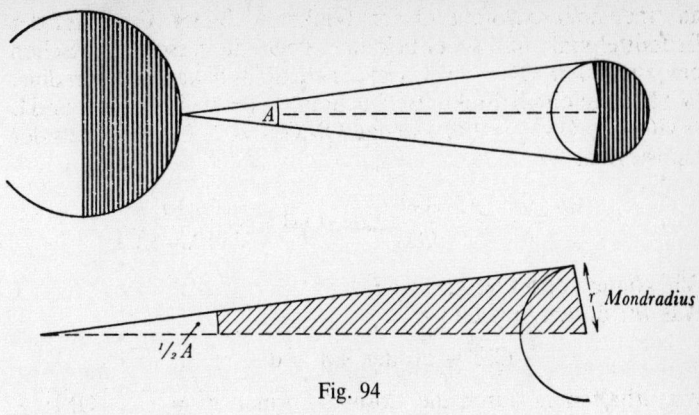

Fig. 94

Archimedes war der erste Mathematiker, der die Entdeckung machte, daß eine Reihe abnehmender Brüche konvergieren kann. Er bestimmte die Summe unendlicher geometrischer Reihen, wie der folgenden:

$$\frac{1}{2} \quad \frac{1}{4} \quad \frac{1}{8} \quad \frac{1}{16} \quad \frac{1}{32} \quad \frac{1}{64} \quad \frac{1}{128} \ldots$$

Die von ihm angewandte Methode ist die gleiche, die wir benutzten, um zu zeigen, daß der periodische Dezimalbruch $0,\dot{1} = \frac{1}{9}$ ist. Jedes Glied der obigen Reihe ist halb so groß wie das unmittelbar vorangehende; subtrahieren wir daher die Summe der Reihe, die aus der obigen Reihe durch Halbierung jedes Gliedes entsteht, von der ursprünglichen Reihensumme, so erhalten wir, wegen

$$S = \frac{1}{2} + \frac{1}{4} + \frac{1}{8} + \ldots$$

$$\text{und } \frac{1}{2} S = \frac{1}{4} + \frac{1}{8} + \ldots$$

$$S - \frac{1}{2} S = \frac{1}{2} \text{ oder } \frac{1}{2} S = \frac{1}{2}, \text{ d. h. } S = 1.$$

Wie weit man auch in der Reihe gehen mag, die Summe der in Betracht gezogenen Glieder strebt der Eins zu. Den Vorteil, den Reihen dieser Art der Darstellung von Meßergebnissen mit vorgeschriebenem Genauigkeitsgrad bieten, nimmt man am besten durch Vergleichung der Summen der ersten fünf und der ersten zehn Glieder miteinander wahr:

```
0,5                0,5
0,25               0,25
0,125              0,125
0,0625             0,0625
0,03125            0,03125
———————            0,015625
0,96875            0,0078125
                   0,00390625
                   0,001953125
                   0,0009765625
                   ——————————
                   0,9990234375
```

Nimmt man die ersten fünf Glieder, so erhält man 0,97 auf zwei Dezimalstellen genau. Das ist rund 3% kleiner als 1. Nimmt man

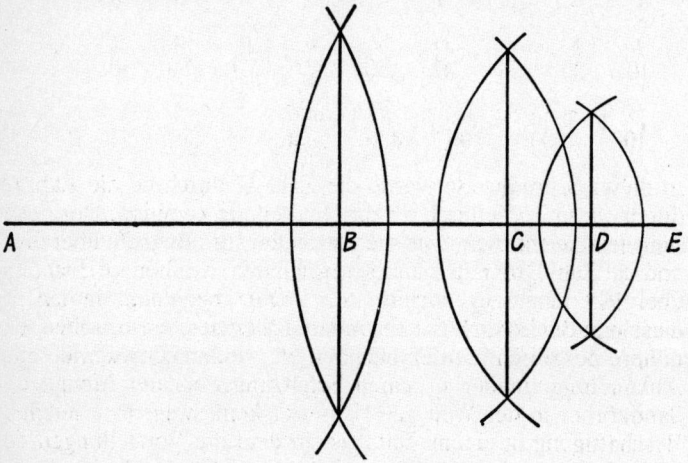

Fig. 95 Geometrische Darstellung einer unendlichen Reihe, deren Summe einen endlichen Wert hat

$AE = 1$ Einheit $AB = \frac{1}{2} = BE;\ BC = \frac{1}{4} = CE;\ CD = \frac{1}{8} = DE$

$$AE = AB + BC + CD + DE$$
$$1 = \frac{1}{2} + \frac{1}{4} + \frac{1}{8} + \frac{1}{16}$$

Gleicherweise:

$$DE = \frac{1}{16} + \frac{1}{32} + \frac{1}{64} + \frac{1}{128},\ \text{usw.}$$
$$1 = \frac{1}{2} + \frac{1}{4} + \frac{1}{8} + \frac{1}{16} + \frac{1}{32} + \frac{1}{64},\ \text{usw. ad } \textit{infinitum}$$

zehn Glieder, so ergibt sich 0,9990, was nur 1 Promille ausmacht. Der Leser wird bald einsehen, daß es den Alexandrinern viel schwerer fiel, mit ihren Zahlen die Schnelligkeit zu erkennen, mit der die Reihe konvergiert, als es uns fällt, die wir mit Dezimalbrüchen umzugehen verstehen. Das attisch-griechische Zahlensystem benutzte die ersten neun Buchstaben des griechischen Alphabets für 1 bis 9, die nächsten neun Buchstaben für 10 bis 90, die nächsten neun für 100 bis 900. Um auf 27 Buchstaben zu kommen, ergänzten sie das gewöhnliche Alphabet durch Hinzunehmen dreier nicht mehr im Gebrauch stehender Buchstaben: digamma, san, koppa. Unter Benutzung des uns vertrauten Alphabets sieht das so aus:

a	b	c	d	e	f	g	h	i
1	2	3	4	5	6	7	8	9

j	k	l	m	n	o	p	q	r
10	20	30	40	50	60	70	80	90

s	t	u	v	usw.
100	200	300	400	usw.

In dieser Schreibweise würde die Zahl 17 durch *jg,* die Zahl 68 durch *oh,* und 259 durch *tni* zur Darstellung kommen. Der Leser sieht jetzt leichter ein, wie die Platoniker ihre Begriffe über Gott und die Zahl Drei miteinander vermengten. Mußten sie doch, um über 999 hinauszugelangen, von neuem beginnen, indem sie dieselben Buchstaben mit besonderen Merkzeichen versahen, um höhere dekadische Stufen anzudeuten. Archimedes schrieb eine Abhandlung, in der er einen Schätzungswert der Menge der Sandkörner in der Welt gab. Das war keineswegs eine nutzlose Beschäftigung in einem Zeitalter, in dem die Vorstellungen der Menschen von der möglichen Größe von Gegenständen in die Anzahl Buchstaben eingezwängt waren, die ihnen zur Verfügung standen. In der *Sandrechnung* wies Archimedes auf zwei ausgeprägte Besonderheiten hin, welche der modernen Zahlenschreibung erhalten geblieben sind. Er schlug vor, alle hohen Zahlen durch das Vielfache einfacher Potenzen von Zehn darzustellen. Er hat auch auf das Gesetz hingewiesen, das der modernen Rechenerfindung, *Logarithmen* genannt, zugrunde liegt. Man erkennt das Gesetz, wenn man eine geometrische Reihe passend unterhalb ihrer Elternreihe anordnet, z. B.

1	2	3	4	5	6	7	8	9	10
2	4	8	16	32	64	128	256	512	1024

Will man nämlich zwei beliebige Zahlen der unteren Reihe miteinander multiplizieren, so braucht man nur die darüberstehenden Zahlen der Elternreihe zu addieren und als Ergebnis die Zahl der unteren Reihe zu betrachten, die der Summe jener Zahlen in der Elternreihe entspricht. Also: um 16 mit 32 zu multiplizieren, addieren wir die ihnen entsprechenden Zahlen der Elternreihe (Logarithmen, wie wir sie heute nennen), 4 + 5 = 9. Die Zahl (Antilogarithmus oder Numerus, wie man sie heute nennt) in der unteren Reihe, welche der 9 in der oberen Reihe entspricht, ist 512, was auch die gewünschte Antwort ist. Man prüfe diese Regel durch Aufstellung anderer Reihen, z. B. 3, 9, 27, 81, 243, 729 usw. In der Kurzschrift der modernen Algebra kann diese Regel in die mathematische Formel gekleidet werden:

$$a^m \cdot a^n = a^{m+n}.$$

Archimedes hatte keinen Erfolg mit der Neugestaltung der damals üblichen Zahlenschreibung, auch nicht im Aufstellen von Logarithmentafeln, mit deren Hilfe die Multiplikation schnell hätte ausgeführt werden können. Ein solcher Wechsel hätte für die damalige Zeit einen Umsturz der Gesellschaftsordnung bedeutet. Man war noch an die alte Schreibweise für *niedere* Zahlen gewöhnt. Sein glänzender Mißerfolg zeigt uns, daß wir uns nicht gestatten dürfen, die Masse der Menschheit ohne Bildung zu lassen. Ein Fortschritt wie der von Archimedes geplante muß aus dem Gefühl eines gemeinsamen Bedürfnisses heraus entstehen. Es genügt nicht, daß wenige einzelstehende geniale Männer erkennen, was notwendig wäre. Der Mathematiker braucht die Mitarbeit des einfachen Mannes, genauso wie der einfache Mann auf den Mathematiker angewiesen ist, wenn er sich eines pünktlich funktionierenden, auf Wagenrädern laufenden Transportsystems erfreuen will. Das attische Alphabet lastete wie ein Mühlstein auf dem Nacken der Alexandriner. Die erste Stufe der alexandrinischen Kultur war durch aufsehenerregende Errungenschaften der Meßkunst in ihren Anwendungen auf die Astronomie und die Mechanik gekennzeichnet. Berechnungen wurden eingeführt, die jedermann schrecklich verwickelt und umfangreich erscheinen mußten; war man doch an eine Zahlenreihe gewöhnt, die für jede neue dekadische Stufe einen neuen Satz von Symbolen verwendet. Die zweite Stufe der alexandrinischen Kultur beschäftigt sich bereits ernsthaft mit dem Problem, einfache und schnelle Rechenverfahren zu erfinden.

Theon von Alexandria bediente sich bei der Multiplikation von

Zahlen einer Multiplikationstafel, ohne vom Abakus Gebrauch zu machen; höchstens aber brauchte er ihn für den letzten Schritt. Da bei der alphabetischen Zahlschrift drei dekadische Stufen unterschieden wurden, umfaßte die vollständige Tafel drei Folgen von neun Zeilen und Kolonnen, anstatt wie unsere Einmaleins-Tafel nur eine Folge von zehn Zeilen und Kolonnen. Ein Teil davon ist in Fig. 96 dargestellt; dieser genügt auch zur Erklärung des folgenden Beispiels: Sei 13 mit 18 zu multiplizieren; die einzelnen Schritte wären:

$$13 \cdot 18 = (10 + 3) \cdot (10 + 8)$$
$$= 10 \cdot 10 + 8 \cdot 10 + 3 \cdot 10 + 3 \cdot 8$$
$$= 100 + 80 + 30 + 24$$
$$= 234$$
$$jc \cdot jh** = (j + c) \cdot (j + h)$$
$$= j \cdot j + j \cdot h + c \cdot j + c \cdot h$$
$$= s + q + l + kd$$
$$= tld$$

Anders:
$$13 \cdot 18 = (10 + 3)(20 - 2)$$
$$= 10 \cdot 20 - 2 \cdot 10 + 3 \cdot 20 - 3 \cdot 2$$
$$= 200 - 20 + 60 - 6$$
$$= 234$$
$$jc \cdot jh = (j + c) \cdot (k - b)$$
$$= j \cdot k - j \cdot b + c \cdot k - c \cdot b$$
$$= t - k + o - f$$
$$= tld$$

Der Leser kann den Alexandrinern dadurch Sympathie bezeugen, daß er sich ähnliche Rechnungen stellt und diese mit Hilfe einer Multiplikationstafel (Fig. 96) ausführt. Will man große Zahlen miteinander multiplizieren, so braucht man natürlich eine umfangreichere Tafel.

Theon befaßte sich zudem mit einem praktischen Problem, welches sich auch uns stellte, als wir eine Tafel der Winkelverhältniswerte anzufertigen versuchten. Die dort behandelte Methode, die Quadratwurzel aus einer Zahl (z. B. $\sqrt{3}$ und $\sqrt{2}$) zu ziehen, ist äußerst umständlich. Theon entwickelte folgende Methode. Rechts in Fig. 97 befindet sich die gleiche Figur wie in Fig. 33; sie veranschaulicht

$$(x + a)^2 = x^2 + 2ax + a^2.$$

200 AUFSTIEG UND VERFALL DER ALEXANDRINISCHEN KULTUR

Ausschnitt aus der alexandrinischen Multiplikationstafel
(Das römische Alphabet ersetzt hier das griechische)

	1	2	3	4	5	6	7	8	9	10	20	30	40	50	60	70	80	90
	a	b	c	d	e	f	g	h	i	j	k	l	m	n	o	p	q	r
2 = b	b	d	f	h	j	jb	jd	jf	jh	k	m	o	q	s	sk	sm	so	sq
3 = c	c	f	i	jb	je	jh	ka	kd	kg	l	o	r	sk	sn	sq	tj	tm	tp
4 = d	d	h	jb	jf	k	kd	kh	lb	lf	m	q	sk	so	t	tm	tq	uk	uo
5 = e	e	j	je	k	ke	l	le	m	me	n	s	sn	t	tn	u	un	v	vn
6 = f	f	jb	jh	kd	l	lf	mb	mh	nd	o	sk	sq	tm	u	uo	vk	vq	wm
7 = g	g	jd	ka	kh	le	mb	mi	nf	oc	p	sm	tj	tq	un	vk	vr	wo	xl
8 = h	h	jf	kd	lb	m	mh	nf	od	pb	q	so	tm	uk	v	vq	wo	xm	yk
9 = i	i	jh	kg	lf	me	nd	oc	pb	qa	r	sq	tp	uo	vn	wm	xl	yk	zj
10 = j	j	k	l	m	n	o	p	q	r	s	t	u	v	w	x	y	z	–

Fig. 96

Die Figur links in Fig. 97 stellt im wesentlichen das gleiche dar, nur daß dx statt a geschrieben wurde, wobei das dx nicht etwa das Produkt aus d und x, sondern eine sehr kleine Größe im Vergleich zu x(»Zwerg x«) bedeutet. Wie vorhin erhält man

$$(x + dx)^2 = x^2 + 2x \cdot dx + (dx)^2$$

oder

$$(x + dx)^2 - x^2 = 2x \cdot dx + (dx)^2.$$

Die Figuren zeigen nun, daß $(dx)^2$ sehr klein ist, im Verhältnis zu den beiden Rechtecken $x \cdot dx$. Daher werden wir nicht sehr fehlgehen, wenn wir setzen:

$$(x + dx)^2 - x^2 = 2x \cdot dx$$

oder

$$dx = \frac{(x + dx)^2 - x^2}{2x}.$$

Man kann sich am folgenden Beispiel überzeugen, daß das Vernachlässigte sehr wenig ausmacht. Die Größe 1,01 kann nämlich als (1 + 0,01) geschrieben werden; darin steht 0,01 für dx und 1 für x, da 0,01 sehr klein ist im Vergleich zu 1. Wir erhalten nun angenähert

$$dx = \frac{1,01^2 - 1^2}{2} = \frac{1,0201 - 1}{2} = 0,01005$$

Der erhaltene Wert (0,01005) unterscheidet sich vom Originalwert (dx = 0,01) nur um 0,00005.

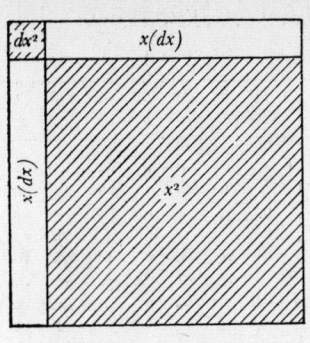 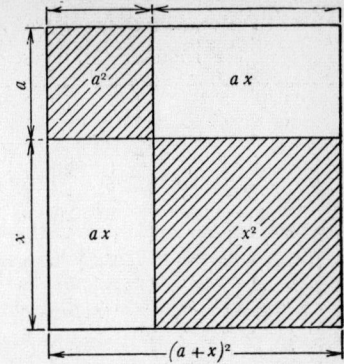

Fig. 97
Theons Differential-Methode zur Quadratwurzelbestimmung

Um nach dieser Formel die Quadratwurzel zu ziehen, machen wir vorerst eine passende Abschätzung. Zum Beispiel stellt man leicht fest, daß $\sqrt{2}$ zwischen 1 und 2 liegt, da $1^2 (= 1)$ kleiner und 2^2 $(= 4)$ größer ist als 2. Da $14^2 = 196$, ist 1,4 eine gute Schätzung. Da dies aber ein wenig zu klein ist, setzen wir $\sqrt{2} = 1{,}4 + dx$, also $(1{,}4 + dx)^2 = 2$.

Nach der angegebenen Formel ergibt sich

$$dx = \frac{(1{,}4 + dx)^2 - 1{,}4^2}{2 \cdot 1{,}4}$$

$$= \frac{2 - 1{,}4^2}{2 \cdot 1{,}4} = \frac{2 - 1{,}96}{2{,}8}$$

$$= 0{,}014 \text{ (angenähert)}$$

Demnach haben wir angenähert

$$(1{,}4 + 0{,}014)^2 = 2$$

oder

$$1{,}414 = \sqrt{2}$$

Dieser Wert erweist sich als zu klein. Wir wählen ihn daher als zweite Näherung und schreiten zu einer dritten, indem wir d^2x für denen neuen »Zwerg x« setzen, d. h. $(1{,}414 + d^2x)^2 = 2$.

$$\therefore d^2x = \frac{2 - 1{,}414^2}{2 \cdot 1{,}414}$$

Das gibt $d^2x = 0{,}0002$; so daß als dritter Näherungswert 1,4141 angegeben werden kann. Vergleicht man diese aufeinanderfolgenden Näherungen, so finden wir:

$$1{,}4^2 = 1{,}96 \qquad \text{Fehler } 2\%$$
$$1{,}414^2 = 1{,}999396 \qquad \text{Fehler } 0{,}03\%$$
$$1{,}4142^2 = 1{,}99996164 \qquad \text{Fehler } 0{,}002\%$$

Dieses Verfahren können wir fortsetzen, soweit wir es benötigen.

Theon war der letzte der bedeutenden alexandrinischen Mathematiker.

Seine Methode der Bestimmung einer Quadratwurzel macht uns mit einer Auffassung bekannt, die eine wichtige Rolle in der modernen *Differentialrechnung* spielt. Die Methode, die Archimedes verwendete, um den Wert für π zu erhalten, legt das Prinzip klar, welches die Wurzel der *Integralrechnung* bildet. Hipparchs

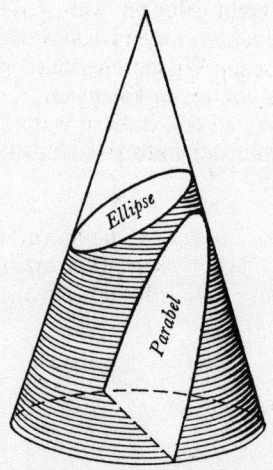

Fig. 98   Kegelschnitte

Apollonius, der um 230 v. Chr. lebte, machte sich von Platos Regel los und untersuchte Kurven, die nicht mit Zirkel und Lineal zu zeichnen sind. Insbesondere befaßte er sich mit drei Kurven, welche die Begrenzung eines Kegelschnittes darstellen können. Zwei davon sind in der Figur abgebildet. Die Ellipse ist das Gebilde, das Planetenbahnen darstellt. Die Parabel stellt die Bahn einer Kanonenkugel dar. Von einem dritten Kegelschnitt wird dann die Rede sein, wenn wir die Ausdehnung eines Gases in einem Verbrennungsmotor behandeln werden.

Erfindung der geographischen Breite und Länge, sowie die Kurven des Appolonius (Fig. 98), eines anderen hervorragenden Alexandriners, bilden die Grundlage der neuen Geometrie des Newtonschen Zeitalters. Diophant legt die Grundlage der Algebra. Nahezu jeder wichtige Fortschritt im 16. und 17. Jahrhundert unserer Zeitrechnung hat seinen Keim in den Errungenschaften der Alexandriner. Daß sie so weit kamen, aber doch keinen Schritt weiter machen konnten, ist nicht hinreichend dadurch geklärt, daß die alexandrinische Kultur am Niedergang des römischen Reiches teilhatte. Sie erreichte vielmehr die Wachstumsgrenzen, die ihr von der Entwicklungshöhe der Kultur und Zivilisation ihrer Zeit gesteckt waren. Der nächste große Fortschritt kam, weil ein einfacheres Volk mit einer Zahlenschrift ausgestattet war, die den Anforderungen der alexandrinischen Mathematik Genüge leistete. Der entscheidend neue Zug in der indischen Kultur bestand darin, daß Menschen, ohne fortgeschrittene Mathematiker zu sein, ein Symbol erfunden hatten, das zu erfinden den glänzendsten Mathematikern nicht gelungen war, nämlich ein Zeichen (0) für *nichts*. Es gibt keinen ergreifenderen Nachruf auf den Niedergang der alexandrinischen Wissenschaft und Mathematik als zwei Zeilen des Gedichtes von Omar Khayyam, der selber ein führender Mathematiker unter den Arabern war, die das menschliche Wissen um die Früchte der indischen und der alexandrinischen Beiträge bereicherten:

> ... die Sterne verblassen, die Karawane bricht auf in die Morgenröte des Nichts, o eilet ...

Kapitel VI

Morgenröte des »Nichts«

Ein Symbol für Null anzunehmen, hat viele Vorzüge. Ohne es kann man der Anzahl notwendiger Rechenzeichen keine obere Grenze setzen. In der Sprache der antiken Rechenpraxis läßt sich das so ausdrücken: Die Zusammenstellung immer größerer Zahlen erfordert mindestens ein neues Symbol für jede neue Reihe des Rechenbrettes. Das ist sogleich einzusehen, wenn man sich die römische Zahl 32, d. h. XXXII, vorstellt; würde sie einfach III II geschrieben, gäbe es keine Möglichkeit zwischen 32, 302, 320, 3020, 3200 usw. zu unterscheiden. Den einfachsten Ausweg fanden die Mayas, indem sie einen Punkt oder einen Kreis für die *leere* Reihe des Abakus einsetzten (wie es die Perser heute noch tun). Dann läßt sich die Reihe 32, 302, 320, 3020 folgendermaßen schreiben:

$$III\ II,\ III_oII,\ III\ II_o,\ III_oII_o\ \text{usw.}$$

Ist ein solches Symbol vorhanden, kann man das Prinzip der Repetition der ältesten Zahlenschriften ruhig fallen lassen. Wenn die Basis b ist, braucht man nur (b - 1) weitere Zeichen; z. B. für b = 10 sind alles in allem 9 weitere Zahlen notwendig. So läßt sich jede Zahl beliebiger Größenordnung ausdrücken. Mit dem Symbol für Null wird ein weiterer Vorteil offenbar: Seine Erfindung befreite den menschlichen Intellekt von den Gefängnisgittern des Rechenbrettes. Diese neue Zahlenschrift stellt ein vollständiges Modell des mechanischen Prozesses dar, der damit vollzogen wird. Mit einem Symbol für die leere Kolonne wird die »Übertragung« auf Papier oder anderes Material genauso leicht wie beim Abakus. Mit anderen Worten: Hiermit war es zum erstenmal in der Geschichte möglich, die einfachen Rechenregeln zu formulieren, die wir in der Schule als Arithmetik lernen. Im Mittelalter nannte man diese Regeln *Algorithmus*, hergeleitet von dem Namen eines islamischen Mathematikers des 13. Jahrhunderts, Al Khwarismi oder Alkarismi.

Dr. Needham, ein bedeutender zeitgenössischer Gelehrter, ist der Meinung, daß die Einführung des Nullsymbols »0« in China stattgefunden hat. Tatsächlich stammt die früheste bekannte Inschrift, auf der es erscheint, aus dem indochinesischen Grenzland. Es stimmt zwar, daß die westliche Welt bis heute noch nicht genug anerkannt hat, was sie der Kultur des antiken China verdankt; jedoch gibt es gute Gründe dafür, daß diese Erfindung aus Indien stammt, von wo aus sie sich nach Osten und Westen verbreitete. Im Osten war das Symbol für Null, erst ein Punkt, dann ein Kreis, mit Sicherheit vor 700 n. Chr. im Gebrauch, wahrscheinlich schon vor 400, und zwar offensichtlich aus praktischen Gründen. Das indische Wort für »0« ist *sunya* und bedeutet *leer*.

Unser Wissen um die indische Mathematik beginnt mit dem *Lilavati* von Aryabhata um 470 n. Chr. Dieser Autor erörtert die arithmetischen Regeln, verwendet eine in Intervallen von $3\frac{3}{4}°$ fortschreitende Sinustafel und ermittelt π zu 3,1416. Kurz, die indische Mathematik beginnt dort, wo die alexandrinische Mathematik aufgehört hat. Ein wenig später, im sechsten Jahrhundert, bearbeitet Brahmagupta die gleichen Themen wie Aryabhata: Rechnen, Reihen, Gleichungen. Diese frühen indischen Mathematiker hatten bereits die Gesetze über die »*Ziffer*« oder *Sunya* aufgestellt, auf die sich unsere Arithmetik stützt, nämlich:

$$a \cdot 0 = 0$$
$$a + 0 = a$$
$$a - 0 = a$$

Brüche verwendeten sie frei, ohne Zuhilfenahme gedachter Einheiten wie Minuten und Sekunden. Sie schrieben sie wie wir, nur daß sie keinen Bruchstrich benützten. Sieben Achtel wurde also als $\frac{7}{8}$ geschrieben. Um 800 n. Chr. wurde Badgad unter dem Kalifat der Omajaden ein Zentrum der Gelehrsamkeit. Einige Zeit vorher hatten verbannte Gelehrte der Alexandriner Schulen, die nach dem Aufstieg des Christentums geschlossen worden waren, heidnisches Wissen nach Persien gebracht. Auch griechische Philosophiewerke gelangten durch verbannte nestorianische Ketzer dorthin. Jüdische Gelehrte wurden vom Kalifen mit der arabischen Übersetzung syrischer und griechischer Texte betraut. Die Werke von Ptolemäus, Euklid, Aristoteles und eine Menge klassischer wissenschaftlicher Abhandlungen anderer Autoren wurden von Bagdad aus an den maurischen Universitäten, die während des neunten und zehnten Jahrhunderts in verschiedenen Ländern, hauptsächlich in Spanien, gegründet worden waren, in Umlauf gesetzt.

Die arabischen Nomaden, welche die Überreste des römischen Reiches eroberten und überrannten, hatten keine Priesterschaft. In der Welt des Islam hatte die Zeitmessung keine Verbindung mit einer schon von früher bestehenden Priesterkaste. Jüdische und arabische Gelehrte wurden mit der Aufgabe betraut, Kalender aufzustellen. Sie verbesserten die astronomischen Tafeln der Alexandriner und der Inder und brachten für ihre Arbeit den Vorteil der einfachen Zahlschrift mit, die die Inder erfunden hatten. Unter den berühmten Mathematikern ist an vorderster Stelle Alkarismi (Al Khwarismi) zu nennen, der im neunten Jahrhundert n. Chr. lebte. Ein weiterer großer Mathematiker, Omar Khayyám, lebte im zwölften Jahrhundert n. Chr. An diese enge Verbindung zwischen dem Wiedererwachen des mathematischen Interesses und der weltlichen Aufgabe der Zeitmessung werden wir durch die Worte seines Werkes *Rubaiyat* erinnert:

»Ah but my computations, people say,
Have squared the Year to human compass, eh?
If so, by striking from the Calendar
Unborn to-morrow and dead yesterday...«

Man sagte, meine Rechenkunst verflache
Das Sonnenjahr zu einer Menschensache.
Was tat ich? – Ungeborenes Morgen, totes Gestern,
Nichts bannt' ich sonst aus meinem Almanache.

(Übersetzt von C. C. Palmer)

Die beiden Brennpunkte für die Verbreitung der arabischen und indischen Mathematik unter den rückständigen Völkern Europas bildeten die maurischen Universitäten Spaniens und der sizilianische Handel im Mittelmeergebiet. Eine sizilianische Münze mit dem Datum 1134 n. Chr. bietet das erste noch vorhandene Beispiel für offiziellen Gebrauch sogenannter Gobar-Ziffern (von den westlichen Arabern modifizierte indische Ziffern) in der christlichen Welt. In England soll der früheste Fall das Mietzinsregister des Kapitels von St. Andrew aus dem Jahre 1490 sein. Italienische Kaufleute des 13. Jahrhunderts benutzten die Zahlen, weil sie einen offensichtlichen Vorteil im kaufmännischen Rechnen boten. Der Umschwung ereignete sich nicht ohne Hindernisse von seiten der Repräsentanten des überlieferten Denkens. Ein Erlaß des Jahres 1259 n. Chr. verbot den Bankiers von Florenz die Benutzung der Zeichen der Ungläubigen, und die kirchlichen Behörden der Universität von Padua ordneten 1348 n. Chr. an, daß die Bücherpreisliste nicht in »Ziffern«, sondern in klaren Buchstaben auszuführen sei.

Drei soziale Elemente haben zur Verbreitung der maurischen Kultur beigetragen. Erstens hatte die christliche Religion, das römische Pantheon ersetzend, die soziale Funktion der Priester als Kalendermacher übernommen, wie wir deutlicher im nächsten Kapitel sehen werden. Als Hüter des Kalenders interessierten sich die Mönche für die Mathematik. So verkleidete sich Adelard von Bath als Muselmann (um 1120 n. Chr.), studierte in Cordoba und übersetzte die Werke Euklids und Alkarismis sowie die arabischen astronomischen Tafeln. Gerhard von Cremona studierte um dieselbe Zeit in Toledo. Er übersetzte etwa neunzig arabische Texte, darunter die arabische Ausgabe des Ptolemäischen *Almagest*. Der ketzerische Kleriker Paciulo, der das Glück hatte, nicht entlarvt zu werden, übersetzte die Arithmetik von Bhaskara und führte Theons Methode der Quadratwurzelziehung ein. Von gleicher Wichtigkeit ist die unabhängige Kultur des entstehenden kaufmännischen Standes. Eine der bekanntesten Persönlichkeiten unter den kaufmännischen Mathematikern ist Leonardo *Fibonacci*, dessen *Liber Abaci* (1228 n. Chr.) die erste kaufmännische Arithmetik ist. An seinen Namen wird eine seltsame Folge von Zahlen geknüpft, die sogenannte Fibonaccische Reihe. Sie lautet:

$$0 \quad 1 \quad \frac{1}{2} \quad \frac{2}{4} \quad \frac{3}{8} \quad \frac{5}{16} \quad \frac{8}{32} \quad \frac{13}{64} \quad \frac{21}{128} *$$

Soweit es ihren Autor betrifft, scheint diese Reihe bloß ein *jeu d'esprit* gewesen zu sein. Seltsam genug, daß sie Verwendung finden konnte, und zwar bei der Anwendung der Mendelschen Erblichkeitsgesetze auf die Folgen des Bruder-Schwester-Inzests. Fibonacci, der als Junge seine Lehrer zur Verzweiflung trieb, fand die Mathematik interessant, weil er sie auf die sozialen Belange seines Standes anwenden konnte. Als er mit Gleichungen umzugehen gelernt hatte, um praktische Zins- und Schuldenprobleme zu lösen, erfand er zum Spaß solche Reihen. Leonardo wurde durch Friedrich II. unterstützt, unter dessen Förderung die Universität von Salerno ein Zentrum wurde, von dem aus jüdische Ärzte maurisches Wissen nach den kirchlichen Zentren der Gelehrsamkeit im nördlichen Europa trugen. Die dritte Quelle der Verbrei-

---

* Schreibt man das n-te Glied $\frac{u_n}{v_n}$, so ist ihr Zusammenhang mit den vorangehenden Gliedern

$$\frac{u_n}{v_n} = \frac{u_{n-1} + u_{n-2}}{2 v_{n-1}}.$$

tung maurischen Wissens bildeten diese jüdischen Ärzte. »Arzt und Algebraiker« war ein noch bis auf die letzte Zeit in Spanien gebräuchlicher Ausdruck, genauso wie Wundarzt und Barbier im Mittelalter sich in derselben Person vereinigten.

Bevor wir über die neue Arithmetik oder den Algorithmus berichten, ist es zum Verständnis einer späteren Stufe nützlich, wenn wir zu erkennen versuchen, welche Besonderheiten die neuen Zahlenzeichen haben, daß sie sich der Phantasie der unverbildeten Schüler der maurischen Kultur unmittelbar einprägten. Stifel, dem wir schon einmal als Kommentator des apokalyptischen »Mysteriums« begegnet sind, bezog sich nicht auf die Zahl 666, als er 1525 erklärte: »Ich möchte ein ganzes Buch über die wunderbaren Dinge schreiben, die sich auf Zahlen beziehen.«

Eines dieser wunderbaren Dinge ist in Kapitel II dargestellt. Eine weitere Verwendungsmöglichkeit für das Nullsymbol bietet sich an, wenn man die Abakuskolonnen wie folgt ordnet:

7. Kolonne	6. Kolonne	5. Kolonne
1 000 000	100 000	10 000
10^6	10^5	10^4
4. Kolonne	3. Kolonne	2. Kolonne
1000	100	10
10^3	10^2	10^1

Man erkennt, daß n um eins abnimmt, wenn der Wert des Kügelchens mittels Division durch zehn verringert wird. Konsequenterweise müßte daher der Exponent der ersten Kolonne um eines kleiner als 1, also 0, sein. Wir können auch weiter gehen. Eins weniger als 0 ist -1, daher darf man 1 dividiert durch 10, d. h. $\frac{1}{10}$ als 10^{-1} schreiben. Daher können mit Hilfe negativer Exponenten Zahlen von beliebigem Kleinheitsgrad angedeutet werden, somit:

10000	1000	100	10	1	$\frac{1}{10}$	$\frac{1}{100}$	$\frac{1}{1000}$	...
10^4	10^3	10^2	10^1	10^0	10^{-1}	10^{-2}	10^{-3}	

Nicht ganz so einfach erkennt man eine andere »wunderbare« Eigenschaft der neuen Zahlen. Archimedes und Apollonius hatten lange zuvor eine Regel gefunden, die wir heute in folgender Form schreiben: Sind n und m ganze Zahlen, so gilt

$$10^n \cdot 10^m = 10^{n+m} \quad \text{oder:}$$

Für jede beliebige Grundzahl b gilt

$$b^n \cdot b^m = b^{n+m}.$$

Die Tatsache, daß die neuen Zahlen so spät in der westlichen Welt eingeführt wurden und mit ihnen neue Regeln so viel leichter zu erklären waren als früher, ermöglichte es dem ersten herausragenden christlichen Mathematiker Oresmus (um 1360), dies auch anzuwenden, wenn n und m rationale Brüche sind. Er war seiner Zeit weit voraus und nahm die Elemente mehrerer Weiterentwicklungen vorweg. 3 Jahrhunderte vor Wallis und Newton war ihm die Bedeutung von $3\frac{1}{2}$ und $5\frac{1}{3}$ klar. Er schrieb in seiner eigenen Kurzschrift

$$\frac{1}{2} \times 3^p \text{ und } \frac{1}{3} \times 5^p.$$

Nach der Regel des Archimedes

$$3^{\frac{1}{2}} \times 3^{\frac{1}{2}} = 3^{\frac{1}{2}+\frac{1}{2}} = 3$$

und

$$5^{\frac{1}{3}} \times 5^{\frac{1}{3}} \times 5^{\frac{1}{3}} = 5^{\frac{1}{3}+\frac{1}{3}+\frac{1}{3}} = 5$$

In der sogenannten Irrationaldarstellung der islamischen Mathematiker also:

$$3^{\frac{1}{2}} \equiv \sqrt{3} \text{ und } 5^{\frac{1}{3}} \equiv \sqrt[3]{5},$$

$$b^{\frac{1}{n}} \equiv \sqrt[n]{b}.$$

Oresmus ging noch weiter. Aus dem, was wir heute schreiben $4^{3/2} = \sqrt{4^3} = \sqrt{64} = 8$ und in seiner Kurzschrift $(1^p \times \frac{1}{2}) 4 = 8$ lautet, fand er die allgemeine Regel

$$(10^3)^2 = (1000)^2 = 1\,000\,000 = 10^6 = 10^{3\times 2};$$
$$(b^n)^m = b^{n\cdot m}.$$

Diese Regel gilt auch, wenn m in n·m eine rationale, aber keine ganze Zahl ist; wir schreiben:

$$6^{\frac{5}{2}} = (6^5)^{\frac{1}{2}} = \sqrt{6^5}, \text{ da } \sqrt{6^5} \times \sqrt{6^5} = 6^5$$

und

$$b^{\frac{p}{q}} = (b^p)^{\frac{1}{q}}.$$

Bei der Übertragung dieser Entdeckung des Oresmus in unsere eigene Schreibweise haben wir eine dritte »wunderbare« Eigenschaft der Zahlen vorausgesetzt. Sie liefern uns eine Bedeutung für a^n, auch dann, wenn a jede beliebige Zahl außer 10 ist. Damit wird ausgesagt, daß die Vorteile der indischen Zahlen nichts mit den geheimnisvollen Eigenschaften der Zahl 10 zu tun haben. Diese Eigenschaften entsprechen allein der Tatsache, daß indische Zahlen in ein fertiges Rechenschema eingefügt wurden, bei dem die Index-Zahlen um eins anstiegen, wenn der Zahlenwert der Holzperlen um 10 stieg; ursprünglich ist die 10 wohl einfach deshalb gewählt worden, weil der Mensch seine zehn Finger zum Zählen benutzte.

Angenommen, wir wären alle einarmig; dann müßten wir mit der Fünf zählen, wie es in gewissem Sinne die Römer taten, indem sie die Intervalle V, L, D für 5, 50, 500 benutzten. Die erste Kolonne in Fig. 99 hätte dann 5 Kugeln, deren jede eins bedeutet, die zweite hätte 5 Kugeln, je 5 wert, die dritte fünf Kugeln, je 5×5 wert, und die vierte fünf Kugeln hätten den Wert je 5×5×5. Wir könnten alle Kugeln der ersten Kolonne zusammenzählen, sie zurückschieben und statt dessen eine Kugel in die zweite Kolonne schieben, wobei dann die erste leer bleibt. Für 5 Kugeln in der zweiten könnten wir eine in die dritte Kolonne einsetzen und alle anderen verschwinden lassen. Wenn wir dann 0 für die leere Kolonne einsetzen und schreiben 1, 2, 3, 4 wie im Dezimalsystem, so bedeutet fünf die Zehn, fünfundzwanzig die Hundert. Unser »Fünfersystem« sähe dann so aus:

Eins bis fünf	1	2	3	4	10
Sechs bis zehn	11	12	13	14	20
Elf bis fünfzehn	21	22	23	24	30

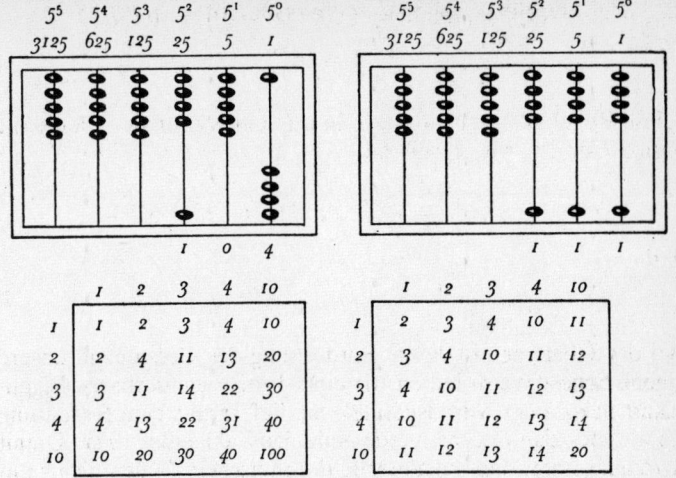

Fig. 99 Der Abakus des einarmigen Menschen

Das dem Abakus zugrunde liegende Prinzip besteht darin, daß man einem Kügelchen in den von links nach rechts aufeinanderfolgenden Kolonnen einen Wert erteilt, der durch

$$\ldots x^5\ x^4\ x^3\ x^2\ x^1\ x^0$$

ausgedrückt wird. In unserem Zahlensystem ist $x = 10$. Für den hier vorliegenden Abakus ist $x = 5$.

104 in der Schreibweise des »einarmigen« Abakus bedeutet $1 \cdot 25 + 0 \cdot 5 + 4 \cdot 1 = 29$ in der Schreibweise des »Zehn-Finger«-Abakus.

111 in der Schreibweise des »einarmigen« Abakus bedeutet $1 \cdot 25 + 1 \cdot 5 + 1 \cdot 1 = 31$ in der Schreibweise des »Zehn-Finger«-Abakus.

Einundzwanzig bis fünfundzwanzig	41	42	43	44	100
Hunderteinundzwanzig bis hundertfünfundzwanzig	441	442	443	444	1000

Das Einmaleins für dieses System zeigt Fig. 99, in der noch eine Additionstafel vorkommt. Nachdem der Leser sich damit abgeplagt hat, versuche er die Zahl, die sich dekadisch 29 (»104«) schreibt, mit 31 (d. h. »111«) zu multiplizieren, indem er genau die gleiche Methode wie früher benutzt, nur mit dem Unterschied, daß die Multiplikations- und Additionstafeln der Fig. 99 heranzuziehen sind. Somit:

$$\begin{array}{c} 104 \cdot 111 \\ \hline 104 \\ 104 \\ 104 \\ \hline 12044 \end{array} \quad \text{oder, wenn man gewohnt ist,} \quad \begin{array}{c} 104 \cdot 111 \\ \hline 104 \\ 104 \\ 104 \\ \hline 12044 \end{array}$$

Die Zahl „12044" bedeutet $1 \cdot 625 + 2 \cdot 125 + 0 \cdot 25 + 4 \cdot 5 + 4 \cdot 1$, d.h. 899, was man wirklich durch die Multiplikation der entsprechenden Zahlen unseres Systems bestätigt findet:

$$\begin{array}{c} 29 \cdot 31 \\ \hline 87 \\ 29 \\ \hline 899 \end{array} \qquad \begin{array}{c} 29 \cdot 31 \\ \hline 29 \\ 87 \\ \hline 899 \end{array}$$

Arithmetik der Grundzahl 2

Laplace, der berühmte französische Astronom und Mathematiker, der Napoleon erklärte, Gott sei eine überflüssige Hypothese, erkannte 40 Jahre vor dem Engländer Babbage, der die erste Rechenmaschine erfand, daß die Zahl 2 große Vorteile bietet im Hinblick auf die Anzahl *verschiedener* Rechenoperationen, Berechnungen durchzuführen, mit denen unsere Eltern es schwer hatten: z. B. $\sqrt{4235}$ auszurechnen. 524288 unserer dezimalen Schreibweise würde im Binärsystem (Basis 2) als Einheit mit 19 Nullen erscheinen. Es ist natürlich nicht schwer, die Zahnräder eines Abakus auf Rädern so zu bewegen, daß eine Bezeichnung in die andere übergeht; bringt man ihn dazu, mit genügender Geschwindigkeit zu rotieren, spielt der Raum bei der bequemsten Lösungsfindung keine Rolle mehr.

Der einfachste Typ einer mechanischen Rechenmaschine ist der rotierende Abakus, wie er z.B. als Entfernungsmesser in Autos tatsächlich existiert; können wir aber sogar die Vorzüge der elektromechanischen Polarität ausnützen, so läßt sich mit der Basis 2 am leichtesten arbeiten. So wie wir im Zehnersystem nur 9 (= 10 − 1) Zahlsymbole außer der Null brauchen, benötigen wir im Binärsystem nur 1 (= 2 − 1) außer der Null. Da ein Elektronengehirn auf dieser Basis arbeitet, lohnt es sich, daß wir uns damit

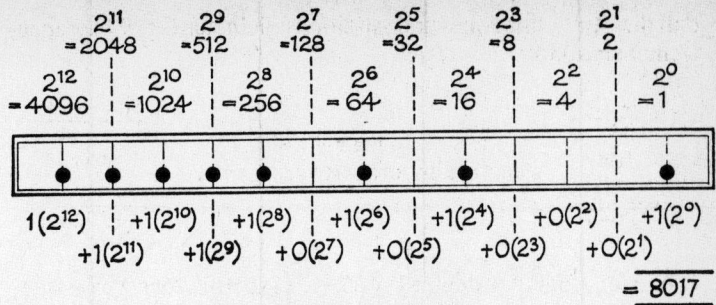

Fig. 100 Abakus für die Basis 2

vertraut machen. Zunächst erinnern wir uns der Möglichkeiten von 2 in unserer dezimalen Ausdrucksweise:

$2^0 = 1$; $2^1 = 2$; $2^2 = 4$; $2^3 = 8$; $2^4 = 16$;
$2^5 = 32$; $2^6 = 64$; $2^7 = 128$; $2^8 = 256$; $2^9 = 512$;
$2^{10} = 1024$ usw.

Im Binärsystem ist unsere Zahl $32 = 2^5$ eine Einheit mit fünf Nullen; wir können die Zahlen 1 bis 32 folgendermaßen darstellen:

1 = 1	9 = 1001	17 = 10001	25 = 11001
2 = 10	10 = 1010	18 = 10010	26 = 11010
3 = 11	11 = 1011	19 = 10011	27 = 11011
4 = 100	12 = 1100	20 = 10100	28 = 11100
5 = 101	13 = 1101	21 = 10101	29 = 11101
6 = 110	14 = 1110	22 = 10110	30 = 11110
7 = 111	15 = 1111	23 = 10111	31 = 11111
8 = 1000	16 = 10000	24 = 11000	32 = 100000

Unsere Tabellen für die binäre Addition und Multiplikation sind so einfach wie möglich:

Addition

Hindu-Arabisch

	0	1	2
0	0	1	2
1	1	2	3
2	2	3	4

Binär

	0	1	10
0	0	1	10
1	1	10	11
10	10	11	100

Multiplikation

Hindu-Arabisch

	0	1	2
0	0	0	0
1	0	1	2
2	0	2	4

Binär

	0	1	10
0	0	0	0
1	0	1	10
10	0	10	100

Da für die Arithmetik der Basis 2 nur zwei Symbole nötig sind, könnte man statt 1 und 0 auch + und − einsetzen. Dann sähe die Zahl 567 so aus: + − − − + + − + + +.

Zwei Schulbuchbeispiele für Berechnungen sollen genügen:

```
 27                    Addition                    11011
 21                                                10101
 48 = 32 + 16                                     110000 =
    = 2^5 + 2^4
```

$$= 1\,(2^5) + 1\,(2^4) + 0\,(2^3) + 0\,(2^2) + 0\,(2^1) + 0\,(2^0)$$

```
 27 · 21               Multiplikation         11011 · 10101
   27                                                 11011
   54                                                 00000
  567 = 512 + 32 + 16 + 4 + 2 + 1                    11011
      = 2^9 + 2^5 + 2^4 + 2^2 + 2^1 + 2^0            00000
                                                     11011
                                                1000110111 =
```

$$= 1\,(2^9) + 0\,(2^8) + 0\,(2^7) + 0\,(2^6) + 1\,(2^5) + 1\,(2^4) + 0\,(2^3)$$
$$+ 1\,(2^2) + 1\,(2^1) + 2\,(2^0)$$

Algorithmen. Der Umfang der neuen Arithmetik wird in der Einleitung zu einem der frühesten Bücher über die neue »Craft of Nombrynge« (Die Kunst des Rechnens; 1300 n. Chr.) niedergelegt, das in englischer Sprache verfaßt wurde. »Here tells that ther ben 7 spices or partes of the craft. The first is called addicion, the secunde is called subtraccion, the thyrd is called duplacion. The 4th is called dimydicion, the 5th is called multiplication. The 6th is called diusion. The 7th is called extraccion of the Rote.«

Der Leser wird bemerkt haben, daß die Zahlzeichen der Inder von allen anderen, ihnen in der Alten Welt vorangegangenen, verschieden waren. Die Zeichen ihrer Vorgänger waren gleichsam Zettel, mit deren Hilfe eine auszuführende Rechnung oder das bereits am Rechenbrett gewonnene Resultat aufnotiert wurde. Die indischen Zahlzeichen haben den Bedarf an diesem plumpen Instrument aus der Welt geschafft. Addition und Subtraktion können ebenso leicht »im Kopf« wie am Abakus selbst ausgeführt werden. Das Hinübernehmen »im Kopf« bedeutet in der Sprache der neuzeitlichen Physiologie, daß das Gehirn von schwachen Muskelzuckungen in der Augenhöhle und von den Fingern, mit denen wir zählen, die Nervenbotschaften in genau gleicher Reihenfolge empfängt wie diejenigen, die das Hinübernehmen am Rechenbrett begleiten.

Der Algorithmus der Multiplikation, den wir verwenden, stützt sich auf das gleiche Prinzip wie die ägyptische Doppelung. Diese konkurrierten eine Zeitlang miteinander, wie das Zitat zeigt. In den vorangehenden Kapiteln lernten wir, daß

$$a(b+c+d) = ab + ac + ad;$$

daher läuft das Multiplizieren von 532 mit 7, d.h. 7mal (500+30+2) auf dasselbe hinaus wie

$$7 \cdot 500 + 7 \cdot 30 + 7 \cdot 2.$$

Das kann man vorerst so schreiben:

$$\begin{array}{r} 532 \cdot 7 \\ \hline 14 \\ 210 \\ 3500 \\ \hline 3724 \end{array} \quad \text{oder} \quad \begin{array}{r} 532 \cdot 7 \\ \hline 3500 \\ 210 \\ 14 \\ \hline 3724 \end{array}$$

Alsbald kürzte man es so ab:

$$\begin{array}{r} 532 \cdot 7 \\ \hline 3724 \end{array}$$

War dieser Schritt einmal durch die Regel des Hinübernehmens getan, so ergab sich hieraus ganz natürlich eine einfache Methode für das Multiplizieren zweier beliebiger Zahlen.

Beispiel: $532 \cdot 732 = 532 \cdot 700 + 532 \cdot 30 + 532 \cdot 2$

Das kann auf eine der beiden obigen Arten in der für die Addition passenden Form ausgeführt werden, wobei der Art rechts der Vorzug zu geben ist, weil sie sich besser für Näherungsrechnungen eignet, besonders wenn es sich um Dezimalbrüche handelt:

$$\begin{array}{r} 532 \cdot 732 \\ \hline 1064 \\ 15960 \\ 372400 \\ \hline 389424 \end{array} \quad \begin{array}{r} 2 \cdot 532 \\ 30 \cdot 532 \\ 700 \cdot 532 \end{array} \quad \begin{array}{r} 532 \cdot 732 \\ \hline 372400 \\ 15960 \\ 1064 \\ \hline 389424 \end{array} \quad \begin{array}{r} 700 \cdot 532 \\ 30 \cdot 532 \\ 2 \cdot 532 \end{array}$$

Die früheste kaufmännische Arithmetik, die sich der arabischindischen Algorithmen bediente, brachte die hinüberzunehmenden (zu behaltenden) Zahlen so an:

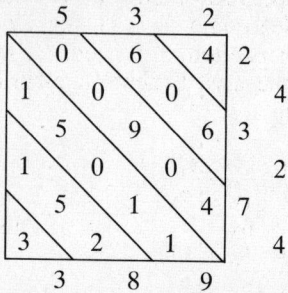

Die Antwort las man durch Addition der Diagonalkolonnen ab.

Die Multiplikation, wie wir sie ausführen, setzt die Kenntnis einer Tafel für Multiplikationen voraus. Die Identifizierung der Zahlzeichen mit den Kügelchen anstatt mit den Kolonnen reduziert die Größe der hierzu notwendigen Tafel. Wir brauchen nur Multiplikationen bis zu zehn mal zehn auszuführen, und das ist ein Unterfangen, das dem menschlichen Gedächtnis weit weniger schrecklich erscheint, als das Auswendiglernen des alexandrinischen Einmaleins, wie es von Theon praktiziert wurde. Die Operation des Doppelns blieb vorerst neben unserer eigenen Multiplikationsmethode bestehen, weil der volle Vorteil der letzteren nur zum Vorschein kommt, wenn die Tafel auswendig gelernt worden ist, so daß ein fortwährendes Bezugnehmen auf diese entbehrlich wird. Dies konnte erst geschehen, als es neue Schulen gab, die den Anforderungen des kaufmännischen Standes genügten. Deutschland übernahm die Führung in dieser Entwicklung. Die »craft of Nombrynge« war während des 14. Jahrhunderts in Deutschland so wichtig, daß sie mit einer Zunft der »Rechenmeister« aufwarten konnte.

Man darf sich nicht vorstellen, daß etwa in der jetzigen Zeit absolute Einförmigkeit in der Ausübung der verschiedenen Algorithmen herrschte. In Europa sind heutzutage beide Arten des Multiplizierens (links – rechts und rechts – links) im Gebrauch. Es besteht noch weniger Einheitlichkeit in den Divisionsmethoden, und die in den englischen Schulen geübte Art ist keiner der arabischen Methoden genau gleich. Sie ist vielmehr eine verhältnismäßig späte Erfindung, erstmalig, unseres Wissens, bei Calandri 1491 feststellbar. Wenn man sich nicht im klaren ist, warum wir so dividieren, wie wir es tun, so ist die Verwendung abstrakter Zahlen die beste Methode, es zu verstehen. Man denke sich zu diesem Zweck jedem Kügelchen des Rechenbrettes einen abstrakten Wert beigelegt, und zwar 1 für jedes der ersten Kolonne, x für jedes der zweiten, x^2 für jedes der dritten, x^3 für jedes der vierten Kolonne usw. Erneut angeschrieben sieht die frühere Multiplikation so aus:

$$\underline{(5x^2 + 3x + 2)\,(7x^2 + 3x + 2)}$$
$$35x^4 + 21x^3 + 14x^2 \quad \text{(weil } 7x^2 \cdot 5x^2 = 7 \cdot x \cdot x \cdot 5 \cdot x \cdot x =$$
$$15x^3 + 9x^2 + 6x \quad\quad\quad = 35x^4 \text{ usw.)}$$
$$\underline{\quad\quad\quad\quad\quad 10x^2 + 6x + 4}$$
$$35x^2 + 36x^3 + 33x^2 + 12x + 4$$

(Für x = 10 folgt hieraus 389 424)

Division an einem Abakus bedeutet wiederholte Subtraktion. Die Aufgabe: »389 424 durch 732 zu dividieren«, bedeutet: Man gebe an, wie oft man 732 von 389 424 abziehen kann, bis nichts mehr übrigbleibt. Um nun einzusehen, daß die übliche Divisionsmethode mit der Rechenart am Rechenbrett übereinstimmt, machen wir aus der vorangehenden Aufgabe eine Divisionsaufgabe. Wir schreiben also:

$$(35x^4 + 36x^3 + 33x^2 + 12x + 4) : (7x^2 + 3x + 2)$$

und untersuchen es in folgender Anordnung:

$$7x^2 + 3x + 2)\,35x^4 + 36x^3 + 33x^2 + 12x + 4\,(5x^2 + 3x + 2$$
$$\underline{\quad\quad\quad\quad 35x^4 + 15x^3 + 10x^2}$$
$$\quad\quad\quad\quad\quad 21x^3 + 23x^2 + 12x + 4$$
$$\underline{\quad\quad\quad\quad\quad 21x^3 + 9x^2 + 6x}$$
$$\quad\quad\quad\quad\quad\quad\quad\quad 14x^2 + 6x + 4$$
$$\underline{\quad\quad\quad\quad\quad\quad\quad\quad 14x^2 + 6x + 4}$$
$$\quad\quad\quad\quad\quad\quad\quad\quad\quad\quad 0 \quad\quad 0 \quad\quad 0$$

Abziehen des $5x^2$fachen von $7x^2+3x+2$ leert die fünfte Kolonne des Rechenbrettes. Abziehen des 3xfachen von $7x^2+3x+2$ leert die vierte Kolonne. Abziehen des 2fachen von $7x^2+3x+2$ leert die übrigbleibenden Kolonnen.

Die Tatsache, daß wir bei Subtraktion und Division noch den Handelsausdruck »Leihe eins« benutzen, weist darauf hin, daß die Rechenregeln im Zusammenhang mit den kulturellen Bedürfnissen des kaufmännischen Standes entwickelt wurden. Die Verwendung von abstrakten Zahlen für den Wert der Kügelchen zeigt uns, warum die arithmetischen Regeln für einen »Einarmigen« wie für einen »Zehnfinger«-Abakus genau die gleichen sind. Der Gebrauch von Zahlzeichen, die ein Rechenbrett mit beliebig vielen Kolonnen darstellen können, hat ein Gleichnis im wachsenden Handelsvolumen, welches ein Rechnen mit großen Zahlen notwendig machte. Die Popularität der neuen Methoden wuchs, als Europa die soziale, vom Osten her kommende Erfindung übernahm, um dann das Rechenbrett ganz abzuschaffen. Das Papier und der Druck kamen wie *sunya* aus dem Osten. Die »Morgenröte des Nichts« war auch die Morgenröte für billiges Schreibmaterial.

Wie die Flut von Licht, welche sich von den neuen Zahlen ergoß, die Suche nach allgemeinen Regeln für das Verhalten von Zahlen anregte, wird gut durch die Tatsache illustriert, daß die jetzt gebrauchten Algorithmen für Brüche von den Indern erfunden wurden. Die griechische Behandlung der Brüche hob sich nie über das Niveau des Rhind-Papyrus hinaus. Man arbeitete mit Brüchen bildlich, indem man sich kleinere Einheiten vorstellte, genauso wie wir Tonnen in Zentner, diese in Kilogramm und diese in Gramm teilen. Diese Unfähigkeit, Brüche als selbständige Zahlen aufzufassen, ist die Begründung einer Praxis, die mehrere Jahrtausende währte. Die Mathematiker des Altertums mühten sich sehr damit ab, Brüche wie $\frac{2}{43}$ in eine Summe von Stammbrüchen (Zähler 1) aufzuspalten, z. B.

$$\frac{2}{43} = \frac{1}{30} + \frac{1}{86} + \frac{1}{645} \text{ oder } \frac{1}{43} + \frac{1}{86} + \frac{1}{129} + \frac{1}{258}$$

Wie dies Beispiel zeigt, war die Prozedur sowohl nutzlos als auch vieldeutig. Eine einfache Erklärung für diese offensichtliche Verdrehtheit ist diese, daß die ersten Rechner zwei Brüche nebeneinanderzusetzen versuchten, um festzustellen, ob der eine größer ist als der andere, auf die gleiche Weise, wie wir vielleicht zwei Gewichte miteinander vergleichen.

Mit ihren einfachen und beredten Zahlzeichen ausgerüstet, rissen sich die Inder vollständig von dieser bildlichen Art der Behandlung der Brüche los. Sie schrieben die Brüche wie wir, und als sie eine Arithmetik besaßen, die sich für schnelles Rechnen ohne mechanische Hilfsmittel eignete, experimentierten sie mit Brüchen wie mit ganzen Zahlen. So kleidete Mahavira (850 v. Chr.) unsere Regel für die Division eines Bruches durch einen anderen in die gleichen Worte, die ein Schulmeister heutzutage vielleicht noch brauchen würde: »Mache den Nenner des Divisors zum Zähler und multipliziere dann.« Wir können also schreiben:

$$\frac{a}{b} : \frac{c}{d} = \frac{a}{b} \times \frac{d}{c} = \frac{ad}{bc}$$

$$\text{z. B.} \frac{3}{5} : \frac{4}{7} = \frac{3}{5} \times \frac{7}{4} = \frac{21}{20}$$

Weil die Algebra in Verbindung mit dem praktischen Bedürfnis nach schnellen und einfachen Rechenregeln entwickelt wurde, machte sie rapide Fortschritte, sobald man Zahlen auf eine Weise zu benutzen und zu schreiben begann, daß die Regeln leicht zu erkennen und, einmal erkannt, leicht anzuwenden waren. Wie zwingend diese Forderung ist – ganz im Gegensatz zu der modernen Auffassung, man könnte sich die Mühe sparen, da ja doch eine besondere rassische Veranlagung und Begabung für Mathematik nötig sei –, wird noch besser durch die letzte »Species« der Kunst des Rechnens, das »Quadratwurzelziehen«, illustriert. Dies war die Quelle für eines der Zahlenwunder, die von Stifel und seinen Zeitgenossen bemerkt wurden. Wir sahen, wie Stifel das Papier-Rechenbrett der indischen Zahlen nach rückwärts erweiterte, um Zehntel, Hundertstel, Tausendstel usw. darzustellen, indem er sich noch weitere Kolonnen rechts von der Einerkolonne vorstellte, denen er die Exponenten $-1, -2, -3$ usw. zuwies. Lassen wir eine Lücke oder setzen wir ein Komma rechts von den Einern, um anzudeuten, welches die Einer sind, so bedeuten die Ziffern 125 in 1,125 folgendes: 1 Zehntel, 2 Hundertstel, 5 Tausendstel, genauso wie die Ziffern links vom Komma in 5210,1 die Bedeutung von 5 Tausendern, 2 Hundertern und 1 Zehner haben. Diese Praxis erwuchs aus einer Methode, nach der man ganze Zahlen zur Vereinfachung des Quadratwurzelziehens heranzog.

Die Inder und Araber verbesserten die einfachen trigonometrischen Tafeln der Alexandriner, und zwar in Verbindung mit ihren eigenen astronomischen Forschungen. Dazu braucht man, wie wir gesehen haben, Quadratwurzeltafeln. Der Vorteil des Hinzufügens neuer Kolonnen rechts von der Einerkolonne zur Darstellung von Brüchen in abnehmender Ordnung, wobei bei jedem Schritt der Wert des Bruches auf ein Zehntel herabsinkt, war im Prinzip von den arabischen Mathematikern erfaßt worden. Wenn sie $\sqrt{2}$ bestimmen wollten, so brachten sie es, um eine erste Näherung zu erhalten, auf die Form $\sqrt{\dfrac{200}{100}} = \dfrac{1}{10}\sqrt{200}$, um eine zweite

Näherung zu erhalten, auf die Form $\sqrt{\dfrac{20\,000}{10\,000}} = \dfrac{1}{100}\sqrt{20\,000}$,

dann auf die Form $\sqrt{\dfrac{2\,000\,000}{1\,000\,000}} = \dfrac{1}{1000}\sqrt{2\,000\,000}$

und so fort. Ein unmittelbarer Versuch ergibt für $\sqrt{200}$ rund 14, was nach Division durch 10 die Zahl 1,4 gibt. Ähnlich erhält man die der Zahl $\sqrt{2\,000\,000}$ nächste ganze Zahl 1414, was nach Division durch 1000 die Zahl 1 414 ergibt, wobei die Lücke anzudeuten hatte, daß 414 der sogenannte „dezimale Teil" des Näherungswertes der Quadratwurzel ist. Quadratwurzeltafeln, in dieser Form gedruckt, sind durch den Rechenmeister Adam Riese 1522 herausgebracht worden. Unabhängig davon gibt um 1400 n. Chr. Al Kahi von Samarkand, als ein natürliches Ergebnis desselben Vorgehens, seinen Wert für π zu 3 141592654 auf neun Dezimalen korrekt an. Der Dezimalpunkt, der die Lücke ersetzt, wurde durch Pelazzi von Nizza um 1492 eingeführt. In England wird er oberhalb, in Amerika auf der Linie angebracht. Auf dem Kontinent deutet ein Komma die Lücke an. Die Einführung der Schreibmaschine läßt es als ganz sicher erscheinen, daß der englische Brauch vom amerikanischen oder vom kontinentalen verdrängt werden wird.

Zur Zeit Adam Rieses hatte man die grundlegende Erkenntnis gewonnen, daß die Regeln, die die Arithmetik eines Stellungssystems beherrschen, immer die gleichen bleiben, unabhängig davon, welchen Wert x man den Kügelchen der einzelnen Kolonnen erteilt. Mit anderen Worten: Addition, Multiplikation, Division und Subtraktion usw. sind gleich für Dezimalbrüche wie für ganze Zahlen; die einzige notwendige Vorsichtsmaßregel besteht darin, die Zahlen passend anzuordnen, so daß man weiß, wo das Komma zu stehen hat (z. B. Links-rechts-Multiplikationsmethode) oder wo es bei vernünftigem Überlegen hinzusetzen ist.

Stevinus, der Schreiber in einem Speicherhaus war und von Wilhelm von Oranien mit dem Verproviantieren seiner Armee beauftragt wurde, setzte sich schon 1585 für die gesetzliche Einführung des Dezimalsystems ein. Die Idee wurde von Benjamin Franklin und anderen zur Zeit der amerikanischen Revolution aufgegriffen und durch die Initiative der Nationalversammlung in

Frankreich verwirklicht. England hält bis heute an veralteten Gewichten und Maßen fest.

Gleichungen. Die alexandrinischen Mathematiker wurden durch Probleme, auf die sie in der Astronomie und Mechanik stießen, gezwungen, ihre Aufmerksamkeit der Rechenkunst zu schenken. Die frühen indischen Mathematiker widmeten einen großen Teil ihres Interesses Zahlenproblemen, die der Handel hervorbrachte. Wenn wir dieses Werk der Inder als *Algebra* kennzeichnen, so muß darauf hingewiesen werden, daß die Wörter Algebra und Arithmetik in unseren Schulbüchern in anderem Sinne gebraucht werden als in der Geschichte der Mathematik. Was wir heute unter Arithmetik verstehen, stimmt nicht mit der *Arithmetika* der Griechen überein, mit der wir im Kapitel IV zu tun hatten. Die Arithmetik an unseren Schulen befaßt sich teils mit der Aufstellung von Rechenregeln, die sich auf indische und arabische Algorithmen stützen, teils mit der Auflösung von numerischen Problemen ohne Benutzung abstrakter Zahlsymbole, deren Verwendung gewöhnlich die Algebra kennzeichnet. Die einfachen und übereinstimmenden Regeln für die Benutzung abstrakter Zahlen und die Abkürzungszeichen für mathematische Verben und Operatoren haben sich sehr langsam entwickelt.

Diophant war der erste, der sich daran versuchte, und viele Jahrhunderte hindurch befaßten sich Mathematiker mit Zahlenproblemen nur auf ganz individuelle Weise. Jeder Schriftsteller benutzte für sich eine Kurzschrift, die nur er verstand, ohne daß er daran dachte, etwas Allgemeinverständliches zu erfinden. Daher war er gezwungen, zur Sprache des täglichen Lebens zu greifen, wenn er seine Methoden anderen zu erklären versuchte. Die Mathematiker verwendeten das Wort »Algebra« für Rechenregeln zur Lösung von Zahlenproblemen, ganz gleich, ob diese Regeln im vollständigen Wortlaut *(rhetorische Algebra)* oder durch Abkürzungen mehr oder weniger vereinfacht *(synkopierte,* d. h. verkürzte *Algebra)* oder ausschließlich mit Hilfe von Buchstaben und Operationszeichen *(symbolische Algebra)* ausgedrückt waren. Die Probleme, die wir in der kaufmännischen Arithmetik auflösen lernen, entsprechen dem, was der Mathematiker rhetorische Algebra nennt. Die Araber verwendeten verkürzte Ausdrücke, die dem entsprechen, was wir Gleichungen nennen würden. Einzelne unter den Autoren, wie der Dominikanermönch Jordanus (um 1220), die zu den ersten Anhängern der maurischen Gelehrsamkeit zählen, ersetzten Worte gänzlich durch Symbole. Sein Zeitgenosse, Leonardo von Pisa (Fibonacci) tat das gleiche.

Die folgenden Beispiele, die den Übergang von der reinen rhetorischen Algebra zur modernen algebraischen Kurzschrift zeigen, verfolgen nicht sosehr den Zweck, eine stetige historische Aufeinanderfolge darzulegen; sie sollen vielmehr die Tatsache, daß die Größensprache durch unmerkliche Phasen hindurch aus der Sprache des täglichen Lebens herauswuchs, in eine klare historische Perspektive rücken.

Regiomontanus, 1464 n. Chr.:
3 Census et 6 demptis 5 rebus aequatur zero

Pacioli, 1494 n. Chr.:
3 Census p 6 de 5 rebus ae 0

Vieta, 1591 n. Chr.:
3 in A quad − 5 in A plano + 6 aequatur 0

Stevinus, 1585 n. Chr.:
3 ② − 5 ① + 6 ⊙ = 0

Descartes, 1637 n. Chr.:
$3x^2 - 5x + 6 = 0$

Die Entwicklung von der »rhetorischen« Erörterung der Regeln zur Lösung von Problemen bis zum modernen Symbolismus war für die Griechen beinahe undenkbar, hatten sie doch sämtliche Buchstaben des Alphabets für Eigenzahlen erschöpft. Obwohl die indischen Zahlenzeichen dieses Hindernis beseitigten, war zunächst keine soziale Maschinerie vorhanden, um den allgemeinen Gebrauch der Mittel, die Operatoren darstellten, zu erzwingen. Das einzige Operationssymbol, welches uns die Araber aus indischen Quellen übermittelten, war das Quadratwurzelzeichen ($\sqrt{}$). Im mittelalterlichen Europa entstand die soziale Maschinerie, die den Weg für diese kolossale Sparsamkeit in der Größensprache bahnte, auf etwas überraschende Weise. Unser Wort »plus« ist eine Abkürzung für »surplus«. In den mittelalterlichen Lagerhäusern wurden die Zeichen »+« oder »−« mit Kreide an Säcken, Kisten oder Fässern angebracht, je nachdem ein Überschuß oder ein Mangel gegenüber dem angegebenen Gewicht zu verzeichnen war. Diese Zeichen wurden durch eines der ersten Erzeugnisse der Druckerpresse – Widmanns Kaufmännische Arithmetik, 1489 in Leipzig erschienen – allgemein eingeführt, und einer der ersten, die sie zur Auflösung von Gleichungen benutzten, war Stevinus, der, wie bereits erwähnt, ein Handelsangestellter war. Eine englische kaufmännische Arithmetik von

Record, hundert Jahre später erschienen, führte die Zeichen »×« und »=« ein. Von da an ging es aufwärts; die von Descartes erstmalig benutzte Kurzschrift bürgerte sich ein, und die Mathematik wurde von den Unbeholfenheiten der Umgangssprache befreit. Wieder einmal kann man feststellen, wie ein Wendepunkt in der Geschichte der Mathematik eher aus dem gemeinsamen Kulturerbe heraus als durch eine Erfindung eines einzelnen Geistes entstand.

Den Übergang von rhetorischer zu symbolischer Algebra zu erfassen, ist eines der wichtigsten Dinge in der Mathematik. Was man Auflösung eines auf eine Gleichung führenden Problems nennt, heißt zunächst: die Gleichung auf eine Form zu bringen, die ihre Bedeutung klar hervortreten läßt. Die Regeln der Algebra lehren uns, wie das zu bewerkstelligen ist. Der wirklich schwere Schritt besteht in der Übersetzung unseres Problems aus der Sprache des täglichen Lebens in die Sprache der Algebra. Hier kann der Mathematiker vielleicht versagen, weil er möglicherweise das Problem in der Alltagssprache nicht so gut erfaßt wie der einfache Mann, der kein Mathematiker ist. Ist aber das Problem in einen mathematischen Satz (oder eine Gleichung) übersetzt worden, dann darf man dem Mathematiker mit gutem Gewissen die restliche Arbeit überlassen. Was nämlich übrigbleibt, ist ein Problem in der ihm vertrauten Grammatik der Mathematik. Gefahr besteht nur dann, wenn die Übersetzung dem Mathematiker anvertraut wird.

Einer der letzten Alexandriner, dessen Namen noch heute in den *Diophantischen Gleichungen* geläufig ist, wies auf einen Unterschied zwischen zwei Kommunikationsbereichen hin, der am einfachsten durch folgendes Beispiel illustriert werden kann.

Der Viehbestand eines Bauern setzt sich aus Schweinen und Rindern zusammen. Die Anzahl der Schweine ist dreimal so groß wie die der Rinder, und die Summe beider beträgt T. Wieviele von jeder Sorte besitzt er?

Formal könnte man sagen, die Zahl der Rinder betrage $\frac{1}{4}T$, die der Schweine $\frac{3}{4}T$. Aber das ist nur dann sinnvoll, wenn T ein Vielfaches von 4 ist, z. B. 20 (15 Schweine und 5 Rinder) oder 36 (27 Schweine und 9 Rinder). Sonst ist die Lösung irrelevant; denn die formale Aussage ist in sich unvereinbar mit der *impliziten* Voraussetzung, daß beide Antworten nur für ganze Zahlen gelten können.

Um die Kunst des Übersetzens aus der Alltagssprache in die Größensprache verständlich zu machen, denke man eine häufig vorkommende Schwierigkeit beim Erlernen einer fremden Sprache. Wir können den Sinn eines Satzes in einer fremden Sprache nicht durch Nachschlagen der einzelnen Wörter in einem Wörterbuch erfassen. Jede Sprache hat ihre besonderen Eigenheiten der Wortfolge und der Redensarten. Wenn wir die nicht beherrschen, können wir schlimme Irrtümer begehen. Deshalb wollen wir zu allem, was in einem früheren Kapitel über die Grammatik der Sprache gesagt worden ist, noch folgende drei Regeln und zwei Warnungen hinzufügen.

Regeln. I. Übersetze jede bekannte Einzelheit (gegeben oder stillschweigend vorausgesetzt) für sich in die Form »Mit oder mittels etwas tue etwas, um etwas zu erhalten«.

II. Kombiniere die Angaben derart, daß man von den Größen befreit wird, die man nicht zu kennen wünscht. Um das zu erreichen, muß man zu den ausdrücklich vorliegenden Angaben möglicherweise noch andere stillschweigend vorausgesetzte hinzunehmen.

III. Bilde die Schlußaufstellung in der Form »Die Zahl, die ich zu kennen wünsche (x, n, r), kann durch Gleichsetzung (=) mit einer bestimmten Zahl erhalten werden«.

Warnungen. IV. Achte darauf, daß sich alle Zahlen, die Maßzahlen für dieselbe Gattung von Größen sind, auf dieselben Einheiten beziehen, z. B. bei Geldsachen alles auf Mark oder alles auf Pfennig, bei Entfernungen alles auf Meter oder alles auf Kilometer usw., bei Zeiten alles auf Sekunden oder alles auf Stunden usw.

V. Kontrolliere das Resultat

Um das Übersetzen von eingekleideten Aufgaben in die Sprache des algebraischen Symbolismus zu illustrieren, geben wir jetzt sechs Aufgaben, die auf die einfachste Gattung von Gleichungen führen, für welche die indischen Mathematiker Auflösungsvorschriften gaben. Vorher soll noch ein weiteres Wort der Erläuterung gesagt werden. Wenn man eine fremde Sprache fließend spricht, so übersetzt man den Gedanken als Ganzes von der Muttersprache in die fremde Sprache oder umgekehrt. Wenn man aber ein Anfänger ist, so muß das von Wort zu Wort, also schrittweise, geschehen. Um dem Leser zu zeigen, daß *das Lösen von Aufgaben nicht eine besondere Begabung voraussetzt, sondern lediglich die Kunst, feststehende Regeln der Grammatik anzuwenden,* sollen bei den nun folgenden Aufgaben die einzelnen Schritte deutlich aufgewiesen werden. Selbstverständlich wird er das nicht mehr nötig haben, wenn er die Übersetzungskunstgriffe kennt. Er wird dann die Gleichung, die »eingekleidet« vorliegt, in einem oder zwei Schritten aufstellen können.

Beispiel I. – Das Kontokorrent eines Ortsvorstandes einer Gewerkschaft ist das Vierfache des Depositenkontos, wobei beide Beträge zusammen 350 DM ergeben. Wie lauten die einzelnen Konti?

Erste Feststellung: Laut Angabe ist das Kontokorrent das Vierfache des Depositenkontos. Das heißt: »Der Betrag, auf den das Depositenkonto lautet, muß mit 4 multipliziert werden, damit sich der Kontokorrentbetrag ergibt.«

$$4d = c \qquad (I)$$

Zweite Feststellung: Beide Beträge ergeben gemäß Angabe zusammen 350 DM. Das heißt: »Addiert man den Kontokorrentbetrag zum Depositenbetrag, so erhält man 350.«

$$c + d = 350 \qquad (II)$$

Durch Verknüpfung beider Feststellungen erhält man

$$4d + d = 350$$
$$\therefore \quad 5d = 350$$
$$\therefore \quad d = \frac{350}{50}$$
$$\therefore \quad d = 70$$

Das Depositenkonto lautet demnach auf 70 DM und das Kontokorrent auf $(350 - 70) = 280$ DM.

Beispiel II. – Ein Zug, der London um 1 Uhr in Richtung Edinburgh verläßt, legt stündlich 80 km zurück. Ein weiterer Zug verläßt um 4 Uhr Edinburgh in Richtung London, legt aber nur 40 km in der Stunde zurück. Nun ist Edinburgh 640 km von London entfernt. Wann treffen die Züge einander?

Die Angaben in der Aufgabe gestatten die Ermittlung des von jedem der Züge in irgendeiner Zeit zurückgelegten Weges. Was wir in Erfahrung bringen möchten, ist die Zeit, die bis zu dem Augenblick verstreicht, da beide Züge gleich weit von Edinburgh oder gleich weit von London entfernt sind. Da wir diesen Zeitpunkt nach dem Abgang des zweiten Zuges erwarten, wollen wir die gesuchte Zeit (t) von dieser Abgangszeit aus rechnen, d. h. auf den Zeitpunkt 4 Uhr beziehen.

Erste Feststellung: Laut Angabe verläßt der Zug A London um 1 Uhr. Man addiert daher 3 (Zeitunterschied zwischen 1 Uhr und 4 Uhr) zur gesuchten Zeit, um die Fahrtdauer (T) des Zuges A bis zum Momente des Zusammentreffens zu erhalten. Das gibt

$$3 + t = T \qquad (I)$$

Zweite Feststellung: Laut Angabe entfernt sich der Zug A mit jeder Stunde um 80 km von London. Daher multipliziert man die Fahrtdauer (T) des Zuges A mit 80, um die zurückgelegte Wegstrecke (D), also seine Entfernung von London im Moment des Zusammentreffens, zu erhalten. Das gibt

$$80\,T = D \qquad (II)$$

Dritte Feststellung: Der zweite Zug verläßt laut Angabe Edinburgh um 4 Uhr und legt stündlich 40 km zurück. Multipliziert man daher die Zeit (t), die von 4 Uhr bis zum Zusammentreffen beider Züge verstreicht, mit 40, so erhält man die Entfernung (d) der Züge von Edinburgh im Augenblick ihres Zusammentreffens.

Das gibt $\qquad 40\,t = d \qquad (III)$

Vierte Feststellung: Die Distanz London – Edinburgh beträgt 640 km. Subtrahiert man daher die Entfernung (d) der Züge von Edinburgh im Moment ihres Zusammentreffens von 640, so erhält man die Entfernung (D), welche die Züge in diesem Augenblick von London haben. Das gibt

$$640 - d = D \qquad (IV)$$

Durch Kombination von (I) und (II) ergibt sich

$$80(3+t) = D \qquad (V)$$

Die Kombination von (IV) mit (III) ergibt

$$640 - 40\,t = D \qquad (VI)$$

Kombiniert man jetzt (V) mit (VI), so erhält man

$$80(3+t) = 640 - 40\,t$$

Teilt man beide Seiten der Gleichung durch 40, so vereinfacht man die Rechnung zu

$$2(3+t) = 16 - t$$
$$6 + 2t = 16 - t$$
$$2t + t = 16 - 6$$
$$3t = 10$$

$$t = \frac{10}{3}$$

$$\therefore t = 3\frac{1}{3}$$

Die Züge treffen sich also 3 Stunden, 20 Minuten nach 4 h, also um 7 h 20.

Beispiel III. – Der Wettlauf des Achilles

Erste Feststellung: Laut Angabe beträgt die Geschwindigkeit des Helden das Zehnfache der Geschwindigkeit der Schildkröte. Daher muß man die Geschwindigkeit (v) der Schildkröte mit 10 multiplizieren, um die Geschwindigkeit (V) des Achilles zu erhalten. Das gibt

$$10\,v = V \tag{I}$$

Zweite Feststellung: Laut Angabe gewährt Achilles der Schildkröte einen Vorsprung von 100 Metern. Daher muß man zur Distanz (d), welche die Schildkröte bis zum Moment des Einholens zurückgelegt hat, noch 100 addieren, um die Distanz (D) zu erhalten, die Achilles bis zu diesem Moment zurückgelegt hat. Das gibt

$$100 + d = D \tag{II}$$

Um diese beiden Feststellungen miteinander in Beziehung zu bringen, braucht man sich nur daran zu erinnern, daß man die Geschwindigkeit erhält, wenn man die zurückgelegte Wegstrecke durch die dafür benötigte Zeit (t) dividiert. Diese Zeit ist offensichtlich in beiden Fällen dieselbe (d. h. die Laufzeit der Schildkröte, bis sie eingeholt wird, ist auch die Zeit, die Achilles braucht, um die Schildkröte einzuholen). Deshalb kommen zu den obigen Feststellungen noch zwei weitere, in der Aufgabe nicht ausdrücklich erwähnte, hinzu.

Dritte Feststellung: Die Strecke, die die Schildkröte zurücklegt, bis sie überholt wird, muß durch die dafür benötigte Zeit dividiert werden, damit man die Geschwindigkeit der Schildkröte erhält:

$$\frac{d}{t} = v \qquad (III)$$

Vierte Feststellung: Die von Achilles zurückgelegte Wegstrecke ist durch die dafür benötigte Zeit zu dividieren, damit sich seine Geschwindigkeit ergibt.

$$\frac{D}{t} = V \qquad (IV)$$

(I) kombiniert mit (III) ergibt $\frac{10d}{t} = V$ (V)

(II) kombiniert mit (IV) ergibt $\frac{100 + d}{t} = V$ (VI)

Schließlich ergibt (V) kombiniert mit (VI)

$$\frac{10d}{t} = \frac{100 + d}{t}$$

Durch Multiplikation beider Seiten mit t erhält man

$$10\,d = 100 + d$$
$$10d - d = 100$$
$$\therefore \quad 9d = 100$$

$$d = \frac{100}{9} = 11\frac{1}{9} \text{ (Meter)}$$

Beispiel IV. – Wenn ich so alt sein werde, wie mein Vater jetzt ist, so werde ich fünfmal so alt sein, wie mein Sohn jetzt ist. Dann aber wird mein Sohn acht Jahre älter sein, als ich jetzt bin. Mein Vater und ich sind jetzt zusammen 100 Jahre alt. Wie alt ist mein Sohn?

Erste Feststellung: Laut Angabe werde ich, wenn ich so alt sein werde, wie mein Vater jetzt ist, fünfmal so alt sein, wie mein Sohn jetzt ist, d. h. mein Vater ist jetzt fünfmal so alt wie mein Sohn. Multipliziert man daher das jetzige Alter meines Sohnes (s) mit 5, so erhält man das jetzige Alter meines Vaters (f)

$$5s = f \qquad (I)$$

Zweite Feststellung: Laut Angabe wird mein Sohn, wenn ich das jetzige Alter meines Vaters erreicht haben werde, acht Jahre älter sein, als ich jetzt bin. Man zergliedere dies so: (A) Vermindert man das jetzige Alter (f) meines Vaters um mein jetziges Alter (m), so erhält man die Anzahl Jahre (l), die noch verstreichen müssen, bis ich so alt sein werde, wie mein Vater jetzt ist:

$$f - m = l \qquad (A)$$

(B) Um diese l Jahre müssen wir das Alter (s) meines Sohnes vermehren, um zu erfahren, wie alt er sein wird (S Jahre), wenn ich das jetzige Alter meines Vaters erreicht haben werde:

$$l + s = S \qquad (B)$$

(C) Mein jetziges Alter ist um 8 Jahre zu vermehren, damit sich das Alter ergibt, das mein Sohn nach l Jahren haben wird:

$$m + 8 = S \qquad (C)$$

Aus (B) und (C) folgert man: $\quad m+8 = l+s \qquad (D)$
Ferner aus (A) und (D): $\quad\quad\ m+8 = f-m+s$
oder: $\quad\quad\quad\quad\quad\quad\quad\quad\ \ 2m+8 = f+s \qquad (II)$

Dritte Feststellung: Laut Angabe sind mein Vater und ich jetzt zusammen 100 Jahre alt. Das Alter meines Vaters muß daher um das meinige vermehrt werden, um 100 Jahre zu ergeben:

$$f+m = 100$$
oder $\quad\quad\quad\quad m = 100-f \qquad (III)$

Aus (I) und (II) folgt $\quad\quad 5s+s = 2m+8$
$\quad\quad\quad\quad\quad\quad\quad\quad\quad\ \ 6s = 2m+8 \qquad (IV)$

Aus (I) und (III) ergibt sich $\quad 100-5s = m \qquad (V)$

Ferner aus (IV) und (V): $\quad\quad 6s = 2(100-5s)+8$
$\quad\quad\quad\quad\quad\quad\quad\quad\quad\ \ 6s = 200-10s+8$
$\quad\quad\quad\quad\quad\quad\quad\quad\ 6s+10s = 200+8$
$\quad\quad\quad\quad\quad\quad\quad\quad\quad 16s = 208$
$\quad\quad\quad\quad\quad\quad\quad\quad\quad\quad s = \tfrac{208}{16}$
$\quad\quad\quad\quad\quad\quad\quad\therefore\ s = 13\ \text{(Jahre)}$

d. h. mein Sohn ist jetzt 13 Jahre alt.

Beispiel V. – (Ein altes indisches Problem aus dem Lilavati von Arybhata, ca 450 n. Chr.) Ein Kaufmann verzollt gewisse Waren an drei verschiedenen Orten. Am ersten Ort muß er als Zoll $\tfrac{1}{3}$ der Waren hergeben, am zweiten $\tfrac{1}{4}$ der restlichen Waren und am dritten $\tfrac{1}{5}$ des neuen Restes. Insgesamt betrug der Wert der als Zoll entrichteten Ware 24 Münzen. Welchen Wert hatten seine Waren?

Erste Feststellung: Laut Angabe mußte er am ersten Ort ein Drittel das Warenwertes an Zoll bezahlen. Daher muß man von dem Wert (x) seiner Ware $\frac{1}{3}$ dieses Wertes abziehen, um den Wert (y) zu erhalten, den er am zweiten Ort zu verzollen hat. Das gibt

$$x - \frac{1}{3}x = y$$

oder

$$\frac{2}{3}x = y \qquad (I)$$

Zweite Feststellung: Laut Angabe muß er am zweiten Ort ein Viertel des zuletzt erhaltenen Wertes an Zoll bezahlen. Daher muß man von dem zuletzt gefundenen Wert $\frac{1}{4}$ dieses Wertes abziehen, um den am dritten Ort zur Verzollung kommenden Wert (z) zu erhalten. Das gibt

$$y - \frac{1}{4}y = z$$

oder

$$\frac{3}{4}y = z \qquad (II)$$

Dritte Feststellung: Laut Angabe bezahlte er am dritten Platz ein Fünftel des zuletzt angeschriebenen Wertes an Zoll. Insgesamt betrug der Wert des Zolles 24 Münzen. Daher hat man zu $\frac{1}{5}$ dieses Wertes den am zweiten Ort bezahlten Zoll ($\frac{1}{4}y$) und den am ersten Ort bezahlten Zoll ($\frac{1}{3}x$) zu addieren, um 24 zu erhalten. Das gibt

$$\frac{1}{5}z + \frac{1}{4}y + \frac{1}{3}x = 24 \qquad (III)$$

Aus (II) und (III) folgt $\left(\frac{3}{4} \cdot \frac{1}{5}\right)y + \frac{1}{4}y + \frac{1}{3}x = 24$

oder
$$y + \frac{1}{3}x = 24 \qquad (IV)$$

Und aus (I) und (IV) $\left(\frac{2}{5} \cdot \frac{2}{3}\right)x + \frac{1}{3}x = 24$

oder
$$\frac{3}{5}x = 24$$

$$x = \frac{5 \cdot 24}{3} \therefore x = 40$$

Der Wert der Ware betrug somit vierzig Münzen.

Diese Beispiele sind Schritt für Schritt entwickelt worden, um zu zeigen, daß das Auflösen von Aufgaben mit Hilfe der Algebra lediglich eine Übersetzung nach festgelegten grammatischen Regeln darstellt. Wie erwähnt, braucht man keineswegs alle Schritte einzeln zu durchlaufen, wenn man im Gebrauch der Zahlensprache sicher ist. Sobald man nämlich Übung hat, gelingt die Auflösung viel schneller, wenn man vor allem eine abstrakte Zahl für die gesuchte Größe, einführt und alles anschreibt, was über diese Größe in der Aufgabe ausgesagt wird, bis sich ein vollständiger Satz herausbildet. Es kann etwa das Beispiel IV schneller so angepackt werden:

Sei x das Alter des Sohnes
Dann ist das Alter des Vaters 5x
Mein Alter ist (100−5x). Daher:

$$5x - (100 - 5x) + x = 100 - 5x + 8$$
$$\therefore 16x = 208$$
$$\therefore x = 13$$

Alle bisher behandelten Probleme führen schließlich auf eine mathematische Aussage, die bloß eine abstrakte Zahl aufweist, welche für die gesuchte unbekannte Größe steht. Eine solche Aussage kann oft sogar erhalten werden, wenn das Problem zwei Unbekannte aufweist, sofern zwischen diesen eine einfache und erkennbare Beziehung besteht. So bietet beispielsweise folgendes Problem mit drei Unbekannten keine Schwierigkeiten.

Beispiel VI. − In einem Werkzeugkasten sind dreimal soviel Stifte wie Nägel und dreimal soviel Nägel wie Schrauben; insgesamt gibt es 1872 Stück. Wie viele Stifte, wie viele Nägel und wie viele Schrauben enthält der Kasten? Der Leser kann das so übersetzen: Die Anzahl der Nägel ist gleich einem Drittel der Anzahl der Stifte ($n = \frac{1}{3} t$). Die Anzahl der Schrauben ist gleich einem Drittel der Anzahl der Nägel ($s = \frac{1}{3} n$). Die Gesamtanzahl aller drei Arten, also (t+n+s) ist gleich 1872, d. h.

$$t + \frac{1}{3} t + \frac{1}{3}\left(\frac{1}{3} t\right) = 1872$$
$$t\left(1 + \frac{1}{3} + \frac{1}{9}\right) = 1872$$
$$\frac{13}{9} t = 1872$$

$$t = \frac{9 \cdot 1872}{13} = 1296$$

Somit ist 1296 die Anzahl der Stifte, ein Drittel davon, also 432, die Anzahl der Nägel, und ein Drittel von 432, also 144, die Anzahl der Schrauben. (Probe: 1296+432+144 = 1872.)

Kommt in einem Problem mehr als eine Unbekannte vor, so kann man aus den Angaben des Problems leicht eine mathematische Gleichung mit einer einzigen abstrakten Zahl herauskristallisieren, wenn eine der Unbekannten ein bestimmtes Vielfaches einer anderen ist oder sich von dieser um einen bekannten Betrag unterscheidet. Gelingt dies aber nicht, so können wir das Problem noch lösen, wenn wir so viele voneinander verschiedene Gleichungen anschreiben können, wie es Unbekannte gibt. Folgendes Beispiel ist ein einfaches Problem dieser Art.

Beispiel VII. – Zwei Pfund Butter und drei Pfund Zucker kosten 31 Mark. Drei Pfund Butter und zwei Pfund Zucker kosten 39 Mark. Was kostet ein Pfund Butter und was ein Pfund Zucker? Diese Aufgabe stellt fest,

I. daß das Doppelte des Preises eines Pfundes Butter (b), addiert zum dreifachen Preis eines Pfundes Zucker (z), 31 Mark ergibt, d. h.

$$2b + 3z = 31$$

II. daß das Dreifache des Preises eines Pfundes Butter, addiert zum doppelten Preis eines Pfundes Zucker, 39 Mark ergibt, d. h.

$$3b + 2z = 39$$

Nun liegen zwei Gleichungen mit zwei abstrakten Zahlen vor; wir können eine von ihnen durch einen Kunstgriff loswerden, den man »Auflösung eines Gleichungssystems« nennt. Wir dürfen mit einer Seite einer Gleichung anstellen, was uns beliebt, sofern wir genau das gleiche mit der anderen Seite tun. Multiplizieren wir daher in unserem Falle beide Seiten der ersten Gleichung mit drei und beide Seiten der zweiten Gleichung mit zwei, so erhalten wir zwei Gleichungen, die in einer Unbekannten vollständig übereinstimmen, nämlich:

$$6b + 9z = 93$$
$$6b + 4z = 78$$

Subtrahiert man nun 6b + 4z von 6b + 9z, was das gleiche ergibt wie das Subtrahieren der Zahl 78 von 93, so erhält man $5z = 15$, und hieraus: $z = 3$ (Mark). Man kann b erhalten, indem man den Wert von z in eine der ursprünglichen Gleichungen einsetzt; also $2b + 9 = 31$, d. h. $2b = 22$, und hieraus: $b = 11$ (Mark). Der Preis des Zuckers ist somit drei und der für Butter elf Mark pro Pfund.

Das allgemeine Verfahren, ein aus zwei Gleichungen bestehendes System

$$ax + by = c$$
$$dx + ey = f$$

aufzulösen, wobei a, b, c, d, e, f bekannte und x sowie y unbekannte Zahlen bedeuten sollen, geht folgendermaßen vor sich. Um x loszuwerden, multipliziert man die erste Gleichung mit d und die zweite mit a, also

$$dax + dby = dc$$
$$dax + eay = fa$$

Die Subtraktion der zweiten von der ersten ergibt:

$$(db - ea)y = dc - fa$$

Wir haben nun eine einfache Gleichung mit einer einzigen Unbekannten y erhalten; die anderen Zahlen sind ja als bekannt anzusehen. Natürlich könnte man auch die erste Gleichung mit e und die zweite mit b multiplizieren, was vorzuziehen ist, wenn man mit kleineren Zahlen zu multiplizieren hat, nur werden wir dann das y los, und das x bleibt zurück:

$$(ea - db)x = ce - bf$$

Obwohl die Inder und die Araber geringen Gebrauch von den Operationszeichen machten – die, wie das in den vorangehenden Beispielen gezeigt wurde, in der modernen Algebra mathematische Verben andeuten, wenn ein Problem aus der Alltagssprache in die Sprache der Größe und der Ordnung übersetzt wird –, gaben sie doch grammatische Regeln an, welche im wesentlichen jene sind, die wir im Kapitel II gegeben haben.

Alkarismi unterschied zwei allgemeine Regeln. Die erste nannte er al-muqabalah oder, wie unsere Lehrbücher sagen, Zusammenfassung gleichartiger Glieder. Sie hilft Weitschweifigkeit zu vermeiden, wie sie in moderner Kurzschrift im folgenden Beispiel auftritt:

$$q + 2q = x + 6x - 3x$$
$$\therefore 3q = 4x$$

Die andere Regel, deren Name unserer Sprache einverleibt wurde, war al-gebra, d. h. das Hinübernehmen von Gliedern der einen Seite einer Gleichung auf die andere, z. B. in unserer Kurzschrift:

$$bx + q = p$$
$$bx = p - q$$

Alkarismi gibt die Regel, die wir jetzt zur Auflösung von Gleichungen verwenden, welche das Quadrat einer unbekannten, von uns zu bestimmenden Zahl enthalten. Die Methode, die er gibt, ist im wesentlichen dieselbe, wie sie zuerst von Diophant verwendet wurde. Ein von Alkarismi stammendes Beispiel ist:

$$x^2 + 10x = 39$$

Die von Alkarismi gegebene Regel stützt sich auf Fig. 101. Angenommen, man zeichne ein Quadrat über eine Strecke, die x Einheiten lang ist. Verlängert man zwei aneinanderstoßende Seiten um weitere 5 Einheiten und errichtet man über jeder Verlängerung ein Rechteck mit der Höhe x Einheiten, so ergibt sich eine L-förmige Figur, deren Inhalt

$$x^2 + 5x + 5x = x^2 + 10x$$

ist. Fügen wir zur Figur links (Fig. 101) das Quadrat mit 5 Einheiten Seitenlänge hinzu, wie rechts gezeigt wird, so ist jetzt der Inhalt der Gesamtfigur

$$x^2 + 10x + 25 = (x+5)^2$$

Der Auflösungsgang sieht also so aus:

$$x^2 + 10x = 39$$
$$x^2 + 10x + 25 = 39 + 25 (= 64)$$
$$\therefore (x+5)^2 = 8^2$$
$$\therefore x+5 = 8$$
$$\therefore x = 8 - 5$$
$$\therefore x = 3$$

Alkarismi faßt die Regel zur Auflösung solcher Gleichungen in Worte, wobei er die Aufgabe so liest: 1 Quadrat und 10 Wurzeln dieses Quadrates ergeben 39. (Er nennt also die Zahl, die in der Gleichung mit x multipliziert erscheint, *»Zahl der Wurzeln«* des gesuchten Quadrates.) Seine Auflösungsregel für diesen Fall lautet:

»Halbiere die Zahl der Wurzeln; ihre Hälfte ist 5. Multipliziere dieses mit sich selbst; das Produkt ist 25. Addiere diese Zahl zu 39; die Summe ist 64. Ziehe die Quadratwurzel hieraus; sie ist 8. Ziehe davon die halbe Anzahl der Wurzeln (5) ab; der Rest ist 3. Das ist die Wurzel des gesuchten Quadrates; das Quadrat selbst ist 9.«

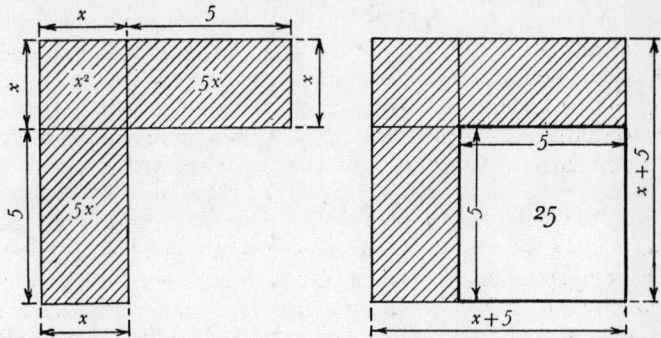

Fig. 101 Auflösung einer quadratischen Gleichung durch die Methode der quadratischen Ergänzung nach Alkarismi

(I) $x^2 + 10x = 39$ (II) $x^2 + 10x + 25 = 25 + 39$
$$(x + 5)^2 = 64 = 8^2$$
$$x + 5 = 8 \ .$$

Heutzutage nennen wir die Zahl, die der Zahl 10 in dieser Gleichung entspricht, den *Koeffizienten* von x. Ersetzt man den Koeffizienten durch eine abstrakte Zahl, für die wir einen Buchstaben vom Anfang des Alphabets wählen, um anzudeuten, daß es sich um eine Zahl handelt, die wir bereits kennen, und ersetzt man 39 auf gleiche Weise, so folgt aus

$$x^2 + bx = c$$

$$x = \sqrt{\frac{b^2}{4} + c} - \frac{b}{2}$$

Man erkennt in $\frac{b^2}{4}$ das Quadrat der Hälfte des Koeffizienten von x, oder, wie Alkarismi sagen würde, das Resultat der Multiplikation der halben »Anzahl der Wurzeln« mit sich selbst. Wir bezeichnen dieses Verfahren zum Aufsuchen des Wertes von x in einer Gleichung, die x^2 enthält, als »Ergänzen zum Quadrat«, um an die Tatsache zu erinnern, daß die Algebra der Gleichungen sich aus der bildhaften Art entwickelt hat, ein vorliegendes Problem mit Hilfe von maßstäblichen Zeichnungen (wie in Kap. III) zu lösen. Wir nennen Gleichungen von der soeben behandelten Art auch »quadratische Gleichungen« (aus dem Lateinischen quadratum, für eine vierseitige Figur), obwohl moderne Lehrbücher über elementare Algebra diese Figur nicht mehr zur Erklärung benutzen. Folgendes Problem kann mit Hilfe des soeben behandelten Auflösungsverfahrens gelöst werden. Leichtere finden sich zu Übungszwecken am Ende des Buches vor.

Beispiel VIII. – Zwei Radfahrer brechen am gleichen Ort mit gleichem Ziel gleichzeitig auf. Der eine legt pro Stunde eine Viertelmeile mehr zurück als der andere. Der schnellere erreicht das Endziel seiner Fahrt eine halbe Stunde früher als der langsamere. Die Fahrstrecke jedes Radfahrers beträgt 34 Meilen. Welches ist die Geschwindigkeit eines jeden?

Erste Festellung: Laut Angabe legt derjenige, der früher ankommt, eine Viertelmeile in der Stunde mehr zurück. Daher muß man zur Geschwindigkeit des langsameren (m Meilen pro Stunde) $\frac{1}{4}$ Meile pro Stunde addieren, um die Geschwindigkeit des schnelleren (n Meilen pro Stunde) zu erhalten oder

$$\frac{1}{4} + m = n$$

$$\therefore n = \frac{4m + 1}{4} \qquad (I)$$

Zweite Feststellung: Laut Angabe brauchte der schnellere Radfahrer insgesamt eine halbe Stunde weniger als der langsamere. Daher hat man von der Zeit (h Stunden), die der langsamere braucht, $\frac{1}{2}$ abzuziehen, um die Zeit des schnelleren (H Stunden) zu erhalten oder

$$h - \frac{1}{2} = H \qquad (II)$$

Dritte Feststellung: Laut Angabe legt der schnellere in H Stunden mit der Geschwindigkeit von n Meilen pro Stunde 34 Meilen zurück, während der langsamere in h Stunden mit der Geschwindigkeit von m Meilen pro Stunde 34 Meilen zurücklegt.

Das bedeutet: Dividiert man 34 Meilen durch die jeweils benötigte Zeit, so erhält man die zugehörige Geschwindigkeit, d. h.:

$$n = 34 : H$$

$$\therefore H = \frac{34}{n} \qquad \text{(III a)}$$

$$m = 34 : h$$

$$\therefore h = \frac{34}{m} \qquad \text{(III b)}$$

Aus (III) und (II) folgt

$$\frac{34}{m} - \frac{1}{2} = \frac{34}{n} \qquad \text{(IV)}$$

Aus (IV) und (I) folgt

$$\frac{34}{m} - \frac{1}{2} = \frac{34 \cdot 4}{4m + 1}$$

Durch Anwendung der Diagonalregel erhält man

$$68 + 271m - 4m^2 = 272m$$
$$\therefore \quad -m - 4m^2 = -68$$
$$\therefore \quad m^2 + \frac{1}{4}m = 17$$

Nach Alkarismis Verfahren folgt hieraus

$$m = \sqrt{\frac{1}{4}\left(\frac{1}{4}\right)^2 + 17} - \frac{1}{2} \cdot \frac{1}{4}$$

$$= \sqrt{\frac{1089}{64}} - \frac{1}{8}$$

$$= \frac{33}{8} - \frac{1}{8}$$

$$= 4$$

Die Geschwindigkeit (m) des langsameren beträgt demnach 4 Meilen pro Stunde und die des schnelleren $4\frac{1}{4}$ Meilen pro Stunde.

(Probe: Der schnellere legt stündlich $4\tfrac{1}{4}$ Meilen zurück, d. h. er braucht 8 Stunden. Der langsamere braucht folglich $8\tfrac{1}{2}$ Stunden und legt wirklich in dieser Zeit $8\tfrac{1}{2} \cdot 4 = 34$ Meilen zurück.)

Die Auflösung von Gleichungen nach dieser Regel brachte die Araber vor eine Schranke, die wir bereits in der griechischen Geometrie getroffen haben. Gemäß der Vorzeichenregel ist

$$-a \cdot -a = a^2$$
ebenso
$$+a \cdot +a = a^2$$
$$\therefore \quad \sqrt{a^2} = +a \text{ oder } -a$$

oder, wie man es gewöhnlich schreibt, ± a. Daher stellt jedes Quadratwurzelzeichen eine Operation dar, welche zwei Ergebnisse liefert, z. B.

$$100 = (\pm 10)^2$$
$$49 = (\pm 7)^2$$

Greift man die Gleichung, an der Alkarismi das Auflösungsverfahren erklärte, wieder auf, so erhält man jetzt

$$x = 8 - 5$$
oder $\quad x = -8 - 5$
d. h. $\quad x = 3$
oder $\quad x = -13$

Die Araber konnten sich überzeugen, daß beide Lösungen jener Gleichung genügen:

$$3^2 + 10 \cdot 3 = 9 + 30 = 39$$
$$(-13)^2 + 10(-13) = 169 - 130 = 39$$

Wir haben die zweite Lösung einfach vernachlässigt, weil wir noch keine natürliche Deutung mathematischer Gerundien, wie z. B. – 13, die andere Lösung der in Fig. 101 veranschaulichten Gleichung, gefunden haben. Man kann sich vorstellen, welche Verwirrung entstand, wenn man in zwei Antworten auf ein Problem einen vernünftigen Sinn finden sollte. Hätten die Hüter des Kalenders – in einer Zeit vorherrschend islamischer Kultur – die Voraussicht gehabt, vor oder nach der *Hedschra* (der Flucht des Propheten aus Mekka) ein Nulljahr einzusetzen, wäre die Behandlung praktischer Probleme einfacher gewesen. Und hätte man das Jahr Null vor oder nach Christi Geburt angesetzt, so hätte man auch den christlichen Mathematikern geholfen. Vor der Erfindung des Thermometers (zur Zeit Newtons) mit einer Nullmarke auf der Skala war es tatsächlich schwierig, mit einem praktischen Problem fertigzuwerden, das zwei sinnvolle Lösungen mit umgekehrten Vorzeichen zuließ.

Wie einfach man das heute kann, zeigt *Beispiel IX*. – In einem Vorratsraum steigt innerhalb von 20 Minuten die Temperatur um 2°; nach vorliegendem Bericht beträgt das Produkt der beiden

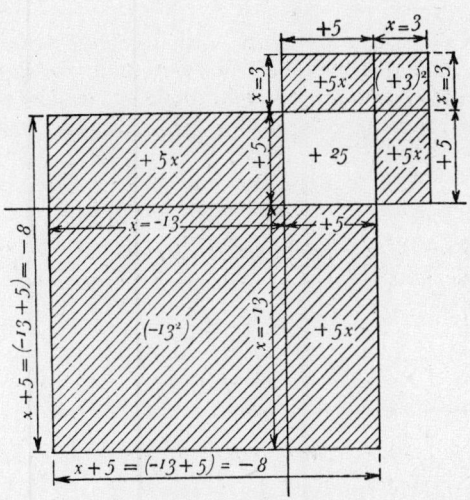

Fig. 102 Alkarismis Problem in der Koordinationsgeometrie

In der früheren Figur wissen wir nicht, was x ist. Die Figur dient lediglich der besseren Darlegung des Rechenprozesses. In der Reformationsgeometrie des nächsten Kapitels werden wir sehen, daß wir, falls wir den aufwärts oder nach rechts aufgetragenen Größen Plus-Einheiten zuordnen, den abwärts oder nach links aufgetragenen Größen Minus-Einheiten zuordnen müssen. Die Gleichung lehrt uns, daß

$$x + 5 = 8 \text{ oder } - 8 \text{ ist.}$$

Das heißt, daß der Inhalt des Quadrates mit der Seite $x + 5$ gleich 64 Quadrateinheiten ist. Das untere große Quadrat besteht aus zwei Rechtecken mit dem Gesamtinhalt

$$2 \cdot 5 \cdot (-13) = -130 \text{ Quadrateinheiten}$$

und aus zwei Quadraten mit dem Gesamtinhalt

$$(-13)(-13) + (+5)(+5)$$

oder + 194 Quadrateinheiten. Daher ist der Inhalt des großen Quadrates

$$194 - 130 = 64$$

Ablesungsergebnisse 15°. Wie hoch war das erste? Wenn das erste Ergebnis + ist, dann

$$t(t+2) = 15, \text{ also}$$
$$t^2 + 2t - 15 = 0$$

$$t = \frac{-2 \pm \sqrt{4+60}}{2} = \frac{-2 \pm 8}{2} = +3° \text{ oder } -5°$$

Beispiel X. – Es war jedoch auch zu Alkarismis Zeit nicht unmöglich zu demonstrieren, daß beide Quadratwurzeln zu einer korrekten Lösung führen können. Das zeigt folgende Aufgabe:
Eine Zahl wird mit sich selbst multipliziert. Das Ergebnis wird zu 6 addiert. Subtrahiert man von dem neuen Ergebnis das Fünffache der Zahl, so bleibt nichts übrig. Wie heißt die Zahl? Die Übersetzung des Rätsels in die algebraische Kurzschrift ergibt

$$x^2 - 5x + 6 = 0$$

Wir dürfen das so schreiben

$$x^2 - 5x = -6$$

Durch Anwendung der Auflösungsregel von Alkarismi und der Vorzeichenregel erhält man

$$x = \sqrt{-6 + \left(-\frac{5}{2}\right)^2} - \left(-\frac{5}{2}\right)$$
$$x = \sqrt{-6 + \frac{25}{4}} + \frac{5}{2}$$
$$x = \pm\frac{1}{2} + \frac{5}{2}, \text{ also } x = +2 \text{ oder } +3$$

Man überzeugt sich, daß beide Lösungen mit dem aufgegebenen Rätsel verträglich sind; denn

$$2^2 - (5 \cdot 2) + 6 = 4 - 10 + 6 = 0$$
$$3^2 - (5 \cdot 3) + 6 = 9 - 15 + 6 = 0$$

Gewisse Gleichungen werden von keiner positiven Zahl befriedigt, andere wiederum besitzen weder eine positive noch eine negative Lösung. Diese Komplikation bereitete dem Italiener Cardano gegen das Ende der Übergangsperiode, von der alexandrinischen Ära bis zur Erfindung der Koordinatengeometrie

Schwierigkeiten. Cardano vertrieb sich die Zeit mit Rätseln der soeben behandelten Art und stieß dabei zufällig auf eine neue Art von Lösungen. Ändern wir z. B. das letzte Rätsel durch Einführung anderer Zahlen wie folgt ab: »Eine Zahl wird mit sich selbst multipliziert. Das Ergebnis wird zu 5 addiert. Zieht man vom neuen Ergebnis das Doppelte der Zahl ab, so bleibt nichts übrig. Wie heißt die Zahl?«

$$x^2 - 2x + 5 = 0$$

$$x^2 - 2x = -5$$

$$x = \sqrt{-5 + 1}$$

$$= 1 \pm \sqrt{-4}$$

$$x = 1 \pm 2\sqrt{-1}$$

Nun erhebt sich die Frage: Was in aller Welt ist die Quadratwurzel aus -1? Aufgrund einer rein grammatikalischen Übereinkunft ist es die Zahl, die mit sich selbst multipliziert -1 ergibt. Gäbe es eine solche Zahl, so gäbe die gefundene Lösung eine korrekte Antwort auf die gestellte Frage, wie man sich durch Ausführung der folgenden Proben überzeugt, wobei bei der einen Lösung das Zeichen »$\pm$« durchwegs »+« und bei der andern Lösung durchwegs »$-$« bedeutet.

$$\begin{array}{r} 1 \pm 2\sqrt{-1} \\ 1 \pm 2\sqrt{-1} \\ \hline 1 \pm 2\sqrt{-1} \\ \pm 2\sqrt{-1} + 4(-1) \\ \hline \end{array} \quad \text{Multiplikation } x \cdot x$$

$$x^2 = 1 \pm 4\sqrt{-1} - 4$$

$$\therefore x^2 - 2x + 5 = 1 \pm 4\sqrt{-1} - 4 - 2(1 \pm 2\sqrt{-1}) + 5 = 0$$

Obwohl wir einsehen, daß unsere Lösung im Sinne der Grammatik richtig ist, gibt sie uns keine befriedigende Antwort auf die Frage, was denn eigentlich die Quadratwurzel aus -1 sei.

Alles was wir an diesem Punkte darüber sagen können, ist, daß sie ein Teil der Sprache ist, die grammatikalisch in der Form von Sätzen, quadratische Gleichungen genannt, anwendbar ist. Die ersten Mathematiker, die auf Mengen wie etwa $\sqrt{-5}$ stießen, nannten sie imaginäre Zahlen, was nichts weiter als eine Definition ist. Wir brauchen eine neue Geometrie, um klarer zu sehen, was sie bedeuten. Diese wird in Kap. VIII behandelt.

Die Regel Alkarismis zur Auflösung von quadratischen Gleichungen wird manchmal für quadratische Gleichungen, in denen der Koeffizient von x^2 nicht, wie in den besprochenen Beispielen, gleich 1 ist, in einer allgemeinen Form gegeben.

Die Gleichung $\qquad ax^2 + bx + c = 0$

kann geschrieben werden

$$x^2 + \frac{bx}{a} = -\frac{c}{a}$$

Hierauf wendet man nun die Regel Alkarismis an und erhält:

$$x = \sqrt{-\frac{c}{a} + \left(\frac{b}{2a}\right)^2} - \frac{b}{2a}$$

$$\therefore x = \frac{-b \pm \sqrt{b^2 - 4ac}}{2a}$$

An einem Zahlenbeispiel soll die Handhabung dieser Auflösungsformel gezeigt werden. (Prüfe die Ergebnisse nach):

$$3x^2 - 7x = 6$$
$$3x^2 - 7x - 6 = 0$$

$$x = \frac{7 \pm \sqrt{49 + 72}}{6} \quad (a = 3, b = -7, c = -6)$$
$$= \frac{7 \pm 11}{6}$$

Also $x = 3$ oder $-\frac{2}{3}$.

Reihen. Die neue Zahlensprache brachte Neues über die Naturgeschichte der natürlichen Zahlen ans Licht. Es ist daher gar nicht erstaunlich, daß die Inder und die Araber das Interesse für die alte chinesische Zahlenlehre wiedererweckten und darin selbst interessante Entdeckungen machten. So gibt uns Aryabhata die Regeln zur Bildung der Summen von Reihen wie

$$\begin{array}{cccc} 1 & 2 & 3 & 4 & \ldots \\ 1^2 & 2^2 & 3^2 & 4^2 & \ldots \\ 1^3 & 2^3 & 3^3 & 4^3 & \ldots \end{array}$$

Wir sahen bereits (Kapitel IV), wie man die Summe der oberen Reihe benutzen kann um die Summe der nächsten beiden Reihen zu erhalten, und sicherlich sind schon die Pioniere der indischen Mathematik diesen Weg gegangen. Die Dreieckszahlen der oberen führen zu der Reihenfamilie, die uns als *Pascalsches Dreieck* bekannt ist. Pascal (erste Hälfte des 17. Jahrh.) ist der Begründer der modernen Wahrscheinlichkeitsrechnung.

In Wirklichkeit wurde das Pascalsche Dreieck von Omar Khayyám aufgestellt. Es ist im »Kostbaren Spiegel der Vier Elemente« abgebildet und von dem Chinesen Chu Schi Kei um 1300 n. Chr. verfaßt, der um die Zeit lebte, als das Mogul-Imperium sich nach Osten auszubreiten begann.

$$\begin{array}{ccccccccc} & & & & 1 & & & & \\ & & & 1 & & 1 & & & \\ & & 1 & & 2 & & 1 & & \\ & 1 & & 3 & & 3 & & 1 & \\ 1 & & 4 & & 6 & & 4 & & 1 \\ 1 & 5 & & 10 & & 10 & & 5 & 1 \\ 1 & 6 & 15 & & 20 & & 15 & 6 & 1 \\ 1 & 7 & 21 & 35 & & 35 & 21 & 7 & 1 \end{array}$$

Liest man von rechts nach links diagonal abwärts, so erhält man die Reihe der »Einheit, Quell des Alls«, der natürlichen Zahlen, der einfachen Dreieckszahlen und aufeinanderfolgend die Dreieckszahlen höherer Ordnung, wie man sich überzeugt, wenn man Kapitel IV zurückschlägt. Liest man horizontal, so ergibt sich

$$\begin{array}{ccccccc} 1 & & & & & & \\ 1 & 1 & & & & & \\ 1 & 2 & 1 & & & & \\ 1 & 3 & 3 & 1 & & & \\ 1 & 4 & 6 & 4 & 1 & & \\ 1 & 5 & 10 & 10 & 5 & 1 & \\ 1 & 6 & 15 & 20 & 15 & 6 & 1 \quad \text{usw.} \end{array}$$

Es gibt, wie sich Michael Stifel ausgedrückt haben würde, viele wunderbare Dinge, die zu diesen Zahlen in Beziehung stehen. Zunächst ist man mit ihrer Hilfe imstande, den Ausdruck $(x+a)^n$ vollständig zu entwickeln, ohne die Multiplikation auszuführen:

$$
\begin{array}{l}
x\ +a \\
x\ +a \\
\hline
x^2 + \ ax \\
 +\ ax\ + a^2 \\
\hline
x^2 + 2ax\ + a^2 \\
x\ + a \\
\hline
x^3 + 2ax^2 + a^2 x \\
 +\ ax^2 + 2a^2 x + a^3 \\
\hline
x^3 + 3ax^2 + 3a^2 x + a^3 \\
x\ + a \\
\hline
x^4 + 3ax^3 + 3a^2 x^2 + a^3 x \\
 +\ ax^3 + 3a^2 x^2 + 3a^3 x + a^4 \\
\hline
x^4 + 4ax^3 + 6a^2 x^2 + 4a^3 x + a^4 \\
x\ + a \\
\hline
x^5 + 4ax^4 + 6a^2 x^3 + 4a^3 x^2 + a^4 x \\
 +\ ax^4 + 4a^2 x^3 + 6a^3 x^2 + 4a^4 x + a^5 \\
\hline
x^5 + 5ax^4 + 10a^2 x^3 + 10a^3 x^2 + 5a^4 x + a^5
\end{array}
$$

$= (x + a)^1$

$= (x + a)^2$

$= (x + a)^3$

$= (x + a)^4$

$= (x + a)^5$

Stellen wir diese Resultate zusammen:

$(x + a)^1 = x + a$
$(x + a)^2 = x^2 + 2ax + a^2$
$(x + a)^3 = x^3 + 3ax^2 + 3ax^2 + 3a^2 x + a^3$
$(x + a)^4 = x^4 + 4ax^3 + 6a^2 x^2 + 4a^3 x + a^4$
$(x + a)^5 = x^5 + 5ax^4 + 10a^2 x^3 + 10a^3 x^2 + 5a^4 x + a^5$

Die zu Anfang eines jeden Gliedes dieser Entwicklungen stehenden bestimmten Zahlen oder »Koeffizienten« bilden die Reihen im Omar-Khayyámschen Dreieck. Daher ist für $(x + a)^6$ die Entwicklung

$$x^6 + 6ax^5 + 15a^2 x^4 + 20a^3 x^3 + 15a^4 x^2 + 6a^5 x + a^6$$

zu erwarten.

Das ist auch leicht zu bestätigen. Es gibt daher eine ganz einfache Regel, um $(x + a)^n$ zu entwickeln. Man nennt ihren Inhalt den binomischen Lehrsatz. Greift man auf Kapitel IV zurück, so stellt man fest, daß die Reihe

$$1 \quad 4 \quad 6 \quad 4 \quad 1$$

dieselbe ist, wie $\quad {}^4C_0, \quad {}^4C_1, \quad {}^4C_2, \quad {}^4C_3, \quad {}^4C_4$

d. h. $\quad 1, \quad \dfrac{4}{1}, \quad \dfrac{4\cdot 3}{2\cdot 1}, \quad \dfrac{4\cdot 3\cdot 2}{3\cdot 2\cdot 1}, \quad 1$

Ähnlich können die Koeffizienten der Entwicklung von $(x + a)^6$ geschrieben werden

$$1, \quad 6, \quad 15, \quad 20, \quad 15, \quad 6, \quad 1$$
$${}^6C_0, \quad {}^6C_1, \quad {}^6C_2, \quad {}^6C_3, \quad {}^6C_4, \quad {}^6C_5, \quad {}^6C_6$$

$$1, \quad \dfrac{6}{1}, \quad \dfrac{6\cdot 5}{2\cdot 1}, \quad \dfrac{6\cdot 5\cdot 4}{3\cdot 2\cdot 1}, \quad \dfrac{6\cdot 5\cdot 4\cdot 3}{4\cdot 3\cdot 2\cdot 1}, \quad \dfrac{6\cdot 5\cdot 4\cdot 3\cdot 2}{5\cdot 4\cdot 3\cdot 2\cdot 1}, \quad 1$$

Daher dürfen wir die Entwicklung von $(x + a)^n$ so anschreiben

$$x^n + n\cdot ax^{n-1} + \frac{n(n-1)}{2\cdot 1}a^2 x^{n-2} + \frac{n(n-1)(n-2)}{3\cdot 2\cdot 1}a^3 x^{n-3}$$
$$+ \frac{n(n-1)(n-2)(n-3)}{4\cdot 3\cdot 2\cdot 1}a^4 x^{n-4} + \ldots + a^n$$

Eine Nutzanwendung, die zu erproben dem Leser empfohlen sei, ist das folgende Rechenverfahren. Um $4{,}84^8$ zu berechnen, ist es nicht notwendig, eine lange Kette von Multiplikationen zu bilden. Wir können nämlich schreiben

$$4{,}84^8 = (4\cdot 1{,}21)^8$$
$$= 4^8 \cdot 1{,}21^8$$
$$= 4^8 \cdot \left(1+\frac{21}{100}\right)^8$$

Die Anwendung des binomischen Lehrsatzes ergibt

$$\left(1+\frac{21}{100}\right)^8 = 1 + 8\cdot\left(\frac{21}{100}\right) + \frac{8\cdot 7}{2\cdot 1}\cdot\left(\frac{21}{100}\right)^2 + \frac{8\cdot 7\cdot 6}{3\cdot 2\cdot 1}\cdot\left(\frac{21}{100}\right)^3$$
$$+ \frac{8\cdot 7\cdot 6\cdot 5}{4\cdot 3\cdot 2\cdot 1}\cdot\left(\frac{21}{100}\right)^4 \text{ usw.}$$

$$= 1 + 8\cdot 0{,}21 + 28\cdot 0{,}0441 + 56\cdot 0{,}009261 \text{ usw.}$$

Der Vorteil dabei ist, daß wir eine Reihe von immer kleiner werdenden Zahlen haben und daß wir diese Reihe an einer beliebig passenden Stelle abbrechen können. Zum Beispiel ist

$(1{,}01)^{10} = 1 + 0{,}1 + 0{,}0045 + 0{,}000120 + 0{,}0000021$ usw.

Das auf 7 Dezimalstellen genaue Ergebnis lautet

1,1046221

Die Verwendung von Dreieckszahlen als Hilfsmittel zur Entdeckung des Bildungsgesetzes einer Reihe führte Newton und seine Nachfolger auf einen Kunstgriff, den man in den Naturwissenschaften gebrauchet, um auf die Gesetze zu kommen, die quantitative Veränderungen in der realen Welt beschreiben. Dieser Kunstgriff beruht auf der Benutzung von Nullstammdreiecken, zu welchen wir bereits in einem früheren Kapitel über die alte Zahlenlehre gegriffen haben. Der Leser mag sich erinnern, wie das Nullstammdreieck der Reihe der Dreieckszahlen zweiter Ordnung ihren Stammbaum wiedergibt:

```
            0
          1   1
        3   4   5
      3   6  10  15
    1   4  10  20  35
```

Bilden wir nun ein Nullstammdreieck für eine beliebige Reihe, welches an der gleichen Stelle die Nullspitze hat. Wir können es unter Verwendung von abstrakten Zahlen so darstellen:

$$
\begin{array}{ccccccccc}
 & & & & 0 & & & & \\
 & & & D_1^3 & & D_2^3 & & & \\
 & & D_1^2 & & D_2^2 & & D_3^2 & & \\
 & D_1^1 & & D_2^1 & & D_3^1 & & D_4^1 & \\
x_1 & & x_2 & & x_3 & & x_4 & & x_5
\end{array}
$$

Jedes D-Glied im Dreieck stellt die Differenz zwischen den zwei Gliedern der darunterstehenden Zeile dar, die zu seinen beiden Seiten stehen. Die beiden Adverbien n und m in D_m^n beziehen sich auf die Diagonal- bzw. Horizontalreihen: so bedeutet D_3^2 ein Glied, das in der zweiten Differenzenreihe, und zwar von links aus gesehen, an dritter Stelle steht.

MORGENRÖTE DES »NICHTS«

Ein Nullstammdreieck weist gewisse Besonderheiten auf, die ihm unabhängig von der Zahlenfolge, die zu ihm hinführt, eigen sind. Um herauszubekommen, welcher Art diese sind, betrachten wir vorerst ein Nullstammdreieck mit 3 Zeilen:

$$0$$

$$D_1^1 \qquad D_2^1$$

$$x_1 \qquad x_2 \qquad x_3$$

Wir versuchen, das letzte Glied der Zahlenfolge durch das erste auszudrücken:

$$x_2 - x_1 = D_1^1$$
$$x_3 - x_2 = D_2^1$$
aber $\qquad D_2^1 - D_1^1 = 0$
daher $\qquad D_2^1 = D_1^1$
und $\qquad x_3 = x_1 + 2D_1^1$

Nun versuchen wir, das letzte Glied der x-Reihe eines 4-zeiligen Nullstammdreiecks durch das erste Glied dieser Reihe und die Glieder der ersten Diagonalreihe auszudrücken:

$$0$$

$$D_1^2 \qquad D_2^2$$

$$D_1^1 \qquad D_2^1 \qquad D_3^1$$

$$x_1 \qquad x_2 \qquad x_3 \qquad x_4$$

Es ist

$$x_2 = x_1 + D_1^1$$
$$x_3 = x_2 + D_2^1 = x_2 + D_1^1 + D_1^2$$
$$x_4 = x_3 + D_3^1 = x_3 + D_2^1 + D_2^2$$
$$= x_3 + D_1^1 + D_1^2 + D_1^2$$
$$\therefore x_4 = x_1 + 3D_1^1 + 3D_1^2$$

Bildet man ein 5-zeiliges Nullstammdreieck auf die geschilderte Art, so findet man

$$x_5 = x_1 + 4\,D_1^1 + 6\,D_1^2 + 4\,D_1^3$$

Ähnlich erhält man bei 6- und 7-zeiligen Nullstammdreiecken:

$$x_6 = x_1 + 5\,D_1^1 + 10\,D_1^2 + 10\,D_1^3 + 5\,D_1^4$$

$$x_7 = x_1 + 6\,D_1^1 + 15\,D_1^2 + 20\,D_1^3 + 15\,D_1^4 + 6\,D_1^5$$

Der Leser kann die letzten beiden Ausdrücke kontrollieren, indem er mit ihrer Hilfe das 6te und das 7te Glied der Reihe errechnet, die auf S. 246 angegeben ist. So findet er

$$x_7 = 1 + (6\cdot 3) + (15\cdot 3) + (20\cdot 1) + (15\cdot 0) + (6\cdot 0) = 84$$

Wir stellen nun die Koeffizienten der Diagonalglieder in einer Tabelle wie folgt zusammen:

n	x_n	Koeffizient					
2	x_2	1					
3	x_3	1	2				
4	x_4	1	3	3			
4	x_5	1	4	6	4		
6	x_6	1	5	10	10	5	
7	x_7	1	6	15	20	15	6

Man erkennt in diesen Koeffizienten die Zahlen des Omar-Khayyámschen Dreiecks und des »Spiegels der kostbaren Elemente«, wobei das einzige, was einen verwirren könnte, die Tatsache ist, daß die Koeffizienten der Reihe für das n-te Glied, z. B. für das 7-te, zugleich die Koeffizienten der Entwicklung der Binompotenz $(x + a)^6$ sind. So dürfen wir für das n-te Glied einer

Reihe, die ein aus n Zeilen bestehendes Nullstammdreieck besitzt, schreiben:

$$x_n = ax_1 + b\,D_1^1 + c\,D_1^2 + d\,D_1^3 + e\,D_1^4 + f\,D_1^5 + \ldots$$

wobei das so weit fortzusetzen ist, bis die Differenzen Null werden; a, b, c usw. bedeuten ferner die Koeffizienten der Entwicklung von $(x + a)^{n-1}$. Ersetzt man $(n - 1)$ durch m, also $(x + a)^{n-1}$ durch $(x + a)^m$, so lauten diese Koeffizienten

$$1,\ \frac{m}{1},\ \frac{m(m-1)}{2\cdot 1},\ \frac{m(m-1)(m-2)}{3\cdot 2\cdot 1},$$
$$\frac{m(m-1)(m-2)(m-3)}{4\cdot 3\cdot 2\cdot 1}\ldots$$

und daher, wenn man n wieder einführt:

$$1,\ \frac{(n-1)}{1},\ \frac{(n-1)(n-2)}{2\cdot 1},\ \frac{(n-1)(n-2)(n-3)}{3\cdot 2\cdot 1}\ldots$$

Das Gesetz des n-zeiligen Nullstammdreiecks lautet demnach:

$$x_n = x_1 + (n-1)\,D_1^1 + \frac{(n-1)(n-2)}{2\cdot 1}D_1^2$$
$$+ \frac{(n-1)(n-2)(n-3)}{3\cdot 2\cdot 1}D_1^3 + \ldots$$

Da die (n−1)-te Differenz Null wird, hat der Ausdruck rechts (n−1) Glieder, wobei das letzte Glied die Differenz D_1^{n-2} aufweist. Wir sind nun imstande, das Bildungsgesetz einer Zahlenreihe, die ein Nullstammdreieck besitzt, mit Hilfe obigen Gesetzes aufzustellen. Man betrachte zum Beispiel folgende Reihe:

$$1\quad 5\quad 12\quad 22\quad 35\quad 51\ \ldots$$

Wir brauchen hier nur die ersten vier Glieder, um ein Nullstammdreieck zu erhalten, also

$$\begin{array}{ccccccc}
 & & & 0 & & & \\
 & & 3 & & 3 & & \\
 & 4 & & 7 & & 0 & \\
1 & & 5 & & 12 & & 22
\end{array}$$

Das Gesetz dieses Dreiecks wird erhalten, indem man in

$$x_n = x_1 + (n-1) D_1^1 + \frac{(n-1)(n-2)}{2 \cdot 1} D_1^2$$
$$+ \frac{(n-1)(n-2)(n-3)}{3 \cdot 2 \cdot 1} D_1^3 + \ldots$$

die richtigen Werte für x_1, D_1^1, D_1^2, D_1^3, einsetzt. Da nun $D_1^3 = 0$ ist, verschwinden das letzte angeschriebene Glied und alle hierauf folgenden Glieder, so daß

$$x_n = 1 + (n-1) 4 + \frac{(n-1)(n-2)}{2 \cdot 1} \cdot 3$$
$$= 1 + 4n - 4 + \frac{3n^2 - 9n + 6}{2}$$
$$= \frac{1}{2}(3n^2 - n) \text{ oder } \frac{1}{2} n (3n-1)$$

Dies ist das Bildungsgesetz der Fünfeckzahlen, die wir nach der hieroglyphischen oder bildhaften Methode im Kapitel IV erhalten haben.

Kapitel VII

Mathematik für Seefahrer

Das vorige Kapitel handelte von dem einzigartigen Beitrag der Inder und ihrer islamischen Schüler zur Entwicklung der Arithmetik des Abendlandes; das geschah teilweise in der Zeit, da Sizilien und weite Gebiete des heutigen Portugals und Spaniens unter maurischer Herrschaft standen, besonders aber während der drei Jahrhunderte, in denen jüdische Gelehrte das Vermächtnis islamischer Kultur im christlichen Westen lebendig erhielten. Das Thema dieses Kapitels soll nicht nur von dem Beitrag des Ostens handeln, sondern von einer fruchtbaren Verbindung zwischen der mathematischen Astronomie Alexandriens und der neuen Arithmetik. Es ist nicht wesentlich für das Verständnis der weiteren Kapitel; aber jedem, der an Navigation zu Wasser und in der Luft interessiert ist, der den nächtlichen Himmel liebt und Gelegenheit hat, ihn im Freien zu beobachten, jedem, der gern einfache Instrumente bastelt, sollte es willkommen sein.

Unser Thema stellt den mathematischen Hintergrund der Navigation und der wissenschaftlichen Geographie dar; darum wollen wir uns zunächst der Tatsachen erinnern, die den Schiffskapitänen lange vor der christlichen Ära bekannt waren. Die wichtigste ist, daß die Differenz zwischen der Zenitdistanz (Fig. 22–24) beim Durchgang jedes Fixsterns an der Stelle A und an einer zweiten Stelle B die gleiche ist. Wir nennen sie heute die Differenz der geographischen Breite zwischen A und B. Betrachten wir z. B. den Durchgang zweier sehr heller Sterne in Memphis (Ägypten) und London.

	Sirius	Aldebaran	Breite
Memphis	$46\frac{1}{2}°$ S	$14°$ S	$30°$ N
London	$68°$ S	$35\frac{1}{2}°$ S	$51\frac{1}{2}°$ N
Differenz	$21\frac{1}{2}°$	$21\frac{1}{2}°$	$21\frac{1}{2}°$

Diese Tatsache, die für die Mittagssonne *an ein und demselben Tag im Jahr* gilt, stellt das wesentliche Verbindungsglied dar zwischen

Astronomie und Geographie, zwischen Sternkarte und Erdkarte. Sie erklärt, warum ein Himmelskörper lokalisiert werden mußte, bevor Karten des Globus nach Breite und Länge angefertigt werden konnten. Hipparch und seine Zeitgenossen legten das Fundament hierzu; die islamische Welt erfand Verbesserungen anhand dessen, was sie aus dem *Almagest* des Ptolemäus gelernt hatten. In der Praxis vergrößerten sie weitgehend die Zahl der Orte, an denen man durch Beobachtungen (Fig. 111) der Eklipsen und Konjunktionen von Planeten eine zuverlässige Längenbestimmung durchführen konnte – die einzige Methode, die Columbus, Amerigo Vespucci und Magellan zur Verfügung stand. Theoretisch waren sie in der Lage, die ptolemäischen Anleitungen auf zwei Art und Weisen zu vereinfachen; sie übernahmen die indische Trigonometrie und verfügten zur Konstruktion von Tabellen über das mächtige indische Zahlensystem.

Die Konstruktion einer Sternkarte verschaffte die notwendige technische Grundlage für die Weltumseglungen, und wir werden später sehen, daß das Kartographieren eine große Rolle spielte, weil es in der darauffolgenden Periode die Entdeckung neuer mathematischer Werkzeuge förderte. 1420 n. Chr. erbaute Heinrich, Kronprinz von Portugal, ein Observatorium auf der Landzunge von Sagres, einem Vorgebirge, welches im Kap St. Vincent, dem äußersten südwestlichen Punkt Europas, endigt. Dort gründete er eine Schule für Seemannskunst unter der Leitung von Jacome aus Mallorca, und vierzig Jahre lang widmete er sich selbst kosmographischen Studien. Weil er Expeditionen organisierte und ausrüstete, brachte ihm das den Titel »Heinrich der Seefahrer« ein. Für die Ausarbeitung von Karten, nautischen Tafeln und Instrumenten stellte er arabische Kartographen und jüdische Astronomen an und erteilte ihnen den Auftrag, seine Kapitäne zu unterweisen und ihnen beim Steuern seiner Schiffe behilflich zu sein. Peter Nunes berichtet, daß des Prinzen erste Seefahrer gut mit Instrumenten versehen und mit jenen Kenntnissen der Astronomie und Geometrie ausgerüstet waren, »die alle Kartographen besitzen sollten«.

Um 1483 besetzten Schiffe Madeira, segelten an der Westküste Afrikas entlang und bauten eine mächtige, heute noch intakte Festung in El Mina an der Küste des heutigen Ghana. An dieser Expedition nahm Kolumbus als junger Schiffsoffizier teil. Mehrere Umstände wirkten dann mit, die wissenschaftlichen Grundlagen der Navigation besser zu erkennen, als dies in der islamischen Welt möglich gewesen war. Nur wenige von uns realisieren, daß

der Buchdruckerkunst eine wesentliche Bedeutung dafür
zukommt, die sphärische Trigonometrie den praktischen Forderungen der Seefahrer anzupassen. Drucken mit beweglichen
Typen entwickelte sich rasch in dem Zeitraum zwischen dem Tod
Heinrichs des Seefahrers und den Reisen des Kolumbus; sie
machten es den Schiffskapitänen möglich, Vorausberechnungen
von Eklipsen zu datieren und Stern-Kataloge anzufertigen. Ein
halbes Jahrhundert später gelang es, die Bestimmung der geographischen Länge durch tragbare Uhren, die über einen Zeitraum
von 24 Stunden zuverlässig waren, zu vereinfachen. Die Ausbreitung des gedruckten Wortes brachte das Aufblühen der Brillenindustrie mit sich und verhalf innerhalb eines Jahrhunderts nach
Kolumbus' Tod zur Erfindung des Teleskops.

Im Folgenden werden wir sehen, daß man eine Sternkarte des
Firmaments herstellen kann,

a) mit *Deklinations*kreisen auf gleicher Ebene wie Kreise der
   Erdbreiten und somit auf die irdische Äquatorialebene zu
   beziehen (Fig. 105);

b) mit *Ascensions*kreisen, die sich in den imaginären Himmelspolen auf der Linie der Erdachse schneiden und darum vergleichbar sind mit den irdischen Longitudinalkreisen, die sich in den
   Polen der Erde schneiden (Fig. 109).

Wir werden sehen, daß es möglich ist, eine solche Karte zu
erstellen, um damit Sterne oder unsere Position auf der Erdoberfläche zu lokalisieren, mit Hilfe allein der elementarsten Geometrie. Solche Karten, *Flachprojektionen,* eine *Planisphäre*, erfüllen
alle Erfordernisse der modernen Navigation zu Wasser und in der
Luft. Eine so konstruierte Karte (siehe Fig. 110) ist manchmal
unzuverlässig; sicherlich war schon Hipparch, als er eine Tabelle
der trigonometrischen Funktionen aufstellte, bemüht, eine *dauerhafte* zu machen, dauerhaft in dem Sinne, wie wir in diesem
Zusammenhang von Fixsternen reden: Ihre Aufgangs- und Untergangspositionen ändern sich im Laufe eines Lebensalters kaum,
wohingegen ihre Relation zum Horizont im Laufe von Jahrhunderten wechselt aufgrund des Phänomens, das man *Vorrücken der
Äquinoktien* nennt. Modern ausgedrückt heißt das: die Achse der
Erde wackelt wie die eines Spinnrades bei Verlangsamung, und so
beschreibt sie in etwa 25 000 Jahren einen vollständigen Kreis.

In unserer Zeit der Druckmaschinen und Computer bedeuten
periodische Revisionen wenig; dagegen war für Hipparch und
Ptolemäus von ihrem Blickpunkt aus, dem des erdgebundenen

Beobachters, das Vorrücken eine Rotation auf der Ebene der Ekliptik in einem festen Winkel (ungefähr $23\frac{1}{2}°$) zum Himmelsäquator. Unsere Sternkarte hat zwei Vorteile gegenüber der alexandrinischen Vorstellung, wenn sie in Ebenen der sogenannten Himmelsbreiten parallel zur Ebene der Ekliptik und in Kreisen der sogenannten Himmelslängen, die sich in den Polen der Ekliptik auf einer Linie durch den Erdmittelpunkt, senkrecht zur Ekliptikebene schneiden, kartiert ist. Die Breiten der Fixsterne bleiben gleich, und die Längen verschieben sich um annähernd 1° in sieben Jahren. Somit ist eine Revision überflüssig, wenn wir das Datum der Kartierung kennen.

Konstruktion einer Sternkarte

Bei einer Wanderung orientieren wir uns an vertrauten Landmarken. Des Seefahrers Landmarken sind die Sterne. Wird man nach Wochen des Fiebers auf eine unbewohnte Insel verschlagen, kann man durch bloße Betrachtung des Himmels sagen, ob man südlich oder nördlich des Äquators ist: nördlich, wenn man den Polarstern und zu bestimmten Jahreszeiten den Großen Bären sieht, südlich, wenn man nie den Polarstern, dafür aber das Kreuz des Südens und andere Sternbilder sieht, die man auf der Breite von London oder New York nie erblickt. Lebt man südlich des Äquators, kann man seinen Breitengrad nicht finden, indem man die Höhe eines Polarsterns ermittelt, denn es gibt über dem Südpol keinen hellen Stern. Die ersten Sternkarten der Alexandriner zeigen, wie man seinen Breitengrad überall auf der Erde mit Hilfe eines beliebigen sichtbaren Sternes ermitteln kann. Mit ihnen und der genauen Greenwich-Zeit kann der Seemann aus der Position eines Sternes die geographische Breite seines Standortes auch zu jeder beliebigen Nachtzeit bestimmen und braucht nicht bis zum nächsten Mittag zu warten, um festzustellen, wo sein Schiff sich befindet.

Auf einem Globus wird die Lage eines Ortes durch zwei Folgen von einander schneidenden Kreisen festgelegt. Die »Großkreise«, die sämtlich durch die Pole hindurchgehen, haben denselben Radius wie der Globus. Man nennt diese Großkreise *Längenkreise oder Meridiane;* sie werden nach den Winkeln bezeichnet, die sie miteinander an den Polen bilden, wenn man den Globus von oben oder von unten betrachtet; man kann ihnen natürlich entsprechende Bruchteile des Äquatorumfanges (oder des Umfanges eines Kreises, in dem eine ebene Fläche parallel zur Ebene des

Äquators den Globus schneidet) zuordnen. So ist beispielsweise der Winkel, den die Meridiane 15° W und 45° W am Pol bilden, gleich dem Winkel der durch Verbindung ihres Zentrums mit den Endpunkten des $\frac{45° - 15°}{360°}$ -ten Teiles (also des 12. Teiles) des Äquatorumfanges, oder durch Verbindung der Endpunkte des 12. Teiles des Umfanges eines Parallalkreises zum Äquator, mit dem Zentrum dieses Kreises entsteht. Die andere Folge besteht aus »Breitenkreisen«. Letztere sind »Kleinkreise«, deren Radien kleiner* sind als der Radius des Globus. Als »Nummer« erhalten sie die Größe des Winkels, der den Erdmittelpunkt als Scheitel hat, wobei der eine Schenkel durch einen beliebigen Punkt des Kreisumfanges geht, während der andere durch jenen Äquatorpunkt hindurchgeht, der auf dem gleichen Meridian liegt wie der gewählte Punkt. Daher ist der Winkel zwischen den Breitenkreisen 15° N und 45° N gleich dem Winkel, dessen Scheitel im Erdmittelpunkt ist und der aus einem Längenkreis (oder aus dem Äquatorkreis) $\frac{1}{12}$ des Umfanges herausschneidet. Die Ebenen, in denen Breitenkreise liegen, stehen senkrecht zur Erdachse (Verbindungsgerade der beiden Pole), um die die Erde rotiert, d. h., zur Achse, um welche sich Sonne und Sterne zu drehen scheinen. Die Ebenen der Längenkreise schneiden sich in der Erdachse. Diese Methode des Kartographierens der Erde entstammt der Entdeckung, daß alle Fixsterne in gleichförmiger Bewegung Kreisbogen zu beschreiben scheinen, deren Ebenen zueinander parallel sind und die den Himmelspol (d. h. weniger genau gesprochen, den Polarstern) mit dem Auge verbindende Gerade rechtwinklig schneiden. Der Winkel, den diese Gerade mit dem Horizont bildet (wie wir auf S. 123 sahen, gibt dieser Winkel die sogenannte Polhöhe oder die Breite des Beobachtungsortes), ist von Ort zu Ort verschieden. Er wächst, wenn wir nordwärts, d. h. auf den Polarstern zu, segeln und nimmt ab, wenn wir uns in südlicher Richtung, d. h. vom Polarstern weg, bewegen. An einem bestimmten Ort weist ein und derselbe Stern dieselbe Erhebung über dem Pol auf; daher bildet die Visierlinie nach diesem Stern mit der Vertikallinie (Richtung Zenit) stets denselben Winkel, wenn der Stern den Meridian passiert. Daß die Sterne parallele Kreisbogen zu beschreiben scheinen, deren Ebenen die Weltachse rechtwinklig schneiden, wird aus der Tatsache gefol-

---

* Nur *ein* Breitenkreis (0°, der Äquator) ist ein Großkreis, d. h. ein Kreis mit dem gleichen Radius wie die Kugel, auf der er gezeichnet worden ist.

gert, daß die längs des Meridians gemessenen Zenitdistanzen eines Sternes an zwei verschiedenen Orten dieselbe Differenz aufweisen wie die Polhöhen an diesen Orten. Das kann auch direkt dadurch nachgewiesen werden, daß man einen Stab auf den Himmelspol ausrichtet und daran ein Fernrohr (oder ein Stahlrohrstück) so befestigt, daß es um diesen Stab als Achse rotieren kann (Fig. 103). Hat man nun das Fernrohr unter einem Winkel festgeklemmt, wie er einem bestimmten Stern entspricht, dann kann man den Lauf des Sternes die ganze Nacht hindurch verfolgen, indem man, ohne die Achse heben oder senken zu müssen, das Fernrohr um dessen freie Achse dreht. Wird diese Drehung durch ein modernes Uhrwerk besorgt, so kann sich das Fernrohr an einem Sterntag (d. h. in dem Zeitraum, der zwischen aufeinanderfolgenden Meridiandurchgängen eines Sternes liegt) um 360° drehen, und es wird immer auf denselben Stern gerichtet sein. Die Tatsache, daß ein bestimmter Stern den Meridian um genau dieselbe Anzahl Minuten früher oder später als ein anderer bestimmter Stern passiert, ließ bei den Astronomen des Altertums die Meinung aufkommen, die Sterne wären auf festen Großkreisen, die sich in den Himmelspolen schneiden, räumlich verteilt.

Deshalb kann man jedem Stern auf der gedachten Himmelskugel eine Lage zuweisen, die durch den Schnittpunkt zweier Kreise (Fig. 104) fixiert ist, nämlich eines Großkreises der *Rektaszension* (unserem Längenkreis vergleichbar), der alle anderen Kreise gleicher Art in den Himmelspolen schneidet, und eines Kleinkreises der *Deklination* (unserem Breitenkreis vergleichbar), dessen Ebene die Weltachse rechtwinklig schneidet. Ein Deklinationskreis wird genau wie ein Breitenkreis bezeichnet, d. h. mittels des Winkels, dessen Scheitel im Erdmittelpunkt liegt und dessen Schenkel durch den Schnittpunkt von Deklinationskreis und Himmelsmeridian einerseits und Himmelsäquator und demselbem Himmelsmeridian andererseits hindurchgeht (Fig. 105).

Was wir Erdachse (Weltachse) nennen, ist nichts anderes als die Achse, um welche sich die Sterne scheinbar drehen; und was Erdäquator heißt, ist nichts anderes als der Großkreis, in dem die Ebene des Himmelsäquators die Erde schneidet. Die Gerade, die einen Beobachter mit dem Erdzentrum verbindet (siehe S. 121), geht durch den Zenit des Beobachtungsortes und schneidet dessen Breitenkreis sowie den zugehörigen Deklinationskreis auf der Himmelskugel. Ein Stern auf einem solchen Deklinationskreis wird daher einmal in vierundzwanzig Stunden direkt über einer Beobachtungsstelle des zugehörigen Breitenkreises erscheinen.

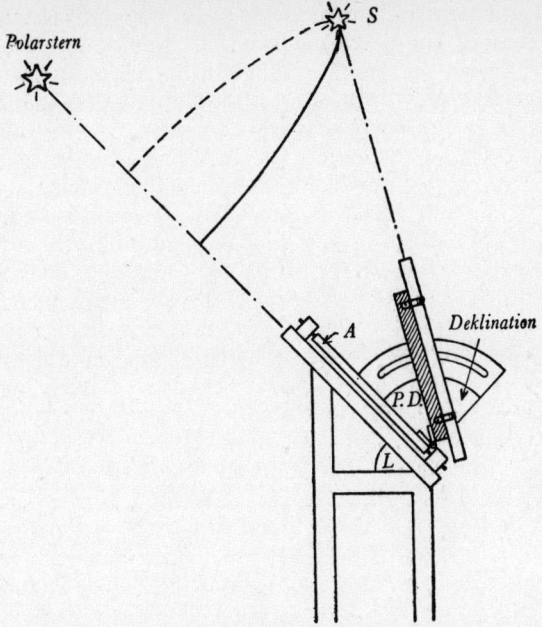

Fig. 103 Einfaches Äquatorial, aus Holz hergestellt und mit einem Eisenrohr versehen. Das Rohr, das als Fernrohr dient, rotiert um eine feste, unter dem Winkel *B* (Breite des Ortes) stehende und genau nach Norden gerichtete Achse *A*. Wird das Rohr unter einem Winkel *PD* (Poldistanz des Sternes oder 90° − Deklination) festgeklemmt, so kann man es um *A* drehen, und zwar so, daß man den Stern *S* immer im Auge behält.

Waren nun einmal die Sterne in dieser Weise aufgezeichnet worden, um als »Landmarken« für die Navigation zu dienen, so war nur noch ein kleiner Schritt zu tun, um den Globus auf ähnliche Art zu kartographieren.

Es ist wichtig, sich zu merken, daß ein derartiges Aufzeichnen der Sterne bloß eine Methode darstellt, die uns belehrt, in welche Richtung wir zu schauen oder das Fernrohr zu bringen haben, um die Sterne zu erblicken. Die Lage eines Sternes, wie sie auf einer Sternkarte verzeichnet erscheint, gibt uns keinen Aufschluß über dessen Entfernung von uns. Wenn man, der Richtung des Senkbleis folgend, immer weiter in die Erde grübe, so würde man schließlich das Erdzentrum erreichen; das untere Ende eines geraden Brunnenschachtes sowie dessen oberes Ende würden vom Erdzentrum aus auf der gleichen Geraden gesehen werden. Jenes Ende hätte die gleiche geographische Breite und die gleiche geographische Länge wie dieses, obwohl es nicht so weit vom

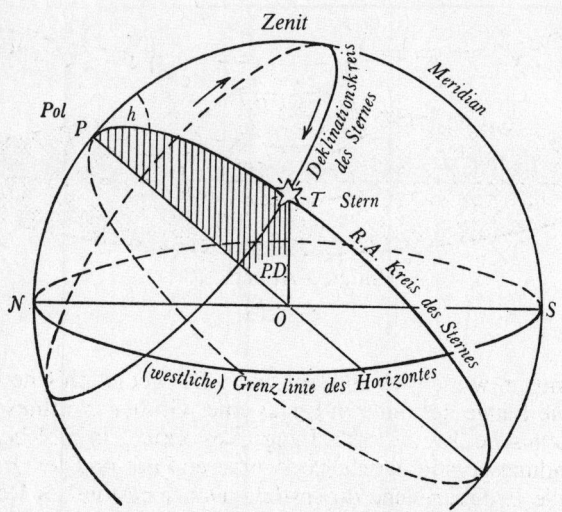

Fig. 104 Scheinbare Drehung der Himmelskugel

Die Lage eines Sternes *(T)* kann durch einen Punkt wiedergegeben werden, in dem sich ein Kleinkreis der Deklination, der seine Erhebung über dem Himmelsäquator mißt, und ein Großkreis der Rektaszension (R. A.) schneiden. Alle Sterne auf demselben Deklinationskreis müssen den Himmelsmeridian unter der gleichen Winkeldistanz vom Zenit passieren und befinden sich gleich lange über dem Horizont des Beobachters für jeden Zeitraum von 24 Stunden. Der Bogen *PT* oder der ebene Winkel *POT* mißt die Winkelabweichung des Sternes vom Polarstern (Poldistanz) und beträgt daher 90° – Deklination. Alle Sterne auf demselben Rektaszensionskreis überschreiten den Meridian im gleichen Augenblick. Der Winkel zwischen zwei Rektaszensionskreisen mißt den Unterschied der Zeiten ihrer Meridiandurchgänge. Der Winkel *h* zwischen der Ebene des Meridians und der des Rektaszensionskreises eines Sternes ist der Winkel, um welchen sich dieser gedreht hat, seitdem er den Meridian passiert hat. Mißt *h* z. B. 15°, dann kulminiert der Stern eine Stunde früher. Deshalb nennt man *h* den Stundenwinkel des Sternes. Beträgt der Stundenwinkel *h* Grade, so sind $\frac{h}{15}$ Stunden seit der Kulmination verstrichen.

MATHEMATIK FÜR SEEFAHRER

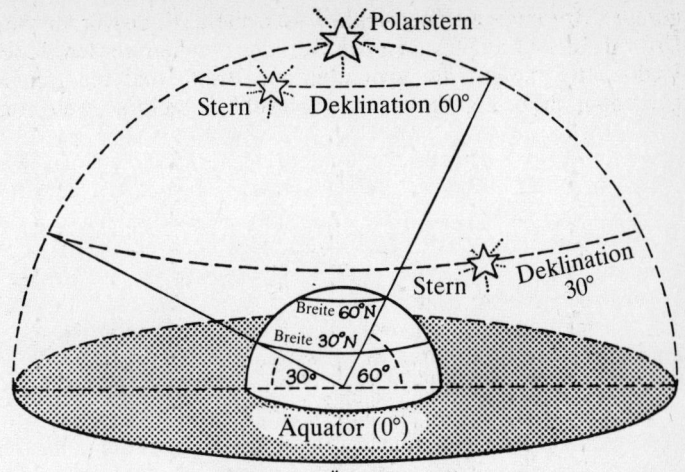

Fig. 105

Erdzentrum wie dieses entfernt wäre. Die geographische Breite oder die Länge des unteren Endes eines Grubenschachtes ist die geographische Breite oder Länge des Ortes, in welchem die Verbindungsgerade zwischen dem unteren Ende und dem Erdzentrum die Erdoberfläche durchstößt. Daher bestimmen Deklination und Rektaszension eines Sternes den Ort, in dem die Verbindungsgerade zwischen dem Stern und dem Erdzentrum eine gedachte Kugel durchstößt, deren Radius sich bis zu den fernsten Sternen erstreckt. Bei einer totalen Sonnenfinsternis haben Sonne und Mond dieselbe Deklination und dieselbe Rektaszension, genauso wie das obere und das untere Ende eines Grubenschachtes dieselbe geographische Breite und dieselbe geographische Länge haben. Das bedeutet, daß Sonne und Mond auf einer Geraden durch das Erdzentrum liegen.

Mittags liegt der Schatten der Sonne auf der Verbindungsgeraden des Nordpunktes des Horizontes mit dessen Südpunkt. Der Meridian des Beobachters ist nun der Halbkreisbogen, dessen Enden der Nordpol und der Südpol sind und der den Ort des Beobachters durchläuft. Die Sonne selbst liegt zur Mittagszeit auf einem gedachten Halbkreisbogen oder dem Himmelsmeridian, dessen Enden die Himmelspole sind und der durch den Zenit des Beobachtungsortes hindurchgeht. Der Himmelspol befindet sich

auf der Verbindungsgeraden des Erdpoles mit dem Erdzentrum.
Der Zenit (Kapitel III, S. 122) liegt in der Geraden, die den
Beobachter mit dem Erdmittelpunkt verbindet. Daher liegen der
Himmelsmeridian, der Erdmittelpunkt und der Meridian des
Beobachtungsortes alle in der gleichen Ebene im Raume (Fig. 59).
Steht daher ein Stern an seinem höchsten Punkt am Himmel, was
im Moment des Meridiandurchganges der Fall ist, so darf man die
Sätze der ebenen Geometrie anwenden, woraus folgt, daß die
geographische Breite des Beobachtungsortes in einer einfachen
Beziehung zur Deklination eines Himmelskörpers und dessen
Zenitdistanz steht. Man kann daher durch Beobachtung der
Zenitdistanz eines Sternes während seines Meridiandurchganges
entweder seine Deklination finden, wenn man die geographische
Breite des Beobachtungsortes kennt, oder die Breite des Beobach-
tungsortes ermitteln, wenn die Deklination des Sternes einmal
bestimmt wurde. Da nun immer irgendein Stern in der Nähe des
Meridians vorhanden ist, so heißt das, daß der Seefahrer seine
geographische Breite zu jeder beliebigen Nachtzeit mit Hilfe einer
Sternkarte oder mit Hilfe von Tafeln bestimmen kann, die die
Deklinationen der Sterne enthalten. Für einen Stern, der nördlich
vom Zenit eines Ortes nördlicher Breite den Meridian passiert, gilt
(Fig. 106 und 107) die Formel

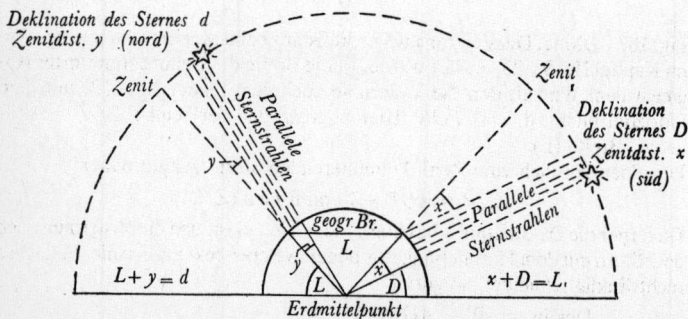

Fig. 106 Zwei Sterne auf der nördlichen Hälfte der Himmelskugel; der eine
passiert den Meridian nördlich, der andere südlich vom Zenit. Im ersten Fall ist
die Deklination = Breite des Beobachters + Zenitdistanz im Augenblick des
Passierens; im zweiten Fall ist die geogr. Breite des Beobachtungsortes =
Deklination + Zenitdistanz beim Kulminieren des Sternes, d. h. Deklination =
Breite des Beobachters − Zenitdistanz beim Meridiandurchgang.

MATHEMATIK FÜR SEEFAHRER

Deklination = Breite des Beobachters + Kulminationszenitdistanz.

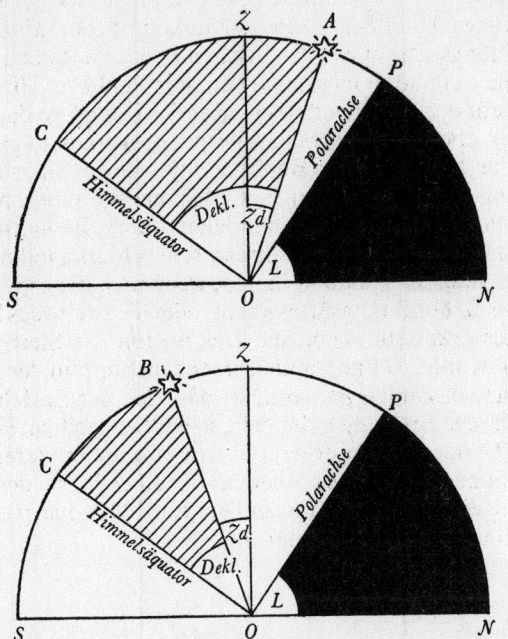

Fig. 107 Breite, Deklination und Zenitdistanz beim Meridiandurchgang. Wie im Kapitel III, S. 123, erklärt wurde, ist die Breite des Beobachtungsortes (O) gleich dem Winkel, den die Visierlinie nach dem Himmelspol (P) mit dem Horizont bildet, d. h. ∡ *PON*. Hieraus folgt, daß der Winkel *ZOP* = 90° − geogr. Breite (L).

Für einen nördlich vom Zenit kulminierenden Stern (A) gilt daher

$$ZOP = AOP + \text{Zenitdistanz (Z.D.)}$$

Da ferner die Deklination eines Sternes der Winkel ist, den die Visierlinie nach dem Stern mit dem Himmelsäquator bildet, welcher bekanntlich die Weltachse rechtwinklig schneidet, so gilt:

$$\text{Deklin.} = 90° - AOP$$
$$= 90° - (ZOP - \text{Z.D.})$$
$$= 90° - (90° - \text{Breite}) + \text{Z.D.}$$

∴ Deklin. = Breite + Z.D.

Für einen südlich vom Zenit kulminierenden Stern *(B)* gilt:

$$\text{Deklin.} + \text{Z.D.} = 90° - ZOP = 90° - (90° - \text{Breite})$$

∴ Deklin. = Breite − Z.D.

Passiert ein Stern den Meridian südlich vom Zenit, dann lautet die Formel

Deklination = Breite des Beobachters – Kulminationszenitdistanz.

Die erste Formel bekommt allgemeine Gültigkeit, wenn wir verabreden, Zenitdistanzen als negativ zu betrachten, falls die Sterne südlich vom Zenit kulminieren, und ebenso geographische Breiten, wenn die Orte südlich vom Erdäquator gelegen sind, sowie Deklinationen von Sternen, die sich südlich vom Himmelsäquator befinden. Bekanntlich ist die Breite des Beobachtungsortes gleich der Polhöhe (Kapitel III, S. 123). Als es noch keinen hellen Polarstern gab, wie etwa in den alexandrinischen Zeiten, erhielt man die Breite als Durchschnittswert der Höhen irgendeines Sterns nahe dem Pol (Zirkumpolarstern), und zwar, wenn der Stern in der Meridianebene des Ortes am höchsten (oberer Kulminationspunkt) und am tiefsten (unterer Kulminationspunkt) stand. Offensichtlich konnte das an jedem beliebigen Ort durchgeführt werden, bevor man begonnen hatte, es so zu interpretieren, wie wir es tun.

Genauso wie man die geographische Breite eines Ortes durch Beobachtung der Zenitdistanz irgendeines Sternes beim Meridiandurchgang ermitteln kann, wenn man die Deklination dieses Sternes, z. B. mittels einer Sternkarte, kennt, kann man die geographische Länge des Ortes erhalten, indem man die Zeit des Meridiandurchganges eines Sternes, dessen Rektaszension einer Sternkarte zu entnehmen ist, durch Beobachtung ermittelt und diese mit der Zeit eines Chronometers vergleicht, der Normalzeit angibt (Fig. 108, 109 und 110). Meridiane auf der Erde werden heutzutage mit Winkelgradzahlen von 0° bis 180° bezeichnet, und zwar östlich und westlich vom Nullmeridian (0°). Die Rektaszension wird immer *östlich* von demjenigen Himmelsmeridian angegeben, auf dem der »Erste Punkt des Widders« liegt. Es handelt sich um den Himmelsmeridian von Greenwich, und dieser Punkt wird mit dem astrologischen Symbol ♈ bezeichnet. In diesem Punkt befindet sich die Sonne zur Zeit des Frühlingsäquinoktiums (21. März). Die Himmelskugel scheint sich in 24 Stunden um 360° zu drehen. Daher ist es zweckmäßiger, die Stundenkreise mit Stunden und Minuten von 0 bis 24 Stunden zu kennzeichnen. Da sich die Himmelskugel von Ost nach West zu drehen scheint, passiert ein Stern mit der Rektaszension (R. A.) 13 Stunden 21 Minuten (z. B. Spica im Sternbild Jungfrau) den Meridian eines

MATHEMATIK FÜR SEEFAHRER

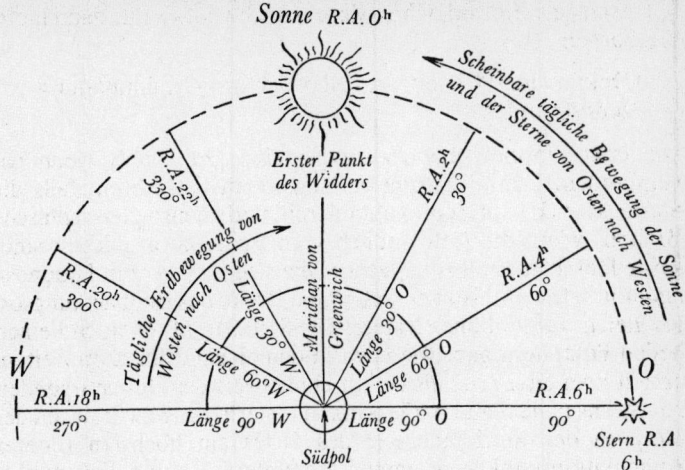

Fig. 108 Mittag in Greenwich am 21. März. Erläuterung der Beziehung zwischen der R. A., der geogr. Länge und der Zeit. Mittags ist der Stundenkreis* der Sonne auf der Himmelskugel in derselben Ebene wie der Meridian des Beobachters. Befindet man sich 30° westlich von Greenwich, so muß sich die Erde noch um 30°, d. h. um den zwölften Teil einer vollen Umdrehung, drehen, bis die Ebene des betreffenden Meridians die Sonne einfängt – und das braucht 2 Stunden – oder, was auf dasselbe hinausläuft, die Sonne muß (scheinbar) einen Bogen von 30° zurücklegen, bis sie in die Ebene des betreffenden Meridians zu liegen kommt. Daher hat der betreffende Ort 2 Stunden später Mittag als Greenwich.
Eine nach Greenwicher Zeit gerichtete Uhr wird 2 Uhr nachmittags anzeigen, wenn die Sonne den Meridian dieses Beobachtungsortes passiert, d. h. wenn hier wahrer Mittag ist. Am 21. März beträgt die Rektaszension der Sonne 0°. Besitzt ein Stern die Rektaszension 6 Uhr, so wird er an diesem Tag um 6 Uhr Ortszeit kulminieren. Wird diese Zeit mit 8 Uhr Greenwicher Zeit wiedergegeben, geht also die nach der Ortszeit gerichtete Uhr der Greenwicher Zeit um 2 Stunden nach, so ist der betreffende Ort 30° W von Greenwich gelegen. Die Abbildung zeigt die Drehung des Sternhimmels im Gegenuhrzeigersinne, wenn man nordwärts blickt, daher ist der Südpol dem Beschauer zugewandt.

---

* Stundenkreis eines Gestirns ist identisch mit Rektaszensionskreis dieses Gestirns. Der Name »Rektaszensionskreis« wird in deutschsprachigen Ländern kaum verwendet. (Ü.)

Ortes um 13 Stunden 21 Minuten später als die Sonne am Tage des Frühlingsäquinoktiums. Das heißt, er passiert den Meridian mittags um 1 h 21 min Ortszeit. Würde in diesem Augenblick das Radio als Greenwicher Zeit 10 h 21 min angeben, so wüßte man (s. Fußnote S. 266), daß jene Ortszeit der Greenwicher Zeit um 3 Stunden vorauseilt, daß also, wenn Greenwich Mittag verzeichnet, der Ort 3 Uhr nachmittags hat. Daher beträgt die geographische Länge des Ortes 3 mal 15° = 45° östlich von Greenwich.

Zu anderen Zeiten des Jahres müßte man die Tatsache berücksichtigen, daß sich die Lage der Sonne gegenüber der Erde und den Fixsternen in $365\frac{1}{4}$ Tagen um 360° oder 24 Stunden der Rektaszension ändert. Den genauen Betrag der Rektaszension der Sonne an jedem Tag entnimmt man nautischen Tafeln, zu deren Herstellung moderne Länder Observatorien unterhalten. Ohne Tafeln kann man diese Zeit, ausgehend vom Ortsmittag, ungefähr wie folgt ermitteln (Fig. 110). Da die Sterne jede Nacht

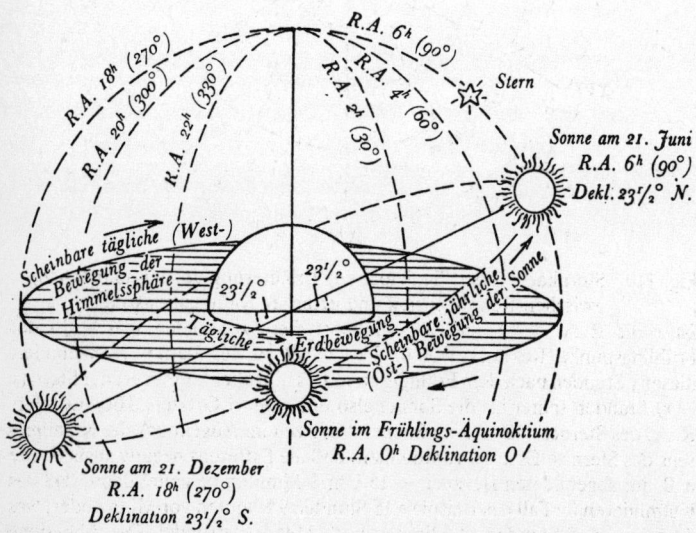

Fig. 109 Der abgebildete Stern (R. A. 6 Stunden) kulminiert am 21. Juni am Mittag und am 21. Dezember um Mitternacht, d. h. es ist ein Winterstern wie Beteigeuze.

den Meridian etwas früher passieren, scheint die Sonne in östlicher Richtung zurückzubleiben, und ihre R. A. wächst täglich nahezu um $\frac{360}{365}$ oder 1° oder $\frac{1}{15}$ Stunden (4 Minuten). Angenommen nun,

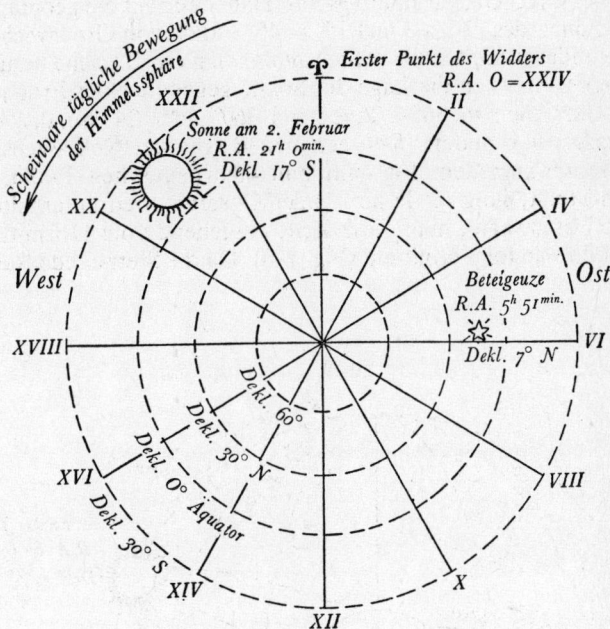

Fig. 110 Sternkarte (oder Planiglob) zur Erläuterung des Zusammenhanges zwischen Rektaszension und örtlicher Kulminationszeit

Ist x die R. A. der Sonne so kulminiert diese x Stunden später, als der Frühlingspunkt (Rektaszension 0). Ist y die R. A. des Sternes, so kulminiert dieser y Stunden nach dem Frühlingspunkt (♈). Daher kulminiert der Stern $(y - x)$ Stunden später als die Sonne, also um $(y - x)$ Ortszeit. Hieraus folgt: R. A. des Sternes − R. A. der Sonne = Ortszeit im Augenblick des Kulminierens des Sternes. Es kann vorkommen, daß die Differenz negativ ausfällt, wie z. B. im abgebildeten Beispiel: − 15 Uhr 9 Minuten bedeutet dann, daß das Kulminieren im Fall des Beispiels 15 Stunden 9 Minuten vor Mittag oder, was dasselbe ist, 8 Stunden 51 Minuten nach Mittag stattfindet. Die Abbildung zeigt, daß die Sonne 3 Stunden vor ♈ und der Stern 5 Stunden 51 Minuten nach ♈ kulminiert, also wirklich um die angegebene Zeit später als die Sonne. Die Orientierung ist die gleiche wie in Fig. 108.

Beteigauze kulminiere am 1. März um eine gewisse Zeit, dann hat die Sonne noch 20 Tage, um in östlicher Richtung zurückzugleiten, bevor sie den ersten Punkt im Widder erreicht (Frühlingspunkt), d. h. sie kulminiert am 1. März 80 Minuten (1 Stunde 20 Minuten) vor dem Frühlingspunkt. Nimmt man die R. A. von Beteigeuze mit 5 Stunden 51 Minuten an, so kulminiert dieser Stern 5 Stunden 51 Minuten nach ♈, also nachmittags um (1 h 20 min + 5 h 51 min =) 7 h 11 min Ortszeit*. Aber auch die Deklination der Sonne wechselt von $+23\frac{1}{2}°$ (Sommerwende) bis $-23\frac{1}{2}°$ (Winterwende). Den nautischen Tafeln, die die Deklination der Sonne an jedem Tage angeben, kann man die geographische Breite des Wohnortes, gestützt auf die Zenitdistanz (Z. D.) der Sonne am Mittag eines beliebigen Tages, in gleicher Weise entnehmen, wie aus der Z. D. irgendeines Sternes zur Kulminationszeit.

Wenn man durch das Fenster eines in Bewegung befindlichen Zuges auf einen stillstehenden Zug schaut, dann ist man im Moment des Vorbeifahrens nicht sicher, ob der eigene Zug oder der andere oder beide Züge sich in bezug auf die Landschaft bewegen. So sagt uns der erste Anblick des Himmels nicht, ob sich die Himmelskugel dreht und ob die Sonne jährlich eine rückläufige Bewegung rund um die Erde macht, oder ob sich die Erde einmal täglich um ihre eigene Achse dreht und eine jährliche Bewegung in ihrer Bahn rund um die Sonne ausführt. Da die Sterne ungeheuer weit von uns entfernt sind, so gelten unsere Berechnungen für beide Auffassungen, und die Ansicht, die sich Hipparch und die Araber zurechtlegten, ist für die meisten praktischen Zwecke einfacher. Aber sobald man mit einer weiteren Klasse von Himmelskörpern zu tun hat, wird sie nicht einfacher. Passiert ein Fixstern den Meridian um eine gewisse Zeit, z. B. um soundsoviel Stunden und Minuten nach Mittag, so wird er nach Ablauf eines Jahres, wenn die Sonne wieder einmal die gleiche Lage ihm und der Erde gegenüber besitzt, um die gleiche

---

* Der Einfachheit halber ist von der Korrektur, die man als *Zeitgleichung* bezeichnet und in den nautischen Jahrbüchern vorfindet, hier abgesehen worden. Die englische Radiozeit ist die mittlere Greenwicher Zeit, die um 1 Stunde erhöht wird, wenn es sich um »Sommerzeit« handelt. Sie unterscheidet sich von der Greenwicher Ortszeit um wenige Minuten, deren Betrag im Laufe eines Jahres schwankt. Man verwendet »mittlere Zeit«, weil die Dauer des Sonnentages (von Mittag bis Mittag) sich das ganze Jahr hindurch ändert und weil man keine Uhr konstruieren kann, die damit Schritt hält. Daher ist ein »mittlerer« Sonnentag der Zeitrechnung zugrunde gelegt, und je nach Jahreszeit ist die Mittagszeit um einen gewissen Betrag an Minuten nach der einen oder anderen Richtung geändert worden. Diese Zeitdifferenz wurde in einer Tafel niedergelegt.

Zeit kulminieren. Das gilt nicht von den Planeten, die ihre Lagen in bezug auf die Sterne wechseln, so daß die R. A. und die Deklination eines Planeten veränderlich sind. Die Art, wie die Planeten ihre Lage verändern, zog bereits in sehr frühen Zeiten aus mehreren Gründen die Aufmerksamkeit auf sich. Ein Grund lag darin, daß mehrere unter den Planeten überaus auffallend sind, sie leuchten viel heller als die hellsten Sterne. Ein weiterer Grund ist der, daß sie sich alle in der Nähe des Gürtels bewegen, innerhalb dessen die Sonne und der Mond ihre Bewegungen ausführen. Zu gewissen Zeiten können sie die gleiche R. A. wie der Mond haben, und wenn sie auch noch dessen Deklination ($\pm \frac{1}{4}°$) besitzen, so werden sie durch ihn verdunkelt oder verdeckt. Auf solche Ereignisse wartete man in alten Zeiten. Als es noch keine tragbaren Uhren gab, war der Himmel mit dem Mond oder

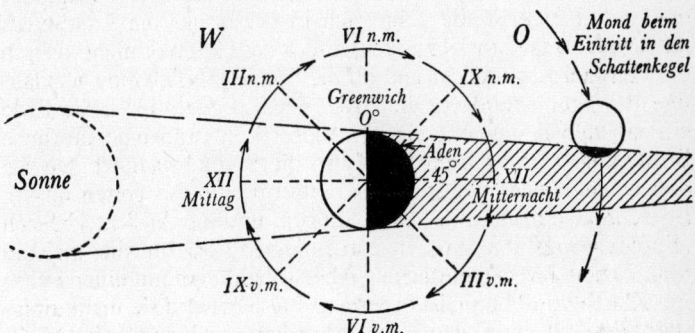

Fig. 111 Bestimmung der geogr. Länge mit Hilfe der Mondfinsternis. Vor der Erfindung des Chronometers beruhten die Kenntnis der Ortszeit und die Schätzungen geographischer Längen auf der Beobachtung des Zeitraumes zwischen Mittag und einem Himmelszeichen von der Art der Mondfinsternis oder der Verdeckung eines Planeten durch die Mondscheibe. Dieser Zeitraum wurde durch Stundengläser oder primitive Uhren gemessen, die außerstande waren, während einer längeren Reise die genaue Zeit einzuhalten. Das Prinzip der Methode zeigt die Abbildung, die wie Fig. 108 so dargestellt ist, daß der Südpol dem Leser zugekehrt ist. Man sieht die Meridiane, auf denen Aden und Greenwich liegen, zu Beginn einer Mondfinsternis. Berichtet das Jahrbuch, daß nach Berechnungen die Finsternis um 18 Uhr Greenwicher Zeit beginnt, und beobachtet man sie in Aden um 21 Uhr Ortszeit (Zeit von Aden), dann weiß man, daß die Adener Zeit derjenigen von Greenwich um drei Stunden vorgeht und daß daher Aden 45° östlich von Greenwich gelegen ist.

einem Planeten als Uhrzeiger die einzige Uhr, die zur Feststellung der Gleichzeitigkeit an weit voneinander entfernten Orten der Erdoberfläche benutzbar war. Finsternisse und Sternbedeckungen waren zuerst dazu verwendet worden, insbesondere Mondfinsternisse. Auf diese Weise konnte man einsehen, daß nicht alle Orte gleichzeitig Mittag haben. Als man Tafeln, die die Lage des Mondes betrafen, auszuarbeiten imstande war, konnte auch der Winkelabstand des Mondes von irgendeinem hellen Stern hierfür benutzt werden.

Bevor Chronometer erfunden wurden, gab es keine brauchbare Methode, geographische Längen auf dem Meer zu bestimmen, außer derjenigen, die die Lage des Mondes ausnutzte. Viele dieser Methoden sind kompliziert, nur diejenige, die auf der Mondfinsternis beruht, ist leicht zu begreifen. Nach dieser waren auch die in der arabischen Astrologie bewanderten Steuerleute des Kolumbus, des Amerigo Vespucci und des Magalhães imstande, die Lage von Amerika auf der Weltkarte zu bestimmen. Die genaue Kenntnis der Lage der Planeten war daher eine recht wichtige Angelegenheit in der Zeit der Weltumseglungen, als Kopernikus und Kepler zeigten, daß die Positionen der Planeten rechnerisch viel einfacher und genauer ermittelt werden können, wenn man die landläufige Anschauung der priesterlichen Astronomen verwirft.

Für die Berechnung der Planetenbahnen eignet sich die ebene Geometrie, soweit wir sie kennengelernt haben, nicht; man sieht den Grund hierfür sofort ein, wenn man das Verhalten des Planeten *Venus* näher betrachtet. In *einer* Nacht im Jahr beträgt die Differenz zwischen den Rektaszensionen der Sonne und irgendeines bestimmten Fixsterns 12 Stunden. Dieser Stern passiert dann den Meridian um Mitternacht. Bei solchen Anlässen liegen die Erde und die Himmelspole in der gleichen Ebene wie die Sonne und der Stern. Die Venus hingegen passiert den Meridian nie nach Eintritt der Dunkelheit. Sie geht nämlich immer entweder unmittelbar nach Sonnenuntergang unter oder unmittelbar vor Sonnenaufgang auf (Fig. 112). Gemäß der modernen oder kopernikanischen Anschauung ist dies bloß deswegen der Fall, weil ihre Bahn um die Sonne *zwischen* Sonne und Erde liegt. Dreht sich ein Ort der Erde von der Sonne weg, so wird die Venus erst sichtbar, nachdem der Meridian dieses Ortes an ihr vorbeigegangen ist. Und dreht sich ein Ort der Erde der Sonne zu, so hört die Venus auf, mit bloßem Auge sichtbar zu sein, da die Sonne aufgeht, bevor unser Meridian die Venus einfängt. Daher können wir

weder die R.A., noch die Deklination der Venus, noch die
Änderungen dieser Größen dadurch ermitteln, daß wir die Zenitdistanz und die Zeit im Moment des Kulminierens ermitteln. Wir
können aber diese Größe, gestützt auf eine neue Art Geometrie,
errechnen, indem wir die Zenitdistanz für eine Lage der Venus
ermitteln, die sie an der Himmelskugel einnimmt, wenn sie sich
scheinbar um einen meßbaren Winkel vom Meridian weggedreht
hat.

Wir haben gelernt, die Lage eines Sternes auf der Himmelskugel
mittels der Kleinkreise der Deklination (Deklinationskreise), die
parallel zum Himmelsäquator laufen, und der Großkreise der
R.A., die sich in den Himmelspolen schneiden, anzugeben. Eine
solche Karte ist für alle Orte auf der Erde gültig und auf jede Zeit

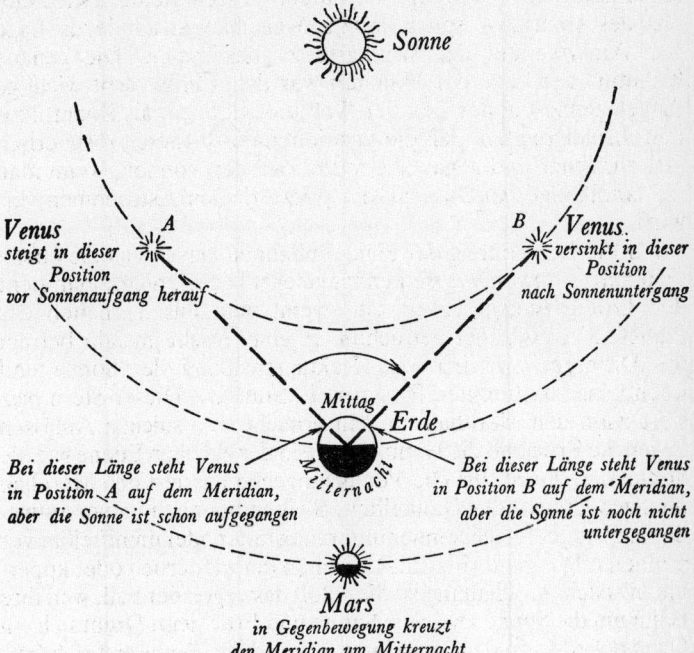

Fig. 112 Die inneren Planeten Merkur und Venus haben bereits den Meridian
passiert, wenn sie sichtbar werden, oder sie haben ihn noch nicht erreicht,
wenn sie aufhören, sichtbar zu sein. Der Südpol der Erde ist dem Leser
zugekehrt.

anwendbar*. Ähnlich kann man in irgendeinem bestimmten Zeitpunkt an irgendeinem bestimmten Ort die Lage eines Sternes durch Kleinkreise der *Höhe* (Höhenkreise), die parallel zum Horizont laufen, und durch Großkreise des *Azimuts* (Azimutalkreise, Vertikalkreise), die sich im Zenit schneiden, wiedergeben (Fig. 113).

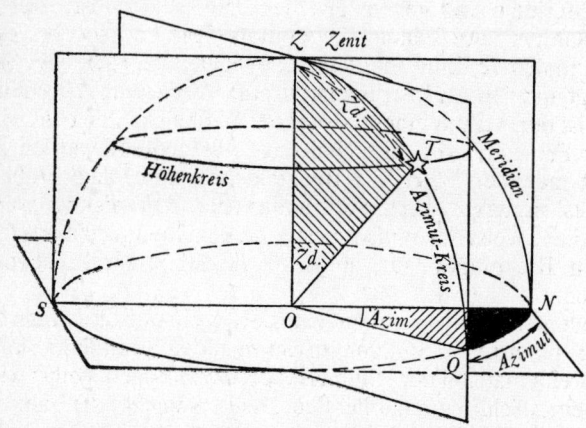

Fig. 113 Lokalkoordinaten eines Sternes

Die Erhebung über dem Horizont oder die Höhe ist 90° − Z.D. Die Zenitdistanz wird durch den Bogen TZ, oder durch den Winkel ZOT in der Ebene des Azimutalkreises, gemessen. Die Abweichung vom Meridian oder das Azimut ist der Bogen NQ, der im Gradmaß den Winkel NOQ oder den Winkel zwischen der Meridianebene NZS und der Ebene des Azimutalkreises ZOQ bestimmt.

Die Höhenkreise werden durch den Erhebungswinkel über der Horizontalebene numeriert, genauso wie die Deklinations- oder Breitenkreise durch ihre Elevation über der Äquatorebene numeriert werden. Ein Azimutalkreis wird, ebenfalls ausgehend vom Meridian, mit Gradzahlen versehen, indem man ihm den Winkel zuordnet, den man erhält, wenn man den Beobachter mit den Endpunkten jenes Bogens verbindet, den der Meridian und der

---

* Die letzte Behauptung ist nur bedingt wahr und erfordert mehrere Einschränkungen, von denen die wichtigste die Erscheinung des »Vorrückens der Nachtgleichen« ist, die von babylonischen Astronomen entdeckt wurde. Die Rotationsachse der Erde wechselt nämlich im Laufe der Jahrhunderte langsam ihre Richtung, so daß, was heute als Polarstern angesehen wird, d. h. der Stern fast unmittelbar über dem Nordpol, nicht Polarstern war zu der Zeit, als die Pyramiden gebaut wurden.

Azimutalkreis aus dem Horizontkreis herausschneiden, also in gleicher Weise, wie ein Längenkreis mit dem Winkel numeriert wird, der durch Verbindung des Erdmittelpunktes mit den Endpunkten jenes Bogens entsteht, der durch den Ortsmeridian und den Greenwicher Meridian aus dem Äquatorkreis herausgeschnitten wird. Der Azimut* eines Sternes wird östlich bzw. westlich vom Meridian angegeben. Hat der Leser sein selbstverfertigtes Astrolabium oder seinen Theodoliten (Fig. 114) so über einem horizontalen Teilkreis montiert, daß 0 genau Norden oder Süden anzeigt und daß das Instrument um eine Vertikalachse drehbar ist, dann ist der Azimut eines Sternes der Winkel um den das Sehrohr (oder Fernrohr) von der Null-Lage aus gedreht werden muß, damit man den Stern ins Blickfeld bekommt. Die Höhe des Sternes ist dann durch Subtraktion der Zenitdistanz von 90° erhältlich. Weist der Winkelmesser die Gradteilung 0° bis 90° nach beiden Richtungen auf, so kann die Höhe direkt abgelesen werden.

Stellt man das Fernrohr auf einen Stern ein und dreht man es ein wenig später in die Stellung, in der man den Stern dann sieht, so beschreibt man auf der Himmelskugel einen Bogen, genau wie der Kurs eines Schiffes auf hoher See. Denkt man über die Bahn nach, welcher ein Schiff wirklich folgt, so sieht man ein, daß diese Bahn nie eine Gerade der Euklidschen Geometrie ist. Vielmehr ist sie ein Kreisbogen auf der gekrümmten Erdoberfläche. Der kürzeste Bogen zwischen zwei Punkten ist aber derjenige, der am wenigsten gekrümmt ist, daher muß er den größtmöglichen Radius aufweisen, und dieser ist eben der Erdradius selbst. Folglich ist für Schiffahrtszwecke die kürzeste Distanz zwischen zwei Punkten nicht die euklidsche Strecke, sondern der diese Punkte verbindende »Groß«-Kreisbogen. Fahren zwei Schiffe von A nach B, das eine auf dem direktesten Weg, das andere hingegen zunächst bis zum Meridian von B, ohne die geographische Breite zu ändern, und dann entlang des Längenkreises bis B, so bilden beide Bahnen eine dreieckige Figur, deren Seiten Kreisbogen sind. Scheint sich ein Stern in ähnlicher Weise auf einem Deklinationskreis am Himmelsgewölbe zu bewegen, so müssen wir unser Auge horizontal entlang eines Höhenkreisbogens und vertikal entlang eines Azimutalkreisbogens wandern lassen, um dem Lauf des Sternes zu folgen. Die scheinbare Bewegung des Sternes und die Bewegung unseres Auges oder des Fernrohres zeichnen auf dem Himmelsge-

---

* Man sagt auch: das Azimut. (Ü.)

wölbe ein Dreieck mit gekrümmten Seiten auf. Um einen Punkt am Himmel zu erreichen, muß sich ein Stern um die Weltachse um einen bestimmten, vom Meridian aus gemessenen Winkel drehen, während unser Fernrohr sich um einen bestimmten Winkel um die Vertikalachse gedreht hat. Und hat sich der Stern auf seinem Deklinationskreis um einen gewissen Winkel bewegt, so muß sich unser Fernrohr um einen bestimmten Winkel gegenüber der Horizontalebene aufgerichtet haben. Da aber die Weltachse während dieser Bewegungen gegenüber der Horizontebene in unveränderter Lage zu denken ist, dürfen wir erwarten, daß alle diese Größen miteinander verknüpft sind, genauso wie der kürzeste Weg eines Schiffes mit den geographischen Breiten und Längen des Abfahrtshafens und des Bestimmungshafens zusammenhängt. Um beide Probleme zu meistern, ist es notwendig, zu wissen, welche Arten von Beziehungen zwischen den Stücken von Figuren mit gekrümmten Seiten zu erwarten sind.

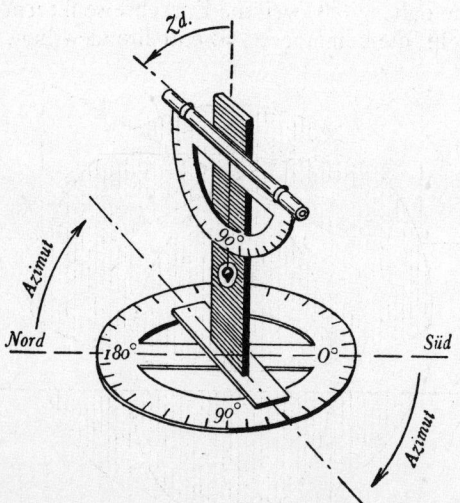

Fig. 114 Selbstverfertigtes Instrument zur Messung des Azimuts sowie der Z. D. oder der Höhe eines Sternes.
Bestandteile: drei Wandtafelwinkelmesser (herstellbar z. B. mit einer Laubsäge), ein Eisenrohrstück (Gasrohr) und ein Senkblei.

Sphärische Dreiecke

Fig. 115 zeigt einen Globus, der von drei ebenen Flächen durchsetzt ist, und zwar gehen zwei davon durch Meridiane (längs PA und PB), und die dritte geht durch den Äquator (AB). Jede dieser Ebenen schneidet die Erdoberfläche in je einem Großkreis, dessen Zentrum der Kugelmittelpunkt ist. Dort, wo sich diese Kreise auf der Oberfläche schneiden, entstehen Ecken einer dreiseitigen Figur, deren Seiten sämtlich Großkreisbogen sind, d. h. Bogen, die zu Kreisen mit dem Kugelmittelpunkt als Zentrum und dem Kugelradius als Radius gehören. Eine solche Figur heißt ein sphärisches Dreieck. Es besitzt drei Seiten, PA, PB und AB, die wir der Reihe nach mit b (B gegenüberliegend), a (A gegenüberliegend) und p bezeichnen. Es hat auch drei Winkel B, A und P (PBA, PAB und APB). Was der Leser bereits von einer Karte weiß, reicht hin, um zu verstehen, wie diese Winkel gemessen werden. Der Winkel APB ist einfach die Differenz der geographischen Längen der beiden Punkte A und B auf dem Äquator; dieser Winkel gibt die gegenseitige Neigung der beiden Ebenen an, die entlang der Erdachse den Erdglobus durchsetzen. Man beachte daher, daß, weil die Erdachse senkrecht zur Äquatorebene steht, die den Bogen AB enthaltende Ebene die Ebene

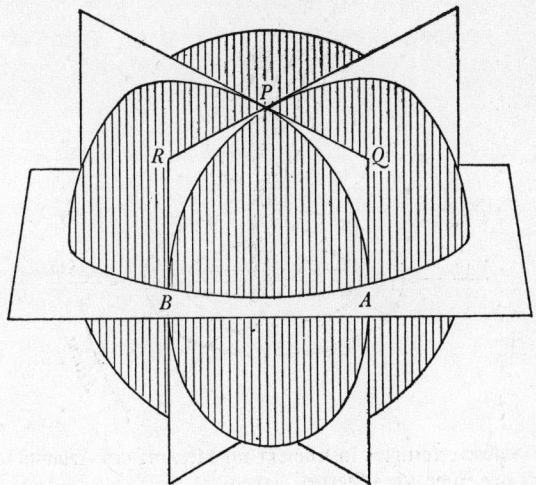

Fig. 115 Drei sich schneidende ebene Flächen, in denen je ein Großkreis einer Kugel liegt.

von PA und die von PB rechtwinklig schneidet; und da wir die Schnittwinkel zweier auf einer Kugelfläche gezeichneten Großkreise durch den Winkel zwischen den Ebenen messen, die diese Großkreise enthalten, so ist der sphärische Winkel PAB ein rechter Winkel, ebenso PBA. Daher sind die drei Winkel des sphärischen Dreiecks zusammen größer als zwei Rechte, ein bezeichnender Unterschied zwischen einem sphärischen und einem euklidschen Dreieck. Es kostet natürlich ordentlich Mühe, eine Figur wie Fig. 115 so zu entwerfen, daß die Ebenen der auf einer Kugelfläche gezeichneten Großkreise und der Winkel zwischen zwei sich schneidenden Großkreisen zur Darstellung kommen. Deshalb messen wir diese Winkel auf eine der drei folgenden Arten, die lediglich ebene Geometrie erfordern, welche wir bereits gelernt haben. Es sind dies:

a) die geometrische Methode: Der Winkel BPA zwischen den sphärischen Seiten PB und PA ist derselbe wie der ebene Winkel RPQ *zwischen den Tangenten* RP und QP, die PB und PA in ihrem gemeinsamen Punkt, d. h. im »Pol« P des Äquatorkreises berühren.

b) die geographische Methode: Erinnert man sich, daß BPA durch die Anzahl der Längengrade zwischen A und B bestimmt ist, so sieht man ein, daß dieser Winkel durch jeden Bogen gemessen werden kann, den die die Bogen PA und PB enthaltenden Großkreise aus irgendeinem Breitenkreis herausschneiden, d. h. aus einem Kreis, dessen Ebene die Verbindungsgerade der beiden Pole, in denen sich die Großkreise oberhalb und unterhalb der Ebene treffen, rechtwinklig schneidet.

c) die astronomische Methode: Sie wird in der nächstfolgenden Abbildung (Fig. 116) erläutert. Diese Figur stellt den Schnitt der Ebene des Himmelsäquators FEQO mit der Ebene des Horizontes NESO auf der Himmelskugel dar, auf welcher der Pol P des Himmelsäquators und der Pol des Horizontkreises, d. h. der Zenit Z, liegen. Der Winkel QES zwischen den Bogen QE und SE ist der Winkel QOS zwischen den sich schneidenden Ebenen dieser Bogen. Es ist

$$QOS = 90° - QOZ$$
$$POZ = 90° - QOZ$$

Daher ist der Winkel zwischen zwei sphärischen Bogen gleich dem Winkelabstand der Pole, gemessen längs des Großkreises, auf dem diese liegen.

MATHEMATIK FÜR SEEFAHRER

Nun müssen wir noch die Seiten sphärischer Dreiecke messen lernen. Ein sphärisches Dreieck ist eigentlich nicht eine Figur, die die Entfernungen zwischen drei in ihren Ecken angebrachten Gegenständen wiedergibt; vielmehr stellt es die Richtungsunterschiede dar, unter denen diese Gegenstände von einem Zentrum aus gesehen werden. Die Seite eines sphärischen Dreiecks ist nämlich der Winkel, um den das Auge oder das Fernrohr, das auf eine Ecke gerichtet ist, gedreht werden muß, damit man auf kürzestem Wege eine andere Ecke ins Blickfeld bekommt. Die Seiten eines sphärischen Dreiecks sind, genauso wie seine Winkel, immer in Winkelgraden oder Bogenmaß zu messen. So sind in Fig. 115 die Seite a (PB) und die Seite b (PA) jede gleichwertig mit der Breite des Nordpols (90° oder $\frac{\pi}{2}$ Radian), und die Seite p (AB) ist die Differenz zwischen den geographischen Längen von A und B und in diesem besonderen Fall gleich dem Winkel P. In Fig. 116 bilden die Punkte Q, E, S die Ecken eines sphärischen Dreiecks auf der Himmelskugel. Zwei der Seiten, nämlich s (QE) und q (SE), sind rechte Winkel. Die dritte Seite e (SQ) ist gleich mit dem Winkel E, der dem ebenen Winkel POZ gleich ist. Die sphärischen Winkel Q und S sind Rechte, und wieder fällt es auf, daß die

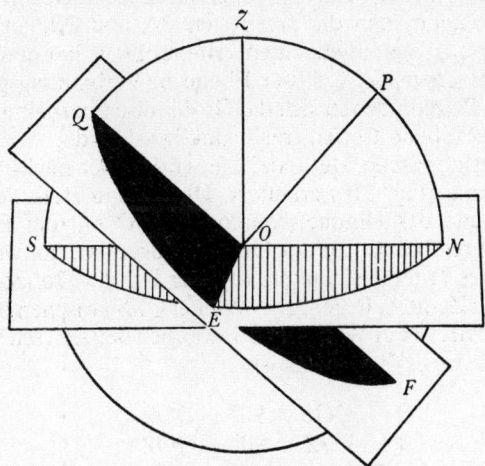

Fig. 116 Der Winkel zwischen zwei Großkreisbogen (*QE* und *SE*) der Kugelfläche ist der Winkel (*ZOP*) zwischen den Pollen *Z* und *P* der zugehörigen Großkreise.

Winkelsumme eines sphärischen Dreiecks mehr als zwei Rechte ausmacht.

Vor einer Weile sahen wir, daß die geographische Breite bzw. Länge des oberen Endes eines Grubenschachtes dieselbe ist wie am unteren Ende. Das rührt daher, daß die geographische Breite und die Länge die Richtung angeben, in der ein Gegenstand vom Zentrum der Erde aus gesehen wird, und vom Erdzentrum aus betrachtet, liegen eben oberes und unteres Ende eines Grubenschachtes in genau derselben Richtung. Daher können drei beliebige Punkte des Raumes durch die Ecken eines sphärischen Dreiecks dargestellt werden, das auf der Oberfläche einer Kugel gezeichnet wird, die die drei Punkte umschließt. Trifft es zufällig, daß die drei Punkte gleiche Entfernung vom Beobachtungszentrum haben, dann kann man die Seiten eines solchen Dreiecks in Längeneinheiten anstatt in Winkelgraden oder Bogenmaß ausdrücken. Die Methode, mit der das zu erreichen ist, kann anhand

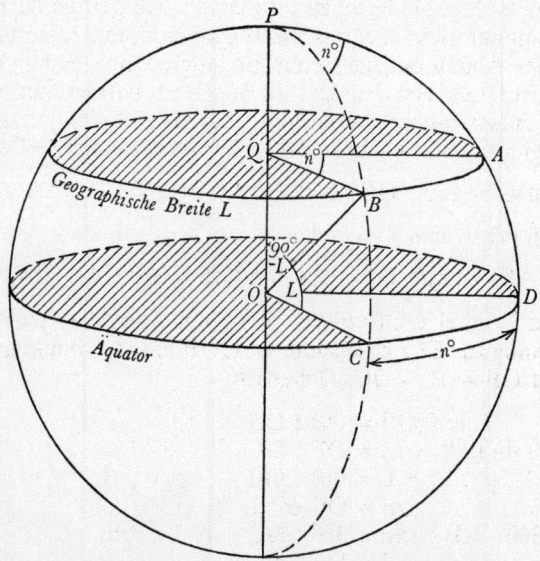

Fig. 117 Wie man die Länge von n Längengraden ermittelt, die entlang eines Breitenkreises gemessen wurden

C, D sind zwei Äquatorpunkte, A, B zwei Punkte eines Breitenkreises, PO ist die halbe Erdachse, COD die Ebene des Äquators, QAB die Ebene des Breitenkreises von A und B, und OB ist der Erdradius (R).

einer einfachen Rechnung erläutert werden, die kein sphärisches Dreieck verlangt, weil Breitenkreise (abgesehen vom Äquator) keine Großkreise sind. Sobald man nämlich den Winkel (in Grad oder Bogenmaß) kennt, der durch Verbindung der Endpunkte eines Kreisbogens mit dem Mittelpunkt des zugehörigen Kreises entsteht, kennt man auch die Länge des Bogens. Einem Längenunterschied von einem Bogengrad, gemessen entlang des Äquators, entspricht der dreihundertsechzigste Teil des Erdumfanges, d. h., wenn man den Erdradius zu 6375 Kilometer nimmt, gibt das angenähert

$$2\pi \cdot 6375 : 360 = 111 \text{ km}.$$

Berücksichtigt man die schwache Abplattung der Erde an den Polen nicht, so gilt dieses Ergebnis auch für einen längs irgendeines Längenmeridianes oder längs irgendeines Großkreises auf der Erdoberfläche gemessenen Bogengrad. Wie man einen Bogengrad bestimmt, wenn dieser entlang einem Breitenkreis gemessen wird, ist der Fig. 117 leicht zu entnehmen. AB beträgt dort n längs des Breitenkreises L gemessene Bogengrade, und DC ist gleich n längs des Äquators gemessenen Bogengraden. Der Umfang des Äquatorkreises, von dem DC ein Bogen ist, beträgt nun $2\pi \cdot OC$. Daher entspricht ein Äquatorbogengrad $2\pi \cdot OC : 360$, und n Bogengrade demnach $2\pi n \cdot OC : 360$. Hieraus folgt

$$DC = 2\pi n \cdot OC : 360 \text{ und } OC = 360 \cdot DC : 2\pi n.$$

Ähnlich erhält man

$$AB = 2\pi n \cdot QB : 360 \text{ und } QB = 360 \cdot AB : 2\pi n$$

Nun ist Winkel QOB = 90° − L, und weil die Ebene QAB rechtwinklig zur Erdachse steht, ist QOB ein rechtwinkliges Dreieck mit OB = R = OC. Daher ist

$$\sin QOB = QB : OB$$
$$\therefore \sin (90° - L) = QB : OC$$
$$\therefore \cos L = QB : OC$$
$$\therefore QB = OC \cos L$$
$$\text{also } 360 \cdot AB : 2\pi n = 360 \cdot DC \cdot \cos L : 2\pi n$$
$$\therefore AB = DC \cdot \cos L$$
$$= n \cdot 111 \cdot \cos L \text{ Kilometer (angenähert)}$$

Berechnung von sphärischen Dreiecken

Allgemeine Formeln zur Bestimmung der Stücke eines sphärischen Dreiecks können, ähnlich wie diejenigen im Kapitel V, aufgestellt werden; sie finden in der Astronomie und in der mathematischen Geographie aus dem bereits bekannten Grunde, fortwährende Verwendung. Sie stützen sich auf die entsprechenden Formeln für ebene Dreiecke; und die einzige Schwierigkeit, sie zu verstehen, hängt damit zusammen, daß es schwer ist, deutliche Zeichnungen von körperlichen Gebilden auf einer ebenen Fläche zu entwerfen. Würde man einen Bruchteil dessen, was jetzt für den Bau von Kriegsschiffen und Flugzeugträgern vergeudet wird, für die Ausstattung von Schulen mit Kinoapparaten und für die Herstellung von Filmaufnahmen von bewegten Raumgegenständen ausgeben, so würden manche Dinge, welche oft von gescheiten Leuten nicht ohne Mühe und Zeitaufwand erfaßt werden, ganz leicht von unsereinem, der keinen Anspruch auf besondere Gescheitheit erhebt, verstanden werden können. Inzwischen wollen wir uns mit einem sehr einfachen Modell

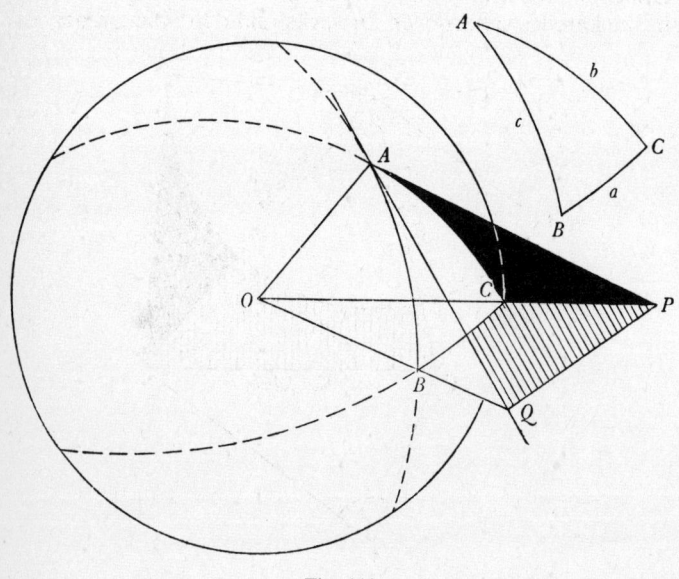

Fig. 118

behelfen, das sich jeder in wenigen Minuten aus transparentem Papier selbst anfertigen kann.

Die wichtigste Berechnungsformel für sphärische Dreiecke ermöglicht uns, die dritte Seite (a) zu ermitteln, wenn wir zwei Seiten (B) und (C) und den Zwischenwinkel (A) kennen. Die analoge Formel für ebene Dreiecke lautete (Kap. V, S. 190):

$$a^2 = b^2 + c^2 - 2bc \cos A$$

Fig. 118 zeigt ein sphärisches Dreieck ABC, das durch den Schnitt dreier Großkreise der Kugel entstanden ist. Die Schnittkanten der ebenen Flächen, in denen die Seiten a, b, c liegen, sind OA, OBQ und OCP. Die Kanten AQ und AP berühren gerade die Großkreise der Bogen b und c in A, d. h. AQ ist Tangente an c und AP an b. Daher sind OAQ und OAP rechte Winkel, obwohl es nicht möglich ist, sie als solche in der Ebene darzustellen. Die Tangenten AP und AQ spannen eine Ebene auf, aus der die Großkreisebenen der sphärischen Seiten das ebene Dreieck APQ herausschneiden. Nun ist der Winkel PAQ, gemäß der Definition der Winkel eines sphärischen Dreiecks, der Winkel A des gezeichneten sphärischen Dreiecks.

Um ein klares Bild von der Art des Zusammenhanges zwischen den Stücken des sphärischen Dreiecks und den Stücken der vier

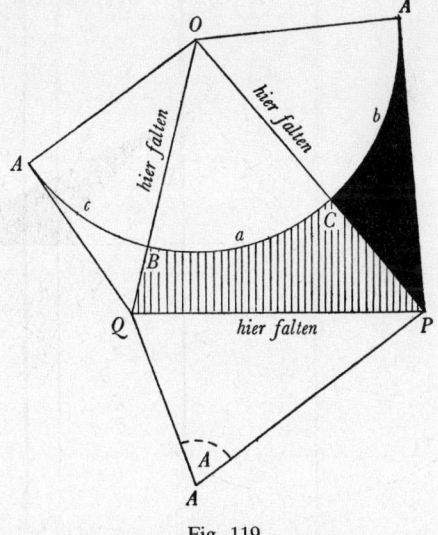

Fig. 119

ebenen Dreiecke zu erhalten, welche die Begrenzungsflächen der kleinen Pyramide bilden, in der das sphärische Dreieck liegt, schneide man sich ein Papiermodell nach Fig. 119 zurecht, falte es entlang den drei dort eingezeichneten Kanten und führe die Bezeichnungen ein, die in der Figur angedeutet sind. Dann betrachte man jeden einzelnen Bestandteil des Modells auf die übliche Art (Fig. 119). Man entnimmt dann letzterer Figur unter Benutzung eines Satzes für ebene Dreiecke:

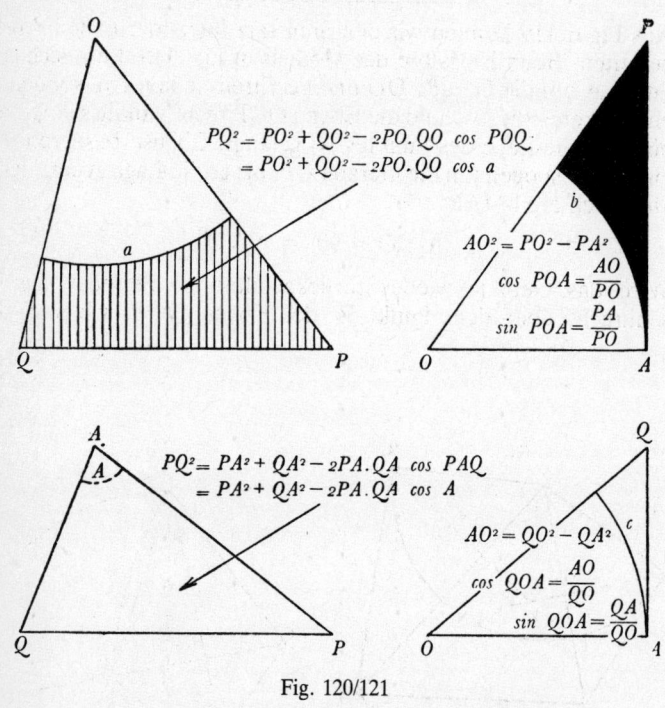

Fig. 120/121

$$PQ^2 = PO^2 + QO^2 - 2PO \cdot QO \cos a$$
$$PQ^2 = PA^2 + QA^2 - 2PA \cdot QA \cos A$$
$$\therefore (PO^2 - PA^2) + (QO^2 - QA^2) - 2PO \cdot QO \cos a$$
$$+ 2PA \cdot QA \cos A = O$$
$$\therefore 2PO \cdot QO \cos a = 2AO^2 + 2PA \cdot QA \cos A$$

Dividiert man die letzte Gleichung durch $2PO \cdot OQ$, so erhält man

$$\cos a = \frac{AO}{PO} \cdot \frac{AO}{QO} + \frac{PA}{PO} \cdot \frac{QA}{QO} \cos A$$

$$= \cos POA \cos QOA + \sin POA \sin QOA \cos A$$

$$= \cos b \cos c + \sin b \sin c \cos A$$

Demnach lautet die Formel zur Auffindung der dritten Seite (a), wenn man die beiden anderen Seiten (b) und (c) und den von ihnen eingeschlossenen Winkel A kennt:

$$\cos a = \cos b \cos c + \sin b \sin c \cos A.$$

Aus Figur 119 können wir den Sinussatz folgendermaßen direkt herleiten. Beim Entfalten des Modells in Fig. 118 dreht sich der Punkt A um die Gerade OQ und beschreibt einen Kreisbogen in einer Ebene, die OQ und die Ebene OQP rechtwinklig schneidet, bis er in die Lage des Punktes A_1 gelangt. Ebenso beschreibt er einen Kreisbogen um die Gerade OP, bis er die Lage A_2 erreicht. Demnach ergibt sich:

$$A_1 UO = 90° = A_2 VO$$

Wird das Gebilde wieder zurückgefaltet, so befindet sich A senkrecht über dem Punkt W der Ebene OQP, wo sich die

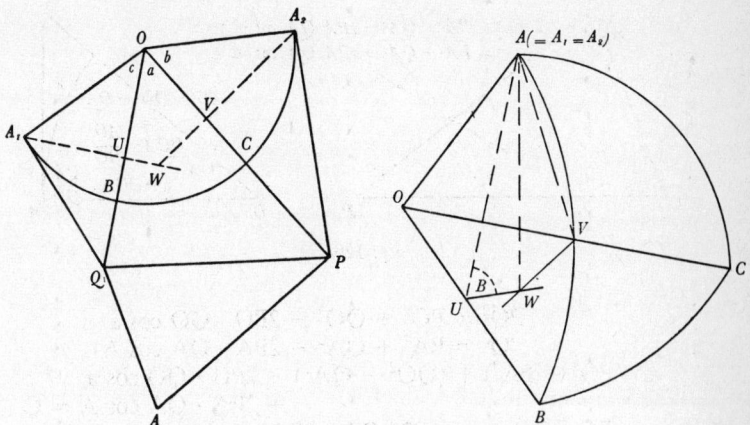

Fig. 122/123 Lösung sphärischer Dreiecke
Die Sinus-Formeln

Verlängerungen der beiden Kreisradien A_1U und A_2V schneiden. Der ersten Figur (Fig. 122, 123) entnimmt man:

$$\frac{A_1U}{A_1O} = \sin c, \text{ und } \frac{A_2V}{A_2O} = \sin b \qquad (I)$$

$\therefore A_1U = AO \sin c$, und $A_2V = AO \sin b$

Der Winkel AUW ist der Winkel, den die beiden Ebenen miteinander bilden, welche den Bogen AB, bzw. den Bogen BC enthalten. Daher gibt ∢ AUW den ∢ B des sphärischen Dreiecks. Der zweiten Figur entnimmt man

$$\frac{AW}{A_1U} = \sin B, \text{ und ebenso } \frac{AW}{A_2V} = \sin C \qquad (II)$$

$\therefore AW = A_1U \sin B$, und $AW = A_2V \sin C$

Kombiniert man (I) mit (II), so ergibt sich:

$$AO \sin c \sin B = AW = AO \sin b \sin C$$

$$\therefore \frac{\sin c}{\sin C} = \frac{\sin b}{\sin B}$$

Ebenso ist jeder dieser Verhältniswerte gleich

$$\frac{\sin a}{\sin A}.$$

Demnach lautet die Formel für die Auffindung der dritten Seite (a), wenn man die beiden anderen Seiten (b) und (c) und den von ihnen eingeschlossenen Winkel A kennt:

$$\underline{\cos a = \cos b \cos c + \sin b \sin c \cos A.}$$

Man wird diese Formel, nachdem man ihre Herleitung verstanden hat, entweder auswendig lernen oder bei Bedarf einer Formelsammlung entnehmen.

Berechnung des Direktkurses eines Schiffes

Wer gesunden Menschenverstand hat, läßt sich diese Rechnerei nur gefallen, wenn er sieht, daß etwas Praktisches dabei herauskommt. Ein erstes Beispiel dafür ist so beschaffen, daß man sich Stunden damit amüsieren kann, sofern man nur eine Karte besitzt, die Schiffslinien mit Angabe der Entfernungen auf den Seerouten verzeichnet. Man denke aber daran, daß sich diese Angaben gewöhnlich auf Seemeilen beziehen (60 Seemeilen machen einen Bogengrad eines Großkreises aus); ferner ziehe man in Betracht, daß ein Schiff einige Schleifen machen muß, bevor es die Küste verlassen oder ans Land herangesteuert werden kann. So enthält die Karte für den Seeweg von Bristol nach Kingston auf Jamaika die Angabe 4003 Seemeilen, etwa 25 Meilen zu hoch gegenüber der Rechnung, die weiter unten folgt. Unberücksichtigt bleibt der Weg vom Bristolkanal in den Hafen (siehe Fig. 124). Die geographische Breite der Stadt Bristol beträgt 51°26′ nördlich vom Äquator, daher beträgt die zugehörige Poldistanz 38°34′, ferner ist ihre geographische Länge 2°35′ W. Die geographische Breite von Kingston beträgt 18°5′ N., d. h. der Ort hat vom Pol den Winkelabstand 71°55′; seine geographische Länge beträgt 76°58′ W. Der den Pol mit Bristol verbindende Großkreisbogen (b) und der Großkreisbogen (a), der den Seeweg von Bristol nach Kingston darstellt, bilden ein sphärisches Dreieck, von dem wir zwei Seiten (b und c) und den eingeschlossenen Winkel A kennen, der gleich der Differenz der geographischen Längen der beiden Orte ist, nämlich 76°58′ − 2°35′ = 74°23′. Wir finden daher a, indem wir ansetzen:

$\cos a = \cos 71°55′ \cos 38°34′ + \sin 38°34′ \sin 71°55′ \cos 74°23′.$

Mit Hilfe der Tafeln erhält man:

$\cos a = 0{,}3104 \cdot 0{,}7819 + 0{,}6234 \cdot 0{,}9506 \cdot 0{,}2692 = 0{,}4022.$

Für a ergibt sich so angenähert $66\tfrac{1}{3}°$, d. h. $66\tfrac{1}{3}$ Bogengrade eines Großkreises, dessen Umfang gleich dem Erdumfang ist. Nun beträgt ein Bogengrad des Erdumfanges ungefähr 111 Kilometer. Folglich erhält man für die gewünschte Entfernung ungefähr

$66\tfrac{1}{3} \cdot 111 = 7363$ Kilometer (3980 Seemeilen).

Das nächste Beispiel wird nicht schwierig sein, wenn man zunächst mit Hilfe eines Längen- und Breitenverzeichnisses der Häfen, das in den meisten Atlanten zu finden ist, ein paar Aufgaben, ähnlich der ersten, gerechnet hat. Man beachte aber, daß man die Subtraktionen vermeiden kann, welche die Bogen b und c, also die »Polardistanzen« (90° − geographische Breite) beider Orte, liefern. Weil nämlich $\sin(90° - x) = \cos x$ und $\cos(90° - x) = \sin x$ ist, können wir die Formel so anschreiben:

$\cos(\text{Dist.}) = \sin \text{Breite}_1 \sin \text{Breite}_2 + \cos \text{Breite}_1 \cos \text{Breite}_2 \cdot \cos(\text{Länge}_1 - \text{Länge}_2).$

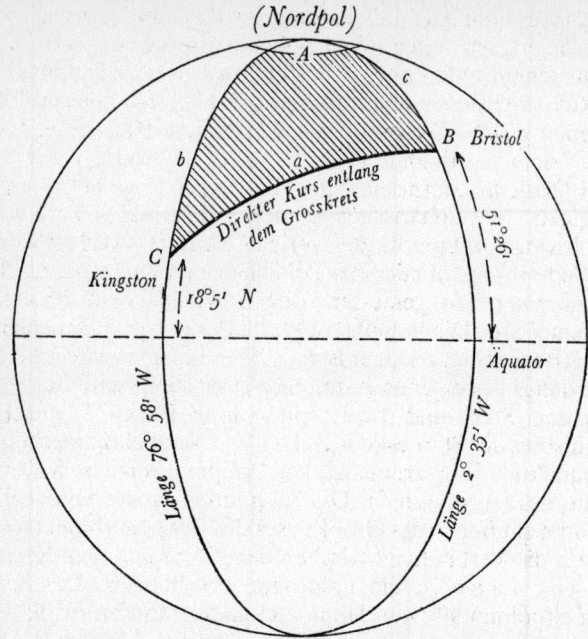

Fig. 124 Großkreis als Schiffsweg (Orthodrome). Die Einzelheiten sind im Text erklärt.

Diese Formel setzt voraus, daß die geographischen Längen entweder beide östlich oder beide westlich von Greenwich zu denken sind. Ist aber die eine östlich, die andere westlich gemeint, so muß man den Winkel A als Summe dieser Längen betrachten, und daher ist dann cos (Länge$_1$ − Länge$_2$) durch cos (Länge$_1$ + Länge$_2$) zu ersetzen.

Deklination eines Planeten

Wie wir gesehen haben, kann die Deklination (oder R. A.) eines Planeten, wie der Venus oder des Merkur, nicht durch Merdianbeobachtungen erhalten werden, ferner können die Deklinationen (oder R. A.) der äußeren Planeten, wie des Mars oder des Jupiter, nur dann durch Meridianbeobachtungen bestimmt werden, wenn die Meridiandurchgänge während der Dunkelheit stattfinden.

Daher ist es unmöglich, die Lage eines Planeten in bezug auf die
Fixsterne in allen Teilen seiner Bahn anzugeben, es sei denn, daß
man auf einem anderen Wege imstande wäre, seine Deklinationen
und Rektaszensionen zu ermitteln. Letztere sind aber in der Tat
auf genau gleiche Weise wie die Schiffsroute längs einer Orthodrome leicht zu erhalten.

Der Ort jedes Sternes in einem beliebigen Augenblick kann in
eine Ecke eines sphärischen Dreiecks (Fig. 125), ähnlich dem
Bristol-Kingston-Dreieck des vorigen Beispiels, verlegt werden.
Eine Seite (b) ist, ähnlich der Poldistanz von Kingston, der längs
des Hauptmeridians gemessene Bogen zwischen dem Himmelspol
und dem Zenit. Die Polhöhe ist gleich der geographischen Breite
(L) des Beobachters. Daher ist $b = 90° - L$. Eine weitere Seite (c)
ist der längs des eigenen Azimutalkreises gemessene Bogen zwischen dem Stern und dem Zenit. Dieser Bogen ist gleich der
Zenitdistanz des Sternes (c = Z. D.). Der Winkel A zwischen dem
Azimutalkreis des Sternes und dem Hauptmeridian ist der Azimut
des Sternes (A = Azim.). Die Endpunkte dieser beiden Bogen
verbindet ein Bogen des Großkreises der Rektaszension; dieser ist
zugleich die Verbindung zwischen dem Stern und dem Himmelspol; seine Länge ist die Poldistanz des Sternes. Da nun der
Himmelspol um 90° vom Himmelsäquator absteht, ist die Poldistanz des Sternes, der in unserem sphärischen Dreieck die dritte
Ecke bildet, gleich der Differenz zwischen einem rechten Winkel
und der Deklination des Sternes ($a = 90° - $ Deklin.). Wendet man
auf dieses sphärische Dreieck unsere Formel an, so erhält man:

$$\cos(90° - \text{Deklin.}) = \cos(90° - L) \cos(Z.D.)$$
$$+ \sin(90° - L) \sin(Z.D.) \cos(\text{Azim}),$$

oder anders geschrieben:

$$\sin(\text{Deklin.}) = \sin L \cos(Z.D.) + \cos L \sin(Z.D.) \cos(\text{Azim.}).$$

Bei der Anwendung dieser Formel muß man daran denken, daß
wir den Azimut vom Nordpunkt gerechnet haben. Kulminiert der
Stern südlich vom Zenit, so kann der Azimut größer als 90° sein,
und wir rechnen ihn vom Südpunkt. Da $c^2 = a^2 + b^2 - 2 ab \cos C$ in
$c^2 = a^2 + b^2 + 2 ab \cos(180° - C)$ übergeht, wenn C größer als 90°
ist, so lautet die Formel für das sphärische Dreieck jetzt

$$\sin(\text{Deklin.}) = \sin L \cos(Z.D.) - \cos L \sin(z.D) \cos(\text{Azim.}).$$

Das heißt, wenn man den Azimut und die Zenitdistanz eines
Himmelskörpers für denselben Zeitpunkt kennt, so kann man

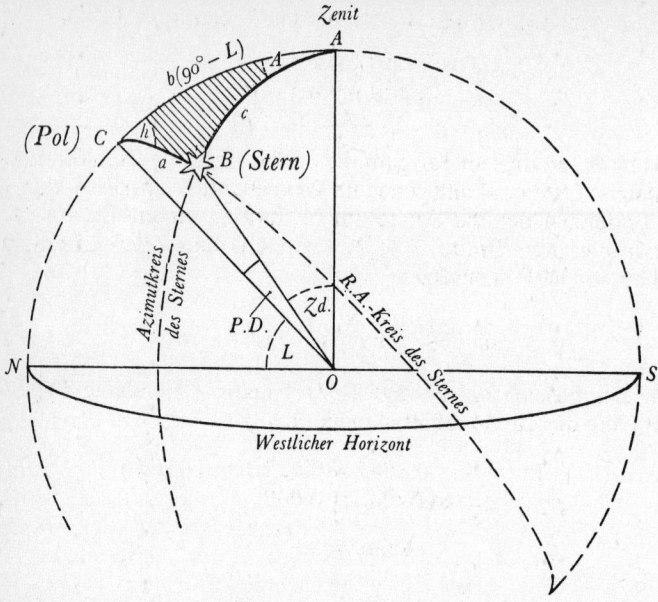

Fig. 125 Das Stern-Dreieck. (Vergleiche mit den Fig. 104 und 113.)

dessen Deklination ermitteln, ohne daß man darauf warten muß, bis der Stern den Meridian erreicht. Hingegen kann man nicht so leicht durch direkte Anwendung derselben Formel die geographische Breite eines Ortes aus der Beobachtung eines Sternes bekannter Deklination erhalten; wohl aber geht es, wenn man am gleichen Ort die Zenitdistanz und den Azimut zweier beliebiger Sterne ermittelt und im Besitz eines Jahrbuches oder einer Sternkarte ist, die die Deklinationen dieser Sterne angeben. Im allgemeinen erfordert das Rechnen weniger Zeit als das Warten auf das Kulminieren eines hellen und leicht erkennbaren Sternes.

Eine weitere Anwendung der soeben abgeleiteten Formel ist die Bestimmung der Richtung eines auf- oder untergehenden Himmelskörpers, wenn man die Breite des Beobachtungsortes kennt oder umgekehrt die Ermittlung der geographischen Breite aus den Auf- oder Untergangsdaten eines Sternes. Im Momente des Auf- oder Untergehens ist die Zenitdistanz eines Sternes 90°. Da cos 90° = 0 und sin 90° = 1, lautet unsere Formel

$$\sin(\text{Deklin.}) = \cos L \cos (\text{Azim.}).$$

In den Äquinoktien hat die Sonne die Deklination 0°, daher ist

$$\cos L \cos(\text{Azim.}) = 0$$
$$\therefore \cos(\text{Azim.}) = 0$$
$$\therefore \text{Azim.} = 90°$$

Das heißt, an diesem Tag geht die Sonne an allen Orten der Erde genau im Osten auf und genau im Westen unter. Um die Richtung zu finden, in der die Sonne am 21. Juni an einem Ort mit der geographischen Breite $51\frac{1}{2}°$ N (London) auf- oder untergeht, haben wir bloß anzusetzen

$$\sin 23\frac{1}{2}° = \cos 51\frac{1}{2}° \cos(\text{Azim.}),$$

denn an diesem Tage beträgt die Deklination der Sonne $23\frac{1}{2}°$ N. Mit Hilfe der Tafeln erhält man hieraus

$$0{,}3987 = 0{,}6225 \cos(\text{Azim.})$$
$$\therefore \cos(\text{Azim.}) = 0{,}6405$$
$$\text{Azim.} = 50\frac{1}{6}°.$$

Daher geht die Sonne $50\frac{1}{6}°$ vom Nordpunkt gerechnet auf und unter, oder anders ausgedrückt: $(90° - 50\frac{1}{6}°) = 39\frac{5}{6}°$ vom Ost- bzw. Westpunkt gegen Norden. Umgekehrt kann man natürlich die durch Beobachtung ermittelte Richtung des Sonnenauf- oder Sonnenunterganges zur Bestimmung der geographischen Breite des Beobachtungsortes ausnützen.

Weiteres über sphärische Dreiecke

Wie sich die Deklination eines Planeten verändert, ist viel weniger interessant zu untersuchen als die Veränderlichkeit der R. A., denn letztere läßt sich leicht erklären, wenn man annimmt, daß die Erde und die Planeten um die Sonne rotieren, wie es Aristarch glaubte und Kopernikus lehrte. Da dieses Buch kein Astronomiebuch ist, können wir nicht darauf eingehen, zu schildern, wie Kopernikus zu dieser Schlußfolgerung kam; es sollte nicht schwerfallen, das aus einem Lehrbuch der Astronomie herauszulesen, sobald man einmal verstanden hat, wie die Position eines Planeten bestimmt wird.

Betrachtet man das Sterndreieck der Fig. 125, so sieht man, daß der Winkel C zwischen dem Bogen, der die Poldistanz des Sternes darstellt, und dem Bogen b (= 90° − L), der die Zenitdistanz des Himmelspoles darstellt, den Winkel angibt, um den sich der Stern seit seinem letzten Meridiandurchgang gedreht hat. Da sich die Himmelskugel in 24 Stunden um 360°, also um 15° pro Stunde zu drehen scheint, so wird dieser Winkel C häufig der Stundenwinkel des Sternes genannt, weil man durch Division des Winkelbetrages durch 15 die Zeit erhalten kann, die seit dem Meridiandurchgang verflossen ist. Weiß man nun, um wieviel Uhr Ortszeit der Stern den Meridian passierte, so weiß man auch, welche Zeit seit der Kulmination der Sonne verflossen war, denn so wird die Zeit angegeben; kennt man ferner die R. A. der Sonne an diesem Tag, so kennt man auch die Zeit, die seit dem Meridiandurchgang des Frühlingspunktes verflossen ist. Man braucht also nur noch die R. A. der Sonne zur Kulminationszeit eines Sternes zu addieren, um die R. A. des Sternes zu erhalten.

Um daher die R. A. eines Sternes aus dessen Höhe und Azimut in irgendeinem bestimmten Augenblick zu ermitteln, muß man in einem sphärischen Dreieck, von dem man zwei Seiten und den von ihnen eingeschlossenen Winkel kennt, einen der übrigen Winkel bestimmen. Bei ebenen Dreiecken würden wir die Formel (Kap. V, S. 191)

$$\sin C = c\,\frac{\sin A}{a}\ (\text{oder } \sin C = c\,\frac{\sin B}{b}\ \text{wenn B bekannt})$$

benützen. Bei sphärischen Dreiecken lautet der entsprechende Sinussatz formelhaft:

$$\sin C = \frac{\sin c \sin A}{\sin a}\ \left(\text{oder } \sin C = \frac{\sin c \sin B}{\sin b}\right)$$

Diese Formel erhält man auch durch Anwendung der Multiplikationsregeln der Algebra und durch Beachtung der Regel, daß $\cos^2 x = 1 - \sin^2 x$ für einen beliebigen Winkel x ist.

Kennt man b, c und A, und errechnet man mit Hilfe von

$$\cos a = \cos b \cos c + \sin b \sin c \cos A$$

die Seite a, so fällt auf, daß man auch c errechnen kann, wenn man a, b und C kennt, nämlich:

$$\cos c = \cos a \cos b + \sin a \sin b \cos C$$

Nun leiten wir die Sinusformel wie folgt ab. Wir stellen die Glieder in der ersten der zuletzt angeführten Formeln passend um und erheben beide Seiten ins Quadrat:

$$-\cos A \sin b \sin c = \cos b \cos c - \cos a$$
$$\cos^2 A \sin^2 b \sin^2 c = \cos^2 b \cos^2 c - 2\cos a \cos b \cos c + \cos^2 a$$

Nun drücken wir die Quadrate der Cosinuswerte durch die Sinuswerte aus und erhalten

$$(1 - \sin^2 A) \sin^2 b \sin^2 c = (1 - \sin^2 b)(1 - \sin^2 c)$$
$$- 2\cos a \cos b \cos c + (1 - \sin^2 a)$$
$$\therefore \sin^2 b \sin^2 c - \sin^2 A \sin^2 b \sin^2 c = 1 - \sin^2 b - \sin^2 c$$
$$+ \sin^2 b \sin^2 c - 2\cos a \cos b \cos c + 1 - \sin^2 a$$

Subtrahiert man von beiden Seiten $\sin^2 b \sin^2 c$, so ergibt sich:

$$-\sin^2 A \sin^2 b \sin^2 c = 2 - \sin^2 a - \sin^2 b - \sin^2 c$$
$$- 2\cos a \cos b \cos c$$

Die Betrachtung der letzten Gleichung lehrt, daß man auf der rechten Seite dasselbe erhält, wenn man ausgeht von

$$\cos c = \cos b \cos c + \sin a \sin b \sin C$$

in welchem Falle man findet, daß

$$-\sin^2 C \sin^2 a \sin^2 b = 2 - \sin^2 a - \sin^2 b - \sin^2 c$$
$$- 2\cos a \cos b \cos c$$

Man darf folglich schreiben

$$-\sin^2 C \sin^2 a \sin^2 b = -\sin^2 A \sin^2 b \sin^2 c$$

Nach Division durch $(-\sin^2 b)$ folgt hieraus

$$\sin^2 C \sin^2 a = \sin^2 A \sin^2 c$$
$$\therefore \sin C \sin a = \pm \sin A \sin c$$
$$\text{oder} \qquad \sin C = \pm \frac{\sin A \sin c}{\sin a}$$

Diese Herleitung ist ein wenig langatmig, aber dafür ist die Formel leicht anzuwenden, wenn man den Atem wiedergewonnen hat. In unserem Ausgangsdreieck der Fig. 125 ist A der Azimut, c die Zenitdistanz und a die Poldistanz (90° − Deklin.) des Sternes, d. h. sin a = cos(Deklin.). Hieraus folgt

$$\sin(\text{Stundenwinkel}) = \frac{\sin(\text{Azim.}) \sin(\text{Z.D.})}{\cos(\text{Deklin.})}$$

Angenommen, man habe danach für einen der Sterne im Orion um 20 h 40 min Ortszeit den Stundenwinkel 10° westlich vom Meridian errechnet. Der Stern hat also den Meridian $\frac{10}{15}$ Stunden = 40 Minuten vorher, also genau um acht Uhr passiert (kulminiert); seine R. A. ist also um 8 Stunden größer als diejenige der Sonne. Würde die R. A. der Sonne an diesem Tage 21 Stunden 50 Minuten betragen, so würde die Sonne 2 Stunden 10 Minuten vor ♈ kulminieren, d. h. ♈ würde um 14 h 10 min und der Stern 8 Stunden 0 Minuten − 2 Stunden 10 Minuten = 5 Stunden 50 Minuten nach ♈ den Meridian passieren. Daher betrüge die R. A. des Sternes 5 Stunden 50 Minuten.

Die gleiche Formel kann auch zur Berechnung der Aufgangs- und Untergangszeiten der Sterne für irgendeinen Ort bestimmter Breite verwendet werden. Beim Auf- oder Untergehen eines Himmelskörpers beträgt seine Zenitdistanz 90°. Nun ist sin 90° = 1. Daher verwandelt sich die Formel in

$$\sin(\text{Stundenwinkel}) = \frac{\sin(\text{Azim.})}{\sin(\text{Deklin.})}$$

Der Azimut eines auf- oder untergehenden Sternes kann aber nach der bereits früher gegebenen Formel berechnet werden, nämlich

$$\cos(\text{Azim.}) = \frac{\sin(\text{Deklin.})}{\cos L}$$

Als Beispiel wollen wir die Zeit des Sonnenaufganges um die Wintersonnenwende in London (Br. $51\frac{1}{2}°$) errechnen. Nach der letzten Formel erhält man für den Azimut der auf- oder untergehenden Sonne $50\frac{1}{6}°$, vom Südpunkt gerechnet. Daher ergibt sich für den Stundenwinkel beim Sonnenauf- und Sonnenuntergang

$$\sin(\text{Stundenwinkel}) = \frac{\sin 50\frac{1}{6}°}{\cos\left(-23\frac{1}{2}°\right)}$$

$$= \frac{0{,}7679}{0{,}9171}$$

$$= 0{,}8373$$

Nun ist aber 0,8373 der Sinus von 56°51′. Somit ist die Zeit, die zwischen Sonnenauf- bzw. Sonnenuntergang und dem Kulminationsmoment (d. h. Mittag, da es sich hier um die Sonne handelt) verstreicht, gleich ($56\frac{5}{6}$: 15) Stunden, d. h. 3 Stunden 47 Minuten. Der Sonnenaufgang würde also um 8 h 13 min vormittags und der Sonnenuntergang um 3 h 47 min nachmittags stattfinden. Die Dauer der Tageshelle beträgt folglich rund $7\frac{1}{2}$ Stunden. Dieses Resultat weicht um 6 Minuten von dem bei Whitaker angegebenen Wert ab. Zu einem Teil ist diese Abweichung der Wahl der Näherungswerte zuzuschreiben; zum anderen Teil hängt sie mit Dingen zusammen, um die sich der Leser nicht zu sorgen braucht, denn er würde es nicht schwer haben, den näheren Ursachen nachzuforschen, sobald er die grundlegenden Prinzipien verstanden hat.

Die gleiche Rechnung würde man erhalten, wenn man die Zeiten des Sonnenauf- bzw. Sonnenunterganges am 21. Juni, d. h. am längsten Tag, berechnete. Wie ausführlicher am Ende dieses Kapitels auf S. 299 erklärt werden wird, ist

$$\sin A = \sin (180° - A).$$

Da nun $\sin A = \sin (180° - A)$ ist, kann 0,8373 entweder $\sin 56°51'$ oder $\sin (180° - 56°51')$, d. h. $\sin 123°9'$ sein. Eine Zeichnung zeigt dem Leser sofort, welcher dieser Werte zu nehmen ist. Ein Äquatorialstern geht nämlich genau im Osten auf und beschreibt den Bogen 90°, bis er den Meridian erreicht. Ein Stern südlich vom Äquator beschreibt einen kleineren und ein Stern nördlich vom Äquator einen größeren Bogen. Daher hat man, *falls die Deklination eines Himmelskörpers nördlich ist (wie die Sonne am 21. Juni), die Lösung $\sin(180° - A)$ zu nehmen; ist sie südlich, dann muß sin A genommen werden.* Daher würde der Stundenwinkel für den Sonnenaufgang bzw. Sonnenuntergang am 21. Juni ($123\frac{1}{6}$: 15 Stunden =) 8 Stunden 13 Minuten sein, d. h. der Sonnenaufgang würde um 3 h 47 min und der Sonnenuntergang um 20 h 13 min stattfinden.

Theorie der Sonnenuhr

Ein letztes Beispiel für die Verwendung sphärischer Dreiecke wird durch einen Gegenstand geliefert, der jetzt bloß als Gartenzierde wirkt. Die Sonnenuhr, die man in Gärten oder an den Mauern alter Kirchen sieht, ist eine Erfindung, die auf den gleichen Prinzipien wie die Orthodrome (Großkreis – Schiffsweg) beruht.

Die Sonnenuhr ist eine Erfindung der Araber, welche die

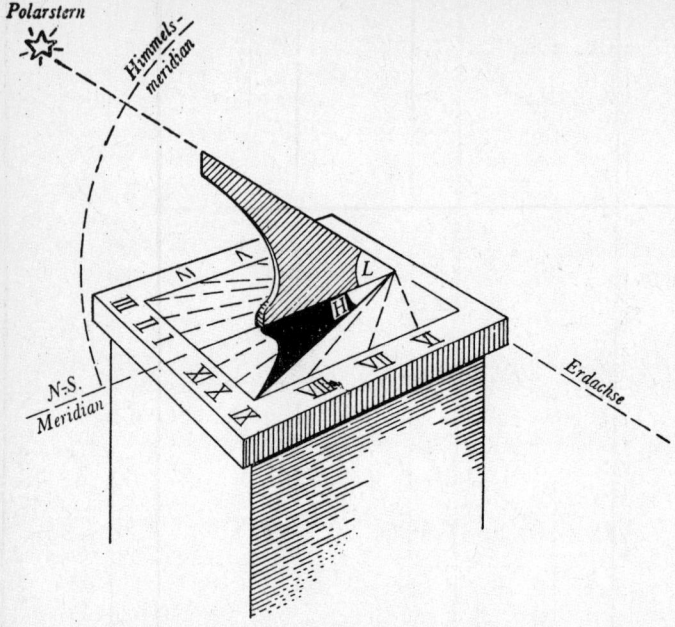

Fig. 126 Die maurische Sonnenuhr

sphärische Trigonometrie beträchtlich förderten; sie unterscheiden sich wesentlich von den Schattenuhren des Altertums. Die alte Schattenuhr oder der Obelisk war eine vertikale Säule, die manchmal auf einer kreisförmigen Steinbasis errichtet wurde.

Der Winkel, den der Schatten einer vertikalen Stange mit der Mittagslinie einschließt, ist der Azimut der Sonne, und der Azimutwinkel, den der Schatten beschreibt, wenn sich die Sonne um einen gegebenen Winkel gedreht hat, ist nicht der gleiche zu allen Jahreszeiten. Er hängt nämlich von der Deklination der Sonne ab. So war die Dauer einer Arbeitsstunde, wie sie durch die Schattenuhr verzeichnet wurde, zu verschiedenen Zeiten des Jahres nicht immer der gleiche Bruchteil eines Tages. Die Arbeitszeit stand in keiner festen Beziehung zur astronomischen Zeit, die durch die Sanduhr oder die Wasseruhr verzeichnet wurde. Die maurischen Astronomen fanden nun, daß man den Fehler dadurch beheben kann, daß man der Schattenstange die Richtung der Erdachse gibt. Bringt man nämlich den Zeiger so an (Fig. 126),

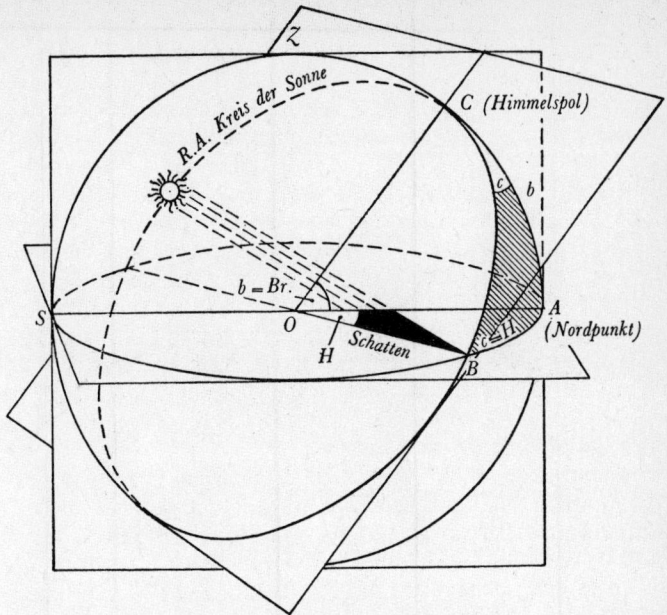

Fig. 127   Das Sonnenuhr-Dreieck

COB stellt die Ebene des Stundenkreises der Sonne dar. Sie schneidet die Meridianebene *AZS* in *OC*. Daher liegt der Rand des Sonnenuhrzeigers in dieser Geraden. Der Schatten dieses Randes liegt in *OB*, der Schnittlinie der Ebene des Stundenkreises der Sonne mit der Horizontebene *ABS*. Der Winkel *C* ist der Winkel, durch den die Sonne sich um *OC* seit dem Durchgang durch die Meridianebene gedreht hat.

daß man den Polarstern sieht, wenn man entlang der oberen Kante des Zeigers blickt, so kann die Unterlage mit einer Skala versehen werden, die gleichwertigen Intervallen zu allen Jahreszeiten entspricht. Genauer gesagt, ist der Zeiger oder der Weiser der Sonnenuhr in der Meridianebene so anzubringen, daß sein oberer Rand sich unter einem Winkel erhebt, der gleich ist der geographischen Breite des Ortes, für den die Uhr bestimmt ist. Daher wird eine Sonnenuhr, die die Zeit in Sevilla angibt, wo eine große maurische Universität im zehnten Jahrhundert unserer Zeitrechnung blühte, die Zeit für London nicht korrekt angeben.

Der Grund hierfür wird durch Fig. 127 erklärt. Welches auch die Deklination oder die R. A. der Sonne an irgendeinem Tag sein mag, die Sonne scheint sich um die Weltachse zu drehen, in der sich sämtliche Ebenen der Stundenkreise schneiden. Angenommen, sie habe sich um einen Stundenwinkel C gedreht; irgendein Strahl, der den Rand des Zeigers streift, liegt ganz in der Ebene des Stundenkreises, auf dem die Sonne zufällig steht. Diese Ebene schneidet die Horizontebene in der Geraden, die den Beobachter O mit dem Punkt verbindet, den der Stundenkreis der Sonne aus dem Himmelshorizont herausschneidet. Der Bogen c des Horizontkreises zwischen diesem Punkt und der Mittagslinie wird durch den ebenen Winkel H gemessen, um den sich der Schatten dreht, wenn sich die Sonne um den Stundenwinkel C dreht. Bleibt C gleich groß, dann gilt dasselbe auch von c = H. Mit anderen Worten: hat sich die Sonne um einen Winkel, der x Stunden Sonnenzeit entspricht, also um 15x°, gedreht, so hat sich der Schatten um einen Winkel H gedreht, welcher gleich bleibt, ob man Sommer oder Winter hat.

Um eine Sonnenuhr herzustellen, muß man vorerst einen Zeiger schneiden und diesen so anbringen, daß sein oberer Rand um den Betrag (b) der geographischen Breite des Ortes, wo die Uhr Verwendung finden soll, gegen den Basisrand geneigt ist. Ferner hat man dem Basisrand die Richtung der Mittagslinie zu geben, so daß der obere Rand genau nach dem Nordpol zeigt. Nun muß noch die Unterlage mit einer Stundenskala versehen werden. An einem sommerlichen Ferientag kann man sich durch eine solche Arbeit eine vergnügliche Übung in Trigonometrie verschaffen.

Die Theorie der Herstellung einer Stundenskala stützt sich auf eine dritte Formel für die Berechnung sphärischer Dreiecke. Aus Fig. 127 ist ersichtlich, daß das sphärische Dreieck ABC rechtwinklig ist. Da nämlich die Meridianebene die Horizontalebene rechtwinklig schneidet, beträgt der Winkel A, welcher den Winkel dieser beiden Ebenen darstellt, 90°. In diesem Dreieck interessieren uns der Winkel C, der Stundenwinkel der Sonne, c = H, der Winkel des Schattens, und b = L, die geographische Breite des Ortes. Den letzteren kennt man und den ersteren nimmt man als bekannt an. Der zweite ist derjenige, den man zu erhalten wünscht, um die Teilstriche der Skala gemäß den angenommenen Werten von C, d.h. der jeweiligen Tageszeit entsprechend, machen zu können. Ist A = 90°, also sin A = 1, so nimmt die zweite Formel für sphärische Dreiecke die Gestalt an

$$\sin C = \frac{\sin c}{\sin a} \qquad (I)$$

Und weil $\cos 90° = 0$ ist, so ergibt die erste Formel

$$\cos a = \cos b \cos c \qquad (II)$$

Wendet man nun die erste Formel auf die Seiten a und b und den Zwischenwinkel C an, also

$$\cos c = \cos a \cos b + \sin a \sin b \cos C,$$

so erhält man

$$\cos C = \frac{\cos c - \cos a \cos b}{\sin a \sin b} \qquad (III)$$

Aus (I) und (III) folgt

$$\frac{\sin C}{\cos C} = \frac{\sin c}{\sin a} \cdot \frac{\sin a \sin b}{\cos c - \cos a \cos b}$$

$$\therefore \operatorname{tg} C = \frac{\sin c \sin b}{\cos c - \cos a \cos b}$$

Nach Multiplikation beider Seiten mit sin b erhält man

$$\operatorname{tg} C \sin b = \frac{\sin c \sin^2 b}{\cos c - \cos a \cos b}$$

Wegen (II) ergibt sich hieraus

$$\operatorname{tg} C \sin B = \frac{\sin c \sin^2 b}{\cos c - \cos a \cos b}$$

$$= \frac{\sin c \sin^2 b}{\cos c\, (1 - \cos^2 b)}$$

$$= \frac{\sin c \sin^2 b}{\cos c \sin^2 b}$$

$$= \frac{\sin c}{\cos c}$$

$$= \operatorname{tg} c$$

Somit gilt

tg(Schattenwinkel) = sin(Breite) · tg (Stundenwinkel).

Um den Winkel zu erhalten, den der Rand des Schattens einer Sonnenuhr für London um 14 h 30 min liefert, wenn also der Stundenwinkel $2\tfrac{1}{2}$ Stunden oder $2\tfrac{1}{2} \cdot 15° = 37\tfrac{1}{2}°$ ausmacht, schreiben wir

$$\text{tg(Schattenwinkel)} = \sin 51\tfrac{1}{2}° \cdot \text{tg } 37\tfrac{1}{2}°$$
$$= 0,7826 \cdot 0,7673$$
$$= 0,6005$$

Der Tangenstafel entnimmt man tg 31° = 0,6009 und tg 30,9° = 0,5985. Daher beträgt der gewünschte Winkel bis auf ein Zehntel Grad genau 31°.

Der Leser wird nun imstande sein, die weitere Eichung der Skala vorzunehmen. Natürlich muß er die geographische Breite seines Wohnortes berücksichtigen.

Trigonometrische Verhältniswerte großer Winkel

Um die Formeln dieses Kapitels richtig benutzen zu können, muß man noch mehrere Punkte beachten. Einer ist bereits im Zusammenhang mit den Zeiten des Sonnenauf- und Sonnenunterganges an den Sonnenwenden (S. 291) erwähnt worden. Der Südpunkt des Horizontes ist um 180° vom Nordpunkt entfernt. Daher ist der Azimut eines Sternes vom Südpunkt gerechnet (180° − A), falls er vom Nordpunkt gerechnet A beträgt. Wenn ein Winkel A eines Dreiecks kleiner als 90° ist, gilt in der Trigonometrie ebener Figuren die Formel

$$a^2 = b^2 + c^2 - 2bc \cdot \cos A \qquad (I)$$

Ist A größer als 90°, so lautet sie

$$a^2 = b^2 + c^2 + 2bc \cdot \cos(180° - A) \qquad (II)$$

Ähnlich gilt die Formel:

$$\frac{\sin A}{a} = \frac{\sin B}{b} \qquad (III)$$

wenn A und B zwei Dreieckswinkel kleiner als 90° bedeuten; und ist einer dieser Winkel größer als 90°, z. B. A, so lautet sie

$$\frac{\sin(180° - A)}{a} = \frac{\sin B}{b} \qquad (IV)$$

Wenn man nun übereinkommt, unter cos(180° − A) den Wert − cos A oder unter − cos[180° − A] den Wert cos A zu verstehen, so umfaßt die Regel (I) die Regel (II). Ebenso folgt aus der Festsetzung, daß unter sin(180° − A) der Wert sin A zu verstehen sei, daß die Regel (III) die Regel (IV) einschließt, ganz gleich, ob es sich um ein Dreieck handelt, bei dem kein Winkel größer als 90° ist, oder ob das Dreieck stumpfwinklig ist. Entschließt man sich, diese Vereinbarungen zu treffen, dann darf man sagen, daß cos 45° den Wert 0,7071 und cos 135° den Wert − 0,7071 hat. Wenn daher bei der Lösung eines Problems cos A = − 0,7071 ist und die Tafeln anzeigen, daß cos 45° = 0, 7071 ist, so schließen wir, daß A = 180° − 45° = 135° ist. Ähnlich hat sin 30° denselben Wert wie sin 150°, nämlich 0,5; wird daher in den Tafeln für die Winkel von 0° bis 90° der Wert 0,5 als sin 30° angegeben, so hat man sowohl sin 30° als auch sin 150° abzulesen. Wir brauchen deshalb nur eine Regel für die Deklination eines Sternes zu kennen, wenn man vereinbart, den Azimutwinkel, ob größer oder kleiner als 90°, stets vom Südpunkt zu rechnen, nämlich:

$$\sin(\text{Deklin.}) = \sin L \cos(Z. D.) − \sin(Z. D.) \cos L \cos(\text{Azim.}).$$

Auf den ersten Blick scheint dies widersinnig zu sein, waren wir doch gewohnt, Sinus-, Cosinus- und Tangenswerte als Verhältnisse von Seitenlängen rechtwinkliger Dreiecke anzusehen, und solche Dreiecke haben doch nie Winkel, die größer als 90° sein können; es scheint daher sinnlos zu sein, vom Sinus oder Cosinus eines Winkels von 150° zu reden. Hätten wir unsere Betrachtungen zuerst an Figuren angestellt, die auf einer Kugelfläche gezeichnet sind, wie das tatsächlich mit der Erdoberfläche der Fall ist, dann würde uns das gar nicht so albern scheinen. Die drei Winkel eines sphärischen Dreiecks geben zusammen nämlich mehr als zwei rechte, ferner darf ein Winkel eines rechtwinkligen sphärischen Dreiecks mehr als 90° sein. Schauen wir die Sache anders an, so wie wir es im Kapitel II taten. Man kann leicht eine geometrische Zeichnung entwerfen, um die Bedeutung von a^n aufzuzeigen, wenn n = 1 (eine Strecke), n = 2 (ein ebenes Quadrat), n = 3 (ein Würfel) ist. Wir können aber nicht dieselbe Art der Zeichnung verwenden, um die Bedeutung des Operators 4 im Ausdruck a^4 anschaulich zu machen. Dennoch können wir in der Arithmetik mit a^4 genauso vorgehen wie mit a^1, a^2, a^3. Warum sollen wir daher sagen, daß sin 150° bedeutungslos sei, bloß etwa deswegen, weil wir kein ebenes rechtwinkliges Dreieck zeichnen können, das einen Winkel von 150° hat, oder daß cos 110° bedeutungslos sei, weil wir kein ebenes rechtwinkliges Dreieck mit einem Winkel von 110° zeichnen können?

Übrigens kann man die Auffassung vertreten, daß Sinus, Cosinus und Tangens nur verschiedene Arten sind, einen Winkel zu messen; es ist daher gar nicht so abwegig, Winkeln, die größer als

90° sind, ebensogut Sinus-, Cosinus- und Tangenswerte zukommen zu lassen, wie Winkeln kleiner als 90°. Tatsächlich erfordert die Messung eines Winkels mit Hilfe seines Sinus, Cosinus oder Tangens keineswegs das Zeichnen eines Dreiecks. Ein Winkel wird gewöhnlich durch die Maßzahl der Länge eines Kreisbogens angegeben, der vom freien Endpunkt des Einheitsradius beschrieben wird. Wenn man einen Einheitskreis (Radius = 1 cm) um den Schnittpunkt zweier Geraden zeichnet, so bedeutet die Aussage: »Zwei Geraden bilden einen Winkel von einem Grad«, daß die Länge des kleinen Bogens zwischen den beiden Punkten, in denen die Geraden den Kreis schneiden, $(2\pi : 360)$ cm lang ist. Der Sinus eines Winkels kann ebenso als Maßzahl einer Länge angegeben werden, was wir im Kapitel V auch getan haben. Sei PT die Sehne, die die Endpunkte des Bogens 2A eines Einheitskreises verbindet, dann ist die Maßzahl von $\frac{1}{2}$ PT (PQ in der Fig. 128), also der Halbsehne, der Sinus des halben Bogens von 2A, also der Sinus des Bogens A. Mit demselben Recht, mit dem PT als die zum kleinen Bogen 2A gehörige Sehne angesehen wird, darf man PT als die zum großen Bogen (360° − 2A) gehörige Sehne ansehen. Und ebenso darf man die Maßzahl der Halbsehne PQ nicht nur als Sinus von A, sondern auch als Sinus von $\frac{1}{2}(360° - 2A) = 180° - A$ betrachten. Folglich ergibt sich aus unserer Betrachtung

$$\sin A = \sin (180° - A).$$

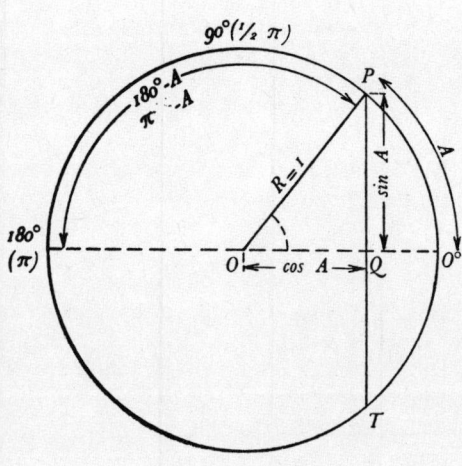

Fig. 128

An dieser Stelle ist noch etwas anderes wichtig. Als wir die Regeln der Euklidschen Geometrie durch Zeichnungen erläuterten, entstand vielleicht der Eindruck, Archimedes sei im Augenblick seines Todes damit beschäftigt gewesen, ebene Figuren der Euklidschen Geometrie in den Sand zu zeichnen. In Wirklichkeit zeichnete Archimedes sphärische Dreiecke auf der gekrümmten Erdoberfläche. Der einzige Grund, warum die Geometrie Euklids den Bedürfnissen des Zeichnens und der Architektur genügte, ist der, daß die Dimensionen unserer Zeichnungen und Häuser sehr klein sind im Verhältnis zum Erdradius. Wenn wir eine Gerade quer über den Ozean legen wollen, finden wir, daß es keine euklidische Gerade ist. Innerhalb der Raumschicht, die unser Sonnensystem enthält, ist ein Lichtstrahl praktisch eine euklidische Gerade; wenn wir aber sagen, daß das Licht in geraden Linien zu den fernsten Nebeln reist, dann meinen wir nicht unbedingt, daß es dies im Euklidschen Sinne tut.

Kapitel VIII

Die Geometrie der Bewegung

Die Definition einer Figur mit gekrümmten Grenzlinien läßt sich auf zweierlei Weise bewältigen. Wir können einen Kreis, eine Ellipse, eine Parabel und eine Hyperbel als Schnitte durch einen Kegel definieren. Das taten die Platoniker; von ihnen kommt die Bezeichnung *Kegelschnitte*. Wir können solche Kurven jedoch auch als die Spur (sogenannter *locus* = geometrischer Ort) eines sich bewegenden Punktes definieren; z. B. ist der Kreis der geometrische Ort eines Punktes, der sich in der Ebene in gleichbleibendem Abstand von einem festen Punkt (seinem Mittelpunkt) bewegt. Dieser Gesichtspunkt war den Alexandrinern nicht fremd. Archimedes beschrieb eine Art Spirale (Fig. 129), die mit fester Winkelgeschwindigkeit rotiert, während ein Punkt sich in der Drehung mit fester Lineargeschwindigkeit vom Zentrum weg bewegt. Er konnte diese Forschung aus verschiedenen Gründen nicht systematisch weiterführen.

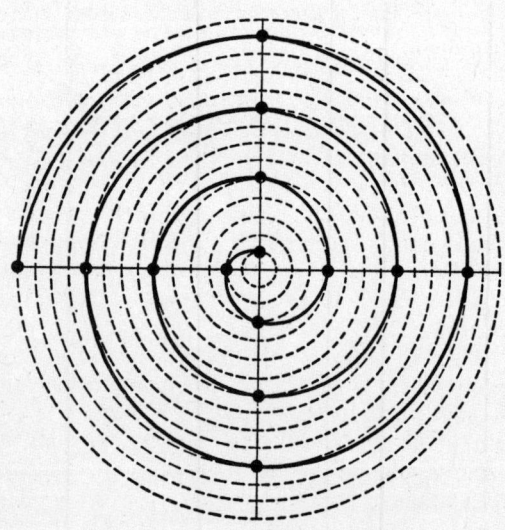

Fig. 129 Die Archimedische Spirale

Einer davon war, daß Bewegung als praktisch verwendbarer Ausgangspunkt für seine Denkart nur auf dem Gebiet der Astronomie sinnvoll war. Bei Kolumbus und Cabot erscheint sie als ein schwieriges Problem, unter Umständen ohne Parallele in früheren Zivilisationen, die an Sklavenarbeit als Ersatz für mechanische Kraft, und an Fernreisen nur südlich der Küste Afrikas entlang oder nordwärts nach England auf der Suche nach Zinn gewöhnt waren.

Forscher wie die frühen phönizischen und griechischen Seefahrer, die Rohmaterial für die Alexandrinische Geographie lieferten, fuhren tatsächlich meistens in Nord-Süd-Richtung den Küsten entlang. Auf unbekannten Fahrtrouten wagten sie außer einem Blick ins Land nur noch die Beobachtung der am Ufer nistenden Vögel. Sie kamen daher aus mit ihrer Kenntnis der geographischen Breite. Als dann Kolumbus, Cabot und Magellan westwärts in die noch nicht kartierte Weite des Atlantiks oder des Pazifiks segelten, wurde die Kenntnis der geographischen Länge gleichermaßen wesentlich für sie. Zu einer Zeit, als mechanische, durch Gewichte angetriebene Uhren erst nur auf öffentlichen Gebäuden zu sehen waren, erhielt daher die Uhrentechnologie den Impetus einer mächtigen neuen Erfordernis. Tragbare Uhren mit Sprungfederantrieb gab es erst um 1540, als der Kartograph Gemma Frisius die Notwendigkeit einer seetüchtigen Uhr zum Zweck der Längenbestimmung formulierte. Innerhalb zweier Jahrhunderte vor Kolumbus veränderte sich die Art der Kriegführung in Europa durch eine Neuerfindung, die aus dem Osten kam.

Abgesehen von der Tatsache, daß Archimedes bereits das Hebelprinzip zum Entwurf von weitreichenden Katapulten für die Verteidigung bei Belagerungen angewandt zu haben scheint, bot die Schießkunst den Mathematikern der Antike kein Problem, das zu erforschen gelohnt hätte. Aber die Einführung der Kanone, von entscheidender Bedeutung in den Kämpfen der spanischen und portugiesischen Konquistadoren, war ein zwingendes Problem. Man mußte die Flugbahn des Geschosses (den sogenannten Trajektor) kennen, um exakt zielen zu können. Ein Jahrhundert nach Kolumbus löste Galilei dieses Problem vollständig; aber das Ergebnis konnte vorrangig in Militär-Handbüchern veröffentlicht werden, weil in diesem Jahrhundert die Erfindung der Buchdruckerkunst zum erstenmal die Verbreitung nautischer Almanache bei Handelskapitänen möglich machte.

Kurz, die Messung der Bewegung fand im Zeitalter von Kolumbus und Cabot Beachtung in einem Maße, das weit über die

Erfahrung früherer Zivilisationen hinausging, und zwar unter Umständen, die ein weites Reservoir mathematischer Talente erschlossen. Im Vordergrund standen Kartierungspläne. Die Erstellung von Landkarten hatte Ptolemäus angeregt, das näher zu erforschen, was wir heute Projektionsgeometrie nennen, ein Zweig der Forschung, der seinen Anstoß erhielt durch die Einführung der Kunst der Perspektive im Jahrhundert des Kolumbus. Aber den geometrischen Ort eines Punktes wie den Kurs eines Schiffes im Gitter von geographischer Länge und Breite zu bestimmen, dazu bedurfte es der Veröffentlichung einer Abhandlung von Oresmus, einem französischen Kleriker um 1360, als die mohammedanische Kartographie in die christlichen Universitäten einzudringen begann.

Die Möglichkeit war dennoch totgeboren, zweifellos, weil es einen algebraischen Symbolismus noch nicht gab. Darum war es auch nicht leicht, einen Begriff wie den der *Funktion,* der wesentlich für ihre Verwirklichung ist, zu formulieren. Indessen richtete das Jahrhundert des Frisius und Mercators, die Zeit, in der Landkarten, Schießkunst und Pendelschlag Schrittmacher mathematischer Erfindungen wurden, sein Schlaglicht auf das Gitter-System. Es war unvermeidlich, eines Tages zufällig zu einem Ergebnis zu kommen, wie es zwei Franzosen, Fermat (1636) und Descartes, unabhängig von einander gelang. Descartes veröffentlichte seine *Neue Geometrie* etwas später als Fermat. Daß er trotzdem diesen überschattete, liegt wahrscheinlich an der Tatsache, daß in seiner Abhandlung zum erstenmal algebraische Symbole in einer uns vertrauten Gestalt erscheinen.

Wenn wir eine variable Menge als Funktion einer andern bezeichnen, so lassen sich zwei Arten unterscheiden, *unstetige* und *stetige*. T_n als Dreieckszahl bedeutet eine *unstetige* Funktion von n (natürliche Zahl), weil n durch einzelne Schritte wächst: $(n - 1)$, n, $(n + 1)$ etc., dabei schließen wir die Möglichkeit aus, daß T_m einen Sinn haben kann, wenn m zwischen n und $n - 1$ oder n und $n + 1$ liegt. Nennen wir dagegen x^2 eine *stetige* Funktion von x, so unterstellen wir *(inter alia),* daß x jeden realen Wert, z. B. $\sqrt{2}$, annehmen kann. Koordinatengeometrie, deren Grundlagen von Fermat und Descartes erstellt wurden, befaßt sich ausschließlich mit Funktionen dieser Art.

Der Ausdruck Ko-Ordinaten bezieht sich auf die bedeutsamen Messungen, die einen Punkt in einem festen Rahmen lokalisieren. In der Ebene genügen deren zwei, im Raum drei. Das ist eine Erklärung für den Ausdruck: eine ebene Figur ist zwei-dimensional, ein Körper drei-dimensional. Die erstere ist praktischerweise mit zwei Achsen zu behandeln wie eine Projektionskarte von Mercator, mit Parallelen der Breitengrade und Meridianen der Längengraden in jeweils gleichen Abständen, die zueinander senkrecht stehen. Hier bestimmen zwei Entfernungen die Position eines Punktes, eine (x) vom Nullmeridian (Greenwich) aus (die sogenannte y-Achse) einer Breitenparallele entlang, und eine (y) vom Äquator aus (sogenannte x-Achse) einem Meridian entlang. Ein anderes System (Fig. 128) geht von einer polaren Sicht der nördlichen oder südlichen Hemisphäre aus mit geradlinigen Längenmeridianen als Radien vom Pol aus und Breitenparallelen als konzentrischen Kreisen in gleichen Abständen. Hierbei wird ein Punkt lokalisiert durch

1. seine Entfernung, den sogenannten *Radius Vektor* (r), vom Pol entlang einem Meridian,
2. den Winkel (a oder A), den dieser mit der Grundlinie (dem Null-Meridian) bildet.

Zur Beschreibung einer bestimmten geometrischen Figur mag eines der geschilderten Systeme manchmal günstiger sein als das andere. Für die archimedische Spirale ist sicherlich das zweite (der Polar-Koordinaten) vorzuziehen. Laut Definition ist die Spirale des Archimedes (Fig. 129) der geometrische Ort eines Punktes, dessen Entfernung vom Mittelpunkt direkt proportional dem Winkel ist, den der Radius-Vektor mit der Grundlinie bildet. Das läßt sich algebraisch in der Form der *Polar*gleichung ausdrücken:

$$r = K \cdot a,$$

wobei der feste Wert von K, die Proportionalitätskonstante, bestimmt, wie eng die Windungen sind, wenn wir die Längeneinheit für r und das Winkelmaß für a vorgeben. In einer solchen Gleichung nennen wir a die *unabhängige Veränderliche* und r, Funktion von a, die *abhängige Veränderliche*. In der Form

$$a = K^{-1} \cdot r$$

sprechen wir von a als der Abhängigen und nennen a eine Funktion von r.

Das System der Polar-Koordinaten kam viel später zur Anwendung als das vorher genannte cartesische nach Descartes. Er selbst arbeitete nur in einem Quadranten, dem nordöstlichen auf einer Mercator-Karte; aber seine Nachfolger erkannten bald, welche Vereinfachungen sich ergaben (Fig. 130) durch Bezeichnung

304 DIE GEOMETRIE DER BEWEGUNG

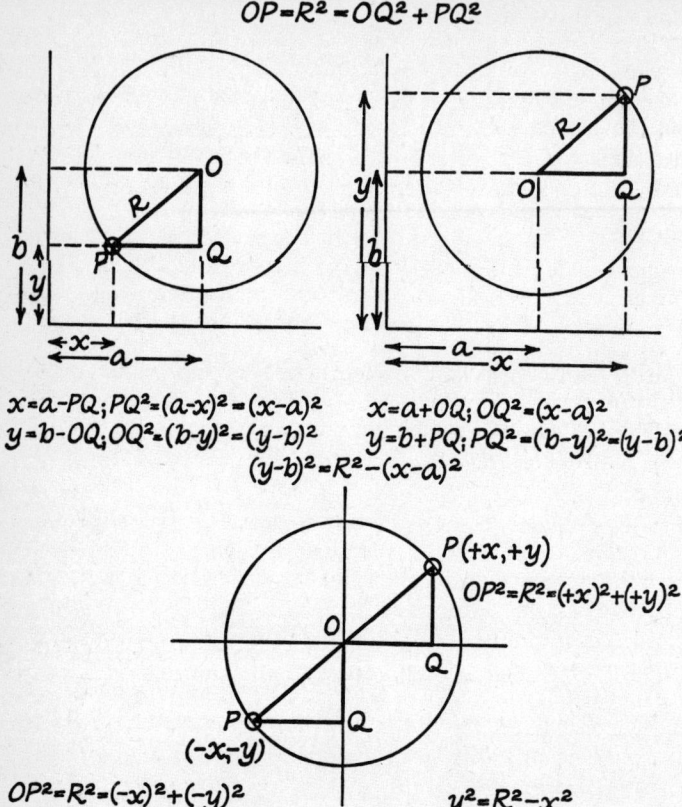

Fig. 130

Oben: Zentrum $x = a$ und $y = b$.
Unten: Zentrum im Nullpunkt $(x = 0 = y)$.

Cartesische Gleichung *des* Kreises

1. der Maße parallel zur x-Achse als positive $(+ x)$ zur rechten Seite hin und negative $(- x)$ zur linken hin;
2. der Maße parallel zur y-Achse als positive $(+ y)$ nach oben und negative $(- y)$ nach unten.

Die Entstehung (Fig. 130) der sogenannten cartesischen Gleichung des Kreises wird das erläutern.

Wenn wir uns erinnern, daß

$$(x - a) = - (a - x), \text{ so daß } (a - x)^2 = (x - a)^2,$$

so benötigen wir zur Darstellung des Kreises nichts anderes als die Regel des Pythagoras. Innerhalb des begrenzten Bezirks des nordöstlichen Quadranten im cartesischen Gitter (obere Hälfte von Fig. 130) leiten wir die cartesische Gleichung des Kreises ab, wobei y eine Funktion von x darstellt:

$$(y - b)^2 = R^2 - (x - a)^2$$
$$\therefore y = b \pm \sqrt{R^2 - (x - a)^2}$$

In dieser Gleichung ist a die x-Koordinate des Kreismittelpunktes und b seine y-Koordinate. Nehmen wir (untere Hälfte von Fig. 130 und Fig. 131) als Kreismittelpunkt den Schnittpunkt von x-Achse und y-Achse (entsprechend dem Punkt auf dem Äquator, wo der

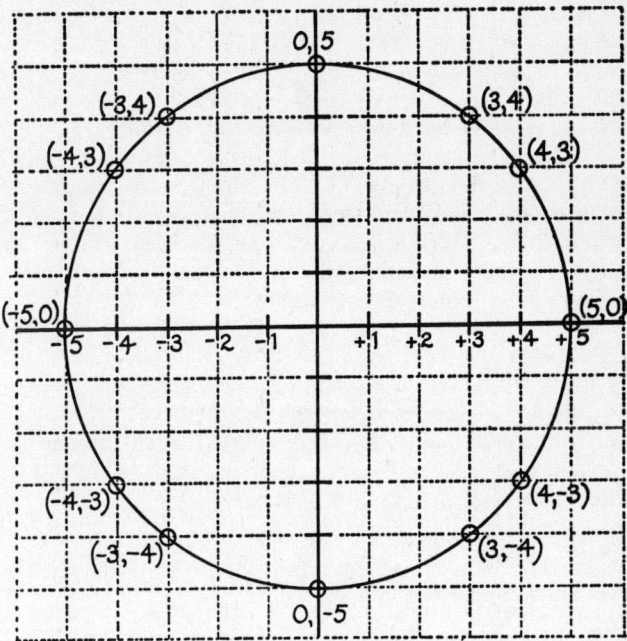

Fig. 131 Darstellung der cartesischen Gleichung des Kreises

Greenwich-Meridian ihn schneidet und bezeichnen wir die so getrennten Achsenhälften als positiv und negativ, so erscheint die Gleichung in der einfacheren Form

$$y = \sqrt{R^2 - x^2}$$

Später werden wir sehen, daß die Einteilung unserer Achsen in eine positive und eine negative Hälfte wesentlich mehr bedeutet als die einfache Beschreibung einer Figur durch eine algebraische Gleichung. Zunächst müssen wir uns darüber klar werden, was es heißen soll, daß y in der vorangehenden Formel eine zweiwertige Funktion von x genannt wird. Für jeden Wert von x gibt es hier zwei verschiedene Werte von y, außer wenn

$$x = R + a \text{ oder } x = a - R$$

im oberen Teil von Fig. 130 und $x = R$ oder $-R$ im unteren.

Dann sollten wir realisieren, daß jede Gleichung, die eine Figur definiert, davon abhängt, welches Bezugssystem (Polar- oder cartesisches) wir wählen und wo wir die Figur in dem gewählten Koordinatensystem plazieren wollen.

Der Weg läßt sich auch umkehren. Bisher haben wir die Existenz einer Figur vorausgesetzt und aus ihren Eigenschaften die dazu gehörige Gleichung abgeleitet. Wir können genauso gut eine Gleichung annehmen und fragen, wie die Figur, die sie darstellt, aus ihr zu entwickeln ist. Diesen Prozeß nennt man: *eine Graphik auswerten*. Zuerst stellt man eine Tabelle her, bei der wenige Schritte genügen, das Verfahren zu erklären. Angenommen, wir haben die Gleichung eines Kreises mit dem Radius 5 und dem Zentrum im Nullpunkt, so daß

$$y^2 = 25 - x^2$$

Dann wird $y = +4$ oder -4, wenn $x = +3$, oder -3; $y = +3$ oder -3, wenn $x = +4$ oder -4.

Der Einfachheit halber brauchen wir ganze Zahlenwerte von y nur dann einzutragen, wenn sie ganzen Werten von x entsprechen. Eine Miniatur-Tabelle sieht dann so aus:

x =	−5	−4	−3	0	+3	+4	+5
y =	0	±3	±4	±5	±4	±3	0

Zu Lebzeiten Newtons mußte man noch schwer arbeiten, um die Maße unserer Koordinaten (x, y) jeweils im rechten Winkel zu den Achsen zu erhalten. Heute kauft man im Schreibwarenladen graphisches Papier, das horizontal und vertikal in gleichen Abständen eingeteilt ist. In der obigen Tabelle werden

a) unsere x- und y-Achsen rechtwinklig zueinander eingezeichnet,
b) Punkte entsprechend den numerischen Werten von x und y markiert.

Letzter Schritt ist, die Punkte fließend miteinander zu verbinden. Damit wird erläutert, was wir unter einer *stetigen* Funktion verstehen: ihr Schaubild als Kurve hat *keine Lücken*. Ein Beispiel dafür, wie die neue algebraische Geometrie Bewegung ins Spiel brachte, ist Galileis Lösung des Problems einer fliegenden Kanonenkugel vom Gesichtspunkt des Abfeuernden (oder des Getroffenen) aus; d. h. wie ist die Gleichung der Flugbahn anwendbar, um exakt vorauszusagen, wo sie so und soviele Sekunden nach Abschuß sein wird. Fig. 132 zeigt ein Diagramm des Problems: die Bahn der Kanonenkugel vertikal und horizontal. Wir werden sehen, daß jede Position der Kanonenkugel, wie auch jede Position des fahrenden Schiffes, zwei Koordinaten hat: die Horizontaldistanz (+ x) zur Rechten, entsprechend ihrer östlichen Länge, und der Vertikaldistanz (+ y) von unten nach oben, entsprechend ihrer nördlichen Breite. Der Unterschied zwischen dem Skalendiagramm der Kanonenkugel und einer gewöhnlichen Seekarte besteht darin, daß wir etwas hineingebracht haben, das einer Landkarte nicht eigen ist. Seekarten sind gemacht für die verschiedensten Schiffe, die mit verschiedenen Geschwindigkeiten fahren. Sie brauchen die Zeit nicht zu berücksichtigen, weil sie lediglich die Position des Schiffes anzeigen sollen. In dem Skalendiagramm der Kanonenkugel wird angegeben, welche Zeit vergeht zwischen dem Abschuß und dem Augenblick, in dem die Kugel die horizontalen Entfernungen, entsprechend den Längengraden, passiert. Wir können also die Koordinaten jedes beliebigen Punktes in der Flugbahn des Projektils so formulieren:

a) vertikale Höhe = + y, Horizontaldistanz = + x;
b) vertikale Höhe = + y, Zeit vom Abschuß an = + t.

Mit anderen Worten: das cartesische Koordinatensystem ist geeignet, den Ablauf der Zeit darzustellen, wie die untere Hälfte von Fig. 132 zeigt, wo die Maßeinheit auf der y-Achse 20 m beträgt und eine Einheit auf der x-Achse = 1 Sekunde. Die sich ergebende Kurve wird *Parabel* genannt. Ein Projektil bewegt sich in einer Bahn, die nahezu vollkommen mit der mathematisch definierten Parabel übereinstimmt, – sofern sie sich im luftleeren Raum

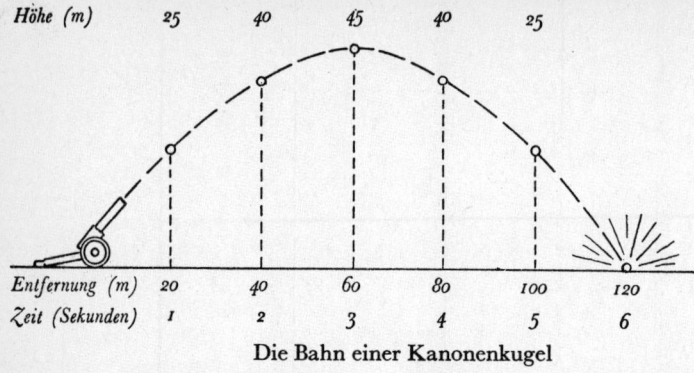

Die Bahn einer Kanonenkugel

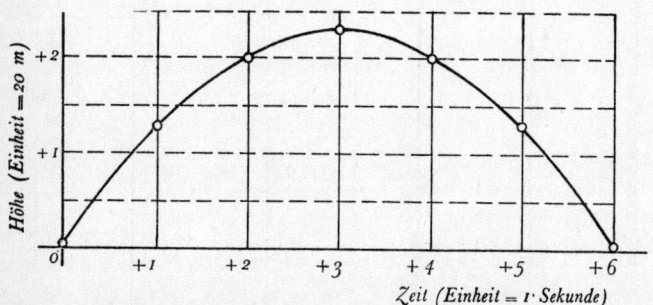

Fig. 132 Die Einführung der Zeit in die Geometrie

bewegt. In der Luft ist die Übereinstimmung weniger genau, und wenn die mathematische Parabel als Modell in der Schießkunst verwendet werden soll, bedarf es gewisser Korrekturen. In der Figur sind Werte benutzt, die die mathematische Definition illustrieren. Wie bei allen Rechenmitteln ist das nur eine annähernde *(approximale)* Beschreibung dessen, was sich in der realen Welt ereignet. Durch ein wenig Experimentieren mit den Zahlen kann man die Gleichung der Parabel in Tabellenwerten rekonstruieren. Dann ergibt sich:

DIE GEOMETRIE DER BEWEGUNG

x	y	$\frac{3x}{2}$	x^2	$\frac{x^2}{4}$	$\left(\frac{3x}{2} - \frac{x^2}{4}\right)$
0	0	0	0	0	0
1	$1\frac{1}{4}$	$1\frac{1}{2}$	1	$\frac{1}{4}$	$1\frac{1}{4}$
2	2	3	4	1	2
3	$2\frac{1}{4}$	$4\frac{1}{2}$	9	$2\frac{1}{4}$	$2\frac{1}{4}$
4	2	6	16	4	2
5	$1\frac{1}{4}$	$7\frac{1}{2}$	25	$6\frac{1}{4}$	$1\frac{1}{4}$
6	0	9	36	9	0

Die Parabelgleichung in Fig. 132 sieht dann so aus:

$$y = \frac{3x}{2} - \frac{x^2}{4}$$

Man kann den Nullpunkt verschieben, damit der Maximalwert von y auf der y-Achse liegt, indem man für x eine neue Koordinate X + 3 einsetzt, so daß X = 0, wenn x = 3. Die Gleichung verändert sich dann so:

$$y = \frac{3(X+3)}{2} - \frac{(X+3)^2}{4} = \frac{9}{4} - \frac{X^2}{4}$$

$$\therefore \frac{-X^2}{4} = y - \frac{9}{4}$$

Verschiebt man den Nullpunkt der y-Achse entlang durch Einsetzen von $Y = y - \frac{9}{4}$, so ist Y = 0, wenn $y - \frac{9}{4}$:

$$Y = \frac{-X^2}{4}$$

Gestalt und Ausmaß der so entstehenden Kurve ist genau gleich
der in Fig. 132. Alles, was sich verändert hat, ist ihre Position im
Koordinatensystem, denn

1. liegt sie symmetrisch zur y-Achse,
2. ist der Maximalwert von Y = 0 und entspricht X = 0.

Fig. 133 zeigt die Kurve der letzten Gleichung, um zwei rechte
Winkel (π Radian) gedreht. Ihre Gleichung lautet:

$$Y = \frac{X^2}{4}$$

Bevor wir nun die Auswirkung einer Drehung der Achsen auf die
Form der Gleichung einer Kurve untersuchen, betrachten wir ein
weiteres Beispiel dafür, wie eine Verschiebung des Ursprungspunktes entlang beider Achsen den algebraischen Ausdruck vereinfacht. In Fig. 134 beschreibt ein und dieselbe Gleichung zwei
Kurven, genannt Hyperbel, deren jede das Spiegelbild der anderen ist. Diese Zwillingskurve erhalten wir durch folgende Funktion, die drei *numerische Konstanten* enthält (3, 10 und − 2):

$$y = \frac{3x + 10}{x - 2}$$

Hier einige Tabellenwerte zum Zeichnen des Verlaufs entsprechender Kurven:

x = −14, −6, −2, 0, +1, +2, +3, +4, +6, +10, +18, ...
y = +2, +1, −1, −5, −13, ∞, +19, +11, +7, +5, +4, ...

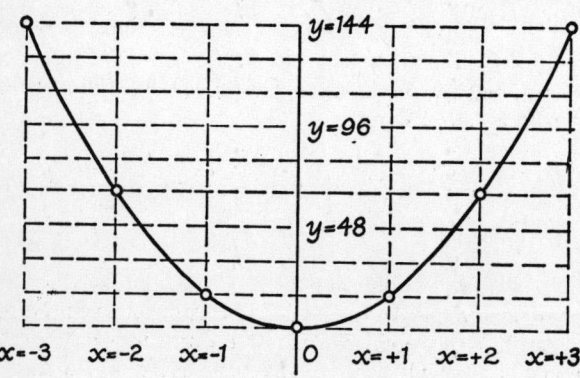

Fig. 133 Die Parabel $y = (4x)^2$

DIE GEOMETRIE DER BEWEGUNG

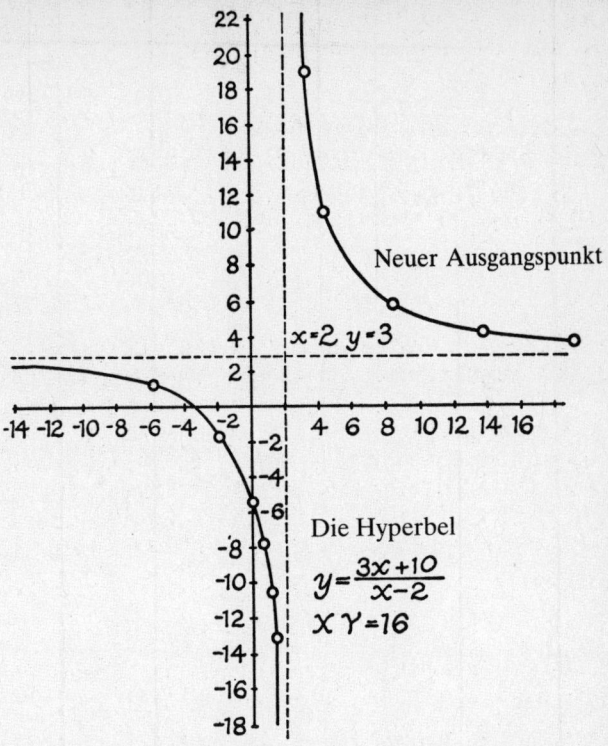

Fig. 134 Zwei Möglichkeiten eine Hyperbel zu zeichnen

Nun verschieben wir die y-Achse, indem wir $(x - 2) = X$ setzen. Die Gleichung lautet dann:

$$y = \frac{3(X + 2) + 10}{X} = \frac{3X + 16}{X} = 3 + \frac{16}{X}$$

$$\therefore (y - 3) = \frac{16}{X}$$

Wir haben dazu die y-Achse um 2 Einheiten nach rechts verschoben, so daß $X = 0$, wenn $x = 2$ ist. Wir können auch die x-Achse verschieben, indem wir $Y = -3$ setzen, so daß $Y = 0$, wenn $y = +3$ ist. Unsere Gleichung lautet dann:

$$Y = \frac{16}{X} \text{ oder}$$
$$XY = 16$$

In dieser Form ist die Hyperbel die Kurve in umgekehrter Proportion; wir sehen, daß das eine Glied sich immer mehr der x-Achse nähert, wenn y sich der Null nähert, und das andere Glied rückt immer näher auf die y-Achse zu, je näher x der Null kommt. Dann nennen wir das eine Glied *asymptotisch* zur x-Achse, das andere *asymptotisch* zur y-Achse.

Unser erstes numerisches Beispiel illustriert eine Hyperbel der Gleichung

$$y = \frac{ax + b}{x + C}$$

Um sie in die Form $XY = k$ zu bringen, verschieben wir die y-Achse, indem wir $X = x + C$ setzen, so daß $x = -C$, wenn $X = 0$ und

$$y = \frac{(aX - aC) + b}{(X + C) - C} = \frac{aX + b - aC}{X} = a + \frac{b - aC}{X},$$

so daß

$$y - a = \frac{b - aC}{X}$$

Nun verschieben wir die x-Achse, indem wir $Y = y - a$ setzen, so daß $Y = O$, wenn $y = +a$. Dann ist

$$Y = \frac{b - aC}{X} \text{ und } XY = (b - aC)$$

Da $X = 0$, wenn $x = -C$, und $Y = 0$, wenn $y = +a$, brauchen wir, um die Gleichung der Kurve diesem Muster anzupassen, nur den Ursprung auf den Punkt zu verlegen, in dem $x = -C$ und $y = +a$ ist. Damit ist gezeigt, wie sich die Darstellung ein und derselben Figur ändern kann durch eine *Verlagerung* der Achsen, d. h. durch Verschiebung des Ursprungspunktes entlang einer oder beider Achsen. Als nächstes untersuchen wir, wie sie sich verändern läßt durch *Drehung* der Achsen mit oder ohne Änderung des Ausgangspunktes. Drei besondere Fälle erfordern einen Kommentar:

a) Drehung um einen Winkel von 90° ($\frac{1}{2}\pi$ Radian);
b) Drehung um 45° ($\frac{1}{4}\pi$ Radian);
c) Drehung um 180° (π Radian).

Drehung um 90° bedeutet einfach, die frühere y-Achse in dieselbe Position wie die alte x-Achse zu bringen und umgekehrt. Bei einer Drehung entgegen dem Uhrzeigersinn entspricht die positive Hälfte der y-Achse der negativen Hälfte der x-Achse. Algebraisch bedeutet das ein Auswechseln der beiden Veränderlichen mit entsprechender Änderung der Zeichen. Waren die ursprünglichen Koordinaten eines Punktes x_1, y_1, und die neuen sind x_2, y_2, so entsteht durch die Drehung $x_2 = y_1$ und $y_2 = -x_1$. Im Endeffekt ändert sich die Symmetrieachse der Figur entsprechend. Das wird klar, wenn etwa der Fall eintritt, daß $y_1 = x_1^2$, wobei $y_1^2 = x_1$, so daß $y_2 = \pm \sqrt{x_2}$. Die Figur zu dieser Gleichung ist immer noch eine Parabel von genau der gleichen Form wie die Parabel der Gleichung $y_1 = x_1^2$. Nur ist ihre Orientierung anders, nämlich:

1. Sie berührt die y-Achse anstatt der x-Achse;
2. sie liegt ganz auf der rechten Seite der y-Achse, anstatt ganz oberhalb der x-Achse;
3. sie ist beiderseits symmetrisch zur x-Achse, anstatt zur y-Achse.

Die Drehung der Achsen um 45° ist von besonderem Interesse in Verbindung mit der Hyperbel, deren Äste asymptotisch zu den Achsen verlaufen. Alles Wichtige für eine Anleitung zu einer solchen Umformung ist aus Fig. 135 zu ersehen, wo die Koordinaten eines Punktes P x_1 und y_1 im gewöhnlichen Koordinatensystem und x_2 und y_2 im verschobenen sind. Da die Drehung (gegen den Uhrzeigersinn) um den Nullpunkt geschieht, bleibt der Radius-Vektor r (= OP) des Punktes P in beiden Systemen der gleiche. Unsere Figur zeigt, daß

$$\sin(A + POQ) = \cos(POS) = \sin A \cdot \cos(POQ) + \cos A \cdot \sin(POQ)$$

$$\therefore r \cdot \cos(POS) = x_2 = \sin A \cdot r \cdot \cos(POQ) + \cos A \cdot r \cdot \sin(POQ)$$
$$= \sin A \cdot y_1 + \cos A \cdot x_1$$

$$\cos(A + POQ) = \sin(POS) = \cos A \cdot \cos(POQ) - \sin A \cdot \sin(POQ)$$

$$\therefore r \cdot \sin(POS) = y_2 = \cos A \cdot r \cdot \cos(POQ) - \sin A \cdot r \cdot \sin(POQ)$$
$$= \cos A \cdot y_1 - \sin A \cdot x_1$$

$$\therefore x_2 = \cos A \cdot x_1 + \sin A \cdot y_1$$
$$y_2 = -\sin A \cdot x_1 + \cos A \cdot y_1$$

Bei $A = 90°$ ist $\sin A = 1$ und $\cos A = 0$, so daß $x_2 = y_1$ und $y_2 = -x_1$, wie oben festgestellt.

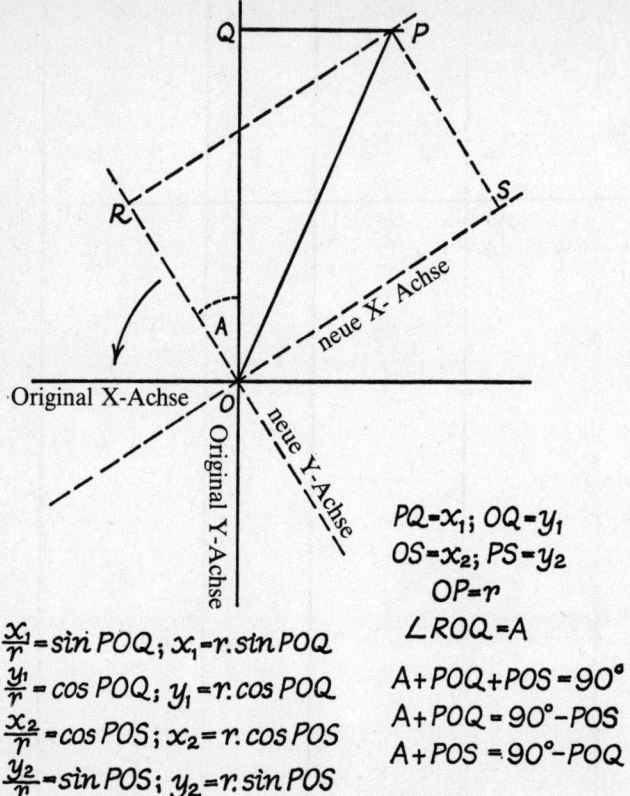

Fig. 135 Drehung von X- und Y-Achse um A° (gegen den Uhrzeigersinn)

Bei $A = 45°$:
$$\sin A = \frac{1}{\sqrt{2}} = \cos A, \text{ so daß}$$
$$x_2 = \frac{1}{\sqrt{2}}(x_1 + y_1)$$
$$y_2 = \frac{1}{\sqrt{2}}(y_1 - x_1)$$

Das Resultat einer Drehung um 45° der Hyperbelgleichung $x_1 \cdot y_1 = K$ soll dargestellt werden. Dafür muß x_1 und y_1 durch x_2 und

y_2 ausgedrückt werden. Man kann das folgendermaßen ableiten:

$$x_2 + y_2 = \frac{2}{\sqrt{2}} \cdot y_1 = \sqrt{2} \cdot y_1, \text{ so daß } y_1 = \frac{1}{\sqrt{2}}(x_2 + y_2)$$

$$x_2 - y_2 = \frac{2}{\sqrt{2}} \cdot x_1 = \sqrt{2} \cdot x_1, \text{ so daß } x_1 = \frac{1}{\sqrt{2}}(x_2 - y_2)$$

Ist also $x_1 \cdot y_1 = K$ die Hyperbelgleichung in dem einen Koordinatensystem, so bewirkt eine Drehung um 45° *gegen den Uhrzeigersinn:*

$$x_1 y_1 = K = \frac{1}{\sqrt{2}}(x_2 + y_2) \cdot \frac{1}{\sqrt{2}}(x_2 - y_2) = \frac{1}{2}(x_2{}^2 - y_2{}^2)$$

$$\therefore x_2{}^2 - y_2{}^2 = 2K \text{ und } y_2 = \sqrt{x_2{}^2 - 2K}$$

Dreht man die Achsen um zwei rechte Winkel, $\cos A = -1$ und $\sin A = 0$, so ist:

$$\cos A \cdot x_1 + \sin A \cdot y_1 = -x_1 \text{ und}$$
$$-\sin A \cdot x_1 + \cos A \cdot y_1 = -y_1$$
$$\therefore x_2 = -x_1 \text{ und } y_2 = -y_1$$

Dreht man die Achsen um 3 Rechte (270°), $\cos A = 0$ und $\sin A = -1$, so ist

$$x_2 = -y_1 \text{ und } y_2 = x_1$$

Die beiden letzten Ergebnisse sind leicht vorstellbar; das erste erklärt die Umwandlung der absteigenden Parabel aus Fig. 132 in die aufsteigende von Fig. 133. Für Fig. 132 können wir schreiben:

$$y_1 = -\frac{x_1{}^2}{4}$$

Drehen wir die Achsen um 180°, so ergibt sich

$$y_2 = \frac{x^2}{4}$$

Ein anderer Weg, die Gleichung einer Kurve verschiedene Verkleidungen annehmen zu lassen, weist auf eine verborgene Voraussetzung bei der Ableitung aller vorhergegangenen Prozesse hin: daß nämlich die Skala, d. h. die Längeneinheit, beider Achsen die gleiche ist. Wenn wir die Skala der einen Achse verschieden von der anderen ansetzen, so verändert sich die Kurve. Als

Beispiel nehmen wir die Parabel

$$y = 4x^2 - 7$$

Schreiben wir X = 2x, so daß X = 2, wenn x = 1, und X = 1, wenn x = 0,5, so wird aus unserer Gleichung $y = X^2 - 7$ und $y - 7 = X^2$. Verschieben wir den Ausgangspunkt um sieben Einheiten nach oben, so erhalten wir die einfachste Form der Parabelgleichung

$$Y = X^2$$

Eine solche Umwandlung beinhaltet eine *Veränderung der Skala* auf der x-Achse und des *Ausgangspunktes* auf der y-Achse. Fig. 136 illustriert eine Veränderung der Skala auf der y-Achse

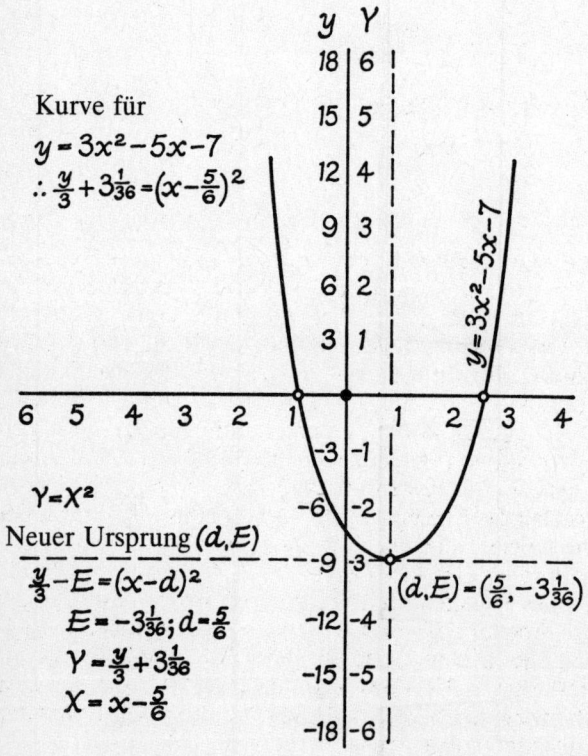

Fig. 136 Wirkung der Veränderung von Skalen und Ausgangspunkt

und eine Verschiebung des Ausgangspunktes auf beiden Achsen.
Die folgende Gleichung beschreibt wiederum eine Parabel:

$$y = 3x^2 - 5x - 7$$

Ändern wir die Skala der y-Achse, so daß $3Y_1 = y$, so können wir schreiben:

$$Y_1 = x_2 - \frac{5x}{3} - \frac{7}{3}$$

Vereinfacht ergibt sich

$$x^2 - \frac{5x}{3} - \frac{7}{3} = \left(x^2 - \frac{2 \cdot 5x}{6} + \frac{5^2}{6^2}\right) - \frac{5^2}{6^2} - \frac{7}{3}$$

$$= \left(x - \frac{5}{6}\right)^2 - \frac{109}{36}$$

$$\therefore Y_1 + \frac{109}{36} = \left(x - \frac{5}{6}\right)^2$$

Nun wird der Ursprungspunkt auf jeder Achse so verschoben, daß

$$Y_2 = Y_1 + \frac{109}{36} \text{ und } X = x - \frac{5}{6}$$

$$\therefore Y_2 = X^2$$

Ein Endergebnis verzögert sich. Die Parabel, die Hyperbel und die Ellipse (deren Sonderfall der Kreis ist) sind, wie Apollonius (Fig. 98) als erster lehrte, Schnitte durch einen rechten Kegel (einen Kegel, dessen Längsachse auf der Basis senkrecht steht). Zu seiner Zeit war noch kein Endergebnis bei der Erforschung ihrer Besonderheiten möglich. Parabel und Ellipse erhielten praktische Bedeutung kurz vor der Veröffentlichung von Fermats Werk. Wie wir von Galilei wissen, beschreibt die Parabel exakt die Bahn eines Flugkörpers im Vakuum; sie ergibt auch einen guten Hinweis auf die Flugbahn einer Kanonenkugel bei den niedrigen Anfangsgeschwindigkeiten, die zu seiner Zeit realisierbar waren. Die Ellipse, wie Kepler als erster (1609) zeigte, beschreibt die Bahn eines Planeten und, wie Newton später bewies, die eines jeden Körpers (z. B. auch des *Sputnik),* der sich unter Schwerkraftanziehung in einer geschlossenen Kurve bewegt. Die Hyperbel trat erst zu Newtons Zeit ins Blickfeld, um nämlich die Beziehung zwischen Volumen und Druck eines Gases zu beschreiben. In unserer Zeit zeigte Rutherford, daß sie die Bahn eines Partikels darstellt, der sich unter dem Gesetz der Abstoßung

318 DIE GEOMETRIE DER BEWEGUNG

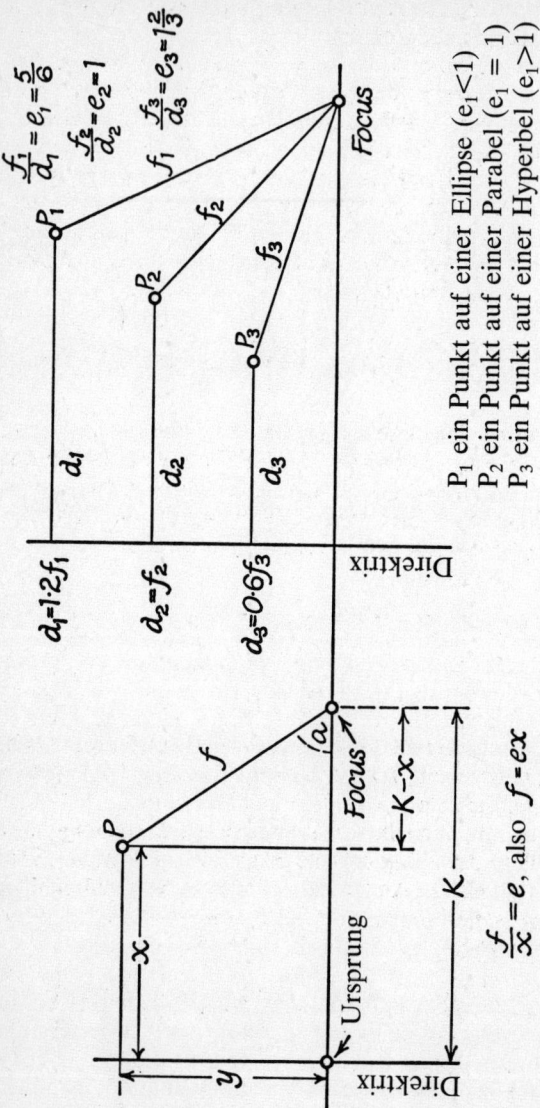

Fig. 137 Der geometrische Ort eines Punktes auf einem Kegelschnitt

bewegt, wenn z. B. ein Alpha-Partikel dem Kern eines schweren Atoms genügend nahe kommt.

Apollonius erkannte als erster, was allen Kegelschnitten gemeinsam ist. Jeder ist der *geometrische Ort* eines sich bewegenden Punktes, so daß das Verhältnis seiner Distanz *(f)* von einem festen Punkt (dem *Focus* F) zu seiner Distanz *(d)* von einer geraden Linie (der *Direktrix)* konstant ist. Den numerischen Wert dieses Verhältnisses bezeichnet man mit *e,* so daß f : d = e und f = ed ist. Nach dieser Definition einer Kurve nimmt man am besten die *Direktrix* als y-Achse und die Horizontale, auf der der Brennpunkt liegt, als x-Achse (Fig. 137), so daß d = x und

$$y^2 + (K - x)^2 = f^2 = d^2 e^2 = e^2 x^2$$
$$\therefore \quad y^2 = (e^2 \cdot 1)x^2 + Kx - K^2$$

Das ist die *allgemeine Gleichung der Kegelschnitte,* und gewöhnlich nennt man e ihre *Ekzentrik.* Laut Definition ist die numerische Konstante K der Abstand des Brennpunktes von der Direktrix. Ob diese allgemeine Gleichung eine Hyperbel, eine Ellipse oder eine Parabel beschreibt, hängt von dem Werte von e ab. Ist e = 1, $(e^2 - 1) = 0$, dann ist

$$y^2 = K(2x - K) = K \cdot X,$$

wenn

$$X = 2x - K.$$

Wir haben gesehen (Fig. 133), daß dies die Gleichung einer zur x-Achse symmetrischen Parabel ist, die ganz auf der positiven Seite und der y-Achse liegt.

Bevor wir untersuchen, welche Kurve die Gleichung darstellt, wenn e größer oder kleiner als die Einheit ist, wollen wir die obige Gleichung durch eine Änderung des Ursprungspunktes vereinfachen. Wir wissen, daß dies ihre Form nicht verändert. Der Kürze halber schreiben wir $A = e^2 - 1$; dann ist

$$\frac{y^2}{A} = x^2 + \frac{2K}{A}x - \frac{K^2}{A} = x^2 + \frac{2K}{A}x + \frac{K^2}{A^2} - \frac{K^2}{A^2} - \frac{K^2}{A}$$

$$\therefore \frac{y^2}{A} = \left(x + \frac{K}{A}\right)^2 - \frac{K^2(1 + A)}{A^2}$$

$$\therefore \frac{y^2}{A} = X^2 - \frac{K^2(1 + A)}{A^2},$$

wenn $\quad X = x + \dfrac{K}{A}$

Wiederum der Kürze halber:

$$M^2 = \frac{K^2(1+A)}{A^2} = \frac{K^2 e^2}{(e^2-1)^2},$$

also $\quad M = \dfrac{Ke}{e^2-1}\ $ oder $\ \dfrac{Ke}{1-e^2}$

$$\therefore y^2 = AX^2 - AM^2$$

Ist $e > 1$, so daß $(e^2 - 1)$ positiv ist, haben wir in dieser Gleichung eine *Hyperbel* vor uns.

Ist $e < 1$, so daß A negativ ist, schreiben wir sie praktischerweise so:

$$\frac{-y^2}{AM^2} = \frac{-X^2}{M^2} + 1, \text{ also } \frac{X^2}{M^2} - \frac{y^2}{AM^2} = 1$$

Da $-A = 1 - e^2$, ist das gleichbedeutend mit

$$\frac{X^2}{M^2} + \frac{y^2}{(1-e^2)M^2} = 1$$

Wenn $(1 - e^2) M^2 = m^2$, wird daraus

$$\frac{X^2}{M^2} + \frac{y^2}{m^2} = 1$$

Ist $e = 0$, also $m^2 = M^2$, wird aus dieser Gleichung die Gleichung eines Kreises vom Radius M, d. h. $X^2 + y^2 = M^2$.

Da $(-X)^2 = X^2$ und $(-y)^2 = y^2$, erscheinen auf jeder Seite der y-Achse numerisch gleiche Werte von X, entsprechend ein und demselben Wert von y, und auf jeder Seite der x-Achse numerisch gleiche Werte von y, entsprechend ein und demselben Wert von X. Also ist die Kurve, wie der Kreis, symmetrisch in bezug auf beide Achsen. Daß es eine geschlossene Kurve ist, macht folgende Überlegung klar:

Es soll $(M + a) > M$ sein; wenn damit $X = M + a$, so ist

$$\frac{y^2}{m^2} = 1 - \frac{(M+a)^2}{M^2}$$

Da hier die rechte Seite negativ ist, wird y^2 negativ, d. h. kein *realer* Wert von y genügt der Gleichung. Ähnlich können wir $y = m + a$

setzen, wobei dann X^2 *negativ* wird und kein realer Wert von X der Gleichung genügt.

Nun ist $y^2 = m^2$ und $y = +m$ oder $-m$, wenn $X = 0$. Ferner ist $X^2 = M^2$ und $X = +M$ oder $-M$ für $y = 0$. Kurz, die Kurve liegt ganz innerhalb des Bereiches

$$y = \pm m, \text{ wenn } X = 0;$$
$$X = \pm M, \text{ wenn } y = 0.$$

Bei $M > m$ ist die horizontale Ausdehnung größer, und man nennt den Abstand M auf der x-Achse beiderseits des Ausgangspunktes die *Haupt-Halbachse*. Den Abstand m auf der y-Achse beiderseits des Ausgangspunktes bezeichnet man als *Neben-Halbachse*.

Es braucht nicht besonders erwähnt zu werden, daß die zuletzt besprochene Figur (untere Hälfte von Fig. 138) die *Ellipse* ist, deren cartesische Gleichung mit Ursprung im Schnittpunkt der Haupt- und Nebenachse lautet

$$\frac{X^2}{M^2} + \frac{y^2}{m^2} = 1$$

Ein und dieselbe Gleichung für Kegelschnitte beschreibt also alle drei Haupttypen, je nachdem der Wert eines ihrer numerischen Konstanten (e) drei Bedingungen erfüllt:

$$e > 1 \quad \text{Hyperbel}$$
$$e = 1 \quad \text{Parabel}$$
$$e < 1 \quad \text{Ellipse}$$

Wie immer bei *geschlossenen* Kurven (Kreis oder Ellipse) und bei Spiralen ist die Polargleichung der Ellipse leicht abzuleiten. Wenn wir (Fig. 137) den Ursprung in F ansetzen und die x-Achse als Basis nehmen, bedeuten unsere numerischen Konstanten:

$$Ke = (1 - e^2) M \quad \text{und} \quad (1 - e^2) M^2 = m^2$$
$$\frac{m^2}{M} = \frac{(1 - e^2) \cdot M^2}{M} \quad \text{und} \quad Ke = \frac{m^2}{M}$$

In Fig. 137, $f = ex$, also

$$K - x = K - \frac{f}{e} = f \cdot \cos a$$
$$\therefore Ke = f + ef \cos a = f(1 + e \cdot \cos a)$$
$$\therefore f = \frac{Ke}{1 + e \cdot \cos a} = \frac{m^2}{M(1 + e \cdot \cos a)}$$

In der Figur ist f der *Radius-Vektor* des Punktes P in einer Polar-Gleichung, weshalb man gewöhnlich schreibt f = r. Mit Ursprung im Brennpunkt lautet die Polar-Gleichung darum

$$r = \frac{m^2}{M(1 + e \cos a)}$$

Es gibt eine sehr einfache Methode, eine Ellipse zu zeichnen: Auf Papier braucht man zwei Nadeln, einen Schreibstift und eine Schlinge aus Baumwollgarn; für ein Blumenbeet auf dem Rasen zwei Pflöcke und eine Seilschlinge. Der obere Teil von Fig. 138 zeigt, wie es zu machen ist. Der Abstand zwischen den beiden Nadeln ist 2c. Sind a und b die Entfernungen zwischen Bleistiftspitze und der einen oder anderen der beiden Nadeln (F_1 und F_2), so beträgt die totale Länge der Schlinge 2c + a + b. Steht die

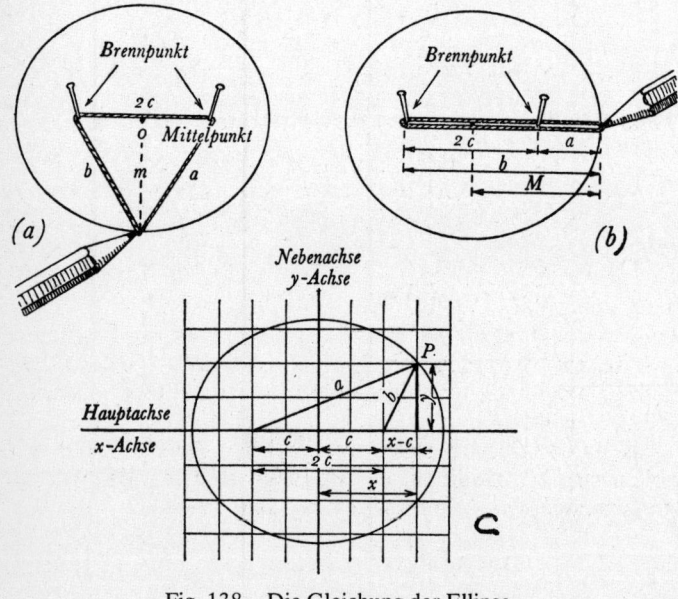

Fig. 138 Die Gleichung der Ellipse
$$\frac{x^2}{M^2} + \frac{y^2}{m^2} = 1$$

Bleistiftspitze so, daß die beiden Hälften der Schlinge nebeneinander liegen, dann ist

$$(a + c) = M \text{ und } (b - c) = M, \text{ so daß}$$
$$2M = a + b.$$

Um Raum zu sparen, führen wir eine numerische Konstante (c:M) = k ein, so daß c = k·M wird. Als Ursprung wählen wir einen Punkt in der Mitte zwischen F_1 und F_2. Fig. 138 zeigt, daß

$$a^2 = y^2 + (x + c)^2 = y^2 + x^2 + 2cx + c^2$$
$$b^2 = y^2 + (x - c)^2 = y^2 + x^2 - 2cx + c^2$$
$$\therefore a^2 - b^2 = (a + b)(a - b) = 4cx$$

Wenn $(a + b) = 2M$:

$$a - b = \frac{2c}{M} \cdot x = 2kx$$
$$\therefore (a - b)^2 = a^2 - 2ab + b^2 = 4k^2x^2$$

Wir sehen aber, daß

$$a^2 + b^2 = 2(y^2 + x^2 + c^2)$$
$$\therefore \quad 2ab = 2y^2 + 2x^2 + 2c^2 - 4k^2x^2$$
$$\therefore a^2 + 2ab + b^2 = (a + b)^2 = 4y^2 + 4x^2 + 4c^2 - 4k^2x^2$$

Wenn $(a + b) = 2M$, $(a + b)^2 = 4M^2$, und

$$4M^2 = 4(y^2 + x^2 + k^2M^2 - k^2x^2)$$
$$\therefore \quad M^2 = y^2 + (1 - k^2)x^2 + k^2M^2$$
$$\therefore (1 - k^2)M^2 = y^2 + (1 - k^2)x^2$$

$$\therefore \frac{x^2}{M^2} + \frac{y^2}{(1 - k^2)M^2} = 1$$

Das ist, wie wir gesehen haben, die cartesische Gleichung der Ellipse, in der nach der obigen Gleichung k die Ekzentrik darstellt und $(1 - k^2)M^2 = m^2$.

Als numerisches Beispiel für die Eigenschaften der Ellipse wollen wir die Umlaufbahn des Mondes betrachten. Die Werte (in km gemessen) der Neben- und Hauptachsen sind

$$m = 149.042 \text{ und } M = 149.270$$

$$m^2 = (1 - e^2) M^2, \text{ d. h.}$$

$$e = \sqrt{\frac{M^2 - m^2}{M^2}}$$

Die cartesische Gleichung ist darstellbar:

$$y = \frac{m}{M} \sqrt{M^2 - x^2}$$

$$\therefore y = \frac{149.042}{149.270} \sqrt{149.270^2 - x^2}$$

Diese Formel genügt für die ganze Umlaufbahn.

Schwingungsbewegung

Die Einteilung des cartesischen Systems in vier Quadranten bewirkte eine immense Vereinfachung in der Mathematik der Schwingungsbewegung. Jetzt haben wir die Möglichkeit, mit unserer Definition der trigonometrischen Verhältnisse Winkel jeder Größe zu erfassen. Die Notwendigkeit, das zu tun, ergab sich schon im Zusammenhang mit sphärischen Dreiecken. Dort waren schon die Vorteile einer Identifikation des Sinus und Cosinus jeweils mit der Länge einer Linie im Einheitskreis zu erkennen (Fig. 58). Im rechten oberen Quadranten von Fig. 139 stellen diese beiden Linien ($x = \cos A$, $y = \sin A$) die Koordinaten des Punktes Q im Einheitskreis dar, dessen Mittelpunkt im Nullpunkt liegt. Es stimmt mit dieser Definition überein, die Sinus und Cosinus von POR, POS, POT und POU als die y- bzw. x-Koordinaten der Punkte R, S, T, U zu definieren, wenn diese Punkte durch Drehung von OP um ($90° + A$), ($180° - A$), ($180° + A$) und ($270° + A$) auf der Peripherie des Einheitskreises lokalisiert sind.

Die x-Koordinaten eines beliebigen Punkts im Quadranten, die Winkel zwischen 90° und 180° einschließen, sind negativ, aber die y-Koordinaten sind positiv. Diejenigen eines Punktes zwischen 180° und 270° sind beide negativ. Im vierten Quadranten sind die x-Koordinaten positiv, die y-Koordinaten negativ. Wir können das zusammenfassen.

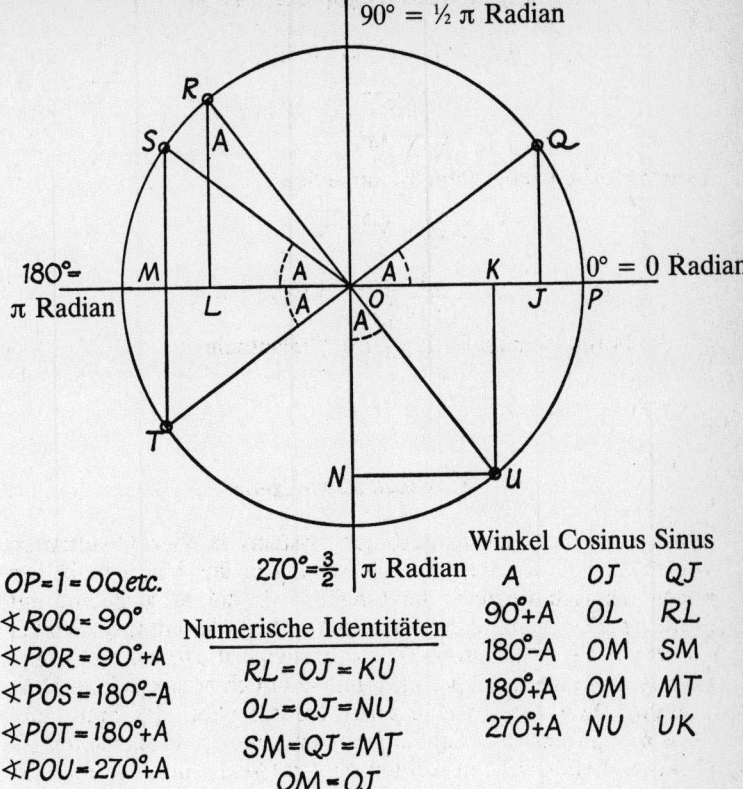

Fig. 139 Trigonometrische Verhältnisse in den vier Quadranten des cartesischen Koordinatensystems

Quadrant		Sinus	Cosinus
Erster	(0° – 90°)	+	+
Zweiter	(90° – 180°)	+	–
Dritter	(180° – 270°)	–	–
Vierter	(270° – 360°)	–	+

Fig. 139 zeigt, daß der numerische Wert der y-Koordinate von R gleich cos A ist, der seiner x-Koordinate gleich – sin A. Unsere Definition bedeutet also, daß cos POR = – sin POQ und sin POR

= cos POQ. Man erhält die Koordinaten von S, T, U auf gleiche Weise. In Übereinstimmung mit unserer erweiterten Definition sehen wir also, daß:

$$\sin(\ 90° + A) = +\cos A \qquad \cos(\ 90° + A) = -\sin A$$
$$\sin(180° - A) = +\sin A \qquad \cos(180° - A) = -\cos A$$
$$\sin(180° + A) = -\sin A \qquad \cos(180° + A) = -\cos A$$
$$\sin(270° + A) = -\cos A \qquad \cos(270° + A) = +\sin A$$

Eine Untersuchung der gleichen Figur zeigt, daß

Winkel	0°	90°	180°	270°	360°
Sinus	0	+1	0	−1	0
Cosinus	+1	0	−1	0	+1

Innerhalb jedes der vier Quadranten stellt sich der Bereich der numerischen Werte folgendermaßen dar:

Bereich	Sinus	Cosinus
0° − 90°	wächst von 0 bis +1	nimmt ab von +1 bis 0
90° − 180°	nimmt ab von +1 bis 0	nimmt ab von 0 bis −1
180° − 270°	nimmt ab von 0 bis −1	wächst von −1 bis 0
270° − 360°	wächst von −1 bis 0	wächst von 0 bis +1

Mit Recht kann man bei dieser Art von Definition des Sinus und Cosinus der Winkel über 90° fordern, daß sie in jedem Quadranten mit der Formel übereinstimmt, die für die Summe zweier Winkel im ersten Quadranten hergeleitet wurde. Sie stimmt, wie wir festgestellt haben, für (180° − A). Wir brauchen uns also nur noch mit (90° + A) im zweiten Quadranten und mit dem dritten und vierten Quadranten zu befassen. Übereinstimmend mit der Formel für (B + A) gilt:

$$\sin(90° + A) = \sin 90° \cdot \cos A + \cos 90° \cdot \sin A = +\cos A$$
$$\cos(90° + A) = \cos 90° \cdot \cos A - \sin 90° \cdot \sin A = -\sin A$$

Wenn (A + B) = (180 + A), wird die Formel für cos (A + B) und sin(A + B):

$$\sin(180° + A) = \sin 180° \cdot \cos A + \cos 180° \cdot \sin A = -\sin A$$
$$\cos(180° + A) = \cos 180° \cdot \cos A - \sin 180° \cdot \sin A = -\cos A$$

Nach Fig. 139:

$$\sin(270° + A) = \sin 270° \cdot \cos A + \cos 270° \cdot \sin A = -\cos A$$
$$\cos(270° + A) = \cos 270° \cdot \cos A - \sin 270° \cdot \sin A = +\sin A$$

DIE GEOMETRIE DER BEWEGUNG

So decken sich die Ergebnisse bei Anwendung der Formeln für cos und sin(A + B) mit den Vorzeichen und numerischen Werten der Koordinaten x = cos A und y = sin A in jedem Quadranten des cartesischen Koordinatensystems. Unsere erweiterte Definition führt auch zu entsprechenden Formeln für cos(B − A) und sin(B − A). Das folgert man aus der Tatsache, daß im vierten Quadranten die Cosinus positiv und die Sinus negativ sind, so daß

$$\cos(-B) = \cos B \text{ und } \sin(-B) = -\sin B.$$

Also:

$$\cos(A - B) = \cos A \cdot \cos(-B) - \sin A \cdot \sin(-B)$$
$$= \cos A \cdot \cos B + \sin A \cdot \sin B$$
$$\sin(A - B) = \sin A \cdot \cos(-B) + \cos A \cdot \sin(-B)$$
$$= \sin A \cdot \cos B - \cos A \cdot \sin B$$

Diese Formeln sollte man sich merken und sie prüfen für

a) Winkel bis 90°,
b) A = 180°, A = 270° und A = 360°.

Setzen wir y = sin x und y = cos x, erhalten wir darum (wie in Fig. 140) Kurven, die an eine wellenförmige oder eine andere

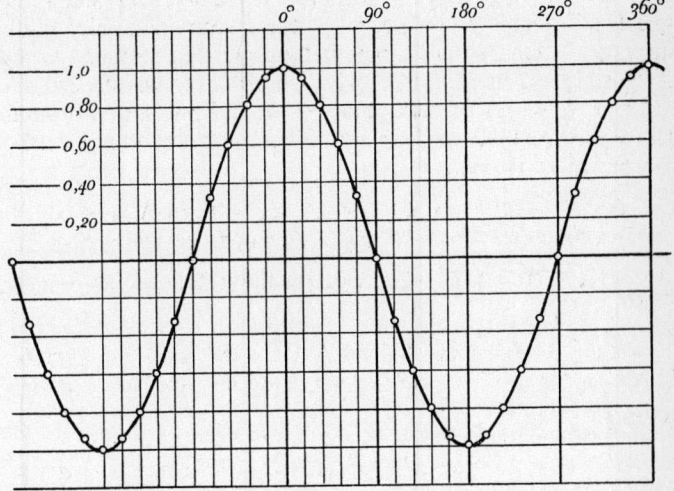

Fig. 140 Graphische Darstellung von *y = cos x*

regelmäßige periodische Bewegung erinnern. Solche Kurven haben abwechselnd positiven Spitzenwerte (*maxima*), wenn y = +1, und negative (*minima*), wenn y = −1, und die gleiche *Periode*, d. h. 360° = 2π Radian.

Die Gleichungen y = cos x und y = sin x definieren Kurven, die identisch sind im Hinblick auf

a) *Periode* (P), d. h. das Intervall zwischen zwei Spitzen auf derselben Seite der x-Achse oder die doppelte Distanz zwischen benachbarten Punkten, wo x = 0;

b) *Amplitude* (A), d. h. der Zahlenwert der Entfernung zwischen einem Spitzenwert und der x-Achse, die halbe Distanz zwischen den y-Koordinaten der Spitzenwerte mit umgekehrtem Vorzeichen.

In jedem Falle: a) die Periode ist x = 360° oder 2π Radian; b) y = ± 1 bei Spitzenwerten. Der einzige Unterschied zwischen beiden Kurven liegt in der Position der Spitzen. Ist y = cos x, so wird y = ± 1, wenn x = 0, und y = 0, wenn x = 90° oder $\frac{\pi}{2}$ Radian.

Ist y = sin x, so wird y = 0, wenn x = 0, und y = +1, wenn x = 90° oder $\frac{\pi}{2}$ Radian.

Um die Eigenschaften dieser Klasse von Kurven zur Beschreibung von Wellenbewegung und ungedämpften Schwingungen (Pendelbewegung oder Wechselstrom) zu verwerten, müssen wir eine Änderung der Skala herbeiführen, nämlich y durch y : A und x durch Kx ersetzen. Voraussetzung dabei ist, daß A und K numerische Konstanten sind. Unsere Gleichungen lauten dann:

$$y = A \cdot \cos Kx \text{ und } y = A \cdot \sin Kx$$

Die Höchstwerte von y liegen bei Kx = 0, so daß cos Kx = 1 und y = A, oder bei Kx = $\frac{\pi}{2}$ Radian und sin Kx = 1 und y = A. A ist also laut Definition der numerische Wert der Amplitude. Nun ist die Periode P das Intervall (in Radian) zwischen Kx und Kx + 2π; wir können schreiben K(x + P), so daß

$$Kx + 2\pi = Kx + KP \text{ und } 2\pi = KP$$

$$K = \frac{2\pi}{P}$$

Unsere letzten Gleichungen lauten daher:

$$y = A \cdot \cos\left(\frac{2\pi}{P} \cdot x\right) \text{ und } y = A \cdot \sin\left(\frac{2\pi}{P} \cdot x\right)$$

DIE GEOMETRIE DER BEWEGUNG 329

Darin setzen wir x = t für die Zeit (Sekunden) ein, P = T und
y = f(t); y ist eine Funktion der Zeit, also

$$f(t) = A \cdot \cos\left(\frac{2\pi}{T} \cdot t\right) \text{ und } f(t) = A \cdot \sin\left(\frac{2\pi}{T} \cdot t\right)$$

Nachdem die Zahlenwerte von A und T durch Beobachtung
festgestellt sind, haben wir die nötige Information, eine Kurve wie
in Fig. 141 herzustellen, die den Typus regelmäßiger periodischer
Bewegung, genannt *einfach harmonisch,* verkörpert.

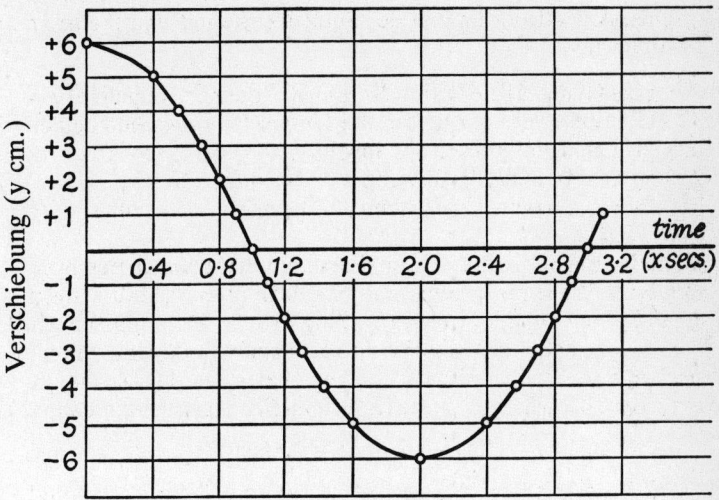

Fig. 141   Einfache harmonische Bewegung

Die Gleichung der geraden Linie

Da wir nun der Gleichung y = cos x oder y = sin x in jedem
Quadranten des Koordinatensystems einen Sinn zu geben vermögen, können wir auch Geraden beschreiben, die es in jedem
beliebigen Winkel A durchkreuzen. Aus dem Vorausgehenden
folgt, daß tg A = sin A : cos A im ersten und dritten Quadranten
positiv ist (sin A und cos A haben dort gleiche Vorzeichen), im
zweiten und vierten Quadranten negativ (dort haben sie umge-

kehrte Vorzeichen). Steigt eine Gerade nach rechts aufwärts und schneidet die x-Achse im Winkel A, so ist tg A positiv; steigt sie nach links, die x-Achse im Winkel A schneidet, so ist tg A negativ. Das stimmt überein mit der Regel tg(180° − A) = −tg A.

Um eine Gerade im cartesischen Koordinatensystem ausführlich zu behandeln, genügt es, vier Situationen zu betrachten:

1. Die y-Achse wird bei y = +b geschnitten, Steigung nach rechts aufwärts (Fig. 142):

$$\text{tg A} = \frac{(y - b)}{x}, \text{ so daß } (y - b) = (\text{tg A}) \cdot x$$
$$\therefore y = (\text{tg A}) x + b$$

2. Die y-Achse wird bei y = − b geschnitten, Steigung nach rechts aufwärts (Fig. 142):

$$y : \left(x - \frac{b}{\text{tg A}}\right) = \text{tg A}, \text{ also } y = \text{tg A} \left(x - \frac{b}{\text{tg A}}\right)$$
$$\therefore y = (\text{tg A}) x - b$$

3. Die y-Achse wird bei y = + b geschnitten, Steigung nach links aufwärts (Fig. 143):

$$\text{tg A} = \frac{(y - b)}{-x}, \text{ so daß } y - b = -(\text{tg A}) x$$
$$\therefore y = -(\text{tg A}) x + b$$

4. Die y-Achse wird bei y = − b geschnitten, Steigung nach links aufwärts:

$$y : -\left(x + \frac{b}{\text{tg A}}\right) = \text{tg A}, \text{ also } y = -\text{tg A} \left(x + \frac{b}{\text{tg A}}\right)$$
$$\therefore y = -(\text{tg A}) x - b$$

In diesen Formeln ist die numerische Konstante ±b wie die y-Koordinate des Punktes, in dem die Gerade die y-Achse schneidet, d. h. y entspricht x = 0. Die Gerade schneidet die x-Achse, wo y = 0 ist.

DIE GEOMETRIE DER BEWEGUNG

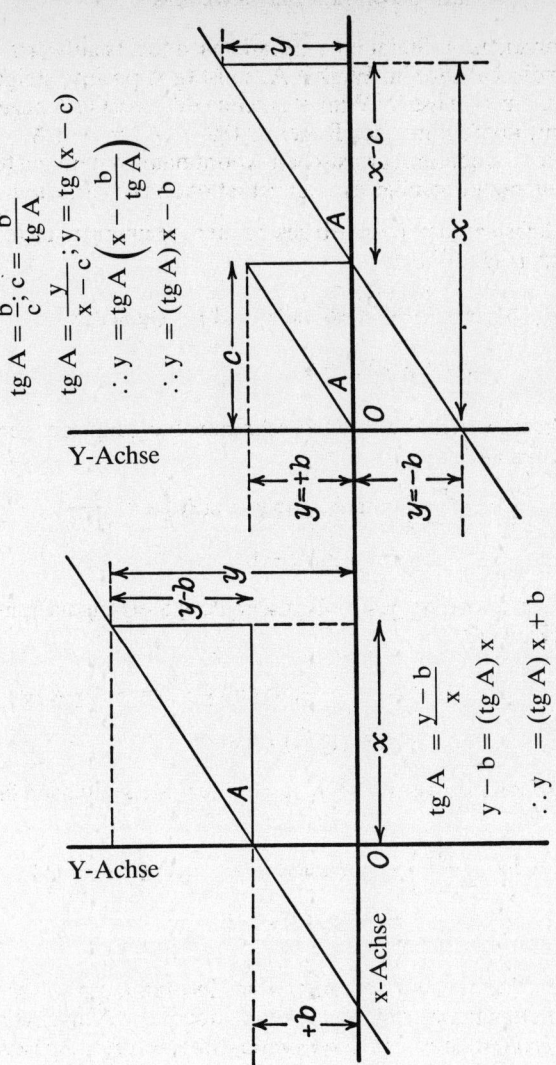

Fig. 142 Gleichungen einer Geraden in zwei Dimensionen

DIE GEOMETRIE DER BEWEGUNG

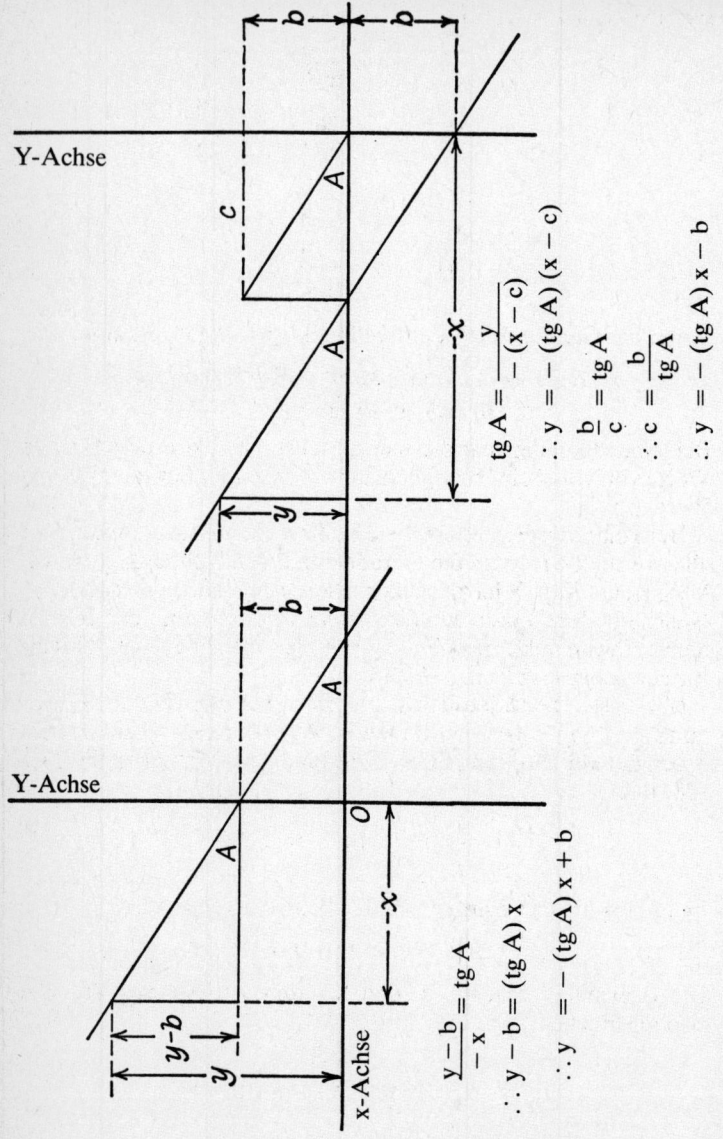

Fig. 143 Gleichungen einer Geraden in zwei Dimensionen

Es ist also:

1) $\quad x = \dfrac{-b}{\operatorname{tg} A}$

2) $\quad x = \dfrac{+b}{\operatorname{tg} A}$

3) $\quad x = \dfrac{+b}{\operatorname{tg} A}$

4) $\quad x = \dfrac{-b}{\operatorname{tg} A}$

Wenn die Gerade durch den Nullpunkt b = 0 geht ist also

$y = (\operatorname{tg} A)x$, nach rechts aufsteigend,
$y = - (\operatorname{tg} A)x$, nach links aufsteigend.

Bei einer Geraden parallel zur y-Achse ist x konstant für alle Werte von y; bei einer Parallen zur x-Achse ist y konstant für alle Werte von x.

Bei Polarkoordinaten ist die eine Koordinate (A) konstant für alle Werte von r, wenn die Gerade durch den Nullpunkt geht. Im Vorgriff auf Kap. X läßt sich hier schon sagen, daß man *tg A* in der Gleichung der Gerade den *Gradienten* (die Neigung) der Gerade nennt. Wenn man gewöhnlich von der Neigung eines Hügels spricht, kann man damit *sin A* meinen.

Mit dieser Definition läßt sich vorher Gesagtes über die Beziehung zwischen Polarkoordinaten (r, A) und cartesischen Koordinaten in zwei Dimensionen vervollständigen. Wir sehen aus Fig. 128, daß

$$r^2 = x^2 + y^2 \text{ und } \frac{y}{x} = \operatorname{tg} A$$

Ist tg A = b, sagt man gewöhnlich laut Übereinkunft

$$\operatorname{tg} A = b \equiv \operatorname{tg}^{-1} b = A$$

Die Beziehung zwischen beiden Koordinatensystemen läßt sich also ausdrücken:

$$r = \sqrt{x^2 + y^2} \text{ und } A = \operatorname{tg}^{-1} (y : x)$$

In Worten: $\operatorname{tg}^{-1} b$ bedeutet nach Übereinkunft »b ist der Winkel, dessen Tangens a ist«. Setzen wir oben x = 4, y = 3 ein, so leiten wir

ab r = 5 und tg^{-1} (0,75) = a. Von der Tangenstafel lesen wir ab,
daß der Winkel (a), dessen Tangens 0,75 ist, fast genau 36°52'
beträgt. Sin a = 3 : 5 = 0,6, wenn x = 4 und y = 3. Dann können wir
schreiben a = sin^{-1} (0,6) und erhalten auf der Sinustafel wieder
einen fast exakten Wert von 36°52'.

Gedämpfte Vibration

Wir haben gesehen, wie man eine einfache harmonische Bewegung (Schwingungsbewegung mit fester Periode und fester Amplitude) durch Kurven darstellen kann, deren Gleichungen lauten:

$$f(t) = A \cdot \cos\left(\frac{2\pi}{T} \cdot t\right) \text{ und } f(t) = A \cdot \sin\left(\frac{2\pi}{T} \cdot t\right)$$

Hier bedeutet die Konstante A, daß die Amplitude wie die Periode
T gleich bleibt. Die Verlagerung des Pendels und der periodische
Spannungswechsel eines Generators sind Beispiele für eine Bewegung dieser Art. Im Alltagsleben begegnen wir öfters solchen
Schwingungsphänomenen (z. B. einem Gewicht an einer senkrecht aufgehängten Feder oder der Entladung eines Kondensators), deren Amplitude ständig bis zur Null hin abnimmt. Für
Kurven dieser sogenannten *gedämpften Oszillation* benötigen wir
eine andere Klasse von Kurven, die *Exponentialkurven*. Einfache
Beispiele solcher Kurven sind die der Gleichungen

$$y = 2^x \text{ und } y = 2^{-x}.$$

Fig. 144 zeigt die Kurve der Gleichung $y = 2^x$. Zu ihrer Konstruktion brauchen wir das Exponenten-Gesetz (erste Formulierung
durch Archimedes, Weiterentwicklung durch Oresmus und
Stifel):

$$2^a \cdot 2^b = 2^{a+b}; \; 8 \cdot 32 = 2^3 \cdot 2^5 = 256 = 2^{3+5} = 2^8$$

Gilt diese Regel, wenn a und b Brüche sind, so:

$$2^{\frac{1}{2}} \cdot 2^{\frac{1}{2}} = 2 = \sqrt{2} \cdot \sqrt{2}, \text{ also } 2^{\frac{1}{2}} = \sqrt{2}$$

$$2^{\frac{1}{3}} \cdot 2^{\frac{1}{3}} \cdot 2^{\frac{1}{3}} = 2 = \sqrt[3]{2} \cdot \sqrt[3]{2} \cdot \sqrt[3]{2}, \text{ also } 2^{\frac{1}{3}} = \sqrt[3]{2}$$

DIE GEOMETRIE DER BEWEGUNG

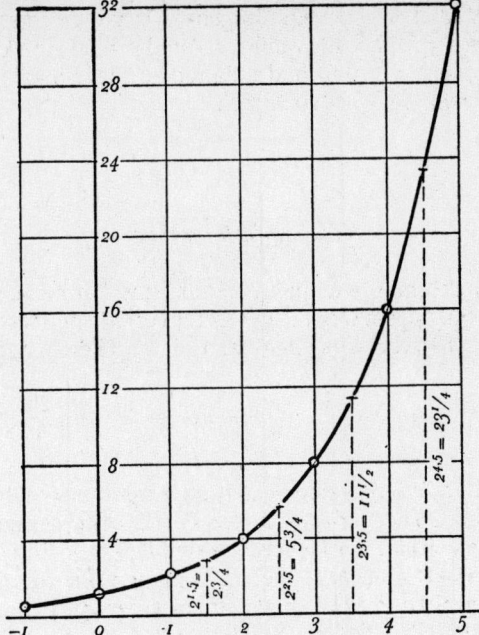

Fig. 144 Die Kurve, deren Gleichung $y = 2^x$ ist

Wir erinnern uns auch, daß

$$(2^a)^b = 2^{ab}; \; 8^2 = (2^3)^2 = 2^6 = 64$$

Beide Regeln stimmen, wenn wir schreiben

$$2^{1,5} = 2^{\frac{3}{2}} = \left(2^{\frac{1}{2}}\right)^3 = (\sqrt{2})^3 \text{ und}$$

$$2^{2,5} = 2^{\frac{5}{2}} = \left(2^{\frac{1}{2}}\right)^5 = (\sqrt{2})^5$$

Zum Beispiel können wir setzen

$$2^{1,5} \cdot 2^{2,5} = 2^{\frac{3}{2}} \cdot 2^{\frac{5}{2}} = (\sqrt{2})^3 (\sqrt{2})^5$$

$$= (\sqrt{2})^8 = 2^4 = 2^{1,5 + 2,5} = 16$$

Unsere Kurve zeigt, wie man die Probe auf diese Regel machen kann. Zum Beispiel lassen sich auf einer Kurve wie der von Fig. 144 die Werte ganzer Zahlen für x so genau wie möglich ablesen:

$$2^{1,5} \simeq \frac{11}{4}; \; 2^{2,5} \simeq \frac{23}{4}; \; 2^{3,5} \simeq \frac{23}{2}$$

Mit gleicher Genauigkeit finden wir

$$2^{1,5} \cdot 2^{2,5} = 15{,}8 \; (exakter \; Wert \; 16)$$
$$2^{1,5} \cdot 2^{3,5} = 31{,}6 \; (exakter \; Wert \; 32)$$

Wie wir wissen, ist $2^{-x} = 1 : 2^x$; zeichnen wir also die Kurve für y = 2^{-x}; wir erkennen, daß wir das Spiegelbild von y = 2^x erhalten, einen Sonderfall des allgemeinen Typs, der z. B. die Abkühlungs-

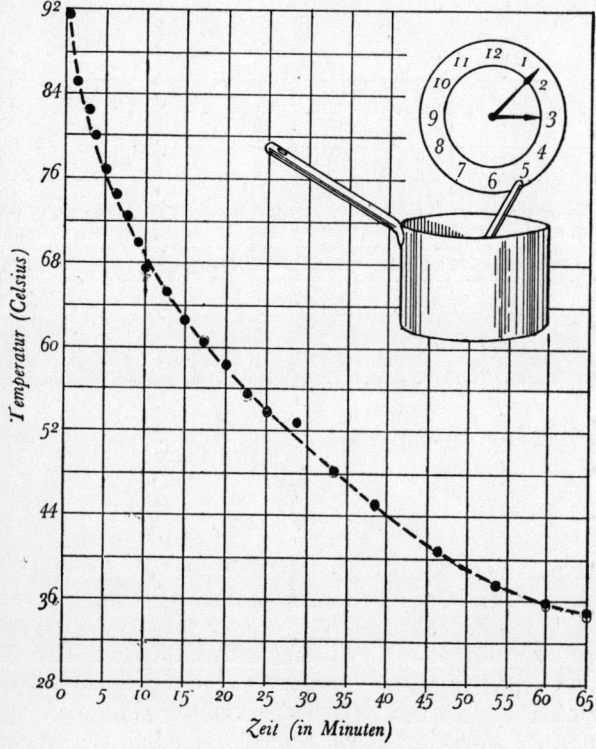

Fig. 145 Das Abkühlungsgesetz

rate (Fig. 145) einer Flüssigkeit darstellt. Nennen wir die Temperatur T zum Zeitpunkt t und T_o die Anfangstemperatur bei t = 0; dann lautet das Abkühlungsgesetz

$$T = T_o \, A^{-kt}$$

In dieser Formel wird $A^{-kt} = A^o = 1$, wenn t = 0, also $T = T_o$, wenn t = 0; das ist gemeint, wenn man T_o die Anfangstemperatur nennt.

Damit haben wir den notwendigen Schlüssel zur Beschreibung einer gedämpften Vibration. Wie eine Kurve einen Abkühlungsprozeß darstellen kann, haben wir erfahren durch die Frage: wie kann man mit Hilfe von sin x oder cos x eine Schwingungsbewegung ausdrücken, deren Amplitude allmählich nach Null hin abfällt? Wir müssen schreiben (Fig. 146)

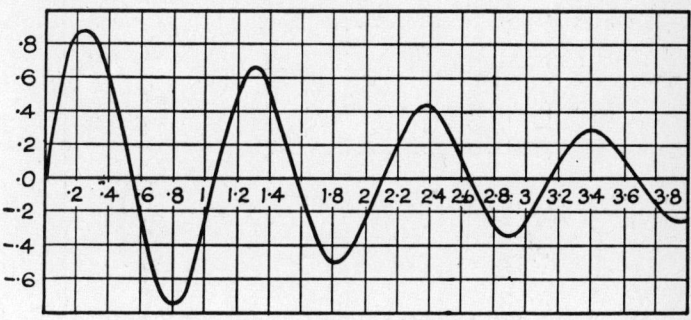

Fig. 146   Kurve einer abnehmenden Schwingung

$$y = 3^{-\frac{x}{3}} \cdot \sin 6x$$

$$y = A \cdot 2^{-kx} \cdot \cos Kx$$

Die Formel beinhaltet, daß der erste Höhepunkt auf der positiven Seite der x-Achse bei x = 0 entsteht, wenn also cos Kx = 1 und $2^{-kx} = 2^o = 1$; das bedeutet, daß y = A, wenn x = 0, wobei A die Anfangsamplitude ist. Die Einführung von 2^{-kx} als Faktor von A·cos Kx deutet an, daß die vertikale Verschiebung in dem Maße abnimmt, als x wächst und 2^{-kx} entsprechend kleiner wird. In 2^{-kx} bestimmt die Konstante k, wie schnell die Amplitude abnimmt; denn 2^{-3x} fällt steiler ab als 2^{-2x} und 2^{-2x} steiler als 2^{-x}, etc.

Körper. Zur Darstellung von körperhaften Figuren ist eines von drei Koordinatensystemen am besten verwendbar:

a) *das sphärische:* zwei Winkel l und L, entsprechend Länge und Breite auf dem Globus, und ein Radius-Vektor der Länge R, der der Lotlinie folgt, die jeden Punkt P mit seinem Zentrum O verbindet.

b) *das zylindrische:* Polarkoordinaten A und r in der Horizontalebene und ein Abstand ±z vom Ursprung auf der vertikalen z-Achse.

c) *das cartesische:* x- und y-Koordinaten in der Horizontalebene und z auf der z-Achse im rechten Winkel dazu.

Bei der Suche nach einer cartesischen Gleichung für eine ebene Kurve und ihrer Beziehung zur Polargleichung stoßen wir immer wieder auf das Theorem des Pythagoras. Bei der Behandlung von Körpern in einem dreidimensionalen cartesischen System kommt uns ein Trick zu Hilfe: Man stellt sich einen Punkt vor (Fig. 148, 149), den ein Radius-Vektor mit dem Nullpunkt und eine Parallele zur z-Achse mit einem zweiten Punkt Q auf der xy-Ebene verbindet; dessen Koordinaten sind x und y. Dann ist OQ der Radius-Vektor des Punktes Q auf der xy-Ebene und $x^2 + y^2 = r^2$ wie in Fig.

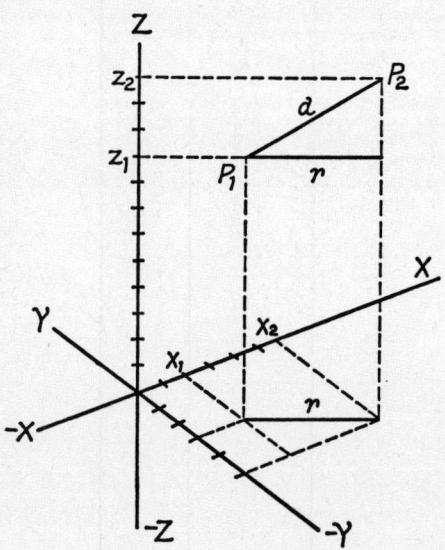

Fig. 147 Pythagoräische Darstellung in drei Dimensionen

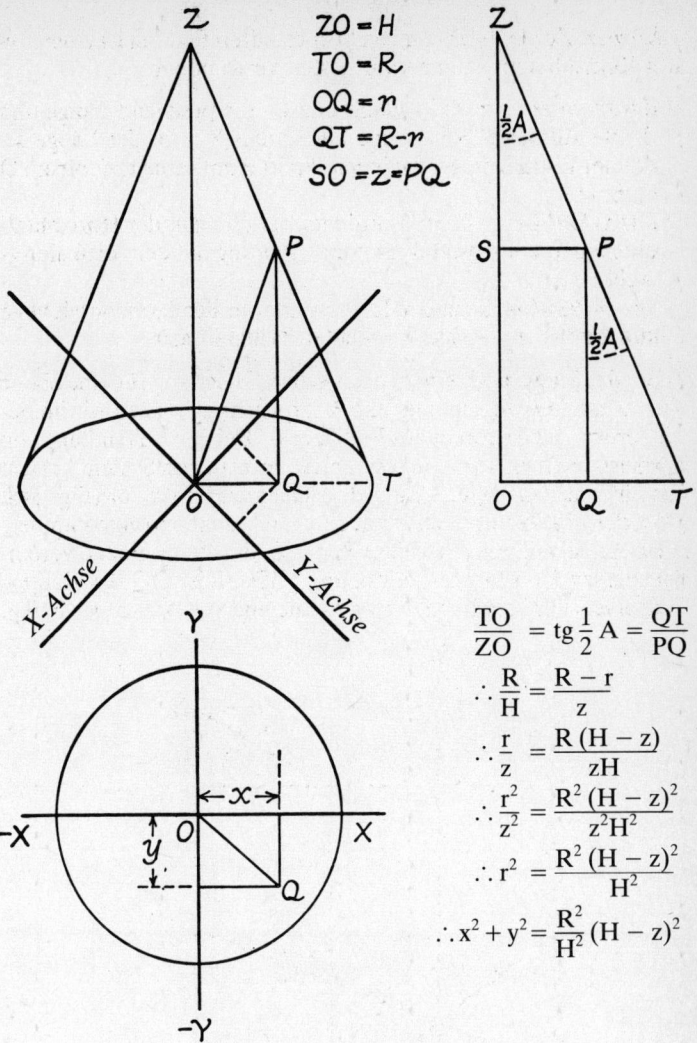

Fig. 148 Cartesische Gleichung des Kegels
Mittelpunkt der Grundfläche als Ausgangspunkt

128. OP, PQ und OQ(= r) bilden ein rechtwinkliges Dreieck, in dem OP = R die Hypotenuse ist und PQ die z-Koordinate von P darstellt, dessen weitere Koordinaten x und y sind. In dem Dreieck OPQ ist:

$$OP^2 = OQ^2 + PQ^2, \text{ also } R^2 = r^2 + z^2$$
$$\therefore R^2 = x^2 + y^2 + z^2$$

Der Abstand (d) zwischen zwei Punkten (P_1 und P_2) im dreidimensionalen Raum (Fig. 147) ist gegeben durch

$$d^2 = (x_2 - x_1)^2 + (y_2 - y_1)^2 + (z_2 - z_1)^2$$

Manchmal ist es einfacher, die cartesische Gleichung einer Kurve zu erhalten, wenn man sie zunächst in zylindrischen Koordinaten ausdrückt und einsetzt:

$$y = r \cdot \sin A; \ x = r \cdot \cos A$$

Die Figuren 148 und 149 zeigen die Entstehung der cartesischen Gleichungen für Kegel und Kugel.

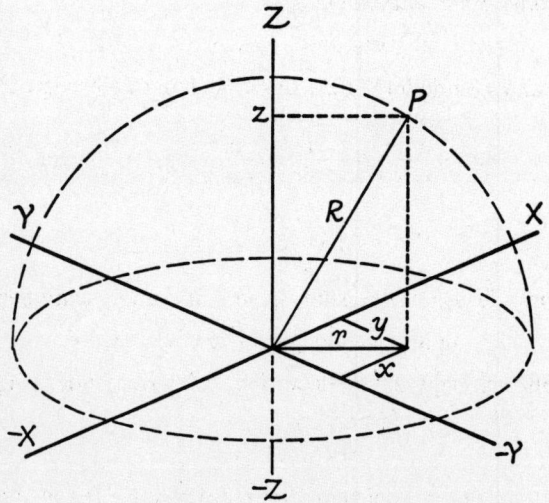

Fig. 149 Cartesische Gleichung der Kugel
Zentrum als Ausgangspunkt

Kegel: Vertikale Höhe H, Radius der Grundfläche R, vertikaler Winkel A, Ursprung im Mittelpunkt der Grundfläche:

$$x^2 + y^2 = \frac{R^2}{H^2}(H-z)^2$$

Kugel: Radius R, Ursprung im Mittelpunkt:

$$R^2 = x^2 + y^2 + z^2 \quad oder \quad z = \sqrt{R^2 - x^2 - y^2}$$

Parametrische Gleichungen. Um eine ebene geometrische Figur zu beschreiben, ist es manchmal ganz praktisch, die beiden Veränderlichen x und y durch eine dritte aus derselben Ebene auszudrükken. Man könnte z. B. den Kreis mit dem Radius r und dem Zentrum im Nullpunkt durch die beiden sogenannten parametrischen Gleichungen bestimmen, in denen A die Hilfsvariable ist:

$$x = r \cdot \cos A \quad \text{und} \quad y = r \cdot \sin A$$

Von größerer praktischer Bedeutung ist die Anwendung parametrischer Gleichungen einer Parabel in Verbindung mit der Flugbahn der Kanonenkugel. Ist t die Zeit, die seit dem Abschuß vergangen ist, v die Anfangsgeschwindigkeit bei einem horizontalen Winkel a und g eine numerische Konstante (*Beschleunigung unter Schwerkraftbedingungen*),

$$x = vt \cdot \cos a \quad \text{und} \quad y = vt \cdot \sin a - \tfrac{1}{2} gt^2$$

Darin kann t eliminiert und y durch x ausgedrückt werden:

$$\therefore t = \frac{x}{v \cdot \cos a} = \frac{x}{v \cdot \sin a} \cdot \frac{\sin a}{\cos a} = \frac{x}{v \cdot \sin a} \cdot \operatorname{tg} a$$

$$\therefore y = x \cdot \operatorname{tg} a - \frac{g}{2} \cdot \frac{x^2}{v^2 \cdot \cos^2 a}$$

Da a und v feste Größen sind, kann man kürzer schreiben

$$\operatorname{tg} a = K \quad \text{und} \quad (g : 2v^2 \cdot \cos^2 a) = C$$

Dann läßt sich die Gleichung der Parabel in der früher (Fig. 132) beschriebenen Form ableiten:

$$y = Kx - Cx^2$$

Eine Kurve, deren Gleichung am einfachsten in parametrischer Form darstellbar ist, hat große Bedeutung für den Entwurf einer Uhr. Ein frei schwingendes Pendel bewegt sich in einem Kreisbogen. Ist dabei die Amplitude beträchtlich, so wechselt seine Schwingungsdauer erheblich. Zwingt man es aber, sich in einem Bogen der Kurve zu bewegen, die man Cycloid nennt, so kann man völlige Unabhängigkeit erreichen. Das tut der Uhrmacher, indem er auf jeder Seite des Aufhängungspunktes gekrümmte Metallbacken anbringt. Der Schweizer Mathematiker Jakob Bernoulli, der als erster die Nützlichkeit von Polarkoordinaten und die Rolle der figurierten Zahlen in der Wahrscheinlichkeitsrechnung erkannte, entdeckte um 1780 zwei einzigartige Eigenschaften des Cycloids in bezug auf die Konstruktion von Uhren: Es ist die Kurve, entlang derer ein Partikel in kürzester Zeit, ausgehend vom Ruhepunkt, zu einem anderen Punkt, der nicht in derselben Vertikallinie liegt, unter dem Einfluß der Schwerkraft gleitet. Das ist gleicherweise die Kurve, bei der ein Partikel, ausgehend vom Ruhepunkt und unter den Bedingungen der Schwerkraft entlanggleitend, immer die gleiche Zeit benötigt, um den gleichen Endpunkt zu erreichen, unabhängig von der Position des Punktes, an dem die Bewegung begann.

Die beiden Bewegungen (genannt *brachistochron* und *tautochron*) beziehen sich auf eine Kurve, die von oben gesehen konkav ist. Wird die so gezeichnet, daß sie von oberhalb der x-Achse aus konvex ist (Fig. 150), so stellt das Cycloid die Kurve dar, die mit einem Nagel über dem Radkranz eines rollenden Wagenrades gezogen wird. Hier erkennt man einen der immensen Vorzüge der Anwendung von Radian-Messung der Winkel im Gegensatz zur Grad-Messung. Nach Definition ist ein Winkel von a Radian, im Mittelpunkt des Einheitskreises gebildet von zwei Linien, die einen Bogen der Peripherie ausschneiden, gleich diesem Bogen. Ist der Radius R, so beträgt die Länge des Bogens R·a. Mit dieser Definition erkennen wir (Fig. 150) daß

$$x = R(a - \sin a)$$
$$y = R(1 - \cos a)$$

Graphische Lösung von Gleichungen

Nun ist es an der Zeit zu überlegen, wie man sich graphische Darstellungen als Mittel zur Lösung einer Gleichung oder mehrerer Gleichungen zunutze machen kann. Sofern man die Abstände auf den Achsen nicht gleichmäßig verändert, wird jede derartige

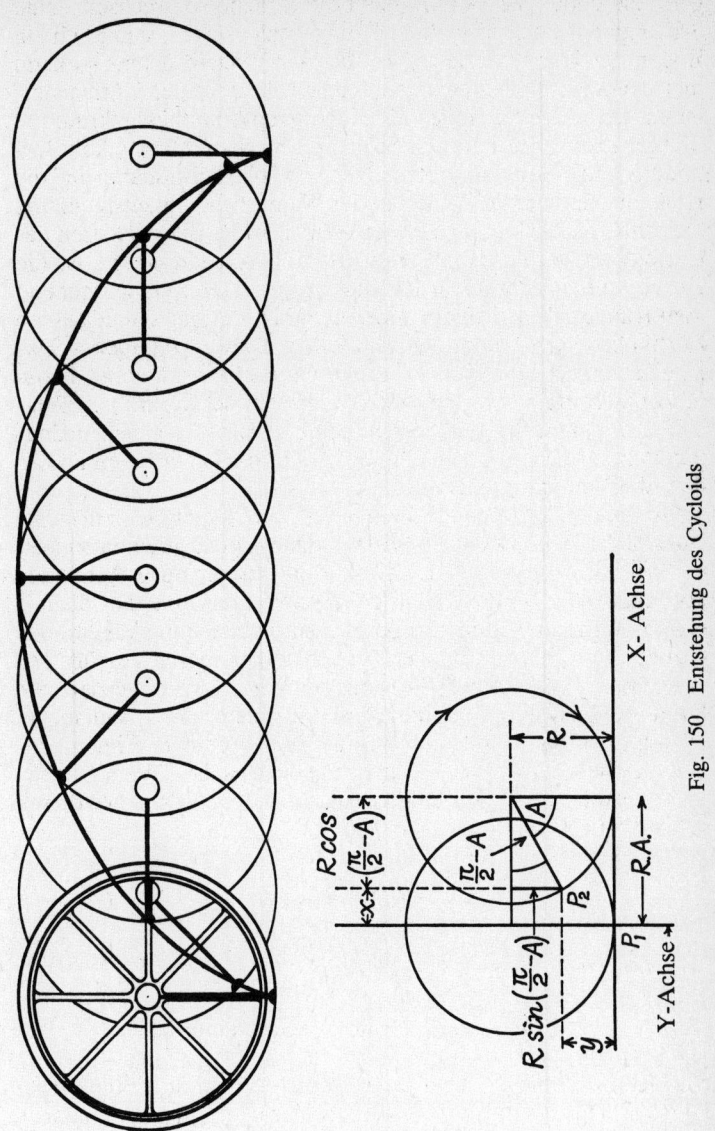

Fig. 150 Entstehung des Cycloids

Änderung die Gestalt der Kurve ein und derselben Gleichung umwandeln. Jedoch steht es jedem frei, die Skala jeder Achse zu verändern, wenn er beabsichtigt, Gleichungen mit Hilfe von Kurven zu lösen. Tatsächlich ist es am günstigsten, die Skala so zu wählen, daß die entsprechenden Punkte in beiden Richtungen annähernd gleich angeordnet sind. Das bedeutet, daß

a) wenn y sehr viel schneller wächst als x, z. B. bei $y = x^2$, die Einheit auf der y-Achse kleiner angesetzt wird als die Längeneinheit von x;

b) wenn x sehr viel schneller wächst als y, z. B. bei $y = \sqrt{x}$, die Einheit auf der x-Achse kleiner gemacht wird als die Längeneinheit von y.

Zur Illustration des graphischen Verfahrens zur Lösung algebraischer Gleichungen betrachten wir zunächst das Gleichungspaar

$$x^2 + 2xy + y^2 = 49$$
$$x^2 - xy + y^2 = 13$$

Hier ist es einfacher, y durch x auszudrücken, mit oder ohne numerische Konstanten. Wir müssen also erst einmal xy loswerden. Das kann auf zweierlei Weise geschehen:

Durch *Subtraktion:*

$$x^2 + 2xy + y^2 = 49$$
$$\underline{x^2 - xy + y^2 = 13}$$
$$\therefore 3xy = 36$$

$$\therefore xy = 12 \text{ und } y = \frac{12}{x}$$

Durch *Addition:*

$$x^2 + 2xy + y^2 = 49$$
$$\underline{2x^2 - 2xy + 2y^2 = 26}$$
$$\therefore 3x^2 + 3y^2 = 75$$

$$\therefore x^2 + y^2 = 25 \text{ und } y^2 = 25 - x^2$$

Nun ergeben sich zwei Gleichungen für y:

$$y = \frac{12}{x} \text{ und } y^2 = 25 - x^2$$

Die eine beschreibt eine Hyperbel, die andere einen Kreis; das Gleiche bedeuten beide nur, wenn auf beiden dieselben Punkte liegen, d. h. wo sie einander schneiden. Leichter und genauer liest man die Koordinaten ab, wenn es möglich ist, eine oder beide Gleichungen durch entsprechende Substitution in eine Gleichung der Gerade zu verwandeln. Wir setzen $Y = y^2$ und $X = x^2$ und erhalten dann:

$$Y = \frac{144}{X} \quad \text{und} \quad Y = 25 - X$$

Die Gleichung zur Linken stellt immer noch eine Hyperbel dar, die zur Rechten aber eine gerade Linie. Um die Hyperbel zu konstruieren, (Fig. 151) braucht man eine verkürzte Tabelle wie die folgende:

$$X = 4 \quad 9 \quad 16 \quad 36$$
$$Y = 36 \quad 16 \quad 9 \quad 4$$

Exemplarische Punkte für die Gleichung der Geraden sind

$$X = 0 \quad 5 \quad 15 \quad 20 \quad 25$$
$$Y = 25 \quad 20 \quad 10 \quad 5 \quad 0$$

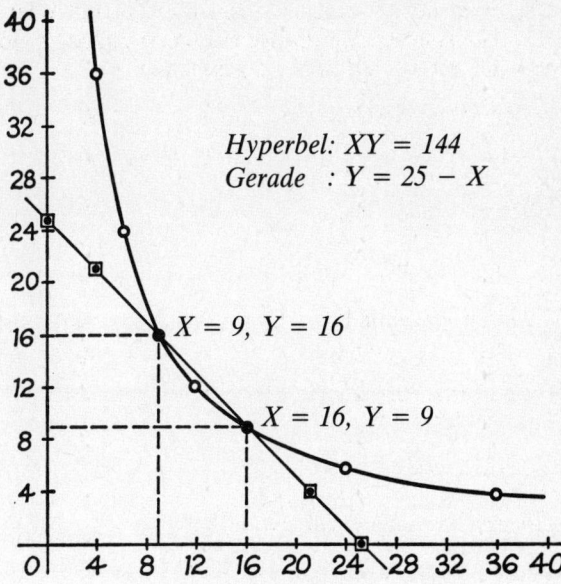

Fig. 151 Graphische Lösung der Gleichungen
$x^2 + 2xy + y^2 = 49$
$x^2 - xy + y^2 = 13$

In Fig. 151 ist zu sehen, daß die Gerade in zwei Punkten die Hyperbel schneidet:

$$X = 9, Y = 16 \text{ und } X = 16, Y = 9$$

Da $x = \sqrt{X}$ und $y = \sqrt{Y}$:

$x = 3$, wenn $y = 4$ und $x = 4$, wenn $y = 3$. Eine Probe zeigt, daß diese Werte beiden Originalgleichungen genügen.

Was aber läßt sich mit graphischen Methoden bei einer *kubischen* Gleichung machen? Eine exakte Lösung auf algebraischem Wege ist äußerst langwierig; sie beinhaltet als ersten Schritt, daß der Gleichung ein neues Aussehen gegeben wird, das aber zum Vorteil bei der graphischen Lösung wird.

Die allgemeine Form der kubischen Gleichung lautet:

$$Ax^3 + Bx^2 + Cx + D = 0$$

Bei der Konstruktion von $Ax^3 + Bx^2 + Cx + D$ ergeben sich reale Lösungen für Werte von x, wenn $y = 0$, d. h. wenn die Kurve die x-Achse schneidet. Andererseits können wir die Gleichung auch so ausdrücken:

$$Ax^3 + Bx^2 = -(Cx + D)$$

oder

$$Ax^3 = -(Bx^2 + Cx + D).$$

Dann läßt sich einsetzen

$y = Ax^3 + Bx^2$ und $y = -(Cx + D)$
oder $y = Ax^3$ und $y = -(Bx^2 + Cx + D)$.

Die Lösungen sind dann Werte für x in den Schnittpunkten der Geradenpaare. Die doppelte Prozedur läßt sich einsichtiger gestalten, wenn man eine Substitution $X = x - a$ benutzt, um den Ausdruck x^2 zu eliminieren. Zur Illustration (Fig. 152) betrachten wir die Gleichung

$$x^3 - 6x^2 - 24x + 64 = 0$$

Ist $X = x - a$, also $x = X + a$,

$$\begin{aligned} x^3 &= X^3 + 3aX^2 + 3a^2X + a^3 \\ -6x^2 &= -6X^2 - 12aX - 6a^2 \\ -24x &= -24X - 24a \end{aligned}$$

Wir können also schreiben:

$$X^3 + (3a - 6)X^2 + (3a^2 - 12a - 24)X \\ + (a^3 - 6a^2 - 24a + 24) = 0$$

X^2 verschwindet, wenn $(3a - 6) = 0$, also $a = 2$. Dann ist

$$3a^2 - 12a - 24 = 12 - 24 - 24 = -36$$
$$a^3 - 6a^2 - 24a + 64 = 8 - 24 - 48 + 64 = 0$$

Unsere Gleichung lautet dann:

$$X^3 - 36X = 0, \text{ also } X^3 = 36X$$

Zeichnen wir getrennt $y = X^3$ und $y = 36X$, so sind die Lösungen

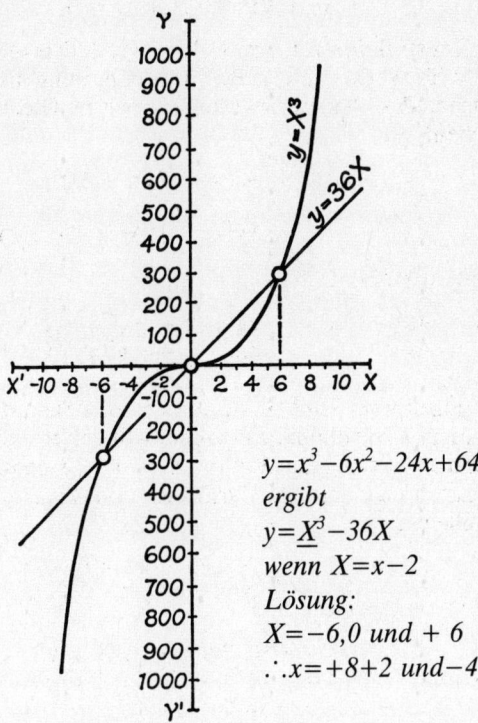

Fi. 152 Graphische Lösung einer kubischen Gleichung

für X Werte von x in den Schnittpunkten der beiden Kurven. Diese ergeben sich bei

$$X = -6, 0, +6$$

Da x = X + 2 ist,

$$x = -4, +2, +8$$

Probe:

$$8^3 - 6(8^2) - 24(8) + 64 = 8(64) - 6(64) - 3(64) + 64 = 0$$
$$2^3 - 6(2^2) - 24(2) + 64 = 8 - 24 - 48 + 64 = 0$$
$$(-4)^3 - 6(4^2) - 24(-4) + 64 = -64 - 96 + 96 - 64 = 0$$

Lösung durch Wiederholung

Manche Gleichungen sind durch exakte Methoden entweder unmöglich oder doch äußerst schwierig zu lösen. Hier ist es wesentlich, ein anderes Verfahren, genannt *Iteration* (Wiederholung) anzuwenden, das eine Lösung ermöglicht, die für alle praktischen Zwecke ausreichend genau ist. Wiederholung beinhaltet fortgesetzte Annäherung, und ihre Durchführbarkeit setzt voraus, daß die erste Annäherung nicht sehr weit geht. Es gibt viele Rezepte für iterative Lösungen. Die einfachste, die auf dem Binomialtheorem beruht, ist anwendbar, wenn eine Gleichung nur eine ganze Zahl als Potenz der unbekannten numerischen Konstanten enthält. Das hängt mit folgender Überlegung zusammen: Wir setzen voraus, daß x = a eine korrekte Lösung ist, aber wir vermuten b mit einer Abweichung (e), wobei das Vorzeichen hier unwesentlich ist. Wir können also schreiben a = b + e. Haben wir eine kubische Gleichung mit x^3, x^2, x, so schreiben wir

$$x^3 = b^3 + 3b^2e + 3be^2 + e^3$$
$$x^2 = b^2 + 2be + e^2$$

Stimmt unsere Vermutung in dem Sinne, daß e, verglichen mit b, klein ist, so wird $3be^2 + e^3$ klein sein im Vergleich zu $b^3 + 3b^2e$, und e^2 klein im Vergleich zu $b^2 + 2be$. Ist z. B. b = 2 und e = 0,1:

$$b^3 + 3b^2e = 8 + 12 \cdot 0{,}1 = 9{,}2 \text{ und}$$
$$3b^2 + e^3 = 6 \cdot (0{,}1)^2 + 0{,}001 = 0{,}061$$
$$b^2 + 2be = 4{,}4 \text{ und } e^2 = 0{,}01$$

Also läßt sich sagen, daß

$$x^3 \simeq b^3 + 3b^2e \text{ und } x^2 \simeq b^2 + 2be$$

Substituiert man diese Werte in die Originalgleichung, ist e die einzige Unbekannte, die sich dann bestimmen läßt. Dann können wir neu ansetzen $c = b + e$ und damit in der gleichen Weise verfahren, usw. Andere Werte von $e(e_1, e_3$ etc. oder e_2, e_4 etc.) haben entgegengesetzte Vorzeichen. Das folgende Zahlenbeispiel soll dieses Verfahren erläutern. Die kubische Gleichung lautet $x^3 + 6x^2 - 6x - 63 = 0$. Nehmen wir an, eine Kurve zeigt, daß eine der Lösungen in der Nähe von $x = 2$ liegt. Wir schreiben also zunächst $x = 2 + e_1$, und die Gleichung lautet

$$(2 + e_1)^3 + 6(2 + e_1)^2 - 6(2 + e_1) - 63 = 0$$

Wenn wir alle Potenzen von e_1, die höher als e_1 sind, beiseite lassen, können wir schreiben

$$(8 + 12e_1) + 6(4 + 4e_1) - 6(2 + e_1) - 63 = 0 = 30e_1 - 43$$

Daher ist $e_1 = 43 : 30 = 1,43$. Zur Vereinfachung schreiben wir $2 + e_1 = 2 + 1,4 = 3,4$. Damit haben wir eine neue Schätzung $x = 3,4 + e_2$, und aus der Originalgleichung wird

$$(3,4 + e_2)^3 + 6(3,4 + e_2)^2 - 6(3,4 + e_2) - 63 = 0$$

Wir sehen wie zuvor ab von höheren Potenzen von e_2:

$$3,4^3 + 3(3,4)^2 e_2 + 6(3,4)^2 + 12(3,4)e_2 - 6(3,4) - 6e_2 - 63 = 0$$

Diese Lösung nimmt $e_2 \simeq -0,36$ an. Wir haben damit eine neue Schätzung

$$x \simeq 3,4 - 0,36 = 3,04.$$

Setzen wir das Verfahren fort, so gelangen wir immer näher an die exakte Lösung $x = 3$.

Das nicht so imaginäre i. Seit der Zeit Omar Khayyáms sind die Mathematiker der westlichen Welt, bei der Behandlung quadratischer Gleichungen – sehr zu ihrem Unbehagen – konfrontiert worden, mit der Existenz von Zahlen, die keine Lösung in den ihnen vertrauten Ausdrücken ergaben. Erinnern wir uns an Alkarismis allgemeine Form:

DIE GEOMETRIE DER BEWEGUNG

$$x^2 + bc + c = 0, \text{ wenn } x = \frac{-b + \sqrt{b^2 - 4c}}{2}$$

$$\text{oder } x = \frac{-b - \sqrt{b^2 - 4c}}{2}$$

Ist c positiv und $b^2 < 4c$, so wird das Vorzeichen von $b^2 - 4c$ negativ, z. B. bei

$$x^2 - 8x + 32 = 0:$$

$$x = \frac{8 \pm \sqrt{64 - 128}}{2} = \frac{8 \pm \sqrt{-64}}{2} = \frac{8 \pm 8\sqrt{-1}}{2}$$

Gewöhnlich schreibt man $\sqrt{-1}$ als i, so daß bei $x^2 - 8x + 32 = 0$ die Lösung heißt $x = 4 + 4i$ oder $x = 4 - 4i$. Wir nennen das eine *komplexe* Zahl, wobei 4i den *imaginären* Teil darstellt. Wer nur an der Lösung quadratischer Gleichungen interessiert ist, kann hoffen, aus solchen Anomalien keinen weiteren Gewinn zu ziehen. Später werden wir sehen, daß sie auf anderen Gebieten zu mehr als einem Zweck gut sind.

Wir haben gesehen, daß $(-a)^2 = +a^2$, also $(-1)^2 = +1 = (+1)^2$. Es gibt also keine normale Zahl die $\sqrt{-1}$ entspricht, aber wir haben auch erkannt, daß die Vorzeichenregel $(-)\cdot(-) = (+)$ sich nur dann zufriedenstellend interpretieren läßt, wenn

a) $-a$ als das Ergebnis der Multiplikation einer vorzeichenlosen Zahl a mit einem Operator (-1) angesehen wird;
b) die Multiplikation mit (-1) also eine (gegen den Uhrzeigersinn) Drehung um 180° oder π Radian oberhalb der Nullmarke einer Achse zu betrachten ist.

Kurz, die doppelte Multiplikation von a mit (-1) ist gleichbedeutend mit einer Drehung um 360° oder 2π Radian und bringt uns zu unserer Ausgangsposition rechts von der Nullmarke zurück, dahin also, wo die Vorzeichen positiv sind.

Dieselbe Überlegung läßt uns fragen, was eine Drehung um 90° oder $\frac{\pi}{2}$ Radian bedeutet. Wir wollen sie j nennen. Zweimal ausgeführt, $j^2 = (j \cdot j)$ ist sie gleich einer Drehung um 180° oder π Radian also gleich einer Multiplikation mit (-1). Mit anderen Worten $j^2 = -1$, und j kennzeichnet die *Operation* $\sqrt{-1}$; d. h. $j \equiv i$ der früheren Definition. Fig. 153 zeigt, daß das völlig der Art und Weise entspricht, in der wir das cartesische System markieren.

Erinnern wir uns, daß der *Winkel im Halbkreis ein Rechter* ist. Wir können also einen Kreis mit dem Radius 4 durch die Punkte

$$x = +4, y = 0; x = 0, y = \pm 4; x = -4, y = 0$$

ziehen. Aus Fig. 53 und Dem. 4 wissen wir, daß die Senkrechte p, vom Scheitelpunkt eines rechtwinkligen Dreiecks auf die Hypotenuse gefällt, es in die Segmente a und b teilt, entsprechend

$$p^2 = a \cdot b \text{ und } p = \sqrt{ab}$$

In Fig. 153 sind die Abschnitte $a = +4$ und $b = -4$, so daß

$$ab = (+4) \cdot (-4) = -4^2 \text{ und}$$
$$p = \sqrt{4^2} = \pm 4i$$

Da der Radius des Kreises 4 Längeneinheiten beträgt, sind p, + x, und − x numerisch gleich 4; daher entspricht die durch i gekennzeichnete Operation einer Drehung des positiven Abschnitts der x-Achse um $\frac{\pi}{2}$ Radian und die durch − i gekennzeichnete Operation einer Drehung um $\frac{3\pi}{2}$ Radian.

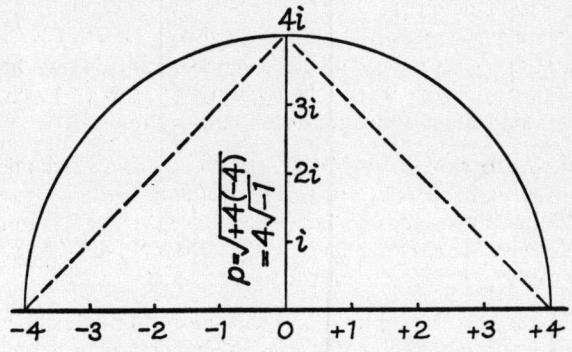

Fig. 153 Cartesische Interpretation von $\sqrt{-1}$

DIE GEOMETRIE DER BEWEGUNG

Krummlinige Koordinaten

Man kann die Position eines Punktes durch Karten darstellen, die von Geographen Projektionen nach Flamsteed oder Mollweide genannt werden, von Mathematikern krummlinige Koordinaten. Die Längenmeridiane auf dem Globus sind nicht parallel wie die Breitenkreise. Sie konvergieren zu den Polen hin. Die Mercator-Projektion, die sie als Parallelen darstellt, verzerrt die Größe von Kontinenten und Ozeanen; z. B. erscheint Grönland, wie alle Länder, die weit nördlich des Äquators liegen, viel größer, als es wirklich ist. Karten der Flamsteedprojektion, bei denen die Meridiane als gekrümmte, zu den Polen hin konvergierende Linien dargestellt sind, berichtigen diese Verzerrung. Eine sehr interessante Anwendung krummliniger Koordinaten in Fig. 154

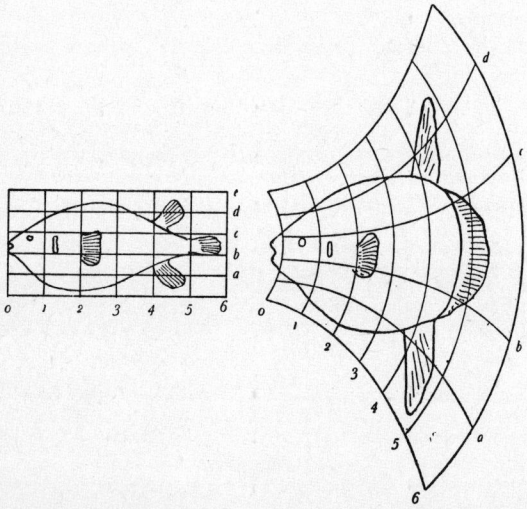

Fig. 154 Links ist ein typischer Vertreter der Gattung Diodon. »Rechts«, sagt Professor D'Arcy Thompson, »habe ich die Vertikalkoordinaten in ein System konzentrischer Kreise und die Horizontalkoordinaten in ein System von Kurven deformiert, welche angenähert einem System von Hyperbeln gleichen. Die ursprüngliche Figur erscheint, nachdem sie getreulich auf das neue Koordinatennetz übertragen worden ist, als eine unverkennbare Darstellung des nahverwandten, aber im Aussehen sehr verschiedenen Sonnenfisches Orthagoriscus.«

DIE GEOMETRIE DER BEWEGUNG 353

und 155 ist dem Buch »Growth and Form« des Professors D'Arcy Thompson entnommen. Ein Schädel oder der Körper einer bestimmten Art, in krummlinige Koordinaten übertragen, sieht genau so aus wie Schädel oder Körper einer anderen Art, im cartesischen Koordinatensystem dargestellt. Vielleicht läßt sich mit dieser Methode ein Schlüssel zu den Wachstumsgesetzen in der Evolution der Arten finden.

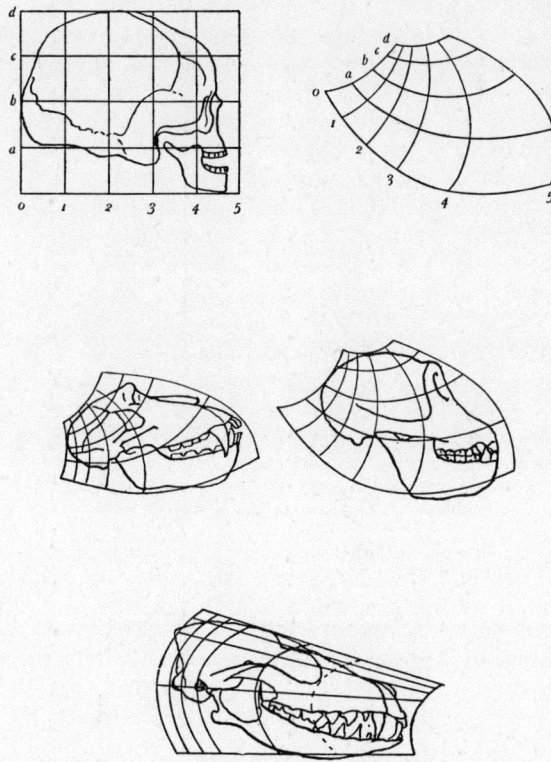

Fig. 155 Schädel eines Menschen in einem Cartesischen Koordinatensystem Koordinatennetz für den Schimpansenschädel als Projektion des obigen Schädel eines Pavians (links) und eines Schimpansen (rechts) Schädel eines Hundes

Aus »*Growth and Form*« von Prof. D'Arcy Thompson

KAPITEL IX

Logarithmen und Reihen

Ein Thema dieses Kapitels war in hohem Maße Ursprung einer neuen Geometrie, die den Ablauf der Zeit einbeziehen kann; ein weiteres entstammt dem Bedürfnis nach schnellen Berechnungen mit theoretischen Konsequenzen, die nicht vorauszusehen waren, als der Schotte Napier und der Schweizer Bürgi unabhängig von einander 1614 und 1620 zum erstenmal die Rechnungsart vorlegten, die sie *Logarithmen* nannten. Beider Erklärungen dazu waren unverständlich. *Briggs* (1624), ein englischer Geometrieprofessor, und Vlacq (1628), ein holländischer Buchhändler, machten ihren Zeitgenossen den Sinn der praktischen Anwendbarkeit erst verständlich.

Zitieren wir in diesem Zusammenhang die 1631 erschienene Ausgabe der »Logarithmall Arithmetike« von Briggs, welcher als erster die heute gebräuchlichen Tafeln zusammenstellte:

»Logarithmen sind Zahlen, die erfunden worden sind, um arithmetische und geometrische Aufgaben leichter rechnen zu können..., mit ihrer Hilfe werden alle langwierigen Multiplikationen und Divisionen vermieden, indem die Addition an die Stelle einer Multiplikation und die Subtraktion an die Stelle einer Division tritt. Die kuriose und mühsame Wurzelziehung wird ebenfalls mit großer Leichtigkeit ausgeführt... Mit einem Wort, alle Fragen, nicht nur in der Arithmetik und Geometrie, sondern auch in der Astronomie, sind dadurch einfacher und leichter zu beantworten...«

Die Möglichkeit, anstatt eines langen Multiplikationsvorganges Zahlen zu addieren, welche Tafeln entnommen werden können, die, wie Napier sagte, »ein für alle Male« zusammengestellt sind, wurde auf zwei zunächst voneinander verschiedene Arten versucht. Die erste Art entstand in Verbindung mit der Anfertigung trigonometrischer Tafeln für den Navigationsgebrauch. Die zweite war eng mit der mühseligen Berechnung von Zinseszinsen bei Investierungen verbunden.

Während der zweiten Hälfte des 16. Jahrhunderts wurde Dänemark ein wichtiges Forschungszentrum für Navigationsprobleme. In Dänemark kamen die epochenmachenden Forschungen des Astronomen Tycho Brahe zustande. Zwei dänische Mathematiker, Wittich (1584) und Clavius (dessen Werk »de Astrolabio«

im Jahre 1593 erschien), schlugen den Gebrauch von trigonometrischen Tafeln zur Abkürzung von Berechnungen vor. Im Kapitel V, finden wir den Ausdruck

$$\sin(A+B) = \sin A \cos B + \sin B \cos A \qquad \text{I}$$

Der entsprechende Ausdruck für den Sinus einer Differenz zweier Winkel kann durch eine ähnliche Konstruktion erhalten werden

$$\sin(A-B) = \sin A \cos B - \sin B \cos A \qquad \text{II}$$

$$\therefore \sin(A+B) + \sin(A-B) = 2 \sin A \cos B$$

oder $\quad \sin A \cos B = \dfrac{1}{2} \cdot \sin(A+B) + \dfrac{1}{2} \cdot (A-B)$

Diese Gleichung ist anwendbar zur Multiplikation zweier Zahlen, z. B.

$$0{,}17365 \cdot 0{,}99027$$

Wir schauen in den Sinus- und Cosinustafeln nach und finden

$$\sin 10° = 0{,}17365$$
$$\cos 8° = 0{,}99027$$

Unsere Formel besagt nun:

$$\sin 10° \cdot \cos 8° = \dfrac{1}{2} (\sin 18° + \sin 2°)$$

Der Tafel entnimmt man:

$$\sin 18° = 0{,}30902$$
$$\sin 2° = 0{,}03490$$
$$\sin 18° + \sin 2° = 0{,}34392$$
$$\dfrac{1}{2} (\sin 18° + \sin 2°) = 0{,}17196$$

Daher erhält man auf fünf Dezimalstellen genau:

$$0{,}17365 \cdot 0{,}99027 = 0{,}17196$$

Daß das Resultat auf fünf Stellen richtig ist, kann sich jeder selbst ausrechnen. Die anhaftende Ungenauigkeit hängt von der Art der verwendeten Tafeln ab. In unserem Falle wurden fünfstellige Tafeln benutzt, und diese garantieren keine absolute Sicherheit über die vierte Stelle hinaus. Um sieben Stellen richtig zu erhalten, müßten wir achtstellige Tafeln benutzen.

Andererseits kann man auch die Cosinusformel benutzen:

$$\cos(A - B) = \cos A \cdot \cos B + \sin A \cdot \sin B$$
$$\cos(A + B) = \cos A \cdot \cos B - \sin A \cdot \sin B$$
$$\therefore \tfrac{1}{2} \cos(A - B) + \tfrac{1}{2} \cos(A + B) = \cos A \cdot \cos B$$

Solche Überlegungen waren Napier wichtig; die von ihm veröffentlichten Tafeln sind tatsächlich Sinus-Logarithmen, die nur für trigonometrische Berechnungen von Bedeutung waren.

Es kommt in der Geschichte der Naturwissenschaften jedoch selten, wenn überhaupt jemals vor, daß eine große Entdeckung einmalig dasteht. Das gemeinschaftliche Interesse der Gesellschaft, auf schnellere Methoden zur Berechnung der Sternpositionen zu sinnen, führte zu schnelleren Berechnungsmöglichkeiten des Reichtums durch Reisen, die ohne astronomische Schätzungen der Schiffspositionen auf See gar nicht hätten angewandt werden können. Zur Entdeckung der Logarithmen kam man bei der Herstellung von Kalkulationstafeln.

Von allgemeinem Interesse ist eine praktische Verwendbarkeit geometrischer Reihen. Ist r der Zinsfuß pro investierter Mark, so wächst eine DM in einem Jahr zu DM $(1 + r)$; z. B. ist r = 5 Prozent ($\tfrac{5}{100}$), so wächst eine DM zu DM 1,05. Am Ende des zweiten Jahres ist jede DM, am Ende des ersten Jahres angelegt, DM 1,05 wert. Die ursprüngliche DM wird am Ende des zweiten Jahres auf DM $1{,}05 \cdot 1{,}05$ oder DM $(1{,}05)^2$ angewachsen sein; am Ende des dritten Jahres wird sie DM $(1{,}05)^3$ sein. Wir können die Wachstumsrate von DM 1,00 folgendermaßen tabellieren:

Am Ende des

0.	1.	2.	3.	4.	Jahres
1	$(1 + r)$	$(1 + r)^2$	$(1 + r)^3$	$(1 + r)^4$	

Die obere Reihe ist eine arithmetische, die untere eine geometrische Reihe. Wünscht man den Zinseszins vierteljährlich zu ermitteln, so braucht man obige Tabelle unter Herbeiziehung der Bruchpotenzen wie folgt zu erweitern:

0	$\tfrac{1}{4}$	$\tfrac{1}{2}$	$\tfrac{3}{4}$	1	$1\tfrac{1}{4}$
1	$(1+r)^{\tfrac{1}{4}}$	$(1+r)^{\tfrac{1}{2}}$	$(1+r)^{\tfrac{3}{4}}$	$(1+r)$	$(1+r)^{\tfrac{5}{4}}$

$1\tfrac{1}{2}$	$1\tfrac{3}{4}$
$(1+r)^{\tfrac{3}{2}}$	$(1+r)^{\tfrac{7}{4}}$

LOGARITHMEN UND REIHEN

Um beispielsweise den Endwert des Kapitals von DM 156 zu berechnen, welches auf $2\frac{3}{4}$ Jahre zu 3% angelegt wurde, hat man lediglich folgende Multiplikation auszuführen:

$$\text{DM } 156 \cdot 1{,}03^{2\frac{3}{4}} = 156 \cdot 1{,}03^{\frac{11}{4}}$$

Stevin, auf den wir schon bei mehr als einer Gelegenheit verwiesen haben, gab solche Rechentafeln für die kaufmännische Arithmetik heraus.

Schon vor seiner Zeit hatte Stifel vier einfache Regeln erkannt, die gelten, wenn man die entsprechenden Glieder einer arithmetischen und einer geometrischen Reihe Seite an Seite anordnet, nämlich:

a) Addition von Gliedern der arithmetischen Reihe entspricht der Multiplikation von Gliedern der geometrischen Reihe.
b) Subtraktion von Gliedern der arithmetischen Reihe entspricht der Division von Gliedern der geometrischen Reihe.
c) Multiplikation eines Gliedes der arithmetischen Reihe mit einer Konstanten entspricht der Potenzierung eines Gliedes in der geometrischen Reihe mit einem gegebenen Exponenten.
d) Division eines Gliedes in der arithmetischen Reihe durch eine Konstante entspricht dem Wurzelziehen eines Gliedes in der geometrischen Reihe.

Hier sei die Bemerkung gestattet, wie jammerschade es ist, daß Luther soviel Zeit mit arithmetischen Kalkulationen verbrachte, um zu beweisen, daß Papst Leo X das Untier der Apokalypse sei, – anstatt die für die Gesellschaft wertvolle Aufgabe anzupacken, Tafeln wie die von Bürgi oder Briggs zusammenzustellen.

Als Joost Bürgli 1620 seine *Tafeln der arithmetischen und geometrischen Progressionen* veröffentlichte, führte er in Wirklichkeit ein Programm durch, das verschiedene Autoren von Handelsarithmetik schon im sechzehnten Jahrhundert angedeutet hatten. Die von Bürgli tabellierte Reihe war $(1{,}0001)^n$, oder, wie wir sagen würden: die Basis seiner Logarithmen war 1,0001. Warum er gerade diese Zahl wählte, werden wir später sehen. Kepler erwähnte Bürglis Tafel als nützliches Mittel für astronomische Berechnungen; dennoch ist sie nicht ursprünglich aus den Erfordernissen der Navigation hervorgegangen wie Napiers Sinus-Logarithmen. Sie brachte nur die Arbeit Stevins um eine Stufe weiter.

Die paarweise Anordnung einer geometrischen und der sie erzeugenden arithmetischen Reihe (d. h. die der natürlichen Zahlen) führt tatsächlich – wie Stifel vorgeschlagen hat – zur Konstruktion einer Logarithmentafel und zu ihrer Anwendung auf einfachstem Wege. Es folgen einige Glieder der geometrischen Reihe 2^x (Fig. 144) und der entsprechenden natürlichen Zahlen:

1	2	3	4	5	6	7
2^1	2^2	2^3	2^4	2^5	2^6	2^7
2	4	8	16	32	64	128

Wir folgen nun Napier und nennen die Zahlen in der oberen oder arithmetischen Reihe *Logarithmen* und die Zahlen in der unteren oder geometrischen Reihe *Antilogarithmen*. Das Prinzip des Archimedes lautet nun: Wenn wir zwei beliebige Zahlen in der untersten Reihe miteinander multiplizieren wollen, so addieren wir die darüberstehenden Zahlen in der obersten Reihe und schauen nach, welche Zahl in der untersten Reihe unter diese Summe zu stehen kommt. Eine Art, diese Regel anzuschreiben, ist folgende:

$$a^m \cdot a^n = a^{m+n}$$
z. B.
$$2^3 \cdot 2^4 = 2^7$$
$$(8 \cdot 16) = 128$$

Der Operator »log«, welcher einer Zahl voranzusetzen ist, besagt: »Man suche in der Tabelle jene Zahl, mit der a potenziert werden muß, um die gegebene Zahl zu erhalten.«

Auch »antilog« wird einer Zahl vorangesetzt und bedeutet: »Man suche in der Tabelle den Wert auf, der sich durch Potenzierung der Basis mit jener Zahl ergibt«. Ist somit

$$p = a^m$$
dann ist $\quad m = \log_a p$
und $\quad p = \text{antilog}_a m$

Wir können nun die Regel für die Multiplikation in einer etwas abweichenden Form schreiben. Sei

$$q = a^n, \text{ also } n = \log_a q$$
Daher ist $\quad p \cdot q = a^{m+n}$; also $m + n = \log_a (p \cdot q)$
oder $\quad p \cdot q = \text{antilog}_a (m + n)$
$$= \text{antilog}_a(\log_a p + \log_a q)$$

Obiges Zahlenbeispiel würde sich mit Hilfe der neuen Symbole folgendermaßen darstellen lassen:

$$8 \cdot 16 = \text{antilog}_2(\log_2 8 + \log_2 16)$$
$$= \text{antilog}_2(3 + 4)$$
$$= \text{antilog}_2 7$$

Der letzte Schritt bedeutet: »Man suche in der unteren Reihe der Antilogarithmen die Zahl, welche der Zahl 7 in der obersten Reihe der Logarithmen entspricht.« Beim Nachschlagen finden wir, daß es die Zahl $128 = 2^7$ ist.

Im Kapitel II haben wir gesehen, daß wir den Abakus zur Basis b in den negativen Bereich ausdehnen können, indem wir Kolonnen folgendermaßen kennzeichnen:

$$b^0 = 1; \quad b^{-1} = \frac{1}{b}; \quad b^{-2} = \frac{1}{b^2}; \quad b^{-3} = \frac{1}{b^3} \text{ usw.}$$

Wir können also die folgenden Logarithmen, die auf der geometrischen Reihe 3^n basieren, so anordnen:

log	-3	-2	-1	0	1	2	3	4
	3^{-3}	3^{-2}	3^{-1}	3^0	3^1	3^2	3^3	3^4
antilog	$0,0\dot{3}\dot{7}$	$0,\dot{1}$	$0,\dot{3}$	1	3	9	27	81

Entwirft man mit Hilfe dieser Zahlenpaare ein Schaubild für $y = 3^x$ oder $y = \text{antilog}_3 x$, so kann man einen y-Wert aufsuchen, der irgendeinem bestimmten Wert von x entspricht, ganz gleich, ob nun x ein Bruch oder eine ganze Zahl ist. Wir finden, daß die Regel des Archimedes auch dann noch gilt, wenn m und n in der Gleichung

$$a^m \cdot a^n = a^{m+n}$$

Brüche sind.

Um die Regel rechnerisch nachzuprüfen, müssen wir irgendeinen Weg finden, der a^m oder a^n zu definieren gestattet, wenn m oder n keine ganzen Zahlen sind. Nimmt man die Gültigkeit der Regel des Archimedes an, dann ist

$$\sqrt[2]{a^1} = \sqrt[2]{a^{\frac{1}{2}+\frac{1}{2}}} = \sqrt[2]{a^{\frac{1}{2}} \cdot a^{\frac{1}{2}}} = a^{\frac{1}{2}}$$

d. h. $\quad a^{\frac{1}{2}} = \sqrt[2]{a}$

Gleicherweise erhält man

$$\sqrt[3]{a^1} = \sqrt[3]{a^{\frac{1}{3}+\frac{1}{3}+\frac{1}{3}}} = \sqrt[3]{a^{\frac{1}{3}} \cdot a^{\frac{1}{3}} \cdot a^{\frac{1}{3}}} = a^{\frac{1}{3}}$$

d. h. $\quad a^{\frac{1}{3}} = \sqrt[3]{a}$

Somit gilt allgemein
$$a^{\frac{1}{n}} = \sqrt[n]{a}$$

Demnach bedeutet $3^{2,5}$
$$3^{2+\frac{1}{2}} = 3^2 \cdot 3^{\frac{1}{2}} = 9\sqrt{3}$$

Gleicherweise ergibt sich
$$2^{\frac{4}{3}} = 2^{1+\frac{1}{3}} = 2^1 \cdot 2^{\frac{1}{3}} = 2\sqrt[3]{2}$$

Eine Größe wie $2^{\frac{4}{3}}$ oder $3^{\frac{5}{2}}$ oder allgemein $a^{\frac{m}{n}}$ kann aber auch anders gedeutet werden, wenn man die Tatsache in Betracht zieht, daß

$$\sqrt[2]{a} \cdot \sqrt[2]{b} = \sqrt[2]{ab}$$

oder

$$\sqrt[3]{a} \cdot \sqrt[3]{b} = \sqrt[3]{ab} \text{ usw. ist.}$$

Man darf dann schreiben:

$$3^{2,5} = 3^{\frac{5}{2}} = 3^2 \cdot \sqrt[2]{3} = \sqrt{3^4} \cdot \sqrt{3} = \sqrt{3^5}$$
$$2^{\frac{4}{3}} = 2\sqrt[3]{2} = \sqrt[3]{2^3} \cdot \sqrt[3]{2} = \sqrt[3]{2^4}$$

Die Regel lautet also
$$a^{\frac{p}{q}} = \sqrt[q]{a^p}$$

Diese beiden Regeln, die wir für Potenzen mit gebrochenen und negativen Exponenten gegeben haben, sind zuerst von Oresmus in einem um 1350 n. Chr. erschienenen Buch »Algorismus Proportionum« aufgestellt worden. Das Menschengeschlecht brauchte tausend Jahre, um die Kluft zwischen der Regel des Archimedes und der nächsten Stufe der Entwicklung, der logarithmischen

Tafel, zu überbrücken. Wir wollen also den Mut nicht verlieren, wenn wir einige Stunden oder Tage brauchen, um uns mit den Potenzen mit gebrochenen oder negativen Exponenten vertraut zu machen.

Wir sind nun imstande, der Logarithmentafel eine beliebige Ausdehnung zu verleihen. So können wir eine Tafel der Logarithmen aufstellen, welche sich auf die geometrische Reihe 2^n stützen und auf drei Dezimalstellen genau sind.

$n = \log_2 N$	$N = $ (antilog$_2$n)	
0	1	1,000
0,5	$\sqrt{2}$	1,414
1,0	2	2,000
1,5	$\sqrt{2^3}$	2,828
2,0	4	4,000
2,5	$\sqrt{2^5}$	5,657
3,0	8	8,000
3,5	$\sqrt{2^7}$	11,314
4,0	16	16,000
usw.	usw.	usw.

Wir können mit dem gleichen Verfahren eine Tabelle der linken Kolonne für die Intervalle anfertigen, z. B. zwischen $0 = \log_2 1$ und $1 = \log_2 2$

$$\text{antilog}_2 (0{,}125) = 2^{\frac{1}{8}} = \sqrt[8]{2}$$

$$\text{antilog}_2 (0{,}25) \ = 2^{\frac{1}{4}} = \sqrt[4]{2}$$

$$\text{antilog}_2 (0{,}375) = 2^{\frac{3}{8}} = \sqrt[8]{2^3} = \sqrt[8]{8}$$

$$\text{antilog}_2 (0{,}5) \ \ = 2^{\frac{1}{2}} = \sqrt{2}$$

$$\text{antilog}_2 (0{,}625) = 2^{\frac{5}{8}} = \sqrt[8]{32}$$

$$\text{antilog}_2 (0{,}75) \ = 2^{\frac{3}{4}} = \sqrt[4]{8}$$

$$\text{antilog}_2 (0{,}875) = 2^{\frac{7}{8}} = \sqrt[8]{128}$$

Wie brauchbar die Tabelle ist, hängt davon ab, wie klein wir das Intervall der Logarithmus-Kolonne machen (oben 0,125).

Besitzen wir eine solche Tafel, so können wir sie zur Multiplikation von Zahlen benutzen. Nehmen wir an, wir wollen 2,828 mit 5,657 multiplizieren. Der Tafel entnehmen wir:

$$\log_2 2{,}828 = 1{,}5 \text{ oder } 2^{1,5} = 2{,}828$$
$$\log_2 5{,}657 = 2{,}5 \text{ oder } 2^{2,5} = 5{,}657$$

Die Regel des Archimedes besagt aber

$$2{,}828 \cdot 5{,}657 = 2^{1,5} \cdot 2^{2,5} = 2^{1,5 + 2,5} = 2^4$$

Somit ist die Zahl, welche wir suchen, die Zahl, deren Logarithmus 4 ist, d. h.

$$\text{antilog}_2 4 = \text{antilog}_2(1{,}5 + 2{,}5)$$
$$= \text{antilog}_2(\log 2{,}828 + \log 5{,}657)$$

Die Tafel zeigt, daß antilog$_2$4 gleich 16 ist. Um die Rechnung nachzuprüfen, multiplizieren wir aus:

```
  2,828·5,67
  ──────────
     14,140
      1,6968
     14140
     19796
  ──────────
  15,997996 = 16 auf vier Dezimalstellen genau.
```

Die Abweichung beträgt 2 in 16 000, ein Fehler von wenig mehr als 1 in 10 000. Natürlich würden wir bei Benutzung einer Tafel, welche die Zahlen auf fünf, sieben, neun oder mehr Dezimalstellen genau angibt, ein besseres Resultat erhalten. Die Regel für das Multiplizieren mit Hilfe von Logarithmen kann kurz so angegeben werden: »Um zwei Zahlen miteinander zu multiplizieren, suche man dieselben in der Kolonne der antilogs auf, addiere die entsprechenden Zahlen in der Kolonne der logs und suche die Zahl in der Kolonne der antilogs, welche dem Resultat entspricht.«

Diese Überlegung illustriert die primitivste Methode zur Herstellung einer Logarithmen- und Antilogarithmentafel, nämlich sukzessives Ziehen von Quadratwurzeln. Die Arbeit, die in den Tafeln von Briggs und Vlacq steckt, ist eines der erstaunlichsten Denkmäler menschlichen Fleißes. Briggs veröffentlichte 1617 seine erste Tafel mit 1000 Posten. In seiner *Arithmetica Logarith-*

mica von 1624 waren es schon 40 000. Dazu hatte er ohne jedes mechanische Hilfsmittel bis vierundfünfzig mal hintereinander Quadratwurzeln zu berechnen, und er brachte Resultate auf 30 Dezimalstellen genau. Vlacqs Tafeln brachten 100 000 Posten, auf zehn Dezimalstellen genau.

Briggs verdanken wir die Wahl der Basis des Logarithmensystems, die mit der unseres Zahlensystems übereinstimmt.

Für praktische Zwecke wird 10 als Basis der Logarithmentafeln gewählt, da 10 die Basis unseres Zahlensystems ist. Diese Tatsache vereinfacht die Berechnung von Logarithmentafeln aus folgenden Gründen. Ist die Basis 10, so sind die Hauptzahlen in den folgenden zwei Reihen enthalten:

log	-2	-1	0	1	2	3	4
antilog	0,01	0,1	1	10	100	1000	10 000

Somit ist $\log_{10} 1 = 0$, $\log_{10} 10 = 1$, und $\log_{10} \sqrt{10} = \log_{10} 10^{\frac{1}{2}} = 0{,}50$. Die Quadratwurzel von 10 (auf drei Dezimalstellen) ist 3,162. Also können wir schreiben

$$\log_{10} 3{,}162 = 0{,}500$$

Nun ist $\quad 31{,}62 = 3{,}162 \cdot 10$

Somit
$$\begin{aligned}\log_{10} 31{,}62 &= \log_{10}(3{,}162 \cdot 10) \\ &= \log_{10} 3{,}162 + \log_{10} 10 \\ &= 0{,}500 + 1 \\ &= 1{,}5\end{aligned}$$

Gleicherweise erhält man

$$\begin{aligned}\log_{10} 316{,}2 &= \log_{10}(3{,}162 \cdot 100) \\ &= \log_{10} 3{,}162 + \log_{10} 100 \\ &= 0{,}500 + 2 = 2{,}5\end{aligned}$$

Ein Verschieben des Kommas in einem Dezimalbruch bleibt ohne Einfluß auf den Teil des zugehörigen Logarithmus, der hinter dem Komma steht; der dem Komma vorangehende Teil kann durch den gesunden Menschenverstand direkt ermittelt werden. Da $10^0 = 1$, und $10^1 = 10$ ist, muß die Zahl links vom Komma im Logarithmus einer Zahl zwischen 1 und 10 stets 0 sein. Da $10^1 = 1$ und $10^2 = 100$ ist, muß für Zahlen zwischen 10 und 100 diese Zahl den Wert 1 haben. Da $10^2 = 100$ und $10^3 = 1000$ ist, beträgt sie 2 für Zahlen zwischen 100 und 1000.

Bisher haben wir den Gebrauch einer Logarithmentafel nur zum Zweck der Multiplikation erklärt. Es bleibt noch, ihre Verwendung für Division und Wurzelziehen zu zeigen. Ist

$$10^n = N, \log_{10} N = n$$

$$10^m = M, \log_{10} M = m$$

$$\therefore \quad \frac{N}{M} = 10^{n-m} \text{ und } \log_{10} \frac{N}{M} = n - m$$

$$\therefore \log_{10} \frac{N}{M} = \log_{10} N - \log_{10} M$$

oder $\quad \dfrac{N}{M} = \text{antilog}_{10} (\log_{10} N - \log_{10} M)$

Angenommen, wir wollen 20 : 5 finden,

$$20 : 5 = \text{antilog}_{10} (\log_{10} 20 - \log_{10} 5)$$

Die Tafel am Ende des Buches zeigt:

$$\log_{10} 20 = 1{,}3010; \ \log_{10} 5 = 0{,}6990$$
$$\therefore \log_{10} 20 - \log_{10} 5 = 0{,}6020$$
$$\text{antilog}_{10} (0{,}6020) = 4$$

Das Ziehen einer Wurzel stützt sich auf die Regel

$$\sqrt[n]{10} = 10^{\frac{1}{n}}$$

Wenn $\quad N = 10^m$ ist,

gilt somit $\quad m = \log_{10} N$

Gleicherweise ergibt sich:

$$\sqrt[n]{N} = N^{\frac{1}{n}}$$

Also $\quad \log_{10} \sqrt[n]{N} = \dfrac{m}{n}$

$$\therefore \log_{10} \sqrt[n]{N} = \frac{1}{n} \log_{10} N$$

Es sei die Kubikwurzel von 8 zu finden. Wir schreiben

$$\sqrt[3]{8} = \text{antilog}_{10} \left(\frac{1}{3} \log_{10} 8\right)$$

Der Tafel entnehmen wir

$$\sqrt[3]{8} = \text{antilog}_{10}\left(\frac{0{,}90}{3}\right)$$
$$= \text{antilog}_{10}\, 0{,}30$$
$$= 2$$

Der Leser kann nun selber die analoge Regel ableiten:

$$N^n = \text{antilog}_{10}(n \cdot \log_{10} N).$$

Man prüfe dies durch Aufsuchen von 2^3 mit Hilfe unserer Tafel.

Wenn man von Logarithmen zur Basis 10 spricht, bezieht man sich auf die Zahl vor dem Komma, z. B. 3 bei 3,6120, als *Charakteristikum*. Wir können natürlich normalerweise bei Multiplikation oder Division die Dezimalstelle genau bestimmen und brauchen das Charakteristikum nicht; es ist aber unerläßlich, wenn wir N^m oder $\sqrt[m]{N}$ ausrechnen wollen. Ist $N < 1$, wird es natürlich negativ sein, z. B. -1 für 0,2, -2 für 0,02, und allgemein $-n$, wenn $n - 1$ Nullen direkt hinter dem Komma stehen.

Nun zeigen Logarithmentafeln nur positive Werte an, z. B.

$$\log_{10} 2 = 0{,}3010, \text{ so daß}$$
$$\log_{10}(0{,}002) = \log_{10}(2 \cdot 0{,}001) = \log_{10}(2 \cdot 10^{-3})$$
$$= \log_{10} 2 + \log_{10} 10^{-3} = +0{,}3010 - 3$$
$$\therefore \log_{10}(0{,}002) = -2{,}6990$$

Angenommen, wir wollen $\sqrt{0{,}002}$ finden:

$$\text{antilog}_{10}\left(\frac{1}{2}\log_{10} 0{,}002\right) = \text{antilog}_{10}(1{,}3495)$$
$$= \text{antilog}_{10}(-2 + 0{,}6505)$$

In unserer vierstelligen Tafel ist

$$\text{antilog}_{10}(0{,}6505) = 4{,}472$$

und das Charakteristikum -2 bedeutet, daß eine Null direkt hinter dem Komma steht, also

$$\sqrt{0{,}002} = 0{,}04472$$

Direkte Multiplikation ergibt

$$(0{,}04472)^2 = 0{,}0019998884;$$

die Abweichung beträgt etwa 1 : 20 000 aufgrund der Vierstelligkeit unserer Tafel.

Reihen zur Herstellung von Tafeln

Die ersten Logarithmentafeln enthielten Ungenauigkeiten, die von Zeit zu Zeit entdeckt und dann verbessert wurden. Die Arbeit, die zu ihrer Aufstellung aufgewendet wurde, war enorm. So ist es nicht überraschend, daß sie die Suche nach ansprechenderen Methoden zur Berechnung der Logarithmen anspornte. Diese Suche gab dem Studium dessen, was die Mathematiker *unendliche Reihen* nennen, einen erneuten Anstoß. Wir haben am Anfang dieses Buches den periodischen Dezimalbruch $0,\dot{1}$ als Beispiel einer Reihe angeführt, welche nie über einen gewissen Wert hinauswächst, wie viele Glieder wir auch hinzufügen. Später waren wir imstande, zu zeigen, daß jede geometrische Reihe, deren Quotient ein echter Bruch ist, das allgemeine Charakteristikum aufweist, auf die dort geschilderte Weise zu konvergieren. Der Erfindung der Logarithmen folgte die Entdeckung einer umfangreichen Familie von Reihen, die sich ähnlich verhalten.

Als Beispiel haben wir die binomische Reihe für gebrochene Exponenten gewählt.

$$(a + b)^n = a^n + na^{n-1} b + \frac{n(n-1)}{2!} a^{n-2} b^2$$
$$+ \frac{n(n-1)(n-2)}{3!} a^{n-3} b^3 + \ldots$$

Ist n eine positive ganze Zahl, dann enthält die Reihe rechts vom Gleichheitszeichen (n + 1) Glieder. Wir haben nun eine vernünftige Deutung von a^n kennengelernt für den Fall, daß n eine nichtpositive ganze Zahl oder ein Bruch ist. Dies führt auf die Frage: Bleibt der binomische Satz noch wahr, wenn wir für n eine negative und zugleich gebrochene Zahl einsetzen? Die Antwort lautet, daß dies oft der Fall ist. Wir kommen zu Reihen, welche wie der periodische Dezimalbruch nie abbrechen. Wenn a und b gewisse Werte annehmen, so konvergieren solche Reihen wie die geometrische Reihe, deren Quotient, abgesehen vom Vorzeichen, kleiner als 1 ist. Um zu zeigen, daß dem so ist, werden wir den binomischen Lehrsatz zur Ermittlung zweier Größen verwenden, die wir schon zur Herstellung der trigonometrischen Tafel benötigt haben. Die eine ist $\sqrt{\frac{3}{4}}$, welche so geschrieben werden kann:

$$\left(1 - \frac{1}{4}\right)^{\frac{1}{2}}$$

Die andere Größe ist $\sqrt{2}$, das so geschrieben werden kann:

$$\sqrt{2} = \left(\frac{1}{2}\right)^{-\frac{1}{2}}$$

$$= \left(1 - \frac{1}{2}\right)^{-\frac{1}{2}}$$

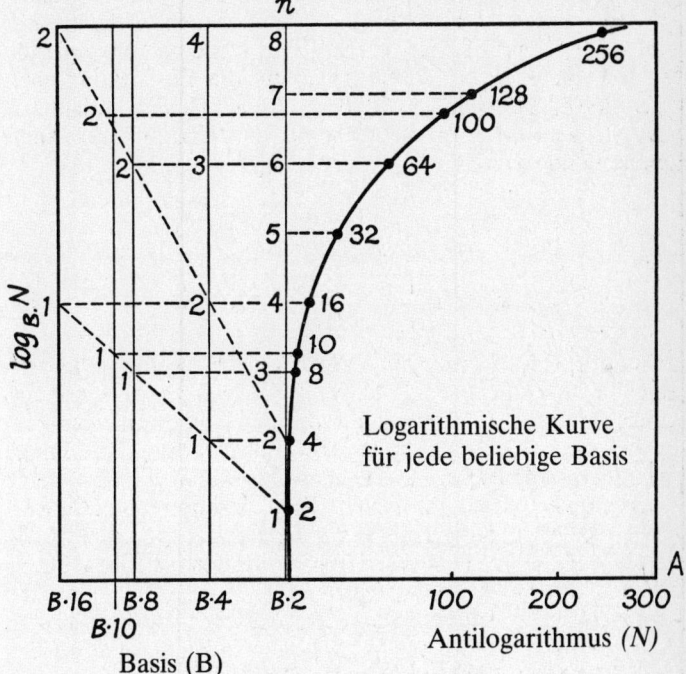

Fig. 156 Die logarithmische Kurve

Sind a und b Basen von 2 Logarithmen einer Zahl N, so ist $\log_b N = \log_b a - \log_a N$. Da $\log_b a$ eine feste Zahlengröße ist, ist der Wechsel von einer Basis zur anderen nur eine Sache der Skala auf der y-Achse, wenn $y \cdot \log_b N$ und $x = N = $ antilog$_b y$.

In beiden Ausdrücken ist a = 1, so daß sich die binomische Reihe auf die Form reduziert:

$$(1-b)^n = 1 + n(-b) + \frac{n(n-1)(-b)^2}{2!}$$

$$+ \frac{n(n-1)(n-2)(-b)^3}{3!} + \ldots$$

$$= 1 - nb + \frac{n(n-1)b^2}{2!} - \frac{n(n-1)(n-2)b^3}{3!} + \ldots$$

Um den binomischen Satz zur Reihendarstellung von $\sqrt{\frac{3}{4}}$ und $\sqrt{2}$ verwenden zu können, müssen wir erst die Werte der Binominalkoeffizienten für $n = \frac{1}{2} (= 0{,}5)$ und $-\frac{1}{2} (= -0{,}5)$ tabellieren.

Wenn $\qquad n = \frac{1}{2}$

dann ist $\quad \dfrac{n(n-1)}{2!} = \dfrac{\frac{1}{2}\left(\frac{1}{2} - 1\right)}{2!}$

$$= -\frac{1}{8}$$

$$= -0{,}125$$

Wenn $\qquad n = -\frac{1}{2}$

dann ist $\quad \dfrac{n(n-1)}{2!} = \dfrac{-\frac{1}{2}\left(-\frac{1}{2} - 1\right)}{2}$

$$= +\frac{3}{8}$$

$$= 0{,}375$$

So erhalten wir

$B_1 = \qquad\qquad n \qquad\qquad\qquad +0{,}5 \qquad\qquad -0{,}5$

LOGARITHMEN UND REIHEN

$B_2 = \dfrac{n(n-1)}{2!}$ $-0{,}125$ $+0{,}375$

$B_3 = \dfrac{n(n-1)(n-2)}{3!}$ $+0{,}0625$ $-0{,}3125$

$B_4 = \dfrac{n(n-1)(n-2)(n-3)}{4!}$ $-0{,}0390625$ $+0{,}2734375$

$B_5 =$ $+0{,}02734375$ $-0{,}24609375$
$B_6 =$ $-0{,}0205078125$ $+0{,}2255859375$
$B_7 =$ $+0{,}01611328125$ $-0{,}20947265625$
$B_8 =$ $-0{,}013092041016$ $+0{,}196380615234$
$B_9 =$ $+0{,}010910034180$ $-0{,}185470581054$
$B_{10} =$ $-0{,}009273529053$ $+0{,}176197052001$
$B_{11} =$ $+0{,}008008956909$ $-0{,}168188095092$
$B_{12} =$ $-0{,}007007837295$ $+0{,}161180257797$

Um $\sqrt{\dfrac{3}{4}}$ zu berechnen, benötigen wir $(1+b)^n$, wobei $b = -\dfrac{1}{4}$ und $n = \dfrac{1}{2}$ ist. So wird die binomische Reihe zu

$$1 - 0{,}5 \cdot \frac{1}{4} - 0{,}125 \cdot \frac{1}{16} - 0{,}0625 \cdot \frac{1}{64} - 0{,}0390625 \cdot \frac{1}{256}$$
$$- 0{,}02734375 \cdot \frac{1}{1024} \cdots$$

Nehmen wir die zwei ersten Glieder dieser Reihe, dann erhalten wir

$$1 - \frac{1}{8} = 0{,}875$$

Wir können nun die Werte tabellieren, die wir durch Summierung einiger Glieder erhalten.

Gliederzahl	Summe
1	1
2	0,875
3	0,8671875
4	0,8662109375
5	0,866058349609375
6	0,866031646728515625
7	0,8660266399383544922

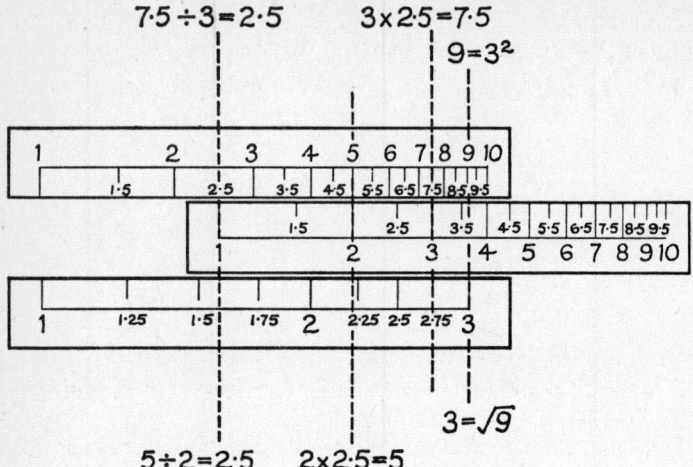

Fig. 157 Der Rechenschieber

Auf diesem leicht anzufertigenden Rechenschieber ist die Anordnung der Skala des beweglichen Mittelstücks identisch der des oberen Teiles. Wir wissen, daß log (a · b) = log a + log b und log (a:b) = log a − log b. Setzen wir also die Marke 1 des mittleren auf Marke N des oberen Teiles, so können wir N mal x oben ablesen, oder umgekehrt N:x, wenn das obere x auf Marke 1 unten gesetzt ist. Da log a² = 2·log a und log √a = ½ log a, läßt sich auch N² und √N ablesen.

Wie viele Glieder wir auch ins Auge fassen, nie wird die Summe dieser Reihe kleiner als 0,866025, welches der auf sechs Dezimalstellen genaue Wert von $\sqrt{\frac{3}{4}}$ ist. Wir brauchen nur die ersten sieben Glieder dieser Reihe zu summieren, um eine fünfstellige Tafel der Sinus- oder Cosinuswerte herzustellen (siehe Kapitel III und Kapitel V).

Die Reihe für $\sqrt{2}$ konvergiert nicht so rasch. Erinnern wir uns daran, daß 1,414 der vierstellige Wert von $\sqrt{2}$ ist. Die binomische Reihe erhält man, indem man im folgenden Ausdruck b = $-\frac{1}{2}$ und n = $-\frac{1}{2}$ setzt:

$$(1 + b)^n = 1 + (-0,5)\left(-\frac{1}{2}\right) + 0,375\left(-\frac{1}{2}\right)^2$$
$$+ (-0,3125)\left(-\frac{1}{2}\right)^3 + \ldots$$

LOGARITHMEN UND REIHEN

Wenn wir, wie im vorigen Beispiel die Summe der ersten Glieder auf vier Ziffern genau tabellieren, erhalten wir

Gliederzahl	Summe
1	1
2	1,250
3	1,344
4	1,383
5	1,400
6	1,408
7	1,411
8	1,413
9	1,414

Die Summe dieser Reihe wird nie den Wert 1,4143 erreichen, wie viele Glieder wir auch hinzufügen.

Im Sinne einer zusätzlichen Kontrolle der Anwendbarkeit der binomischen Reihe mag das folgende Beispiel betrachtet werden, dessen Ergebnis wir später zur Reihendarstellung von π verwenden. Wir können den Ausdruck

$$(1 + x)^{-1}$$

in der Form schreiben $\quad \dfrac{1}{(1 + x)}$

Durch direkte Division erhalten wir

$$1 : (1 + x) = 1 - x + x^2 - x^3 + x^4 - x^5 + \ldots$$

$$\begin{array}{l}
\underline{1 + x} \\
\quad - x \\
\quad \underline{- x - x^2} \\
\qquad x^2 \\
\qquad \underline{x^2 + x^3} \\
\qquad\quad - x^3 \\
\qquad\quad \underline{- x^3 - x^4} \\
\qquad\qquad x^4 \\
\qquad\qquad \underline{x^4 + x^5} \\
\qquad\qquad\quad - x^5 \ldots
\end{array}$$

LOGARITHMEN UND REIHEN

Unter Verwendung der binomischen Reihe erhalten wir andererseits

$$(1 + x)^{-1} = 1 + (-1)x + \frac{(-1)(-1-1)x^2}{2}$$

$$+ \frac{(-1)(-1-1)(-1-2)x^3}{3 \cdot 2}$$

$$+ \frac{(-1)(-1-1)(-1-2)(-1-3)x^4}{4 \cdot 3 \cdot 2}$$

$$= 1 - x + x^2 - x^3 + x^4 + \ldots$$

Das Resultat ist daher das gleiche wie dasjenige, welches wir durch direkte Division bekommen.

Wir fragen uns natürlich, wie wir erkennen können, wann eine solche Reihe konvergent ist. Die ersten Mathematiker, welche Reihen von unbegrenzter Länge benutzten, zerbrachen sich nicht sehr den Kopf, ein befriedigendes Mittel zu finden, das ihnen erlaubte, zu entscheiden, wann eine nichtabbrechende Reihe konvergiert und wann nicht. Sie waren zufrieden, sie verwenden zu können, da sie brauchbare Resultate lieferte. Es ist sehr erheiternd, sich die wunderlichen Fehler in Erinnerung zu rufen, die sich einige der vorzüglichsten Mathematiker des siebzehnten Jahrhunderts leisteten, bevor Konvergenzkriterien entdeckt wurden. Leibniz, von dessen Bedeutung für die Mathematik wir später noch zu reden haben, mühte sich ab mit der vorhergenannten Gleichung (für $x = 1$): $1 - 1 + 1 - 1 + \ldots$ Dies ist die geometrische Reihe $(-1)^n$, in der n nacheinander die Werte $0, 1, 2, 3$ usw. annimmt. Die Summe der ersten n Glieder wäre

Gliederzahl	Summe
1	1
2	0
3	1
4	0
5	1
6	0
7	1
usw.	usw.

Diese Reihe konvergiert nicht. Leibniz meinte, der Wert dieser Summe sei $\frac{1}{2}$, da ja $2^{-1} = 0,5$. In Wirklichkeit hat sie aber keinen

LOGARITHMEN UND REIHEN

Grenzwert. Deshalb kann $(1 + 1)^{-1}$ nicht auf diese Art dargestellt werden. Erst im neunzehnten Jahrhundert ist es gelungen, befriedigende Kriterien zu finden, mit deren Hilfe festgestellt werden kann, ob sich eine Reihe von unbeschränkter Länge einem Grenzwert nähert, wie beispielsweise die Reihe

$$0{,}1 + 0{,}01 + 0{,}001 + 0{,}0001 + \ldots$$

dem Grenzwert $\frac{1}{9}$ zustrebt.

Das einfachste Mittel, das uns helfen kann, zu erkennen, ob eine unendliche Reihe konvergiert, besteht im Vergleich mit einer der obenerwähnten Reihen, von denen wir wissen, daß sie konvergieren. Es zeigt z. B., daß die binomische Reihe

$$(1 + b)^n = 1 + nb + \frac{n(n-1)b^2}{2!} + \frac{n(n-1)(n-2)b^3}{3!} + \ldots$$

konvergent ist, solange $(1 + b)$ zwischen -1 und $+1$ liegt.

Die Anwendung dieses Kriteriums möge an der Reihe

$$1 + x + \frac{x^2}{2!} + \frac{x^3}{3!} + \frac{x^4}{4!} + \ldots$$

dargelegt werden. Der Grund, warum diese Reihe konvergiert, liegt im Faktor r! im Nenner des $(r + 1)$-ten Gliedes, das wir t_r nennen wollen. Nun ist

$$t_{r+1} = x^{r+1} : (r+1)! = t_r \cdot \left\{ x : (r+1) \right\}$$

und einmal kommt der Augenblick, da r größer als 10x ist, wie groß auch x gewählt wird. Wir wissen bereits, daß jede Reihe, in welcher jedes Glied genau ein Zehntel des vorhergehenden beträgt, einen periodischen Dezimalbruch liefert, wie z. B.: $0{,}\dot{1}$ (= $0{,}1 + 0{,}01 + 0{,}001 + \ldots = \frac{1}{9}$) oder $0{,}\dot{7}$ (= $0{,}7 + 0{,}07 + 0{,}007 + \ldots = \frac{7}{9}$). Kann eine Reihe, in der jedes Glied genau ein Zehntel des vorangehenden beträgt, nicht über einen gewissen Wert hinauswachsen, so erst recht nicht eine Reihe, in welcher jedes Glied weniger als ein Zehntel des vorangehenden beträgt. Deshalb ist eine Reihe immer konvergent, wenn m_r kleiner als x^r ist (beliebiges, aber festes x) und sie zur Familie

$$1 + m_1 + \frac{m_2}{2!} + \frac{m_3}{3!} + \frac{m_4}{4!} \ldots \text{gehört.}$$

Ist der Zähler ein sehr kleiner Bruch, so genügen schon wenige Glieder, um ein ziemlich genaues Resultat zu erhalten. Wollen wir beispielsweise die fünfte Potenz von 1,0001, der Basis von Bürgis Tafel, berechnen, so können wir setzen

$$1{,}0001^5 = (1 + 0{,}0001)^5$$

$$= 1 + 5 \cdot 0{,}0001 + \frac{5 \cdot 4}{2 \cdot 1} \cdot 0{,}0001^2$$

$$+ \frac{5 \cdot 4 \cdot 3}{3 \cdot 2 \cdot 1} \cdot (0{,}0001)^3 + \ldots$$

Diese Reihe gehört zu der erwähnten Familie, da $m_6 = m_7 = \ldots = 0$ ist.

Die Summe der ersten zwei Glieder beträgt 1,0005, die Summe der ersten drei Glieder 1,0005001 und die der ersten vier Glieder 0,1000500010001. Jedes Reihenglied ist immer kleiner als ein Tausendstel des vorangehenden Gliedes. So ist das Ergebnis auf 10 Dezimalstellen genau, wenn wir nur die ersten drei Glieder summieren.

Eine Reihe aus dieser Familie ist besonders wichtig in der modernen Mathematik. Sie führt uns auf das Fürwort e, welches die Basis der sogenannten natürlichen Logarithmen ist. Die besten modernen Logarithmentafeln weisen eine Genauigkeit von mehr als zwanzig Dezimalstellen auf. Um eine derartige Genauigkeit nach den Methoden von Briggs zu erreichen, müßte eine fast übermenschliche Arbeit aufgewendet werden. Diese Arbeit wird enorm vereinfacht, wenn wir zuerst die »natürlichen« Logarithmen zur Basis e berechnen und dann mit Hilfe der Gleichung

$$\log_{10} a = \frac{\log_e a}{\log_e 10} \text{ finden.}$$

Die Reihe, die auf e führt, heißt die Exponentialreihe. Die Exponentialreihe lautet

$$1 + x + \frac{x_2}{2!} + \frac{x_3}{3!} + \frac{x_4}{4!} + \frac{x_5}{5!} + \ldots$$

Für $x = 1$ hat die Summe den Wert e, d. h.

$$e = 1 + 1 + \frac{1}{2!} + \frac{1}{3!} + \frac{1}{4!} + \frac{1}{5!} + \ldots$$

Vom zehnten Glied an ist jedes folgende Glied kleiner als ein Zehntel des vorhergehenden. Addiert man es zu der Summe der vorhergehenden Glieder, so fügt sich der letzten genauen Dezimalstelle eine neue genaue Ziffer an. Wie viele Glieder wir aber auch summieren, nie wächst die Summe über den auf zehn Stellen genauen Wert 2,7182818285 hinaus. Schon durch Addition der ersten neun Glieder erhalten wir ein auf 5 Dezimalstellen genaues Resultat. Wie π kann e nicht durch eine einzelne »Zahl« ausgedrückt werden. Auf vielen Wegen können wir die nützlichen Eigenschaften dieser Reihe herleiten. Ein Weg geht vom binomischen Satz aus. Wir werden ihm mit Hilfe des Experimentes näherkommen. Der Grund, warum diese Reihe von so großem Nutzen ist, liegt darin, daß die Größe e nach einer einfachen Regel in jede beliebige Potenz erhoben werden kann.

Die Regel heißt $e^x = 1 + x + \dfrac{x^2}{2!} + \dfrac{x^3}{3!} + \dfrac{x^4}{4!} + \ldots$

Zum Beispiel ist $e^{\frac{1}{5}} = 2,71828^{\frac{1}{5}}$

$$= 1 + \frac{1}{5} + \frac{1}{25} \cdot \frac{1}{2!} + \frac{1}{125} \cdot \frac{1}{3!} + \frac{1}{625} \cdot \frac{1}{4!} + \ldots$$

Der Leser wird selber sehen können, wie rasch diese Reihe konvergiert, wenn er die ersten n Glieder summiert, wobei n die Werte 1, 2, 3, 4, 5 annimmt, nämlich 1; 1,2; 1,22; 1,2213; 1,22139. Die Addition eines weiteren Gliedes verändert nie die vom vorhergehenden Gliede herrührende Dezimalstelle. So brauchen wir nur die ersten 6 Glieder der Exponentialreihe zu summieren, um die fünfte Wurzel aus 2,71828... auf sechs Dezimalstellen genau zu berechnen. Die Benutzung der Exponentialreihe bedeutet eine gewaltige Arbeitsersparnis. Später werden wir eine Reihe kennenlernen, welche den Arbeitsaufwand in noch größerem Maße vermindert. Man nennt diese die logarithmische Reihe. Wir werden sie zur Aufstellung einer konvergenten Reihe für π verwenden.

Zur Exponentialreihe kommt man durch die binomischen Reihen, wie

$$(1 + x)^2 = 1 + 2x + x^2$$
$$(1 + x)^3 = 1 + 3x + 3x^2 + x^3$$
$$(1 + x)^4 = 1 + 4x + 6x^2 + 4x^3 + x^4$$

Ist x in derartigen Ausdrücken sehr klein, dann werden x^2, x^3 usw. immer viel kleiner sein als x, und zwar nimmt ihr Wert um so mehr ab, je größer der Exponent ist; beispielsweise

$$x = \frac{1}{100} \qquad\qquad x^2 = \frac{1}{10000} = (0{,}0001)$$
$$x^3 = 0{,}000001 \qquad\qquad x^4 = 0{,}00000001 \text{ usw.}$$

Wir erhalten daher bei sehr kleinem x einen guten ersten Näherungswert, wenn wir schreiben

$$(1 + x)^2 = 1 + 2x$$
$$(1 + x)^3 = 1 + 3x$$
$$(1 + x)^4 = 1 + 4x$$

Wie genau das Resultat ist, hängt von den Größen x und n in der *Näherungsformel*

$$(1 + x)^n = 1 + nx$$

ab. Wenn zum Beispiel x = 0,1 ist, dann wird $(1 + x)^2 = (1{,}1)^2 = 1{,}21$, und der erste Näherungswert $1 + 2x$ ergibt 1,2; der Fehler beträgt weniger als ein Prozent. Es wird gut sein, die folgenden Resultate für $(1 + x)^n$ nachzurechnen:

x	n	$(1 + x)^n$	$1 + nx$	Prozentualer Fehler
0,1	2	1,21	1,2	0,8
0,1	3	1,331	1,3	2,3
0,1	4	1,4641	1,4	4,4
0,01	2	1,0201	1,02	0,01
0,01	3	1,030301	1,03	0,03
0,01	4	1,04060401	1,04	0,06

Daraus ersieht man, daß für dasselbe x der prozentuale Fehler, welcher durch die Anwendung der Näherungsformel entsteht, für höhere Potenzen immer größer ist als für niedrigere Potenzen. So ist der Fehler, der sich bei der Berechnung von $(1 + x)^4$ ergibt, nahezu sechsmal so groß wie der Fehler bei der Berechnung von $(1 + x)^2$, wenn x = 0,1 ist. Machen wir hingegen x zehnmal kleiner (0,01), so wird der Fehler der Formel $1 + nx$ für $(1 + x)^4$ kleiner als ein Zehntel des Fehlers, der sich durch Anwendung dieser Formel für $(1 + x)^2$ ergibt, wenn x im letzteren Ausdruck den Wert, 0,1 hat.

Verwenden wir $1 + nx$ als einen ersten Näherungswert für $(1 + x)^n$, so vernachlässigen wir jede Potenz von x, die nicht schon in der Klammer vorkommt, denn ihre Größe ist völlig unbedeutend. Machen wir nun dasselbe mit

$$\left(1 + x + \frac{x^2}{2!}\right)^n$$

Für n = 2 erhalten wir

$$\left(1 + x + \frac{x^2}{2!}\right)^2 = 1 + x + \frac{x^2}{2!}$$
$$+ x + x^2 + \left[\frac{x^3}{2!}\right]$$
$$+ \frac{x^2}{2!} + \left[\frac{x^3}{2!} + \frac{x^4}{4!}\right]$$

Streichen wir alle Glieder, die sich aus Potenzen aufbauen, welche nicht im ursprünglichen Ausdruck vorkommen, so ergibt sich

$$1 + 2x + x^2\left(\frac{1}{2} + 1 + \frac{1}{2}\right) = 1 + 2x + 2x^2$$
$$= 1 + 2x + \frac{(2x)^2}{2!}$$

Dasselbe mache man mit

$$\left(1 + x + \frac{x^2}{2!}\right)^3$$

Man wird nach Streichung aller Potenzen von x, die höher als x^2 sind, finden, daß dieser Ausdruck vereinfacht werden kann zu

$$1 + 3x + \frac{(3x)^2}{2!}$$

Ebenso findet man für

$$\left(1 + x + \frac{x^2}{2!}\right)^4$$

die Näherungsformel

$$1 + 4x + \frac{(4x)^2}{2!}$$

Wenn wir also allgemein alle Potenzen streichen, welche höher als die in der Klammer enthaltenen sind, finden wir eine zweite Näherungsformel:

$$\left(1 + x + \frac{x^2}{2!}\right)^n = 1 + nx + \frac{(nx)^2}{2!}$$

Diese Näherungsformel weist eine viel größere Genauigkeit auf als die Näherungsformel

$$(1 + x)^n = 1 + nx$$

Dies wird man auch durch Ausmultiplizieren herausfinden, wenn wir x den Wert 0,1 geben. Wir haben dann

$$\left\{1 + 0{,}1 + \frac{(0{,}1)^2}{2!}\right\}^2 = (1{,}105)^2 = 1{,}221025$$

Setzen wir x in die Näherungsformel ein, so erhalten wir

$$1 + 2x + \frac{(2x)^2}{2!} = 1{,}22$$

Das Ergebnis ist um weniger als 0,1 Prozent zu klein. Wir können eine Anzahl numerischer Werte, die uns diese Näherungsformel liefert, in ähnlicher Weise wie vorhin tabellieren:

x	n	$\left(1 + x + \frac{x^2}{2!}\right)^n$	$1 + nx + \frac{(nx)^2}{2!}$	Prozentualer Fehler
0,1	2	1,221025	1,22	0,1
0,1	3	1,349232625	1,345	0,3
0,1	4	1,49090205	1,48	0,7
0,01	2	1,0202010025	1,0202	0,0001
0,01	3	1,0304540226	1,03045	0,0004
0,01	4	1,0408100855	1,0408	0,001

Dies ermutigt uns, nach einer weiteren und besseren Approximation derselben Art zu suchen, die uns erlaubt, eine Zahl in jede gewünschte Potenz zu erheben. Wenn man ausmultipliziert, wird man finden:

$$\left(1 + x + \frac{x^2}{2!} + \frac{x^3}{3!}\right)^2 = 1 + x + \frac{x^2}{2!} + \frac{x^3}{3!}$$

$$+ x + x^2 + \frac{x^3}{2!} + \left[\frac{x^4}{3!}\right]$$

$$+ \frac{x^2}{2!} + \frac{x^3}{2!} + \left[\frac{x^4}{2!2!} + \frac{x^5}{2!3!}\right]$$

$$+ \frac{x^3}{3!} + \left[\frac{x^4}{3!} + \frac{x^5}{3!2!} + \frac{x^6}{3!3!}\right]$$

Streichen wir alle Potenzen, die höher als x^3 sind, so erhalten wir

$$1 + 2x + 2x^2 + \frac{8x^3}{3!} = 1 + 2x + \frac{(2x)^2}{2!} + \frac{(2x)^3}{3!}$$

LOGARITHMEN UND REIHEN

Ebenso wird man für kleine x-Werte die Näherungsresultate finden

$$\left(1 + x + \frac{x^2}{2!} + \frac{x^3}{3!}\right)^3 = 1 + 3x + \frac{(3x)^2}{2!} + \frac{(3x)^3}{3!}$$

$$\left(1 + x + \frac{x^2}{2!} + \frac{x^3}{3!}\right)^4 = 1 + 4x + \frac{(4x)^2}{2!} + \frac{(4x)^3}{3!}$$

oder allgemeiner

$$\left(1 + x + \frac{x^2}{2!} + \frac{x^3}{3!}\right)^n = 1 + nx + \frac{(nx)^2}{2!} + \frac{(nx)^3}{3!}$$

Tabellieren wir wie vorhin die numerischen Werte, die sich durch Anwendung dieser Formel ergeben, so erhalten wir folgende Ergebnisse:

x	n	$\left(1 + x + \frac{x^2}{2!} + \frac{x^3}{3!}\right)^n$	$1 + nx + \frac{(nx)^2}{2!} + \frac{(nx)^3}{3!}$	Prozentualer Fehler
0,1	2	1,22139336	1,2213̇	0,005
0,1	3	1,34984323	1,3495	0,025
0,1	4	1,49180174	1,4906̇	0,076
0,01	2	1,0202013392	1,0202013̇	0,0000006
0,01	3	1,0304545327	1,0304545	0,000003
0,01	4	1,0408107725	1,0408106̇	0,00001

Der Leser wird nun selbst zeigen können, daß für x kleiner als 1 die folgende Näherungsformel gilt, wenn alle Glieder höheren Grades als x^4 vernachlässigt werden:

$$\left(1 + x + \frac{x^2}{2!} + \frac{x^3}{3!} + \frac{x^4}{4!}\right)^n = 1 + nx + \frac{(nx)^2}{2!} + \frac{(nx)^3}{3!} + \frac{(nx)^4}{4!}$$

Tabellieren wir die Werte, die wir aus dieser Näherungsformel gewinnen, so finden wir:

x	n	$\left(1 + x + \frac{x^2}{2!} + \frac{x^3}{3!} + \frac{x^4}{4!}\right)^n$	$1 + nx + \frac{(nx)^2}{2!} + \frac{(nx)^3}{3!} + \frac{(nx)^4}{4!}$	Prozentualer Fehler
0,1	2	1,22140257	1,2214	0,0002
0,1	3	1,34985850	1,3498375	0,0015
0,1	4	1,49182424	1,49173̇	0,006
0,01	2	1,020201340025	1,02020134	0,0000000025
0,01	3	1,030454533951	1,03045453375	0,00000002
0,01	4	1,040810774189	1,040810773̇	0,00000009

Auf diese Weise sieht man, daß wir jedesmal, wenn wir zur linken Seite ein neues Glied $\frac{x}{r!}$ und zur rechten Seite $\frac{(nx)^r}{r!}$ addieren, im Ausdruck

$$\left(1 + x + \frac{x^2}{2!} + \frac{x^3}{3!} + \frac{x^4}{4!} + \ldots\right)^n = 1 + nx$$
$$+ \frac{(nx)^2}{2!} + \frac{(nx)^3}{3!} + \frac{(nx)^4}{4!} + \ldots$$

eine immer bessere Übereinstimmung erhalten.

So würde man nicht überrascht sein, zu finden, daß wir durch Addition einer genügend großen Anzahl Glieder dieser Form immer noch gute Resultate erhalten, wie nahe an 1 wir auch x herankommen lassen. Hat x den Wert 1 in der unendlichen Exponentialreihe

$$1 + x + \frac{x^2}{2!} + \frac{x^3}{3!} + \ldots,$$

so nimmt die Reihe die Form an

$$1 + 1 + \frac{1}{2!} + \frac{1}{3!} + \frac{1}{4!} \ldots$$

Diese Reihe kann, wie wir schon wissen, nicht über einen gewissen Grenzwert hinauswachsen, der auf sechs Ziffern genau 2,71828 beträgt. Wenn also das Ergebnis immer noch für x = 1 stimmt, so gilt:

$$(2{,}71828\ldots)^n = 1 + n + \frac{n^2}{2!} + \frac{n^3}{3!} + \frac{n^4}{4!} \ldots$$

Daß durch Addition von genügend Dezimalstellen links und neuen Gliedern $\frac{n}{r!}$ rechts die Übereinstimmung so vollkommen werden kann, wie wir es wünschen, mag auf folgende Weise erklärt werden. Nehmen wir nur zwei Glieder, d. h.

$$(1 + x) = (1 + 1) = 2$$

Dann wird
$$(1 + x)^2 = 2^2 = 4$$
$$(1 + 2x) = 3$$

Der Unterschied zwischen $(1 + x)^2$ und $(1 + 2x)$ beträgt 25 Prozent. Gehen wir auf diese Art vor, so können wir die folgende Tabelle aufstellen:

LOGARITHMEN UND REIHEN

Genauer Wert von	Insgesamt	Näherungswert	Insgesamt	Prozentualer Fehler
$(1+1)^2$	4	$1+2$	3	25
$\left(1+1+\dfrac{1}{2!}\right)^2$	6,25	$1+2+\dfrac{2^2}{2!}$	5	20
$\left(1+1+\dfrac{1}{2!}+\dfrac{1}{3!}\right)^2$	7,$\dot{1}$	$1+2+\dfrac{2^2}{2!}+\dfrac{2^3}{3!}$	6,$\dot{3}$	11
$\left(1+1+\dfrac{1}{2!}+\dfrac{1}{3!}+\dfrac{1}{4!}\right)^2$	7,33507	$1+2+\dfrac{2^2}{2!}+\dfrac{2^3}{3!}+\dfrac{2^4}{4!}$	7	4,6
$\left(1+1+\dfrac{1}{2!}+\dfrac{1}{3!}+\dfrac{1}{4!}+\dfrac{1}{5!}\right)^2$	7,38028	$1+2+\dfrac{2^2}{2!}+\dfrac{2^3}{3!}+\dfrac{2^4}{4!}+\dfrac{2^5}{5!}$	7,2$\dot{6}$	1,5

Falls nun
$$e = 1 + 1 + \frac{1}{2!} + \frac{1}{3!} + \frac{1}{4!} + \frac{1}{5!} + \ldots \text{ ist,}$$
folgern wir daraus, daß
$$e^x = 1 + x + \frac{x^2}{2!} + \frac{x^3}{3!} + \frac{x^4}{4!} + \frac{x^5}{5!} + \ldots \text{ ist.}$$

Wir können das Resultat für einen gebrochenen Exponenten prüfen, indem wir $x = \frac{1}{2}$ setzen und die Summe der ersten sechs Glieder der Exponentialreihe bilden:

$e^{\frac{1}{2}} = \sqrt{2{,}71828\ldots} = 1{,}649$ (auf drei Dezimalstellen genau)

$$1 + \frac{1}{2} + \frac{1}{2^2 \cdot 2!} + \frac{1}{2^3 \cdot 3!} + \frac{1}{2^4 \cdot 4!} + \frac{1}{2^5 \cdot 5!} + \ldots$$
$$= 1 + 0{,}5 + 0{,}125 + 0{,}02083 + 0{,}00260 + 0{,}00026 + \ldots$$
$$= 1{,}649 \text{ (auf drei Dezimalstellen genau).}$$

Nun prüfen wir das Ergebnis für einen negativen Exponenten. Wir setzen $x = -1$ und bilden die Summe der ersten 8 Glieder der Exponentialreihe:

$$e^{-1} = \frac{1}{2{,}71828\ldots} = 0{,}368$$
(auf drei Dezimalstellen genau)

$$1 - 1 + \frac{1}{2!} - \frac{1}{3!} + \frac{1}{4!} - + \ldots = \left(1 - 1\right) + \frac{1}{2}\left(1 - \frac{1}{3}\right)$$
$$+ \frac{1}{24}\left(1 - \frac{1}{5}\right) + \ldots$$
$$= 0 + \frac{1}{3} + \frac{1}{30} + \frac{1}{840} + \ldots$$
$$= 0{,}368$$
(auf drei Dezimalstellen genau)

Um nach den ursprünglichen Methoden die Logarithmen zu einer beliebigen, von e verschiedenen Basis zu berechnen, müssen wir zuerst genügend Quadrat- und Kubikwurzeln ziehen, um eine Tafel der Antilogarithmen aufzustellen. Wollen wir die achte Wurzel aus zehn berechnen, so müssen wir dreimal nacheinander die Quadratwurzel ziehen. Um die sechste Wurzel zu erhalten, müssen wir aus der Quadratwurzel die Kubikwurzel ziehen oder umgekehrt. Es gibt kein Verfahren zum Ziehen einer Wurzel mit ungeradem Exponenten, außer für die Kubikwurzel. Wir können aber jede beliebige Wurzel von e berechnen, indem wir für x einen Bruch einsetzen; dabei sind die höheren Wurzeln leichter zu berechnen als die niederen, weil ihre Reihen schneller konvergieren. Man kann dies aus dem Beispiel $\sqrt[5]{e}$ oder $e^{\frac{1}{5}}$ ersehen, wie schon dargelegt wurde. Die ersten Logarithmen zur Basis e wurden im Jahre 1616 von Speidell veröffentlicht. Die Leichtigkeit, mit der wir jede beliebige Wurzel von e berechnen, ist eine der vielen interessanten Eigenschaften dieser außergewöhnlichen Zahl. Zum Beispiel ist sie auch eng mit einer unendlichen Reihe für π verknüpft. Sie bietet uns auch ein Hilfsmittel zur Berechnung der Sinus- und Cosinuswerte eines Winkels und erleichtert so die Zusammenstellung von Tafeln der Winkelfunktionen für den Gebrauch in der Astronomie, bei der Vermessung und bei der Schiffahrt.

Der Gebrauch der imaginären Zahlen

Die interessanteste und auf den ersten Blick überraschendste Eigenschaft des mathematischen Fürwortes e ist die, daß es in engem Zusammenhang mit den Größen steht, welchen wir in der Trigonometrie begegnen. Um die Logarithmen der Sinuswerte von Winkeln zu tabellieren, suchte Napier herauszufinden, wie stark sich die Länge der Halbsehne (siehe Fig. 128) ändert, wenn sie sich längs des Durchmessers eines Kreises in Schritten bewegt, die gleichen Teilen des Kreisumfanges entsprechen. In einem Kreis vom Radius 1 ist die Halbsehne gleich dem Sinus des Winkels, zu welchem der jeweilige Bogen gehört. Das praktische Problem bestand darin, mit der Länge der Halbsehne Größen zu verbinden, deren Addition einer Multiplikation von Sinuswerten entspricht. In der Sprache der heutigen Mathematik bedeutete dies die Berechnung der Logarithmen der Sinuswerte zur Basis e^{-1} (= 0,368). Napier waren die Reihen, welche wir soeben behandelt haben, unbekannt, und der Grund, warum e in Beziehung zu dem Verhalten des Sinus steht, wurde erst klar, als Moivre die erste wichtige Anwendung der imaginären Einheit i entdeckte.

Unter den nach England emigrierten Hugenotten, die sich dort niedergelassen hatten, befanden sich auch die Eltern de Moivres.

De Moivre entdeckte ein neues Feld der Mathematik, indem er mit dem mathematischen Gerundium i oder $\sqrt{-1}$ wie Diophant mit dem mathematischen Gerundium »$-a$« arbeitete. Was wir »den Satz von Moivre« nennen, das leitete ein neues Kapitel in der modernen Algebra ein, wie es die »Vorzeichenregeln« in der antiken Algebra getan haben. Die Grundgesetze der Verwendung von $\sqrt{-1}$ stützen sich auf die Vorzeichenregel selbst. So gilt

$$i = \sqrt{-1}$$
$$i^2 = (\sqrt{-1})^2 = -1$$
$$i^3 = (\sqrt{-1})^2 \cdot i = -i$$
$$i^4 = (\sqrt{-1})^3 \cdot i = -i^2 = +1$$
$$i^5 = (\sqrt{-1})^4 \cdot i = +i \text{ usw.}$$

Auf diese Weise ergibt sich:

i	i^2	i^3	i^4	i^5	i^6	i^7	i^8	i^9
$+i$	-1	$-i$	$+1$	$+i$	-1	$-i$	$+1$	$+i$

Das Gesetz, welches den Namen von Moivre (Satz von Moivre) trägt, bezieht sich auf die Art und Weise, wie eine Größe in eine durch den rechts oben geschriebenen Operator n angegebene Potenz erhoben wird. Es heißt:

$$(\cos a + i \sin a)^n = \cos na + i \sin na$$

Man zerbreche sich vorerst nicht den Kopf darüber, was dies bedeutet. Eine mathematische Regel ist entweder eine Feststellung ihrer Übereinstimmung mit anderen Regeln oder eine Aussage über ihre Verwendung. Vorerst begnügen wir uns mit der Erkenntnis, daß sie mit dem übereinstimmt, was wir schon über Sinus, Cosinus, negative Zahlen, Quadratwurzeln und Potenzen wissen. Nur an eine Tatsache müssen wir uns erinnern, nämlich an die im Kapitel V dargelegte Regel:

$$\cos^2 a + \sin^2 a = 1$$

oder

$$\sin^2 a = 1 - \cos^2 a$$

Dies im Kopf behaltend, wenden wir die gewöhnlichen Gesetze der Multiplikation auf

$$(\cos a + i \sin a)^2 \text{ an.}$$

LOGARITHMEN UND REIHEN

Wir erhalten dann

$(\cos a + i \sin a)(\cos a + i \sin a) = \cos^2 a + 2i \cos a \sin a + i^2 \sin^2 a$

Nun wissen wir schon, daß

$$\sin 2a = \sin(a + a)$$
$$= 2 \sin a \cos a \text{ (Seite 266)}$$
$$\therefore 2i \cos a \sin a = i \cdot \sin 2a$$

Wir schreiben also das oben gewonnene Ergebnis nochmals an als

$$\cos^2 a + i \sin 2a + i^2 \sin^2 a$$

Und, da ja $i = \sqrt{-1}$ ist, gibt dies

$$\cos^2 a - \sin^2 a + i \sin 2a$$

Wir wissen aber auch, daß

$$\cos 2a = \cos(a + a)$$
$$= \cos^2 a - \sin^2 a$$

Wir können demnach schreiben:

$$(\cos a + i \sin a)^2 = \cos 2a + i \sin 2a$$

Daraus erkennen wir, daß der Satz für das Quadrieren gültig ist. Durch Ausmultiplikation erhält man auch

$$(\cos a + i \sin a)^3 = \cos^3 a + 3i \sin a \cos^2 a + 3i^2 \sin^2 a \cos a + i^3 \sin^3 a$$
$$= \cos^3 a + 3i \sin a \cos^2 a - 3 \sin^2 a \cos a - i \sin^3 a$$

Die Anwendung der bereits dargelegten Regeln ergibt:

$$\cos 3a = \cos(2a + a)$$
$$= \cos 2a \cos a - 2a \sin a$$
$$= \cos a (\cos^2 a - \sin^2 a) - \sin a (2 \sin a \cos a)$$
$$= \cos^3 a - 3 \sin^2 a \cos a$$

Ebenso

$$\sin 3a = \sin(2a + a)$$
$$= \sin a \cos 2a + \cos a \sin 2a$$
$$= \sin a (\cos^2 a - \sin^2 a) + \cos a (2 \sin a \cos a)$$
$$= 3 \cos^2 a \sin a - \sin^3 a$$

Daher dürfen wir jetzt schreiben:

$$(\cos a + i \sin a)^3 = \cos^3 a + 3i \sin a \cos^2 a - 3 \sin^2 a \cos a - i \sin^3 a$$
$$= (\cos^3 a - 3 \sin^2 a \cos a) + i (3 \cos^2 a \sin a - \sin^3 a)$$
$$= \cos 3a + i \sin 3a$$

Der Satz gilt also auch für dritte Potenzen, und auf dem gleichen Weg gelangen wir zu

$$(\cos a + i \sin a)^4 = \cos 4a + i \sin 4a$$
$$(\cos a + i \sin a)^5 = \cos 5a + i \sin 5a$$

Die als Moivresche Satz bekannte Regel gilt gleicherweise für gebrochene und negative Exponenten. Dies können wir so einsehen:

$$(\cos a + i \sin a)^{-n} = \frac{1}{\cos na + i \sin na}$$
$$= \frac{\cos na - i \sin na}{\cos na - i \sin na} \cdot \frac{1}{\cos na + i \sin na}$$

Nun wissen wir, daß

$$(a + b)(a - b) = a^2 - b^2$$

$$\therefore (\cos na - i \sin na)(\cos na + i \sin na) = \cos^2 na - i^2 \sin^2 na$$
$$= \cos^2 na + \sin^2 na$$
$$= 1$$

Hieraus folgt:

$$\frac{\cos na - i \sin na}{(\cos na - i \sin na)(\cos na + i \sin na)} = \cos na - i \sin na$$

Der Satz von Moivre steht auch für gebrochene Exponenten im Einklang mit den uns bereits bekannten Sätzen. Setzen wir nämlich $a = \frac{b}{n}$, so folgt

$$\left(\cos \frac{b}{n} + i \sin \frac{b}{n}\right)^n = \cos \left(n \frac{b}{n}\right) + i \sin \left(n \frac{b}{n}\right)$$
$$= \cos b + i \sin b$$

Aber jetzt heißt es vorsichtig sein, weil

$$\left(\cos \frac{b + 2\pi}{n} + i \sin \frac{b + 2\pi}{n}\right)^n = \cos (b + 2\pi) + i \sin (b + 2\pi)$$
$$= \cos b + i \sin b$$

und man sieht leicht ein, daß

$\cos \frac{b}{n} + i \sin \frac{b}{n}$ nicht gleich $\cos \frac{b + 2\pi}{n} + i \sin \frac{b + 2\pi}{n}$ ist.

LOGARITHMEN UND REIHEN

Daher können wir nur sagen, daß

$$\cos \frac{b}{n} + i \sin \frac{b}{n}$$

einer der Werte von $\quad \sqrt[n]{\cos b + i \sin b}$

oder $\quad (\cos b + i \sin b)^{\frac{1}{n}}$

ist. Ist n eine ganze Zahl, so existieren daneben noch $(n - 1)$ andere Werte

$$\cos \frac{b + 2r\pi}{n} + i \sin \frac{b + 2r\pi}{n}$$

wobei $\quad r = 1, 2, 3, 4 \ldots$ bis $(n - 1)$.

Wir wollen jetzt zeigen wie der Moivresche Satz die Herstellung trigonometrischer Tafeln abkürzt. Um dies klarzumachen, wird es nützlich sein, ein wenig zurückzugreifen. Wir haben schon gesehen, daß

$$\cos 3a = \cos^3 a - 3 \sin^3 a \cos a,$$

anders geschrieben:

$$\cos 3a = \cos^3 a - 3 \cos a (1 - \cos^2 a)$$
$$= \cos^3 a - 3 \cos a + 3 \cos^3 a$$
$$= 4 \cos^3 a - 3 \cos a$$

Dasselbe Ergebnis, das wir verwendet haben, um die Gültigkeit des Moivreschen Satzes zu erläutern, kann natürlich auch durch dessen Anwendung gewonnen werden. Es sei

$$x = \cos a + i \sin a$$

$$x^{-1} = (\cos a + i \sin a)^{-1}$$

also $\quad \dfrac{1}{x} = \cos a - i \sin a$

$$\therefore x + \frac{1}{x} = 2 \cos a$$

und $\quad x - \dfrac{1}{x} = 2i \sin a$

Gleicherweise dürfen wir setzen:

$$x^n = \cos na + i \sin na$$

also
$$\frac{1}{x^n} = \cos na - i \sin na$$

$$\therefore x^n + \frac{1}{x^n} = 2 \cos na$$

und
$$x^n - \frac{1}{x^n} = 2i \sin na$$

Falls also $\quad x + \dfrac{1}{x} = 2 \cos a$ ist, dann gilt

$$x^n + \frac{1}{x^n} = 2 \cos na$$

Wir wollen also cos 3a aus cos a berechnen, so setzen wir

$$2 \cos 3a = x^3 + \frac{1}{x^3}$$

$$\therefore 2 \cos a = x + \frac{1}{x}$$

$$\therefore (2 \cos a)^3 = \left(x + \frac{1}{x}\right)^3$$

$$\therefore 8 \cos^3 a = x^3 + 3x^2 \cdot \frac{1}{x} + 3x \cdot \frac{1}{x^2} + \frac{1}{x^3}$$

$$= \left(x^3 + \frac{1}{x^3}\right) + 3\left(x + \frac{1}{x}\right)$$

$$= 2 \cos 3a + 6 \cos a$$

$$\therefore 4 \cos^3 a = \cos 3a + 3 \cos a$$

oder $\quad\quad\quad\quad \cos 3a = 4 \cos^3 a - 3 \cos a$

Dies ist aber das Ergebnis, welches wir schon vorher erhalten hatten. Um sich zu überzeugen, daß die *imaginären* Größen für die Berechnung benutzt werden können, setze man

$$(2 \cos a)^6 = \left(x + \frac{1}{x}\right)^6$$

$$64 \cos^6 a = x^6 + 6x^5 \cdot \frac{1}{x} + 15x^4 \cdot \frac{1}{x^2} + 20x^3 \cdot \frac{1}{x^3}$$
$$+ 15x^2 \cdot \frac{1}{x^4} + 6x \cdot \frac{1}{x^5} + \frac{1}{x^6}$$

$$= \left(x^6 + \frac{1}{x^6}\right) + 6\left(x^4 + \frac{1}{x^4}\right) + 15\left(x^2 + \frac{1}{x^2}\right) + 20$$

$$= 2 \cos 6a + 12 \cos 4a + 30 \cos 2a + 20$$

$$\therefore \cos 6a = 32 \cos^6 a - 6 \cos 4a - 15 \cos 2a - 10$$

Mit zwei bekannten Werten von cos a mag dieses Resultat geprüft werden, es sei (a) $\cos 90° = 0$; (b) $\cos 60° = \frac{1}{2}$. Also

(a) $\qquad \cos 540° = 32 \cos^6 90° - 6 \cos 360° - 15 \cos 180° - 10$
$\therefore \cos(360° + 180°) = 0 - 6 \cdot 1 - 15 (-1) - 10$
$\therefore \cos 180° = -1$

(b) $\qquad \cos 360° = 32 \cos^6 60° - 6 \cos 240° - 15 \cos 120° - 10$
$\qquad \qquad = 32 \cos^6 60° - 6 \cos (180° + 60°)$
$\qquad \qquad \qquad - 15 \cos (180° - 60°) - 10$
$\qquad \qquad = 32 \cdot \frac{1}{64} + 6 \cdot \frac{1}{2} + 15 \cdot \frac{1}{2} - 10$
$\qquad \qquad = 1$

Da wir nun hoffen dürfen, daß $\sqrt{-1}$ oder i die nachprüfbare Rechenarbeit leistet, wollen wir jetzt die imaginäre Einheit dazu verwenden, zwei Reihen herzuleiten, aus welchen wir den Sinus oder Cosinus eines beliebigen Winkels mit einer beliebigen Genauigkeit erhalten können. Wir haben gesehen, wie die Suche nach schnellen Rechenmethoden durch das Studium der Trigonometrie, zugleich aber durch die Aufstellung astronomischer Tabellen für die Seeschiffahrt gefördert wurde und wie die Entdeckung der Logarithmen zu unendlichen Reihen, wie z. B. der Exponentialreihe, führte. Die Krone der Entdeckungen aber war die, daß die Exponentialreihe in direkter Beziehung zu dem Theorem von Moivre steht. Sie bewirkte, daß es von nun an viel einfacher wurde, die Früchte der griechischen Geometrie in Tabellen der Winkelverhältnisse für die Feststellung der Schiffspositionen oder für die Konstruktion von Landkarten zum Allgemeingut zu machen. Um den Zusammenhang zwischen der Exponentialreihe und dem Satz Moivres erkennen zu können, setzen wir zuerst:

$$x = \cos 1 + i \sin 1$$

Man kann auch sagen: wir haben im Moivreschen Satz a = 1 gesetzt; geben wir nun dem Exponenten n die Bezeichnung a, um anzudeuten, daß der Exponent *eine beliebige* Zahl sein darf, so gilt

$$x^a = \cos a + i \sin a$$
und
$$x^{-a} = \cos a - i \sin a \qquad \text{I}$$

Wie vorhin können wir schreiben

$$x^a - x^{-a} = 2i \sin a$$

Wir können x auch als eine Potenz von e darstellen, nämlich

$$x = e^y$$
oder
$$y = \log_e x \qquad \text{II}$$

Die Anwendung der Exponentialreihe ergibt

$$x^a = e^{ay} = 1 + ay + \frac{a^2 y^2}{2!} + \frac{a^3 y^3}{3!} + \frac{a^4 y^4}{4!} + \ldots$$

$$x^{-a} = e^{-ay} = 1 - ay + \frac{a^2 y^2}{2!} - \frac{a^3 y^3}{3!} + \frac{a^4 y^4}{4!} + \ldots$$

Subtrahieren wir seitenweise die untere Gleichung von der oberen, so erhalten wir

$$x^a - x^{-a} = 2ay + 2\frac{a^3 y^3}{3!} + 2\frac{a^5 y^5}{5!} + 2\frac{a^7 y^7}{7!} + \ldots$$

Dies kann auch so geschrieben werden:

$$2i \sin a = 2ya + 2\frac{y^3 a^3}{3!} + 2\frac{y^5 a^5}{5!} + 2\frac{y^7 a^7}{7!} + \ldots$$

$$\therefore \frac{i \sin a}{a} = y + \frac{y^3 a^2}{3!} + \frac{y^5 a^4}{5!} + \ldots \qquad \text{III}$$

Da a ein beliebiger Winkel sein kann, bleibt die Gleichung auch richtig, wenn a so klein ist, daß jedes mit a multiplizierte Glied vernachlässigt werden kann, d. h.

$$y + \frac{y^3 a^2}{3!} + \frac{y^5 a^4}{5!} + \frac{y^7 a^6}{7!} + \ldots = y$$

Wird a im Bogenmaß gemessen, so darf für sehr kleine a (siehe Kapitel V)

$$\frac{\sin a}{a} = 1 \text{ gesetzt werden.}$$

$$\therefore \frac{i \sin a}{a} = i$$

Für sehr kleine a-Werte reduziert sich demnach die eine Seite der Gleichung III auf i und die andere auf y. Wir finden daher

$$i = y$$
$$\therefore x = e^i$$
$$\therefore x^a = e^{ia}$$

Durch Einsetzen dieses Wertes von x^a in I, wenn wir a im Bogenmaß messen, erhalten wir:

$$e^{ia} = \cos a + i \sin a$$

Aber da ja $\quad i^2 = -1, i^3 = -i, i^4 = +1$ usw.,

wird $\quad e^{ia} = 1 + ia - \frac{a^2}{2!} - \frac{ia^3}{3!} + \frac{a^4}{4!} + \frac{ia^5}{5!} - \frac{a^6}{6!} - \ldots$

$$\therefore \cos a + i \sin a = \left(1 - \frac{a^2}{2!} + \frac{a^4}{4!} - \frac{a^6}{6!} + \ldots\right)$$
$$+ i\left(a - \frac{a^3}{3!} + \frac{a^5}{5!} - \ldots\right)$$

Wenn wir sagen,
$\quad$ a Birnen und b Pferde = 30 Birnen und 2 Pferde
woraus $\quad\quad\quad\quad\quad$ a = 30
und $\quad\quad\quad\quad\quad\quad$ b = 2

folgt, so müssen wir auch im Falle von

$\cos a + i \sin a = p + iq$ folgern, daß
$$p = \cos a$$
$$q = \sin a$$

Wir tun nun dasselbe mit der Gleichung

$$\cos a + i \sin a = \left(1 - \frac{a^2}{2!} + \frac{a^4}{4!} - \ldots\right)$$
$$+ i\left(a - \frac{a^3}{3!} + \frac{a^5}{5!} - \ldots\right)$$

Wir schließen daraus, daß

$$\cos a = 1 - \frac{a^2}{2!} + \frac{a^4}{4!} - \frac{a^6}{6!} + \frac{a^8}{8!} - \cdots$$

$$\sin a = a - \frac{a^3}{3!} + \frac{a^5}{5!} - \frac{a^7}{7!} + \cdots$$

wenn a im *Bogenmaß* gemessen wird.

Das bedeutet, daß wir den Cosinus oder Sinus von 1, 0,5, 0,1 usw. durch direktes Einsetzen dieser Werte aus den oben gegebenen Reihen berechnen können. Man sieht, daß sie rasch konvergieren, wenn a kleiner als 1 ist. Um sich zu überzeugen, daß dieses Ergebnis vertrauenswürdig ist, gehe man wieder zu Kapitel V zurück, und man wird finden, daß wir dort mit Hilfe der Geometrie Euklids die folgenden Werte erhalten haben:

$$\cos 15° = 0{,}966$$
$$\sin 15° = 0{,}259$$

Um obige Reihen benutzen zu können, verwandeln wir die 15° in Radian, nämlich

$$15° = \frac{1}{6}(90°) = \frac{1}{6}\left(\frac{\pi}{2}\right) \text{ Radian.}$$

Für π nehmen wir den Wert 3,1416 und erhalten

$$15° = 0{,}2618 \text{ Radian.}$$

Für $a = 0{,}2618$ haben wir daher

$$a^2 = 0{,}0685$$
$$a^3 = 0{,}0179$$
$$a^4 = 0{,}005 \text{ usw.}$$

Auf diese Weise ergibt sich

$$\cos 15° = 1 - \frac{0{,}0685}{2} + \frac{0{,}005}{24} - \cdots$$

$$\sin 15° = 0{,}2618 - \frac{0{,}0179}{6} + \cdots$$

Diese Reihen konvergieren so rasch, daß wir nur zwei Glieder benötigen, um zu erhalten

$$\cos 15° = 0{,}966$$
$$\sin 15° = 0{,}259$$

Hyperbolische Funktionen

Zunächst erinnern wir uns, daß wir schreiben können

$$e^{ix} = 1 + ix - \frac{x^2}{2!} - \frac{ix^3}{3!} + \frac{x^4}{4!} + \frac{ix^5}{5!} - \frac{x^6}{6!} \cdots$$

$$e^{-ix} = 1 - ix - \frac{x^2}{2!} + \frac{ix^3}{3!} + \frac{x^4}{4!} - \frac{ix^5}{5!} - \frac{x^6}{6!} \cdots$$

Durch Addition oder Subtraktion erhalten wir

$$e^{ix} + e^{-ix} = 2\left(1 - \frac{x^2}{2!} + \frac{x^4}{4!} + \frac{x^6}{6!} \cdots\right)$$

$$e^{ix} - e^{-ix} = 2i\left(x - \frac{x^3}{3!} + \frac{x^5}{5!} - \frac{x^7}{7!} \cdots\right)$$

Folglich können wir in Radian schreiben

$$\cos x = \frac{e^{ix} + e^{-ix}}{2} \quad \text{und} \quad \sin x = \frac{e^{ix} - e^{-ix}}{2i}$$

Wenn wir darin i eliminieren, so erhalten wir zwei Funktionen von x, die vermutlich einige Eigenschaften gemein haben mit den gewöhnlichen trigonometrischen (den sogenannten *cirkularen*) Funktionen cos x und sin x. Wir sprechen von dem hyperbolischen Cosinus von x (geschrieben cosh x) und dem hyperbolischen Sinus von x (geschrieben sinh x). Laut Definition ist

$$\cosh x = \frac{e^x + e^{-x}}{2} \quad \text{und} \quad \sinh x = \frac{e^x - e^{-x}}{2}$$

Neben anderen Ähnlichkeiten zwischen den beiden Arten von Funktionen, sind alle Ausdrücke der linken Kolonne unten durch direkte Multiplikation, Addition etc. zu errechnen:

Hyperbolisch:
sinh 0 = 0; cosh 0 = 1
$(\cosh x)^2 = (\sinh x)^2 = 1$
sinh(x + y)
= sinh x · cosh y + cosh x · sinh y
cosh(x + y)
= cosh x · cosh y + sinh x · sinh y
cosh 2x = 2(cosh x)^2 − 1
sinh 2x = 2 sinh x · cosh x

Circular:
sin 0 = 0; cos 0 = 1
$\cos^2 x + \sin^2 x = 1$
sin(x + y)
= sin x · cos y + cos x · sin y
cos(x + y)
= cos x · cos y − sin x · sin y
cos 2x = 2 cos^{2}x − 1
sin 2x = 2 sin x · cos x

Beide, sinh x und cosh x, erweisen sich als nützlich in der Infinitesimalrechnung, aber y = cosh x (falls wir eine passende numerische Konstante wählen, so daß y = K · cosh x) beschreibt eine Kurve, die ein physikalisches Prinzip verkörpert. Ersetzen wir in ($e^x + e^{-x}$) x durch − x, so wird daraus ($e^{-x} + e^x$), was identisch ist. Daher ist die Kurve von cosh x symmetrisch zur y-Achse und wächst in dem Maße, in dem x auf jeder Seite größer wird.

Ist x = 0, wird $e^x + e^{-x}$ = 2, cosh x = 1, so schneidet die Kurve die y-Achse in y = 1, x = 0, wo die Funktion ihren kleinsten Wert hat. Diese Kurve hat den Namen *Catena* (aus dem Lateinischen für »Kette«). Sie stellt dar, wie eine Kette oder eine Schnur, die mit ihren Enden in gleicher Horizontalebene aufgehängt ist, unter ihrem eigenen Gewicht in der Mitte durchsackt. Falls K in y = K · cosh x wächst, wird der Durchhang größer.

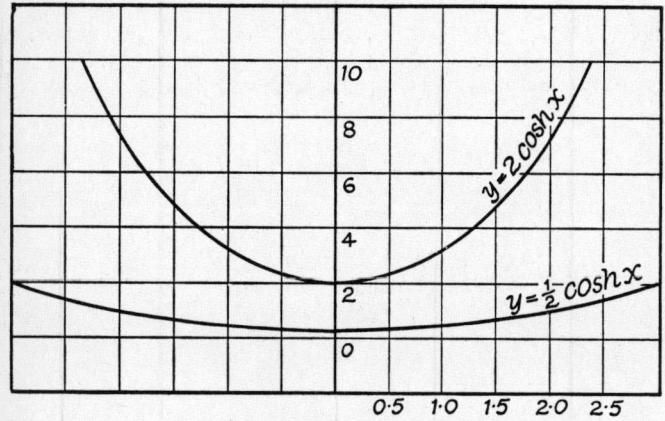

Fig. 158 Catena

Komplexe Zahlen als Vektorzeichen

In der Physik ist es gebräuchlich, zwei Arten von Messungen zu unterscheiden. Einige, wie Temperatur, Masse und Geschwindigkeit, betreffen nur ein einziges System von Einheiten. Wir nennen sie *Skalare*. Andere wie Kraft, Beschleunigung und Schnelligkeit (d. h. Geschwindigkeit, bezogen auf die Bewegung entlang einer festen Achse), haben eine *Größe* und eine *Richtung,* wobei die letztere als Winkelbeziehung zu einer Grundlinie ausgedrückt werden kann. Wir nennen solche zusammengesetzten Messungen *Vektoren.*

Eine bildliche Darstellung der *Größe* eines zweidimensionalen Vektors (wie in dem linken Dreieck von Fig. 159) ist die Hypotenuse (OP) eines Dreiecks, dessen Grundlinie $x_1 = a$ und Höhe $y_1 = d$, wenn O der Ursprung ist. Der Winkel A, der die *Richtung* des Vektors angibt, ist nach Fig. 128 auch darstellbar:

$$A = \text{tg}^{-1}\left(\frac{y_1}{x_1}\right) \text{ oder } A = \text{tg}^{-1}\left(\frac{d}{a}\right)$$

Die Größe dieses Vektors ist auf andere Weise auszudrücken als

$$M = \sqrt{x_1^2 + y_1^2} \text{ oder } M = \sqrt{a^2 + d^2}.$$

Diese Formeln beschreiben das Verhältnis zwischen der Länge eines Fluges, den eine Krähe macht, und dessen östlicher oder nördlicher Richtung. Einen solchen Vektor kann man auch schreiben:

$$V \equiv (x,y) \text{ oder } V \equiv a + di$$

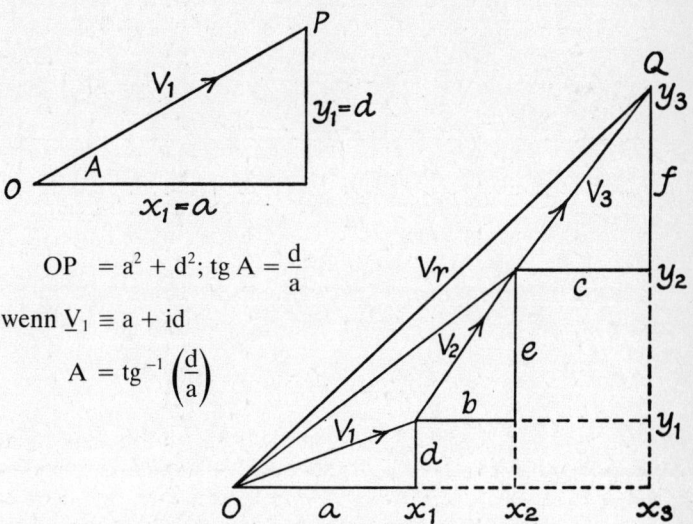

$OP = a^2 + d^2$; $\text{tg } A = \frac{d}{a}$

wenn $\underline{V}_1 \equiv a + id$

$$A = \text{tg}^{-1}\left(\frac{d}{a}\right)$$

Fig. 159 Vektoren als komplexe Zahlen

Es gibt keinen Grund, die eine oder andere Darstellung vorzuziehen, wenn es sich um einen einzigen Vektor handelt. Sprechen wir aber von zusammengesetzten Vektoren, z. B. wenn eine Person (Fig. 159) von O nach Q geht und dabei die Richtung ändert, ist die Darstellung eines Vektors durch eine komplexe Zahl zumindest raumsparend.

In Fig. 159 ändert unsere fliegende Krähe zweimal die Richtung, indem sie drei geradlinigen Wegen folgt, um Q von O aus zu erreichen. Wir können also den Flug durch drei Vektoren V_1, V_2 und V_3 aufzeichnen, und diese haben zu dem Vektor V_r, durch OQ dargestellt, eine einfache Beziehung. Wir können V_r die Addition der Vektoren V_1, V_2, V_3 nennen in dem Sinne, daß damit das kombinierte Ergebnis ihrer Rechenoperation gesagt ist.

Cartesisch ausgedrückt, zeigen unsere Figuren, daß

Vektor	Größe	Richtung
V_1	$\sqrt{x_1^2 + y_2^2}$	$\operatorname{tg}^{-1}\left(\dfrac{y_1}{x_1}\right)$
V_2	$\sqrt{(x_2 - x_1)^2 + (y_2 - y_1)^2}$	$\operatorname{tg}^{-1}\left(\dfrac{y_2 - y_1}{x_2 - x_1}\right)$
V_3	$\sqrt{(x_3 - x_2)^2 + (y_3 - y_2)^2}$	$\operatorname{tg}^{-1}\left(\dfrac{y_3 - y_2}{x_3 - x_2}\right)$
V_r	$\sqrt{x_3^2 + y_3^2}$	$\operatorname{tg}^{-1}\left(\dfrac{y_3}{x_3}\right)$

Diese Art der Darstellung, wie V_r zusammengesetzt ist, macht den getrennten Beitrag der Vektor-Komponenten (V_1, V_2, V_3) weder zur Größe noch zur Richtung deutlich. Andererseits geschieht das durch die Anwendung komplexer Zahlen als Vektoren derart, daß jede bildliche Darstellung überflüssig wird:

Vektor		Größe	Richtung
V_1	$a + di$	$\sqrt{a^2 + d^2}$	$\operatorname{tg}^{-1}\left(\dfrac{d}{a}\right)$
V_2	$b + ei$	$\sqrt{b^2 + e^2}$	$\operatorname{tg}^{-1}\left(\dfrac{e}{b}\right)$
V_3	$c + fi$	$\sqrt{c^2 + f^2}$	$\operatorname{tg}^{-1}\left(\dfrac{f}{c}\right)$

Für den Vektor V_r ergibt sich folgendes:
$$V_r = (a + b + c) + (d + e + f)\,i$$

Größe von V_r: $\sqrt{(a + b + c)^2 + (d + e + f)^2}$

Richtung von V_r: $\mathrm{tg}^{-1}\left(\dfrac{d + e + f}{a + b + c}\right)$

KAPITEL X

Der Calculus bei Newton und Leibniz

Von der Geometrie der Bewegung zur Algebra des Wachstums.

Das Wort *Calculus* bedeutet in der Medizin »Blasenstein« (Französisch: *Cailloux* für Edelsteine) und ist das lateinische Äquivalent zu Kieselstein; seine Ableitung *kalkulieren* erinnert an den primitivsten Typus eines Abakus, – ein Brett mit Sand und Rinnen für Kieselsteine, die den Kugeln des berühmteren Abkömmlings, des Rechenrahmens, entsprechen. Im Sprachgebrauch der Mathematiker steht der Calculus für jede Gruppe kombinierter Techniken als Rechenhilfen. Gewöhnlich bezieht man sich auf den *infinitesimalen* Calculus mit seinen beiden Hauptzweigen, der *Differential-* und der *Integral*rechnung.

Es ist nicht unangebracht, hier noch einmal auf den Abakus zurückzukommen. Genauso wie die Errungenschaft der indisch-arabischen Zahlen Möglichkeiten der Berechnungen eröffnete, – die Algorithmen –, die die Notwendigkeit der mechanischen Hilfe durch den Abakus beseitigten, schafft der infinitesimale Calculus die Möglichkeit, von bildlichen Darstellungen in der Behandlung geometrischer Probleme abzusehen. Er war indessen ein Ableger der neuen Geometrie der Bewegung, die von *Fermat* (1636) und Descartes begründet wurde.

Fermats Behandlung eines Problems, das auf den ersten Blick kaum ein weites neues Gebiet mathematischer Intensivierung und damit wenig Aussicht auf brauchbare Anwendung versprach, ist dennoch das beste Sprungbrett für unser Thema in diesem Kapitel.

Fermat scheint der erste gewesen zu sein, das Problem der Lokalisierung der Tangente einer Kurve anzupacken, und zwar in Ausdrücken, die zweierlei voraussetzen:

1. einen begrenzten Rahmen der Bezugsmöglichkeiten, wie ihn die neue Geometrie vorschreibt, und
2. das neuartige, sich erst entwickelnde Konzept einer algebraischen Funktion, die innerhalb dieses Rahmens die Konturen der Messung angibt. Zwei Generationen nach der ersten Publikation über die neue Geometrie der Bewegung gaben sich seine Nachfolger daran, den algebraischen Symbolismus zu erweitern, mit dem Descartes eine fruchtbare Partnerschaft zwischen Algebra und Geometrie eingeleitet hatte. Folglich ist es mög-

lich, ein System mit einem einzigen zusammenfügenden Prinzip, wie es bei Newton und Leibniz erscheint, auf frühere Quellen zurückzuführen. Die Beiträge dieser beiden wurden zum *casus belli* einer Kontroverse zwischen ihnen mit hämischen Untertönen nationalen Prestiges. Sie tat keinem von ihnen gut, und das Ergebnis schadete sehr dem Fortschritt der Mathematik im Lande Newtons. Sein Nachhall beeinflußte das mathematische Denken noch lange nach Newtons und Leibnizens Tod. Diese Geschichte hat eine Moral, zumindest für Leute mit übersteigertem Nationalstolz.

Eine Abhandlung über den genannten Gegenstand, die Newton nachweislich 1671 geschrieben hat, erschien erst nach seinem Tode im Druck (1736); dennoch ist es klar, daß Newtons Ansichten über Differentiation und Integration schon in seiner *Methode der Fluktionen* Gestalt angenommen hatten, bevor Leibniz 1673 England besuchte. Leibniz beanspruchte nicht für sich, eigene Überlegungen dazu vor 1674 entwickelt zu haben, und erst 1676 beendete er ein unveröffentlichtes Manuskript mit dem Titel *Calculus Tangentium Differentialis*. Sein Hauptbeitrag erschien zehn Jahre später, nachdem er des längeren mit Newton über dessen Werk korrespondiert hatte. Es ist also möglich – wenn auch nicht bewiesen –, daß Leibniz manche der mehr geistreichen als verständlichen Einfälle Newtons aus zweiter Hand von dessen Freunden aufgegriffen hat, sowohl bei persönlichen Kontakten in England als auch aus der sich daraus ergebenden Korrespondenz. Sicherlich stand Leibniz tief in Newtons Schuld; wir sollten aber trotzdem eine Überlegung anstellen, die höchst relevant ist für den weiteren Fortschritt – oder Mangel an Fortschritt – der Mathematik in England. Newton bediente sich einer heute nicht mehr existierenden Ausdrucksweise, die unklar war und der weit gespannten Anwendbarkeit bei Leibniz nicht anzupassen war. Seltsamerweise verließ er sich in der endgültigen Fassung seiner mechanischen Prinzipien völlig auf die euklidische Geometrie und legte das nieder in seinen *Principia* (1687).

Seltsam ist auch, daß diejenigen seiner Zeitgenossen, die sich am meisten bemühten, Newtons Vorrangstellung zu betonen, wenig oder gar nichts taten, um seine Methoden anzuwenden oder weiter zu entwickeln. In dem Jahrhundert nach dem Erscheinen der *Principia* gab es nur zwei britische Mathematiker, die wertvolle neue Beiträge zu diesem Gegenstand lieferten. Maclaurin, ein Schotte, und James Stirling, ebenfalls aus Schottland, der in

französischen Zirkeln, wo die Auffassungen von Leibniz reiche
Anregung zum Weiterforschen gaben, seinen Gesichtskreis erweitert hatte. Ein Jahrhundert lang nach dem Erscheinen von Newtons *Principia* wurde der Infinitesimalcalculus zum Brennpunkt
einer blühenden mathematischen Forschung, eng verbunden mit
den Namen Bernoulli und Euler in der Schweiz, später in Frankreich mit den Namen Lagrange, Laplace und Legendre, die 1813
bzw. 1827 bzw. 1833 starben. Während dieser ganzen Zeit sind
außer Maclaurin und Stirling britische Namen nicht erwähnenswert. Ob das auf kontinentales Versagen, Newton gerecht zu
werden, zurückzuführen ist, oder ob Newton seinen britischen
Zeitgenossen nicht klar machen konnte, wohin sein Weg weiter
führen könnte – es ist heute zu spät, das zu beurteilen. Wir wollen
darum zu Fermat zurückkehren!

Von Fermat zu Newton. Fermat kam nahe an ein Ergebnis heran,
dessen mechanische Verwendbarkeit er nicht voraussah. Daher
können wir von seiner Sicht ausgehen und ein geometrisches
Problem ohne besondere Berücksichtigung der Bewegung untersuchen: *Welche Beziehung besteht zwischen einander anstoßenden
Seiten eines Rechtecks mit gegebenem Umfang und größtmöglichem Flächeninhalt?* Wir wollen das Ergebnis in eine Form
bringen, die für eine graphische Darstellung geeignet ist; darum
bezeichnen wir die Länge der Seiten mit a und x, den Umfang mit
$B = 2(a + x)$, so daß $a = \frac{1}{2}(B - 2x)$, und wenn y den Flächeninhalt
bedeutet:

$$y = ax = \frac{1}{2}x(B - 2x) = \frac{1}{2}Bx - x^2$$

Nun nehmen wir an, daß der Umfang 12 Längeneinheiten beträgt,
so daß $a = 6 - x$ und $y = 6x - x^2$. Entsprechend tabellieren wir x
und y:

| x = | 0 | 1 | 2 | 3 | 4 | 5 | 6 |
| y = | 0 | 5 | 8 | 9 | 8 | 5 | 0 |

Die Kurve (Fig. 160), die den Flächeninhalt (y) als eine Funktion
einer Seite (x) darstellt, ist eine Parabel desselben Typs wie die
der galileischen Flugbahn einer Kanonenkugel. Sie ist symmetrisch zu einer Parallelen zur y-Achse, wenn $x = 3$, wobei $a = 6 - x$
$= 3$ und die Figur ein Quadrat ist.

Bei der Untersuchung der Kurve wird klar – was später bewiesen werden soll –, daß der Punkt $P(y = 9, x = 3)$ den Maximalwert

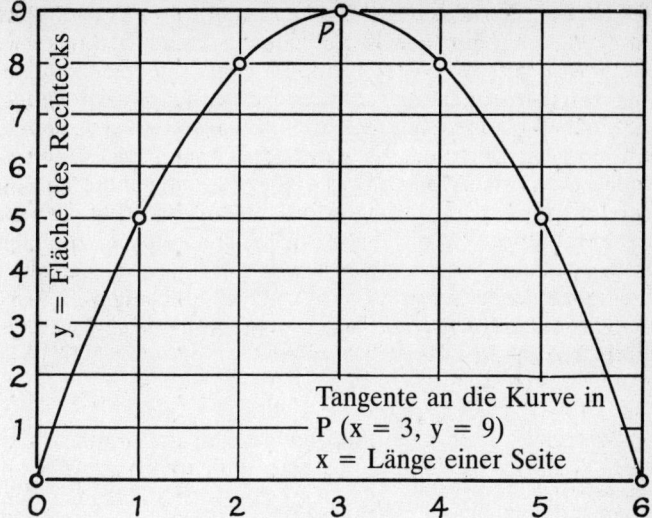

Fig. 160 Graphische Darstellung des Maximum-Wertes der Funktion
$$y = 6x - x^2$$

von y definiert. Das Rechteck mit der Maximalfläche hat deshalb gleiche anstoßende Seiten. Zeichnen wir $y = x^2 - 6$, so ist die Kurve (Fig. 163) mit der von Fig. 160 identisch, nur liegt sie ganz unterhalb der x-Achse, hat die gleiche Folge von x-Werten, und ihr *tiefster* Punkt (Minimum y) liegt bei $x = 3$, $y = -9$.

Das Problem Fermats, für das er eine im Wesentlichen korrekte Lösung fand, ist dieses: Wie soll man in einer solchen Situation erkennen, welcher Punkt P das Maximum der Funktion lokalisiert? Hier ist es unwesentlich, zu unterscheiden, ob P ein Maximum oder ein Minimum darstellt. In jedem Falle ist die Tangente in P (d. h. die Gerade, die die Kurve in P berührt) eine Parallele zur x-Achse. Damit wird ausgesagt, daß

a) die Tangente in einem *Wendepunkt* der Kurve (Maximum oder Minimum) im Winkel $A = 0$ zur x-Achse geneigt ist;
b) daß die Kurve vor dem Maximum nach rechts oben, nach dem Maximum nach links oben steigt, und vice versa beim Minimum.

Genauer gesagt: Die Tangente an die Kurve bildet auf jeder Seite des Punktes P einen Winkel mit der x-Achse, der beiderseits

numerisch größer als Null ist. Das berechtigt zu der Frage: Welche
Bedeutung kann man der Steigung der Tangente in irgendeinem
beliebigen Punkt der Kurve beimessen?

Newton dachte immer in Begriffen wie Bewegung oder *Fluktion*
(nach seinen eigenen Worten); darum wollen wir jetzt untersuchen, was wir unter der Steigung einer Kurve bei einem sich
bewegenden Körper verstehen. Fig. 161 zeigt einen Teil einer
Kurve, die ziemlich die gleiche Form hat wie die von Fig. 160, d. h.
einer Parabel, bei der man (wenn die Einheiten passend gewählt
werden) das Verhältnis von Höhe (y) und Zeit (x) der Kanonenkugel-Flugbahn ablesen kann. Die Gerade RST schneidet die Kurve
in S (Koordinaten x_1, y_1) und T(x_2, y_2). In dem Dreieck STV ist der
Winkel TSV = A, so daß

$$\text{tg TSV} = \frac{y_2 - y_1}{x_2 - x_1} = \text{tg A}$$

Bewegt sich der Körper von S nach T bei konstanter vertikaler
Geschwindigkeit, so stellt die Gerade ST seinen Verlauf dar. Seine
vertikale Geschwindigkeit ist gleich dem Verhältnis zwischen
Höhe bestehend aus ($y_2 - y_1$), und Zeit gleich ($x_2 - x_1$). So können
wir tg A als die mittlere Geschwindigkeit auf dem Weg von S nach

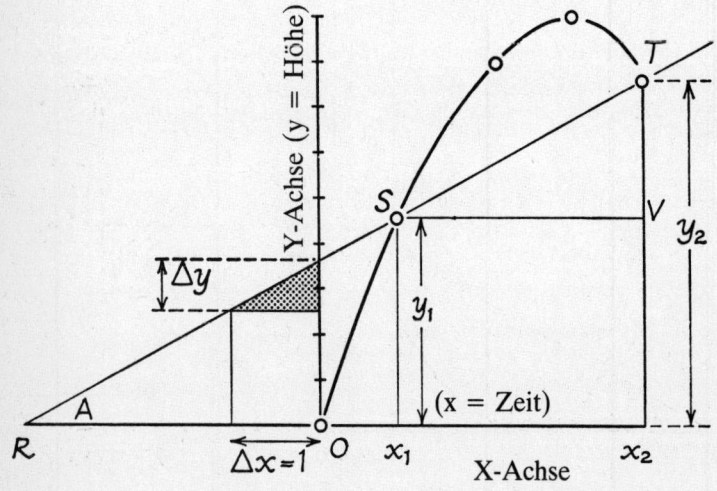

Fig. 161 Graphische Darstellung der mittleren Geschwindigkeit

T bezeichnen. In dem punktierten Dreieck das dem Dreieck STV ähnlich ist, ist

$$\text{tg A} = (\triangle y : \triangle x) \text{ und } \triangle x = 1.$$

Das ist eine andere Ausdrucksweise für die Aussage, daß tg A die Steigung pro Zeiteinheit zwischen Zeit x_1 und Zeit x_2 darstellt. Allgemein gilt: Der Tangens des Winkels A, gebildet durch eine Gerade, die die Kurve $y = f(x)$ in zwei Punkten $S(x_1, y_1)$ und $T(x_2, y_2)$ schneidet, ist die Durchschnittsquote der Veränderung von y pro Einheit von x über der Strecke x_1 bis x_2 auf der y-Achse.

Wir betrachten nun einen Punkt P, zwischen S und T auf einer Kurve gelegen (Fig. 162). Wir können die Koordinaten von S, P und T so ansetzen, daß die x-Koordinate von P in der Mitte zwischen denen von S und T liegt, indem wir schreiben:

Koordinaten von S $\quad x - \frac{1}{2} \triangle x; y_1$

Koordinaten von P $\quad\quad\quad x; y$

Koordinaten von T $\quad x + \frac{1}{2} \triangle x; y_2$

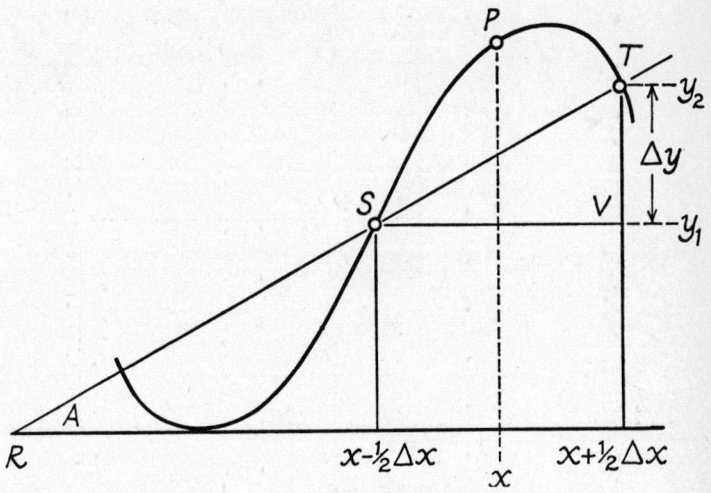

Fig. 162 Steigung einer Kurve

Wir sehen, daß

$$\text{tg A} = \frac{TV}{SV} = \frac{y_2 - y_1}{\left(x + \frac{1}{2}\triangle x\right) - \left(x - \frac{1}{2}\triangle x\right)} = \frac{\triangle y}{\triangle x}$$

Machen wir $\triangle x$ genügend klein, so daß S und T in P zusammenfallen, so wird die Gerade RST in Fig. 162 zur Tangente an die Kurve im Punkte P, der Winkel A wird zur Neigung der Tangente in P zur x-Achse, und tg A stellt die Veränderungsquote von y pro Einheit von x im Punkte P dar.

Kehren wir nun zu der Funktion $y = 6x - x^2$ zurück, der die Kurve in Fig. 160 entspricht. Hier

$$y_2 = 6\left(x + \frac{1}{2}\triangle x\right) - \left(x + \frac{1}{2}\triangle x\right)^2$$

$$= 6x + 3\triangle x - x^2 - x \cdot \triangle x - \frac{1}{4}(\triangle x)^2$$

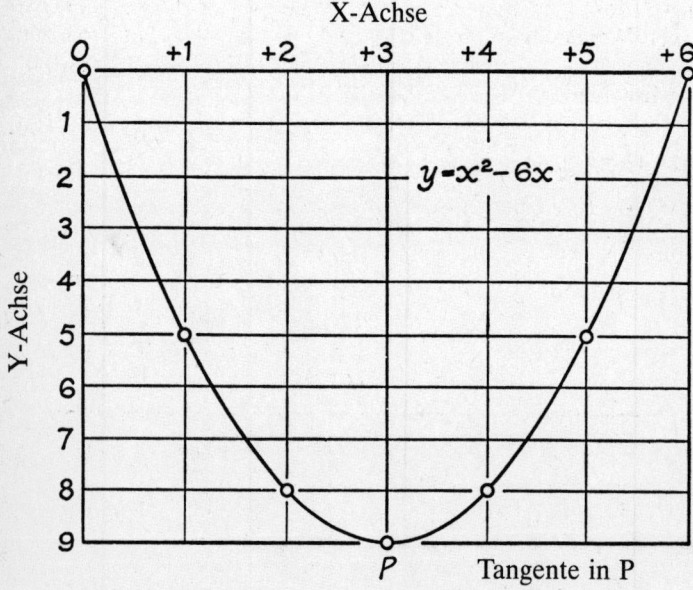

Fig. 163 Graphische Darstellung des Minimums der Funktion $y = x^2 - 6x$; (Y Koordinaten negativ)

$$y_1 = 6\left(x - \frac{1}{2}\triangle x\right) - \left(x - \frac{1}{2}\triangle x\right)^2$$

$$= 6x - 3\triangle x - x^2 + x \cdot \triangle x - \frac{1}{4}(\triangle x)^2$$

$$\therefore y_2 - y_1 = \triangle y = 6\triangle x - 2x \cdot \triangle x$$

$$\therefore \frac{\triangle y}{\triangle x} = 6 - 2x = \text{tg A}$$

Ist die Position des Punktes P auf der Kurve so, daß die Tangente in P zur x-Achse parallel verläuft (Fig. 160), so wird der Winkel A = 0, und tg A = tg 0 = 0, so daß

$$6 - 2x = 0 \text{ und } x = 3$$

Es gibt also einen Wendepunkt der Kurve (Fig. 160), wenn x = 3 und y = 18 − 9 = 9. Für die Funktion $x^2 - 6x$ (Fig. 163) gilt tg A = 0, wenn x = 3 und y = −9, so daß der Wendepunkt den tiefsten Punkt der Kurve darstellt. Um Fermats Problem vollständig zu lösen, müssen wir daher fragen: Wie unterscheidet man einen Wendepunkt, in dem y ein Maximum darstellt, von dem Wendepunkt, wo y ein Minimum ist? Mit Hilfe von Fig. 164 stellen wir fest, daß

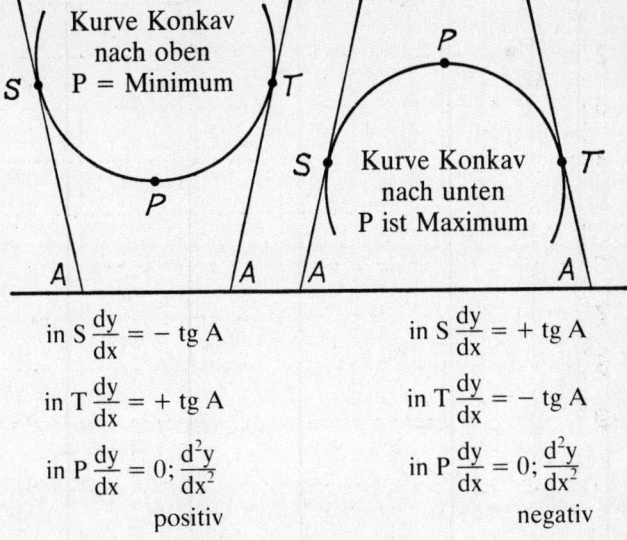

Fig. 164 Veränderte Neigung in der Nähe von Wendepunkten

1. in der Nähe eines Maximums die Steigung der Tangente zuerst aufwärts nach rechts geht (tg A positiv), dann aufwärts nach links (tg A negativ),
2. in der Nähe eines Minimums die Steigung der Tangente vom Negativen zum Positiven wechselt.

Betrachten wir das Problem noch einmal, wie Newton, im Hinblick auf Zeit und Distanz. A ist der Steigungswinkel der Tangente im Punkte P; wenn y das Maß der Distanz, x das Maß der Zeit ist, dann ist tg A die Geschwindigkeit im Punkte P.

Wir können zeigen, wie die Geschwindigkeit mit der Zeit wächst oder abnimmt, so daß $\triangle$ tg A : $\triangle$x das *Beschleunigungsmaß in jedem Punkt P* ist, dessen Koordination x und y = tg A sind. Wir wollen die Werte von tg A für die beiden Kurven in Fig. 160 und Fig. 163 von diesem Gesichtspunkt aus vergleichen:

x =	0	+1	+2	+3	+4	+5	+6
tg A = 2x−6	−6	−4	−2	0	+2	+4	+6
tg A = 6−2x	+6	+4	+2	0	−2	−4	−6

Fig. 165 zeigt, daß die cartesische Darstellung jeder dieser Funktionen eine gerade Linie ist, die zur x-Achse in *numerisch* demselben Winkel (A) geneigt ist, wobei der eine (tg A = 6 − 2x) rechts abwärts, der andere (tg A = 2x − 6) rechts aufwärts weist. Übereinstimmend mit unserer Interpretation der Gleichung einer Geraden ist der Tangens des Winkels A = − 2, wenn tg A = 6 − 2x, und + 2, wenn tg A = 2x − 6.

Vor weiteren Schlußfolgerungen sollen unsere Begriffe mit ihrer Darstellungsweise geklärt werden. Anfangs haben wir den Tangens des Winkels A definiert als eine gerade Linie, die in zwei Punkten eine Kurve schneidet, die ihrerseits eine stetige Funktion y = f(x) so darstellt:

$$\text{tg A} = \frac{\triangle y}{\triangle x}.$$

Sind die beiden Punkte nicht mehr von einander zu unterscheiden, so ist tg A immer noch endlich, ausgenommen in besonderen Bereichen einer Kurve, z.B. bei Maxima und Minima, und in einem dritten Fall, der bisher noch nicht erwähnt wurde. Diese Einschränkung, nämlich der Wert von tg A, wenn die beiden Punkte in einem Punkt P zusammenfallen, dessen Koordinaten x und y sind, können wir jetzt ausdrücken:

$$\frac{dy}{dx} \text{ oder } D_x \cdot y$$

Von nun an werden wir das den *ersten Differentialquotienten* oder die *erste* Ableitung von y in bezug auf x nennen; y kann nur dann eine stetige Funktion von x genannt werden, wenn die *Differentiation*, mit der wir einen Differentialquotienten ableiten, zu einer einzigen Funktion von x führt (z. B. $6 - 2x$, wenn $y = 6x - x^2$). Bedeuten also f(x) und F(x) verschiedene Funktionen von x, so können wir schreiben:

$$y = f(x) \text{ und } \frac{dy}{dx} = F(x)$$

Dieselbe Operation, an F(x) ausgeführt, ergibt die *zweite Ableitung* von $y = f(x)$ in der Form

$$\frac{dF(x)}{dx} \equiv \frac{d^2y}{dx^2} \equiv D_x^2 \cdot y$$

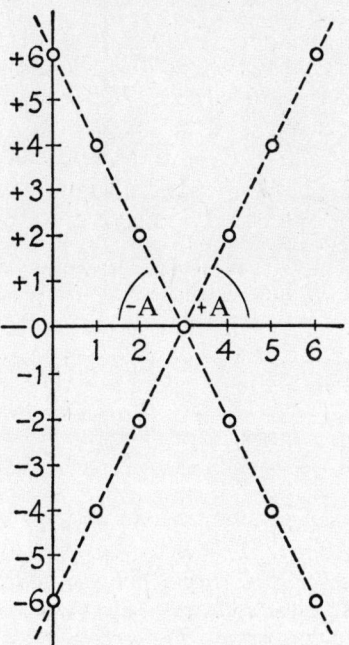

Fig. 165 Graphische Darstellung der ersten Ableitungen der Funktion $y = 6x - x^2$ und $y = x^2 - 6x$

Natürlich kann die Operation immer weiter durchgeführt werden:

$$\frac{d^2 F(x)}{dx^2} \equiv \frac{d^3 y}{dx^3} \equiv D_x^3 \cdot y \text{ und } \frac{d^3 F(x)}{dx^3} \equiv \frac{d^4 y}{dx^4} \equiv D_x^4 \cdot y$$

Wenn man $y = f(x)$ zweimal differenzieren kann, hat man die Mittel zur Verfügung, das Problem, das Fermat als erster angepackt hat, vollständig zu lösen. Dazu ist es sinnvoll, zu unterscheiden zwischen einem *Wendepunkt* wie P in Fig. 164 und einem *Inflexionspunkt* wie S oder T in der oberen Hälfte von Fig. 166. Ein Inflexionspunkt ist ein Punkt, in dem der Kurvenverlauf von konkav aufwärts nach konkav abwärts wechselt und umgekehrt. In einem Bereich, wo eine Kurve konkav abwärts verläuft, wechselt tg A von positiv nach negativ, und die zweite Ableitung ist darum negativ. Wo die Kurve konkav aufwärts verläuft, gilt das Gegenteil: die zweite Ableitung ist positiv. Im Bereich eines Inflexions-

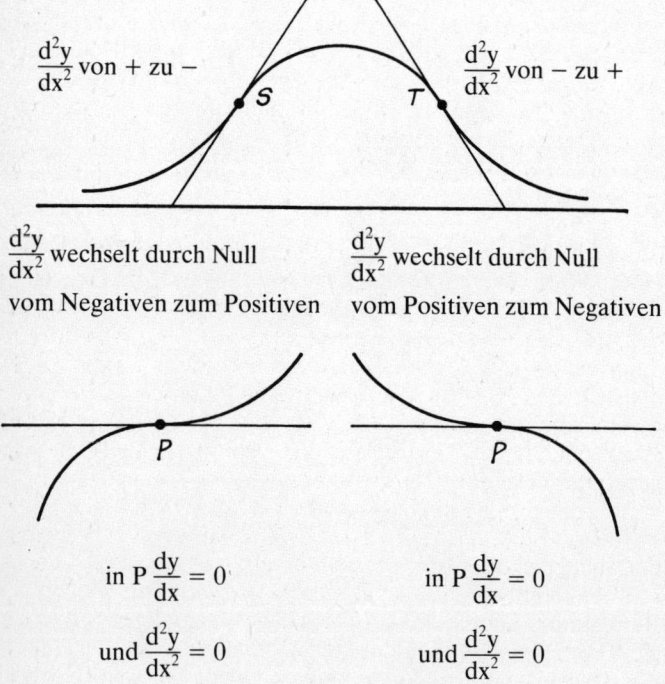

Fig. 166   Inflexionspunkte

punktes wechselt also die zweite Ableitung über Null vom Positiven zum Negativen oder *vice versa*. Wir können also sagen:

P ist ein Maximum, wenn $\frac{dy}{dx} = 0$ und $\frac{d^2y}{dx^2}$ negativ ist.

P ist ein Minimum, wenn $\frac{dy}{dx} = 0$ und $\frac{d^2y}{dx^2}$ positiv ist.

Im unteren Teil von Fig. 166 erkennen wir eine dritte Situation. Hier ist P als Inflexionspunkt so gelagert, daß die Tangente an die Kurve parallel zur x-Achse verläuft (tg A = 0), wobei

$$\frac{dy}{dx} = 0 = \frac{d^2y}{dx^2}$$

In einem Inflexionspunkt, wie S und T im oberen Teil von Fig. 166, beträgt die zweite Ableitung Null, die erste dagegen nicht.

Damit ist Fermats Problem gelöst, solange es sich nur um endliche Werte von x handelt; aber eine vierte Situation entsteht, wenn eine Kurve zu einer oder zu beiden Seiten der x-Achse *asymptotisch* verläuft. Das ist der Fall, wenn bei der ersten Ableitung der Hyperbel $y = 16x^{-1}$ zu $-16x^{-2}$ wird; sie nähert sich mehr und mehr der Null in dem Maße, in dem x unendlich groß wird. Der rechte Zweig der Kurve wird dann mehr und mehr *asymptotisch*, d. h. fast parallel, zu x-Achse, so wie y immer näher an Null kommt.

Newtons Versuch. Um Newtons Versuch zu verstehen, das Mittel eines *Differentialdreiecks* (STV in Fig. 161) anzuwenden, wie sein Lehrer Isaac Barrow es vorgeschlagen hatte, muß man unterscheiden zwischen einfacher *Schnelligkeit* und *Geschwindigkeit* im Sinne der Physik. Newtons Vorgänger betrachteten Kraft als etwas *Statisches*, wie z. B. das Ausbalancieren von Gewichten. Newton definierte Kraft als etwas *Dynamisches,* angeregt durch Galileis Werk über die Abwärtsbewegung einer Kugel auf einer sanft geneigten Fläche, also als eine *gegebene Beschleunigung*.

Im Alltagsleben stellen wir uns Beschleunigung als schneller werdende Bewegung vor, d. h. ein Anwachsen oder Abnehmen der Schnelligkeit, also als dem Verhältnis Distanz zur Zeit.

Aber wenn wir uns anstrengen müssen, um die *Richtung* der Bewegung zu ändern ohne Änderung der Schnelligkeit (Distanz zu Zeit-Verhältnis auf dem durchmessenen Weg), dann müssen wir die Beschleunigung definieren als etwas, das verschieden ist von der einfachen Schnelligkeit in den in bestimmten Zeitintervallen durchlaufenen Entfernungen, ob nun der Verlauf einer geraden Linie entspricht oder nicht. Demgemäß unterscheiden wir zwischen einfacher Schnelligkeit (definiert als der tatsächliche Weg, den ein sich bewegendes Objekt in der Zeiteinheit durchmißt) und der *Geschwindigkeit,* der Entfernung, die in der Zeiteinheit in bezug auf eine gerade Linie zurückgelegt wird.

Bewegt sich ein Körper geradlinig vorwärts, so sind Schnelligkeit und Geschwindigkeit identisch; aber wenn wir dann seine Bewegung in zwei rechtwinklig zu einander befindliche Komponenten zerlegen, z. B. vertikal und horizontal, nördlich und östlich, so wird – falls die Entfernung entlang des tatsächlichen Weges konstant ist (Fig. 167) –, die Distanz in der Zeiteinheit in jeder Richtung konstant sein.

Wenn sich ein Körper mit fester Schnelligkeit entlang einer Kurvenstrecke bewegt, so ist der in der Zeiteinheit zurückgelegte Weg (in beliebiger Richtung (nach Norden oder Süden, vertikal oder horizontal) nicht konstant. Definieren wir *Beschleunigung* als Anwachsen *(positiv)* oder Abnehmen *(negativ)* der *Geschwindigkeit,* können wir deshalb von der Beschleunigung des sich auf einer Kurvenstrecke bewegenden Körpers nur in einer bestimmten Richtung sprechen, d. h. vertikal bei der Höhe-Zeit-Kurve der Kanonenkugel-Flugbahn.

In einer graphischen Darstellung von Distanz l und Zeit t kann man sowohl Schnelligkeit wie Geschwindigkeit durch die erste Ableitung von l in bezug auf t korrekt darstellen. Wenn daher s die Schnelligkeit entlang der wirklichen Kurve und v die Geschwindigkeit in einer bestimmten Richtung ist, muß man nur spezifizieren, ob l den einen oder andern Weg entlang zu messen ist, um schreiben zu können:

$$\frac{dl}{dt} = s \text{ (l den ganzen Weg entlang gemessen)}$$

oder $\quad \dfrac{dl}{dt} = v$ (l inbezug auf eine bestimmte Richtung gemessen)

Bei der Darstellung der Beschleunigung a eines Körpers durch die zweite Ableitung ist zu beachten:

$$a = \frac{dv}{dt}, \text{ wobei } \frac{d^2l}{dt^2} = a, \text{ nur, wenn } \frac{dl}{dt} = v \text{ ist.}$$

Die Flugbahn der Kanonenkugel nach Galilei

Newton und seine Zeitgenossen verdankten Galilei die Erkenntnis, daß man die Fortbewegung eines Geschosses als das Ergebnis des Zusammenwirkens zweier unabhängiger Komponenten ansehen kann:

a) seiner Anfangs- und Mündungsgeschwindigkeit in einer geraden Linie aufwärts, in einem Winkel A zur Horizontalen,
b) seiner abwärts gerichteten mittleren Geschwindigkeit mit einer festen Zunahme pro Sekunde.

Diese Zunahme ist die sogenannte *Beschleunigung durch Schwerkraft,* mit g bezeichnet und (auf Meereshöhe) annähernd gleich 10 Sekundenmeter pro Sekunde.

Um die beiden Komponenten zusammenzufügen, müssen wir die Mündungsgeschwindigkeit (v_m) umwandeln in ihre vertikale Äquivalente (V), in dieselbe gerade Linie wie den Zug der Schwerkraft nach unten. Fig. 167 zeigt, welche Höhe in der Zeit t ohne jede die Richtung der Bewegung ändernde Kraft geradlinig erreicht werden würde:

$$h_1 = Vt = v_m \cdot \sin A \cdot t$$

Ist v_o die Anfangsgeschwindigkeit eines fallenden Körpers und v_t seine Geschwindigkeit nach dem Zeitabschnitt t, so beträgt seine mittlere Geschwindigkeit $v = \frac{1}{2}(v_o + v_t)$. Nimmt sie g Sekundenmeter in jeder Sekunde zu,

$$v_t = v_o + gt \text{ und } \frac{1}{2}(v_o + v_t) = v_o + \frac{1}{2}gt = v$$

Vom Ruhepunkt ausgehend ($v_o = 0$), beträgt die mittlere Geschwindigkeit abwärts $\frac{1}{2}gt$, und da sie das Verhältnis der Entfernung h_2 zum Zeitintervall darstellt, ist

$$v = \frac{h_2}{t}, \text{ so daß } h_2 = v \cdot t = \frac{1}{2}gt^2$$

Das Geschoß gewinnt an Höhe $h_1 = v_m \cdot \sin A \cdot t$ aufwärts *(positiv)* und verliert zugleich an Höhe $h_2 = \frac{1}{2}gt^2$ abwärts (negativ) in dem Intervall t. Also ist die wirkliche Höhe (h), durch die Zeit ausgedrückt (Fig. 167):

$$h = v_m \cdot \sin A \cdot t - \frac{1}{2} g t^2$$

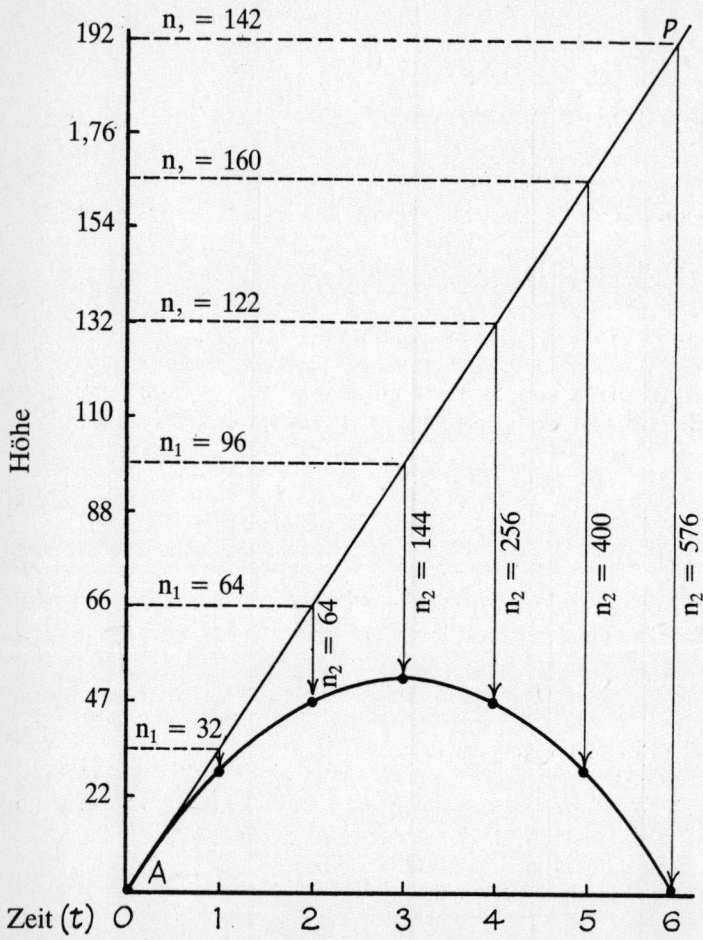

Fig. 167 Galileische Interpretation der Flugbahn einer Kanonenkugel. In dieser Figur beträgt die Neigung (A) der Abschußlinie (OP) zur Grundlinie etwa 56¼° und die Mündung liegt auf dem Niveau der Basis. Ohne eine andere Kraft als die der Explosion würde sich das Geschoß mit einer konstanten Geschwindigkeit von ungefähr 38.5 m pro Sekunde auf der geraden Linie OP fortbewegen entsprechend einer vertikalen Geschwindigkeit von etwa 32 m

In der Gleichung der Flugbahn (Fig. 132) wird die Höhe (in Einheiten von 20 m) und die Zeit (in Einheiten von 1 sec) angegeben, so daß

$$h = \frac{3}{2} t - \frac{t^2}{4}$$

Bei einer Höheneinheit von 1 m wird daraus

$$h = 30 t - 16 t^2$$

Der Winkel, den das Kanonenrohr mit dem Boden bildet, soll 60° sein; dann ist $\sin 60° = \frac{1}{2} \sqrt{3}$ und

$$\frac{2(30)}{\sqrt{3}} = v_m \simeq 36 \text{ m pro Sekunde.}$$

Das ist die Mündungsgeschwindigkeit in der Feuerlinie ($\sphericalangle 60°$ zum Boden), und die vertikale Geschwindigkeit beträgt:

$$\frac{\triangle h}{\triangle t} = \frac{30\left(t + \frac{1}{2}\triangle t\right) - 30\left(t - \frac{1}{2}\triangle t\right)}{\triangle t}$$

$$- \frac{16\left(t + \frac{1}{2}\triangle t\right)^2 - 16\left(t - \frac{1}{2}\triangle t\right)^2}{\triangle t}$$

$$= 30 - 32t = 30, \text{ wenn } t = 0$$

Die Beschleunigung erhält man so:

$$\triangle u = \left[30 - 16\left(t + \frac{1}{2}\triangle t\right)^2\right] - \left[30 - 16\left(t - \frac{1}{2}\triangle t\right)^2\right] = -32t$$

$$\frac{\triangle y}{\triangle t} = -32$$

---

aufwärts. Aufgrund der Schwerkraft fällt es aber mit zunehmender Geschwindigkeit abwärts mit etwa 10 m pro Sekunde. Wir können die wichtigen Daten tabellieren im Hinblick auf die Falldistanz (h_2) aufgrund der Schwerkraft.

Zeit (t)	0...	1...	2...	3...	4...	5... 6
Geschwingk. (in t)	0...	32...	64...	96...	128...	160... 192
mittlere Geschwindigkeit h_2	0...	16...	64...	144...	256...	400... 576

Daher können wir schreiben:

$$\frac{d^2h}{dt^2} = -32$$

Das heißt: Die vertikale Beschleunigung (Fig. 168) ist negativ (d. h. abwärts gerichtet) und unabhängig von t. So gewinnt die Kanonenkugel in dieser Richtung um ein festes Maß von 10 (= g) Sekundenmeter pro Sekunde an Schnelligkeit.

Differentiation. Die hierfür erbrachten Beispiele sind vom Typ

$$y = Ax + Bx^2 \text{ oder } y = A + Cx,$$

wobei A, B, C als numerische Konstanten nicht notwendigerweise positiv sein müssen. Wir betrachten die Form Ax^n, in der n eine positive ganze Zahl ist. Ist n = 3, können wir in bezug auf die beiden Punkte S und T mit den Koordinaten $x - \frac{1}{2}\Delta x, y_1$ und $x + \frac{1}{2}\Delta x, y_2$ schreiben:

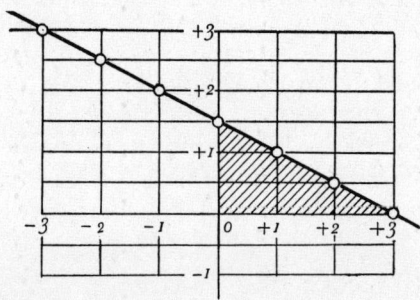

Fig. 168   Die abwärts gerichtete Beschleunigung der Kanonenkugel. Auf der *x*-Achse bedeuten die Einheiten Sekunden; auf der *y*-Achse sind es Einheiten der Geschwindigkeit (d. h. Weg pro Sekunde in vertikaler Richtung). Eine Einheit entspricht 20 Sekundenmetern. Die Gerade steigt von rechts nach links an; das Vorzeichen der Steigung wird daher negativ. Mit andern Worten, die Kugel verliert beim Steigen an Geschwindigkeit, d. h. sie gewinnt an Fallgeschwindigkeit. Das Steigungsmaß, wie man es an der schraffierten Fläche ablesen kann, ist

$$\frac{(0 - 1{,}5) \text{ Einheiten von y}}{(3 - 0) \text{ Einheiten von x}} \text{ oder } -\frac{1{,}5 \cdot 20 \text{ Sekundenmeter}}{3 \text{ Sekunden}}$$

d. h. -10 Sekundenmeter pro Sekunde.

Für Fig. 167 heißt das: $v = \frac{3}{2} - \frac{x}{2}$

$$y_2 = A\left(x + \frac{1}{2}\triangle x\right)^3 = Ax^3 + \frac{3}{2}Ax^2 \cdot \triangle x$$
$$+ \frac{3}{4}Ax \cdot (\triangle x)^2 - \frac{1}{8}A(\triangle x)^3$$
$$y_1 = \left(Ax - \frac{1}{2}\triangle x\right)^3 = Ax^3 - \frac{3}{2}Ax^2 \cdot \triangle x$$
$$+ \frac{3}{4}Ax \cdot (\triangle x)^2 - \frac{1}{8}A(\triangle x)^3$$
$$\therefore \triangle y = y_2 - y_1 = 3Ax^2 \cdot \triangle x + \frac{1}{4}(\triangle x)^3$$
$$\therefore \frac{\triangle y}{\triangle x} = 3Ax^2 + \frac{1}{4}(\triangle x)^2$$

Wie wir gesehen haben, ist eine gerade Linie durch diese beiden Punkte im Winkel A zur x-Achse geneigt und tg A ist gleichbedeutend mit dem Ausdruck auf der rechten Seite.

Nähern sich die beiden Punkte einander, wird $\triangle x$ im Vergleich mit $3Ax^2$ immer kleiner. Wenn der Abstand unmeßbar gering geworden ist und die beiden Punkte zu einem einzigen Punkt P verschmelzen, verschwindet $\triangle x$, und die Linie, die zur x-Achse in einem Winkel geneigt ist, dessen Tangens $3Ax$ beträgt, berührt die Kurve in P. Wir können dann schreiben:

$$\frac{dy}{dx} = 3Ax^2 \text{ falls } y = Ax^3$$

Wenn $y = Ax^4$, schreiben wir:

$$y_2 = A\left(x + \frac{1}{2}\triangle x\right)^4 = Ax^4 + 2Ax^3 \cdot \triangle x + \frac{3}{2}Ax^2(\triangle x)^2$$
$$+ \frac{1}{2}Ax(\triangle x)^3 + \frac{1}{16}A(\triangle x)^4$$
$$y_1 = A\left(x - \frac{1}{2}\triangle x\right)^4 = Ax^4 - 2Ax^3 \cdot \triangle x + \frac{3}{2}Ax^2(\triangle x)^2$$
$$- \frac{1}{2}Ax(\triangle x)^3 + \frac{1}{16}A(\triangle x)^4$$
$$\therefore \triangle y = 4Ax^3 \cdot \triangle x + Ax(\triangle x)^3$$
$$\therefore \frac{\triangle y}{\triangle x} = 4Ax^3 + Ax(\triangle x)^2$$

Im Grenzbereich, wo $\triangle x$ nicht mehr meßbar ist, so daß $Ax\,(\triangle x)^2$ wegfallen kann, schreiben wir

$$\frac{dy}{dx} = 4Ax^3$$

Allgemein ausgedrückt: wenn $y = Ax^n$ (n eine positive ganze Zahl):

$$\triangle y = A\left(n \cdot x^{n-1}\triangle x + \frac{n(n-1)(n-2)}{4(3!)}x^{n-3}(\triangle x)^3\right.$$

$$\left. + \frac{n(n-1)(n-2)(n-3)}{16(5!)}x^{n-5}\ldots\right)$$

$$\therefore \frac{\triangle y}{\triangle x} = A\left(nx^{n-1} + \frac{n(n-1)(n-2)}{4(3!)}x^{n-3}(\triangle x)^2\right.$$

$$\left. + \frac{n(n-1)(n-2)(n-3)(n-4)}{16(5!)}x^{n-5}(\triangle x)^4\ldots\right)$$

$$\therefore \frac{dy}{dx} = A \cdot nx^{n-1}$$

Dasselbe Resultat ist auch auf einem anderen Weg erreichbar. Wir finden durch direkte Division:

$$\frac{a^n - b^n}{a - b} = a^{n-1} + a^{n-2}b + a^{n-3}b^2 \ldots + ab^{n-2} + b^{n-1}$$

Die Anzahl der Glieder auf der rechten Seite ist n. Mit der Annäherung von b an a, nähert sich die rechte Seite immer mehr: $a^{n-1} + a^{n-1} + a^{n-1} \ldots + a^{n-1} = n\,a^{n-1}$. Wenn wir schreiben:

$a = \left(x + \frac{1}{2}\triangle x\right)$ und $b = \left(x - \frac{1}{2}\triangle x\right)$, so wird $a - b = \triangle x$:

$$\frac{a^n - b^n}{a - b} = \frac{\left(x + \frac{1}{2}\triangle x\right)^n - \left(x - \frac{1}{2}\triangle x\right)^n}{\triangle x}$$

In dem Maße wie $\triangle x$ reduziert wird, nähert sich das:

$$na^{n-1} = n\left(x + \frac{1}{2}\triangle x\right)^{n-1}$$

$$= n\left(x^{n-1} + \frac{n-1}{2}x^{n-2}\triangle x + \frac{(n-1)(n-2)}{4(2!)}\ldots\right)$$

Im Grenzbereich, wo $\triangle x$ wegfallen kann,

$$na^{n-1} = n \cdot x^{n-1}.$$

Bevor wir diese Funktion verabschieden, können wir noch für
y = x^n feststellen:
$$\frac{dy}{dx} = nx^{n-1}; \frac{d^2y}{dx^2} = n(n-1)x^{n-2}; \frac{d^3y}{dx^3} = n(n-1)(n-2)x^{n-3} \text{ etc.}$$

Allgemein:
$$\frac{d^n y}{dx^n} = n(n-1)(n-2)\ldots(n-r+1)x^{n-r}$$

Nun kommen wir zu den Funktionen y = sin x und y = cos x. Ist
y = sin x,
$$\frac{dy}{dx} = \frac{\sin\left(x + \frac{1}{2}\triangle x\right) - \sin\left(x - \frac{1}{2}\triangle x\right)}{\triangle x}$$
sowie $\triangle x$ schwindet.

Mit Hilfe der Formeln für Summe und Differenz ergibt sich
$$\sin\left(x + \frac{1}{2}\triangle x\right) = \sin x \cdot \cos\left(\frac{1}{2}\triangle x\right) + \cos x \cdot \sin\left(\frac{1}{2}\triangle x\right)$$
$$\sin\left(x - \frac{1}{2}\triangle x\right) = \sin x \cdot \cos\left(\frac{1}{2}\triangle x\right) - \cos x \cdot \sin\left(\frac{1}{2}\triangle x\right)$$
$$\therefore \triangle y = 2 \cos x \cdot \sin\left(\frac{1}{2}\triangle x\right)$$
$$\therefore \frac{\triangle y}{\triangle x} = \cos x \frac{\sin\left(\frac{1}{2}\triangle x\right)}{\frac{1}{2}\triangle x}$$

Wird a in Radian gemessen, so nähert sich sin a : a immer mehr der Eins, wenn a kleiner wird; der Grenzwert, wenn $\frac{1}{2}\triangle x$ unmeßbar klein wird, lautet
$$\frac{\sin\left(\frac{1}{2}\triangle x\right)}{\frac{1}{2}\triangle x} = 1$$

Wird x in Radian gemessen, so ist der rechte Faktor, wie oben, die Einheit, so daß

$$\frac{dy}{dx} = -\sin x, \text{ wenn } y = \cos x$$

Hier muß betont werden, daß die Formeln für $y = \sin x$ und $y = \cos x$ nur dann gelten, wenn x in Radian gemessen wird.

Differentiationsmethoden. Um den Differentialquotienten einiger Funktionen zu ermitteln, muß man gewisse Regeln kennen, die hier erklärt werden sollen:

Regel 1: Wenn C eine beliebige numerische Konstante ist, so ist ihre Ableitung 0. Das heißt soviel wie: Die Veränderungsrate einer Konstanten ist laut Definition gleich Null; aber man kann sie mit der Ableitung einer bereits behandelten Funktion festlegen:

$$\frac{dCx^n}{dx} = nC \cdot x^{n-1}, \text{ so daß } \frac{dC}{dx} = \frac{dCx^0}{dx} = 0 \cdot C \cdot x^{-1} = 0$$

Regel 2: Ist C eine numerische Konstante, so ist

$$\frac{dCy}{dx} = C\frac{dy}{dx}$$

Das folgt aus der Tatsache, daß

$$\triangle (Cy) = Cy_2 - Cy_1 = C(y_2 - y_1) = C \cdot \triangle y$$

Regel 3: Sind $y_a, y_b, y_c \ldots$ Funktionen von x:

$$\frac{d}{dx}(y_a \pm y_b \pm y_c \ldots) = \frac{dy_a}{dx} \pm \frac{dy_b}{dx} \pm \frac{dy_c}{dx} \ldots$$

Wir haben schon gesehen, daß:

$$\frac{d}{dx}\left(\frac{3}{2}x - x^2\right) = \frac{3}{2} - 2x$$

und

$$\frac{d}{dx}\left(\frac{3x}{2}\right) - \frac{dx^2}{dx} = \frac{3dx}{2dx} - 2x = \frac{3}{2} - 2x$$

Regel 4: Ist z eine Funktion von y und y selber ist eine Funktion von x:

$$\frac{dz}{dx} = \frac{dz}{dy} \cdot \frac{dy}{dx}$$

Das hängt lediglich von der Tatsache ab, daß die Ableitung der Grenzwerte von $(\triangle z \cdot \triangle y) : (\triangle y \cdot \triangle x)$ ist.

$$\frac{\triangle z}{\triangle x} = \frac{z_2 - z_1}{x_2 - x_1} = \frac{z_2 - z_1}{y_2 - y_1} \cdot \frac{y_2 - y_1}{x_2 - x_1} = \frac{\triangle z}{\triangle y} \cdot \frac{\triangle y}{\triangle x}$$

Beispiel 1: Wir können x^6 schreiben $(x^3)^2$ oder $(x^2)^3$ und wissen, daß die erste Ableitung $6x^5$ heißt. In Übereinstimmung mit unserer Regel:

$$\frac{d}{dx}(x^3)^2 = \frac{d(x^3)^2}{d(x^3)} \cdot \frac{d(x^3)}{dx} = 2x^3 \cdot 3x^2 = 6x^5$$

$$\frac{d(x^2)^3}{dx} = \frac{d(x^2)^3}{d(x^2)} \cdot \frac{dx^2}{dx} = 3(x^2)^2 \cdot 2x = 3x^4 \cdot 2x = 6x^5$$

Beispiel 2: In Anbetracht dessen, daß $\sin^2 x$ und $\cos^2 x$ gleichbedeutend mit $(\sin x)^2$ bzw. $(\cos x)^2$ sind.

$$\frac{d \sin^2 x}{dx} = \frac{d \sin^2 x}{d \sin x} \cdot \frac{d \sin x}{dx} = 2 \sin x \cdot \cos x$$

$$\frac{d \cos^2 x}{dx} = \frac{d \cos^2 x}{d \cos x} \cdot \frac{d \cos x}{dx} = 2 \cos x \, (-\sin x)$$

$$= -2 \sin x \cdot \cos x$$

$$\therefore \frac{d}{dx}(\sin^2 x + \cos^2 x) = 2 \cdot \sin x \cdot \cos x - 2 \cdot \sin x \cdot \cos x = 0$$

Das sollte es auch sein, da $(\sin^2 x + \cos^2 x) = 1$ und seine Ableitung 0 ist.

Regel 5: Sind u und v beides Funktionen von x, und $y = uv$:

$$\frac{dy}{dx} = u \cdot \frac{dv}{dx} + v \cdot \frac{du}{dx}$$

Um das aufstellen zu können, betrachten wir zwei angrenzende Punkte mit den Koordinaten x, uv und $x + \triangle x$, $(u + \triangle u)(v + \triangle v)$.

$$\therefore \triangle y = (u + \triangle u)(v + \triangle v) - uv = u \triangle v + v \triangle u + \triangle u \cdot \triangle v$$

$$\therefore \frac{\triangle y}{\triangle x} = u \cdot \frac{\triangle v}{\triangle x} + v \cdot \frac{\triangle u}{\triangle x} + \triangle u \cdot \frac{\triangle v}{\triangle x}$$

Beim Grenzwert kann das letzte Produkt wegfallen; man kann es auch schreiben

$$\triangle u \cdot \frac{\triangle v}{\triangle x} \quad \text{oder} \quad \triangle v \cdot \frac{\triangle u}{\triangle x}$$

Wenn man also △u und △v weglassen kann,

$$\frac{d(uv)}{dx} = u \cdot \frac{dv}{dx} + v \cdot \frac{du}{dx}$$

Beispiel (1): Wir können $y = x^9$ schreiben $y = x^4 \cdot x^5$ und wissen, daß die erste Ableitung lautet $y = 9x^8$. Nach unserer Regel 5 gilt:

$$\begin{aligned}
\frac{dy}{dx} &= x^4 \frac{dx^5}{dx} + x^5 \frac{dx^4}{dx} \\
&= x^4 \cdot 5x^4 + x^5 \cdot 4x^3 \\
&= 5x^8 + 4x^8 \\
&= 9x^8
\end{aligned}$$

Beispiel (2): Man erinnere sich:

$$\frac{1}{2}\sin 2x = \cos x \cdot \sin x \text{ und}$$
$$\cos 2x = \cos^2 x - \sin^2 x$$

Nach Regel 5:

$$\begin{aligned}
\frac{d}{dx}(\cos x \cdot \sin x) &= \cos x \cdot \frac{d}{dx}\sin x + \sin x \cdot \frac{d}{dx}\cos x \\
&= \cos x \cdot \cos x + \sin x \cdot (-\sin x) \\
&= \cos^2 x - \sin^2 x \\
&= \cos 2x
\end{aligned}$$

Nach Regel 4:

$$\begin{aligned}
\frac{d}{dx}(\cos x \cdot \sin x) &= \frac{1}{2}\frac{d}{dx}(\sin 2x) \\
&= \frac{1}{2}\frac{d(\sin 2x)}{d(2x)} \cdot \frac{d(2x)}{dx} \\
&= \frac{1}{2}\cos 2x \cdot 2 \\
&= \cos 2x
\end{aligned}$$

Regel 6: Diese Regel, die im Grenzwert enthalten ist, kann mit Sicherheit vom Leser bestätigt werden durch

$$\frac{\triangle x}{\triangle y} = \frac{1}{\frac{\triangle y}{\triangle x}}, \text{ also } \frac{dx}{dy} = \frac{1}{\frac{dy}{dx}}$$

Mit Hilfe der sechs Regeln können wir unser Wörterbuch der Differentialkoeffizienten erweitern, beginnend mit der Funktion $y = x^2$. Wir haben schon gezeigt, daß die erste Ableitung $n\, x^{n-1}$ nur für n als ganze positive Zahl gilt. Nun gilt es, das allgemeinere Ergebnis zu betrachten:

a) n ist ein rationaler Bruch $\frac{p}{q}$,
b) n ist eine negative ganze Zahl oder ein negativer rationaler Bruch.

Regel 7: Ist $y = x^{-1}$:

$$\frac{dy}{dx} = -\frac{1}{x^2}$$

In diesem Fall können wir schreiben:

$$\triangle y = \frac{1}{x + \frac{1}{2}\triangle x} - \frac{1}{x - \frac{1}{2}\triangle x} = \frac{-\triangle x}{x^2 - \frac{1}{4}(\triangle x)^2}$$

$$\therefore \frac{\triangle y}{\triangle x} = \frac{-1}{x^2 - \frac{1}{4}(\triangle x)^2}$$

Im Grenzwert kann $\frac{1}{4}(\triangle x)^2$ als unwesentlich fallengelassen werden.

Regel 8: Aus Regel 7 und Regel 6 finden wir

$$\frac{d}{dx}\left(\frac{u}{v}\right) = \frac{d}{dx}(uv^{-1}) = u\frac{dv^{-1}}{dx} + v^{-1}\frac{du}{dx}$$

$$= u \cdot \frac{dv^{-1}}{dv} \cdot \frac{dv}{dx} + \frac{1}{v} \cdot \frac{du}{dx}$$

$$= \frac{1}{v} \cdot \frac{du}{dx} - \frac{u}{v^2}\frac{dv}{dx}$$

Regel 9: Wir können schreiben:

$$\frac{\triangle y}{\triangle x} = \frac{1}{\frac{\triangle x}{\triangle y}}, \text{ und im Grenzwert } \frac{dy}{dx} = \frac{1}{\frac{dx}{dy}}$$

Es sei $y = x^{\frac{p}{q}}$ und $z = x^{\frac{1}{q}}$, also $y = z^p$.

Nach Regel 5 gilt:

$$\frac{dy}{dx} = \frac{dy}{dz} \cdot \frac{dz}{dx} = pz^{p-1} \cdot \frac{dz}{dx}$$

Wenn also $z = x^{\frac{1}{q}}$, $x = z^q$ und

$$\frac{dx}{dz} = qz^{q-1}, \text{ so daß } \frac{dz}{dx} = \frac{1}{q \cdot z^{q-1}},$$

$$\therefore \frac{dy}{dx} = \frac{pz^{p-1}}{qz^{q-1}}$$

$$= \frac{p}{q} z^{p-q}$$

$$= \frac{p}{q} x^{\frac{p-q}{q}}$$

$$\therefore \frac{d}{dx}\left(x^{\frac{p}{q}}\right) = \frac{p}{q} \cdot x^{\frac{p}{q} - 1}$$

Das ist gleichbedeutend mit der Aussage:

Die Ableitung von x^n ist $n \cdot x^{n-1}$, wobei hier n ein rationaler Bruch $\frac{p}{q}$ ist.

Nun betrachten wir den Fall $y = x^{-n}$; n kann hier ein rationaler Bruch oder eine ganze Zahl sein.

Entsprechend der Regel 7 können wir dann schreiben:

$$\frac{dy}{dx} = \frac{d(x^{-n})}{d(x^n)} \cdot \frac{d(x^n)}{dx} = \frac{-1}{(x^n)^2} n \cdot x^{n-1}$$

$$= \frac{-nx^{n-1}}{x^{2n}} = -nx^{n-1-2n}$$

$$= -nx^{-n-1}$$

DER CALCULUS BEI NEWTON UND LEIBNIZ

Das stimmt wiederum überein mit der Formel für die Ableitung von x^n, wenn x eine positive ganze Zahl ist. Also können wir sagen

$$\frac{dx^n}{dx} = nx^{n-1},$$

ob nun n positiv oder negativ, eine ganze Zahl oder ein rationaler Bruch ist.

Betrachten wir nun die Funktion $y = e^x$. Sie läßt sich darstellen als die Reihe:

$$e^x = 1 + x + \frac{x^2}{2!} + \frac{x^3}{3!} + \frac{x^4}{4!} + \frac{x^5}{5!} \dots$$

Bei Anwendung der Regeln 1 und 2 läßt sich die Reihe Glied für Glied differenzieren:

$$\frac{de^x}{dx} = 0 + 1 + \frac{2x}{2!} + \frac{3x^2}{3!} + \frac{4x^3}{4!} + \frac{5x^4}{5!} \dots$$

$$= 1 + x + \frac{x^2}{2!} + \frac{x^3}{3!} + \frac{x^4}{4!} \dots$$

$$\therefore \frac{de^x}{dx} = e^x$$

K soll eine beliebige, positive oder negative numerische Konstante sein:

$$\frac{de^{kz}}{dx} = \frac{de^{kz}}{d(kx)} \frac{d(kx)}{dx} = k e^{kz}$$

Ist $k = -1$,

$$\frac{de^{-z}}{dx} = -e^{-z}$$

Um die Ableitung von $y = a^x$ zu erhalten, setzen wir zunächst $c = \log_e a$, so daß $a = e^c$ und $a^x = e^{cz}$:

$$\frac{da^x}{dx} = \frac{de^{cz}}{dx} = c e^{cz} = \log_e a \cdot a^x$$

Nun können wir $y = \log_e x$ differenzieren, so daß $x = e^v$ und

$$\frac{dx}{dy} = e^v \text{ und } \frac{dy}{dx} = \frac{1}{e^v}$$

$$\therefore \frac{d}{dx} \log_e x = \frac{1}{x}$$

Es sollte jetzt nicht mehr schwerfallen zu zeigen, daß

$$\frac{d}{dx}\cosh x = \sinh x \text{ und } \frac{d}{dx}\sinh x = \cosh x$$

Um $y = \text{tg } x$ zu differenzieren, ziehen wir Regel 8 heran:

$$\frac{d}{dx}\text{tg } x = \frac{d}{dx}\left(\frac{\sin x}{\cos x}\right) = \frac{1}{\cos x} \cdot \frac{d \sin x}{dx} - \frac{\sin x}{\cos^2 x}\frac{d \cos x}{dx}$$

$$= \frac{\cos x}{\cos x} - \frac{\sin x}{\cos^2 x}(-\sin x)$$

$$= 1 + \frac{\sin^2 x}{\cos^2 x} = 1 + \text{tg}^2 x$$

Nach Definition bedeutet $y = \text{tg}^{-1} x$

$x = \text{tg } y$, so daß

$$\frac{dx}{dy} = 1 + \text{tg}^2 y = 1 + x^2 \text{ und}$$

$$\frac{dy}{dx} = \frac{1}{1 + x^2}$$

Ist $y = \sin^{-1} x$, also $x = \sin y$, können wir schreiben:

$$\frac{dx}{dy} = \cos y$$

Da $\sin^2 y + \cos^2 y = 1$, $\cos^2 y = 1 - \sin^2 y$ und

$$\cos y = \sqrt{1 - \sin^2 y}:$$

$$\therefore \frac{dx}{dy} = \sqrt{1 - \sin^2 y} = \sqrt{1 - x^2} \text{ und}$$

$$\frac{dy}{dx} = \frac{1}{\sqrt{1 - x^2}}$$

Um weiterzugehen, benötigen wir eine Liste der Funktionen, die wir jetzt differenzieren können:

y	$\dfrac{dy}{dx}$	y	$\dfrac{dy}{dx}$
x^n	nx^{n-1}	$\sin kx$	$k \cdot \cos x$
e^{kx}	$k \cdot e^{kx}$	$\cos kx$	$-k \cdot \sin x$
a^x	$\log_e a \cdot a^x$	$\operatorname{tg} x$	$1 + \operatorname{tg}^2 x$
$\log_e x$	$\dfrac{1}{x}$	$\sin^{-1} x$	$\dfrac{1}{\sqrt{1-x^2}}$
$\cosh x$	$\sinh x$	$\operatorname{tg}^{-1} x$	$1 + x^2$

Das umgekehrte Verfahren. Das *Integration* genannte Verfahren beantwortet die Frage: Welche Funktion F(x) von x ergibt nach Differentiation Z? $\sin^{-1} x = A$, wenn $\sin A = x$, daher würde es mit unserem Gebrauch der negativen Exponenten übereinstimmen, auch zu schreiben:

$$F(x) = D_x^{-1} z, \text{ wenn } D_x F(x) = z$$

Wenn $e^x = y$, nennen wir x den *Logarithmus* von y und y den Antilogarithmus von x; es wäre daher angemssen F(x) im obigen Sinne als *Anti-Ableitung* von Z zu bezeichnen. Nach Leibniz ist es gebräuchlicher, von dem *indefiniten Integral* zu sprechen und ein besonderes Symbol für Flächenberechnungen anzunehmen:

$$y = \int z \, dx, \text{ wenn } \frac{dy}{dx} = z$$

Wenn wir fragen, welche Funktion von x durch Differentiation x^n ergibt, sollten wir die Frage in anderer Form stellen:

$$y = \int x^n \, dx, \text{ wenn } \frac{dy}{dx} = x^n$$

Zur Beantwortung der Frage müssen wir eine Liste von Ableitungen zur Verfügung haben. Wir wissen, daß

$$\frac{dx^n}{dx} = nx^{n-1}, \text{ also } \frac{dx^{n+1}}{dx} = (n+1) x^n \text{ und}$$

$$\frac{d}{dx}\left(\frac{x^{n+1}}{n+1}\right) = x^n.$$

Das beantwortet die Frage nicht ganz. Es sei C eine numerische Konstante:

$$\frac{d}{dx}(y + C) = \frac{dy}{dx}, \text{ so daß } \frac{dy}{dx} = x^n, \text{ wenn}$$

$$y = \frac{x^{n+1}}{n+1} + C$$

$$\therefore y = \int x^n \, dx, \text{ wenn } y = \frac{x^{n+1}}{n+1} + C$$

Um das umgekehrte Verfahren in Gang zu setzen, stellen wir zunächst folgende Überlegung an: Wie läßt sich die Flugbahn der Kanonenkugel ableiten aus Galileis Entdeckung, daß schwere Körper in Meereshöhe bei geringfügigem Luftwiderstand mit einer konstanten Beschleunigung von annähernd g = 10 *Sekundenmeter pro Sekunde* fallen? h sei die vertikale Höhe des Körpers:

$$\frac{d^2h}{dt^2} = \frac{dv}{dt} = -g$$

Um v zu finden, schreiben wir

$$v = \int (-g) \, dt, \text{ was bedeutet } \frac{dv}{dt} = -g$$

Die Funktion v von t, die der Bedingung auf der rechten Seite genügt, ist gegeben durch $-gt + C$, so daß

$$v = \int (-g) \, t \, dt = -gt + C$$

Nun wissen wir, daß das Geschoß eine aufwärts gerichtete Anfangsgeschwindigkeit hat. Es sei $v = v_o$, wenn $t = 0$

$$v_o = C \text{ und } v = v_o - gt$$

Wollen wir die Höhe (h) erfahren, in der sich das Geschoß zu einer beliebigen Zeit t befindet, erinnern wir uns, daß

$$\frac{dh}{dt} = v = (v_o - gt), \text{ also } h = \int (v_o - gt) \, dt$$

Wir möchten so die Funktion h von t finden, die bei Differentiation $v_o - gt$ ergibt. Da v_o und g Konstante sind, wird aus $v_o \cdot t$ v_o und $\frac{1}{2}gt^2$ ergibt gt. K ist die *Integrationskonstante:*

$$h = \int (v_o - gt)\,dt = v_o t - \frac{1}{2}gt^2 + K$$

Es ist $h = 0$, wenn $t = 0$, also $K = 0$ in dieser Gleichung, d. h.

$$h = v_o t - \frac{1}{2}gt^2$$

Um auf diese Weise nach rückwärts zu arbeiten, müssen wir uns auf unsere Vertrautheit mit Funktionen verlassen, deren Ableitungen wir kennen, und auf ein paar Regeln, von denen vier aus den vorangegangenen zur Bestimmung von Ableitungen folgen.

k, K und C sollen numerische Konstanten sein:

Regel 1: $\int Ky\,dx = K \int y\,dx$

Beispiel: $\int Kx^n\,dx = K \int x^n\,dx = \dfrac{K \cdot x^{n+1}}{n+1} + C$

Beweis: $\dfrac{d}{dx}\left(\dfrac{Kx^{n+1}}{n+1} + C\right) = \dfrac{K}{n+1}\left(\dfrac{dx^{n+1}}{dx} + \dfrac{dC}{dx}\right) = Kx^n$

Regel 2: $\int F(kx)\,dx = \dfrac{1}{k}\int F(kx)\,d(kx) + C$

Beispiel: $\int \cos kx\,dx = \dfrac{1}{k}\int \cos kx\,d(kx) = \dfrac{1}{k}\sin kx + C$

Beweis: $\dfrac{d}{dx}\dfrac{1}{k}\sin kx + C = \dfrac{1}{k}\dfrac{d}{dx}(\sin kx) = \dfrac{k \cos kx}{k} = \cos kx$

Regel 3: $\int (y + K)\,dx = \int y\,dx + Kx + C$

Beispiel: $\int \dfrac{1 + Kx}{x}\,dx = \int \left(\dfrac{1}{x} + K\right)dx = \log_e x + Kx + C$

Beweis: $\dfrac{d}{dx}(\log_e x + Kx + C) = \dfrac{d}{dx}(\log_e x) + K\dfrac{dx}{dx}$

$$= \dfrac{1}{x} + K = \dfrac{1 + Kx}{x}$$

428 DER CALCULUS BEI NEWTON UND LEIBNIZ

Regel 4: $\int (y_1 + y_2 + y_3 \ldots)\, dx = \int y_1\, dx + \int y_2\, dx + \int y_3\, dx \ldots$

Beispiel: $\int (3x^2 - 4x + 4)\, dx = \int 3x^2\, dx - \int 4x\, dx + \int 4\, dx$

$$= \frac{3x^3}{3} - \frac{4x^2}{2} + 4x + C = x^3 - 2x^2 + 4x + C$$

Beweis: $\dfrac{d}{dx}(x^3 - 2x^2 + 4x + C) = \dfrac{dx^3}{dx} - 2\dfrac{dx^2}{dx} + 4\dfrac{dx}{dx}$

$$= 3x^2 - 4x + 4$$

Eine 5. Regel erhält man durch Differentiation des Produktes (uv) zweier Funktionen von x.

Regel 5: $\int uv\, dx = u \cdot \int v\, dx - \int w \cdot \left(\dfrac{du}{dx}\right) dx$ falls $w = \int v\, dx$

Beispiel: $\int \sin x \cdot \cos x\, dx$

$$= \sin x \cdot \int \cos x\, dx - \int \sin x\, \frac{d \sin x}{dx} dx$$

$$= \sin^2 x - \int \sin x \cdot \cos x\, dx$$

$\therefore 2 \int \sin x \cdot \cos x\, dx = \sin^2 x$ und $\int \sin x \cdot \cos x\, dx = \dfrac{1}{2}\sin^2 x$

Beweis: $\dfrac{d}{dx}\left(\dfrac{1}{2}\sin^2 x\right) = \dfrac{1}{2} \cdot \dfrac{d \sin^2 x}{d (\sin x)} \cdot \dfrac{d \sin x}{dx}$

$$= \frac{1}{2} \cdot 2 \cdot \sin x \cdot \cos x = \sin x \cdot \cos x$$

Um die Ableitung dieser Regel zu verstehen, müssen wir uns klarmachen, was das sogenannte unbestimmte Integral als *Anti-Ableitung* und das Verfahren der Integration (besser: *Anti-Differentiation*) als Umkehrung der Differentiation denn heißen soll. Zu einer symbolischen Klärung ihres Verhältnisses zu einander lassen wir die x-Funktion einmal weg:

Differentiation $\quad \dfrac{d}{dx}(\ldots)$

Integration $\quad \int (\ldots)\, dx.$

Nach Definition:

$$\dfrac{d}{dx}(z) = Z \text{ bedeutet dasselbe wie}$$

$$\int Z\, dx = y$$

In beiden Gleichungen können wir die eine oder andere Rechenoperation durchführen, wenn wir auf beiden Seiten gleich verfahren:

$$\int \left(\dfrac{dy}{dx}\right) dx = \int Z\, dx = y \quad \text{und} \quad \dfrac{d}{dx}\left(\int Z\, dx\right) = \dfrac{dy}{dx} = Z$$

Derart läßt eine sukzessive Anwendung beider Operationen die Funktion unverändert. Das bedenkend wollen wir drei Funktionen von x betrachten, gekennzeichnet als u, v und w, wobei w definiert ist wie oben:

$$\dfrac{dw}{dx} = v, \text{ so daß } w = \int v\, dx$$

Nach der Produktregel der Differentiation können wir schreiben:

$$\dfrac{d}{dx}(uw) = u\dfrac{dw}{dx} + w\dfrac{du}{dx} = uv + w\dfrac{du}{dx}$$

Nun verfahren wir auf beiden Seiten der Gleichung wie das Integralzeichen andeutet:

$$uw = \int uv\, dx + \int w\left(\dfrac{du}{dx}\right) dx$$

$$\therefore u \int v\, dx = \int uv\, dx + \int w\left(\dfrac{du}{dx}\right) dx$$

$$\therefore \int uv\, dx = u \int v\, dx - \int w\left(\dfrac{du}{dx}\right) dx$$

Bevor wir die beiden Möglichkeiten des Integrationsverfahrens mit Hilfe dieser Regeln und der uns schon vertrauten Ableitung erörtern, stellen wir folgende Tabelle auf:

Z	$\int Z\, dx$	Z	$\int Z\, dx$
x^n	$\dfrac{x^{n+1}}{n+1} + C\,{}^*$	$\sin kx$	$-\dfrac{1}{k}\cos kx + C$
		$\cos kx$	$\dfrac{1}{k}\sin kx + C$
e^{kx}	$e^{kx} + C$	$1 + \tan^2 x$	$\tan x + C$
a^x	$\dfrac{a^x}{\log_e a} + C$	$\dfrac{1}{\sqrt{1 - x^2}}$	$\sin^{-1} x + C$
$\dfrac{1}{x}$	$\log_e x + C$	$\dfrac{1}{1 + x^2}$	$\tan^{-1} x + C$

* Wenn $n = -1$, ist das Integral von x^n gleich $\log_e x + C$.

Mit einer solchen Tafel von *Anti-Ableitungen* können wir Funktionen erfassen, die sich mit den fünf vorangegangenen Regeln nicht integrieren lassen, weder durch (a) die trigonometrische Substitution noch durch (b) die Erweiterung von Reihen.

Trigonometrische Substitution. Als Beispiel dieser Prozedur betrachten wir den Fall:

$$\int \sqrt{1 - x^2}\, dx = y$$

Wir wissen, daß $\sin^2 a + \cos^2 a = 1$, also

$$1 - \sin^2 a = \cos^2 a \text{ und } \sqrt{1 - \sin^2 a} = \cos a$$

$$\frac{d}{da}\sin a = \cos a \text{ und } d\sin a = \cos a\, da$$

Für y setzen wir $x = \sin a$ ein:

$$y = \int \sqrt{1 - \sin^2 a}\ d(\sin a) = \int \cos a\, (\cos a\, da) = \int \cos^2 a\, da$$

Aus der Additionsformel ergibt sich:

$$\cos 2a = \cos^2 a - \sin^2 a = 2\cos^2 a - 1, \text{ so daß}$$

$$\cos^2 a = \frac{1}{2}(1 + \cos 2a)$$

$$\therefore y = \frac{1}{2}\int(1 + \cos 2a)\, da = \frac{1}{2}\int 1\, da + \frac{1}{2}\int \cos 2a\, da$$

$$\therefore y = \frac{1}{2}a + \frac{\sin 2a}{4} + C$$

Wird in der obigen Gleichung $x = \sin a$ zu $a = \sin^{-1} x$ und

$$\sin 2a = 2\sin a \cdot \cos a = 2\sin a \sqrt{1 - \sin^2 a} = 2x\sqrt{1 - x^2}$$

Reihen-Integration. Es ist lehrreich, die Exponentialfunktion in Reihenform zu untersuchen, weil sie die Rolle der Integrationskonstanten betont. Zuerst stellen wir fest, daß

$$\int e^x\, dx = e^x + C, \text{ da } \frac{d}{dx}(e^x + C) = e^x$$

e^x in Reihenform ergibt

$$y = \int\left(1 + x + \frac{x^2}{2!} + \frac{x^3}{3!} + \frac{x^4}{4!}\ldots\right) dx$$

$$\therefore y = \left(x + \frac{x^2}{2!} + \frac{x^3}{3!} + \frac{x^4}{4!} + \frac{x^5}{5!}\ldots\right) + C$$

Auf den ersten Blick scheint das nicht mit dem exakten Wert des Integrals übereinzustimmen. Aber das täuscht. Setzen wir $y_o = y$, wenn $x = 0$, so sehen wir, daß $C = y_o$; ist aber $x = 0$, $e^x = e^o = 1$.

Das obige Resultat, wenn es an sich auch nicht sehr brauchbar ist, zeigt jedoch wie wichtig es ist, die Integrationskonstante in Betracht zu ziehen.

Die Methode der Reihenintegration läßt sich nachprüfen durch einen Rückgriff auf die Reihen für $\cos x$ und $\sin x$. Die folgende Illustration einer Reihenintegration führt zu einem Schätzwert von π. Wir wissen, daß

$$\int \frac{1}{1 + x^2}\, dx = \operatorname{tg}^{-1} x + C$$

Durch direkte Division läßt sich die Funktion unter dem Integralzeichen ausweiten zu einer unendlichen Reihe, die langsam konvergiert, wenn x ≤ 1:

$$\frac{1}{1+x^2} = 1 - x^2 + x^4 - x^6 + x^8 - x^{10} \ldots$$

$$\therefore \int \frac{1}{1+x^2} dx = x - \frac{x^3}{3} + \frac{x^5}{5} - \frac{x^7}{7} + \frac{x^9}{9} - \ldots$$

$$\text{tg}^{-1}(1) + C = 1 - \frac{1}{3} + \frac{1}{5} - \frac{1}{7} + \frac{1}{9} - \frac{1}{11} \ldots$$

Nun ist in Cirkularmessung $\frac{\pi}{4} = 1$, also $\text{tg}^{-1}(1) = \frac{\pi}{4}$. Da tg 0 = 0, $\text{tg}^{-1}(0) = 0$, daher in der obigen Reihe, wenn x = 0, $(\text{tg}^{-1} x + C) = 0$ und C = 0.

$$\frac{\pi}{4} = 1 - \frac{1}{3} + \frac{1}{5} - \frac{1}{7} + \frac{1}{9} - \frac{1}{11} \ldots$$

Die Glieder können auf zweierlei Weiße paarweise angeordnet werden:

$$\frac{\pi}{4} = 1 - \left(\frac{1}{3} - \frac{1}{5}\right) - \left(\frac{1}{7} - \frac{1}{9}\right) - \left(\frac{1}{11} - \frac{1}{13}\right) \ldots$$

$$= 1 - \frac{2}{15} - \frac{2}{63} - \frac{2}{143} \ldots$$

Anders ausgedrückt:

$$\frac{\pi}{4} = \left(1 - \frac{1}{3}\right) + \left(\frac{1}{5} - \frac{1}{7}\right) + \left(\frac{1}{9} - \frac{1}{11}\right) + \left(\frac{1}{13} - \frac{1}{15}\right) \ldots$$

$$= \frac{2}{3} + \frac{2}{35} + \frac{2}{99} + \frac{2}{195} \ldots$$

Wir sehen also, daß:

$$\frac{2}{3} < \frac{\pi}{4} < 1, \text{ so daß } 2{,}6 < \pi < 4$$

Die vorhergehende Reihe nimmt sehr langsam ab; wir können aber eine geeignetere Form erhalten, wenn wir für tg a andere Werte ansetzen, z. B. tg 30. Das heißt:

$$\text{tg} \frac{\pi}{6} = \frac{1}{\sqrt{3}}$$

Ist also:
$$a = \frac{\pi}{6}$$

$$\frac{\pi}{6} = \frac{1}{\sqrt{3}} - \left(\frac{1}{\sqrt{3}}\right)^3 \cdot \frac{1}{3} + \left(\frac{1}{\sqrt{3}}\right)^5 \cdot \frac{1}{5} - \left(\frac{1}{\sqrt{3}}\right)^7 \cdot \frac{1}{7}$$
$$+ \left(\frac{1}{\sqrt{3}}\right)^9 \cdot \frac{1}{9} - \left(\frac{1}{\sqrt{3}}\right)^{11} \cdot \frac{1}{11}$$
$$= \frac{1}{\sqrt{3}}\left(1 - \frac{1}{9}\right) + \left(\frac{1}{\sqrt{3}}\right)^5\left(\frac{1}{5} - \frac{1}{21}\right) + \left(\frac{1}{\sqrt{3}}\right)^9\left(\frac{1}{9} - \frac{1}{33}\right) \cdots$$
$$= \frac{1}{\sqrt{3}}\left(\frac{8}{9}\right) + \frac{1}{9\sqrt{3}}\left(\frac{16}{105}\right) + \frac{1}{81\sqrt{3}}\left(\frac{24}{297}\right) \cdots$$
$$= \sqrt{3}\left\{\frac{8}{27} + \frac{16}{27 \cdot 105} + \frac{24}{243 \cdot 297} \cdots\right\} \qquad \therefore \pi = 3{,}14\ldots$$

Durch dieselbe Methode erhält man eine konvergente unendliche Reihe für $\log_e (1 + x)$.
Zunächst stellen wir fest, daß

$$\frac{\pi}{4} = 1 - \left(\frac{1}{3} - \frac{1}{5}\right) - \left(\frac{1}{7} - \frac{1}{9}\right) - \left(\frac{1}{11} - \frac{1}{13}\right) \cdots$$
$$= 1 - \frac{2}{15} - \frac{2}{63} - \frac{2}{143} \cdots$$

Durch direkte Division:
$$\frac{1}{1+x} = 1 - x + x^2 - x^3 + x^4 - x^5 \ldots$$

$$\therefore \log_e (1 + x) = x - \frac{x^2}{2} + \frac{x^3}{3} - \frac{x^4}{4} + \frac{x^5}{2} \ldots + C$$

Wenn $x = 0$, $\log_e (1 + x) = \log_e 1 = C$. Da $e^o = 1$, $\log_e 1 = 0 = C$

$$\therefore \log_e (1 + x) = x - \frac{x^2}{2} + \frac{x^3}{3} - \frac{x^4}{4} + \frac{x^5}{5} - \frac{x^6}{6} \ldots$$

Diese Reihe ist nicht konvergent, wenn $x > 1$; ist aber $x = 1$, so können wir den oberen und unteren Grenzwert so angeben:

$$\log_e 2 = 1 - \frac{1}{2} + \frac{1}{3} - \frac{1}{4} + \frac{1}{5} - \frac{1}{6} \ldots$$

$$= 1 - \left(\frac{1}{6} + \frac{1}{20} + \frac{1}{42} \cdots\right)$$

$$= \frac{1}{2} + \left(\frac{1}{12} + \frac{1}{30} + \frac{1}{56} \cdots\right)$$

$$\therefore \frac{1}{2} < \log_e 2 < 1$$

Die Reihe konvergiert sehr langsam, doch für kleine Werte von x ziemlich schnell, z. B.

$$\log_e (1{,}25) = 0{,}25 - \frac{0{,}25^2}{2} + \frac{0{,}25^3}{3} - \frac{0{,}25^4}{4} \cdots$$

Sie nimmt in dieser Weise ab:

$$\frac{1}{4}\left(1 - \frac{1}{8}\right) + \frac{1}{64}\left(\frac{1}{3} - \frac{1}{16}\right) + \frac{1}{1024}\left(\frac{1}{5} - \frac{1}{24}\right) \cdots$$

Das bestimmte Integral. Seit undenklichen Zeiten, schon als die Priester-Mathematiker in Ägypten den Kubikinhalt der Pyramiden genau berechneten, hat es Versuche gegeben, Probleme wie Flächen- und Körperinhalte durch geometrische *ad-hoc*-Methoden zu lösen, von denen als *Exhaustion* und *Quadratur* berichtet wird. Die Schätzung von π, durch Archimedes mit Hilfe von dreieckigen, durch die Japaner von rechteckigen Streifen, verkörpert einen *modus operandi,* der im Lichte einer besonderen Bedeutung der *Anti-Ableitung* neuen Wert bekommt. Anscheinend hat Leibniz, der das klarer sah als seine Zeitgenossen, der Operation, die seither *Integration* genannt wird, als Zeichen ein vertikal verlängertes S (Anfangsbuchstabe von *Summation)* gegeben.

Bei der Entwicklung der neuen Geometrie tauchte ein Problem, das schon Archimedes in Verbindung mit seiner Parabeluntersuchung beschäftigt hatte, in neuer Form auf:

Gegeben ist eine Kurve der Gleichung y = f(x); berechne die Fläche, die begrenzt ist oben von der Kurve, unten von der x-Achse und von zwei Ordinaten (Parallelen zur y-Achse). In Fig. 169 sind die in Frage kommenden Ordinaten

$$y_o = f(x_o) \text{ und } y_5 = f(x_5).$$

Wir teilen nun das Segment, das von der Kurve und der x-Achse begrenzt ist, in rechteckige Streifen von gleicher Breite:

$$x_1 - x_o = \triangle x = x_2 - x_1 = x_3 - x_2 \text{ etc.}$$

Aus der Figur ersehen wir, daß die diskutierte Gesamtfläche (A) zwischen zwei Flächen ($A_1 < A < A_o$) liegt, so daß

$$A_o = y_o\triangle x + y_1\triangle x + y_2\triangle x + y_3\triangle x + y_4\triangle x$$
$$A_1 = \phantom{y_o\triangle x + {}} y_1\triangle x + y_2\triangle x + y_3\triangle x + y_4\triangle x + y_5\triangle x$$

Wir sehen auch, daß $x_3 = x_o + 3\triangle x$ oder allgemeiner

$$x_r = x_o + r\triangle x$$

Mit dem griechischen S als Summenzeichen:

$$A_o = \sum_{r=0}^{r=4} y_r \cdot \triangle x = \sum_{r=0}^{r=4} f(x_o + r \cdot \triangle x) \cdot \triangle x$$

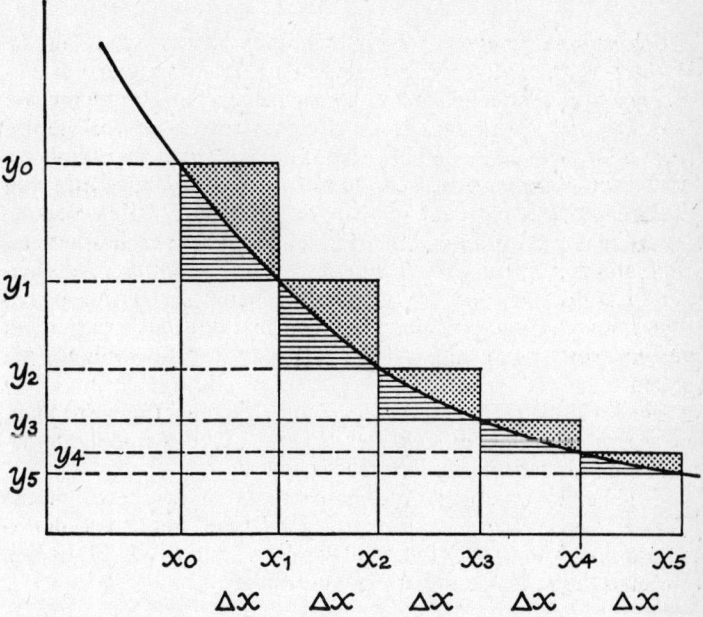

Fig. 169 Graphische Darstellung für die Verwendung rechteckiger Streifen, um Näherungswerte für die Fläche zwischen Kurve und x-Achse, begrenzt durch die Ordinaten y_0 und y_5, zu erhalten.

$$A_1 = \sum_{r=1}^{r=5} y_r \cdot \triangle x = \sum_{r=1}^{r=5} f(x_o + r \cdot \triangle x) \cdot \triangle x$$

Alles, was wir jetzt zu tun haben, ist, die Streifen immer schmäler zu machen, d. h. das Intervall dx zu verringern, um die Grenzen, zwischen denen der wirkliche Wert liegt, immer enger zu ziehen. Das ist zwar nur eine Verbesserung unseres Verfahrens, die an sich keine allgemeine Regel begründet. Wir können aber feststellen, daß jeder dieser Streifen in der Form $\triangle A = y\, dx$ geschrieben werden kann, so daß

$$\frac{\triangle A}{\triangle x} = y$$

Das hinwiederum kann als Bruch aufgefaßt werden, dessen Grenzwert bei abnehmendem $\triangle x$ deutlich endlich ist, wenn nicht $y = 0$.

$$\frac{dA}{dx} = y, \text{ daher } A = \int y\, dx$$

Damit haben wir den statischen Bereich der griechischen Geometrie verlassen und stellen A als etwas Wachsendes vor. Fig. 169 gibt ein Bild des Segments, das von y_o und y_5 begrenzt wird, so wie die Fläche markiert ist durch das Fortschreiten von y_o nach y_5 in einer stetigen Linie von veränderlicher Höhe, rechtwinklig zur x-Achse, die schließlich diese mit der Kurve zusammenführt. So gesehen ist y die Ableitung von A und A die Anti-Ableitung von y; jede ist als Funktion von x darstellbar, aber derart ist A nicht eindeutig. Es muß eine numerische Konstante C enthalten, und interpretiert werden muß es so, wie wir C in dem Kanonenkugel-Problem interpretiert haben, nämlich:

$$\frac{dv}{dt} = -g \text{ und } v = C - gt$$

Wir nannten $v = v_o$, wenn $t = 0$, so daß $C = v_o$, was gleich der vertikalen Komponente der Mündungsgeschwindigkeit ist. Allgemein kann also die Funktion der Integrationskonstante definiert werden als *Anfangswert* der *Anti-Ableitung*. Wenn, wie hier, $A = f(x)$ die Anti-Ableitung von y ist, identifizieren wir daher C mit

dem Anfangswert von A, so wie die gleitende Vertikale das
vorgegebene Segment unterhalb der Kurve markiert. Das wird
klarer für den Fall, daß $y = x^2$, so daß

$$A = \int x^2 \, dx = \frac{x^3}{3} + C$$

Das bedeutet: Die Fläche, die durch die sich bewegende Vertikale
gekennzeichnet ist, beträgt in der Endposition bei $x = b$:

$$A = \frac{b^3}{3} + C$$

Ist ihre Ausgangsposition $x = a$, wenn $A = 0$.

$$A = 0 = \frac{a^3}{3} + C, \text{ also}$$

$$C = -\frac{a^3}{3}$$

$$\therefore A = \frac{b^3}{3} - \frac{a^3}{3}$$

Gewöhnlich schreibt man das in der Form des sogenannten
definitiven Integrals:

$$A = \int_a^b x^2 dx = \left[\frac{x^3}{3}\right] \begin{array}{l} x = b \\ x = a \end{array}$$

In gleicher Weise können wir die Hyperbel $y = x^{-1}$ im oberen
rechten Quadranten behandeln. Um den Abschnitt der Kurve
zwischen $y = 4$ und $y = 9$ zu schätzen, schreiben wir:

$$A = \int_4^9 \frac{1}{x} dx = [\log_e x]_4^9 = \log_e 9 - \log_e 4$$

$$= \log_e \frac{9}{4} = \log_e 2{,}25$$

Das definitive Integral mit den oberen bzw. unteren Grenzen $x = b$
und $x = a$ gilt für den Flächeninhalt eines Bereiches, der entweder
ganz oberhalb oder ganz unterhalb der x-Achse liegt. Schneidet
die Kurve $y = f(x)$ die x-Achse, so gelten für die Integration auf
entgegengesetzten Seiten der x-Achse Werte mit entgegengesetzten Vorzeichen. Man hat die beiden Bereiche auf entgegengesetzten Seiten der x-Achse getrennt zu integrieren und die dabei

erhaltenen numerischen Werte *ohne Rücksicht auf die Vorzeichen*
zu addieren. Zwei Beispiele sollen das Verfahren erläutern.

Zunächst betrachten wir die Funktion $y = \frac{4x}{5} + 8$, bei der $y = 0$,
wenn $x = -10$, und

$$\int_a^b y\, dx = \left[\frac{2x^2}{5} + 8x + C\right]_a^b$$

Der Bereich zwischen $a = -20$ und $b = 0$ besteht hier aus zwei
Dreiecken, jeweils mit Basis = 10 Einheiten, Höhe = 8 Einheiten,
also dem Flächeninhalt 40 Einheiten.

Wenn wir unberücksichtigt lassen, daß eines ($x < -10$) unterhalb
und das andere ($x > -10$) oberhalb der x-Achse liegt, so erhalten
wir das Resultat Null, denn

$$\left[\frac{2x^2}{5} + 8 + C\right]_{-20}^{0} = -\frac{2}{5}(400) + 8 \cdot 20 = 0$$

Das richtige Ergebnis $40 + 40 = 80$ erhält man, wenn die numerischen Werte der Integrale addiert werden:

$$\left[\frac{2x^2}{5} + 8x + C\right]_{-20}^{-10} = -40 \text{ und } \left[\frac{2x^2}{5} + 8x + C\right]_{-10}^{0} = +40$$

Wir wollen auch eine Situation betrachten, in der der gesamte
Bereich von b bis a eine dreifache Aufspaltung erlaubt: die
Funktion $y = 3x^2 + 12x$; ihre Kurve schneidet die x-Achse bei
$y = 0$:

$$3x^2 + 12x = 0 = x^2 + 4x = x(x + 4)$$

Damit schneidet die Kurve die x-Achse zweimal: bei $x = 0$ und bei
$x = -4$. Ist $x < -4$ oder $x > 0$, liegt die ganze Kurve oberhalb der
x-Achse, aber unterhalb bei $b = 0$, $a = -4$. Wenn wir zwischen
den Grenzen -8 und $+4$ integrieren, umfassen wir also drei
Bereiche (A, B, C), wobei das Vorzeichen des mittleren negativ
ist. Es ist also

$$\int_{-8}^{4} y\, dx = [x^3 + 6x^2 + C]_{-8}^{4} = +288$$

Fläche von A $[x^3 + 6x^2 + C]_{-8}^{-4} = +160$

Fläche von B $[x^3 + 6x^2 + C]_{-4}^{0} = -32$

Fläche von C $[x^3 + 6x^2 + C]_{0}^{4} = +160$

Hier sieht man, daß die Integration zwischen der oberen Grenze (+ 4) und der unteren (− 8) der *algebraischen* Summe der drei Bereiche entspricht, denn

$$288 = (160 - 32 + 160).$$

Der richtige Wert ist die *numerische* Summe (d. h. Vorzeichen bleiben völlig unberücksichtigt). Diese beträgt

$$(160 + 32 + 160) = 352.$$

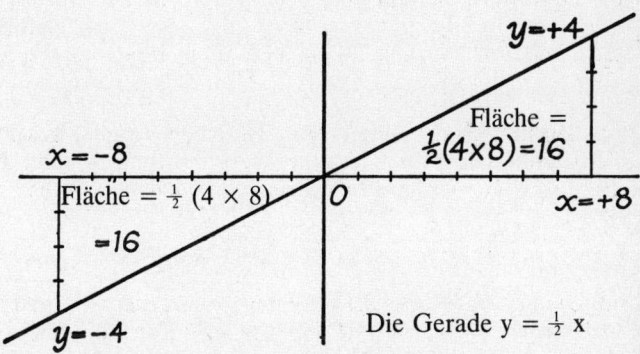

Fig. 170 Flächen in entgegengesetzten Quadranten

Die Gesamtfläche zwischen $x = -8$, $y = -4$ und $x = +8$, $y = +4$ beträgt $16 + 16 = 32$ Einheiten, und

$$\int y \cdot dx = \frac{1}{4} x^2 + C$$

$\left[\dfrac{x^2}{4}\right]_{-8}^{+8} = 0; \quad \left[\dfrac{x^2}{4}\right]_{-8}^{0} = -16; \quad \left[\dfrac{x^2}{4}\right]_{0}^{+8} = +16$

Kursbestimmung ohne Planung

Wir können das definierte Integral nur dann vernünftig zur Berechnung einer Fläche verwenden, wenn wir unsern Kurs zwischen der Scylla oberhalb der Linie y = 0 und der Charybdis unterhalb steuern. Nun sollten wir den Blindflug diskutieren, d. h. ein geistiges Bild formen ohne Hilfe einer Landkarte. Dazu untersuchen wir die sogenannte *Normal*funktion (Fig. 195 in Kapitel XII). Ihre Gleichung lautet

$$y = Ae^{-kx^2} = \frac{A}{e^{kx^2}} = A, \text{ wenn } x = 0, \text{ so daß } e^{-kx^2} = 1.$$

Wir stellen fest: $(+x) \cdot (+x) = x^2 = (-x) \cdot (-x)$. Das bedeutet, daß man jeden positiven numerischen Wert von x mit dem gleichen negativen Wert paaren kann. Daraus läßt sich schließen, daß ein und derselbe numerische Wert von x auf jeder Seite der x-Achse erscheint. Da e^{-kx^2} für alle Werte von x positiv ist, muß das graphische Bild der Funktion eine symmetrische Kurve sein, die, wenn A auch positiv ist, ganz oberhalb der x-Achse liegt.

Als nächstes ist festzustellen, daß y = A nur dann, wenn x = 0. Die Kurve schneidet also die y-Achse nur einmal. Um ihren Wendepunkt und ihre Inflexionspunkte (falls solche vorhanden) zu untersuchen, wenden wir Regel 4 an. Dazu schreiben wir z = kx^2, so daß

$$\frac{dy}{dx} = \frac{dAe^{-z}}{dz} \cdot \frac{dz}{dx} = -Ae^{-z} \cdot 2kx = -2Akx \cdot e^{-kx^2}$$

Ist dieser Ausdruck gleich Null, dann ist

$$x\,e^{-kx^2} = 0, \text{ so daß } x = 0$$

Es gibt also einen Wendepunkt in x = 0, y = A. Für die zweite Ableitung brauchen wir Regel 5 und substituieren zunächst u = $-2Akx$ und v = e^{-kx^2}; dann ist

$$\frac{du}{dx} = -2Ak \text{ und } \frac{dv}{dx} = -2kx \cdot e^{-kx^2}$$

$$\therefore \frac{d^2y}{dx^2} = -2Ak \cdot e^{-kx^2} + 4Ak^2x^2 \cdot e^{-kx^2}$$

Ist x = 0, also $e^{-kx^2} = 1$,

$$\frac{d^2y}{dx^2} = -2Ak$$

Da die zweite Ableitung negativ ist, ist der Wendepunkt ein Maximum. Wir setzen sie nun gleich Null und erhalten:

$$4Ak^2x^2 \cdot e^{-kx^2} = 2Ak \cdot e^{-kx^2} \text{ und } 2\,kx^2 = 1$$

Es gibt also einen Inflexionspunkt in $x^2 = (2k)^{-1}$, und da wir jeden positiven numerischen Wert mit einem gleichen Wert paaren können, gibt es einen entsprechenden Inflexionspunkt in $x = \pm (2k)^{-1/2}$. Zu bestimmen ist noch der Ausdehnungsbereich. Wir fragen, welchen Wert y haben wird, wenn $\pm x$ zahlenmäßig so groß wie nur denkbar ist.

$$e^{kx^2} = \infty \text{ und } e^{-kx^2} = \frac{1}{e^{kx^2}} = 0$$

Das bedeutet, daß in dem Maße wie x größer und größer wird, die Kurve sich der x-Achse nähert und annähernd parallel verläuft. Wir nennen sie dann *asymptotisch* zur x-Achse auf jeder Seite der y-Achse.

Damit haben wir – ohne ein graphisches Bild zu zeichnen – einen Blick auf die Kurve getan, die, symmetrisch zur y-Achse, ganz oberhalb der x-Achse liegt, mit einem Maximum, wo sie die erstere in $x = 0$, $y = A$ schneidet. Ihre Glieder verlaufen asymptotisch zur x-Achse, und ihre Krümmung wechselt von konkav aufwärts zu konkav abwärts oder umgekehrt auf jeder Seite der y-Achse.

Anwendungsmöglichkeiten des bestimmten Integrals

Wir haben bereits die Anwendungsmöglichkeit der trigonometrischen Substitution zur Schätzung der Anti-Ableitung *(unbestimmtes Integral)* von $\sqrt{1-x^2}$ und die Reihen-Integration zur Schätzung von $(1 + x^2)^{-1}$ betrachtet. Beide Methoden stecken voller Fallgruben für den, der sie unvorsichtig zur Schätzung bestimmter Integrale dienstbar machen will, so wie wir Reihen-Integration zur Berechnung jedes beliebigen Genauigkeitsgrades von π benutzen. Erinnern wir uns an die Formel

$$\int \sqrt{1-x^2}\,dx = \frac{1}{2}(\sin^{-1}x + x\sqrt{1-x^2}) + C$$

Da $\sin 0 = 0$ und $\sin\frac{\pi}{2} = 1$, $\sin^{-1}(0) = 0$ und $\sin^{-1}(1) = \frac{\pi}{2}$, ist der Flächeninhalt eines *Quadranten* im Einheitskreis (Fig. 171)

$$\left[\frac{1}{2}(\sin^{-1}x + x\sqrt{1-x^2})\right]_0^1 = \frac{1}{2}\cdot\frac{\pi}{2} + 0 = \frac{\pi}{4}$$

Das stimmt überein mit der Formel $\pi r^2 = \pi$ für die Gesamtfläche A, wenn $r = 1$.

Auf den ersten Blick könnte es scheinen, als ob π auf die gleiche Weise durch das Binomial-Theorem gefunden werden könnte, also nach

$$(1 - x^2)^{\frac{1}{2}} = 1 - B_1 x^2 + B_2 x^4 - B_3 x^6 + B_4 x^8 \ldots$$

woraus sich durch Reihen-Integration ergeben würde:

$$\int (1 - x^2)^{\frac{1}{2}} dx$$

$$= x - \frac{B_1 \cdot x^3}{3} + \frac{B_2 \cdot x^5}{5} - \frac{B_3 \cdot x^7}{7} + \frac{B_4 \cdot x^9}{9} \ldots$$

$$= x - \frac{0{,}5 \cdot x^3}{3} - \frac{0{,}125 \cdot x^5}{5} - \frac{0{,}0625 \cdot x^7}{7} \ldots$$

Ist $x = \frac{1}{2}$, so konvergiert diese Reihe schneller als die für $\sqrt{0{,}75}$. Wir werden später sehen, daß der Binomialsatz gültig ist für $(1 - x)^n$, wenn x ein Bruch ist, aber nur dann, wenn x numerisch kleiner als die Einheit ist. Ist $x - 1$ im obengenannten $(1 - x^2)^{1/2} = 0$, so wird die Methode der Reihenintegration sinnlos. Das bedeutet: sie

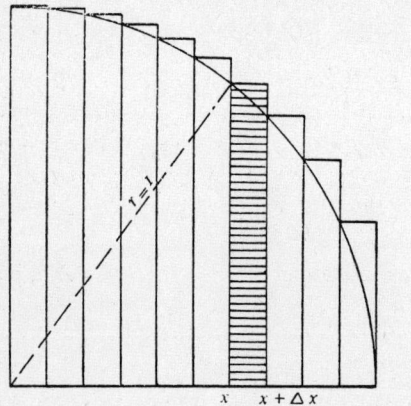
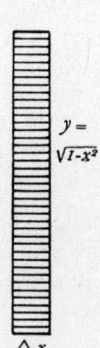

Fig. 171 Die Fläche des Einheitskreises

kann nicht verwendet werden zur Ableitung einer Reihe für π, indem $\frac{1}{4}$ π gleichgesetzt wird dem Integral

$$\int_0^1 \sqrt{1-x^2}\, dx$$

Mit Hilfe eines selbstgefertigten Diagramms kann man jedoch folgendermaßen vorgehen. In einem Einheitskreis (Fig. 171) besteht die Fläche, die eingeschlossen wird von den Ordinaten x = 0, y = 1 und y = 3 : 2, x = $\frac{1}{2}$, aus

1. einem Segment aus zwei Radien, die einen Winkel von 30° einschließen (also der Fläche π : 12);
2. einem Dreieck des Flächeninhalts $\frac{1}{2}$ xy = $\sqrt{3}$: 8. Wir können also sagen:

$$\int_0^{\frac{1}{2}} \sqrt{1-x^2}\, dx = \frac{\pi}{12} + \frac{\sqrt{3}}{8}$$

oder $\quad \pi = 12 \int_0^{\frac{1}{2}} \sqrt{1-x^2}\, dx - \dfrac{3\sqrt{3}}{2}$

Im Rückgriff auf die Reihenintegration ergibt sich dann ein genaues Resultat. Bei nur 3 Gliedern der Integralreihe ist gesichert, daß die Abweichung weniger als 1 % beträgt; d. h., daß dieser Wert für π annähernd dem des Rhind Papyrus entspricht.

Hier muß betont werden, daß die Entdeckung der Reihen für π erst dann voll gerechtfertigt ist, wenn wir gezeigt haben, daß die zu ihrer Ableitung benutzten Reihen tatsächlich konvergent sind. Wir erinnern uns, daß die beiden hier verwandten Reihen und die durch Integration geschaffenen enthalten

a) aufeinanderfolgende Glieder, deren jedes numerisch kleiner als sein Vorgänger ist,
b) aufeinanderfolgende Glieder mit alternativ positivem und negativem Vorzeichen.

Wir werden das Binomialtheorem für negative und/oder gebrochene Koeffizienten später noch einmal behandeln und dann sehen, daß Reihen mit diesen *beiden* Eigenschaften immer konvergent sind.

Wenden wir uns nun einer anderen Art von Problemen zu: wie findet man das Volumen einer Kugel oder eines Kegels? Zu diesem Zweck stellen wir uns vor, wir spalten sie in eine unendlich große Zahl zylindrischer Scheiben (Fig. 172/73).

Das Volumen eines Körpers, der überall denselben Querschnitt aufweist, ist gleich dem Produkt aus der Fläche des Querschnittes und der Höhe. Demnach beträgt das Volumen des Zylinders $\pi r^2 h$. Um das Volumen der Kugel zu erhalten, gehen wir folgendermaßen vor: Wir denken uns entlang der x-Achse eine Serie von dünnen zylindrischen Scheiben aneinandergereiht, wobei jeder Zylinder die Höhe $\triangle x$ Einheiten besitzt, wenn er auf seine Grundfläche gestellt wird. Der Radius jedes Zylinders entspricht dabei der y-Ordinate des kreisförmigen Querschnittes der Kugel. Bezeichnen wir den Radius der Kugel mit r, dann ergibt sich der Radius y des Zylinders aus der Gleichung

$$y^2 = r^2 - x^2$$

Das Volumen jeder Scheibe beträgt

$$\pi y^2 \triangle x = (r^2 - x^2)\triangle x$$

Das Volumen der Halbkugel ist dann die Summe aller dieser Zylinder, wenn $\triangle x$ unendlich klein wird, d. h.

$$V = \int_0^r \pi (r^2 - x^2) \, dx$$

Fig. 172 Die Oberfläche und das Volumen der Kugel

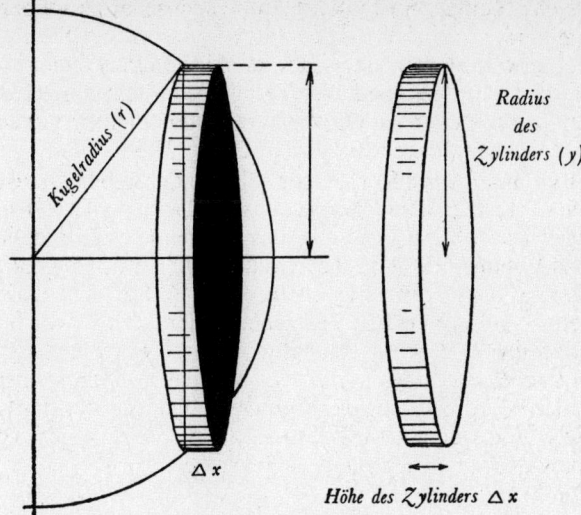

Fig. 173 Wie die Integralrechnung angewendet wird, um das Volumen und die Oberfläche der Kugel zu berechnen.

Um das Volumen der Halbkugel zu bestimmen, müssen wir deshalb die Differentialgleichung

$$\frac{dV}{dx} = \pi r^2 - \pi x^2$$

auflösen. Die Lösung einer solchen Gleichung war mit

$$V = a + \pi r^2 - \frac{\pi x^3}{3}$$

angegeben worden, d. h.

$$V = \pi r^3 - \frac{\pi r^3}{3}$$
$$= \frac{2\pi r^3}{3}$$

Das Volumen der ganzen Kugel beträgt das Doppelte dieses Volumens, nämlich

$$\frac{4}{3}\pi r^3$$

So beträgt das Volumen der Erde rund $\frac{4}{3} \cdot \frac{22}{7} \cdot 6375^3$ Kubikkilometer. Das sind ungefähr 1 083 000 000 000 Kubikkilometer.

Mit dem Volumen eines Kegels kann in gleicher Weise verfahren werden. Ist h seine Höhe und b der Durchmesser seiner Grundfläche, so beträgt das Volumen jedes Zylinderelementes $\pi y^2 \cdot \Delta x$. Wir ersehen aus Fig. 174, daß

$$y = \frac{bx}{2h}, \text{ so daß } V = \pi \int_0^h \frac{b^2}{4h^2} \cdot x^2 \, dx$$

$$\therefore V = \frac{\pi b^2 h}{12} \left[\frac{x^3}{3} \right]_0^h = \frac{\pi b^2 h}{12}$$

Gleiches dient zur Berechnung der Pyramide, wählt man die Einzelelemente von der Dicke Δx als quadratischen Abschnitt mit dem Volumen $(2y)^2 \Delta x$, d. h. jedes Volumenelement beträgt

$$4 \cdot \frac{b^2}{4h^2} \cdot x^2 \Delta x = \frac{b^2}{h^2} \cdot x^2 \cdot \Delta x$$

$$\therefore V = \frac{b^2}{h^2} \int_0^h x^2 \, dx = \frac{b^2 h}{3}$$

Wenden wir uns nun zwei Erläuterungen der Mechanik im Zeitalter Newtons zu. Gegenstand der ersten soll die *Arbeit* sein, die ein sich bewegender Körper leistet.

In der Physik Newtons wird die Arbeit, die ein fallender Körper leistet, gemessen als Produkt der durch das Gewicht ausgeübten Kraft und der Falldistanz (W = Fl). Ist die Falldistanz gering, so beträgt die geringe geleistete Arbeit

$$dW = F \cdot dl.$$

Da die Newtonsche Kraft das Produkt aus bewegter Masse (m) und erzeugter Beschleunigung ist $\left(\frac{d^2 l}{dt^2} \text{ oder } \frac{dv}{dt}, \text{ wo } v = \frac{dl}{dt} \text{ die Ge-} \right.$ schwindigkeit in einem gegebenen Augenblick beträgt $\Big)$, können wir setzen:

$$dW = m \cdot \frac{dv}{dt} \cdot dl$$

DER CALCULUS BEI NEWTON UND LEIBNIZ 447

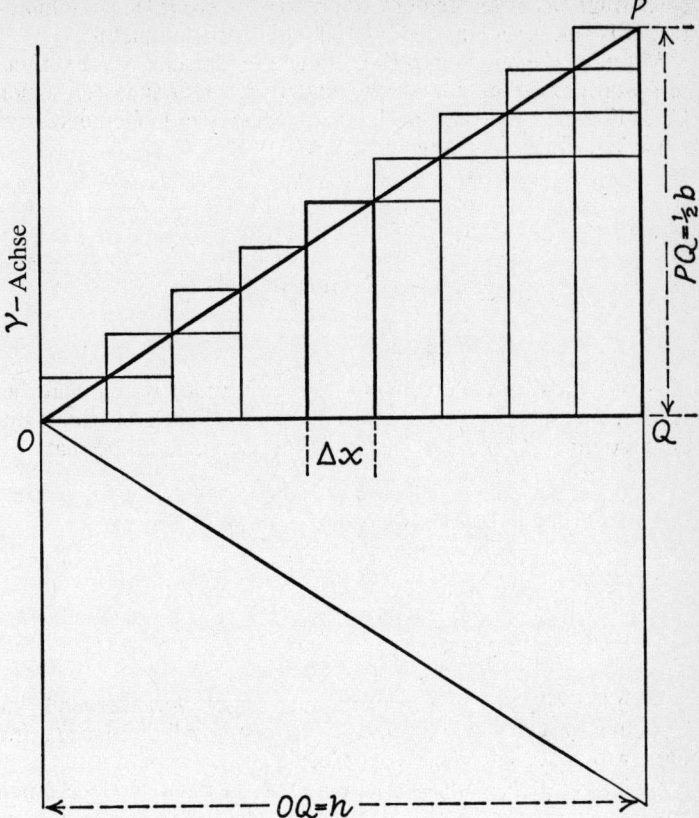

Fig. 174 Anwendung des Integral-Calculus zur Errechnung des Volumens von Kegel oder Pyramide

Wir multiplizieren beide Seiten mit dl : dl (= 1):

$$dW = m \frac{dl}{dt} \cdot \frac{dv}{dl} \cdot dl$$
$$= mv \cdot dv$$

Wenn der Körper also mit einer Geschwindigkeit 0 (bei l = 0) startet und sich bewegt, bis die Geschwindigkeit V beträgt (bei

Falldistanz L), so beträgt die geleistete Arbeit

$$\int_0^V mv\,dv = \frac{1}{2}mV^2$$

Die Menge $\frac{1}{2}mV^2$ nennt man die *kinetische Energie* von m, wenn es die Geschwindigkeit V hat.

Fällt ein Körper im Vakuum, so ist die Beschleunigung etwa 10 Sekundenmeter pro Sekunde. Die geleistete Arbeit beim Fall in einer Distanz L würde also 10 mL betragen, d. h.

$$10\,mL = \frac{1}{2}mV^2$$

Fällt er nicht im Vakuum, so vermindert die Reibung an der Luft seine kinetische Energie um einen Betrag, der aus der Konstante zu berechnen ist, die man gewöhnlich das *mechanische Äquivalent der Wärme* nennt; besser sagt man: *das thermische Äquivalent der Arbeit*.

Betrachten wir nun die *potentielle Energie* eines sich ausdehnenden Gases, d. h. welche Arbeit (W) könnte es vollbringen, wenn keine Energie wie Wärme verlorenginge? Die Berechnung erfolgt nach einem Gesetz, das zwei Zeitgenossen Newtons, Hooke und Boyle, entdeckten. Dieses sagt aus, daß das Volumen eines Gases (v) umgekehrt proportional ist zu seinem Druck (p) bei konstanter Temperatur, d. h.

$$v = \frac{K}{p} \text{ oder } p = \frac{K}{v}$$

Die Anmerkung zur Fig. 175 deutet an, daß man schreiben kann: $\triangle W = -p \cdot \triangle v$, so daß bei einer Kompression von v_1 zu v_2 ($>v_1$) gilt:

$$W = -\int_{v_1}^{v_2} p\,dv = -K\int_{v_1}^{v_2} \frac{1}{v}\,dv$$

$$\therefore W = -K\left[\log_e v\right]_{v_1}^{v_2} = -L(\log_e v_2 - \log_e v_1)$$

$$= -K\log_e \frac{v_2}{v_1}$$

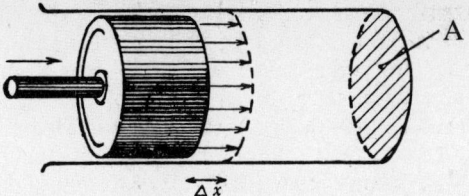

Fig. 175 Besitzt ein Gefäß die Höhe x und hat es überall den gleichen Querschnitt (A), wie z. B. der Zylinder, dann ist sein Volumen gleich $A \cdot x$. Wird der Kolben um die Strecke Δx hineingetrieben, dann beträgt die Volumenabnahme des Gases im Gefäß $A \cdot \Delta x$. Der Druck wird in der Mechanik durch die auf eine Flächeneinheit wirkende Kraft gemessen, und die Arbeit ist das Produkt aus der Kraft F und dem überwundenen Weg, d. h.

$$F = pA \text{ und } W = F \cdot D$$

Wird der Kolben ohne Reibungsverluste um die Strecke Δx hineingetrieben, so beträgt daher die geleistete Arbeit $F \cdot \Delta x$. Dies kann auch $p \cdot A \cdot \Delta x$ geschrieben werden. Die kleine Volumenänderung, dargestellt durch $- A \cdot \Delta x$ mag mit Δv und der kleine Betrag der dabei geleisteten Arbeit mit ΔW bezeichnet werden, so daß

$$\Delta W = - P \cdot \Delta v$$

Nachruf auf das Problemspiel von Newton und Leibniz

Zu wenige unter den Historikern der Mathematik schenkten der Frage genügend Beachtung, welche der neuen Symbole für den Anfänger leicht zu begreifen waren, wenn außer dem Erfinder jeder noch ein Anfänger war. Darum wollen wir unser Bestes tun, sowohl dem Ankläger wie auch dem Verteidiger in diesem unziemlichen nationalistischen Streit, der am Anfang des Kapitels erwähnt wurde, Gerechtigkeit widerfahren zu lassen: zunächst nennen wir die groben Fehler des Newtonschen Symbolismus, dann die noch nicht bereinigten Unzulänglichkeiten einer Darstellung, die Leibnizens Zeitgenossen leichter entziffern konnten. Dabei finden wir einen Aspekt der Kontroverse verständlicher, wenn wir drei Dinge realisieren:

a) Die zeit- und raumsparende Kurzschrift, die wir heute Algebra nennen, war damals noch im Säuglingsalter.
b) Die Vorstellung einer *limitierbaren* Reihe war absolut neu und erst halb verdaut.
c) Weder Newton in England noch Leibniz in Deutschland nahmen die Auswegmöglichkeiten für zeitgenössische Theologen und Metaphysiker vorweg (denen jegliches Gefühl für Zahlen abging), die Vorstellung, daß das Verhältnis zweier ständig abnehmender Mengen einen endlichen Wert haben könnte, lächerlich zu machen.

In England ging der bombastische Bischof Berkeley so weit in seinen Angriffen gegen Newtons *Fluktionen* (d. h. Differentialkoeffizienten), daß er erklärte: »Was sind denn diese ... Geschwindigkeiten unendlich kleiner Zuwachsraten? Und was sollen diese unendlich kleinen Zuwachsraten selber sein? Sie sind weder endliche Mengen noch unendlich kleine Mengen, noch überhaupt nichts. Sollten wir sie nicht die Geister verschwundener Mengen nennen?« Für einen, der so inbrünstig an Geister (unheilige und andere) glaubte, mag darin ein Sinn liegen. Nachfolgende Generationen von Mathematikern haben daran gearbeitet, ein verbales Comeback zu finden. Und vielen scheinen ihre Formulierungen weniger verwirrend als ein Blick auf die Tangente einer Kurve, die Fermat eine erste Ahnung von der Tatsache vermittelte, daß tg A in Fig. 162 eine meßbare Menge bleibt, auch wenn $\triangle y$ und $\triangle x$ so gespenstisch klein wie nur möglich werden.

Um die Vorteile der Leibnizschen Symbole klarzustellen, wollen wir die Differentiation von x^3 gegenüberstellen:

Leibniz: $\dfrac{dy}{dx} = 3x^2$, wenn $y = x^3$

Newton: $y = 3x^2$, wenn $y = x^3$

Leibniz: $dy = (x + dx)^3 - x^3$
$= x^3 + 3x^2 \cdot dx + 3x \cdot (dx)^2 + (dx)^3 - x^3$
$= 3x^2 \cdot dx + 3x \cdot (dx)^2 + (dx)^3$

Newton: $(x + 0)^3 - x^3 = x^3 + 3x^2(0) + 3x(0)^2 + (0)^3 - x^3$
$= 3x^2(0) + 3x(0^2) + (0)^3$

Leibniz: $\dfrac{dy}{dx} = 3x^2 + 3x\,(dx) + (dx)^2$

Newton: $\dot{y} = \dfrac{3x^2\,(0) + 3x\,(0)^2 + (0)^3}{(0)} = 3x^2 + 3x\,(0) + (0)^3$

Newtons Gebrauch von (0), wo wir $\triangle x$ sagen, ist etwas irreführend, und sein ẏ ist ungewöhnlich aus dem Grunde, daß es keinen Aufschluß gibt über die unabhängige Veränderliche, deren Funktion y ist. Newtons größte Sorge bezog sich auf Geschwindigkeiten und Beschleunigungen; die ihn am meisten beschäftigende unabhängige Veränderliche war die *Zeit*. Darum schrieb er

$$\dot{y}\ \text{für}\ \dfrac{dy}{dt}\ \text{und}\ \ddot{y}\ \text{für}\ \dfrac{d^2y}{dt^2}$$

Im Hinblick auf den weiten Umfang der Verwendungsmöglichkeiten des Calculus war dieses Punktesystem ein nicht wieder gutzumachender Fehler. Das war bei Leibniz anders. Zwar macht er bei der Ableitung des Differentialkoeffizienten keinen Unterschied zwischen sehr kleinen Zuwachsraten $\triangle y$ oder $\triangle x$ und dy oder dx, den Geistern entschwundener Mengen. Mit andern Worten:

$\triangle y : \triangle x$ ist das Verhältnis zweier identifizierbarer Größen; aber wenn wir die Ableitung wie Leibniz schreiben, erklären wir legitim, daß sie der Grenzwert eines Verhältnisses ($\triangle y : \triangle x$) ist, dessen getrennte Komponenten wir nicht messen können. Wir können uns daran erinnern, daß die Differentiation tatsächlich eine Operation darstellt, die von der arithmetischen Division verschieden ist, und unsere Ableitung ausdrücken in der Form

$$\dfrac{d}{dx}(y),\ \text{oder besser}\ D_x \cdot y$$

Im Vorbeigehen können wir feststellen, daß Leibniz wirklich $\triangle y$ als $f(x + \triangle x) - f(x)$ darstellt. Unsere Darstellung war $f(x + \tfrac{1}{2}\triangle x) - f(x - \tfrac{1}{2}\triangle x)$. Für das Ergebnis macht es keinen Unterschied; aber bei dieser Prozedur sieht man leichter, was in Fig. 162 vorgeht, wenn die Punkte S und T in P zusammenfallen.

Newtons Behandlung einer Fläche ist in der Substanz gleich der seines Rivalen; nur versandet sie durch schlechte oder gar keine Symbole, mehr noch als durch seine Behandlung der Tangente, d. h. Differentiation. Aber das von Leibniz eingeführte Symbol für das sogenannte unbestimmte Integral war in gewissem Sinne ein Rückschritt. Das bestimmte Integral ist die besondere Anwendung einer Operation mit viel weiteren Möglichkeiten, da es der Weg ist, die Differentialgleichung, in der y eine bekannte Funktion von x ist, für z zu lösen, nämlich

$$\frac{dz}{dx} = y \text{ oder } D_x \cdot z = y$$

So wie wir $tg^{-1}x = A$ sagen, wenn $tg\ A = x$, wird hier herausgestellt, daß Integration die umgekehrte Differentiation ist:

$$D_x^{-1} \cdot y = z, \text{ wenn } D_x \cdot z = y$$

Daher heißt es bei Leibniz

$$D_x^{-1} \cdot y = \int y\, dx$$

Maclaurins Theorem. Ein neues Werkzeug, von Newton und Leibniz gemeinsam präpariert, dessen theoretischer Ursprung sich allerdings einerseits auf das Problem der Maxima und Minima, andererseits auf die Quadratur zurückverfolgen läßt, feierte frühe Triumphe, besonders auf der Suche nach unendlichen konvergenten Reihen als Mittel der Tabellierung von Logarithmen, trigonometrischer und anderer Funktionen. Höhepunkt dieser Entwicklung war eine Entdeckung von Colin Maclaurin (1742), einem Schotten im Gefolge von James Gregory; dessen Überlegungen zum ständig kleiner werdenden Dreieck wollen wir nun im Hinblick auf die neuen Ideen betrachten.

Wir erinnern uns, daß wir zuvor u_n als eine *unstetige* Funktion von n bezeichnet haben unter der Annahme, daß n in einheitlichen Schritten anwächst. Wir können $\triangle u_n = u_{n+1} - u_n$ definieren als die Zunahme von u_n durch den Wechsel von n zu n + 1 und übereinstimmend $\triangle n = 1$ für den entsprechenden Wechsel von n nennen, so daß

$$\triangle u_n \equiv \frac{\triangle u_n}{\triangle n}$$

Auf verschiedene Weise ist Gregorys Entdeckung des Basis-Theorems dessen, was später Generationen den *Calculus der endlichen Differenzen,* oder kürzer den *endlichen Calculus* nannten, ein Vorläufer des *Infinitesimal-Calculus* von Newton und Leibniz. Und zwar ist das so, weil es keinen zwingenden Grund gibt, sich auf die Bedingung $\triangle n = 1$ zu beschränken. Angenommen, wir setzen $\triangle n = \frac{1}{4}$ und $u_n = n^2$; dann können wir schreiben:

DER CALCULUS BEI NEWTON UND LEIBNIZ

$n=$	0	$\frac{1}{4}$	$\frac{1}{2}$	$\frac{3}{4}$	1	$1\frac{1}{4}$	$1\frac{1}{2}$	$1\frac{3}{4}$	2	$2\frac{1}{4}$	$2\frac{1}{2}$	...
$u_n = n^2$	0	$\frac{1}{16}$	$\frac{4}{16}$	$\frac{9}{16}$	$\frac{16}{16}$	$\frac{25}{16}$	$\frac{36}{16}$	$\frac{49}{16}$	$\frac{64}{16}$	$\frac{81}{16}$	$\frac{100}{16}$	...
$\triangle u_n$		$\frac{1}{16}$	$\frac{3}{16}$	$\frac{5}{16}$	$\frac{7}{16}$	$\frac{9}{16}$	$\frac{11}{16}$	$\frac{13}{16}$	$\frac{15}{16}$	$\frac{17}{16}$	$\frac{19}{16}$	...
$\frac{\triangle u_n}{\triangle n}$		$\frac{1}{4}$	$\frac{3}{4}$	$\frac{5}{4}$	$\frac{7}{4}$	$\frac{9}{4}$	$\frac{11}{4}$	$\frac{13}{4}$	$\frac{15}{4}$	$\frac{17}{4}$	$\frac{19}{4}$	...

Für diese Reihe:

$$\frac{\triangle u_n}{\triangle n} = \frac{(n + \triangle n)^2 - n^2}{\triangle n} = \frac{2n \cdot \triangle n + (\triangle n)^2}{\triangle n} = 2n + \triangle n$$

$$\left(\text{Probe: ist } n = 1\frac{1}{4}, 2n + \triangle n = 2\left(\frac{5}{4}\right) + \frac{1}{4} = \frac{11}{4}\right.$$

$$\left.\text{ist } n = 2, 2n + \triangle n = 4 + \frac{1}{4} = \frac{17}{4}\right)$$

Natürlich können wir auch $\triangle u_n : \triangle n$ beliebig annähern an den Differentialkoeffizienten der entsprechenden stetigen Funktion, indem wir das Intervall $\triangle n$ immer kleiner werden lassen.

Es folgt ein Beispiel, das die Suche nach einer stetigen Funktion zeigt. Ist $u_n = 2^n$ und $\triangle n = 1$:

n	0	1	2	3	4	5	6	7	...
$u_n = 2^n$	1	2	4	8	16	32	64	128	...
$\frac{\triangle u_n}{\triangle n} = \triangle u_n$	1	2	4	8	16	32	64	128	...

Mit diesen Überlegungen im Sinne wollen wir Gregorys Reihen noch einmal hinschreiben, um den Weg, den Maclaurin bahnte, in helles Licht zu rücken:

$$u_n = u_o + n \cdot \frac{\triangle u_o}{\triangle n} + \frac{n^{(2)}}{2!} \cdot \frac{\triangle^2 u_o}{(\triangle n)^2} + \frac{n^{(3)}}{3!} \cdot \frac{\triangle^3 u_o}{(\triangle n)^3}$$

$$+ \frac{n^{(4)}}{4!} \cdot \frac{\triangle^4 u_o}{(\triangle n)^4} + \frac{n^{(5)}}{5!} \cdot \frac{\triangle^5 u_o}{(\triangle n)^5} \ldots$$

Hier hat $n^{(r)}$ (nach Definition) nur dann Sinn, wenn $\triangle n = 1$. Wir prüfen darum die Möglichkeit, die stetige Funktion $y = f(x)$ in einer Reihe mit Substitution von x^r für $x^{(r)}$ darzustellen. Soll diese eine beliebige stetige Funktion darstellen, so erwarten wir, daß sie unendlich ist und sinnvoll nur für Werte von x, die mit seiner Konvergenz auf einen endlichen Grenzwert hin übereinstimmen. Nehmen wir die Möglichkeit an, y als eine unendliche Reihe von Exponenten auszudrücken (also eine Reihe, deren Glieder Exponenten von x und numerische Konstanten sind), wie folgt:

$$y = A_0 + A_1 x + A_2 x^2 + A_3 x^3 + A_4 x^4 + A_5 x^5 + \ldots$$

$$\frac{dy}{dx} = A_1 + 2A_2 x + 3A_3 x^2 + 4A_4 x^3 + 5A_5 x^4 + \ldots$$

$$\frac{d^2 y}{dx^2} = 2A_2 + 3 \cdot 2A_3 x + 4 \cdot 3A_4 x^2 + 5 \cdot 4A_5 x^3 + \ldots$$

$$\frac{d^3 y}{dy^3} = 3 \cdot 2A_3 + 4 \cdot 3 \cdot 2A_3 x + 5 \cdot 4 \cdot 3A_5 x^2 + \ldots$$

$$\frac{d^4 y}{dx^4} = 4 \cdot 3 \cdot 2A_4 + 5 \cdot 4 \cdot 3 \cdot 2A_5 x + \ldots$$

$$\frac{d^5 y}{dx^5} = 5 \cdot 4 \cdot 3 \cdot 2A_5 + \ldots$$

Wir setzen nun $y_0 = y$, wenn $x = 0$, so daß sich aus Zeile 1 ergibt: $y_0 = A_0$. Ähnlich schreiben wir:

$$\frac{d}{dx}(0) = \frac{dy}{dx} \qquad \text{wenn } x = 0$$

$$\frac{d^2}{dx^2}(0) = \frac{d^2 y}{dx^2} \qquad \text{wenn } x = 0$$

$$\frac{d^3}{dx^3}(0) = \frac{d^3 y}{dx^2} \qquad \text{wenn } x = 0$$

und so weiter.

Aus den aufeinanderfolgenden Zeilen ersehen wir:

$$\frac{dy}{dx} = A \qquad \text{wenn } x = 0, \text{ so daß } A_1 = \frac{d}{dx}(0)$$

$$\frac{d^2 y}{dx^2} = 2A_2 \qquad \text{wenn } x = 0, \text{ so daß } A_2 = \frac{1}{2} \cdot \frac{d^2}{dx^2}(0)$$

DER CALCULUS BEI NEWTON UND LEIBNIZ

$$\frac{d^3y}{dx^3} = 3 \cdot 2 \cdot A_3 \quad \text{wenn } x = 0, \text{ so daß } A_3 = \frac{1}{3 \cdot 2} \cdot \frac{d^3}{dx^3}(0)$$

$$\frac{d^4y}{dx^4} = 4 \cdot 3 \cdot 2 \cdot A_4 \quad \text{wenn } x = 0, \text{ so daß } A_4 = \frac{1}{4 \cdot 3 \cdot 2} \cdot \frac{d^4}{dx^4}(0)$$

$$\frac{d^5y}{dx^5} = 5 \cdot 4 \cdot 3 \cdot 2 \cdot A_5 \quad \text{wenn } x = 0, \text{ so daß } A_5 = \frac{1}{5 \cdot 4 \cdot 3 \cdot 2} \cdot \frac{d^5}{dx^5}(0)$$

Setzen wir nun diese Werte für A_o, A_1 etc. in die ursprüngliche Exponentenreihe ein, so leiten wir davon ab:

$$y = y_0 + x \cdot \frac{d}{dx}(0) + \frac{x^2}{2!}\frac{d^2}{dx^2}(0) + \frac{x^3}{3!}\frac{d^3}{dx^3}(0)$$

$$+ \frac{x^4}{4!}\frac{d^4}{dx^4}(0) + \frac{x^5}{5!}\frac{d^5}{dx^5}(0) \ldots$$

In der Domäne der *stetigen* Funktionen entspricht diese Reihe, die Reihe Maclaurins, der Reihe Gregorys für *unstetige* Funktionen, und die Gültigkeit der Anfangsvoraussetzung hängt nur davon ab, daß

a) die Funktion *ableitbar*,
b) die Reihe der Ableitungen konvergent ist.

Wir probieren das aus für y = cos x unter der Voraussetzung, daß x in Radian gemessen wird.

$$y = \cos x; \qquad y_0 = \cos 0 = 1$$

$$\frac{dy}{dx} = -\sin x; \qquad \frac{d(0)}{dx^2} = -\sin 0 = 0$$

$$\frac{d^2y}{d^2x} = -\cos x; \qquad \frac{d^2(0)}{dx^2} = -\cos 0 = -1$$

$$\frac{d^3y}{dx^3} = +\sin x; \qquad \frac{d^3(0)}{dx^3} = +\sin 0 = 0$$

$$\frac{d^4y}{dx^4} = +\cos x; \qquad \frac{d^4(0)}{dx^4} = +\cos 0 = +1$$

Es ist leicht zu erkennen, wie das weitergeht:

$$y = 1 - 0\,(x) - \frac{x^2}{2!} + \frac{0\,(x^3)}{3!} + \frac{x^4}{4!} - \frac{0\,(x^5)}{5!} + \frac{-x^6}{6!} \cdots$$

$$\therefore \cos x = 1 - \frac{x^2}{2!} + \frac{x^4}{4!} - \frac{x^6}{6!} + \frac{x^8}{8!} \cdots$$

Ähnlich tabellieren wir für $y = \sin x$

$$y_0 = \sin 0 = 0$$

$$\frac{d\,(0)}{dx} = \cos 0 = 1$$

$$\frac{d^2\,(0)}{dx^2} = -\sin 0 = 0$$

$$\frac{d^3\,(0)}{dx^3} = -\cos 0 = -1$$

$$\frac{d^4\,(0)}{dx^4} = +\sin 0 = 0$$

$$\frac{d^5\,(0)}{dx^5} = \cos 0 = +1$$

und so weiter.

Wir leiten also ab:

$$\sin x = x - \frac{x^3}{3!} + \frac{x^5}{5!} - \frac{x^7}{7!} \cdots$$

Die Reihen für $y = \cos x$ und $y = \sin x$ ergeben nur dann einen Sinn, wenn sie für einen passenden Bereich von x konvergent sind. Alle *numerischen* Werte dieser Reihen liegen zwischen $x = 0$ und $x = \frac{\pi}{2}$. Da $\frac{\pi}{2} < 2$ Radian, werden alle auf das Anfangsglied folgenden Glieder kleiner, wenn $x < 2$ anstelle von $x = 2$. Es genügt also zu zeigen, daß die Reihen bei $x = 2$ konvergent sind.

Die Summe der Reihe für cos x muß kleiner sein als die der entsprechenden Reihe mit nur positiven Vorzeichen, d. h. es genügt zu zeigen, daß die folgende innerhalb des vorgeschriebenen Bereiches konvergent ist:

$$1 + \frac{x^2}{2!} + \frac{x^4}{4!} + \frac{x^6}{6!} + \frac{x^8}{8!} + \cdots$$

Wenn wir den Rang der aufeinanderfolgenden Glieder (t_r) mit 0, 1, 2, etc. bezeichnen:

$$t_r = \frac{x^{2r}}{(2r)!} \ ; \ t_{r+1} = \frac{x^{2r+2}}{(2r+2)!} = \frac{x^2 \cdot x^{2r}}{(2r+2)(2r+1)(2r)!},$$

also
$$t_{r+1} = \frac{x^2 t_r}{(2r+2)(2r+1)}$$

Ist also x = 2, so beträgt das Verhältnis des Gliedes von Rang 4 zu dem von Rang 3 : 4 : 56 = 1 : 14, und das jedes folgenden Gliedes ist kleiner als $\frac{1}{14}$, so daß die Summe der Glieder nach den beiden ersten

$$\frac{1}{14} + \frac{1}{14^2} + \frac{1}{14^3} \ldots \text{ist.}$$

Genauso kann man sich davon überzeugen, daß sin 2 auch konvergent ist.

Um den Wert von sin x und cos x zu finden, wenn x = 1 Radian (= 57°17'45''), schreiben wir:

$$\sin 1 = 1 - \frac{1}{6} + \frac{1}{120} - \frac{1}{5040} + \frac{1}{362880} \cdots$$

$$\cos 1 = 1 - \frac{1}{2} + \frac{1}{24} - \frac{1}{720} + \frac{1}{37320}$$

Nehmen wir nur die ersten vier Glieder der Reihe:

$$\sin 1 = \frac{4241}{5040} = 0{,}84125 \ (\text{korrekter Wert } 0{,}84135)$$

$$\cos 1 = \frac{389}{720} = 0{,}54028 \ (\text{korrekter Wert } 0{,}54048)$$

Damit ist klargestellt, daß beide Reihen selbst für große Werte von x sehr schnell konvergieren.

Mit Hilfe des Maclaurinschen Satzes können wir zeigen, daß das Binomialtheorem für x < 1 (n positiv oder negativ) eine ganze Zahl oder einen rationalen Bruch ergibt. Das haben wir für die erste Ableitung (nx^{n-1}) von x^n bewiesen. Hier brauchen wir nur noch den Fall zu betrachten, daß $n = \frac{1}{p}$ und r > ist, wobei p eine ganze Zahl sein muß.

Wir erkennen das Muster, wenn nur die ersten vier Glieder abgeleitet werden:

DER CALCULUS BEI NEWTON UND LEIBNIZ

$y = (1 + x)^n$, so daß $y_0 = 1$

$$\frac{dy}{dx} = \frac{dy}{d(1+x)} \cdot \frac{d(1+x)}{dx} = n(1+x)^{n-1}, \frac{d(0)}{dx} = 1 = \frac{1}{p}$$

$$\frac{d^2y}{dx^2} = n(n-1)(1+x)^{n-2}, \frac{d^2(0)}{dx^2} = n(n-1) = \frac{1}{p}\left(\frac{1}{p} - 1\right)$$

$$\frac{d^3y}{dx^3} = n(n-1)(n-2)(1+x)^{n-3}, \text{ so daß } \frac{d^3(0)}{dx^3}$$

$$= n(n-1)(n-2) = \frac{1}{p}\left(\frac{1}{p} - 1\right)\left(\frac{1}{p} - 2\right)$$

und so weiter

$$\therefore y = 1 + \frac{1}{p}(x) + \frac{1}{p}\left(\frac{1}{p} - 1\right) \cdot \frac{x^2}{2!} + \frac{1}{p}\left(\frac{1}{p} - 1\right)\left(\frac{1}{p} - 2\right) \cdot \frac{x^3}{3!}$$

$$+ \frac{1}{p}\left(\frac{1}{p} - 1\right)\left(\frac{1}{p} - 2\right)\left(\frac{1}{p} - 3\right) \cdot \frac{x^4}{4!} \ldots$$

Ersetzen wir in der ganzen Reihe n durch $\frac{1}{p}$, so ist diese, eine endlose Reihe, andererseits identisch mit der Binomialreihe $(1 + x)^n$, wenn n eine ganze Zahl ist. Um sie durch $x \leq 1$ konvergent zu machen, erinnern wir uns:

$$t_r = \frac{n(n-1)(n-2)\ldots(n-r+1)}{r!} x^r$$

$$t_{r+1} = \frac{n(n-1)(n-2)\ldots(n-r+1)(n-r)}{(r+1)!} x^{r+1}$$

$$\therefore \frac{t_{r+1}}{t_r} = \frac{(n-r) \cdot x}{r+1} = \frac{1 - pr}{p + pr} \cdot x$$

Zweierlei ist für dieses Ergebnis festzuhalten:

a) Da $p > 1$ laut Definition, ist $(1 - pr)$ negativ, wenn nicht $r = 0$; d. h. das Vorzeichen für t_{r+1} ist negativ, wenn das tür t_r positiv ist, so daß von t_1 an die folgenden Glieder *entgegengesetzte* Vorzeichen haben.

b) Der Quotient $(1 - pr) : (p + pr)$ ist numerisch kleiner als eins, und t_{r+1} ist für alle Werte von r kleiner als t_r, d. h. aufeinanderfolgende Glieder *verringern sich numerisch*.

Damit haben wir nun alle Anhaltspunkte, uns zu versichern, daß unsere Reihe für $(1 + x)^n$ einen Sinn hat, daß sie sich zu einem festen Resultat addiert, wenn $x < 1$ und n ein rationaler Bruch, kleiner als eins ist. Reihen aus abnehmenden Gliedern, die auf den Grenzwert Null zustreben, verschwinden nicht notwendigerweise, wenn zufällig alle Vorzeichen positiv sind, aber sie sind mit Sicherheit konvergent, wenn die Glieder abwechselnd entgegengesetzte Vorzeichen haben. Von den beiden folgenden Reihen konvergiert (a) nicht, (b) dagegen konvergiert:

(a) $\quad 1 + \dfrac{1}{2} + \dfrac{1}{3} + \dfrac{1}{4} + \dfrac{1}{5} + \dfrac{1}{6} + \ldots$

(b) $\quad 1 - \dfrac{1}{2} + \dfrac{1}{3} - \dfrac{1}{4} + \dfrac{1}{5} - \dfrac{1}{6} + \ldots$

Um zu zeigen, daß eine Reihe wie (b) einem Grenzwert zustrebt, schreiben wir die Summe

$$S = a - b + c - d + e - f + g - h \ldots$$
$$= (a - b) + (c - d) + (e - f) + (g - h) \ldots$$

Ist $a > b > c > d$ etc., so ist jedes Paar in Klammern positiv, also

$$S > (a - b).$$

Wir können also auch sagen:

$$S = a - (b - c) - (d - e) - (f - g) \ldots$$

Unter der gleichen Voraussetzung ist wiederum jedes Paar in Klammern positiv, so daß $S < a$. Kurz: $a > S > (a - b)$. Wir schreiben $(1 - x)^n$ in der Form

$$1 + n \cdot x + n_{(2)}x^2 + n_{(3)}x^3 + \ldots = 1 + S,$$

so daß

$$S = nx + n_{(2)}x^2 + n_{(3)}x^3 \ldots$$

Ist $n = p^{-1}$ und $x < 1$, ferner p wie oben eine ganze Zahl, so sehen wir, daß aufeinanderfolgende Glieder von S endlos abnehmen und entgegengesetzte Vorzeichen haben.

$$nx > S > nx + n_{(2)}x^2$$

$$\therefore 1 + \frac{x}{p} > (1 + x)^n > 1 + \frac{x}{p} - \frac{(p-1)x^2}{2p^2}$$

So erfüllt die oben abgeleitete Binomialreihe die wesentliche Bedingung, daß sie konvergent ist. Als eine numerische Illustration setzen wir x = 0,5 = n, so daß p = 2 und $(1+x)^n = \sqrt{1,5}$. Dann ist

$$\frac{x}{p} = 0{,}25 \text{ und } \frac{(p-1)x^2}{p^2} = 0{,}0625,$$

woraus sich ergibt

$$1{,}25 > \sqrt{1{,}5} > 1{,}1875$$

Quadratwurzeltafeln geben an

$$\sqrt{1{,}5} > 1{,}2247.$$

Logarithmisches Millimeterpapier

Heutzutage ist Millimeterpapier in Umlauf, bei dem die y-Achse wie ein Rechenschieber eingeteilt ist in Intervalle, die den Logarithmen der Zahlen entsprechen, die die Division kennzeichnnen. Die Basis ist unwesentlich, weil Logarithmen zu der einen Basis ein einfaches Vielfaches der Logarithmen zu jeder beliebigen anderen Basis sind, wie folgende Formel zeigt:

$$\log_b N = \log_b a \, \log_a N$$

Da die Wahl des ersten Intervalls ($\log_a 2$ in Fig. 176) willkürlich ist, ist die Basis bedeutungslos für die Einteilung.

Wie wir aus Fig. 176 ersehen, verwandelt sich das Schaubild in einer solchen Darstellung von der Exponentialkurve, die das Anwachsen des Kapitals mit Zinseszinsen darstellt, in eine gerade Linie, weil nämlich

$$\log(1 + r)^n = n \cdot \log(1 + r)$$

ist. Wenn wir also schreiben

$$x = (1 + r) \text{ und } y = (1 + r)^n, \text{ so ist}$$

$$\log y = n \cdot \log x$$

DER CALCULUS BEI NEWTON UND LEIBNIZ

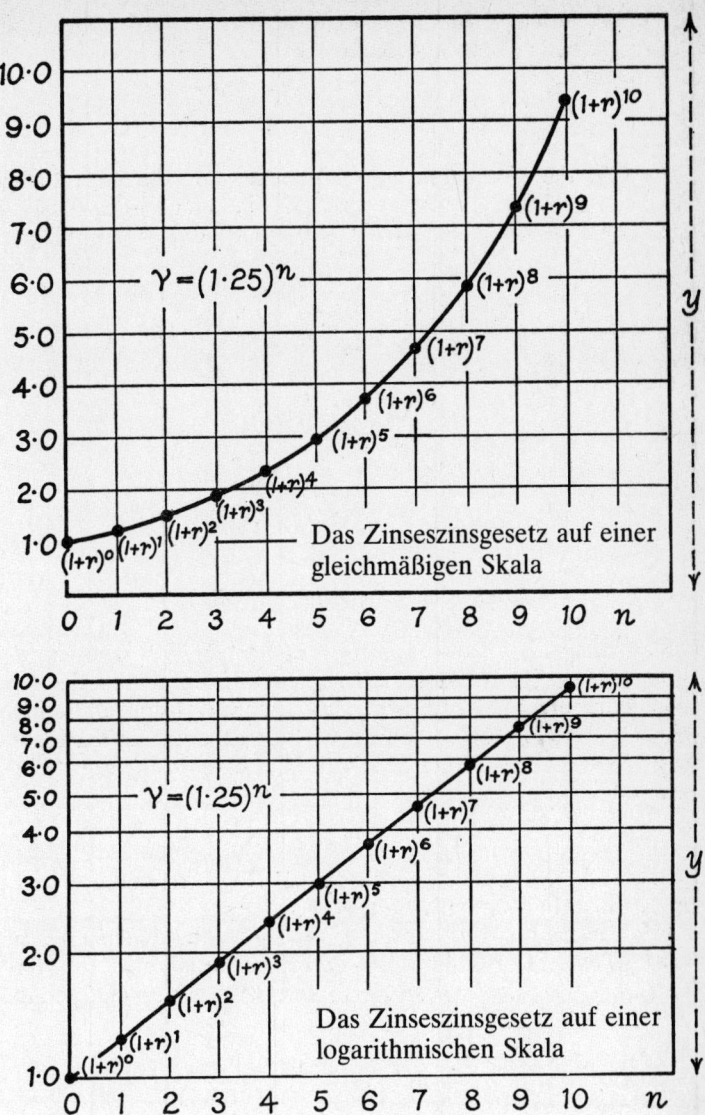

Fig. 176 Die logarithmische Skala verwandelt eine Exponentialkurve in eine gerade Linie

log y anstelle von y auf der y-Achse anzusetzen, bedeutet darum eine gerade Linie, deren Steigung n den Punkt log y = 1,0 und x = 0 durchschreitet.

Kapitel XI

Algebra des Schachbrettes

Das Schachbrettmuster

Im Kapitel VI haben wir gesehen, daß die Überlegenheit des indisch-arabischen Systems allein auf dem Prinzip beruht, jeder Zahl eine bestimmte Stellung zuzuweisen. Dann genügen die zehn Symbole 0, 1, 2, 3, 4, 5, 6, 7, 8, 9, um jede noch so große endliche Zahl und jeden beliebigen endlichen Bruch auszudrücken. Aber das ist nicht der einzige und nicht einmal der bedeutendste Wert des Stellungsprinzips. Es macht auch alle die Operationen, die wir mit dem Abakus ausführen können, deutlich – ja, es gestattet sogar, sie ohne Abakus auszuführen.

Im indisch-arabischen System beruht die Darstellung einer Zahl auf dem Stellungsprinzip in einer Dimension, d. h. eine Zerlegung ergibt immer eine gerade Linie von Zahlen. Ein Algorithmus hingegen, d. h. ein Rechenverfahren, benutzt das gleiche Prinzip zweidimensional. Zum Beispiel multiplizieren wir 4261 mal 315 nach dem folgenden Schachbrettmuster (Reihe und Kolonne):

3·4	3·2	3·6	3·1	. .	. .
. .	1·4	1·2	1·6	1·1	. .
. .	. .	5·4	5·2	6·5	5·1

Oder umgekehrt:

. .	. .	5·4	5·2	5·6	5·1
. .	1·4	1·2	1·6	1·1	. .
3·4	3·2	3·6	3·1	. .	. .

In diesem Schachbrettschema bedeutet die Stellung jedes Produktes in der Kolonne, daß es der Koeffizient einer bestimmten Potenz von 10 ist; seine Stellung in der Reihe gibt die Anweisung, wie der Koeffizient in die richtige Kolonne zu versetzen ist. Die technische Bezeichnung für ein solches Gitter oder Schachbrettmuster von Symbolen ist *Matrix*. Die Matrix bewirkt, daß die Aufeinanderfolge der Operationen im Gedächtnis bleibt; sie ist sparsam mit Symbolen dadurch, daß jedem durch seine besondere Zelle im Gitter eine besondere Bedeutung zukommt. Es gibt einen eigenen Zweig der Algebra, der auf diesem Schema der Sonderung in Zellen beruht.

Im siebzehnten und achtzehnten Jahrhundert, als es darum

ging, die Eigenschaften von Potenzreihen zu erforschen, die eine
einfache Herstellung von logarithmischen und trigonometrischen
Tafeln ermöglichen, erwies sich das eindimensionale Stellungssy-
stem als wertvoll für diese Untersuchungen. Arten der Algebra,
die das gleiche Prinzip auf ein zweidimensionales Gitter beziehen,
entstehen erst im neunzehnten Jahrhundert, als erste unter ihnen
die Algebra der *Determinanten,* die zunächst ein Lösungsschema
für Gleichungssysteme mit mehreren Unbekannten darstellt.

An sich stellen Determinanten ein Programm zur mechanischen
Lösung von Gleichungssystemen mit mehreren Unbekannten dar;
die Chinesen waren mit diesem Grundprinzip vertraut, Jahrhunderte, bevor Determinanten in der westlichen Welt in Gebrauch
kamen. Möglicherweise steht das in Verbindung mit ihrer Vorliebe
für magische Quadrate, die uns tatsächlich später Übungsmöglich-
keiten liefern werden. Um zu verstehen, wieso die Anwendung
von Determinanten ein arbeitssparendes Mittel zur Lösung linearer Gleichungen mit mehreren Unbekannten ist, wollen wir uns
zunächst erinnern, was geschieht, wenn wir ein Gleichungspaar
durch Elimination lösen, z. B.

$$3x = 5y + 4 \text{ und}$$
$$4y - 3x = -2$$

Dann genügt es, ein *Gitter*verfahren anzuwenden, um einen Satz
linearer Gleichungen mit drei Unbekannten (x, y, z) zu lösen.

Wir ordnen:

$$3x - 5y = 4 \quad \text{oder} \quad 3x - 5y - 4 = 0$$
$$-3x + 4y = -2 \quad \quad\quad -3x + 4y + 2 = 0$$

Es ist unwesentlich, welche Ordnung wir wählen, wenn wir nur die
einmal gewählte beibehalten. Hier wollen wir folgende Normalform für lineare Gleichungen mit zwei Unbekannten wählen:

$$ax + by + c = 0$$
$$dx + ey + f = 0$$

Das Einfachste, was wir mit einem solchen Gleichungspaar tun
können, ist, es in eine Gleichung mit einer Unbekannten umzu-
wandeln. Dazu eliminieren wir entweder x, indem wir jeden
Ausdruck der einen Gleichung mit dem Koeffizient von x in der
anderen Gleichung multiplizieren und umgekehrt, – oder y, indem
wir jeden Ausdruck der einen Gleichung mit dem Koeffizienten
von y in der anderen Gleichung multiplizieren und umgekehrt.
Wir haben folgende Schritte zu machen.

ALGEBRA DES SCHACHBRETTES

$$adx + bdy + cd = 0 \qquad\qquad aex + bey + ce = 0$$
$$adx + aey + af = 0 \qquad\qquad bdx + bey + bf = 0$$
$$\therefore (bd - ea)\,y = (af - cd) \qquad \therefore (ae - bd)\,x = (bf - ce)$$

(I) $$\qquad\qquad \therefore -y = \frac{af - cd}{ae - bd} \qquad\qquad\qquad \therefore x = \frac{bf - ce}{ae - bd}$$

Nun muß untersucht werden, wie die Elimination anzuwenden ist, wenn man Gleichungen mit mehr als zwei Unbekannten hat:

$$3x + 5y + z = 16$$
$$x - 2y + 3z = 6$$
$$2x + 2y + 4z = 18$$

$$u + 2v + 3w + z = 18$$
$$2u + 3v + 4w - 3z = 8$$
$$4u - 5v + 2w + z = 4$$
$$-u - v - w + 5z = 14$$

In jeweils zwei Paaren der Gleichungen wird eine Unbekannte eliminiert:

a) $$\qquad x - 2y + 3z = 6$$
$$\qquad 2x + 2y + 4z = 18$$

Durch Addition ergibt sich: $3x + 2z = 24$

b) $$\qquad 2(3x + 5y + z) = 32 = 6x + 10y + 2z$$
$$\qquad 5(2x + 2y + 4z) = 90 = 10x + 10y + 20z$$

Durch Subtraktion: $4x + 18z = 58$

Nun haben wir zwei Gleichungen mit nur x und z:

$$3x + 7z = 24$$
$$4x + 18z = 58;$$

also
$$12x + 28z = 96$$
$$12x + 54z = 174$$

Das ergibt: $z = 3$ und durch Substitution $x = 1$; dieses in eine der drei Originalgleichungen eingesetzt ergibt $y = 2$.

Ähnlich verfährt man mit dem System von 4 Unbekannten und beginnt zu realisieren, wie schrecklich mühsam die Eliminationsmethode wird, wenn man mit mehr als drei Unbekannten zu tun hat.

Formel (I) (S. 465 oben) liefert ein Rechenschema, das uns die zuvor genannten Eliminationsschritte im Einzelfall erspart; leider ist sie nicht ganz leicht zu behalten. Um diese Schwierigkeit zu umgehen, halten wir zunächst fest, daß beide Gleichungen als Nenner die Differenz zwischen den Kreuzprodukten der Koeffizienten von x und y haben. Das ist in der folgenden Schreibweise gut zu merken:

$$\begin{vmatrix} a & b \\ d & e \end{vmatrix} = (ae - bd)$$

Der Zähler von x bringt die Differenz zwischen den Kreuzprodukten der Konstanten, die nicht Koeffizienten von x sind; wir können sie in der gleichen Weise schreiben und lesen:

$$\begin{vmatrix} b & c \\ e & f \end{vmatrix} = (bf - ce)$$

Der Zähler von y ergibt sich entsprechend:

$$\begin{vmatrix} a & c \\ d & f \end{vmatrix} = (af - cd)$$

Nach diesem Prinzip schreiben wir:

$$(II) \quad x = \frac{\begin{vmatrix} b & c \\ e & f \end{vmatrix}}{\begin{vmatrix} a & b \\ d & e \end{vmatrix}} \; ; \quad -y = \frac{\begin{vmatrix} a & c \\ d & f \end{vmatrix}}{\begin{vmatrix} a & b \\ d & e \end{vmatrix}}$$

So ist die Formel (I) gedächtnismäßig besser zu behalten; wir können aber auch das noch auf zwei verschiedene Arten verbessern. Einmal können wir unsere Normalform umwandeln in

$$a_1 x + b_1 y + C_1 = 0$$
$$a_2 x + b_2 y + C_2 = 0$$

Dann nimmt die Determinantenregel folgende Form an:

$$x = \frac{\begin{vmatrix} b_1 & C_1 \\ b_2 & C_2 \end{vmatrix}}{\begin{vmatrix} a_1 & b_1 \\ a_2 & b_2 \end{vmatrix}} \; ; \quad -y = \frac{\begin{vmatrix} a_1 & C_1 \\ a_2 & C_2 \end{vmatrix}}{\begin{vmatrix} a_1 & b_1 \\ a_2 & b_2 \end{vmatrix}}$$

Noch einfacher erscheint unsere allgemeine Gleichung in der Form:

$$a_{11}x + a_{12}y + C_1 = 0$$
$$a_{21}x + a_{22}y + C_2 = 0$$

Das Lösungsschema sieht dann so aus:

$$x = \frac{\begin{vmatrix} a_{12} & C_1 \\ a_{22} & C_2 \end{vmatrix}}{\begin{vmatrix} a_{11} & a_{12} \\ a_{21} & a_{22} \end{vmatrix}} \; ; \qquad -y = \frac{\begin{vmatrix} a_{11} & C_1 \\ a_{21} & C_2 \end{vmatrix}}{\begin{vmatrix} a_{11} & a_{12} \\ a_{21} & a_{22} \end{vmatrix}}$$

Nun können wir noch die Determinanten selbst etwas kompakter schreiben, indem wir das allgemeine Symbol r einsetzen:

$$\begin{vmatrix} a_{12} & C_1 \\ a_{22} & C_2 \end{vmatrix} = [a_{ry} \ldots C_r] = a_{12} \cdot C_2 - a_{22} \cdot C_1$$

$$\begin{vmatrix} a_{11} & C_1 \\ a_{21} & C_2 \end{vmatrix} = [a_{rx} \ldots C_r] = a_{11} \cdot C_2 - a_{21} \cdot C_1$$

$$\begin{vmatrix} a_{11} & a_{12} \\ a_{21} & a_{22} \end{vmatrix} = [a_{rx} \ldots a_{ry}] = a_{11} \cdot a_{22} - a_{21} \cdot a_{12}$$

Dann gibt:

$$a_{11}x + a_{12}y + C_1 = 0, \text{ wenn } x = (a_{ry} \ldots C_r) : (a_{rx} \ldots a_{ry})$$
$$a_{21}x + a_{22}y + C_2 = 0, \qquad -y = (a_{rx} \ldots C_r) : (a_{rx} \ldots a_{ry})$$

Mit alledem wird keine neue Regel eingeführt, sondern nur eine neue Schreibweise als Anschauungs- und Gedächtnishilfe, wodurch die Lösung direkt gegeben und die elementare Prozedur des Schritt-für-Schritt-Gehens erspart bleibt. Das Wort Determinante ist einfach ein Name für das symmetrische Kreuzproduktschema, das hier als 2×2-Schema voll ausgeschrieben ist. Wenn wir den Zahlenwert der Zellenelemente kennen, deuten wir es wie oben, nämlich

$$\begin{vmatrix} 3 & 4 \\ 2 & 5 \end{vmatrix} = 3 \cdot 5 - 4 \cdot 2 = 7$$

Wenn sich die Formel genügend eingeprägt hat, können wir ein Gleichungssystem mit zwei Unbekannten folgendermaßen lösen:

ALGEBRA DES SCHACHBRETTES

$$4x + 5y = 2 \qquad \therefore 4x + 5y - 2 = 0$$
$$3x + 4y = 1 \qquad \therefore 3x + 4y - 1 = 0$$

$$x = \frac{\begin{vmatrix} 5 & -2 \\ 4 & -1 \end{vmatrix}}{\begin{vmatrix} 4 & 5 \\ 3 & 4 \end{vmatrix}} ; \qquad -y = \frac{\begin{vmatrix} 4 & -2 \\ 3 & -1 \end{vmatrix}}{\begin{vmatrix} 4 & 5 \\ 3 & 4 \end{vmatrix}}$$

$$\therefore x = \frac{5(-1) - 4(-2)}{4 \cdot 4 - 3 \cdot 5}; \qquad -y = \frac{4(-1) - 3(-2)}{4 \cdot 4 - 3 \cdot 5}$$

$$\therefore x = \frac{-5 + 8}{16 - 15} = 3; \qquad -y = \frac{-4 + 6}{16 - 15} = 2$$

$$\therefore x = 3 \qquad \text{und} \qquad y = -2$$

Die Lösungsregel wird deutlicher, wenn wir eine 3 x 2 Matrix verwenden:

$$\left\| \begin{matrix} a_{11} & a_{12} & C_1 \\ a_{21} & a_{22} & C_2 \end{matrix} \right\| \equiv M \equiv [a_{rx} \ldots a_{ry} \ldots C_r]$$

Aus dieser Matrix können wir drei Determinanten mit je zwei Reihen und zwei Kolonnen ablesen, nämlich

$$[a_{ry} \ldots C_r] = D(x)$$
$$[a_{rx} \ldots C_r] = D(y)$$
$$[a_{rx} \ldots a_{ry}] = D(C)$$

Dann ergibt sich:

$$x = D(x) : D(C) \quad \text{und} \quad -y = D(y) : D(C)$$

Statt dessen können wir schreiben:

(III) $$\frac{x}{D(x)} = \frac{-y}{D(y)} = \frac{1}{D(C)} \ldots$$

Benutze diese Formel zur Bildung von Gleichungen, deren Lösungen nachprüfbar sind. Man könnte fragen, welchen Vorteil denn solch eine Regel für eine so elementare Operation, wie es die Lösung von 2 Gleichungen mit nur 2 Unbekannten ist, bietet. Die Antwort lautet: gar keinen, sofern man nicht auf diesem Prinzip einen *Kodex* aufbaut, der die umständliche Lösung von Gleichungen mit mehreren Unbekanntan vereinfacht, d. h. die Mühe erspart, *viele* Unbekannte Schritt für Schritt eliminieren zu müssen. Gemäß unserem Prinzip vermerken wir zunächst die Änderung der Vorzeichen in (III) und schreiben in derselben Form wie (III) das Lösungsschema für ein Gleichungssystem mit drei Unbekannten, das in unserer Normalform lautet:

$$\begin{aligned} ax + by + cz + d &= 0 \\ ex + fy + gz + h &= 0 \\ jx + ky + lz + m &= 0 \end{aligned}$$

Die 3-mal-4-Matrix des Gleichungssystems ist

$$\left\| \begin{array}{cccc} a & b & c & d \\ e & f & g & h \\ j & k & l & m \end{array} \right\| \equiv |a_{rx} \ldots a_{ry} \ldots a_{rz} \ldots C_r|$$

Wir haben in (III) festgelegt:

$$D(x) \equiv |a_{ry} \ldots a_{rz} \ldots C_r|$$

Ohne vorerst zu beurteilen, was diese 3 x 3-Determinante bedeutet, überlegen wir, welche Form sie annehmen wird, wenn wir ein allgemeines Gesetz für Gleichungen mit jeder beliebigen Anzahl von Unbekannten finden können:

$$D(x) \equiv \begin{vmatrix} b & c & d \\ f & g & h \\ k & l & m \end{vmatrix} \equiv [a_{ry} \ldots a_{rz} \ldots C_r]$$

In ähnlicher Weise:

$$D(C) \equiv |a_{rx} \ldots a_{ry} \ldots a_{rz}| \equiv \begin{vmatrix} a & b & c \\ e & f & g \\ j & k & l \end{vmatrix}$$

Die Lösungsregel wird gemäß Gleichung (III) lauten:

(IV) $\quad \dfrac{x}{D(x)} = \dfrac{-y}{D(y)} = \dfrac{z}{D(z)} = \dfrac{-1}{D(C)}$

Entsprechend haben wir

(V) $\quad -z = \begin{vmatrix} a & b & d \\ e & f & h \\ j & k & m \end{vmatrix} : \begin{vmatrix} a & b & c \\ e & f & g \\ j & k & l \end{vmatrix}$

Dieses Schema, das jede Unbekannte als Quotienten von Determinanten dritter Ordnung (3 x 3) ausdrückt, ist erst von Nutzen, wenn wir den Determinanten einen Sinn geben. Dazu müssen wir die Lösung unseres Gleichungssystems untersuchen. Um x in (I) und (II) zu eliminieren, setzen wir

$$aex + bey + cez + de = 0$$
$$aex + afy + agz + ah = 0$$
(VI) $\qquad (be - af)y + (ce - ag)z + (de - ah) = 0$

Gleichermaßen erhalten wir aus (II) und (III)

(VII) $\qquad (fj - ek)y + (gj - el)z + (hj - em) = 0$

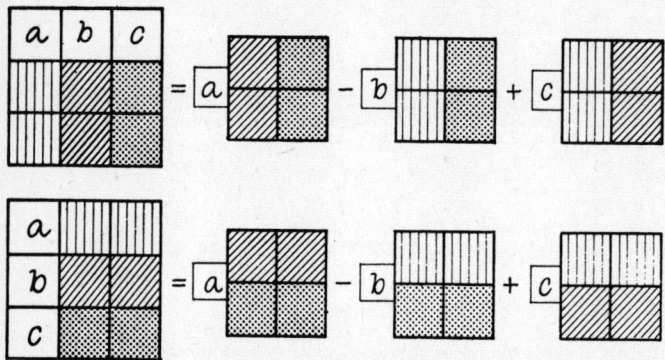

Fig. 177 Gedächtnisstütze für die Zerlegung einer Determinante

Wir eliminieren nun y aus den drei Normalgleichungen in der gewöhnlichen Weise:

(VIII) $\quad z = \dfrac{(be - af)(hj - em) - (fj - ek)(de - ah)}{(fj - ek)(ce - ag) - (be - af)(gj - el)}$

$ = \dfrac{bhj - bem - afm - dfj + edk - ahk}{cfj - eck + agk - bgj + bel - afl}$

(IX) $ = \dfrac{a(fm - hk) - b(em - hj) + d(ek - fj)}{a(gk - fl) - b(gj - el) + c(fj - ek)}$

Nun zeigt sich, daß der Zähler von (IX) die gleiche Menge von Elementen enthält wie die Determinante 3. Ordnung (V) in dem Zähler von z, der oben als Quotient von 3×3-Determinanten ausgedrückt ist. Der Nenner von (IX) enthält die gleiche Menge von Elementen wie die Determinante 3. Ordnung (V) in dem entsprechenden Nenner. Wir sind jetzt in der Lage die beiden

Determinanten 3. Ordnung zu deuten, wenn (IX) folgendermaßen umgeschrieben wird.

(X) $\quad -z = \dfrac{a\,(fm - hk) - b\,(em - hj) + d\,(ek - fj)}{a\,(fl - gk) - b\,(el - gj) + c\,(ek - fj)}$

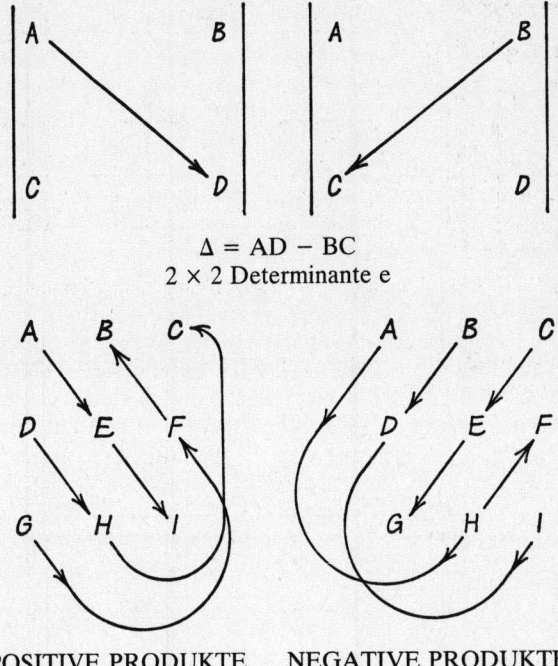

Fig. 178   Schema für Determinanten 2. und 3. Ordnung

Ein Vergleich von (X) mit (V) zeigt, daß unsere Definition einer 3×3-Determinante bedeuten muß:

$$\begin{vmatrix} a & b & d \\ e & f & h \\ j & k & m \end{vmatrix} = a(fm - hk) - b(em - hj) + d(ek - fj)$$

(XI) $\qquad = a \begin{vmatrix} f & h \\ k & m \end{vmatrix} - b \begin{vmatrix} e & h \\ j & m \end{vmatrix} + d \begin{vmatrix} e & f \\ j & k \end{vmatrix}$

$$\begin{vmatrix} a & b & c \\ e & f & g \\ j & k & l \end{vmatrix} = a(fl - gk) - b(el - gj) + c(ek - fj)$$

(XII) $\qquad = a \begin{vmatrix} f & g \\ k & l \end{vmatrix} - b \begin{vmatrix} e & g \\ j & l \end{vmatrix} + d \begin{vmatrix} e & f \\ j & k \end{vmatrix}$

Augenscheinlich lassen sich die beiden 3 x 3-Determinanten auf drei 2 x 2-Determinanten zurückführen, in Übereinstimmung mit einer Regel, deren Schema so aussehen könnte:

$$\begin{vmatrix} k_{11} & k_{12} & k_{13} \\ k_{21} & k_{22} & k_{23} \\ k_{31} & k_{32} & k_{33} \end{vmatrix} = k_{11} \begin{vmatrix} k_{22} & k_{23} \\ k_{32} & k_{33} \end{vmatrix} - k_{12} \begin{vmatrix} k_{21} & k_{23} \\ k_{31} & k_{33} \end{vmatrix} + k_{13} \begin{vmatrix} k_{21} & k_{22} \\ k_{31} & k_{32} \end{vmatrix}$$

Um diese Zerlegung einer Determinante 3. Ordnung in eine Summe von 3 Produkten, bestehend aus je einem Koeffizienten und dem entsprechenden Minor (Determinante 2. Ordnung), durchzuführen, nehmen wir der Reihe nach jeden Ausdruck der obersten Reihe als Koeffizienten heraus und bezeichnen als entsprechenden Minor das, was übrigbleibt, wenn sowohl die Reihe als auch die Kolonne, in welcher der Koeffizient vorkommt, wegfällt. So ist unsere Deutung des Zahlenwertes einer Determinante 3. Ordnung:

$$\begin{vmatrix} 3 & 4 & 6 \\ 2 & 5 & 1 \\ 0 & 1 & 4 \end{vmatrix} = 3 \begin{vmatrix} 5 & 1 \\ 1 & 4 \end{vmatrix} - 4 \begin{vmatrix} 2 & 1 \\ 0 & 4 \end{vmatrix} + 6 \begin{vmatrix} 2 & 5 \\ 0 & 1 \end{vmatrix}$$

$$= 3(20 - 1) - 4(8 - 0) + 6(2 - 0) = 37$$

Es wird eine gute Übung sein, Gleichungen mit drei Unbekannten zu bilden; man kann daran zeigen, daß die Werte von x und y, die durch Elimination erhalten werden, gleichermaßen mit (V) über-

einstimmen, wenn die Determinante 3. Ordnung nach der letzten
Regel gedeutet wird. Das folgende Beispiel erläutert die Lösung
eines Gleichungssystems mit drei Unbekannten.

$$\begin{aligned} 2x + 3y + 9 &= z \\ 5x - 2y - 4z &= 0 \\ 3x + 6y &= -(2z + 4) \end{aligned}$$

Wir ordnen die 4 x 3-Matrix:

$$\begin{vmatrix} 2 & 3 & -1 & 9 \\ 5 & -2 & -4 & 0 \\ 3 & 6 & 2 & 4 \end{vmatrix}$$

Gleichung (IV) gibt die Lösung für x, denn $-x = \dfrac{D(x)}{D(C)}$, wobei

$$D(x) = \begin{vmatrix} 3 & -1 & 9 \\ -2 & -4 & 0 \\ 6 & 2 & 4 \end{vmatrix} = 3 \begin{vmatrix} -4 & 0 \\ 2 & 4 \end{vmatrix} + \begin{vmatrix} -2 & 0 \\ 6 & 4 \end{vmatrix} + 9 \begin{vmatrix} -2 & -4 \\ 6 & 2 \end{vmatrix}$$

$$= 3(-16) + (-8) + 9 \cdot 20 = 124$$

$$D(C) = \begin{vmatrix} 2 & 3 & -1 \\ 5 & -2 & -4 \\ 3 & 6 & 2 \end{vmatrix} = 2 \begin{vmatrix} -2 & -4 \\ 6 & 2 \end{vmatrix} - 3 \begin{vmatrix} 5 & -4 \\ 3 & 2 \end{vmatrix} - \begin{vmatrix} 5 & -2 \\ 3 & 6 \end{vmatrix}$$

$$= 2 \cdot 20 - 3 \cdot 22 - 36 = -62$$

Also ist $-x = 124 : (-62)$; $x = 2$
In gleicher Weise erhalten wir $y = -3$ und $z = 4$.

Allgemeine Determinanten

Wir definieren eine Determinante 4. Ordnung in Analogie zu der
3. Ordnung, d. h. als die Summe (mit abwechselnden Vorzeichen)
von vier 3×3-Determinanten, von denen jede mit einem Element
der obersten Reihe beschwert ist. Die Regel zur Bestimmung der
Determinante 4. Ordnung lautet

$$\begin{vmatrix} a & b & c & d \\ e & f & g & h \\ j & k & l & m \\ n & p & q & r \end{vmatrix} = a \begin{vmatrix} f & g & h \\ k & l & m \\ p & q & r \end{vmatrix} - b \begin{vmatrix} e & g & h \\ j & l & m \\ n & q & r \end{vmatrix} + c \begin{vmatrix} e & f & h \\ j & k & m \\ n & p & r \end{vmatrix} - d \begin{vmatrix} e & f & g \\ j & k & l \\ n & p & q \end{vmatrix}$$

Es ist etwas mühsam, aber im Grunde einfach, zu zeigen, daß die Lösung eines Systems von 4 Gleichungen mit 4 Unbekannten (x_1, x_2, x_3, x_4) in der Normalform

$$a_{r1}x_1 + a_{r2}x_2 + a_{r3}x_3 + a_{r4}x_4 + C_r = 0$$

einer Formel genügt, die genau der Gleichung (III) entspricht, nämlich

$$\frac{x_1}{D(x_1)} = \frac{-x_2}{D(x_2)} = \frac{x_3}{D(x_3)} = \frac{-x_4}{D(x_4)} = \frac{1}{D(C)}$$

Jeder der vier Minoren ist aufzulösen in drei Determinanten 2. Ordnung, und daher (mit entsprechenden Vorzeichen) entsteht eine Summe von 24 (= 4!) Produkten, von denen jedes aus vier Elementen besteht. Allgemein gesprochen ist jede Determinante n-ter Ordnung aufzulösen als

a) Summe von n Determinanten (n − 1). Ordnung, einzeln besetzt mit den entsprechenden Elementen der obersten Reihe;
b) Summe von n! Produkten aus n Elementen, von denen die eine Hälfte positiv, die andere negativ ist.

Diese Behauptung trifft gleicherweise zu für die 2×2-Determinante, welche die Summe von zwei (2!) Gliedern mit verschiedenen Vorzeichen ist, deren jedes ein Produkt aus zwei Faktoren darstellt. Ein gemeinsames Bildungsgesetz dieser n-fachen Produkte nimmt Gestalt an, wenn wir die 2fachen und 3fachen Determinanten folgendermaßen schreiben:

$$\begin{vmatrix} a_1 & a_2 \\ b_1 & b_2 \end{vmatrix} \equiv \begin{matrix} a_1 & \cdot \\ \cdot & |b_2| \end{matrix} + \begin{matrix} \cdot & -a_2 \\ |b_1| & \cdot \end{matrix} = (a_1b_2 - a_2b_1)$$

$$\begin{vmatrix} a_1 & a_2 & a_3 \\ b_1 & b_2 & b_3 \\ c_1 & c_2 & c_3 \end{vmatrix} \equiv \begin{matrix} a_1 & \cdot & \cdot \\ \cdot & b_2 & b_3 \\ \cdot & c_2 & c_3 \end{matrix} + \begin{matrix} \cdot & -a_2 & \cdot \\ b_1 & \cdot & b_3 \\ c_1 & \cdot & c_3 \end{matrix} + \begin{matrix} \cdot & \cdot & a_3 \\ b_1 & b_2 & \cdot \\ c_1 & c_2 & \cdot \end{matrix}$$

$$\equiv a_1 \begin{vmatrix} b_2 & b_3 \\ c_2 & c_3 \end{vmatrix} - a_2 \begin{vmatrix} b_1 & b_3 \\ c_1 & c_3 \end{vmatrix} + a_3 \begin{vmatrix} b_1 & b_2 \\ c_1 & c_2 \end{vmatrix}$$

$$= a_1(b_2c_3 - b_3c_2) - a_2(b_1c_3 - b_3c_1) + a_3(b_1c_2 - b_2c_1)$$
$$= a_1b_2c_3 + a_2b_3c_1 + a_3b_1c_2 - a_1b_3c_2 - a_2b_1c_3 - a_3b_2c_1$$

Die Gesamtmenge von n! Produkten aus je n Elementen umfaßt alle möglichen Kombinationen von n Elementen mit der einzigen

Beschränkung, daß Elemente der gleichen Reihe oder der gleichen Kolonne nicht zu ein und demselben Gliede gehören können. Bei der Auflösung einer Determinante wird die Vorzeichenregel, die letzten Produktenglieder betreffend, erkennbar an den doppelten Fußzahlen, welche den Unterschied zwischen Kolonne und Reihe klar angeben. Wenn die Produktenelemente wie oben in korrekter Reihenordnung stehen (hier a, b, c), so geben die Fußzahlen die Kolonnenordnung an. Für 3fache Produkte ist zu merken, daß

1. *eine* oder *drei* Inversionen notwendig sind, um die Reihenfolge der Kolonnenzahlen *negativer* Glieder wiederherzustellen, nämlich 132 nach 123 und 321 nach 312 nach 132 nach 123;
2. *keine* oder *zwei* Inversionen notwendig sind, um die Kolonnenzahlen *positiver* Glieder wiederherzustellen, nämlich 231 nach 213 nach 123 und 312 nach 132 nach 123.

Allgemeine Regel für Determinanten jeder Ordnung ist, daß negative Produkte eine ungerade Anzahl von Inversionen erfordern, positive Produkte eine gerade Anzahl.

Numerische Bestimmung von Determinanten

Wir sind dem Begriff der Determinante bisher immerhin schon so nahe gekommen, daß sie uns eine bequem zu behaltende Regel für die rechnerische Lösung von linearen Gleichungssystemen liefert. Das ist nicht wenig, wenn wir bedenken, daß ohne sie jeweils ein langer Weg der schrittweisen Elimination einer Unbekannten nach der anderen in ständig wiederholten Operationen zu durchwandern ist. Noch größer sind die Vorteile, die sich aus der Verwendbarkeit der numerischen Eigenschaften der Determinante zur Beschleunigung des Rechenvorganges ergeben. In den nun folgenden Regeln können wir – ohne daß es eines formalen Beweises bedarf – zusammenfassen, welche Eigenschaften von diesem Gesichtspunkt aus als wesentlich zu bezeichnen sind. Eine Prüfung der Regeln, die für Determinanten zweier oder dritter Ordnung gelten, sollte genügen, um darzutun, warum sie auch auf Determinanten höherer Ordnung anwendbar sind; die Zerlegung einer 3×3-Determinante in 3 Minoren zweiter Ordnung läßt sich ja ohne weiteres verallgemeinern für die Zerlegung jeder n×n-Determinante in n Minoren (n −1). Ordnung.

Regel I – Drehung der Zahlenordnung um 90°, so daß die r-te Reihe zur r-ten Kolonne wird und umgekehrt, ändert den Wert einer Determinante nicht.

$$\begin{vmatrix} a_1 & a_2 \\ b_1 & b_2 \end{vmatrix} = (a_1 b_2 - a_2 b_1) = \begin{vmatrix} a_1 & b_1 \\ a_2 & b_2 \end{vmatrix}$$

Der Rechenvorteil dieser Regel wird offensichtlich in der folgenden Determinante:

$$\begin{vmatrix} 3 & 4 & 5 \\ 0 & 2 & 1 \\ 6 & 6 & 4 \end{vmatrix} = 3 \begin{vmatrix} 2 & 1 \\ 6 & 4 \end{vmatrix} - 4 \begin{vmatrix} 0 & 1 \\ 6 & 4 \end{vmatrix} + 5 \begin{vmatrix} 0 & 2 \\ 6 & 6 \end{vmatrix}$$

Bei Anwendung der Austauschregel können wir in einem Schritt einen Minor eliminieren:

$$\begin{vmatrix} 3 & 0 & 6 \\ 4 & 2 & 6 \\ 5 & 1 & 4 \end{vmatrix} = 3 \begin{vmatrix} 2 & 6 \\ 1 & 4 \end{vmatrix} + 6 \begin{vmatrix} 4 & 2 \\ 5 & 1 \end{vmatrix}$$

Es ist nicht notwendig, die erste Anordnung wiederherzustellen, denn die Regel schließt ein, daß eine Determinante auf jede der folgenden Weisen reduziert werden kann:

$$\begin{vmatrix} a_1 & a_2 & a_3 \\ b_1 & b_2 & b_3 \\ c_1 & c_2 & c_3 \end{vmatrix} \equiv a_1 \begin{vmatrix} b_2 & b_3 \\ c_2 & c_3 \end{vmatrix} - a_2 \begin{vmatrix} b_1 & b_3 \\ c_1 & c_3 \end{vmatrix} + a_3 \begin{vmatrix} b_1 & b_2 \\ c_1 & c_2 \end{vmatrix}$$

$$\equiv a_1 b_2 c_3 + a_2 b_3 c_1 + a_3 b_1 c_2 \\ - a_1 b_3 c_2 - a_2 b_1 c_3 - a_3 b_2 c_1$$

$$\equiv a_1 \begin{vmatrix} b_2 & b_3 \\ c_2 & c_3 \end{vmatrix} - b_1 \begin{vmatrix} a_2 & a_3 \\ c_2 & c_3 \end{vmatrix} + c_1 \begin{vmatrix} a_2 & a_3 \\ b_2 & b_3 \end{vmatrix}$$

Regel II – Austausch eines einzigen Reihenpaares oder eines einzigen Kolonnenpaares kehrt das Vorzeichen des Zahlenwertes einer Determinante um, z.B.

$$\begin{vmatrix} a_1 & a_2 \\ b_1 & b_2 \end{vmatrix} = - \begin{vmatrix} a_2 & a_1 \\ b_2 & b_1 \end{vmatrix} = - \begin{vmatrix} b_1 & b_2 \\ a_1 & a_2 \end{vmatrix}$$

Der Rechenvorteil dieser Regel wird aus der Tatsache ersichtlich, daß sie eine Anordnung ermöglicht, die ein oder mehrere Nullglieder in der obersten Reihe oder ersten Kolonne aufweist, wodurch eine entsprechende Anzahl von Minoren wegfällt, z.B

$$\begin{vmatrix} 2 & 3 & 1 & 4 \\ 4 & 1 & 0 & 3 \\ 3 & 0 & 0 & 6 \\ 1 & 2 & 2 & 4 \end{vmatrix} = - \begin{vmatrix} 2 & 1 & 3 & 4 \\ 4 & 0 & 1 & 3 \\ 3 & 0 & 0 & 6 \\ 1 & 2 & 2 & 4 \end{vmatrix} = + \begin{vmatrix} 1 & 2 & 3 & 4 \\ 0 & 4 & 1 & 3 \\ 0 & 3 & 0 & 6 \\ 2 & 1 & 2 & 4 \end{vmatrix}$$

$$= \begin{vmatrix} 4 & 1 & 3 \\ 3 & 0 & 6 \\ 1 & 2 & 4 \end{vmatrix} - 2 \begin{vmatrix} 2 & 3 & 4 \\ 4 & 1 & 3 \\ 3 & 0 & 6 \end{vmatrix} = -2 \begin{vmatrix} 3 & 0 & 6 \\ 2 & 3 & 4 \\ 4 & 1 & 3 \end{vmatrix} - \begin{vmatrix} 3 & 0 & 6 \\ 4 & 1 & 3 \\ 1 & 2 & 4 \end{vmatrix}$$

$$= -2 \cdot 3 \begin{vmatrix} 3 & 4 \\ 1 & 3 \end{vmatrix} - 2 \cdot 6 \begin{vmatrix} 2 & 3 \\ 4 & 1 \end{vmatrix} - 3 \begin{vmatrix} 1 & 3 \\ 2 & 4 \end{vmatrix} - 6 \begin{vmatrix} 4 & 1 \\ 1 & 2 \end{vmatrix}$$

$$= -6(9-4) - 12(2-12) - 3(4-6) - 6(8-1) = 54$$

Regel III − Der Zahlenwert einer Determinante ist null, wenn zwei Reihen oder zwei Kolonnen identisch sind, z.B.

$$\begin{vmatrix} a & b & c \\ d & e & f \\ a & b & c \end{vmatrix} = 0 = \begin{vmatrix} a & b & b \\ d & e & e \\ g & h & h \end{vmatrix}$$

Ein Vorteil dieser Regel wird evident, sobald wir die nächste untersucht haben werden.

Regel IV − Multipliziert man jedes Element einer Reihe oder Kolonne mit dem gleichen Faktor k, so ist das Ergebnis gleich dem k-fachen Zahlenwert der Determinante, z.B.

$$\begin{vmatrix} ak & bk & ck \\ d & e & f \\ g & h & j \end{vmatrix} \equiv k \begin{vmatrix} a & b & c \\ d & e & f \\ g & h & j \end{vmatrix} = \begin{vmatrix} a & bk & c \\ d & ek & f \\ g & hk & j \end{vmatrix}$$

Mit Hilfe dieser Regel läßt sich das Rechnen auf kleinere Zahlen reduzieren, z.B.

$$\begin{vmatrix} 25 & 45 & 15 \\ 40 & 24 & 21 \\ 15 & 9 & 21 \end{vmatrix} = 5^2 \begin{vmatrix} 1 & 9 & 3 \\ 8 & 24 & 21 \\ 3 & 9 & 21 \end{vmatrix} = 3^2 \cdot 5^2 \begin{vmatrix} 1 & 3 & 1 \\ 8 & 8 & 7 \\ 3 & 3 & 7 \end{vmatrix}$$

Eine weitere Verwendung dieser Regel hängt von Regel III ab, etwa

ALGEBRA DES SCHACHBRETTES

$$\begin{vmatrix} 25 & 45 & 10 \\ 40 & 24 & 16 \\ 15 & 9 & 6 \end{vmatrix} = 5 \cdot 2 \begin{vmatrix} 5 & 45 & 5 \\ 8 & 24 & 8 \\ 3 & 9 & 3 \end{vmatrix} = 0$$

Wir können demnach Minoren weglassen, sobald entsprechende Elemente in 2 Reihen oder 2 Kolonnen *proportional* sind.

Regel V – Addition (oder Subtraktion) entsprechender Elemente einer Reihe oder Kolonne mit denjenigen einer parallelen Reihe oder Kolonne ändert den Wert der Determinante nicht, z. B.

$$\begin{vmatrix} a & d & g \\ b & e & h \\ c & f & j \end{vmatrix} \equiv \begin{vmatrix} (a+d) & d & g \\ (b+e) & e & h \\ (c+f) & f & j \end{vmatrix} \equiv \begin{vmatrix} (a-c) & (d-f) & (g-j) \\ b & e & h \\ c & f & j \end{vmatrix}$$

An Hand der vorausgehenden Regeln läßt sich jeder beliebige Minor eliminieren, indem man durch Umordnung ein Nullelement in die oberste Reihe oder erste Kolonne hineinbringt. Die letzte Regel erlaubt
1. neue Nullglieder einzuführen, indem entsprechende Glieder verschiedener Parallelordnungen identisch gemacht werden,
2. das Zahlengewicht, das wir mitzuschleppen haben, erheblich zu verringern.

In der folgenden Darlegung wird die schrittweise Umordnung gezeigt, die der Praktiker viel ökonomischer gestalten könnte:

$$\begin{vmatrix} 42 & 4 & 39 \\ 13 & 8 & 13 \\ 18 & 10 & 26 \end{vmatrix} = \begin{vmatrix} (42-39) & 4 & 39 \\ (13-13) & 8 & 13 \\ (18-26) & 10 & 26 \end{vmatrix} = \begin{vmatrix} 3 & 4 & 39 \\ 0 & 8 & 13 \\ -8 & 10 & 26 \end{vmatrix}$$

$$= 2 \cdot 13 \begin{vmatrix} 3 & 2 & 3 \\ 0 & 4 & 1 \\ -8 & 5 & 2 \end{vmatrix} = 26 \begin{vmatrix} (3+8) & (2-5) & (3-2) \\ 0 & 4 & 1 \\ -8 & 5 & 2 \end{vmatrix}$$

$$= 26 \begin{vmatrix} 11 & -3 & 1 \\ 0 & 4 & 1 \\ (-8-0) & (5-4) & (2-1) \end{vmatrix}$$

$$= 26 \begin{vmatrix} 11 & -3 & 1 \\ 0 & 4 & 1 \\ -8 & 1 & 1 \end{vmatrix} = 26 \begin{vmatrix} 11 & -3 & 1 \\ 0 & 4 & 1 \\ (-8-0) & (1-4) & (1-1) \end{vmatrix}$$

$$= 26 \begin{vmatrix} 11 & -3 & 1 \\ (0-11) & (4+3) & (1-1) \\ -8 & -3 & 0 \end{vmatrix}$$

$$= 26 \begin{vmatrix} 1 & 11 & 3 \\ 0 & -11 & 7 \\ 0 & -8 & -3 \end{vmatrix} = -26 \begin{vmatrix} 11 & 7 \\ 8 & -3 \end{vmatrix}$$

$$= -26(-33-56) = 26 \cdot 89 = 2314$$

Regel VI – Addition (oder Subtraktion) der Elemente einer Anordnung mit den entsprechenden, jeweils mit einem konstanten Faktor multiplizierten Elementen einer anderen, parallelen Ordnung ändert den Wert der Determinante nicht. Z. B.

$$\begin{vmatrix} a & d & g \\ b & e & h \\ c & f & j \end{vmatrix} \equiv \begin{vmatrix} (a-pd-qg) & d & g \\ (b-pe-qh) & e & h \\ (c-pf-qj) & f & j \end{vmatrix}$$

Das ist eine Erweiterung der vorigen Regel unter Zuhilfenahme von Regel IV. Wir können damit bestimmen:

$$\begin{vmatrix} 42 & 4 & 39 \\ 13 & 8 & 13 \\ 18 & 10 & 26 \end{vmatrix} = \begin{vmatrix} 42-2\cdot 18 & 4-2\cdot 10 & 39-2\cdot 26 \\ 13 & 8 & 13 \\ 18 & 10 & 26 \end{vmatrix} = \begin{vmatrix} 6 & -16 & -13 \\ 13 & 8 & 13 \\ 8 & 10 & 26 \end{vmatrix}$$

$$= 2 \cdot 13 \begin{vmatrix} 6 & -8 & -1 \\ 13 & 4 & 1 \\ 18 & 5 & 2 \end{vmatrix} = 2 \cdot 13 \begin{vmatrix} 6 & -8 & -1 \\ 13 & 4 & 1 \\ 5 & 1 & 1 \end{vmatrix} = 2 \cdot 13 \begin{vmatrix} 6 & -8 & -1 \\ 8 & 3 & 0 \\ 5 & 1 & 1 \end{vmatrix}$$

$$= 26 \begin{vmatrix} 6 & -8 & -1 \\ 8 & 3 & 0 \\ 11 & -7 & 0 \end{vmatrix} = -26 \begin{vmatrix} 1 & 6 & -8 \\ 0 & 8 & 3 \\ 0 & 11 & -7 \end{vmatrix} = -26 \begin{vmatrix} 8 & 3 \\ 11 & -7 \end{vmatrix}$$

$$= -26(-56-33) = 26 \cdot 89 = 2314$$

Regel VII – Der Wert einer Determinante ist null, wenn alle Elemente einer Reihe oder einer Kolonne gleich null sind.

Der Beweis wird evident, wenn wir die Nullreihe in die oberste Reihe oder die äußerste linke Kolonne verlegen mit entsprechender Änderung der Vorzeichen (Regel II). Dann wird jeder Mitfaktor der Minoren, in die wir die Determinanten zerlegen, null, und damit verschwindet die ganze Summe der Produkte.

Diese Regeln vorteilhaft zu benutzen, ist eine Sache der Übung. Hat man die erlangt, so kann man weitergehend eine Determinante beliebiger Ordnung auf eine andere reduzieren, in der alle Elemente der oberen Reihe oder der linken Kolonne *außer* der linken oberen Ecke (a_{11}) gleich null sind. Dann fallen alle Minoren außer dem mit dem Faktor a_{11} weg. Dadurch ist die Ordnung von n auf (n − 1) herabgesetzt. So kann man durch schrittweise Anwendung der Regeln jede Determinante auf eine zweiter Ordnung zurückführen. Die beste Übung besteht darin, Gleichungen zu bilden, die man einmal durch schrittweise Elimination und zum anderen durch Determinanten löst.

Zum Beispiel setze man x = 1, y = 2, z = 3, so daß

$$2x + 3y + z = 11$$
$$5x + 3y - 2z = 5$$
$$4x + 2y - 3z = -1$$

Wer noch ungeübt ist, muß die Operationen getrennt vornehmen, der Erfahrenere erledigt sie auf einen Streich.

Jedenfalls wird sich zeigen, daß die Determinantenmethode sowohl die Arbeit der Lösung eines Gleichungssystems mit zahlreichen Unbekannten wie auch die Gefahr von Rechenfehlern gewaltig verringert.

Geometrische Anwendung der Determinanten

Die Determinanten gelten bisher als Lösungsschema für lineare Gleichungen mit mehreren Unbekannten, das erhebliche Rechenvorteile bietet. Ihre Anwendung erstreckt sich aber weit darüber hinaus und umfaßt unter anderem die Definition verschiedener allgemeiner Prinzipien der Koordinatengeometrie. Die geometrische Anwendung soll in zwei Beispielen gezeigt werden:
a) die Bedingung der Gleichlinigkeit von drei Punkten in einer Ebene,
b) die Bedingung des Zusammentreffens von drei und mehr Geraden in einer Ebene.

Gleichlinigkeit von drei Punkten (p_1, p_2, p_3) bedeutet, daß alle drei auf ein und derselben Geraden liegen. Mit anderen Worten: die Gerade, die p_1 mit p_2 verbindet, bildet wie die Gerade, die p_2 mit p_3 verbindet, den gleichen Winkel a mit der x-Achse. Man

skizziere die entsprechende Figur und nenne die Koordinaten der
drei Punkte (x_1, y_1), (x_2, y_2), (x_3, y_3). Unter der Voraussetzung,
daß $p_1 p_2$ den gleichen Steigungswinkel a hat wie $p_2 p_3$, gilt:

$$\frac{y_1 - y_1}{x_2 - x_1} = \text{tg } a = \frac{y_3 - y_2}{x_3 - x_2}$$

$$\therefore (x_3 - x_2)(y_2 - y_1) = (y_3 - y_2)(x_2 - x_1)$$
$$\therefore x_3 y_2 - x_3 y_1 - x_2 y_2 + x_2 y_1 = x_2 y_3 - x_1 y_3 - x_2 y_2 + x_1 y_2$$
$$\therefore x_3 y_2 + x_2 y_1 + x_1 y_3 - x_3 y_1 - x_2 y_3 - x_1 y_2 = 0$$
$$\therefore x_1 (y_3 - y_2) - x_2 (y_3 - y_1) + x_3 (y_2 - y_1) = 0$$
$$\therefore x_1 (y_2 - y_3) - x_2 (y_1 - y_3) + x_3 (y_1 - y_2) = 0$$

Wir können $(y_2 - y_3)$ als Determinante auffassen:

$$\begin{vmatrix} y_2 & 1 \\ y_3 & 1 \end{vmatrix}$$

Darum ist die letzte Gleichung gleichbedeutend mit

$$x_1 \begin{vmatrix} y_2 & 1 \\ y_3 & 1 \end{vmatrix} - x_2 \begin{vmatrix} y_1 & 1 \\ y_3 & 1 \end{vmatrix} + x_3 \begin{vmatrix} y_1 & 1 \\ y_2 & 1 \end{vmatrix} = 0$$

Die drei Determinanten mit ihren Faktoren auf der linken Seite
entsprechen einer einzigen Determinante dritter Ordnung, so daß

$$\begin{vmatrix} x_1 & y_1 & 1 \\ x_2 & y_2 & 1 \\ x_3 & y_3 & 1 \end{vmatrix} = 0$$

Bedingung für die Gleichlinigkeit der drei Punkte $p_1 (x_1, y_1)$;
$p_2 (x_2, y_2)$; $p_3 (x_3, y_3)$ ist, daß der Wert der Determinante null ist.

Beispiel: Bestimme, ob (1,8), (3,18) und (6,33) in einer Geraden
liegen.

$$\begin{vmatrix} 1 & 8 & 1 \\ 3 & 18 & 1 \\ 6 & 33 & 1 \end{vmatrix} = \begin{vmatrix} 0 & 8 & 1 \\ 2 & 18 & 1 \\ 5 & 33 & 1 \end{vmatrix} = -2 \begin{vmatrix} 8 & 1 \\ 33 & 1 \end{vmatrix} + 5 \begin{vmatrix} 8 & 1 \\ 18 & 1 \end{vmatrix}$$

$$= -2 \begin{vmatrix} 8 & 1 \\ 25 & 0 \end{vmatrix} + 5 \begin{vmatrix} 8 & 1 \\ 10 & 0 \end{vmatrix} = 50 - 50 = 0$$

Wir könnten natürlich einen Umweg machen, indem wir die
Gleichung $y = mx + b$ für jedes Paar von Veränderlichen lösen,
also

$$8 = m + b$$
$$18 = 3m + b$$
$$\therefore 10 = 2m \quad \text{oder} \quad m = 5 \quad \text{und} \quad b = 3$$

Also liegen die Punkte (1,8) und (3,18) auf der Geraden $y = 5x + 3$. Nach Einsetzung des x-Wertes des dritten Punktes (6,33) haben wir $y = 5 \cdot 6 + 3 = 33$, wodurch angezeigt ist, daß der Punkt mit den Koordinaten $x = 6$, $y = 33$ ebenfalls auf der genannten Geraden liegt.

Das Zusammentreffen dreier Geraden in einer Ebene bedeutet, daß sie sich in einem Punkte schneiden. Wir wollen die drei entsprechenden Gleichungen in folgender Form schreiben

$$\begin{aligned}
&\text{(I)} \quad y = m_1 x + b_1 \quad \text{oder} \quad m_1 x - y + b_1 = 0 \\
&\text{(II)} \quad y = m_2 x + b_2 \quad \text{oder} \quad m_2 x - y + b_2 = 0 \\
&\text{(III)} \quad y = m_3 x + b_3 \quad \text{oder} \quad m_3 x - y + b_3 = 0
\end{aligned}$$

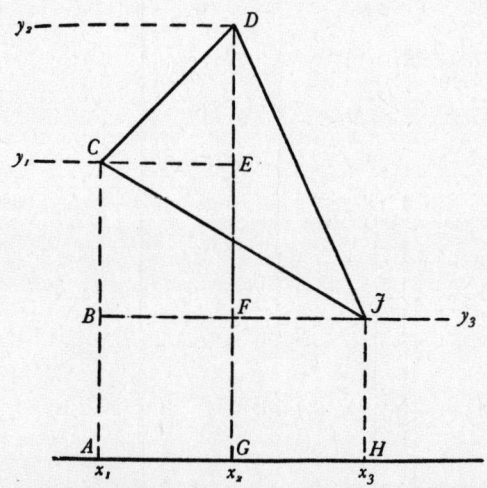

Fig. 179 Flächeninhalt eines Dreiecks als Determinante

Gemäß der graphischen Lösungsmethode, nach der die Koordinaten des Schnittpunktes zweier Geraden aufzufinden sind, schneiden sich die Geraden von (I) und (II) in dem Punkt, dessen Koordinaten die Lösung der beiden Gleichungen angeben.

$$x_p = \frac{\begin{vmatrix} -1 & b_1 \\ -1 & b_2 \end{vmatrix}}{\begin{vmatrix} m_1 & -1 \\ m_2 & -1 \end{vmatrix}} \; ; \quad -y_p = \frac{\begin{vmatrix} m_1 & b_1 \\ m_2 & b_2 \end{vmatrix}}{\begin{vmatrix} m_1 & -1 \\ m_2 & -1 \end{vmatrix}}$$

Wenn die Gerade der dritten Gleichung ebenfalls durch den Punkt (x_p, y_p) geht, so ergibt sich

$$m_3 x_p - y_p + b_3 = 0$$

$$\therefore m_3 \begin{vmatrix} -1 & b_1 \\ -1 & b_2 \end{vmatrix} + \begin{vmatrix} m_1 & b_1 \\ m_2 & b_2 \end{vmatrix} + b_3 \begin{vmatrix} m_1 & -1 \\ m_2 & -1 \end{vmatrix} = 0$$

$$\therefore m_3 \begin{vmatrix} +1 & b_1 \\ +1 & b_2 \end{vmatrix} - \begin{vmatrix} m_1 & b_1 \\ m_2 & b_2 \end{vmatrix} + b_3 \begin{vmatrix} m_1 & +1 \\ m_2 & +1 \end{vmatrix} = 0$$

$$\therefore \begin{vmatrix} m_3 & 1 & b_3 \\ m_1 & 1 & b_1 \\ m_2 & 1 & b_2 \end{vmatrix} = 0 = \begin{vmatrix} m_1 & -1 & b_1 \\ m_2 & -1 & b_2 \\ m_3 & -1 & b_3 \end{vmatrix}$$

Beispiel: Wir fragen, ob die folgenden drei Geraden sich in einem Punkte treffen:

$$y = 5x + 3$$
$$y = 6x + 2$$
$$y = 4x + 4$$

Wir haben zu bestimmen:

$$\begin{vmatrix} 5 & -1 & 3 \\ 6 & -1 & 2 \\ 4 & -1 & 4 \end{vmatrix} = - \begin{vmatrix} 5 & 1 & 3 \\ 6 & 1 & 2 \\ 4 & 1 & 4 \end{vmatrix} = - \begin{vmatrix} 5 & 1 & 3 \\ 1 & 0 & -1 \\ 4 & 1 & 4 \end{vmatrix} = - \begin{vmatrix} 1 & 0 & -1 \\ 1 & 0 & -1 \\ 4 & 1 & 4 \end{vmatrix}$$

$$= - \begin{vmatrix} 0 & 0 & 0 \\ 1 & 0 & -1 \\ 4 & 1 & 4 \end{vmatrix} = 0$$

Da der Wert der zugehörigen Determinante gleich null ist, treffen sich die Geraden in einem Punkte, der hier die Koordinaten $x = 1$, $y = 9$ hat.

Dieses Ergebnis läßt sich wiederum dahingehend erweitern, daß die Bedingung für das Zusammentreffen von vier Ebenen in einem Punkt definiert wird. Wir haben vier Gleichungen mit drei Variabeln in der Form

$$a_m x + b_m y + c_m z + d_m = 0$$

$$\begin{vmatrix} a_1 & b_1 & c_1 & d_1 \\ a_2 & b_2 & c_2 & d_2 \\ a_3 & b_3 & c_3 & d_3 \\ a_4 & b_4 & c_4 & d_4 \end{vmatrix} = 0$$

Geometrisch bedeutet das die Bedingung für das Zusammentreffen von 4 Ebenen im Punkte $P = (x_p, y_p, z_p)$. Gehen alle vier durch den Nullpunkt d. h. ist $d_m = 0$, so heißt die Determinante

$$\begin{vmatrix} a_1 & b_1 & c_1 & 0 \\ a_2 & b_2 & c_2 & 0 \\ a_3 & b_3 & c_3 & 0 \\ a_4 & b_4 & c_4 & 0 \end{vmatrix}$$

Der Wert dieser Determinante ist notwendig null nach Regel VII. Aus der gleichen Regel läßt sich auch auf einem andern als dem gezeigten Weg die Bedingung für die Gleichlinigkeit dreier Punkte ableiten; aus diesem Ergebnis kann man dann schließen, wann vier Punkte in einer Ebene liegen. In der allgemeinsten Form lautet die Gleichung der Geraden: $Ax + By = D$. Für ein und dieselbe Gerade, auf welcher drei Punkte: $P_1 = (x_1, y_1)$, $P_2 = (x_2, y_2)$, $P_3 = (x_3, y_3)$ liegen, sind die Konstanten A, B und C gleich, allerdings noch zu bestimmen. Wir wollen die drei Gleichungen so schreiben, daß wir sie durch Determinanten lösen können, wobei x und y hier als bekannte Größen gelten.

$$x_1 \cdot A + y_1 \cdot B = D$$
$$x_2 \cdot A + y_2 \cdot B = D$$
$$x_3 \cdot A + y_3 \cdot B = D$$

Die Lösung für A ist:

$$A = \frac{\begin{vmatrix} y_1 & -1 & 0 \\ y_2 & -1 & 0 \\ y_3 & -1 & 0 \end{vmatrix}}{\begin{vmatrix} x_1 & y_1 & -1 \\ x_2 & y_2 & -1 \\ x_3 & y_3 & -1 \end{vmatrix}}$$

In abgekürzter Schreibung haben wir also

$$A \cdot [x_r \ y_r \ -1] = [y_r \ -1 \ 0]$$

Da weder A noch B null ist und die rechte Determinante nach Regel VII null wird, ist

$$[x_r \ y_r \ -1] = 0 = [x_r \ y_r \ 1]$$

Die Bedingung dafür, daß zwei Punkte (P_1 und P_2) auf einer Geraden liegen, die durch den Nullpunkt geht, lautet: $x_3 = 0 = y_3$, so daß

$$\begin{vmatrix} x_1 & y_1 & 1 \\ x_2 & y_2 & 1 \\ 0 & 0 & 1 \end{vmatrix} = 0 = \begin{vmatrix} x_1 & y_1 \\ x_2 & y_2 \end{vmatrix}$$

$$\therefore x_1 y_2 - x_2 y_1 = 0$$
$$\therefore x_1 y_2 = x_2 y_1$$
$$\therefore \frac{x_1}{x_2} = \frac{y_1}{y_2}$$

Diese Bedingung ist ohne weiteres ableitbar aus den linearen Gleichungen der Form

$y_1 = mx + b$; da $b = 0$, $y_1 = mx_1$; $y_2 = mx_2$.

Kapitel XII

Wahrscheinlichkeitsrechnung

Kein Zweig der Mathematik im Hinblick auf das Geschehen in unserer Arbeitswelt ist so offen für Kontroversen wie die Theorie der sogenannten Wahrscheinlichkeit. Andererseits ist ihr wenig schöner Ursprung aktenkundig. Der erste Ansporn entstand aus einer Situation, in der der dekadente französische Adel sich in wildem Wettkampf an Spieltischen zu ruinieren trachtete. Eine algebraische Berechnung der Wahrscheinlichkeit hat ihren Ursprung in einer Korrespondenz zwischen Pascal und Fermat (um 1654) über Glück und Unglück des Chevalier de Mère, eines großen Spielers des Zeichens *très bon esprit*, aber leider (schreibt Pascal) *il n'est pas géomètre*. Das ist in der Tat schade. Der Chevalier hatte sein Vermögen gemacht, indem er immer geringe günstige Vorgaben machte, so daß er wenigstens eine Sechs in vier Würfen erhielt; dann hatte er es verloren eben durch ständige kleine Vorgaben, indem er jeweils eine Doppel-Sechs in 24 Doppelwürfen schaffte. Wenn auch nutzlos, so war das Problem, aus dem der Calculus allmählich erwuchs, doch enorm handgreiflich; es galt nämlich, in einem Zufallsspiel die Einsätze an eine Regel anzugleichen, die Erfolg versprach. Das ist auch das Thema der späteren Abhandlung (Ars Conjectandi) von Bernoulli (1713), und es ist der Lieblingsgegenstand aller Autoren der sogenannten klassischen Periode; de Moivre, D. Bernoulli, d'Alembert und Euler.

Es mag ein Zufall sein, daß die chinesischen Mathematiker und ihre japanischen Schüler sich für Wahrscheinlichkeitsprobleme interessierten, bevor die chinesische Kunst des Druckens mit Holzblöcken in Europa die kommerzielle Produktion von Spielkarten ermöglichte.

Wir wollen untersuchen, wieweit die Probleme die entstehen, wenn wir Karten aus einem Pack Spielkarten herausgreifen, zur mathematischen Theorie der Wahrscheinlichkeit beigetragen haben. Ehe wir eine Anzahl – sagen wir: drei – Karten aus einem Pack ziehen, müssen wir uns klar darüber sein, ob es gleichzeitig oder nacheinander geschehen soll. Soll es gleichzeitig sein, so kann keine Wiederholung in dem Sinne stattfinden, daß eine Karte mehr als einmal gewählt wird. Ziehen wir sie nacheinander, so ist eine solche Wiederholung möglich, nämlich immer dann, wenn die gezogene Karte zurückgesteckt wird, ehe man die nächste wählt. Aus einem hier noch nicht erklärbaren Grunde wollen wir von »Nehmen mit Rückgabe« nur dann sprechen, wenn vor dem nächsten Zug die Karten neu gemischt werden.

Eine Klassifikation kann lediglich die Zusammensetzung der gezogenen Karten in Betracht ziehen; dann nennen wir sie eine besondere *Kombination*. Sie kann auch die Anordnung der zur Wahl stehenden Karten berücksichtigen; dann sprechen wir von ihr als einer besonderen *Permutation*. Im Folgenden behandeln wir nur *lineare* Permutationen, d. h. geradlinige Anordnungen der Einzelbestandteile. Wir ziehen z. B. fünf Karten aus einem Pack und legen sie aufgedeckt in eine Reihe. Dann denken wir daran, was wir in Kapitel IV gelernt haben. Unsere erste Frage lautet: Auf wie viele Weisen können wir *alle* Karten eines Packens in einer Reihe anordnen?

Wir gehen – zur Vereinfachung der Sache – von einem Pack aus, der nur aus den drei Karten A, B und C besteht. Wenn nun A an erster Stelle bleibt, wie viele Anordnungsmöglichkeiten gibt es dann für B und C? Offensichtlich nur zwei: ABC und ACB. Nun legen wir B an den Anfang der Reihe und finden die Anordnungsmöglichkeiten für A und C. Es sind wiederum nur zwei: BAC und BCA. Schließlich verbleiben die beiden letzten: CAB und CBA. Daraus ersehen wir:

2 verschiedene Karten erlauben 2 Anordnungen,
3 verschiedene Karten erlauben 6 Anordnungen.

Nun fragen wir, wie viele Möglichkeiten es für einen Pack von vier Karten (A, B, C, D) gibt. Wir gehen genauso vor wie oben und stellen fest:

A (zuerst)	B (zuerst)	C (zuerst)	D (zuerst)
A B C D	B A C D	C A B D	D A B C
A B D C	B A D C	C A D B	D A C B
A C B D	B C A D	C B A D	D B A C
A C D B	B C D A	C B D A	D B C A
A D B C	B D A C	C D A B	D C A B
A D C B	B D C A	C D B A	D C B A

Haben wir A an den Anfang gestellt, so brauchen wir die übrigen drei Kolonnen nicht zu zählen: wir wissen schon, daß die erste sechs Glieder hat; dasselbe gilt für die restlichen drei. Im Ganzen haben wir 24 Möglichkeiten. Bei fünf Karten setzen wir jede der fünf einmal an den Anfang; für jede Kolonne sind 24 Möglichkeiten, also im Ganzen $5 \cdot 24 = 120$. So entwickeln wir eine Tabelle:

2 Dinge	2 Anordnungen,	d. h.	$2 \cdot 1$	$= 2!$
3 Dinge	6 Anordnungen,	d. h.	$3 \cdot 2 \cdot 1$	$= 3!$
4 Dinge	24 Anordnungen,	d. h.	$4 \cdot 3 \cdot 2 \cdot 1$	$= 4!$
5 Dinge	120 Anordnungen,	d. h.	$5 \cdot 4 \cdot 3 \cdot 2 \cdot 1$	$= 5!$

Diesen Zahlen sind wir bereits begegnet. Es sind die *Fakultäten*. Auf die gleiche Weise erkennen wir, daß die Zahl der Anordnungsmöglichkeiten bei sechs Dingen $6!$ beträgt, bei sieben Dingen $7!$ usw. Die Formel für die Gesamtheit aller Permutationen von n Dingen, die untereinander verschieden sind, heißt:

$$^nP_n = n!$$

Das Zeichen $^{52}P_{52}$ ($= 52!$) bedeutet die Gesamtzahl der Anordnungsmöglichkeiten aller Karten eines Spiels in einer Reihe. Wir fragen nun: *Auf wie viele Weisen können wir r Karten aus einem Pack von n Karten in einer Reihe ordnen?* Wir geben die Anzahl mit ^nP_r an, wenn die Karten gleichzeitig oder – was gleichbedeutend ist – nacheinander *ohne* Rückgabe gezogen werden. Es gibt keine Normalform für die Anzahl der Permutationen von r Dingen aus einer Menge von n Dingen, wenn Rückgabe gestattet ist; wir können diesen Fall hier mit ^nR_r bezeichnen. Die Überlegung, die uns zu der Formel für ^nP_n führte, wird uns auch zu einer Antwort auf die letzte Frage verhelfen für den Fall, daß wiederholtes Ziehen der gleichen Karte ausgeschlossen ist.

Die vorher angestellte Überlegung geht folgendermaßen weiter: Wir gehen von soundso vielen (n) leeren Plätzen in einer Reihe aus und haben n Karten, sie auszufüllen. Dann können wir aus n Karten auswählen, welche an die erste Stelle kommen soll. Ist diese besetzt, so bleibt eine Auswahl aus $n - 1$ verschiedenen Karten, um den zweiten Platz zu belegen. Nach jedem der n Kandidaten für den ersten Platz können wir irgendeinen der $n - 1$ verbliebenen restlichen Kandidaten auf dem zweiten Platz unterbringen. Wir können also die beiden ersten Plätze auf $n(n - 1)$ verschiedene Weisen besetzen. Es ist also $^nP_2 = n(n - 1)$. Nun bleiben $n - 2$ Karten für den dritten Platz übrig. Für alle drei ist die Anzahl der verschiedenen Möglichkeiten: $n(n - 1)(n - 2)$; $^nP_3 = n(n - 1)(n - 2)$. Wir können so fortfahren, bis alle Plätze besetzt sind.

$^nP_3 = n(n-1)(n-2) = n(n-1)(n-3+1)$ (3 Faktoren)
$^nP_4 = n(n-1)(n-2)(n-3) = n(n-1)(n-2)(n-4+1)$
(4 Faktoren)
$^nP_5 = n(n-1)(n-2)(n-3)(n-4)$
$= n(n-1)(n-2)(n-3)(n-5+1)$ (5 Faktoren)

Unsere Formel lautet also:

$^nP_r = n(n-1)(n-2)\ldots(n-r+1)$ (r Faktoren)

Man schreibt sie besser so, daß sie an das vertraute Zeichen $n^r = n \cdot n \cdot n \ldots$ r Faktoren erinnert:

$n(n-1)(n-2)\ldots(n-r+1) = n(n-1)(n-2)\ldots$ r Faktoren

In dieser Kurzschrift ist $^nP_n = n^{(n)} = n!$ So sieht man auch die Parallelität der Ergebnisse *ohne* und *mit* Rückgabe. Können nämlich die Karten jedesmal zurückgesteckt werden, so ergeben sich n^2 Möglichkeiten der Besetzung der ersten beiden Plätze, n^3 Möglichkeiten für die ersten drei Plätze usw. Wir können also schreiben:

ohne Rückgabe $^nP_r = n^{(r)}$
mit Rückgabe $^nR_r = n^r$

Wenn keine Rückgabe gestattet ist, kann r nicht größer als n sein, wohl aber bei Rückgabe. Hier sehen wir eine Beziehung zu einem anderen Glücksspiel. Wenn ein Packen nur sechs verschiedene Karten enthält, so kann man fragen: Auf wie viele Weisen lassen sich (mit Rückgabe) zwölf Karten aus diesem Packen ziehen? Die Antwort lautet: $^6R_{12} = 6^{12}$. Sie ist haargenau dieselbe bei der Frage: Auf wie viele Weisen kann man die einzelnen Augenzahlen bei zwölf Würfen eines Würfels oder bei je einem Wurf mit zwölf Würfeln in eine Reihe schreiben?

Unsere Spielkarten werden unterschieden nach Farben, Augen oder Bild. Wir stoßen auf neue Probleme, sobald wir sie irgenwie klassifizieren ohne Rücksicht darauf, was die Einzelkarten einer Farbe unterscheidet. Zum Beispiel haben wir einen Packen von 9 Karten bestehend aus: *Kreuz* As und Sieben, *Herz* König, As und Drei, *Karo* Acht, Zehn, Dame und Bube. Hier klassifizieren wir unsere Einzelkarten nach ihrer Farbreihe; dabei können wir irgendwelche Zweiergruppen aller Karten in ein und dieselbe Klasse einordnen, wenn die Karte, die den ersten Platz in der einen Gruppe bekommt, zur gleichen Farbe gehört wie die erste in der anderen Gruppe, wenn ferner die beiden Karten der zweiten Plätze gleicher Farbe sind, ebenfalls die beiden Karten der dritten Plätze usw. Nun können wir fragen: *Wie viele solcher Klassen von Gruppierungen aller (n = a + b + c) Karten in einer Reihe sind möglich, wenn a zur Klasse A gehört, b zur Klasse B und c zur Klasse C?*

Können wir n Karten in 3 Klassen einteilen, so bezeichnen wir die Anzahl der n-fachen Gruppierungen mit $^nP_{abc} = {}^nP_{a \cdot b \cdot n-a-b}$. Wir überlegen, was geschieht, wenn die Tatsache, daß die Karten einer Farbe zur selben Klasse gehören, unberücksichtigt bleibt. In dem angeführten Beispiel ist das geforderte Ergebnis $^9P_{2 \cdot 3 \cdot 4}$, wobei die Anzahl der Kreuzkarten 2 ist. In jeder der $^9P_{2 \cdot 3 \cdot 4}$ Klassen von Gruppierungen gibt es zwei feste Plätze, die den Kreuz-Karten zukommen; wir können sie entweder in der Reihenfolge As, Sieben oder Sieben, As anordnen. Diese Klasse umfaßt also 2 (= 2!) Gruppierungen. Auf ähnliche Weise können wir die gleiche Klasse von Permutationen im Hinblick auf den festen Platz für 3 Herzkarten aufteilen. Es gibt dann 6 Möglichkeiten, 3 Plätze auszufüllen, d. h. 3! Möglichkeiten, deren jede gleichbedeutend ist mit 2! Möglichkeiten der Besetzung des festen Platzes, den die Kreuzkarten ausfüllen. Also ist die gleiche Klasse von Permutationen zusammengesetzt aus 2!3! Arten, die danach zu unterscheiden sind, ob Kreuz- oder Herzkarten einen bestimmten Platz besetzen. Wir besetzen die übrigen 4 Plätze mit den 4 Karo-Karten und haben nun 2!3!4! Möglichkeiten, alle Karten ein und derselben Klasse von Gruppierungen anzuordnen. Die Gesamtzahl aller Gruppierungen der 9 Karten ist 2! 3! 4! $^9P_{2 \cdot 3 \cdot 4}$; wir wissen bereits, daß die Anzahl der Gruppierungsmöglichkeiten von 9 Karten ohne Rückgabe $^9P_9 = 9!$ ist. So kommen wir zu dem Ergebnis:

$$2! \ 3! \ 4! \ {}^9P_{2 \cdot 3 \cdot 4} = {}^9P_9 = 9!$$

daraus folgt

$$\therefore {}^9P_{2 \cdot 3 \cdot 4} = \frac{9!}{2! \ 3! \ 4!}$$

Daraus ist die allgemeine Formel für $^nP_{a \cdot b \cdot c \cdot d \ldots}$ ersichtlich, nämlich

$$^nP_{a \cdot b \cdot c \cdot d \ldots} = \frac{n!}{a! \ b! \ c! \ d! \ \ldots}$$

Dieser Ausdruck nimmt sofort eine vertraute Gestalt an, wenn er nur 2 Klassen umfaßt, so daß

$$^nP_{a \cdot b} = {}^nP_{a \cdot n-n} = \frac{n!}{a! \ (n-a)!} = {}^nC_a$$

Es lohnt sich, das zu vermerken, denn ^nC_a ist zugleich die Anzahl der *Kombinationen* von a Karten aus einer Menge von n Karten; außerdem ist es der Koeffizient des Gliedes a in dem binomischen Ausdruck zur Potenz m, wenn wir das erste Glied 0 nennen.

Wir werden später sehen, daß die Glieder der binomischen Reihe in der Wahrscheinlichkeitsrechnung eine besondere Bedeutung haben, allerdings eine Bedeutung, die sich daraus ergibt, daß die mathematische Definition der Wahrscheinlichkeit von *Permutationen* abhängt. Für den Anfänger mag daher das Erscheinen von ^nC_a in diesem Zusammenhang verwirrend sein; er sei hiermit gewarnt!

Es ist möglich, den Aufbau der Formeln $^nP_r = n^{(r)}$ und $^nR_r = n^r$ zu veranschaulichen (Fig. 180 und 181) durch ein Schachbrettschema, das die Bedeutung der Permutationen für die Wahrscheinlichkeitsrechnung enthüllt, es später noch definiert werden soll. Diese beiden Figuren beziehen sich auf eine Gesamtmenge von Vieren, nämlich einen Packen von nur 4 Karten: eine Pik-, eine Herz-, eine Karo-, eine Kreuzkarte. Wenn wir jede Karte zurückstellen, ehe eine neue gezogen wird, entspricht jede der n^2 (hier 4^2) Möglichkeiten, eine Zweiergruppe zu ziehen, einem der Paare eines $n \cdot n = n^2$-fachen Gitters. Jeder Reihe des Gitters entspricht ein Glied der Gesamtmenge; die Zellen ein und derselben Reihe zeigen nacheinander, was sich ergibt, wenn jede der n

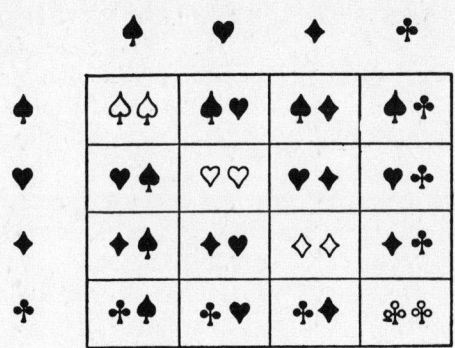

Fig. 180 Gleichheit der Möglichkeiten (Zweiergruppen)

Lineare Anordnung aus einer Menge von 4:
    mit Wiederholung (aller Paare) . . . . $4 \cdot 4 = 4^2$
    ohne Rückgabe (nur schwarze Paare) . . . . . $4 \cdot 3 = 4^{(2)}$

Karten gezogen wird, nachdem zuerst die entsprechende des linken Vertikalrandes entnommen wurde. Bei einer Auswahl ohne

Fig. 181 Gleichheit der Möglichkeiten (Dreiergruppen)

Lineare Anordnung von je 3 Objekten aus einer Menge von 4:
- mit Wiederholung .... $4^2 \cdot 4 = 4^3$
- ohne Rückgabe .... $4^{(2)} \cdot 2 = 4^{(3)}$

Rückgabe fällt in jeder Reihe ein Paar aus; übrig blieben $(n-1)$ Paare pro Reihe und $n(n-1) = n^{(2)}$ Paare insgesamt.

Der Veranschaulichung der Zweiergruppen durch dieses Schema liegt das Prinzip zugrunde, daß jede zuerst gezogene Karte *gleiche Möglichkeiten hat, sich mit jeder übrigen Karte zu verbinden*. Die Schachbrettmethode läßt sich erweitern auf die Darstellung linearer Dreiergruppen und höherer Gruppen, indem man Schritt für Schritt immer wieder den Trick aus Fig. 180 anwendet. Beim Nehmen mit Rückgabe gibt es n^2 Möglichkeiten, die beiden zuerst gezogenen Karten so zu ordnen, daß sich Dreiergruppen ergeben, und weiterhin n Möglichkeiten, die dritte zu ziehen. Dementsprechend ordnen wir die n^2 Zweiergruppen am linken Vertikalrand und bezeichnen jede von ihnen als eine *gleichwertige Möglichkeit*, sich mit jeder der n Karten aus der Gesamtmenge (die durch Rückstellung der Karten jedesmal wiederhergestellt wird) zu paaren. Das resultierende Gitter hat nun $n^2 \cdot n = n^3$ Zellen. Ohne Rückstellung sind es nur $n^{(2)}$ anstatt n Reihen; zwei Dreiergruppen fallen in jeder Reihe aus, so daß $(n - 2)$ Gruppen pro Reihe übrigbleiben, d. h. $n^{(2)} \cdot (n - 2) = n^{(3)}$ im ganzen.

Die Frage, die sich mit der Formel für $^nP_{a \cdot b \cdot c}$ beantworten läßt, schließt Rückgabe aus; aber diese Bedingung der Rückgabe wird wichtig bei der folgenden Frage: Auf wie viele Weisen kann man aus einem vollständigen Spiel Karten eine Menge von 10 herausnehmen, unter denen 4 Herz-, 3 Karo-, 2 Pik-, 1 Kreuz-Karten sind?

Etwas allgemeiner gefaßt lautet die Frage: Angenommen, ich habe eine Menge von n Dingen, von denen a zur Klasse A gehört, b zur Klasse B, c zur Klasse C, usw.; auf wie viele Weisen kann ich r Glieder ziehen, von denen u zur Klasse A, v zur Klasse B, w zur Klasse C usw. gehören?

Wir werden noch sehen, daß die Antwort auf diese Frage den Schlüssel zu der Tür liefert, die Wahl und Zufall voneinander trennt. Wir finden sie mit Hilfe einer Abbildung (Fig. 182–183). Wenn wir 3 Klassen bilden, z. B. Asse, Bildkarten und übrige Karten, so ergibt sich ein Schema. Das ganze Spiel enthält 4 Karten der 1. Klasse, 12 der 2. Klasse, 36 der 3. Klasse. Angenommen, wir möchten wissen, wie viele Möglichkeiten der Anordnung in einer aufgedeckten Reihe es für eine Neunergruppe gibt, die aus 4 Assen, 3 Bildkarten und 2 anderen Karten besteht. Die Anzahl der *Klassen* von Permutationen unserer so gewünschten 9 Karten beträgt nun $^9P_{4 \cdot 3 \cdot 2}$, und wir können jede dieser Klassen in ihre letzten Bestandteile zerlegen, indem wir festsetzen, ob jede der 8 zuerst gewählten Karten vor jeder neuen Wahl zurückgelegt werden darf oder nicht.

Ist Rückgabe gestattet, so sind 4 feste Plätze für die Asse vorbehalten, also $^4R_4 = 4^4$ Möglichkeiten, diese zu besetzen; jede davon ist gleichbedeutend mit $^{12}R_3 = 12^3$ Möglichkeiten, die 3 übrigbleibenden Plätze mit Bildkarten zu besetzen. Also gibt es $4^4 \cdot 12^3$ Weisen, die für Asse *und* Bildkarten vorgesehenen Plätze auszufüllen; jede davon ist wiederum gleichbedeutend mit $^{36}R_2 = 36^2$ Möglichkeiten, die restlichen 2 Plätze mit den restlichen Karten zu füllen. Die Gesamtanzahl der Anordnungen einer Neunergruppe aus 4 Assen, 3 Bildern und 2 anderen Karten beträgt:

$$4^4 \, 12^3 \, 36^2 \, ^9P_{4 \cdot 3 \cdot 2} = \frac{9!}{4! \, 3! \, 2!} \, 4^4 \cdot 12^3 \cdot 36^2$$

Nun sind wir in der Lage, der Beweisführung ohne Rückgabe Schritt für Schritt nachzugehen: In jeder einzelnen Klasse von Permutationen sind $^4P_4 = 4^{(4)}$ Möglichkeiten der Besetzung für die As-Plätze. Das bedeutet für die Gesamtzahl der Permutationen:

$$4^{(4)} \cdot 12^{(3)} \cdot 36^{(2)} \, ^9P_{4 \cdot 3 \cdot 2} = \frac{9!}{4! \, 3! \, 2!} \, 4^{(4)} \cdot 12^{(3)} \cdot 36^{(2)}$$

Nun schält sich die allgemeinste Formel heraus, die unsere Frage beantwortet; sie lautet:

$$\textit{mit Rückgabe} \quad \frac{n!}{u! \, v! \, w! \ldots} a^u \, b^v \, c^w \ldots$$

$$\textit{ohne Rückgabe} \quad \frac{n!}{u! \, v! \, w! \ldots} a^{(u)} \, b^{(v)} \, c^{(w)} \ldots$$

Mit diesen beiden letzten Formeln steuern wir sicher durch ein Labyrinth von Mißverständnissen darüber, was der Mathematiker, im Gegensatz zum gewöhnlichen Sterblichen, unter Wahrscheinlichkeit versteht. Des öfteren handelt es sich um Systeme von 2 Klassen; in diesem Falle sprechen wir von *Erfolg*, wenn eine Karte einer bestimmten Klasse (z. B. Bildkarten) gezogen wird, dagegen von Mißerfolg bei allen übrigen Karten. Unser Pack von n Karten besteht also aus s Karten der ersten Klasse und $f = n - s$ der zweiten Klasse. Die Schlüsselformeln für das Herausnehmen von x aus r Karten der Klasse, die als Erfolg

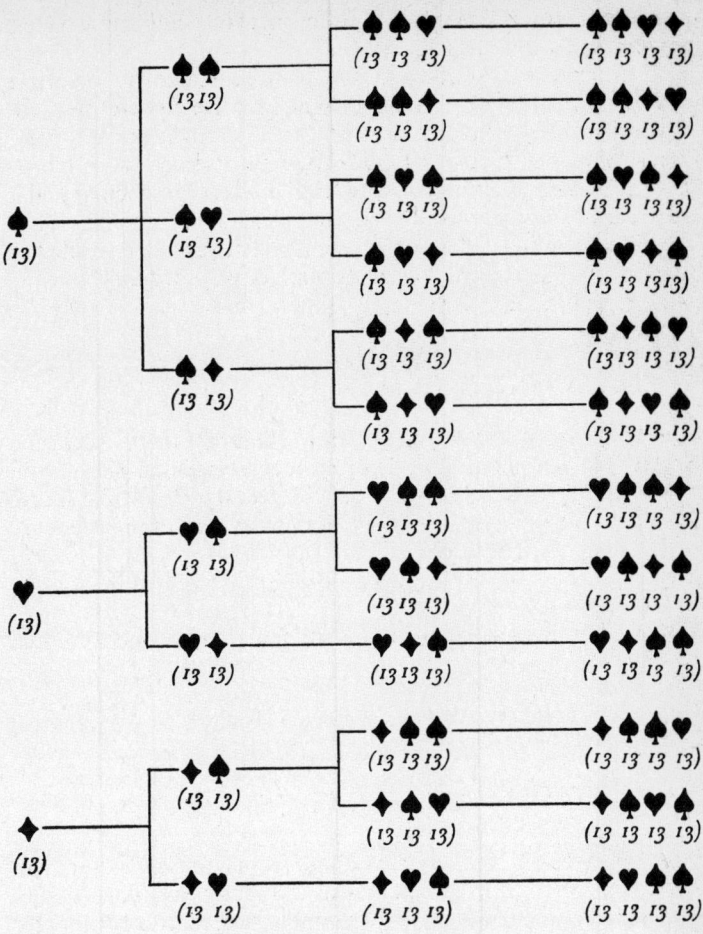

Fig. 182 Schlüssel-Formel mit Rückgabe

Verschiedene Wege, eine Vierergruppe, bestehend aus je 2 Pik-, 1 Herz- und 1 Karo-Karte, aus einem vollständigen Spiel zu ziehen, wenn jede Karte vor dem neuen Zug zurückgestellt wird.

$$\frac{4!}{2!\,1!\,1!}\,13^2 \cdot 13^1 \cdot 13^1$$

bezeichnet wird (wobei r − x Karten der Klasse Mißerfolg bedeuten) lauten:

mit Rückgabe $\quad \dfrac{r!}{x!\,(r-x)!} s^x f^{r-x}$

ohne Rückgabe $\quad \dfrac{r!}{x!\,(r-x)!} s^{(x)} f^{(r-x)}$

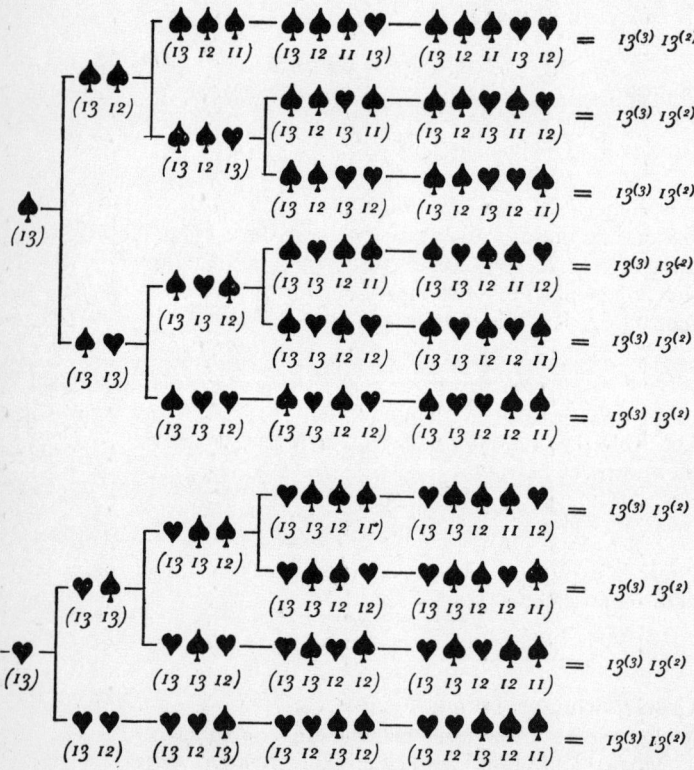

Fig. 183 Schlüssel-Formel ohne Rückgabe
Verschiedene Weisen der *gleichzeitigen* Entnahme von Fünfergruppen, deren jede 3 Pik-und 2 Herz-Karten enthält, aus einem vollständigen Spiel.

$$\frac{5!}{3!\,2!} 13^{(3)} \cdot 3^{(2)}$$

Dabei ist eines zu merken: Diese Formel gilt unter der Voraussetzung, daß unsere Klassifikation des Kartenpackes erschöpfend ist, wie z. B. bei einer Zweier-Klassifikation von Bildkarten und den übrigen Karten oder von Assen und den restlichen Karten. Sprechen wir von Zweiergruppen, bestehend aus 1 As und 1 Bild, die aus dem vollen Spiel gezogen werden, so wird unsere Klassifikation erst erschöpfend dadurch, daß wir eine dritte Klasse gelten lassen für die 36 Karten, die weder Asse noch Bilder sind. In diesem Falle bedarf unsere Formel einer Gebrauchsanweisung, die sofort zu sehen ist:

$$\textit{mit } \text{Rückgabe} \quad \frac{r!}{x!\,(r-x)!} s^x f^{r-x}$$

$$\textit{ohne } \text{Rückgabe} \quad \frac{r!}{x!\,(r-x)!} s^{(x)} f^{(r-x)}$$

Wir haben a^o definiert, nicht aber $a^{(o)}$, noch $0!$. Die exakte Bedeutung dieser Ausdrücke muß mit der allgemeinen Anwendung unserer Regeln übereinstimmen. Die Bedeutung von $0!$ läßt sich auf zweifache Weise erproben. Zunächst wissen wir, daß die Anzahl der Kombinationen von r aus n Dingen

$$^nC_r = \frac{n!}{r!\,(n-r)!} \text{ ist.}$$

Die Anzahl von Kombinationen von n Dingen, wenn alle genommen werden, beträgt:

$$^nC_n = \frac{n!}{n!\,(n-n)!} = \frac{n!}{n!\,0!} = \frac{1}{0!}$$

Nun gibt es nur eine einzige Kombination von n Dingen, die gleichzeitig genommen werden, d. h.

$$^nC_n = 1, \textit{also } \frac{1}{0!} = 1 \textit{ und } 0! = 1$$

Unsere Schlüssel-Formel erfordert dieselbe Definition für $0!$. Wollen wir eine Bildkarte aus dem Spiel nehmen, so gibt es dafür 12 Möglichkeiten; in Wirklichkeit klassifizieren wir in 1) Bildkarten und 2) andere Karten, also in zwei Klassen. Rückgabe ist bei einem einzigen Zug bedeutungslos, also können die beiden Formeln gleichgesetzt werden:

$$\frac{1!}{1!\,0!}\, 12^1\, 40^0 = 12 = \frac{1!}{1!\,0!}\, 12^{(1)}\, 40^{(0)}$$

Die linke Seite dieser Gleichung zeigt wieder, daß 0! = 1 zu setzen ist; die rechte Seite ergibt nur dann einen Sinn, wenn $40^{(0)} = 1 = 40°$.

Bis zum 16. Jahrhundert gebrauchte man Zahlen hauptsächlich zum Zählen einzelner Objekte, und diese Verwendung spielte in der Weiterentwicklung der Mathematik natürlich nur eine untergeordnete Rolle. In der antiken Welt gab es schon so etwas wie Vermögens- und Bevölkerungsstatistiken für Kriegs- und Steuererhebungszwecke. Aber diese enthielten wenig mehr als einfache Aufzählungen; sie stellten an den Mathematiker höchstens insoweit Anforderungen, als Geld und Kreditwesen einfache, schnelle Rechenmethoden notwendig machten. Im vergangenen Jahrhundert gelangte der Umgang mit Zahlen, die Einzelobjekte darstellen, zu neuer Bedeutung, weil die bevölkerungsstatistischen Untersuchungen in Psychologie, Soziologie und Wirtschaftslehre als Grundlage für das soziale Verhalten der Menschen mit wachsendem Interesse verfolgt wurden. Viele der mathematischen Betrachtungen, die in Verbindung mit solchen Problemen angestellt wurden, entstammen der Wahrscheinlichkeitslehre. Die Auseinandersetzung darüber, wieviel Bedeutung der Wahrscheinlichkeitsrechnung für die Dinge des alltäglichen Lebens zukommt, ist noch nicht abgeschlossen; die Auffassungen über das Wesen des Erkennens, induktive Beweisführung und andere Fragen, die den Leser ebenso angehen wie den Berufsmathematiker, sind durchaus geteilt. Ein Mathematiker, dessen philosophische Neigungen ein idealistisches Weltbild begünstigen, wird notwendig anderer Ansicht sein als der Verfasser dieses Buches, der sich ganz an das Erfahrbare und der Beobachtung Zugängliche hält.

Zwei scheinbar unabhängige Überlegungen, die eine aus der Welt der Arbeit, die andere aus dem Spiel erwachsen, haben die moderne Wahrscheinlichkeitsrechnung begründet. Wenn man gezwungen war, Geld zu riskieren, so zeigte es sich immer deutlicher, daß gewisse unkontrollierbare Ereignisse auf die Dauer gesehen weniger launisch und wechselnd zu sein scheinen als während einer kurzen Zeitspanne. Es ist heute allgemein üblich, von dem Gesetz des Durchschnitts, der Mitte, zu sprechen, z. B. etwa, daß die mittlere jährliche Niederschlagsmenge über zehn Perioden von zehn Jahren hin meist nicht das sprunghafte Auf und Ab der Einzelbestimmungen für zehn aufeinanderfolgende Jahre aufweist. Diese Konstanz der großen Zahlen wird durch die Erfahrungen im Karten-, Würfel- und Lotteriespiel noch glaubhafter; weiterhin trugen diese Erfahrungen auch zu neuem

Verständnis für die Gesetze der *Auswahl* bei. Die Einbeziehung der *Wahrscheinlichkeit* in die Mathematik geht zurück auf die Erkenntnis von Umständen, die rechtfertigen, daß die Gesetze der Auswahl auf die Welt der Arbeit übertragen werden.

Zwei französische Mathematiker, Fermat und Pascal, waren die ersten, die in einem Briefwechsel über Wetten in einem Glücksspiel einen ernsthaften Beitrag zur Wahrscheinlichkeitsrechnung lieferten. Pascals (nach seinem Tode veröffentlichte) »*Abhandlung über figurierte Zahlen*« erschien 1665. Binnen weniger Jahre tauchte die mathematische Risiko-Rechnung in anderem Zusammenhang auf. 1693 veröffentlichten die *Philosophical Transactions* der Royal Society in London eine Sterblichkeitstabelle, die sich auf Geburts- und Sterbeziffern der Stadt Breslau stützte. Gegenstand der Halleyschen Sterblichkeitstabelle war »ein Versuch, die Jahresprämien für Lebensversicherungen zu ermitteln«. Wir können also die Anfänge der Wahrscheinlichkeitsrechnung der Vorliebe für Glücksspiele und den aufkommenden Versicherungen zuschreiben. Wie die Bilder-Zahlen sind auch die Spielkarten chinesischen Ursprungs. Kartenspiele waren im 15. Jahrhundert große Mode an den europäischen Fürstenhöfen; bei der Herstellung der Karten wurden wahrscheinlich Holzblockdrucke, ebenfalls eine chinesische Erfindung, verwendet, bevor man Bücher mit beweglichen Typen druckte.

Um diese Zeit begannen die Lebensversicherungen ein gutes Geschäft zu werden. Schiffsversicherungen waren seit dem Mittelalter, der Ausbreitung des Seehandels in Europa, eine Form der Geldspekulation. Wir können sie in der Geschichte der flämischen Schiffahrt bis zum Beginn des 14. Jahrhunderts zurückverfolgen. Und im 16. Jahrhundert war bereits ein fest fundiertes Unternehmen daraus geworden. Sir Nicholas Bacon stellte im Parlament Elisabeths die Frage: »Gibt nicht der weise Kaufmann bei jedem Wagnis einen Teil seiner Ware her, um den Rest versichert zu haben?« Die Schriftsteller jener Zeit waren keineswegs einmütig der Ansicht, daß Versicherung etwas mit der sittlichen Tugend der Klugheit zu tun habe. In den ersten Anfängen war sie nichts als ein Glücksspiel, gleichgeachtet den etwas anrüchigen Formen des Spekulierens. Mit solchen Praktiken sind die Ursprünge der Lebensversicherung eng verknüpft. Geldverleihen an die Fürsten zu hohen Zinsen – mit der begründeten Aussicht der Nichtanerkennung der Schuld nach ein paar Jahren – und Kreditgeschäfte auf den mittelalterlichen Jahrmärkten waren eine, aber nicht die einzige Grundlage für die Macht der Finanz im 14. und 15.

Jahrhundert. Neben den Geldverleihgeschäften auf den Jahrmärkten erblühte, die Sitte, Wetten auf das Leben einer Person oder auf die Geburt eines Kindes abzuschließen, zusammen mit mannigfaltigen anderen phantastischen Spekulationen. Die Gesetzgebung des 16. Jahrhunderts befaßte sich mehr als einmal damit, die Tätigkeit der kontinentalen Börsen auf Kreditgeschäfte zu beschränken, indem verschiedene Arten von Wett-Versicherungen verboten wurden, die den kirchlichen Autoritäten nicht gefielen.

Ein Schriftsteller des 16. Jahrhunderts beklagt sich darüber, daß »ein Teil der Adligen und Kaufleute ... all ihr verfügbares Kapital zum Handel mit Geld verwenden ... Der Boden bleibt ungepflügt, der Handel mit Gebrauchsgütern wird vernachlässigt, die Preise steigen an.« Der Astrologe Kurz, der mit Horoskopen die Preise für Pfeffer, Ingwer, Safran für vierzehn Tage im voraus prophezeite, »ertrank in der Arbeit wie ein Mensch im Ozean«. So waren die Finanzunternehmen, durch welche die königlichen Kaufleute der mittelalterlichen Handelszentren reich wurden, weitgehend Glücksspiele im wahrsten Sinne des Wortes, da sie auf keiner sichereren Basis als der Astrologie beruhten. Auf den Jahrmärkten pflegten Kaufleute mit Kapital Wetten abzuschließen auf das Geschlecht eines ungeborenen Kindes, auf den Zeitpunkt des Todes bei diesem oder jenem. In einer Untersuchung über die südlichen Handelskolonien bringt Goris Beispiele dieser Wett-Versicherungen, in denen wir die Vorläufer der Lebensversicherungen zu sehen haben: So ist ein Vertrag erhalten zwischen Domingo Saymon Maiar sowie seinem Bruder Bernardo und zwei Frauen, denen sie 30 Pfund zu zahlen sich verpflichten, wenn das Kind ein Mädchen sein wird, von denen sie aber 48 Pfund empfangen sollen zum Dank für die Geburt eines Sohnes. 1542 schrieb Villalon: »Neuerdings wird etwas Schreckliches Mode in Flandern, eine gewisse grausame Tyrannei, welche die Kaufleute unter sich erfunden haben: sie wetten in Antwerpen auf den Wechselkurs bei den spanischen Jahrmärkten. Diese Wetten nennen sie Parturas nach der früheren Sitte, Geld bei einer Geburt zu gewinnen, wenn man gewettet hatte, daß das Kind ein Knabe sein würde. Einer wettet darauf, daß der Wechseldiskont 2 %, ein anderer, daß er 3% betragen werde usw. Sie versprechen einander, die Differenz je nach dem Resultat zu zahlen. Diese Art von Wetten scheint mir gleich einer Schiffsversicherung zu sein ... Denn dieser Handel ist nur üblich bei Kaufleuten mit viel Kapital. Mit dessen Hilfe und mit ihren Kniffen glückt es ihnen, auf jeden

Fall Gewinn zu haben.« Dieser letzte Satz enthüllt den Zusammenhang zwischen Wahrscheinlichkeitsrechnung und Erfolg beim Spekulieren. Rechenkniffe, erfahren und erprobt im Zeitalter des Magischen, lieferten die Grundlage einer mathematischen Wahrscheinlichkeitstheorie in dem Augenblick, als die Finanzleute für ihre Spekulationsgeschäfte an den Börsen sicherere Ratgeber brauchten, als die Astrologen es waren.

Proportionale Wählbarkeit

Das also war der Hintergrund von Pascals Abhandlung über figurierte Zahlen, deren Bedeutung für das Problem der Wahrscheinlichkeit bereits kurz kommentiert worden ist. Wir sahen, daß die mathematische Wahrscheinlichkeit sich damit befaßt, wie viele Möglichkeiten es gibt, verschiedene Objekte zu klassifizieren, wenn wir eine Gruppe auslesen. Wir erkannten, daß man zweierlei Gruppen unterscheiden kann: Zwei Gruppen, die nur dann als verschieden bezeichnet werden, wenn nicht jedes Einzelglied der einen Gruppe einem identischen Einzelglied der anderen entspricht, gehören zu einer Klasse von Gruppen, die wir *Kombination* nennen. So können wir 6 verschiedene Kombinationen klassifizieren, wenn wir die verschiedenen Möglichkeiten bestimmen, zwei Buchstaben aus der Folge ABCD auszulesen: AB oder BA; AC oder CA; AD oder DA; BC oder CB; BD oder DB; CD oder DC. Unterscheiden wir die Gruppen sowohl der Ordnung als auch der Identität der Einzelglieder nach, so sprechen wir von einer *Permutation*. Aus der viergliedrigen Folge (dem sogenannten *Universalen* oder *Ganzen*) des oben genannten Beispiels erhalten wir 12 Permutationen von Zweiergruppen. Alles, was in diese Klassifizierung unter Berücksichtigung der Ordnung und der Zusammensetzung einbegriffen ist, macht den Beitrag Pascals zur Wahrscheinlichkeitsrechnung aus.

Im Folgenden soll die Frage: *Wie viele Auslesemöglichkeiten einer Gruppe* stets bedeuten: *Wie viele Permutationen der vorgeschriebenen Zusammensetzung*. Um Pascals Angriff auf die Abschätzung eines Risikos zu verstehen, betrachten wir das Problem der Auswahl einer besonders bezeichneten Gruppe in Beziehung zu *allen* verschiedenen Möglichkeiten, Gruppen gleicher Gestalt aus ein und demselben Ganzen auszuwählen. Angenommen, die besondere Angabe für eine Dreiergruppe, die aus dem oben erwähnten vierfachen Ganzen auszulesen ist, sei, daß sie die Buchstaben ACD enthalte. Es gibt

$$^4P_3 = 4 \cdot 3 \cdot 2 = 24$$

Möglichkeiten, *irgendeine* Dreier-Gruppe aus dem vierfachen Ganzen auszuwählen, wenn wir verschiedene *Permutationen* als verschiedene Wahlakte ansehen. Unter diesen enthält eine einzige Klasse von Kombinationen die drei Glieder ACD; wir können sie auf

$$^3P_3 = 3! = 6$$

Weisen ordnen. Also steht die Anzahl der Permutationen unserer besonderen Angabe zu der Gesamtheit der Möglichkeiten im Verhältnis 6 : 24 = $\frac{1}{4}$, wie hier dargetan wird:

ABC	ABD	*ACD*	BCD
ACB	ADB	*ADC*	BDC
BAC	BAD	*CAD*	CBD
BCA	BDA	*CDA*	CDB
CAB	DAB	*DAC*	DBC
CBA	DBA	*DCA*	DCB

Dieses Verhältnis, das wir als *proportionale Wählbarkeit* der drei Buchstaben A, C, D bezeichnen können, hat auf den ersten Blick keinerlei Beziehung zu der wirklichen Anzahl der Wahlakte. Was Pascal angreift, sind die Folgerungen aus Fig. 180 und 181. Indem man *die verschiedenen Möglichkeiten, eine spezielle Gruppe auszuwählen,* definiert als die Anzahl *verschiedener Permutationen,* die mit der speziellen Struktur übereinstimmen, schafft man den Begriff der *Gleichheit der Möglichkeiten* für jedes zuerst gewählte Objekt, sich mit jedem restlichen zu verbinden, usw. Wir können Pascals Beweisführung folgendermaßen erläutern: Wenn ich einen Pack Karten immer neu mische, gebe ich jeder Karte eine größere Chance, sich mit jeder anderen zu paaren. Und wenn ich fortgesetzt Gruppen (z. B. von 3 Karten) aus dem Pack ziehe, wird am Ende das Ergebnis meines Experimentes übereinstimmen mit dem, was sich aus der Gleichheit der Möglichkeiten für die Karten ergibt. Diese Annahme wird glaubwürdiger durch die Erfahrungen beim Kartenspiel, aber es ist auch möglich, ihre Wahrheit nachzuprüfen. Im Folgenden bringen wir das Ergebnis eines solchen Experimentes.

Wir setzen voraus, daß der Wahlakt (wenn aus vier Buchstaben 3 oder aus 52 Karten 2 gezogen werden) die Möglichkeit ausschließt, ein und dasselbe Objekt mehr als einmal zu wählen. Natürlich könnten wir auch gestatten, jedes aus dem Ganzen ausgewählte Objekt vor der neuen Wahl zurückzustellen. Dann gäbe es 52^2 verschiedene Möglichkeiten, je 2 Karten zu ziehen, und 12^2 Möglichkeiten, 2 Bildkarten zu wählen. Die proportionale Wählbarkeit oder, wie wir von jetzt an sagen wollen, die *mathematische Wahrscheinlichkeit* der speziellen Auswahl beträgt

dann $12^2 : 52^2 = \dfrac{9}{169}$.

Die beiden letzten Resultate sind gefolgert aus den ersten Prinzipien; sie lassen sich aber auch aus der Schlüssel-Formel ableiten, und dabei wird die Definition von $0! = 1 = x^{(0)}$ erneuert und bestätigt:
Proportionale Wählbarkeit mit Rückgabe:

$$\frac{2!}{2!\,0!}\,12^2\,40^0 : 52^2 = \frac{12^2}{52^2} = \frac{9}{169}$$

Dasselbe ohne Rückgabe:

$$\frac{2!}{2!\,0!}\,12^{(2)}\,40^{(0)} : 52^{(2)} = \frac{12^{(2)}}{52^{(2)}} = \frac{11}{221}$$

Die Unterscheidung von Permutationen mit und ohne Rückgabe wird bedeutsam, wenn wir die Definition der Gruppenbildung auf das Losen mit Würfeln oder Münzen ausdehnen. Eine Fünfergruppe, d. h. das Ergebnis von 5 Würfen einer Münze, gestattet notwendig Wiederholung. Wir wollen alle Permutationen von 2 Würfen festhalten: Kopf – Kopf, Kopf – Schrift, Schrift – Kopf, Schrift – Schrift. Unter diesen 4 Permutationen genügt nur eine der Vorschrift Kopf – Kopf. Wir sagen darum: die mathematische Wahrscheinlichkeit, in einem zweifachen Wurf Kopf – Kopf zu erhalten, ist $\tfrac{1}{4}$. Dabei bedenken wir, daß der praktische Wert jedes Schlusses, der aus einer solchen Schätzung abgeleitet wird, Kenntnisse über das Gebiet der Mathematik hinaus erfordert; man muß wissen, daß die Prägung der Münze Gleichheit der Möglichkeiten für Kopf und Schrift, sich in aufeinanderfolgenden Würfen zu paaren, bedeutet (Fig. 184).

Manchmal ist die Unterscheidung von Gruppenwahl mit oder ohne Rückgabe unwichtig. Mischen wir zehn Kartenspiele, so ist das Verhältnis der Bildkarten zur Gesamtmenge immer noch 12 : 52 oder 3 : 13; aber die mathematische Wahrscheinlichkeit ohne Rückgabe würde $^{120}P_2 : {}^{520}P_2 = 120 \cdot 119 : 520 \cdot 519 = 0{,}0529$ sein.

Zwei Münzen werden geworfen mit Gleichheit der Möglichkeiten

Fig. 184 Zwei Münzen werden geworfen unter der Annahme, daß jedes mögliche Resultat des ersten Wurfes gleiche Möglichkeiten hat, sich mit jedem des zweiten Wurfes zu paaren.

Dieses Verhältnis unterscheidet sich kaum von $12^2 : 52^2 = 0{,}0533$. Nehmen wir also eine Gruppe aus einem sehr großen Ganzen heraus, so ist es unwesentlich, ob zurückgestellt wird oder nicht. Das ist sinnvoll, weil bei einem riesig großen Ganzen die Entnahme einer Gruppe das Ganze nur unwesentlich verändert. Das gilt im allgemeinen für Statistiken – glücklicherweise, denn das Rechnen mit Rückgabe ist einfacher. Darum bezeichnen auch die meisten Lehrbücher der Statistik das Verhalten von Würfeln oder Münzen als Musterbeispiel für Gruppenbildung, bei der Rückgabe keine Rolle spielt.

Vielleicht könnte man mit Erfolg über Eugenik diskutieren, wenn für Gleichheit der Bildungsmöglichkeiten gesorgt wäre. Mit Sicherheit vermeiden wir einen langweiligen Umweg zu den Grundregeln der mathematischen Wahrscheinlichkeit, wenn wir das Schachbrettmuster benutzen zur Darlegung der Möglichkeiten in einem Glücksspiel und später etwa im Abschätzen des Risikos, das eine Regierung auf sich nehmen kann. Aus dem vorhin angeführten Grunde beginnen wir mit der Annahme, daß unser Kartenspiel der Möglichkeiten riesengroß ist oder – was auf dasselbe herauskommt – daß das in Frage stehende Risiko vergleichbar ist dem Risiko beim Münzenwerfen.

An dieser Stelle wollen wir uns über eines klarwerden, in das die Statistik Licht bringen soll. Manche Urteile im täglichen Leben beruhen auf dem Augenschein und sind nicht scharf umrissen. Wir wollen etwa erfahren, ob eine gewisse Impfung wirksam ist oder ob die Behauptung eines Illusionisten, er sei mit übersinnlicher Wahrnehmungskraft, mit Telepathie begabt, Vernunftgründe für sich hat. Wie es auch immer sei, sehr viele Erfolge mögen Glückszufälle sein. Es ist die besondere Aufgabe der modernen Statistik, zu entscheiden, was Zufall ist.

Nun gibt es darauf keine endgültige Antwort. Vielleicht ist es am besten, die Parabel eines Zeitgenossen, R. A. Fisher, zu erzählen, um daran die Möglichkeit einer definitiven, wenn auch nicht endgültigen Antwort abzuschätzen. Eine Dame behauptet – das tun manche –, sie könne beim Trinken einer Tasse Tee feststellen, ob ihre Gastgeberin Milch vor oder nach dem Tee eingegossen habe. Um ihre Sicherheit darzutun, stimmt sie einem Versuch zu: Sie hat 8 Tassen zu bestimmen, von denen 4 zuerst Milch, 4 zuerst Tee erhielten. Sie kann sie in jeder Reihenfolge probieren und erhält nur die eine Information, daß 4 Tassen so und 4 Tassen so gefüllt worden sind. Nun bestimmt sie jede einzelne richtig. Dann haben wir zu entscheiden, ob sie damit ihre Behauptung bewiesen hat. Oder mit anderen Worten: Ist das Ergebnis ein Zufall?

Ein Kartenbeispiel für den Versuch ist die Anweisung, 4 rote und 4 schwarze Karten aus einem Pack von 8 Karten in einer bestimmten Ordnung der Farben anzubringen. Die Zahl der verschiedenen Anordnungsmöglichkeiten von 8 Karten in 2 Farben beträgt:

$$\frac{8!}{4!\,4!} = 70$$

Die vollständige Reihe der Anordnungen hat also 70 Glieder, und die Wahrscheinlichkeit, daß wir das Geforderte treffen, ist $\frac{1}{70}$. Auf die Dauer gesehen würde man also die gewünschte Zusammenstellung einmal auf 70 Versuche aus einem wiederholt und gut gemischten Pack ziehen. Die Chancen stehen 69 : 1 gegen die Auswahl der vorgeschriebenen Ordnung bei jedem Versuch, wenn die Behauptung *nicht* begründet wäre. Ob wir das nun als einen Grund zur Zuversicht ansehen, geht die Mathematik nichts an;

aber die meisten von uns stimmen doch wohl darin überein, daß das Ergebnis einer weiteren Überlegung wert ist.

Fishers Parabel zeigt, wie wir ein passendes Beispiel als Ausgangspunkt, als Arbeitshypothese benutzen können, um daran das Bezogensein zweier Phänomene aufeinander – hier das Urteil einer Person über eine Situation und die Situation selber – zu untersuchen. Wir erkennen auch, wie notwendig es ist, das richtige Beispiel zu wählen. Wenn wir der Dame mitteilen, daß vier Tassen von *jeder* Sorte da sind, haben wir in Wirklichkeit ihre Wahl begrenzt. Ein neues Problem entsteht, wenn wir die Kenntnis, daß die halbe Anzahl so und die halbe anders beschaffen ist, für uns behalten. Dann könnten wir die Identifizierung jeder Tasse als eine Einergruppe ansehen, wobei ausschließlich die Alternative von Erfolg oder Mißerfolg gilt, wie z. B. in 8 aufeinander folgenden Würfen einer Münze. Dabei sind 2 Möglichkeiten. Die Chance einer Reihe von 8 Erfolgen bei diesen Voraussetzungen beträgt $\frac{1}{256}$. Sie ist 255 : 1 gegen ein genaues Resultat, wenn die Versuchsperson nicht weiß, wie viele Arten von Tassen sie zu untersuchen hat.

Die drei Grundregeln der Wahrscheinlichkeit

Wenn wir feststellen wollen, welche Chance besteht, bei einem Glücksspiel ein bestimmtes Ergebnis zu erhalten, so räumen uns drei einfache Regeln viele Schwierigkeiten aus dem Weg. Wir stellen sie zuerst für wiederholte Wahl auf, d. h. auf dem Prinzip der Rückgabe, bei einem Kartenspiel oder einer Urne. Würfel und Münzen verhalten sich entsprechend bei gleicher Voraussetzung.

Die *Additionsregel*. – Die vorausgehenden Beispiele erläutern eine Regel, die auf alle Probleme der Auswahl und Wahrscheinlichkeit anwendbar ist, sobald das vorgeschriebene Wahlobjekt die Bedingung *Entweder – Oder* enthält. Sie lautet: *Schließen sich zwei oder mehr Auswahlobjekte gegenseitig aus, so ist die Wahrscheinlichkeit, das eine oder das andere zu erhalten, gleich der Summe ihrer Einzelaussichten.*

Angenommen, eine Zweiergruppe bestehe aus einem *roten* As und einem König. Die Anzahl der Möglichkeiten ist hier auf zwei Asse und vier Könige beschränkt. Geben wir die zuerst gezogene

Karte zurück und mischen neu vor dem nächsten Zug, so ist die
Chance, eine solche Gruppe zu erhalten, $\frac{6}{52} = \frac{3}{26}$. Die Wahrscheinlichkeit, ein rotes As zu ziehen, ist $\frac{2}{52}$; die Wahrscheinlichkeit,
einen König zu bekommen, ist $\frac{4}{52}$. Unsere Regel besagt, daß die
Chance, *entweder* ein rotes As *oder* einen beliebigen König zu
ziehen, $\frac{2}{52} + \frac{4}{52} = \frac{6}{52} = \frac{3}{26}$ ist. Die Regel der sich ausschließenden Züge
ist auf jede Anzahl anwendbar. Wir können z. B. eine Einzelaufstellung aller Möglichkeiten des vorigen Beispiels vornehmen:

1 Herz-As	$\frac{1}{52}$	1 Karo-König	$\frac{1}{52}$
1 Karo-As	$\frac{1}{52}$	1 Pik-König	$\frac{1}{52}$
1 Herz-König	$\frac{1}{52}$	1 Kreuz-König	$\frac{1}{52}$

Nach der Additionsregel ist die Wahrscheinlichkeit, in einem
einzigen Zug entweder ein rotes As oder einen König zu erhalten,

$$\frac{1}{52} + \frac{1}{52} + \frac{1}{52} + \frac{1}{52} + \frac{1}{52} + \frac{1}{52} = \frac{6}{52} = \frac{3}{26}$$

Die Produktenregel. – Welche Möglichkeiten ergeben sich bei
einem gleichzeitig mit der rechten und der linken Hand ausgeführten Zug aus zwei identischen Kartenpacken oder (was auf dasselbe
herauskommt) bei einem doppelten Zug aus einem Packen, wobei
die erste gezogene Karte vor Entnahme der zweiten zurückgesteckt wird? Das ist zu veranschaulichen durch das Schachbrettmuster, das die Folgerungen aus der Gleichheit der Möglichkeiten
aufdeckt. Genauso können wir das Ergebnis der gleichzeitigen
Entnahme von je einer Karte aus zwei Packen verschiedener
Zusammensetzung darstellen.

In Fig. 185 ist die Zusammensetzung folgendermaßen:

Linker Packen (4) *Rechter Packen* (5)
Pik-As   Pik-As
Pik-Zwei   Pik-Zwei
Pik-Drei   Kreuz-As
Kreuz-As   Kreuz-Zwei
                     Kreuz-Drei

508 WAHRSCHEINLICHKEITSRECHNUNG

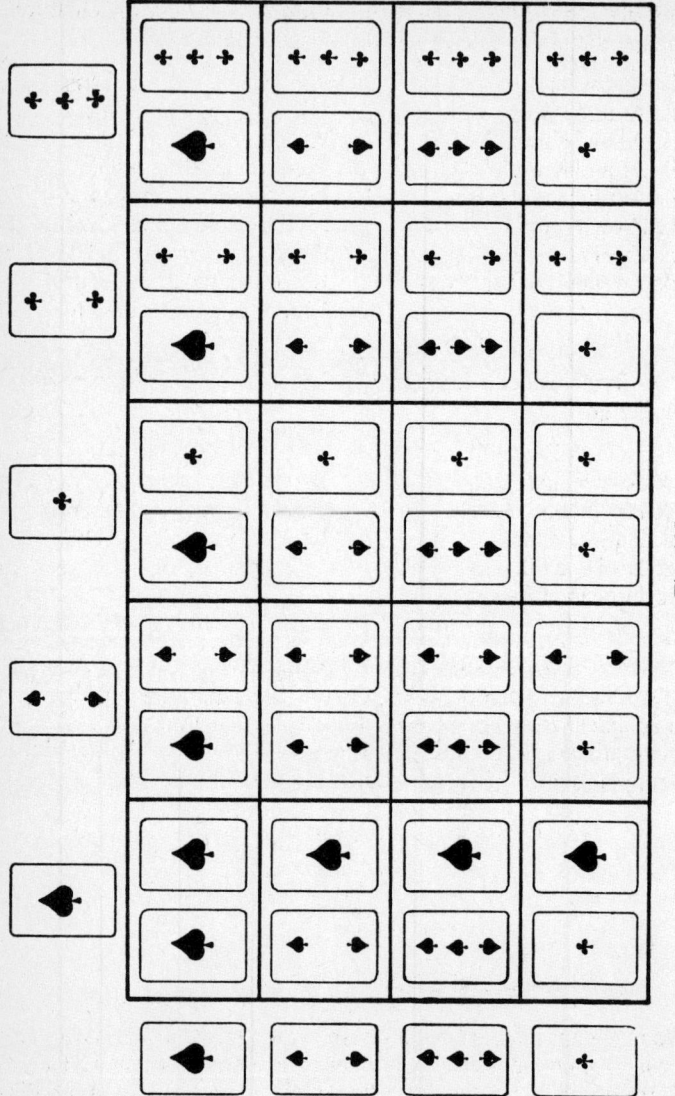

Fig. 185

WAHRSCHEINLICHKEITSRECHNUNG

Es gibt $4 \cdot 5 \,(= 20)$ Zweier-Permutationen, d. h. 20 Möglichkeiten, entsprechend der Gleichheit der Möglichkeiten:

Pik-As zweimal	1	Pik-Zwei und Kreuz-Drei	1
Pik-As und Pik-Zwei	2	Pik-Drei und Kreuz-As	1
Pik-As und Kreuz-As	2	Pik-Drei und Pik-Zwei	1
Pik-As und Kreuz-Zwei	1	Pik-Drei und Pik-As	1
Pik-As und Kreuz-Drei	1	Pik-Drei und Kreuz-Zwei	1
Pik-Zwei zweimal	1	Pik-Drei und Kreuz-Drei	1
Pik-Zwei und Kreuz-As	2	Kreuz-As zweimal	1
Pik-Zwei und Kreuz-Zwei	1	Kreuz-As und Kreuz-Zwei	1
		Kreuz-As und Kreuz-Drei	1
Summe	11		9

Aus dieser Tabelle können wir folgende Paare *gleicher Farbe* ausziehen:

a) Zwei Pik		*b)* Zwei Kreuz	
Pik-As zweimal	1	Kreuz-As zweimal	1
Pik-As und Pik-Zwei	2	Kreuz-As und Kreuz-Zwei	1
Pik-Zwei zweimal	1	Kreuz-As und Kreuz-Drei	1
Pik-Drei und Pik-As	1		
Pik-Drei und Pik-Zwei	1		
Summe	6		3

$6 + 3 = 9$ Möglichkeiten sind vorhanden bei einem Zug von entweder 2 Kreuz- oder 2 Pik-Karten, und die restlichen $20 - 9 = 11$ Möglichkeiten bei Entnahme einer Pik- und einer Kreuz-Karte. Die mathematische Wahrscheinlichkeit, die wir der Auswahl von Gruppen dieser 3 Klassen zumessen, beträgt also:

$$2 \text{ Pik} \qquad \frac{6}{20} = \frac{3}{10} = \frac{3}{4} \cdot \frac{2}{5}$$

$$2 \text{ Kreuz} \qquad \frac{3}{20} \qquad = \frac{1}{4} \cdot \frac{3}{5}$$

$$1 \text{ Kreuz und 1 Pik} \qquad \frac{11}{20} \qquad = \frac{3}{4} \cdot \frac{3}{5} + \frac{1}{4} \cdot \frac{2}{5}$$

Wenn wir uns nur darum kümmern, ob wir die eine oder die andere dieser Zusammenstellungen ziehen, so können wir jede Kreuz-Karte durch Kreuz-As darstellen oder jede Pik-Karte durch Pik-As wie in Fig. 186. Wir wollen jetzt die Wahrscheinlichkeit bestimmen, mit der die Farben jedes Packens bei einem einzigen Zug erscheinen:

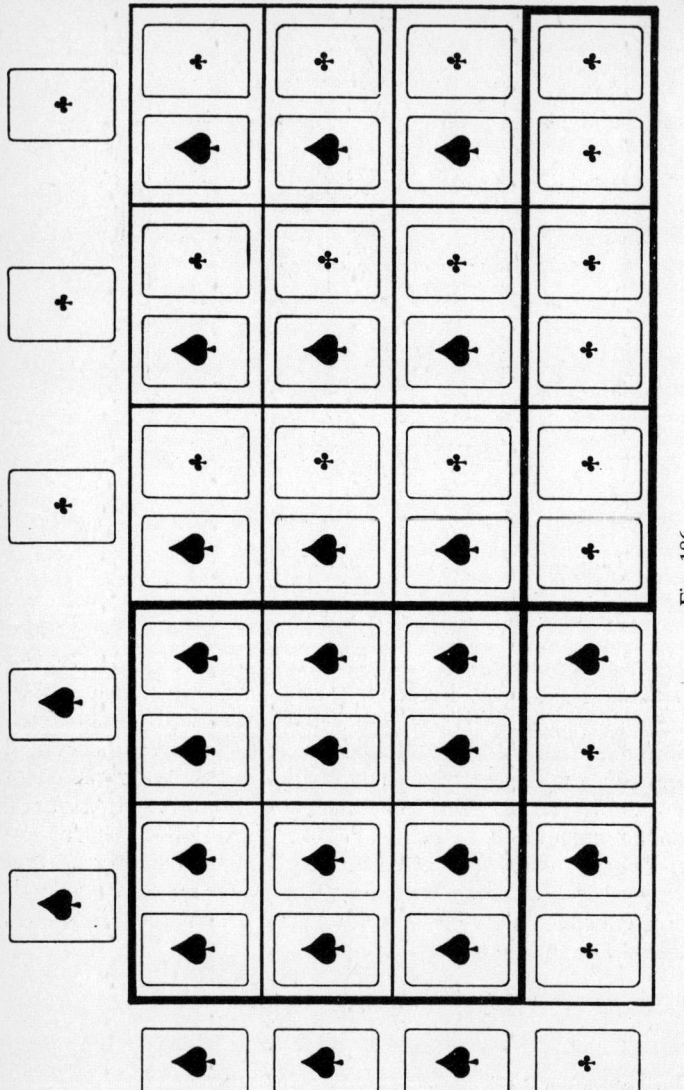

Fig. 186

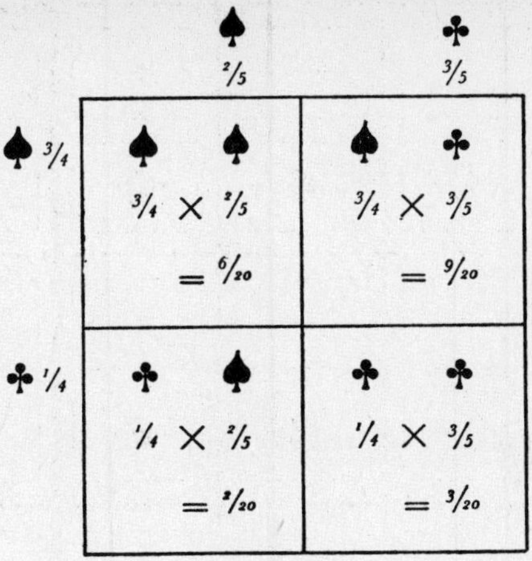

	♠ 2/5	♣ 3/5
♠ 3/4	♠ ♠ 3/4 × 2/5 = 6/20	♠ ♣ 3/4 × 3/5 = 9/20
♣ 1/4	♣ ♠ 1/4 × 2/5 = 2/20	♣ ♣ 1/4 × 3/5 = 3/20

Fig. 187

Linker Pack
Pik $\frac{3}{4}$
Kreuz $\frac{1}{4}$

Rechter Pack
Pik $\frac{2}{5}$
Kreuz $\frac{3}{5}$

Die Wahrscheinlichkeit, 2 Pik-Karten zu ziehen ($\frac{3}{10}$), ist das *Produkt* aus der Wahrscheinlichkeit, ein Pik aus dem linken Packen ($\frac{3}{4}$), und der Wahrscheinlichkeit, ein Pik aus dem rechten Packen ($\frac{2}{5}$) zu erhalten. Ähnlich ist die Wahrscheinlichkeit, 2 Kreuz zu erhalten ($\frac{3}{20}$), gleich dem Produkt aus der Wahrscheinlichkeit, ein Kreuz aus dem linken Packen ($\frac{1}{4}$), und der Wahrscheinlichkeit, eines aus dem rechten Packen ($\frac{3}{5}$) zu ziehen. Ein doppelter Zug *verschiedener* Karten bringt die *Entweder-Oder-* (Additions-) Regel ins Spiel. Wir haben dann zwei *sich ausschließende* Möglichkeiten, links Pik – rechts Kreuz oder rechts Pik – links Kreuz. Die Produktenregel ergibt:

$$\frac{3}{4} \cdot \frac{3}{5} = \frac{9}{20} \quad \text{bzw.} \quad \frac{1}{4} \cdot \frac{2}{5} = \frac{2}{20}$$

Die Summe beträgt $\frac{11}{20}$, wie zuvor gezeigt wurde.

Es wird dem Leser nützlich sein, nun einige Tabellen, ähnlich der obigen, für die folgenden (1–10) Paare von unvollständigen Kartenpacken *gleicher Farbe* aufzustellen. Solche Tabellen eignen sich gut dazu, die Additions- und Produktenregel auszuprobieren, indem man die Wahrscheinlichkeit, eine Zweiergruppe dieser oder jener Art *(a–d)* zu ziehen, bestimmt.

a) 2 Asse
b) 2 andere Karten, nicht Asse
c) gemischte Paare
c) 2 Karten mit gerader Augenzahl.

1. L: A 2 3 4
   R: A 2 3 4
2. L: A 2
   R: A 2 3 4 5
3. L: A 2 3 4
   R: A 2 3
4. L: A 2 3
   R: A 2 3
5. L: A 2 3 4 5
   R: A 2 3 4
6. L: A 2
   R: A 2 3 4
7. L: A 2 3 4 5 6
   R: A 2 3 4
8. L: A 2 3 4 5
   R: A 2 3 4 5
9. L: A 2 3 4
   R: A 2 3 4 5 6 7
10. L: A 2 3 4 5 6
    R: A 2 3 4 5 6

Die Subtraktionsregel. – Ist unsere Klassifikation der proportionalen Möglichkeiten, d. h. der Wahrscheinlichkeiten, *erschöpfend*, so muß die Summe gleich der *Einheit* sein, wie in unserem letzten Beispiel:

2 Pik	2 Kreuz	beide Farben	Summe
$\frac{6}{20}$	$\frac{3}{20}$	$\frac{11}{20}$	$\frac{20}{20} = 1$

Wenn wir unsere Wahlresultate in zwei Klassen einteilen, je nachdem, ob sie ein bestimmtes Merkmal haben oder nicht, so addieren sich die Wahrscheinlichkeit p (mit Merkmal) und die Wahrscheinlichkeit q (ohne Merkmal) zu eins, d. h. p + q = 1, daher p = 1 − q und q = 1 − p. Zum Beispiel beträgt die Chance, eine *rote* königliche Karte (König oder Dame) bei einem einzigen Zug aus einem vollen Spiel zu erhalten oder nicht, $\frac{4}{52}$ bzw. $1 - \frac{4}{52} = \frac{48}{52}$ oder $\frac{1}{13}$ bzw. $\frac{12}{13}$. Mit Hilfe dieser Subtraktionsregel kann man manchen Weg abkürzen, besonders wenn die Wahrscheinlichkeit, *wenigstens eine* Kombination einer bestimmten Kategorie zu erhalten, ermittelt werden soll, z. B.: *Wie groß ist die Chance, wenigstens eine rote Karte mit einem einzigen Zug aus je zwei vollständigen Spielen zu treffen?*

Hier ist der Ausgangspunkt, daß wir bei dem kombinierten Zug *entweder* gar keine rote Karte *oder* wenigstens eine erhalten. Mit anderen Worten: Die Klassifikation ist erschöpfend, d. h. in sich vollständig. Darum müssen sich die beiden Wahrscheinlichkeiten, die wir für die beiden Klassen ermitteln, zu eins ergänzen. Die Chance, daß bei einem einzigen Zug aus dem einen Packen eine Karte schwarz sein wird, beträgt $\frac{1}{2}$; sie ist genau gleich der Chance, daß die Karte *nicht* rot sein wird.

Die Wahrscheinlichkeit p, daß beide Karten bei einem gleichzeitigen Zug aus zwei vollständigen Spielen schwarz sein werden, ist nach der Produktenregel:

$$\frac{1}{2} \cdot \frac{1}{2} = \frac{1}{4}$$

Also ist die proportionale Möglichkeit q, daß *nicht* beide Karten schwarz sein werden,

$$1 - q = 1 - \frac{1}{4} = \frac{3}{4}$$

Die Bedingung, daß nicht beide Karten schwarz sein werden, bedeutet dasselbe wie: *wenigstens eine* soll rot werden; also ist die Frage beantwortet. Genauso einfach ist die Beantwortung der Frage: Wie groß ist die Wahrscheinlichkeit, bei acht aufeinander folgenden Zügen mit Rückgabe wenigstens ein Herz zu erhalten? Nach der Produktenregel beträgt die Chance, 8 Karten zu ziehen, unter denen keine Herz-Karte ist, $(\frac{3}{4})^8$. Also ist die Wahrscheinlichkeit, wenigstens eine Herz-Karte zu ziehen,

$$1 - \left(\frac{3}{4}\right)^8 = 1 - \frac{6561}{65536} = \frac{58975}{65536}$$

Die Chancen, wenigstens eine Herzkarte oder gar keine zu bekommen, stehen 58975 : 6561 oder rund 9 : 1 *für* die Herz-Karte bei acht Zügen.

Der Anlaß zu der berühmten Kontroverse zwischen Fermat und Pascal liefert eine interessante Erläuterung zur letzten Fragestellung. Der Chevalier de Méré hatte ein Vermögen gemacht, indem er kleine Summen darauf wettete, wenigstens eine Sechs in 4 Würfen eines Würfels zu erhalten, und es dadurch wieder verloren, daß er Wetten abschloß, in 24 Doppelwürfen eine doppelte Sechs zu bekommen. Erklärung gibt uns die Subtraktionsregel.

Wahrscheinlichkeit, in 4 Würfen wenigstens eine Sechs zu treffen:

$$1 - \left(\frac{5}{6}\right)^4 = 0{,}517 \ (\textit{eher ja} \text{ als nein})$$

Wahrscheinlichkeit, in 24 Doppelwürfen ein Doppel zu treffen:

$$1 - \left(\frac{35}{36}\right)^{24} = 0{,}491 \ (\textit{eher nein} \text{ als ja})$$

Bedeutung der Unabhängigkeit

Es ist üblich, die Produktenregel folgendermaßen zu formulieren: Die Wahrscheinlichkeit einer Kombination von 2 oder mehr *unabhängigen* Ereignissen ist gleich dem Produkt aus ihren Einzel-Wahrscheinlichkeiten; Schlüsselwort in dieser Behauptung ist *unabhängig*. Ein gleichzeitiger Zug aus zwei Kartenpacken oder ein gleichzeitiger Wurf von zwei Würfeln bedeutet unabhängige Ereignisse, und das gleiche gilt für aufeinanderfolgende Würfe mit ein und demselben Würfel. Es gilt nicht notwendig für aufeinanderfolgende Züge aus dem gleichen Pack Karten. Das Ergebnis des zweiten Wurfes mit einem Würfel hängt nicht davon ab, was beim ersten Mal passierte, denn die Seitenzahl bleibt sich gleich; das gilt für einen Pack Karten *nur*, wenn Rückgabe der zuerst gezogenen Karte vor dem zweiten Zug gestattet ist. Für einen gleichzeitigen Doppelzug gilt es nicht.

Wie können wir nun unsere drei Grundregeln beim Nehmen ohne Rückgabe verwenden? Wir setzen voraus, unser Kartenpack bestehe aus 8 verschiedenen Karten folgender Farben: *Kreuz 1; Herz 3; Karo 4.*

Diesen Pack wollen wir A nennen. Jede Karte, die wir herausziehen, ist entweder eine Kreuz- oder eine Herz- oder eine Karo-Karte. Es bleibt einer von 3 *restlichen* Packen folgender Zusammensetzung:

	Kreuz	Herz	Karo
B	0	3	4
C	1	2	4
D	1	3	3

Also sind die Chancen, ein Kreuz, Herz oder Karo aus dem ursprünglichen A und den restlichen (B C D) Packen zu ziehen:

	Kreuz	Herz	Karo
A	$\frac{1}{8}$	$\frac{3}{8}$	$\frac{1}{2}$
B	0	$\frac{3}{7}$	$\frac{4}{7}$

WAHRSCHEINLICHKEITSRECHNUNG

C $\quad\dfrac{1}{7}\quad\dfrac{2}{7}\quad\dfrac{4}{7}$

D $\quad\dfrac{1}{7}\quad\dfrac{3}{7}\quad\dfrac{3}{7}$

Wir können nun das Problem, zwei Karten ohne Rückgabe zu ziehen, auf eine neue Weise betrachten, nämlich als die Aufgabe, mit der linken Hand eine Karte aus Pack A zu ziehen, mit der rechten Hand eine zweite aus B, C *oder* D. Die aus Pack A gezogene Karte ist so etwas wie ein Lotterieschein, der uns zu einem Zug aus einem Packen B, C oder D, deren Zusammensetzung nun fixiert ist, berechtigt. Zieht man aus ein und demselben Pack A zuerst ein Kreuz und *dann* ohne Rückgabe ein Herz, so bedeutet das zwei wirklich von einander *unabhängige* Wahlakte:

1) Aus Pack A wird ein *Kreuz* gezogen.
2) Aus Pack B wird ein *Herz* gezogen.

Wir dürfen daher die Produktenregel für unabhängige Ereignisse anwenden. Die Chancen für 1) und 2) sind $\frac{1}{8}$ bzw. $\frac{3}{7}$, die der kombinierten Wahl ist $\frac{1}{8} \cdot \frac{3}{7} = \frac{3}{56}$.

Auf diese Weise können wir eine vollständige Übersichtstabelle der Wahrscheinlichkeiten für kombinierte Wahlakte anfertigen:

Kreuz-*Kreuz* $\quad 0 \qquad$ Kreuz-*Herz* $\quad \dfrac{3}{56} \qquad$ Kreuz-*Karo* $\quad \dfrac{4}{56}$

Herz-*Kreuz* $\quad \dfrac{3}{56} \qquad$ Herz-*Herz* $\quad \dfrac{6}{56} \qquad$ Herz-*Karo* $\quad \dfrac{12}{56}$

Karo-*Kreuz* $\quad \dfrac{4}{56} \qquad$ Karo-*Herz* $\quad \dfrac{12}{56} \qquad$ Karo-*Karo* $\quad \dfrac{12}{56}$

Wir können das Endresultat auf mehrere Weisen klassifizieren, indem wir für die *Entweder-Oder*-Wahl die Additionsregel und für die Bedingung *Wenigstens eines* die Subtraktionsregel anwenden, z.B.

Zwei Karten *gleicher* Farbe $\qquad 0 + \dfrac{6}{56} + \dfrac{12}{56} = \dfrac{9}{28}$

Karten *verschiedener* Farben $\qquad 1 - \dfrac{9}{28} = \dfrac{19}{28}$

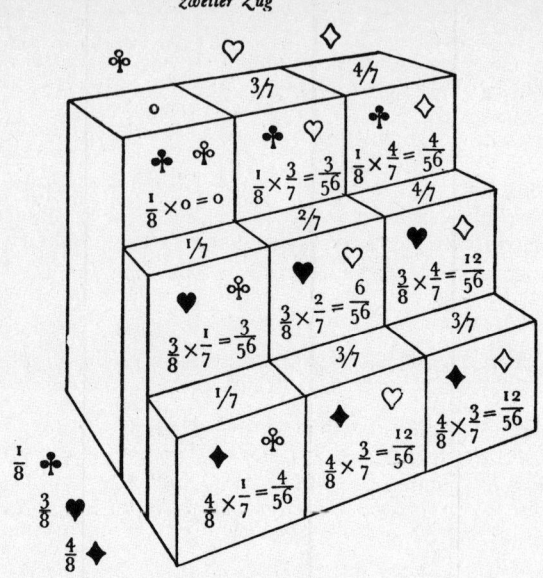

Fig. 188

Die binomische Verteilung

Werfe ich einen Pfennig zweimal, so kann ich die vier möglichen Ergebnisse (Fig. 184) folgendermaßen klassifizieren:

Resultat	Schrift-Schrift	Bild-Schrift	Bild-Bild
Chance	$\frac{1}{4}$	$\frac{1}{2}$	$\frac{1}{4}$

Wenn ich Bild mit 1 bezeichne und Schrift mit 0, so lautet die Aufstellung:

Zählwert	0	1	2
Chance	$\frac{1}{4}$	$\frac{1}{2}$	$\frac{1}{4}$

Das läßt sich von dem Schachbrettschema (Fig. 184) ableiten, wenn der Pfennig unbeschwert ist, d. h. dem Gesetz der gleichen Möglichkeit genügt. Es stimmt überein mit den drei Grundregeln:

SS	SB oder BS	BB
$\frac{1}{2} \cdot \frac{1}{2}$	$\frac{1}{2} \cdot \frac{1}{2} + \frac{1}{2} \cdot \frac{1}{2}$	$\frac{1}{2} \cdot \frac{1}{2}$

In dieser Aufstellung sehen wir, daß die drei Wahrscheinlichkeiten aufeinanderfolgende Glieder der Binominalreihe

$$\left(\frac{1}{2} + \frac{1}{2}\right)^2 = \left(\frac{1}{2}\right)^2 + 2 \cdot \left(\frac{1}{2}\right)^2 + \left(\frac{1}{2}\right)^2 \text{ sind.}$$

Bei drei Würfen führen dieselben Regeln zu folgender Übersicht:

Zählwert	0	1	2	3
Resultat	SSS	SSB, SBS, BSS	SBB, BSB, BBS	BBB
Chance	$\left(\frac{1}{2}\right)^3$	$3 \cdot \left(\frac{1}{2}\right)^3$	$3 \cdot \left(\frac{1}{2}\right)^3$	$\left(\frac{1}{2}\right)^3$

Auch das sind aufeinanderfolgende Glieder einer Binominalreihe: $(\frac{1}{2} + \frac{1}{2})^3$. Schrittweise Anwendung der Schachbrettmethode für die Produktenregel (Fig. 189) entwickelt ein allgemeines Gesetz für Wahlvorgänge ohne Rückgabe. Bezeichnen wir unsere Resultate mit 0, 1, 2, 3, ... r Erfolgen in einem r-fachen Verfahren, wobei die Erfolgschance in einem einfachen Verfahren p und die des Mißerfolges q = 1 − p genannt wird, so sind die Chancen, 0, 1,

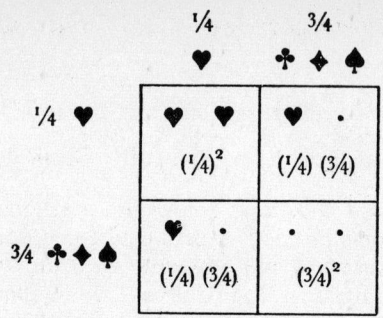

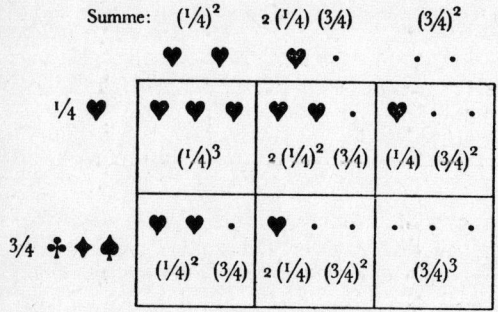

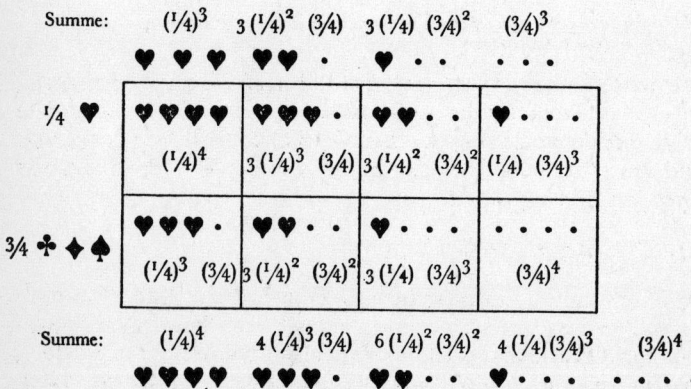

Fig. 189

2 ... r zu erhalten, aufeinanderfolgende Glieder der Binominalreihe $(q + p)^r$, d. h.

Zählwert	0	1	2	etc.
Chance	q^r	$rq^{r-1} \cdot p$	$\dfrac{r(r-1)}{2!} q^{r-2} p^2$	etc.

Dieses Resultat können wir direkt durch unsere Schlüsselformel erhalten. Angenommen, in einem Pack sind n Karten, von denen s einer Sorte angehören und $f = s - n$ einer anderen, so daß die Klassifikation erschöpfend ist. Mit Rückgabe ist die Anzahl aller möglichen Anordnungen von r Karten $^nR_r = n^r$. Die Zahl der Vorgänge, die x Erfolge und r − x Mißerfolge hervorbringen, ist

$$\frac{r!}{x!\,(r-x)!} s^x f^{r-x}$$

Der proportionale Anteil der so spezifizierten Verfahren an allen möglichen r Verfahren beträgt

$$\frac{r!}{x!\,(r-x)!} \frac{s^x f^{r-x}}{n} = \frac{r!}{x!\,(r-x)!} \left(\frac{s}{n}\right)^x \left(\frac{f}{n}\right)^{r-x}$$

In diesem Ausdruck gibt s : n das Verhältnis p der als Erfolg bezeichneten Karten an, f : n das Verhältnis q der als Mißerfolg bezeichneten Karten, weil ja die Wahrscheinlichkeit des Erfolges bei einem einzigen Vorgang s : n ist. Also ist die Chance, x Erfolge zu erhalten,

$$\frac{r!}{x!\,(r-x)!} q^{r-x} p^x$$

Wir wissen bereits (Kap. VI), daß dies das Glied x in der Reihe $(q + p)^r$ ist, wenn wir das Anfangsglied mit 0 bezeichnen. Fig. 190 zeigt, daß ein analoges Gesetz für Verfahren ohne Rückgabe gilt, und illustriert nebenbei eine Regel, die als *Vandermondesches Theorem* bekannt ist:

$$\begin{aligned}(f+s)^{(2)} &= (f+s)(f+s-1) \\ &= f(f-1) + 2fs + s(s-1) \\ &= f^{(2)} + 2f^{(1)} s^{(1)} + s^{(2)}\end{aligned}$$

Bei Nicht-Rückgabe wird das Zweiklassengesetz der Aufteilung in dem Ausdruck $(f + s)^{(r)} : n^{(r)}$ zusammengefaßt, so daß die Wahrscheinlichkeit von x Erfolgen (Fig. 190)

$$\frac{r!}{x!\,(r-x)!} \frac{f^{(r-x)} s^{(x)}}{n^{(r)}} \text{ beträgt.}$$

520 WAHRSCHEINLICHKEITSRECHNUNG

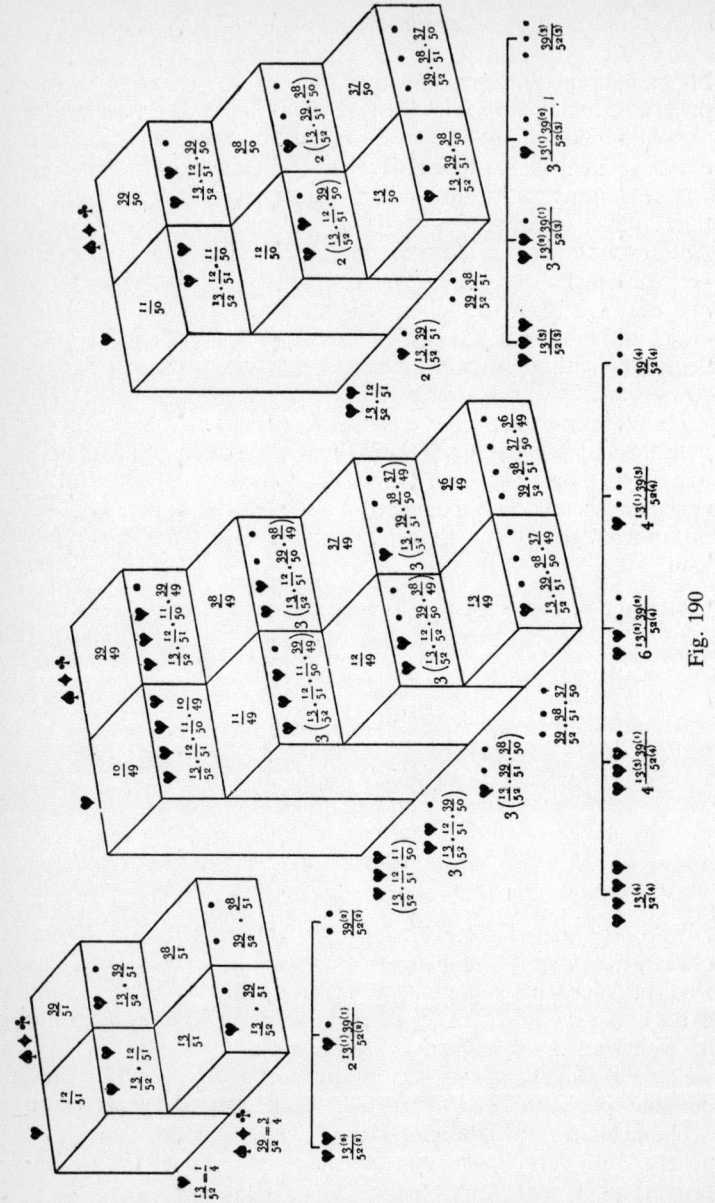

Fig. 190

Praktische und mathematische Wahrscheinlichkeit

Mathematische Wahrscheinlichkeit, mit der wir uns bislang befaßt haben, bedeutet *proportionale Wahlmöglichkeit*. Die mathematische Definition nennt also »wahrscheinlich«, was sich *möglicherweise* ereignen wird; für praktische Berechnungen ist sie nur dann von Bedeutung, wenn gewisse Umstände die Vermutung rechtfertigen, daß Ereignisse des täglichen Lebens mit entsprechender *Häufigkeit* stattfinden. In Experimenten mit gut gemischten Pakken von Spielkarten stellen wir fest, daß die relative Häufigkeit, mit der wir beim Abheben bestimmte Kartenkombinationen erhalten, immer dann ungefähr – wenn auch nicht absolut – mit der mathematischen Wahrscheinlichkeit übereinstimmt, wenn *die Anzahl der Vorgänge sehr groß ist*.

Es folgt der Bericht über einen Klassenversuch, bei dem jeder von 10 Schülern einzeln zehnmal eine Karte aus einem Packen zog und jede vor dem nächsten Zug wieder zurücksteckte. Die Tabelle zeigt wachsende Summenwerte in der Reihendarstellung des ersten zehnfachen Vorganges, der ersten beiden, der ersten drei usw.:

Anzahl der Vorgänge	Rot	Schwarz	Prozentsatz für rot
10	4	6	40
20	9	11	45
30	14	16	46,7
40	19	21	47,5
50	27	23	54
60	32	28	53,3
70	37	33	52,9
80	43	37	53,75
90	48	42	53,3
100	51	49	51

Die proportionale Häufigkeit der roten Karten verdichtet sich auf etwa 50% oder $\frac{1}{2}$, manchmal etwas mehr, manchmal etwas weniger; am nächsten kommt sie diesem Wert am Fuß der Tabelle, d. h. bei der größten Menge, während sie bei der kleinsten Menge am weitesten davon entfernt ist. Bei einer großen Menge, d. h. bei vielen Vorgängen, nähert sich die proportionale *Häufigkeit*, mit der eine rote Karte gezogen wird, der proportionalen Möglichkeit $\frac{1}{2}$. Wenn eine solche Übereinstimmung besteht, bedeutet das, daß unsere Wahl dem Gesetz der Gleichheit der Möglichkeiten entspricht; aber wo immer wir Berechnungen über tatsächliche

Ereignisse mit Hilfe dieses Gesetzes anstellen, haben sie Gültigkeit nur im großen und *auf die Dauer gesehen*.

Hier ist ein einfaches Beispiel der Verbindung zwischen Theorie und Praxis. Knaben und Mädchen werden ungefähr im gleichen Zahlenverhältnis geboren, d. h. die proportionale Häufigkeit (auf lange Zeit gesehen) der Geburt eines Knaben ist fast genau $\frac{1}{2}$; wie die Erfahrung lehrt, wird die Häufigkeit, mit der Knaben geboren werden, kaum nennenswert beeinflußt durch den Umstand, daß die vorhergehende Geburt männlichen oder weiblichen Geschlechtes war. Mit anderen Worten: Jungen und Mädchen kommen auf die Welt wie rote und schwarze Karten aus gut gemischten Kartenspielen, aus denen wir nacheinander je eine Karte ziehen. Wenn wir nun fragen, wie oft in einer Familie mit 5 Kindern 3 von diesen Jungen sind – und der Vergleich stimmt –, so können wir genausogut fragen: Wie groß ist die mathematische Wahrscheinlichkeit, in 5 Zügen 3 rote Karten zu erhalten, unter der Bedingung, daß jede gezogene Karte vor dem nächsten Zug zurückgesteckt wird? Unser Binominalgesetz gibt die Antwort:

$$\frac{5!}{3!\,2!}\left(\frac{1}{2}\right)^3\left(\frac{1}{2}\right)^2 = \frac{5!}{3!\,2!} \cdot \frac{1}{32} = \frac{5}{16}$$

Nach dem *Subtraktionsgesetz* ist die Wahrscheinlichkeit, hierbei *nicht* 3 rote Karten zu erhalten, $1 - \frac{5}{16} = \frac{11}{16}$. Also sind die Chancen für 3 Jungen unter 5 Geschwistern 5 : 11. Wäre das Verhältnis der Knaben- und Mädchengeburten nicht 1 : 1, so wären wir nicht berechtigt, ein vollständiges Spiel Karten in unserem Vergleich zu verwenden. Angenommen, es wäre in Wirklichkeit 3 : 4. Eine entsprechende Vergleichssituation wäre dann geschaffen, wenn wir aus einem Packen von 3 Herz- und 4 Pik-Karten ziehen würden. Die Wahrscheinlichkeit, unter 5 Kindern einer Familie 3 Jungen zu finden, betrüge dann

$$\frac{5!}{3!\,2!}\left(\frac{3}{7}\right)^3\left(\frac{4}{7}\right)^2 = \frac{4320}{16827}$$

Wir erkennen nun, wie der Besitzer eines Spielsalons seine Einsätze bemessen muß, damit ein großer Teil seiner Kunden befriedigt wird und er selber ständig seinen Gewinn einheimst. Wenn er wettet, daß er in einem Spiel bei 6 Würfen *wenigstens* dreimal Bild werfen wird, so stehen die Chancen 21 : 11, daß ihm das gelingt. Hat er genug Kapital, um das Spiel lange genug durchzuhalten, wird er etwa zwei Drittel der Wetten gewinnen, seine Kunden gewinnen etwa ein Drittel. Wer mit Wetten seinen Lebensunterhalt verdienen will - wie die Antwerpener Finanzleute des 16. Jahrhunderts mit den Wett-Versicherungen –, kann das tun, wenn er am Anfang genügend Kapital besitzt und das Risiko der langen Zeitdauer richtig abschätzt. Ist das Verhältnis der Knaben- und Mädchengeburten genau gleich, wird eine große Anzahl von Wetten – gleich der von Bernardo und Domingo – für jede 30 bezahlten Pfund 48 zurückerwerben oder einen Netto-Gewinn von 60% einbringen. Eine Übersicht, die davon ausgeht, daß die Wahrscheinlichkeit männlicher Geburten $\frac{1}{2}$ ist, zeigt deutlich, wie Familien wachsen. Wem das einleuchtet, der versteht auch, daß man mit 60 Pfund Anfangskapital eine größere Chance hat, das Geld zu verlieren, als wenn man mit 300 Pfund anfängt. Wer nur 60 Pfund zur Verfügung hat, kann damit nur zweimal wetten. Die Wahrscheinlichkeit, daß beide Geburten weiblich sein werden, beträgt $\frac{1}{4}$. Wenn also eine große Menge von Leuten mit je 30 Pfund zu wetten beginnen, so wird einer unter vieren sein ganzes Kapital verlieren. Mit einem Kapital von 300 Pfund sind 10 Wetten möglich. Die Chancen dafür, daß 10 aufeinander folgende Geburten weiblich sein werden, stehen 1 : 1,023. Aus einer großen Menge von Leuten mit je 300 Pfund wird also weniger als einer unter tausend all sein Geld verlieren, bevor er zu einem Gewinn kommt. Wer mit einem großen Kapital spekuliert, kann ruhig seine Geldreserven überziehen (für Unternehmen nach dam Prinzip Bernardos und Domingos), ohne einen Bankrott fürchten zu müssen. Während seine ärmeren Mitspieler ruiniert werden, wenn sie nicht selber auf der Jakobsleiter Fuß fassen, wächst sein Vermögen stetig. Und wenn er einmal genügend Kapital zusammengerafft hat, um gegen jede Bedrohung durch einen Bankrott gesichert zu sein, kann er leicht seine schwächeren Konkurrenten aus dem Felde schlagen, indem er günstigere Bedingungen anbietet.

Die tatsächliche Häufigkeit männlicher Geburten beträgt wenig mehr als die Hälfte aller Geburten. Sie entspricht also einer theoretischen Wahrscheinlichkeit, die vergleichbar ist der Chance, Kugeln aus einem Beutel zu nehmen, in dem sich etwas mehr als die Hälfte rote Kugeln befinden. Angenommen, die beobachtete Häufigkeit männlicher Geburten sei 0,51 in bezug auf die Gesamtbevölkerung. Der Spekulant kann dann Rückgabe der Prämie mit einem 100%-Bonus offerieren für den Fall, daß er die Wette verliert: er steckt trotzdem noch einen Gewinn von 2% ein, wenn er lange genug aushalten kann. Ob er am Ende erfolgreich ist, hängt davon ab, wie lange er es aushält, das benötigte Kapital aufzubringen. Erfolgreiche Spekulation beruht also auf dem Prinzip: *Dem, der hat, wird gegeben werden, und dem, der nicht hat, wird auch das wenige noch genommen werden.* Auf dieser Basis sind die Riesenvermögen des Finanzkapitalismus erworben worden. Während der Adel seine Vermögenswerte verspielte, weil er die Beziehung zwischen Wahrscheinlichkeit und Häufigkeit nicht begriff, bewiesen seine lebenstüchtigeren Zeitgenossen, daß es sicherere Wege zum Reichtum gibt als bloßes Glück oder reines Verdienst. In einer Zeit, in der reiche Kaufleute immer neue Wege zum Wohlstand erschlossen, mußte die Korrespondenz zwischen Pascal und Fermat ein Interesse erwecken, das weit über die Spieltische hinausging.

Wahrscheinlichkeit in Flächendarstellung

Etwas Meßbares, das stetig, d. h. ohne Sprünge, wächst, kann durch eine graphische Darstellung wiedergegeben werden. Die Statistik befaßt sich weitgehend mit ganzen Zahlen, und ganze Zahlen wachsen nicht in dieser Weise an. Aus einem besonderen Grunde, der gleich verständlich werden wird, ist es angebracht, eine Funktion ganzer Zahlen durch das Schema eines Histogramms darzustellen. Ein Histogramm ist eine *erdachte* Bilddarstellung, die kaum weitere Erklärung bedarf, wie Fig. 191 bis Fig. 194 zeigen. y_x ist von x abhängig. Wir stellen y_x, einen besonderen Wert von y, der einem besonderen Wert von x entspricht, durch die Höhe einer Säule dar, deren *Mittelpunkt* auf der Grundlinie x liegt. Das ist eine Fiktion in dem Sinne, daß y_x zwischen x (d. h. 3 Würfen) und x + 1 (d. h. 4 Würfen) oder x − 1 (d. h. 2 Würfen) keine Werte aufweist; wir werden die Vorteile dieser Fiktion gleich sehen.

Da der Mittelpunkt jeder Säule x ist, beträgt die Breite jeder Säule x + $\frac{1}{2}$, und da aufeinanderfolgende Werte von x sich um die Einheit unterscheiden, ist die Breite $\triangle x$ der Säule auch gleich der Einheit. Das heißt $y_x \cdot \triangle x = y_x$. Nun ist die Wahrscheinlichkeit, den einen oder andern der möglichen Werte zu erhalten, selber gleich der Einheit gemäß den Regeln der Addition und Subtraktion. Bei r Vorgängen können wir also die Summe aller Nummernwerte, die on 0 bis r in Einheitsschritten laufen, in folgender Form schreiben:

$$\sum_{x=0}^{x=r} y_x = 1 = \sum_{x=0}^{x=r} y_x \, \triangle x$$

Ist die Anzahl der Vorgänge sehr groß, so erhält die Kurve durch die Mittelpunkte an der Spitze jeder Säule des Histogramms eine charakteristische Form, wie Fig. 195 zeigt. Wir nennen sie (nach Gauß) *Gaußsche Kurve,* wenn r unendlich groß ist. Der Augenschein lehrt, daß die von der Kurve begrenzte Fläche dann nur unmerklich von der des Histogramms abweicht, weil die abge-

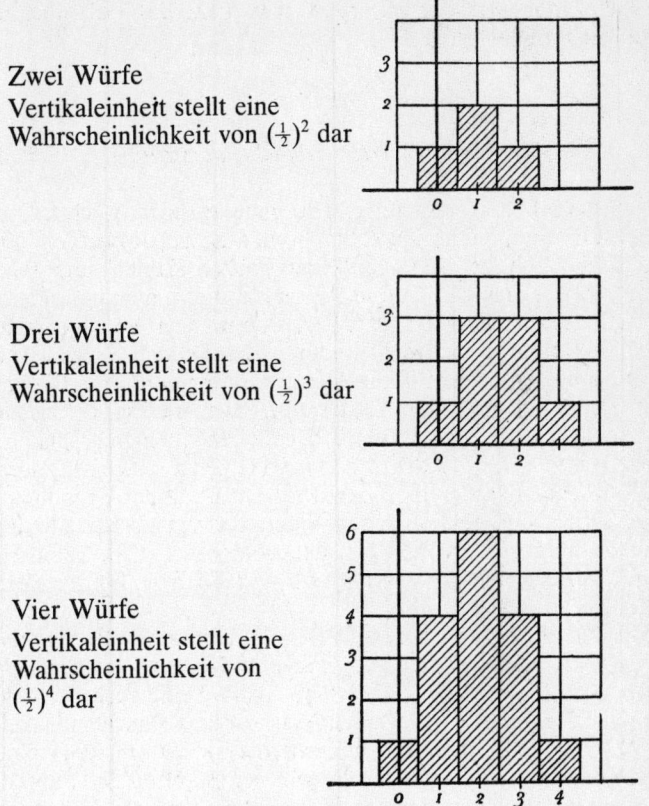

Zwei Würfe
Vertikaleinheit stellt eine Wahrscheinlichkeit von $(\frac{1}{2})^2$ dar

Drei Würfe
Vertikaleinheit stellt eine Wahrscheinlichkeit von $(\frac{1}{2})^3$ dar

Vier Würfe
Vertikaleinheit stellt eine Wahrscheinlichkeit von $(\frac{1}{2})^4$ dar

Fig. 191 Histogramm des Werfens einer Münze. In jeder Figur entspricht eine Horizontaleinheit einem Erfolg (d. h. »Bild«).

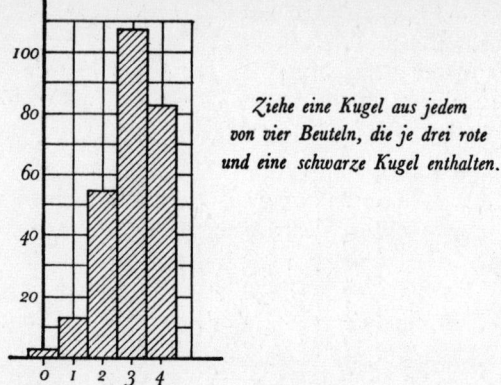

Fig. 192 Anzahl der roten Kugeln, die in vier Wahlgängen gezogen werden, dargestellt an der Horizontalachse. Die Vertikalachse mißt die relative Häufigkeit jeder gewählten Klasse; als Einheit gilt $(\frac{1}{4})^4$. Voraussetzung ist, daß der Spieler jede gewählte Kugel vor der nächsten Entnahme zurücklegt.

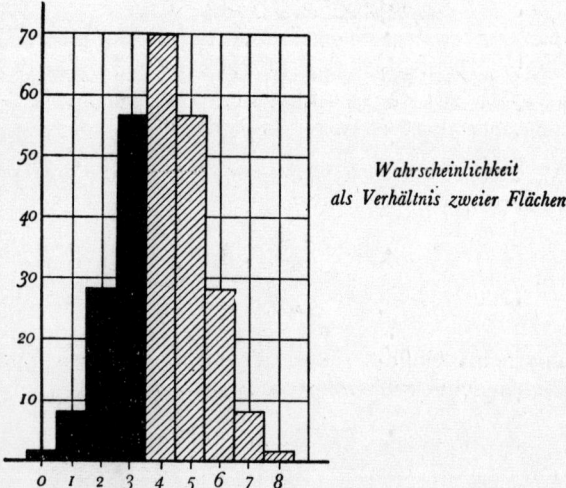

Fig. 193 Die Horizontaleinheiten stellen die Anzahl der Mädchen in einer Familie mit 8 Kindern dar. Die Vertikaleinheit bedeutet eine Wahrscheinlichkeit von $(\frac{1}{2})^8$.

schnittenen und hinzugenommenen, fast dreieckigen Stücke sich ungefähr ausgleichen.

Auf den ersten Blick bringt das nicht viel Nutzen, aber die Additionsregel gibt einen neuen Hinweis. Die Chance, einen Nummernwert x zu erreichen, ist y_x.

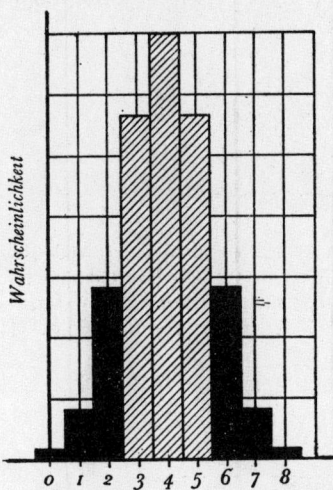

Fig. 194 Die Einheiten sind dieselben wie in der vorigen Figur. Hier gibt die schraffierte Fläche die Wahrscheinlichkeit dafür wieder, daß eine Familie mit 8 Kindern mindestens 3 und höchstens 5 Mädchen hat.

$y_x = y_x \triangle x$, weil $\triangle x = 1$. Also ist die Wahrscheinlichkeit $E(x + 1)$, den Nummernwert $x + 1$ zu erreichen,

$$E(x+1) = \sum_{r=x-1}^{r=x+1} y_r \cdot \triangle x$$

Die Wahrscheinlichkeit, $x + a$ zu bekommen, läßt sich einfacher ausdrücken in der Form $E(a)$, so daß

$$E(a) = \sum_{r=x-a}^{r=x+a} y_r \cdot \triangle x$$

Wenn r sehr groß ist, können wir eine Näherungsgleichung aufstellen:

$$E(a) = \int_{x-a}^{x+a} y_r \cdot dx$$

Ist r nicht ganz so groß, so erinnern wir uns daran, daß die Kurve durch die Mittelpunkte geht. Am besten stellt man selbst ein Diagramm wie Fig. 195 auf und prüft daran nach. Wir werden nicht allzu ungenau werden, wenn wir schreiben:

$$E(a) = \int_{x-a+\frac{1}{2}}^{x+a-\frac{1}{2}} y_x \cdot dx$$

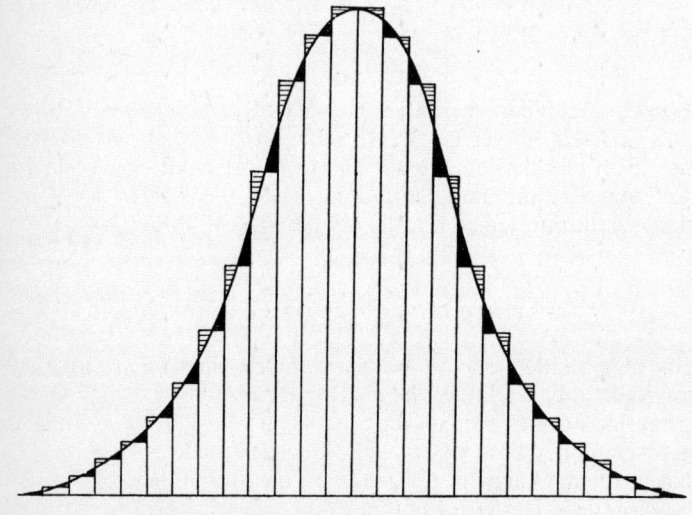

Fig. 195 Die Gaußsche Fehlerkurve als Annäherung an die binomische Verteilung

Nun ist Wahrscheinlichkeit im mathematischen Sinne für die reale Welt nur auf eine lange Dauer gesehen von Bedeutung; darum haben unsere Schlußfolgerungen mehr oder weniger Wert, je nachdem ob unsere Beispiele einen größeren oder weniger großen Zeitraum umfassen. Es ist reichlich mühsam, Wahrscheinlichkeiten mit der Binominalreihe zu berechnen; aber es ist leicht, Tabellen für die Werte eines Integrals innerhalb bestimmter

Grenzen, wie etwa x ± a, aufzustellen, wenn wir y_x (die Wahrscheinlichkeit, einen Wert x zu erreichen) in einer integrierbaren Form ausdrücken können, oder wenn wir einen integrierbaren Ausdruck in y_x finden, der ungefähr gleich y ist. Für die binomische Verteilung eines Schemas, das in Einheitsschritten wächst, haben wir als exakten Ausdruck bei r-fachen Verfahren erkannt

$$y_x = \frac{r!}{x!\,(r-x)!}\, p^x q^{r-x}$$

Die entsprechende Normalkurve, die das mit bemerkenswerter Genauigkeit wiedergibt, wenn $p = \frac{1}{2}$, r = 16 und im allgemeinen rp größer als 8 ist, hat die Form:

$$y = \frac{1}{\sqrt{2\pi rpq}}\, e^{-\frac{(x-rp)^2}{2+pq}}$$

Eine der Aufgaben der statistischen Theorie besteht darin, solch eine *passende* Kurve für ein Histogramm zu finden; wir können hier nicht viel darüber sagen. Dieses Kapitel soll den Leser zu weiterem Studium anregen und aufzeigen, welcher Art die Probleme sind, mit denen sich die mathematische Statistik befaßt.

Feststellung eines wirklichen Unterschiedes

Eine oft gestellte Frage, für welche die Wahrscheinlichkeitstheorie von Bedeutung ist, lautet: Ist die Pockenimpfung wirksam? Wenn geimpfte Personen niemals infiziert würden, während ungeimpfte zu einem hohen Prozentsatz an Pocken erkranken, brauchten wir den Mathematiker nicht zu Rate zu ziehen. In Wirklichkeit verhält es sich anders. Das Urteil wird davon abhängen, ob es möglich ist, die folgende Frage zu beantworten: Tritt die Krankheit *wesentlich* häufiger bei ungeimpften als bei geimpften Personen auf? Es kommt hier auf das Wort *wesentlich* an.

Hier kann eine solche Frage natürlich nicht erschöpfend behandelt werden; nur ein Hinweis ist möglich. Der Statistiker packt das Problem in der Weise an, daß er zuerst fragt: Ist das Ergebnis eines Impfversuchs ein Zufall? Mit anderen Worten: Ist das Ergebnis so, daß es in einem Glücksspiel als nicht besonders aussichtsreich anzusehen wäre? Wir konstruieren eine Muster-Situation. Um die Situation so übersichtlich wie möglich zu haben, beobachten wir,

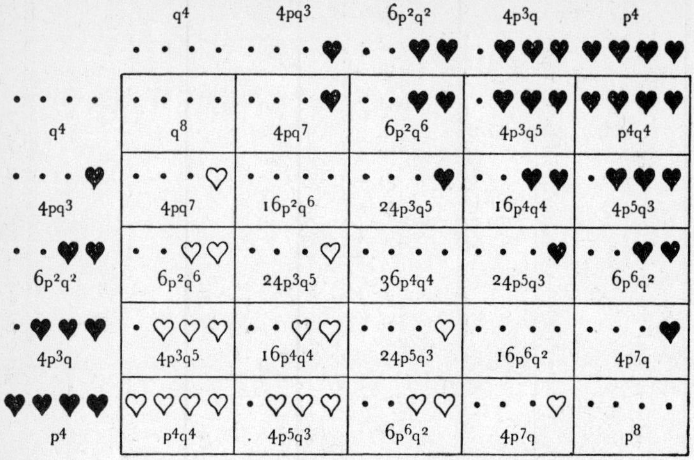

WAHRSCHEINLICHKEITSRECHNUNG

	q^4	$4pq^3$	$6p^2q^2$	$4p^3q$	p^4
q^4	q^8	$4pq^7$	$6p^2q^6$	$4p^3q^5$	p^4q^4
$4pq^3$	$4pq^7$	$16p^2q^6$	$24p^3q^5$	$16p^4q^4$	$4p^5q^3$
$6p^2q^2$	$6p^2q^6$	$24p^3q^5$	$36p^4q^4$	$24p^5q^3$	$6p^6q^2$
$4p^3q$	$4p^3q^5$	$16p^4q^4$	$24p^5q^3$	$16p^6q^2$	$4p^7q$
p^4	p^4q^4	$4p^5q^3$	$6p^6q^2$	$4p^7q$	p^8

Fig. 196   Unterschiede in der Anzahl von Herz-Zügen in Vierergruppen aus 2 identischen Kartenspielen nach dem Prinzip der gleichen Möglichkeit.

was sich ereignet, wenn die *gleiche* Anzahl von Personen geimpft bzw. nicht geimpft wird. Das ist natürlich eine Vereinfachung des Problems, aber wir können am Ende unser Lösungsverfahren berichtigen durch einen Vergleich mit Impfstatistiken von zahlenmäßig verschiedenen Personengruppen. Innerhalb einer solchen Begrenzung ist es leichter, wirkliche Unterschiede zu entdecken.

Angenommen, wir haben festgestellt, daß von den geimpften Personen nur wenige an Pocken erkranken, und wir fragen: Ist der Unterschied ein Zufall? Mit anderen Worten: Was würde sich in der Regel in einem Glücksspiel ereignen, wenn wir Mengen von soundsoviel Karten aus zwei *identischen* Kartenpacken nähmen? Nun, die Anzahl sowohl der Geimpften wie der Nicht-Geimpften soll sehr groß sein; Rückgabe ist daher bedeutungslos. Unser Musterbeispiel braucht diese Bedingung nicht zu berücksichtigen. Die zwei Kartenpacken bedeuten die Personengruppen, die wir vergleichen. Die Zahl der Herzen in der gezogenen Kartenmenge soll die Zahl der Pockenfälle bedeuten. Wir wollen herausfinden, wie oft der Unterschied zwischen unseren Herz-Zügen soundso groß sein wird. Die Figuren 196 und 197 kombinieren, was wir über binomische Verteilung gelernt haben, mit der Anwendung der Schachbrettmethode und weisen auf die Möglichkeit einer Antwort hin. Was mit Gruppen von 4 geschehen kann, läßt sich auf größere Gruppen ausdehnen.

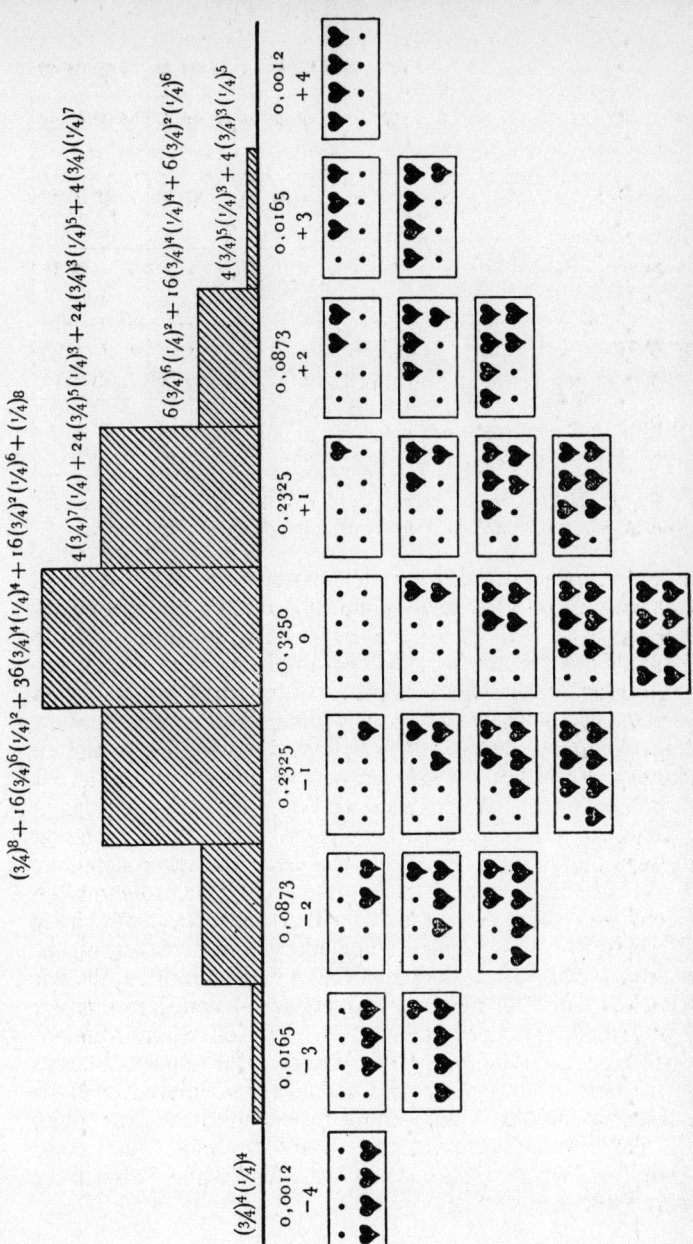

Fig. 197 Histogramm der Ergebnisse bei Anwendung der Produktenregel (Fig. 196) zur Verdeutlichung der Unterschiede in der Anzahl von Herz-Zügen bei Vierergruppen aus 2 vollständigen Spielen.

Wir gehen von einer *Ungültigkeits*-Hypothese aus, d. h. einer Hypothese, die für unsere Situation nicht stimmt, und fragen: Ist die Verschiedenheit der Züge, die unser Musterbeispiel als Tatsache ergibt, in Wirklichkeit ein so seltenes Ereignis, daß wir mit Recht daran zweifeln können, ob unsere zwei Kartenpacken tatsächlich identisch sind? Wir nehmen also als *zu verneinende* Hypothese an, daß im allgemeinen die Impfung *keinen* Wert hat. Wenn wir die Wahrscheinlichkeit kennen, mit der dann eine Person an Pocken erkranken wird, hilft uns die Methode der Figuren 196 und 197 weiter. Wir können berechnen, wie oft der Unterschied zwischen den Anzahlen der Pockenfälle in Personengruppen gleicher Art und gegebener Größe bestimmte Werte innerhalb der Breite seiner Möglichkeiten erreicht. Hier haben wir eine neue Hürde zu überspringen. Denn wir haben keine feste Zahl für das Verhältnis der Personen, die dann an Pocken erkranken. Stimmt unsere Ungültigkeitshypothese, so gleicht jede unserer Versuchsgruppen – geimpft oder nicht geimpft – einem von zwei identischen Kartenpacken. Werfen wir sie zusammen, so haben wir eine größere Gruppe aus dem gleichen Ganzen und daher eine genauere Wahrscheinlichkeitsziffer aus dem Verhältnis der Summe von Pockenfällen in beiden Gruppen zu der Gesamtsumme der vereinigten Gruppen. Das ist das p, das wir in Anwendung der Schachbrettmethode von Fig. 196 benötigen, um $(p + q)^r$ für 2 r-fache Gruppen aufzustellen. Eine besondere Abteilung der Statistik, genannt *Theorie der Zuversicht*, sucht festzustellen, wie viele Fehler durch allzu buchstäbliche Benutzung einer solchen Annahme gemacht werden können.

Wechselbeziehungen

Mathematik für alle ist kein Lehrbuch der Statistik; Gegenstand dieses Kapitels ist es, dem Leser einen kurzen Einblick in die Problematik der Behandlung von Wahl und Zufall zu vermitteln. Es wäre unvollständig, wenn die folgende Fragestellung der statistischen Theorie nicht wenigstens gestreift würde.

In der Erforschung menschlicher Eigenschaften und sozialer Belange steht die direkte Anwendung der Wahrscheinlichkeitsrechnung in sehr enger Verbindung mit der Frage nach bestimmten Wechselbeziehungen. Zum Beispiel könnten wir fragen: Steht die Fähigkeit, mathematisch zu denken, in irgendeiner Beziehung zum Einkommen der Eltern? Angenommen, wir ordnen eine

Klasse von Jungen und Mädchen nach den Noten einer Prüfung in Arithmetik und kommen zu der gleichen (oder umgekehrten) Anordnung, wenn wir sie nach dem Jahreseinkommen ihrer Eltern aufstellen: Dann könnten wir doch schließen, daß mathematische Fähigkeiten und wirtschaftlicher Wohlstand in irgendeiner Beziehung stehen. Eine so vollständige Übereinstimmung könnte sich natürlich nur dann ereignen, wenn alle beitragenden Faktoren vereinheitlicht oder bedeutungslos würden; in der Praxis dürfen wir nicht davor zurückschrecken, einen positiven Schluß auch dann zu ziehen, wenn ein paar Faktoren nicht hineinpassen. Ob es möglich ist, hängt davon ab, daß ein Richtmaß gefunden wird für die Menge der Abweichungen, die bei einem Vergleich von zwei »Anordnungen« dieser Art auftreten können.

Ein Grundmaß solcher Abweichungen wird *Ranggewinn* oder *-verlust* genannt. Angenommen, die erworbenen Punkte in Arithmetik bei 3 Jungen (A, B und C) seien 75, 52 und 39. Dann haben A, B und C die Rangnummern 1, 2 und 3 in absteigender Bewertungsordnung. Betragen die Einkommen ihrer Eltern 6000,- bzw. 3600,- bzw. 5400,- DM, so bleibt für A der Rang in beiden Anordnungen. Der Rang für B ist um 1 tiefer, der Rang für C um 1 höher als in der ersten Aufstellung. Die Summe aller Ranggewinne ist immer gleich der Summe aller Rangverluste; sie kann als Kriterium der Übereinstimmung angesetzt werden.

Wir wollen ein solches Kriterium untersuchen und stellen dazu die Anzahl aller Möglichkeiten, drei Dinge anzuordnen, auf; sie beträgt $3! = 6$, nämlich

A	A	B	B	C	C
B	C	A	C	A	B
C	B	C	A	B	A

Nehmen wir eine dieser Anordnungen als Grundmaß, dann ergibt sich ein Ranggewinn (oder -verlust), sobald eine der restlichen 5 damit verglichen wird. Wird die erste zum Grundmaß, so ist die Rangordnung:

1	1	2	2	3	3
2	3	1	3	1	2
3	2	3	1	2	1

Die Ranggewinne (+) und -verluste (−) sind:

...	0	−1	−1	−2	−2
...	−1	+1	−1	+1	0
...	+1	0	+2	+1	+2

Die Summe der Gewinne ist 8, die Summe der Verluste ebenfalls 8. Wenn also eine Gruppe von 3 Objekten nacheinander in allen 6 möglichen Ordnungen zusammengestellt wird, beträgt der totale Rangverlust 8, der mittlere Rangverlust für alle Möglichkeiten $\frac{8}{6}$. Ist h der Rangverlust (−) in einer beliebigen Abteilung der Tabelle, so beträgt der mittlere Rangverlust bei Umordnung von n Objekten

$$\frac{\Sigma h}{n!} = S$$

Unterscheidet sich der totale Rangverlust T beim Vergleich zweier Anordnungen nicht sehr vom mittleren Rangverlust (wenn allen möglichen Ordnungen der gleiche Wert zukommt), so haben wir keinen Grund, eine Beziehung zwischen den Punkten oder Maßen, auf welchen die Aufstellungen fußen, zu vermuten. Eine Zahl, welche den Grad der Übereinstimmung in folgender Weise anzeigt, heißt Spearmanscher Rangkoeffizient:

$$R = 1 - \frac{T}{S}$$

Ist der totale Rangverlust gleich dem mittleren Rangverlust, so ist R = 0; ist der totale Rangverlust 0, so ist R = 1. Daher zeigen Werte von R zwischen 1 und 0 einen größeren oder geringeren Grad der Übereinstimmung an. Um diese Formel benutzen zu können, braucht man nur noch zu wissen, wie man S für eine Anordnungsreihe ermittelt, die aus einer genügend großen Anzahl von Elementen besteht. Die Antwort lautet:

$$S = \frac{n^2 - 1}{6}$$

Haben wir also 3 Elemente, dann ist

$$S = \frac{9 - 1}{6} = \frac{8}{6},$$

was wir bereits gefunden haben.

Die Formel für S kann aus dem Aufbau der Tabelle hergeleitet werden:

```
1  1  .  2  2  .  3  3
2  3  .  1  3  .  1  2
3  2  .  3  1  .  2  1
```

Wie früher festgestellt wurde, gibt es n! Anordnungen von n

Elementen, und die Summe der Ranggewinne ist gleich der Summe der Rangverluste. Bei der Betrachtung der obersten Reihe fällt es auf, daß jede der n Zahlen so oft vorkommt, wie sich die übrigen (n − 1) Zahlen auf alle möglichen Arten umstellen lassen, d. h. jede Zahl erscheint (n −1)! mal. Die höchste Zahl n kann die Rangverluste 0, 1, 2, ... (n − 1) erleiden, und dabei erscheint jeder Verlust (n − 1)! mal. Die nächstkleinere Zahl (n − 1) kann die Rangverluste 0, 1, 2 ... (n−2) erleiden, und dabei erscheint jeder Verlust (n − 1)! mal. Daher können alle Rangverluste folgendermaßen zusammengestellt werden:

n-te Zahl	(n − 1)! [0 + 1 + 2 ... + (n − 1)]
(n − 1)-te Zahl	(n − 1)! [0 + 1 + 2 ... + (n − 2)]
drittkleinste Zahl	(n − 1)! [0 + 1 + 2]
zweitkleinste Zahl	(n − 1)! [0 + 1]
kleinste Zahl	(n − 1)! · 0

Die Summe aller vertikalen Kolonnen ergibt:

$$(n - 1)! [n \cdot 0 + (n - 1) \cdot 1 + (n - 2) \cdot 2 + (n - 3) \cdot 3 \ldots]$$
$$= (n - 1)! [(0 + n + 2n + 3n + \ldots) - (0 + 1^2 + 2^3 + 3^2 + \ldots)]$$

Jede der beiden Reihen enthält n Glieder und beginnt mit 0, folglich muß das letzte Glied n − 1 bzw. (n − 1)² heißen. Daher ergibt sich für die Summe:

$$(n - 1)! [n (1 + 2 + 3 \ldots n - 1) - (1^2 + 2^2 + 3^2 \ldots + (n - 1)^2)]$$

Nun haben wir bereits in Kapitel VI die ersten n ganzen Zahlen und deren Quadrate summiert. Ersetzt man in den dortigen Formeln n durch n − 1, so erhält man die Summe der ersten n − 1 ganzen Zahlen und die ihrer Quadrate, nämlich

$$\frac{n (n - 1)}{2} \text{ sowie } \frac{n (n - 1) (2n - 1)}{6}$$

Wir dürfen jetzt die Summe der Rangverluste schreiben:

$$(n - 1)! \left\{ \frac{n \cdot n (n - 1)}{2} - \frac{n (n - 1) (2n - 1)}{6} \right\} = n (n - 1)! \frac{n^2 - 1}{6}$$

$$= n! \frac{n^2 - 1}{6}$$

Das ist also der totale Rangverlust. Um den Mittelwert zu erhalten, brauchen wir nur noch durch n! zu dividieren. Daher beträgt der mittlere Rangverlust, wie behauptet wurde, $\frac{n^2 - 1}{6}$.

Ein Beispiel soll zeigen, wie die Spearmanschen Koeffizienten angewandt werden: Acht Knaben haben folgende Schreibnoten (I) und ihre Eltern folgende Monatseinkommen (II):

	(I)	(II)		(I)	(II)
A	70	DM 720	E	60	DM 250
B	80	DM 800	F	55	DM 500
C	21	DM 750	G	24	DM 300
D	42	DM 450	H	30	DM 200

Die Reihenfolge der Knaben in beiden Anordnungen sieht so aus:

	(I)	(II)	Rangunterschied		(I)	(II)	Rangunterschied
A	2	3	− 1	E	3	7	− 4
B	1	1	0	F	4	4	0
C	8	2	+ 6	G	7	6	+ 1
D	5	5	0	H	6	8	− 2

Der totale Ranggewinn (oder Verlust) beträgt ± 7. Der mittlere Rangverlust ist $\frac{8^2 - 1}{6} = \frac{63}{6}$ in die Formel eingesetzt ergibt das $R = 1 - \frac{7 \cdot 6}{63} = 0{,}3$.

Übungen zum Kapitel I

Was man entdecken kann

1. Man verschaffe sich mehrere kreisförmige Gegenstände, wie z. B. den Deckel eines Kehrichtkübels oder ein Zifferblatt. Miß den Umfang und den Durchmesser eines jeden und bestimme möglichst genau den Wert von Umfang, dividiert durch Durchmesser.
   Die folgenden Unterweisungen beziehen sich auf Dreiecke. Notiere bei jedem Beispiel, zu welchen Schlußfolgerungen sie Anlaß geben.
2. a) Zeichne ein Dreieck mit den Seiten 10 cm, 8 cm und 6 cm. Zur Ausführung der Aufgabe zeichnet man irgendwo auf dem Zeichenblatt eine gerade Linie und steckt auf ihr eine Strecke AB von 10 cm Länge ab; dann nehme man 8 cm in den Zirkel, d. h. der Abstand zwischen Zirkel- und Bleistiftspitze betrage 8 cm, setze die Zirkelspitze in A ein und beschreibe einen Bogen, dessen Radius 8 cm mißt. Auf die gleiche Art zeichne man einen Bogen um B mit dem Radius 6 cm. Verbindet man nun C, den Schnittpunkt der beiden Bogen, mit A und B, so erhält man das gewünschte Dreieck. Zeichne Dreiecke mit den Seiten:
   b) 9 cm, 15 cm, 12 cm;
   c) 17 cm, 8 cm, 15 cm.
3. Miß in allen drei Dreiecken den Winkel zwischen den zwei kürzeren Seiten des Dreiecks.
4. Die ägyptische Methode, einen rechten Winkel abzustecken, ist noch im Gebrauch. Das Folgende ist ein Auszug aus dem Amtsblatt Nummer 2 des Ministeriums für Landwirtschaft und Fischerei (1935). Er ist ein Teil einer Reihe von Anleitungen für das Anlegen einer Pflanzung von Obstbäumen: »Die leichteste Methode, einen rechten Winkel im Gelände abzustecken, ist folgende: Man verdübelt das 24ste Kettenglied in einem Punkt, welcher Scheitel des rechten Winkels sein soll; das Anfangsglied der Kette und das 96ste Kettenglied werden miteinander durch einen Pflock verbunden; dieser wird bei straffer Haltung des Kettenteiles 0-24 in den Boden getrieben*. Nun wird das 56ste Kettenglied angefaßt, und so weit

---

* wodurch der eine Schenkel des rechten Winkels festgelegt ist.

bewegt, bis die Kettenteile 24–56 und 56–96 straff sind. Ist ein passender Platz vorhanden, spanne das ägyptische Seildreieck und das Dreieck des Landvermessens aus. Das Kettenglied, worauf hier Bezug genommen wurde, ist 20 cm lang. Man überzeuge sich davon, daß beide Methoden rechte Winkel ergeben.

5. a) Zeichne einen rechten Winkel. Trage auf den Schenkeln des Winkels Strecken von 5 cm und 12 cm ab. Verbinde die Endpunkte miteinander. Es entsteht ein Dreieck. Miß die dritte Seite aus.
   b) Zeichne auf die gleiche Art ein rechtwinkliges Dreieck mit den Seitenlängen 12 cm und 16 cm. Miß die dritte Seite aus.
   c) Zeichne ein rechtwinkliges Dreieck mit den Seiten 7 cm und 24 cm und miß die dritte Seite aus.
6. Zeichne ein Dreieck mit einer Seite von 10 cm Länge, bei dem die Winkel, welche dieser Seite anliegen, je 30° betragen sollen. Zeichne Dreiecke über einer Strecke von 15 cm bzw. 20 cm Länge mit gleichen anliegenden Winkeln von 30°. Miß die anderen Seiten in allen drei Dreiecken aus.
7. Zeichne je ein Dreieck über einer Strecke von 6 cm, von 10 cm, von 12 cm Länge und gleichen anliegenden Winkeln von 45°. Miß die Seiten aus und untersuche, ob die in Fig. 17 dargestellte Gesetzmäßigkeit auch für diese Dreiecke gilt.
8. Zeichne drei Dreiecke verschiedener Größe, jedes mit zwei gleichen Seiten, und miß alle Winkel aus.
9. Ermittle die Summe der drei Winkel in jedem der gezeichneten Dreiecke.
10. Zeichne zwei beliebig ungleichseitige Dreiecke. Miß die Winkel aus und bilde deren Summe für jedes Dreieck.

Untersuchungen an Dreiecken

1. Greife auf die rechtwinkligen Dreiecke zurück, die im letzten Abschnitt unter 2 a), b), c) und 5 a), b), c) gezeichnet wurden. Benenne die längste Seite mit c, die mittlere mit a, die kürzeste mit b. Ermittle für jedes dieser Dreiecke a^2, b^2 und c^2, und prüfe nach, daß in jedem Falle die folgenden drei Behauptungen wahr sind:
$$c^2 = a^2 + b^2$$
$$a^2 = c^2 - b^2$$
$$b^2 = c^2 - a^2$$

2. Wenn in einem rechtwinkligen Dreieck
$$c = 26 \text{ und } a = 24, \text{ wie groß ist } b?$$
Wenn $\quad a = 24$ und $b = 18$, wie groß ist c?
Wenn $\quad c = 34$ und $b = 16$, wie groß ist a?
3. Wenn in einem Dreieck zwei Winkel je 45° sind, wie groß ist der dritte?
Wenn zwei Winkel je 30° sind, wie groß ist der dritte?
Wenn von zwei Winkeln der eine 30° ist und der andere 60°, wie groß ist der dritte?
Wenn ein Winkel 75°, ein weiterer 15° ist, wie groß ist der dritte?

Was man sich besonders merken muß

1. Für ein rechtwinkliges Dreieck, dessen längste Seite mit c und dessen beide anderen Seiten mit a und b bezeichnet wurden, gelten die Beziehungen:
$$c^2 = a^2 + b^2$$
$$a^2 = c^2 - b^2$$
$$b^2 = c^2 - a^2$$

2. Für jedes beliebige Dreieck, dessen Winkel mit A, B, C bezeichnet werden, gilt:
$$A + B + C = 180°.$$

ÜBUNGEN ZUM KAPITEL II

Entdeckungen

1. Man kann geometrische Zeichnungen, dazu benützen, verschiedene Arten von Ausdrücken anschaulich zu deuten. So veranschaulichen folgende Zeichnungen die Ausdrücke $a\,(a + b)$ und $a\,(a - b)$. Man veranschauliche geometrisch die Ausdrücke
$$(a + b)\,(a + b)$$
$$(a - b)\,(a - b)$$
$$(a + b)\,(a - b)$$
auf kariertem Papier, indem man a und b als ganzzahlig

annimmt, und schreibe die gewonnenen Ergebnisse in der
Form: $a(a + b) = a^2 + ab$ usw. an.

Kontrolliere die erhaltenen Resultate auf zwei Arten:

a) Ersetze in der aufgestellten Formal a und b durch die gewählten
Zahlen und schaue, ob beide Seiten der Gleichung denselben
Wert ergeben.

b) Zähle die Menge der Häuschen aus, welche die durch die
Zeichnung einbegrenzte Fläche enthält.

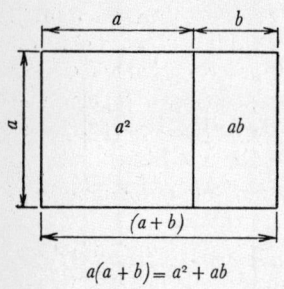
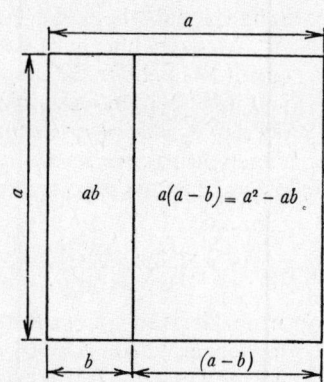

2. Veranschauliche geometrisch folgende Aussagen:

$$(x + y + z)^2 = x^2 + y^2 + z^2 + 2xy + 2xz + 2yz$$
$$(g + f)(a + b + c + d) = g(a + b + c + d) + f(a + b + c + d)$$
$$(g + f)(a + b + c + d) = ga + gb + gc + gd + fa + fb + fc + fd$$

Prüfe die Formeln durch Einsetzung bestimmter Zahlen, wie $x = 2$, $y = 4$, $z = 7$ usw.

3. Ermittle die Summe aller Zahlen
   a) von 7 bis 21;
   b) von 9 bis 29;
   c) von 1 bis 100.

   Prüfe das Ergebnis durch direktes Addieren.

4. Ermittle mit Hilfe einer Formel und durch direktes Addieren
   die Summe folgender Zahlenfolge:
   a) 3, 7, 11, 15, 19, 23, 27, 31, 35.
   b) 5, 14, 23, 32, 41, 50.
   c) 7, $5\frac{1}{2}$, 4, $2\frac{1}{2}$, 1, $-\frac{1}{2}$.

ÜBUNGEN ZUM KAPITEL II

5. Zeichne einen Winkel von 30°. Errichte in einem Punkte des einen Schenkels eine Strecke, die rechtwinklig zu diesem steht und bis zum anderen Schenkel reicht. So entsteht ein rechtwinkliges Dreieck mit einem Winkel von 30°. Die Seiten eines rechtwinkligen Dreiecks tragen besondere Namen. Die längste Seite – sie liegt dem rechten Winkel gegenüber – heißt Hypotenuse. Die übrigen Seiten werden unter Bezugnahme auf einen der anderen Winkel benannt. Die diesem Winkel anliegende Seite heißt Ankathete, die ihm gegenüberliegende Seite Gegenkathete. Gegenwärtig interessiert uns der Winkel 30°. Man zeichne nun mehrere rechtwinklige Dreiecke mit einem Winkel von 30°, und zwar keines von gleicher Größe und jedes der Dreiecke in anderer Lage auf dem Papier; man übe sich im sofortigen Erkennen der Gegenkathete und Ankathete von 30°, sowie der Hypotenuse, in jeder Lage.

6. Bestimme durch direktes Ausmessen der Seiten folgende Verhältnisse:

$$\frac{\text{Gegenkathete}}{\text{Hypotenuse}} \qquad \frac{\text{Ankathete}}{\text{Hypotenuse}} \qquad \frac{\text{Gegenkathete}}{\text{Ankathete}}$$

7. In der gleichen Weise zeichne mehrere rechtwinklige Dreiecke mit einem Winkel von 60° und mehrere mit einem Winkel von 45°. Ermittle durch Messung obige Verhältnisse für jedes dieser Dreiecke. Diesen Verhältnissen gab man Namen. Das Verhältnis $\frac{\text{Gegenkathete von } A}{\text{Hypotenuse}}$ heißt sinus des Winkels A. Das Verhältnis $\frac{\text{Ankathete von } A}{\text{Hypotenuse}}$ heißt cosinus von A. Das Verhältnis $\frac{\text{Gegenkathete von } A}{\text{Ankathete von } A}$ heißt tangens von A. Man schreibt diese Verhältnisse kurz: sin A, cos A und tg A. Durch das Zeichnen rechtwinkliger Dreiecke verschiedener Größe, aber mit demselben Winkel A, überzeuge man sich, daß jedes der angeführten Verhältnisse den gleichen Wert für diesen Winkel beibehält.

8. Stelle eine Tabelle der Sinus-, Cosinus- und Tangenswerte von 15°, 30°, 45°, 60°, 75° her, indem jedesmal zwei oder drei rechtwinklige Dreiecke mit Hilfe der enthaltenen Grenzwerte gezeichnet werden. Finde durch Betrachtung der gezeichneten Dreiecke heraus, warum folgendes gilt:
a) sin $(90° - A) = \cos A$

b) $\cos(90° - A) = \sin A$

c) $\operatorname{tg} A = \dfrac{\sin A}{\cos A}$

9. Zeichne einen Kreis mit Radius 1 dm und darin zwei Radien, die den Winkel 15° einschließen. Eine Methode, einen Winkel zu messen, besteht darin, daß man um den Scheitel des Winkels einen Kreis schlägt und das Verhältnis des durch den Winkel herausgeschnittenen Bogens zum Radius des Kreises ermittelt. Die so erhaltene Zahl heißt das *Bogenmaß* des Winkels. Die Einheit des Bogenmaßes heißt *Radian*. Ein Winkel mißt also 1 Radian, wenn der begrenzende Bogen die Länge des Radius besitzt. Wir kennen bereits einen Näherungswert für das Verhältnis des Umfanges eines Kreises zum Durchmesser und wissen, daß man dieses Verhältnis mit π bezeichnet. Betrachtet man nun die Zeichnung, so stellt man fest, daß man im ganzen 24 Winkel von 15° um einen Punkt als Scheitel herumlegen kann. Daher ist der begrenzende Bogen eines dieser Winkel gerade $\frac{1}{24}$ des Kreisumfanges.

Folglich ist dieser Bogen $\frac{\pi}{24}$ mal so lang wie der Durchmesser, und da der Radius die Hälfte des Durchmessers ist, wird der Bogen das $\frac{\pi}{12}$-fache des Radius sein. In unserem Falle ist der Radius des Kreises die Längeneinheit, daher beträgt das Bogenmaß von 15° $\frac{\pi}{12}$ Radian.

10. In gleicher Weise ermittle das Bogenmaß der Winkel: 30°, 60°, 180°.

11. Wie viele Winkelgrade mißt ein Winkel, dessen Bogenmaß 1 Radian ist? Welcher Bruchteil eines Radians macht daher einen Winkelgrad aus?

Tabellierung

1. Nach der in dem Kapitel angegebenen Näherungsmethode ist eine Quadratwurzeltafel für die Zahlen 1 bis 20 auf drei Dezimalstellen genau anzufertigen.

2. Stelle eine Tafel für 2^n von $n = 1$ (dann ist $2^n = 2$) bis $n = 12$ (dann ist $2^n = 4096$) her. Desgleichen für 3^n von n = 1 bis $n = 10$. Benutze diese Resultate, um $(1\frac{1}{2})^n$ und $(\frac{2}{3})^n$ auf drei Dezimalstellen genau zu tabellieren.

Übersetzung in die Größensprache

3. Übersetze das Folgende in die mathematische Sprache.
   a) Multipliziere die um die doppelte Breite vermehrte doppelte Länge (in Metern gemessen) mit dem Preis pro Meter Zaunlänge, um den Preis für die Umzäunung eines rechteckigen Fleckens zu erhalten.
   b) Rechne einen Löffel Tee pro Person und füge noch einen Löffel voll für den Kessel hinzu, um den Betrag an Tee zu ermitteln, den man für eine Gesellschaft benötigt (bezeichne die Anzahl Leute mit n).
   c) Weiß man, daß das Gewicht einer Eierkiste mit n Eiern W ist, das Gewicht der leeren Kiste w, so muß man w von W subtrahieren und das Ergebnis durch n dividieren, um das Durchschnittsgewicht von einem Ei zu ermitteln.
   d) Multipliziert man die Grundlinie eines Dreiecks mit der Höhe und dividiert das Produkt durch 2, so erhält man den Inhalt des Dreiecks.
   e) Schreibe die Formel an, die den Betrag berechnet, zu dem ein gewisses Kapital (a DM) anwächst, wenn es n Jahre lang zu r Prozent einfacher Verzinsung ausgesetzt ist.

Algebraisches Rechnen

4. Will man lernen, mit Symbolen umzugehen, so ist es sehr nützlich, arithmetische Kontrollen zu machen. Als Muster diene folgendes Beispiel:

   Vereinfache: $a + 2b + 3c + 4a + 5c + 6b$

   In der Algebra versteht man unter Vereinfachung eines Ausdrucks die Verwandlung dieses Ausdrucks in eine passende Form, mit der dann weitere Operationen vorgenommen werden können. Den vorliegenden Ausdruck können wir vereinfachen, indem wir alle a, alle b und alle c zusammenfassen (addieren). Wir erhalten so:

   $a + 2b + 3c + 4a + 5c + 6b = 5a + 8b + 8c$.

   Um unsere Rechnung zu kontrollieren, setzen wir z. B. $a = 1$, $b = 2$ und $c = 3$.

   Das gibt
   $$\begin{aligned} a + 2b + 3c + 4a + 5c + 6b &= 1 + 2 \cdot 2 + 3 \cdot 3 + 4 \cdot 1 \\ &\quad + 5 \cdot 3 + 6 \cdot 2 \\ &= 1 + 4 + 9 + 4 + 15 \\ &\quad + 12 \\ &= 45 \end{aligned}$$

Aber auch $5a + 8b + 8c = 5 \cdot 1 + 8 \cdot 2 + 8 \cdot 3$
$= 5 + 16 +$
$= 45$

Prüfe auf diese Weise die Resultate der folgenden Aufgaben, dann auch, wenn man im Zweifel ist, ob ein algebraischer Ausdruck richtig behandelt worden ist. Vereinfache:

a) $x(x + 2y) + y(x + y)$
b) $(x + 2y + 3z) + (y + 3x + 5z) + (2z + 3y + 2x)$
c) $(a + 1)(a + 2) + (a + 2)(a + 3) + (a + 3)(a + 1) + 1$
d) $(x - 1)^2 - (x - 2)^2$
e) $a^2 - ab - (b^2 + ab)$
f) $(zx)(xy) + (xy)(yz) + (yz)(zx)$
g) $(2ab)(3a^2b^3)$
h) $(x^3)^2 + (x^2)^3$
i) $(a - b)(a + 2b) - (a + 2x)(a + x) - (a - 2x + 2b)(a - x - b)$

j) $\dfrac{2x^4y^5}{4x^3y^2}$

k) $\dfrac{(3ab^2)^3}{9a^2b^5}$

l) $\dfrac{2ab}{3c} \cdot \dfrac{4cd}{8b}$

5. Man überzeuge sich, daß die Aussagen: a) x ist umgekehrt proportional zu y, wenn z konstant gehalten wird, und b) x ist direkt proportional zu z, wenn y konstant gehalten wird, beide in derselben Gleichung:

$$xy = kz$$

enthalten sind. Dies festzuhalten, ist sehr wichtig. (Wink: Ersetze die konstant zu haltende Größe durch einen anderen Buchstaben, z. B. durch C oder c, um an »konstant« zu erinnern.)

Einfache Gleichungen

6. In jedem Falle überzeuge man sich, daß der Wert, den man für x ermittelt hat, wirklich der Gleichung genügt.

a) $3x + 7 = 43$
b) $2x - 3 = 21$
c) $17 = x + 3$

d) $3(x+5)+1=31$
e) $2(3x-1)+3=13$
f) $x+5=3x-7$
g) $4(x+2)=x+17$

h) $\dfrac{x}{4}=\dfrac{1}{8}$

i) $\dfrac{x+2}{5}=\dfrac{x-1}{2}$

j) $\dfrac{x}{2}-\dfrac{x}{3}+7=\dfrac{5x}{6}-5$

k) $\dfrac{3}{x}=3$

l) $4+\dfrac{15}{x}=7$

m) $-2x-5+12x-3-4=8$

Drücke x durch a und b aus:

n) $x-a=2x-7a$
o) $2(x-a)=x+b$
p) $a(a-x)=2ab-b(x+b)$

Einfache Probleme, die auf eine Gleichung führen

Prüfe alle Ergebnisse nach:
7. Teile 540 DM so unter A und B auf, daß A 30 DM mehr als B erhält (bezeichne den Anteil von B mit x, dann lautet der Anteil von $A: x+30$).
8. Teile 627 DM unter A, B und C so auf, daß A doppelt soviel wie B und dreimal soviel wie C erhält (bezeichne den Anteil von C mit x).
9. Tom marschiert 4 km/h (Kilometer pro Stunde), Dick hingegen mit 3 km/h. Dick ist aber eine halbe Stunde früher aufgebrochen. Nach wieviel Stunden holt ihn Tom ein? (Bezeichne mit x die Zeit, die zwischen Dicks Aufbruch und dem Zusammentreffen der beiden vergeht).
10. Eine Druckseite enthält 1200 Wörter, wenn man große Lettern, und 1500 Wörter, wenn man kleine Lettern verwendet. Ein Aufsatz enthält 30 000 Wörter und soll auf 22 Seiten

gedruckt werden. Wieviel Seiten müssen mit kleiner Schrift bedruckt werden?

11. Das Auto A verbraucht für je 30 Kilometer eine Kanne Benzin und für je 500 Kilometer eine ebensolche Kanne Öl. Das Auto B verbraucht diese Kanne Benzin auf je 40 Kilometer, und die gleiche Kanne Öl reicht für 400 Kilometer aus. Welches Auto kommt im Unterhalt billiger zu stehen, wenn der Ölpreis gleich dem Benzinpreis ist?

12. Der Ertrag der Frühernte einer 60 dm langen Reihe Erbsen beträgt 12 kg; der Ertrag der Haupternte einer 80 dm langen Reihe Erbsen hingegen 18 kg. Welchen Preis muß man für 1 kg Erbsen der Frühernte fordern, wenn man für 1 kg Erbsen der Haupternte DM 1,60 erhält und beide Ernten gleich viel eintragen sollen?

Was man sich besonders merken muß

1. $(a + b)(a + b) = a^2 + 2ab + b^2$
$(a - b)(a - b) = a^2 - 2ab + b^2$
$(a + b)(a - b) = a^2 - b^2$

2. Ist A ein beliebiger spitzer Winkel eines rechtwinkligen Dreiecks, so gilt:

$$\sin A = \frac{\text{Gegenkathete von } A}{\text{Hypotenuse}}; \quad \sin(90° - A) = \cos A$$

$$\cos A = \frac{\text{Ankathete von } A}{\text{Hypotenuse}}; \quad \cos(90° - A) = \sin A$$

$$\text{tg } A = \frac{\text{Gegenkathete von } A}{\text{Ankathete von } A}; \quad \text{tg } A = \frac{\sin A}{\cos A}$$

3. Ist x proportional zu z, wenn y konstant gehalten wird, und ist x indirekt proportional zu y, wenn z konstant gehalten wird, so besteht zwischen x, y und z die Beziehung
$$xy = k \cdot z$$

ÜBUNGEN ZUM KAPITEL III

1. Zwei gerade Linien schneiden sich und bilden die vier Winkel A, B C, D. Erläutere dies an Hand von Zeichnungen und bestimme die anderen drei Winkel, wenn A a) 30°, b) 60°, c) 45° ist.
2. In einem Dreieck heißen die Seiten, die den Winkeln A, B und C gegenüberliegen, a, b und c. Zeichne die Figur, verlängere a über C bis zu einem Punkte E und bestimme den Winkel ACE, wenn 1. $A = 30°$, $B = 45°$; 2. $A = 45°$, $B = 75°$.
3. Zeichne ein gleichseitiges Dreieck, dessen Seiten die Längeneinheit 1 betragen. Fälle das Lot von einer Ecke auf die gegenüberliegende Seite. Drücke den Flächeninhalt des Dreiecks mit a) sin 60°, b) cos 30° aus. Wie groß wird der Flächeninhalt, wenn die Seiten je a Längeneinheiten lang sind?
4. Zeichne ein gleichschenkliges Dreieck mit einem Winkel von 120°. Wie groß wird der Flächeninhalt des Dreiecks, wenn wir annehmen, daß die beiden gleich großen Seiten eine Längeneinheit lang sind? Wie groß ist der Flächeninhalt bei einer Schenkellänge von a Einheiten?
5. Stelle Zeichnungen her, welche die folgenden Formeln illustrieren.

$$(2a + 3b)^2 = 4a^2 + 12ab + 9b^2$$
$$(3a - 2b)^2 = 9a^2 - 12ab + 4b^2$$
$$(2a + 3b)(3a - 2b) = 6a^2 + 5ab - 6b^2$$
$$(2a + 3b)(2a - 3b) = 4a^2 - 9b^2$$

6. Wir haben die Entwicklungen für $(a + b)^2$ und $(a - b)^2$ kennengelernt. Diese Formeln erlauben es uns, die Quadrate vieler verschiedener Ausdrücke zu entwickeln. Zum Beispiel:

$$\left(\boxed{x+y} + 1\right)^2 = \boxed{x+y}^2 + 2 \cdot 1 \cdot \boxed{x+y} + 1^2$$
$$= x^2 + 2xy + y^2 + 2x + 2y + 1$$

Dies schreibt man gewöhnlich so:

$$[(x + y) + 1]^2 = x^2 + 2xy + y^2 + 2x + 2y + 1$$

Werden innerhalb einer Klammer eine oder mehrere weitere Klammern benötigt, dann erhalten diese ein verschiedenes Aussehen, damit Verwirrungen vermieden werden. Man

schreibe in dieser Art die Entwicklungen folgender Quadrate
an:

$(x + y + 2)^2$ $\quad\quad\quad\quad$ $(x + 1)^2$
$(x + y - 2)^2$ $\quad\quad\quad\quad$ $(x - 1)^2$
$(2a^2 + 3y^2)^2$ $\quad\quad\quad\quad$ $(4a - 5b)^2$
$(x^2 + y^2)^2$ $\quad\quad\quad\quad$ $(xy - 1)^2$
$\quad\quad\quad\quad (x^2 - y^2)^2$

7. Durch den umgekehrten Vorgang kann man leicht die Quadratwurzeln jedes Ausdruckes der Form
$$a^2 \pm 2ab + b^2$$
ermitteln.
Suche die Quadratwurzeln aus folgenden Ausdrücken:

$9x^2 + 42xy + 49y^2$ $\quad\quad$ $a^2 + 6a + 9$
$4a^2 - 20ab + 25b^2$ $\quad\quad$ $x^2 - 2x + 1$
$16a^2 - 72ab + 81b^2$ $\quad\quad$ $x^2 + 2x + 1$
$\quad\quad x^2 + 24xy + 144y^2$

8. Mit Hilfe der Identität $(a + b)(a - b) = a^2 - b^2$ berechne folgende Ausdrücke:

$(x + 1)(x - 1)$ $\quad\quad\quad$ $(x + 3)(x - 3)$
$(ab + 1)(ab - 1)$ $\quad\quad\quad$ $(a^2 - b^2)(a^2 + b^2)$
$\quad\quad (x + y - 2)(x + y + 2)$

9. Es ist oft nützlich, einen komplizierten Ausdruck in Faktoren zerlegen zu können. Schon früher haben wir gesehen, wie man die (Grund-)Faktoren von Ausdrücken wie $a^2 + 2ab + b^2$ findet. Die Identität $a^2 - b^2 = (a + b)(a - b)$ kann benützt werden, um die Grundfaktoren jedes Ausdruckes zu finden, der als Differenz zweier Quadrate geschrieben werden kann.
z. B. $64x^4 - 81y^2 = (8x^2)^2 - (9y)^2$
$\quad\quad\quad\quad\quad\quad = (8x^2 - 9y)(8x^2 + 9y)$

Auf diese Art zerlege in Faktoren:

x^2-1 $\quad\quad$ a^4-b^4 $\quad\quad$ $(x+y)^2-1$ $\quad\quad$ $x^2+2xy+y^2-2^2$
$(a+b)^2-c^2$ $\quad\quad$ $81-x^2$ $\quad\quad$ x^8-y^8 $\quad\quad$ $(x+2)^2-(x-1)^2$
$a^2-(b-c)^2$ $\quad\quad$ $a^2-(b+c)^2$ $\quad\quad$ $a^2+2ab+b^2-1$

10. Suche den dritten Winkel eines Dreiecks, wenn die zwei anderen gegeben sind und folgende Werte haben:
$\quad\quad$ I. 15°, 75° $\quad\quad\quad\quad$ III. 49°, 81°
$\quad\quad$ II. 30°, 90° $\quad\quad\quad\quad$ IV. 110°, 60°
$\quad\quad\quad\quad$ V. 90°, 12°

11. In Figur 24 erkennt man, was man unter der Zenitdistanz (Z. D.) und der Höhe (A) eines Himmelskörpers versteht.

Erkläre, warum die Gleichungen $A = 90° - $ Z. D. und Z. D. $ = 90° - A$ gelten.

12. Wenn die Höhe des Sirius in Memphis 30°, in New York 41° und in London $51\frac{1}{2}$° beträgt, wie groß ist dann seine Zenitdistanz an jedem dieser Orte?

13. Der in der Meridianebene gemessene Winkelabstand des Sirius vom Polarstern beträgt $106\frac{1}{2}$°.
Stelle Zeichnungen her, um die jeweilige Stellung des Sirius bezüglich des Polarsternes zu zeigen, wenn er sich in der Meridianebene der in der vorigen Aufgabe erwähnten Städte befindet. Wie groß ist seine Zenitdistanz und Höhe (über dem Horizont) in jedem Falle?

14. Zeichne vier rechtwinklige Dreiecke, in denen ein Winkel 10°, bzw. 30°, 45°, 75° beträgt. Fälle in jedem Dreieck das Lot vom Scheitel des rechten Winkels auf die Hypotenuse. In welche Winkel teilt das Lot jedesmal den rechten Winkel?

15. Eine Leiter bildet mit einer Wand, an der sie angelehnt ist, einen Winkel von 30°. Das untere Ende der Leiter ist 3 m von der Wand entfernt. Wie hoch befindet sich das obere Ende der Leiter, und wie lang ist die Leiter selbst?

16. Ein Kleiderschrank von 2 m Höhe steht in einer Dachkammer, deren Decke sich gegen den Fußboden hin neigt. Der Schrank kann nicht näher als 80 cm an die Wand herangerückt werden. Wie groß ist demnach der Neigungswinkel des Daches?

17. Ein Strohdach hat den Neigungswinkel 60°. Es endet 5 m über dem Boden. Um einen Anbau zu erstellen, kann das Strohdach bis zu einer Höhe von 2 m über dem Boden verlängert werden. Wie breit kann dann der Anbau sein?

18. Genau am Mittag warf eine Telegraphenstange von 5 m Höhe einen Schatten von 5,3 m Länge. Was war die angenäherte Zenitdistanz der Sonne? (Benütze die Tangenstafel).

19. Mittags, als die Zenitdistanz der Sonne 45° betrug, erreichte der Schatten eines Laternenpfahls gerade den Fuß einer an ihn gelehnten 4 m langen Leiter, die seinen höchsten Punkt berührte. Wieviel länger war der Schatten des Laternenpfahls an jenem Tag, da die Zenitdistanz der Sonne 60° betrug? (Zeichne eine Skizze! Rechnung unnötig.)

20. Der Schatten eines senkrechten Pfostens von 90 cm Höhe war am Nachmittag um 4 Uhr 120 cm lang. Zur selben Zeit warf ein Felsen, der die Sonne direkt im Rücken hatte, einen Schatten von 56 m. Wie hoch war der Felsen?

21. Ein Geometer (Landvermesser) will die Breite eines Flusses

messen, den er nicht überschreiten kann. Am jenseitigen Ufer befindet sich ein gut sichtbares Objekt P. An einem Punkte A des diesseitigen Ufers, links von P, mißt er den Winkel zwischen dem Ufer und der Richtung nach P und findet 30°. Er wiederholt dasselbe an einem anderen Punkte B desselben Ufers, diesmal rechts von P, und findet 45° für diesen Winkel. Sodann mißt er die Strecke AB und erhält 60 m. Man mache eine Skizze und berechne die Breite des Flusses. (Wink: Suche eine Beziehung zwischen dem Lot von P auf AB und den Abschnitten auf AB herzustellen und mache von der Summe der Abschnitte Gebrauch.)

22. Eine englische Halfpenny-Münze (Durchmesser 2,5 cm) erscheint in einer Entfernung von 3 m vom Auge geradeso groß wie die Scheibe der Sonne oder des Mondes. Wie groß ist der Durchmesser der Sonne, wenn ihr Abstand mit 150 000 000 km angenommen wird? Wie groß ist die Entfernung des Mondes, wenn sein Durchmesser 3460 km ist?

23. Bestimme A, wenn sin A = cos 60° ist.
    Ebenso, wenn sin A = cos 45° ist.
    Ebenso, wenn cos A = sin 15° ist.
    Ebenso, wenn cos A = sin 8° ist.

24. Bestimme tg x aus $\sin x = \frac{\sqrt{3}}{2}$ und $\cos x = \frac{1}{2}$
    Ebenso aus sin x = 0,4 und cos x = 0,9
    cos x = 0,8 und sin x = 0,6
    sin x = 0,8 und cos x = 0,6

25. Mit Hilfe der Quadrat- oder Quadratwurzeltafel ermittle man die dritte Seite eines rechtwinkligen Dreiecks, dessen andere Seiten
    a) 17 dm, 5 dm
    b) 3 cm, 4 cm
    c) 1 cm, 12 cm messen.
    Wie viele verschiedene ganzzahlige Werte sind für die dritte Seite in jedem Dreieck möglich?

26. Führe zwei verschiedene geometrische Konstruktionen sorgfältig mit dem Maßstab aus, um die Quadrate der ganzen Zahlen von 1 bis 7 zu tabellieren.

27. Man bestimme geometrisch das arithmetische und das geometrische Mittel von 2 und 8; 1 und 9; 4 und 16.

28. Wie groß ist die Zenitdistanz eines Sternes, der gerade über den Horizont heraufkommt? In der Gegend der Großen

Pyramide (geogr. Breite 30°) kulminiert Canopus – nach Sirius der hellste Stern am Himmel – $7\frac{1}{2}$ ° über dem Südpunkt des Horizontes. Welches ist der »Winkelabstand«, den Canopus vom Polarstern besitzt? Wenn wir annehmen, daß der Winkelabstand zwischen zwei gleichzeitig kulminierenden Sternen überall derselbe ist, wie groß ist dann die nördliche Breite, bei der Canopus gerade noch gesehen werden kann?

29. Zeige mit Hilfe einer ähnlichen Zeichnung wie Fig. 60 und 61, wie groß in New York (n. B. 41°) Höhe und Zenitdistanz der Sonne sind, wenn diese am 21. Juni im Wendekreis des Krebses (n. B. $23\frac{1}{2}$ °) steht und gerade kulminiert (d. h. mittags). Bei welcher südlichen Breite kann die Sonne um Mitternacht gerade noch gesehen werden?

30. Wie groß sind in London ($51\frac{1}{2}$ ° n. B.) und in New York (41° n. B.) Zenitdistanz des Polarsternes und Mittagssonnenhöhe am 23. September?

31. In einem Dorf in Devonshire warf eine Telegraphenstange ihren kürzesten Schatten gerade um die Zeit, da das Radio die Greenwicher Zeit: 12 h 14 m mittags durchgab. Welche geographische Länge hat das Dorf?

32. Kann man ein Vieleck von x gleichen Seiten in x gleichwertige Dreiecke zerlegen, so ist jeder Vieleckswinkel gleich dem $\frac{2x-4}{x}$-fachen eines rechten Winkels. Beweise das.

33. Wie hoch ist ein Leuchtturm, wenn sein Licht auf eine Entfernung von 12 km noch gesehen werden kann?

34. Von der Spitze eines Schiffsmastes, in der Höhe von 20 m über dem Meeresspiegel, kann man gerade noch die Spitze einer hohen Klippe sehen. Wie weit entfernt ist das Schiff von der Klippe?

35. Am Mittag eines bestimmten Tages waren die Schatten von zwei $1\frac{1}{2}$ m hohen Stangen A und B 98 cm bzw. 94 cm lang. Man berechne den Radius der Erde, wenn man weiß, daß A 111 km nördlich von B war.

36. Zeige, daß der Umfang eines einem Kreise von 1 dm Radius umbeschriebenen Quadrates $8 \cdot \mathrm{tg}\, 45°$ beträgt. Zeige, daß der Umfang eines dem Kreise einbeschriebenen Quadrates gleich $8 \cdot \sin 45°$ ist. Zeige auch, daß der Umfang eines diesem Kreise umbeschriebenen Sechsecks gleich $12 \cdot \mathrm{tg}\, 30°$ und der Umfang eines einbeschriebenen Sechsecks gleich $12 \sin 30°$ ist. Was dürfte man für den Umfang eines diesem Kreise um- bzw. einbeschriebenen Achtecks und Zwölfecks erwarten?

37. Berechne den Umfang eines dem Einheitskreise um- bzw. einbeschriebenen Quadrates, regelmäßigen Sechsecks, regelmäßigen Achtecks und regelmäßigen Zwölfecks. Stelle die Resultate, unter Benutzung einer Sinus- und Tangenstafel, in einer Tabelle zusammen, um zu erfahren, zwischen welchen Werten π liegt!

38. Beweise, daß der Inhalt eines dem Einheitskreise umbeschriebenen Quadrates 4 tg 45° bzw. daß der Inhalt eines diesem Kreise einbeschriebenen Quadrates 4 sin 45° cos 45° ist. Welches ist der Inhalt eines dem Kreise um- bzw. einbeschriebenen regelmäßigen Sechsecks? Stelle eine allgemeine Formel für den Inhalt eines um- bzw. einbeschriebenen n-Ecks auf. Beachte, daß der Inhalt des umbeschriebenen Quadrates mit $4 \text{ tg} \frac{360°}{8}$ angebenen werden kann.

39. Da der Inhalt des Einheitskreises π ist ($\pi r^2 = \pi$, wenn $r = 1$ ist), so können die in der vorangegangenen Aufgabe erhaltenen Formeln dazu dienen, um Zahlen zu ermitteln, zwischen denen π liegt. Man führe das für ein regelmäßiges 180-Eck durch.

40. Man nehme den Erdradius zu 6370 km an. Wie weit sind zwei Orte gleicher geographischer Länge voneinander entfernt, wenn ihre geographischen Breiten sich um *einen* Grad unterscheiden?

41. Welche gegenseitige Entfernung besitzen zwei Äquatororte voneinander, wenn ihre geographischen Längen sich um *einen* Grad unterscheiden?

42. Ein Schiff, das 320 km in westlicher Richtung durchfuhr, stellt fest, daß sich seine geographische Länge um 5° geändert hat. Welches ist seine geographische Breite?

43. Zur Zeit des Sommersolstitiums (der Sommersonnenwende) steht die Sonne direkt im Wendekreis des Krebses (Breite $23\frac{1}{2}$°n.). Zur Zeit der Wintersonnenwende steht sie direkt im Wendekreis des Steinbocks (Breite $23\frac{1}{2}$°s.). Verfertige eine Zeichnung, um die Höhe der Mittagssonne in London (n. B. $51\frac{1}{2}$°) am 21. Juni und am 21. Dezember zu bestimmen.

44. Zeige durch Diagramme, daß der Mittagsschatten in New York (41° n. B.) immer Norden anzeigt.

45. Wie könnte man durch Beobachtung des Mittagsschattens während des ganzen Jahres feststellen, wo man sich befindet:
    a) nördlich der geographischen Breite $66\frac{1}{2}$° n. B.?
    b) zwischen den nördl. Breiten $66\frac{1}{2}$° und $23\frac{1}{2}$°?

c) zwischen der nördl. Breite $23\frac{1}{2}°$ und dem Äquator?
d) genau am Nordpol?
e) genau auf dem nördlichen Polarkreis?
f) genau im Wendekreis des Krebses?
g) genau auf dem Äquator?

46. In welcher Breite ist der Schatten, den die Mittagssonne am a) 21. Juni, b) 21. März, c) 21. Dezember von einer Schattenstange wirft, so lang wie die Stange?

47. Ein Schiffschronometer zeigte am 23. September die Greenwicher Zeit 10.44 h in dem Augenblick an, da die Sonne die Meridianebene in der Höhe 56° über dem Nordpunkt passierte. Welchem Hafen näherte sich das Schiff? (Benutze eine Karte.)

48. New York liegt auf dem Längenkreis 74° W; Moskau auf dem Längenkreis $37\frac{2}{3}$ ° O. Welche Ortszeit besitzt New York bzw. Moskau, wenn Greenwich 21.00 h anzeigt?

49. Unter Benutzung der Demonstration 5 und der Definition eines Kreises, wonach dieser eine Figur ist, bei der jeder Punkt der Begrenzung von einem festen Punkt, Zentrum genannt, gleichweit entfernt ist, soll gezeigt werden, daß das Zentrum auch der Punkt ist, in dem sich die Mittelsenkrechten zweier beliebiger Kreissehnen schneiden.

50. Wie kann man das benutzen, wenn man aus der kreisförmigen Sitzfläche eines dreibeinigen Schemels den Basiskreis für einen selbstgemachten Theodoliten, ähnlich dem in Fig. 25 abgebildeten, herstellen will oder eine kreisrunde Blechscheibe in der Mitte anbohren möchte?

51. Verlängert man die Seite BC eines Dreiecks ABC bis zu einem Punkte D, so ist $\sphericalangle ACD = \sphericalangle CAB + \sphericalangle ABC$. Man zeige das. Wenn zwei Beobachter in B und in C ein Objekt in A anvisieren, so heißt der Winkel CAB die *Parallaxe* des Objektes in bezug auf die beiden Beobachter. Begründe mit Hilfe der Demonstration 1, warum die Parallaxe eines Objektes gleich der Differenz seiner Höhenwinkel in B und in C ist, falls A dasselbe Azimut für beide Beobachter besitzt.

Was man sich besonders merken muß

1. Wird in einem Dreieck die dem Winkel B gegenüberliegende Seite b als Basis betrachtet und die Gegenseite von $\sphericalangle A$ mit a,

die Gegenseite von ∢ C mit c und die Basishöhe mit h bezeichnet, so gelten folgende Beziehungen:

I. Inhalt $= \frac{1}{2} hb$ II. $A + B + C = 180°$

Für $B = 90°$ gilt ferner:
I. $C = 90° - A$
  $A = 90° - C$
II. $b^2 = c^2 + a^2$

III. $\sin A = \dfrac{a}{b} = \cos C$

$\cos A = \dfrac{c}{b} = \sin C$

$\operatorname{tg} A = \dfrac{a}{c} = \dfrac{1}{\operatorname{tg} C}$

2. Ist r Radius (d der Durchmesser) eines Kreises, dann ist der
    Kreis-Umfang $= 2\pi r$ (oder πd)
    Kreis-Inhalt $= \pi r^2$
3. Zwei Dreiecke sind (hinsichtlich ihrer Größe) gleichwertig:
    I. wenn sie in den Seiten übereinstimmen;
    II. wenn sie in zwei Seiten und dem von ihnen eingeschlossenen Winkel übereinstimmen;
    III. wenn sie in einer Seite und den zwei anliegenden Winkeln übereinstimmen.

4.

Winkel ($A°$)	$\sin A$	$\cos A$	$\tan A$
90	1	0	∞
60	$\dfrac{\sqrt{3}}{2}$	$\dfrac{1}{2}$	$\sqrt{3}$
45	$\dfrac{1}{\sqrt{2}}$	$\dfrac{1}{\sqrt{2}}$	1
30	$\dfrac{1}{2}$	$\dfrac{\sqrt{3}}{2}$	$\dfrac{1}{\sqrt{3}}$
0	0	1	0

5. $\cos^2 A + \sin^2 A = 1$; $\sin A = \sqrt{1 - \cos^2 A}$; $\cos A = \sqrt{1 - \sin^2 A}$

6. $\cos \frac{1}{2} A = \sqrt{\frac{1}{2}(1 + \cos A)}$

$\sin \frac{1}{2} A = \frac{\sin A}{2 \cos \frac{1}{2} A} = \sqrt{\frac{1}{2}(1 - \cos A)}$

Übungen zum Kapitel IV

1. Berechne auf 3 Dezimalstellen genau $\sqrt{27}, \sqrt{18}, \sqrt{12}, \sqrt{24}, \sqrt{10}$ und $\sqrt{30}$, wenn
   $\sqrt{2}$ zu 1,4142
   $\sqrt{3}$ zu 1,7321
   $\sqrt{5}$ zu 2,2361 angenommen wird.
2. Wenn die Hypotenuse eines rechtwinkligen Dreiecks eine Längeneinheit mißt, und eine Kathete $\frac{3}{4}, \frac{2}{3}$ und $\frac{4}{5}$ der Hypotenuse ist, wie lang ist dann jeweils die andere Kathete?
3. Bilde irgendeine arithmetische Reihe mit fünf Gliedern. Bezeichne ihre Summe mit S. Schreibe die Reihe verkehrt an und setze sie so unter die erste Reihe, daß das letzte Glied unter das erste usw. zu stehen kommt. Addiere beide Reihen, dann ist das Ergebnis gleich $2S$. Prüfe durch Rechnung nach, daß die Summe einer arithmetischen Reihe (A.R.) von n Gliedern $\frac{n}{2}(a + z)$ beträgt, wenn das erste Glied a und das letzte Glied z lautet.
4. Wiederhole das mit anderen arithmetischen Reihen.
5. Schreibe die allgemeine Zahlenreihe $a, a + d, a + 2d$, usw. an. Sind n Glieder vorhanden, so drücke man das letzte Glied z durch a, n und d aus. Drücke ferner a durch n, z und d aus. Drücke das zweitletzte Glied 1. durch n, a und d, 2. durch n, z und d aus. In dieser Weise stelle man das allgemeine Bildungsgesetz auf, ohne Eigenzahlen zu benützen.
6. Ermittle das fünfte Glied, das zehnte Glied und die Summe der ersten zehn Glieder folgender arithmetischer Reihen. (Zuerst wende man die aufgestellten Formeln an, dann kontrolliere man die Resultate durch Ausschreiben und Summieren der in Betracht kommenden Glieder.)
   a) 1   3   5   ...   e) −6   −2   +2   ...
   b) 1   4   7   ...   f) a 0 $-a$ $-2a$ ...
   c) 5   10   15   ...   g) 3 $+\frac{3}{4}$ $-\frac{1}{3}$ ...
   d) $\frac{1}{2}$ 1 $1\frac{1}{2}$ ...

7. Ermittle das n-te Glied und die Summe der ersten n Glieder der oben angegebenen arithmetischen Reihen. Bestimme das erste Glied und die Differenz zwischen zwei aufeinanderfolgenden Gliedern der A. R., deren sechstes Glied 13 und deren zwölftes Glied 25 heißt.
8. Ermittle die Summe der ersten n natürlichen Zahlen (1, 2, 3, 4, ...).
9. Finde vier Zahlen zwischen 6 und 15 derart, daß sie zusammen mit 6 und 15 sechs Glieder einer A. R. bilden.
10. Finde drei Zahlen zwischen 1 und 3, die zusammen mit 1 und 3 fünf Glieder einer A. R. bilden.
11. Zwischen a und z sind n Zahlen so einzuschalten, daß sie zusammen eine A. R. von $n + 2$ Gliedern mit a als erstem und z als letztem Glied bilden.

    Man nennt diese Operation manchmal Interpolation von n arithmetischen Mitteln zwischen a und z. Die Benennung ist zwar ungeschickt, aber es handelt sich um eine nützliche Operation. Sie erlaubt uns beispielsweise, auf einer Geraden eine vorgeschriebene Anzahl Punkte in gleichen Abständen zu ermitteln.
12. Stelle die Formel für die Summe einer geometrischen Reihe von n Gliedern auf, deren erstes a, deren zweites aq, deren drittes aq^2, usw. heißt.

    Zeige, daß die Formel lautet: $\dfrac{a(q^n - 1)}{q - 1}$
13. Wie heißen das fünfte Glied und die Summe der ersten fünf Glieder folgender geometrischen Reihen:

    a) 1,   2,   4, ...
    b) 0,9,   0,81,   0,729, ...
    c) $\dfrac{3}{4}$, $\dfrac{3}{8}$, $\dfrac{3}{16}$, ...
    d) x^5, ax^4, a^2x^3, ...
    e) 1,   3, 3^2, ...

    Prüfe die Ergebnisse nach.
14. Ermittle das n-te Glied und die Summe der ersten n Glieder der vorangehenden Reihen.
15. Schalte zwei Zahlen zwischen 5 und 625 so ein, daß diese vier Glieder eine geometrische Reihe bilden. Diese Operation heißt manchmal »Interpolation zweier geometrischer Mittel zwischen 5 und 625«.
16. Schalte drei geometrische Mittel zwischen $\frac{1}{3}$ und $\frac{16}{243}$ ein.

17. Stelle die Formel für die Interpolation von n geometrischen Mitteln zwischen zwei Zahlen auf, von denen a die erste und z die zweite ist.
18. Bilde eine geometrische Reihe, in der das erste Glied a heißt und q (aus Beispiel 12) ein Bruch kleiner als 1 ist. Schreibe die ersten zehn Glieder der Reihe aus. Welchem Wert strebt das n-te Glied zu, wenn n unendlich groß wird?
19. Der Leser erinnere sich daran, daß man eine Größe, die beliebig klein gemacht werden kann, im Vergleich zu Größen, die einen bestimmten Wert haben, auch weglassen kann. Mache davon Gebrauch bei der Untersuchung der Formel im Beispiel 12 und versuche zu zeigen, daß die Summe einer nicht abbrechenden fallenden geometrischen Reihe nicht größer als $\frac{a}{1-q}$ sein kann (a sei das erste Glied und q das konstante Verhältnis zwischen einem beliebigen Glied und dem unmittelbar vorangehenden).
20. Man kann einen beliebigen periodischen Dezimalbruch so schreiben:
$$0{,}666\ldots = 0{,}6 + 0{,}06 + 0{,}006 + \ldots$$
Benutze das Ergebnis der letzten Aufgabe, um die folgenden Dezimalbrüche als gewöhnliche Brüche darzustellen:
   0,6̇
   0,252 525 ...
   0,79 179 179 179 1 ...
21. Der Ausdruck $\frac{a}{1-q}$ heißt die Summe der unendlichen fallenden Reihe $a, aq, aq^2, \ldots$, denn je mehr Glieder dieser Reihe wir hinzunehmen, um so mehr nähert sich die Summe dem Werte $\frac{a}{1-q}$, der nie übertroffen werden kann.

Summiere folgende unendlichen geometrischen Reihen:
$$1 + \frac{1}{2} + \frac{1}{4} + \ldots$$
$$1 + \frac{2}{10} + \frac{4}{100} + \frac{8}{1000} + \ldots$$

22. Ermittle durch Probieren (Schema) und mit Hilfe einer Formel, wie viele verschiedene Anordnungen die vier Asse eines vollständigen Spiels, die vier Asse und die vier Könige, alle drei Arten Bildkarten, alle Karten unterhalb 6 zulassen?
23. Mit Hilfe eines Schemas, das die Formel nachzuprüfen gestat-

tet, ermittle, auf wieviel Arten man ohne Berücksichtigung der Reihenfolge (Kombinationen!) aus einem vollen Kartenspiel a) drei Karten ziehen kann, von denen jede König oder Dame, b) vier Karten ziehen kann, von denen jede König, Dame oder Bube, c) fünf Karten ziehen kann, von denen jede König, Dame, Bube oder As sein soll.

24. Wie viele Arten Geläute kann man mit sechs verschiedenen Glocken erzeugen, wenn alle Glocken jedesmal Verwendung finden sollen?

25. Wie viele verschiedene Augensummen können mit einem Würfel bei a) dreimaligem, b) fünfmaligem Werfen erzielt werden?

26. Ein Vorstand besteht aus dem Präsidenten, dem Sekretär, dem Kassierer und vier weiteren Mitgliedern. Wie viele verschiedene Sitzordnungen können sie auf dem Podium an einem Tisch hinter dem Redner bilden, wenn a) kein Platz einer bestimmten Person reserviert ist, b) der mittlere Platz für den Vorsitzenden bestimmt ist, c) der Sekretär und der Kassierer zu beiden Seiten des Präsidenten sitzen müssen, der den mittleren Sitz einnimmt, und d) der Sekretär rechts, der Kassierer links vom Präsidenten sitzen sollen, der den mittleren Platz einnimmt?

27. Eine Urne enthält sechs verschiedenfarbige Bälle. Wieviel verschiedene Paare kann man ihr entnehmen, wenn jedes gezogene Paar a) wieder ersetzt wird, b) nicht wieder ersetzt wird?

28. Prüfe die Formel

$$^nC_0 + {}^nC_1 + {}^nC_2 + {}^nC_3 \ldots {}^nC_n = \sum_{r=0}^{r=n} {}^nC_r = 2^n$$

Lösungen der Probleme von Fig. 79:

$F_r = 2r^2 - 2r + 1;$
$V_r = r(5r + 4);$
$M_r = 5r^2;$
$S_r = 1 + 8r(r-1);$
$K_r = 1 + 5r(r-1)$

Übungen zum Kapitel V

1. Unter Benutzung der Formel $\cos^2 A + \sin^2 A = 1$ ermittle man
   a) $\cos 40°$ und $\sin 50°$, wenn $\sin 40° = 0{,}6428$
   b) $\cos 75°$ und $\sin 15°$, wenn $\cos 15° = 0{,}9659$.

2. Unter Benutzung der Halbwinkelformel ermittle man $\sin 10°$, $\cos 10°$, tg $20°$ und tg $10°$, wenn $\sin 20° = 0{,}3420$, $\cos 20° = 0{,}9397$.

3. Wenn $\sin 40° = 0{,}6428$ und $\cos 40° = 0{,}7660$, finde man $\sin 50°$, $\cos 50°$, tg $50°$, $\sin 20°$, $\cos 20°$, tg $20°$.

4. Wenn $\sin 50° = 0{,}7660$, $\sin 43° = 0{,}6820$, $\sin 23\frac{1}{2}° = 0{,}3987$, ermittle man

$\cos 50°$	tg $50°$	$\cos 21\frac{1}{2}°$	tg $21\frac{1}{2}°$
$\cos 25°$	tg $25°$	$\cos 43°$	tg $43°$
$\cos 47°$	tg $47°$	$\cos 40°$	tg $40°$
$\cos 23\frac{1}{2}°$	tg $23\frac{1}{2}°$	$\cos 66\frac{1}{2}°$	tg $66\frac{1}{2}°$

5. Unter Benutzung der Formeln für $\sin(A+B)$ und $\cos(A+B)$ ermittle man

$\cos 55°$	$\sin 55°$	$\cos 66\frac{1}{2}°$	$\sin 66\frac{1}{2}°$
$\cos 41\frac{1}{2}°$	$\sin 41\frac{1}{2}°$	$\cos 56\frac{1}{2}°$	$\sin 56\frac{1}{2}°$

   wenn $\cos 40° = 0{,}7660$, $\sin 40° = 0{,}6428$, $\cos 15° = 0{,}9659$, $\sin 15° = 0{,}2588$, $\cos 26\frac{1}{2}° = 0{,}8949$ und $\sin 26\frac{1}{2}° = 0{,}4462$.

6. Unter Verwendung der in den früheren Beispielen angegebenen Werte versuche man die korrekte Formel für $\sin(A-B)$ und $\cos(A-B)$ aufzustellen.

7. In Lehrbüchern der Trigonometrie bezeichnet man $\frac{1}{\sin A}$ mit cosec A, $\frac{1}{\cos A}$ mit sec A und $\frac{1}{\operatorname{tg} A}$ mit cotg A. Es sind dies Abkürzungen für Cosecans, Secans und Cotangens. Man beweise, daß
$$1 + \operatorname{cotg}^2 A = \operatorname{cosec}^2 A$$
$$1 + \operatorname{tg}^2 A = \sec^2 A$$
(Der Leser bediene sich der Methode, mit welcher gezeigt wurde, daß $\sin^2 A + \cos^2 A = 1$.)

8. Man löse das Felsproblem in Fig. 56 unter Anwendung des

Sinussatzes, indem man vorerst die Entfernung des nächsten Beobachtungspunktes von der Felsspitze und hierauf die Höhe berechnet.

9. Man nehme den Winkel A in Fig. 92 größer als $90°$ an, fälle das Lot p auf die Verlängerung der Seite b und beweise, daß dann der Cosinussatz so lautet:
$$a^2 = b^2 + c^2 + 2bc \cos(180° - A)$$
und der Sinussatz so:
$$\frac{\sin(180° - A)}{a} = \frac{\sin B}{b} = \frac{\sin C}{c}$$

10. Wenn A kleiner als $90°$ ist, lauten die Auflösungsformeln für Dreiecke
$$a^2 = b^2 + c^2 - 2bc \cos A$$
sowie $\quad \sin A = \dfrac{a \sin B}{b} = \dfrac{a \sin C}{c}$

und, wenn A größer als $90°$ ist:
$$a^2 = b^2 + c^2 + 2bc \cos(180° - A)$$
sowie $\quad \sin(180° - A) = \dfrac{a \sin B}{b}$ usw.

Welcher Zusammenhang besteht nun zwischen
a) $\cos A$ und $\cos(180° - A)$
b) $\sin A$ und $\sin(180° - A)$?

Angenommen, der Leser könnte eine geometrische Deutung für sinus und cosinus von Winkeln, die größer als $90°$ sind, herausfinden, welche numerischen Werte müßten sich hieraus für sinus, cosinus und tangens von $150°$, $135°$, $120°$ ergeben? Prüfe die Ergebnisse unter Benutzung der Diophantischen Vorzeichenregel und der Formel $\cos^2 A + \sin^2 A = 1$ nach.

11. Zwei Männer brechen gleichzeitig im Kreuzungspunkt zweier Straßen auf. Jeder legt stündlich 3 Kilometer zurück. Wie weit sind sie nach zwei Stunden voneinander entfernt, wenn sich ihre Straßen unter $15°$ kreuzen?

12. Von den Endpunkten einer Standlinie AB aus, die 500 Meter lang ist, wird eine Flaggenstange unter $112°$ und $63°$ angepeilt. Man ermittle die Entfernung der Flaggenstange von A.

13. Von einem Boot aus erblickt man die Spitze eines Felsens unter dem Elevationswinkel (Höhenwinkel) $24°$. Rudert man 800 Meter weiter direkt auf den Fels zu, so erblickt man die Felsspitze von der neuen Lage aus unter $47°$. Welches ist die Höhe des Felsens?

14. Drei Dörfer A, B und C, sind miteinander durch drei gerade

horizontale Straßen verbunden. Es ist $AB = 6$ km, $BC = 9$ km, und der Winkel zwischen AB und BC beträgt 130°. Wie weit ist A von C entfernt?

15. Ein Boot segelt 8 km weit, genau in südlicher Richtung. Dann ändert es den Kurs und segelt 11 km in einer Richtung, die um 54° von Norden gegen Osten abweicht. Wie weit ist es dann vom Ausgangspunkt entfernt?
16. Ausgehend von den Formeln für sin $(A + B)$ und cos $(A + B)$ leite man Formeln für sin $2A$, sin $3A$, cos $2A$ und cos $3A$ her.
17. Ausgehend von den Formeln für sin $(A + B)$ sowie sin $(A - B)$ und cos $(A + B)$ sowie cos $(A - B)$ überzeuge man sich von der Richtigkeit folgender Formeln:

$$\sin C + \sin D = 2 \sin \frac{C+D}{2} \cos \frac{C-D}{2}$$

$$\cos C + \cos D = 2 \cos \frac{C+D}{2} \cos \frac{C-D}{2}$$

$$\sin C - \sin D = 2 \cos \frac{C+D}{2} \sin \frac{C-D}{2}$$

$$\cos C - \cos D = -2 \sin \frac{C+D}{2} \sin \frac{C-D}{2}$$

Hierauf leite man die Halbwinkelformeln mit Hilfe der Formeln für die Summe von Winkeln ab. Wink: Setze $C + D = 2A$ und $C - D = 2B$ an.

18. Unter Zuhilfenahme trigonometrischer Tafeln ermittle man die Grenzen, zwischen denen π liegt, indem man die Umfänge und Inhalte eines einem Kreis einbeschriebenen und eines diesem Kreis umbeschriebenen Polygons mit 72 Seiten in Betracht zieht.
19. Auf Grund der Tatsache, daß sin x nahezu gleich x ist, wenn x einen sehr kleinen Winkel in Bogenmaß gemessen bedeutet, versuche man, Werte für sin $\frac{1}{2}°$, sin 1° und sin $1\frac{1}{2}°$ zu erhalten. Man nehme π zu 3,1416 an.
20. Da der Mondrand bei einer totalen Verfinsterung fast genau mit dem der Sonne zusammenfällt, so darf die scheinbare Größe der Sonne (vgl. Fig. 94) ungefähr einem halben Winkelgrad gleichgesetzt werden. Man bestimme nun, gestützt darauf, den Durchmesser der Sonne, deren Distanz mit 150 Millionen km angesetzt werde, wobei von der Tatsache Gebrauch gemacht werden soll, daß für kleine Winkel, in Bogenmaß gemessen, sin $x = x$ und cos $x = 1$.

21. Verwandle die Winkel: 1°, 2°, ... bis 10° in Bogenmaß. Tabelle!
    Verwandle ebenso die Winkel: 0; 0,25; 0,50; ... bis 2 Radian in Gradmaß. Tabelle!
22. In den nächsten paar Beispielen nehme man den Erdradius zu 6400 km an.
    Die alte Inkahauptstadt Quito, Kisumu am Viktoria-See in Kenya und Pontianak in Borneo liegen ungefähr auf dem Äquator (Breitenunterschied maximal $\frac{1}{2}°$). Die Länge von Quito ist 78° w. von Greenwich, Kisumu liegt 35° ö., und Pontianak 109° ö. Ermittle die kürzeste Entfernung zwischen je zweien dieser Orte. Verwende für π den Wert $3\frac{1}{7}$.
23. Archangelsk, Sansibar und Mekka haben ungefähr (maximal 1° Unterschied) die gleiche geographische Länge, nämlich 40° ö. Die Breite von Archangelsk ist $64\frac{2}{3}°$ n., die von Mekka ist $21\frac{1}{3}°$ n. und die von Sansibar beträgt 6° s. Man ermittle die Distanzen zwischen diesen Orten.
24. Beweise an Hand einer Figur, daß ein Bogengrad eines Breitenkreises von der geographischen Breite L die Länge $x \cdot \cos L$ besitzt, wenn man mit x die Länge eines Äquatorgrades bezeichnet.
25. Wenn Winnipeg und Plymouth ungefähr die Breite 50° n. haben (maximal $\frac{1}{3}°$ Unterschied), wie groß ist dann ihre gegenseitige Entfernung, wenn Plymouth 4° w. und Winnipeg 97° w. von Greenwich liegen?
26. Reading und Greenwich haben die gleiche Breite 51°28′ n., und die Länge von Reading ist 59′ w. Wie weit ist Reading von Greenwich sich entfernt?
27. Zwei Orte befinden sich auf demselben Meridian. Die Breite von A ist 31° n. B liegt 320 km von A entfernt. Welches ist die Breite von B?
28. Unter Benutzung der auf Seite 199 entwickelten Methode für die Multiplikation von 13 mit 18 illustriere man die Vorzeichenregel an Hand folgender Multiplikationen:
    a) 13 mal 27   c) 15 mal 39
    b) 17 mal 42   d) 21 mal 48
             e) 28 mal 53
29. Führe die in Aufgabe 28 angeführten Multiplikationen mit Hilfe der alexandrinischen Multiplikationstafel aus.
30. Summiere die n ersten Glieder folgender geometrischer Reihen:

$$\text{a) } 3 - 9 + 27 \ldots \quad \text{b) } \frac{1}{4} - \frac{1}{8} + \frac{1}{16} \ldots$$

c) $2\frac{1}{4} - 1\frac{1}{2} + 1 \ldots$ d) $1 - \frac{2}{3} + \frac{4}{9} \ldots$

Prüfe die erhaltenen Ergebnisse durch direktes Addieren der fünf ersten Glieder.

31. Ermittle a) das $2n$-te Glied und b) das $(2n + 1)$-te Glied der Reihe $a, -ar, ar^2, -ar^3$ usw.

ÜBUNGEN ZUM KAPITEL VI

1. In der Erzählung von Wells war das zweizehige Faultier die vorherrschende Tierart auf Rampole Island. Stellen wir uns vor, das zweizehige Faultier hätte ein ebenso fähiges Gehirn wie Mr. Blettsworthy und besäße ein Zahlensystem, welches die Zahl 2, 4 oder 8 zur Basis hätte. Stelle nun Multiplikationstafeln für diese Zahlensysteme her. Multipliziere 24 mit 28 in allen drei Systemen und vergleiche die Resultate miteinander. Man wird die Lösung leichter finden, wenn man etwa annimmt, daß das Faultier zuerst mit dem Rechenrahmen rechnen lernte; man entwerfe sich daher schematische Zeichnungen von den drei verschiedenen Arten von Rechenrahmen.

2. Der Leser weiß schon und kann durch Ausmultiplizieren nachprüfen, daß
$$(x + a)(x + b) = x^2 + (a + b)x + ab$$
Der Ausdruck $x^2 + 5x - 6$ ist in derselben Weise zusammengesetzt, wobei $a = -1$ und $b = 6$ ist. Er ist also das Produkt der beiden Faktoren $(x - 1)(x + 6)$. Man kann die Richtigkeit dieser Aussage erweisen, indem man $x^2 + 5x - 6$ durch $(x - 1)$ oder $(x + 6)$ dividiert oder $(x - 1)$ und $(x + 6)$ miteinander multipliziert.

a) $a^2 + 10a + 24$ h) $q^2 - 10 + 21$
b) $p^2 + 5p + 6$ i) $c^2 - 12c + 32$
c) $x^2 - 3x + 2$ j) $n^2 + 8n - 20$
d) $m^2 + 4m + 3$ k) $h^2 + 12h + 20$
e) $x^2 - 10x + 16$ l) $z^2 + z - 42$
f) $f^2 + f - 20$ m) $y^2 - y - 42$
g) $t^2 - 3t - 40$ n) $b^2 - b - 20$

3. Durch direktes Ausmultiplizieren kann man zeigen, daß
$$(ax + b)(ax - b) = a^2x^2 - b^2$$
und $$(ax + by)(ax - by) = a^2x^2 - b^2y^2$$

Ebenso aufgebaut ist der Ausdruck $4x^2 - 25$, nämlich $(2x - 5)$ $(2x + 5)$ usw. Zerlege in Faktoren:

a) $x^2 - 36$
b) $9x^2 - 25$
c) $4x^2 - 100$
d) $100y^2 - 25$
e) $64x^2 - 49$
f) $81x^2 - 64$
g) $25x^2 - 16$
h) $49p^2 - 169^2$
i) $256t^2 - 169s^2$
j) $4p^2 - 9q^2$
k) $p^2 - 81q^2$
l) $25n^2 - 9$
m) $36t^2 - 16s^2$
n) $9a^2 - 49b^2$

Mit Hilfe des Wurzelzeichens ($\sqrt{}$) zerlege in Faktoren:

o) $3 - x^2$
p) $2 - 3x^2$
q) $5x^2 - 3$
r) $x^2 - 2$
s) $2a^2 - 3$
t) $7a^2 - 3b^2$

4. Durch Ausmultiplizieren zeige man, daß

$$(ax + b)(cx + d) = acx^2 + (ad + bc)x + bd$$

Man beachte, daß der Ausdruck $6x^2 - 7x - 20$ auch aus den beiden Faktoren $(3x + 4)$ und $(2x - 5)$ aufgebaut werden kann, worin $a = 3$, $b = 4$, $c = 2$ und $d = -5$ ist. Auf diese Weise suche man die Faktoren der folgenden Ausdrücke und mache die Probe durch Einsetzen bestimmter Zahlen:

a) $3x^2 + 10x + 3$
b) $6x^2 + 19x + 10$
c) $6p^2 + 5p + 1$
d) $3t^2 + 22t + 35$
e) $6n^2 + 11n + 3$
f) $6q^2 - 7q + 2$
g) $11p^2 - 54p + 63$
h) $20x^4 + x^2 - 1$
i) $15 + 4xg11 - 4x^2$
j) $6n^2 - n - 12$
k) $15x^2 + 7x - 2$
l) $7x - 6 - 2x^2$
m) $15 - 4x - 4x^2$
n) $7x - 6x^2 + 20$

5. Durch direktes Ausmultiplizieren kann man zeigen, daß

$$(ax + by)(cx + dy) = acx^2 + (ad + bc)xy + bdy^2$$

Der Ausdruck $6x^2 + 7xy - 20y^2$ ist in derselben Weise aus den Faktoren $(3x - 4y)$ und $(2x + 5y)$ gebildet, worin $a = 3$, $b = -4$, $c = 2$ und $d = 5$. Man zerlege die folgenden Ausdrücke in Faktoren und prüfe das Resultat durch Ausmultiplizieren und Ausdividieren:

a) $6a^2 + 7ax - 3x^2$
b) $15a^2 - 16abc - 15b^2c^2$
c) $6a^2 - 37ab - 35b^2$
d) $2a^2 - 7ab - 9b^2$
e) $6f^2 - 23fg - 18g^2$
f) $21m^2 + 13ml - 20l^2$
g) $12n^2 - 7mn - 12m^2$
h) $36p^2 + 3pqr - 5q^2r^2$
i) $14d^2 + 11de - 15e^2$
j) $3t^2 - 13ts - 16s^2$
k) $9m^2 + 9mn - 4n^2$
l) $6q^2 - pq - 12p^2$
m) $4l^2 - 25lm + 25m^2$.

6. Beim numerischen Rechnen pflegt man einen Bruch wie $\frac{14}{21}$ auf eine einfachere Form, nämlich $\frac{2}{3}$ zu bringen, indem man sich darüber Rechenschaft gibt, daß $\frac{14}{21} = \frac{2 \cdot 7}{3 \cdot 7}$ ist. In gleicher Weise wende der Leser seine Kenntnisse der Faktorenzerlegung an, um folgende Brüche zu vereinfachen. Kontrolliere das Resultat durch Einsetzen bestimmter Zahlen

a) $\dfrac{x + y}{x^2 + 2xy + y^2}$

b) $\dfrac{(x - y)}{x^2 - y^2}$

c) $\dfrac{(x + y)}{x^2 - y^2}$

d) $\dfrac{x - y}{x^2 - 2xy + y^2}$

e) $\dfrac{ax + ay}{ax^2 - ay^2}$

f) $\dfrac{42x^2yz}{56xyz^2}$

g) $\dfrac{x^2 + 3x + 2}{x^2 + 5x + 6}$

h) $\dfrac{x^2 + 2x + 1}{x^2 + 3x + 2}$

i) $\dfrac{x^2 - 1}{2x^2 + 3x - 5}$

j) $\dfrac{9x^2 - 49}{3x^2 + 14x - 49}$

k) $\dfrac{a^4b + ab^4}{a^4 - a^3b + a^2b^2}$

l) $\dfrac{8a^3 - 1}{4a^2 - 4a + 1}$

m) $\dfrac{2x^3 - 3x^2 + 4x - 6}{x^3 - 2x^2 + 2x - 4}$

7. Bringe Folgendes auf die einfachste Form:

a) $\dfrac{a}{b} + \dfrac{a}{c}$

b) $\dfrac{a^2b + ab^2}{a + b}$

c) $x + y - \dfrac{9x^2 - 4y^2}{3x + 2y}$

d) $a + 2b + \dfrac{4b^2}{a - 2b}$

e) $\dfrac{a}{x + 1} + \dfrac{3a}{2x + 2} - \dfrac{5a}{4x + 4}$

f) $\dfrac{a + 2b}{3} - \dfrac{a - 3b}{4}$

g) $\dfrac{7a}{4x + 8y} - \dfrac{3a}{2x + 4y}$

h) $x^2 + 2xy + y^2 - \dfrac{x(x^2 + 3xy + 4y^2)}{x + y}$

8. Drücke als einen einzigen Bruch in seiner einfachsten Form aus:

a) $\dfrac{1}{x+1} + \dfrac{1}{x-1}$

e) $\dfrac{x}{x-y} - \dfrac{y}{x+y}$

b) $\dfrac{1}{x+1} - \dfrac{1}{x-1}$

f) $\dfrac{x-y}{x+y} + \dfrac{xy}{x^2-y^2}$

c) $\dfrac{1}{a-b} - \dfrac{1}{a+b}$

g) $\dfrac{x}{2y} - \dfrac{x-y}{2(x+y)}$

d) $\dfrac{a}{a+b} + \dfrac{b}{a+b}$

h) $\dfrac{y-5}{y-6} - \dfrac{y-3}{y-4}$

i) $\dfrac{x^2+y^2}{x^2-y^2} - \dfrac{y}{x-y} + \dfrac{x}{x+y}$

j) $\dfrac{x+p}{x+q} + \dfrac{x+q}{x+p} - \dfrac{2(x-p)(x-q)}{(x+p)(x+q)}$

k) $\dfrac{1}{t^2-6t+5} - \dfrac{2}{t^2-2t+3} + \dfrac{1}{t^2-2t+15}$

l) $\dfrac{1}{n} + \dfrac{1}{n-1} - \dfrac{1}{n+1} + \dfrac{2n}{n^2-1}$

m) $\dfrac{t}{t^2-1} + \dfrac{1}{t-1} - \dfrac{1}{t+1}$

9. Man mache sich an numerischen Beispielen folgende Regeln klar (für $\dfrac{1}{100}$ setzen wir nach dem Vorschlag von Stevinus 10^{-2}):

$$10^a \cdot 10^b = 10^{a+b}$$
$$10^a : 10^b = 10^{a-b} \ (a \text{ größer oder kleiner als } b)$$
$$(10^a)^b = 10^{ab} = (10^b)^a$$

Prüfe die allgemeinen Formeln
$$n^a \cdot n^b = n^{a+b} \text{ usw.}$$
auf ihre Richtigkeit, und zwar mit Hilfe anderer Zahlen als 10.

10. Mit der Diagonalregel und den Methoden der vorhergehenden Beispiele löse man folgende Gleichungen

a) $\dfrac{x+2}{3} - \dfrac{x+1}{5} = \dfrac{x-3}{4} - 1$

b) $\dfrac{x+a}{a+b} + \dfrac{x-3b}{a-b} = 3$

c) $\dfrac{1}{2x-3} + \dfrac{x}{3x-2} = \dfrac{1}{3}$

d) $\dfrac{3}{x-1} - \dfrac{2}{x-2} = \dfrac{1}{x-3}$

e) $\dfrac{2x-1}{x-2} - \dfrac{x+2}{2x+1} = \dfrac{3}{2}$

f) $\dfrac{x}{x-2} - \dfrac{x}{x+2} = \dfrac{1}{x-2} - \dfrac{4}{x+2}$

11. a) Ein Mann reiste 8 km weit in $1\tfrac{3}{4}$ Stunden. Wie weit mußte er zu Fuß gehen, wenn er einen Teil des Weges zu Pferde mit 12 km pro Stunde und den Rest zu Fuß mit 3 km pro Stunde zurücklegte?

    b) Ein Güterzug legt gewöhnlich 40 km pro Stunde zurück. Auf einer Reise von 80 km tritt eine Unterbrechung von 15 Minuten ein. Da der Zug nun den Rest des Weges mit 50 km pro Stunde fuhr, traf er noch zur rechten Zeit am Ziel ein. Wie weit vom Start entfernt fand die Unterbrechung statt?

12. Löse folgende Gleichungen:
    a) $x^2 + 11x - 210 = 0$
    b) $x^2 - 3x = 88$
    c) $12x^2 + x = 20$
    d) $(3x+1)(8x-5) = 1$
    e) $3x^2 - 7x - 136 = 0$
    f) $2(x-1) = \dfrac{x-1}{x+1}$
    g) $x(x-b) = a(a-b)$
    h) $\dfrac{1}{x+1} - \dfrac{1}{2+x} = \dfrac{1}{x+10}$

13. a) Wie heißen die drei aufeinanderfolgenden Zahlen, deren Quadrate zusammen 110 ergeben?

    b) Einem Rasenplatz von der Form eines Quadrates, dessen eine Seite genau nach Norden und Süden zeigt, wird auf der Südseite ein 6 Meter breiter Streifen weggenommen. Der Platz wird nun durch einen Streifen von 3 Meter Breite auf der Westseite vergrößert. Die neue Rasenfläche mißt 500 Quadratmeter. Wie lang war jede Seite des ursprünglichen Rasenplatzes?

c) Der Umfang des Hinterrades eines Wagens ist um $\frac{6}{7}$ Meter größer als der Umfang des Vorderrades. Auf 1012 Metern Weg macht das Vorderrad 69 Umdrehungen mehr als das Hinterrad. Wie groß ist der Radius jedes Rades?

d) In einem rechtwinkligen Dreieck ABC ist die Hypotenuse um 9 cm länger als eine der anderen Seiten, z. B. AC. Die dritte Seite ist um 2 cm kleiner als die Hälfte von AC. Wie lang sind die Seiten?

14. Die Auflösung beim Beispiel IV auf S. 228 kann anders bewerkstelligt werden. Die drei Aussagen sind:

I. $5s = f$ II. $2m + 8 = f + s$. III. $m = 100 - f$

Man ersetze in II und III f durch $5s$ [aus I]. Man erhält:
$$2m + 8 = 5s + s$$
und
$$m = 100 - 5s$$
woraus nach Umstellung folgt:
$$2m - 6s = -8 \qquad \text{(IV)}$$
$$m + 5s = 100 \qquad \text{(V)}$$

Es liegen hier zwei Gleichungen mit zwei unbekannten Größen vor. Durch Verknüpfung beider Gleichungen kann man eine der Unbekannten beseitigen. Die Kombination der Gleichungen erfolgt durch Subtraktion, und zwar der linken Seiten für sich und der rechten Seiten für sich. Aber bevor wir das tun, müssen wir uns entscheiden, welche der Unbekannten wir wegschaffen oder eliminieren wollen. Am günstigsten ist es, im vorliegenden Fall m zu eliminieren. Damit bei der geplanten Subtraktion m fortfällt, müssen wir vorher (V) mit 2 multiplizieren. Wir erhalten so:
$$2m - 6s = -8 \qquad \text{(VI)}$$
$$2m + 10s = 200 \qquad \text{(VII)}$$

Durch Subtraktion beider Seiten erhält man jetzt
$$-16s = -208$$
oder
$$16s = 208$$
$$s = 13$$

Im Augenblick ist das alles, was wir zu kennen wünschen; wollen wir aber auch m ermitteln, so setzen wir $s = 13$ entweder in (IV) oder (V) ein und erhalten so eine einfache Gleichung für m, die wir auflösen können.

Gewöhnlich ist es notwendig, beide Gleichungen zu multiplizieren, und zwar mit verschiedenen Zahlen, wie folgendes Beispiel lehrt:
$$3x + 4y = 15 \qquad \text{(I)}$$
$$2x + y = 17 \qquad \text{(II)}$$

Um x zu eliminieren, multiplizieren wir (I) mit 2 und (II) mit 3
$$6x + 8y = 30$$
$$6x + 15y = 51$$
Die seitenweise Subtraktion beider Gleichungen ergibt:
$$-7y = -21$$
$$y = 3$$
Durch Einsetzen des ermittelten Wertes von y in (I) erhält man:
$$3x + 12 = 15$$
$$3x = 3$$
$$x = 1$$
Die Probe durch Einsetzen der gefundenen Werte von x und y in (II) ergibt:
$$2 + 15 = 17$$
Um zwei unbekannte Größen zu ermitteln, müssen wir zwei Gleichungen kennen, die verschiedene Aussagen über sie enthalten. Die Methode zur Auflösung eines Gleichungssystems kann folgendermaßen kurz beschrieben werden:
1. Schritt: Ordne die Gleichungen so an, daß gleichartige Glieder (z. B. die »x«) untereinander zu stehen kommen.
2. Schritt: Man entscheide sich, welche Unbekannte zu eliminieren sei.
3. Schritt: Multipliziere jedes Glied der ersten Gleichung mit dem Koeffizienten der zu eliminierenden Unbekannten in der zweiten Gleichung und umgekehrt.
4. Schritt: Subtrahiere die linken Seiten der beiden neuen Gleichungen voneinander, ebenso die rechten Seiten.
5. Schritt: Löse die entstehende einfache Gleichung.
6. Schritt: Setze den gefundenen Wert in eine der Ausgangsgleichungen ein und ermittle so die zweite Unbekannte.
7. Schritt: Mache die Probe durch Einsetzen der gefundenen Werte in die andere Gleichung.
Gleichungssysteme mit drei Unbekannten können auf ähnliche Weise gelöst werden. Drei Gleichungen seien gegeben. Wir bilden mit ihnen zwei Gleichungspaare und eliminieren aus jedem Paar dieselbe Unbekannte; wir erhalten so zwei Gleichungen mit zwei Unbekannten.
$$2x + 3y = 4z$$
$$3x + 4y = 5z + 4$$
$$5x - 3z = y - 2$$

Nach Umordnung erhält man:

$$2x + 3y - 4z = 0 \qquad \text{(I)}$$
$$3x + 4y - 5z = 4 \qquad \text{(II)}$$
$$5x - y - 3z = -2 \qquad \text{(III)}$$

Aus (I) und (III) eliminiert man y, nachdem man (III) mit -3 multipliziert hat:

$$\begin{aligned} 2x + 3y - 4z &= 0 \\ -15x + 3y + 9z &= 6 \\ \hline 17x - 13z &= -6 \end{aligned} \qquad \text{(IV)}$$

Aus (II) und (III) eliminiert man y, nachdem man (III) mit -4 multipliziert hat:

$$\begin{aligned} 3x + 4y - 5z &= 4 \\ -20x + 4y + 12z &= 8 \\ \hline 23x - 17z &= -4 \end{aligned} \qquad \text{(V)}$$

Das Gleichungssystem (IV) und (V) für x und z kann, wie früher geschildert, aufgelöst werden. Setzt man die gefundenen Werte in (I) ein, so ergibt sich y: die Probe ist mit den Gleichungen (II) und (III) vorzunehmen.

Löse folgende Gleichungssysteme:

a) $x = 5y$
   $x - y = 8$
b) $3y = 4x$
   $8x - 5y = 4$
c) $x = 5y - 4$
   $10y - 3x = 2$
d) $60x - 17y = 285$
   $75x - 19y = 390$
e) $x + y = 23$
   $y + z = 25$
   $z + x = 24$
f) $2x + 7y = 48$
   $5y - 2x = 24$
   $x + y + z = 10$

15. Folgende Aufgaben führen auf Gleichungssysteme:
    a) Das dritte Glied einer A. R. (arithmetischen Reihe) ist 8, das zehnte ist 30. Wie heißt das siebente Glied?
    b) Das vierte Glied einer A. R. ist $-\frac{1}{8}$, das siebente $\frac{1}{64}$. Wie lautet das erste Glied?
    c) Die doppelte Länge eines Zimmers ist gleich der dreifachen Breite desselben. Wäre seine Länge um 3 Meter kleiner und die Breite um 3 Meter größer, so hätte es die Form eines Quadrates. Welche Maße hat das Zimmer?
    d) Ein Saal besitzt 600 Sitzplätze; dabei sind die Stühle in Reihen quer durch den Saal angeordnet. Um einen Mittelgang zu schaffen, nimmt man aus jeder Reihe 5 Stühle fort.

Damit aber die gleiche Anzahl Sitzplätze entsteht, muß man noch 6 Querreihen hinzufügen. Wie viele Stühle waren in jeder Reihe?

e) Zwei Städte P und Q sind der Bahnlinie entlang 100 Kilometer voneinander entfernt. Zwischen ihnen liegen zwei Stationen R und S. Die Entfernung zwischen R und S ist 10 Kilometer größer als die zwischen P und R, und die Entfernung zwischen S und Q ist 20 Kilometer größer als die zwischen R und S. Man ermittle die Entfernung zwischen R und S in Kilometern.

16. Durch Benutzung a) von Dreieckszahlen
    b) von Nullstammdreiecken
ermittle man das n-te Glied folgender Reihen:

   (I) 1, 6, 15, 28, 45   (IV) 1, 7, 19, 37, 61, 91
   (II) 1, 6, 18, 40, 75   (V) 1, 4, 10, 19, 31, 46
   (III) 1, 20, 75, 184, 365, 636   (VI) 1, 5, 13, 25, 41, 61

17. Entwickle a) nach dem binomischen Lehrsatz
    b) durch direktes Ausmultiplizieren

   (I) $(x + 2)^5$ (IV) $(2x + 1)^6$
   (II) $(a + b)^3$ (V) $(3a - 2b)^4$
   (III) $(x + y)^4$ (VI) $(x - 1)^7$

Kontrolliere die Ergebnisse durch wiederholtes Dividieren.

18. Unter Benutzung des binomischen Satzes berechne man auf vier Dezimalstellen genau:

   (I) $(1{,}04)^3$ (III) $(1{,}12)^4$
   (II) $(0{,}98)^5$ (IV) $(5{,}05)^3$

19. Stelle 272 und 8573 in der Maya-Kalenderschrift dar und multipliziere 27 mit 343 im Maya-Zahlensystem, wie es hätte ausgeführt werden müssen, hätten die Araber vor Kolumbus Amerika erreicht.

Was man sich besonders merken muß

1. Aus $x^2 + ax + b = 0$ folgt $x = \dfrac{-a \pm \sqrt{a^2 - 4b}}{2}$

2. $a^0 = 1$ für jeden beliebigen Wert von a außer Null

   $a^{-n} = \dfrac{1}{a^n}$ (bei gleicher Voraussetzung)

3. $(a + b)^n = a^n + na^{n-1}b + \dfrac{n(n-1)}{1 \cdot 2} a^{n-2}b^2$

$\qquad\qquad\qquad + \dfrac{n(n-1)(n-2)}{1 \cdot 2 \cdot 3} a^{n-3}b^3 + \ldots + b^n$

Zahlenspiele, die den algebraischen Symbolismus beleuchten

1. Denke dir eine ganze Zahl. Multipliziere die größere Nachbarzahl mit der kleineren Nachbarzahl. Addiere zum Produkt 1. Nenne das Ergebnis. Die Zahl, die du dir gedacht hast, ist die Quadratwurzel aus dem Ergebnis.

   Die Antwort läßt sich folgendermaßen begründen. Sei a die gedachte Zahl, dann ist die nächstgrößere Zahl $a + 1$, die nächstkleinere $a - 1$, daher ist das Produkt $(a + 1)(a - 1) = a^2 - 1$. Addiert man 1 hinzu, so ergibt sich hieraus a^2. Durch Quadratwurzelziehung aus der bekanntgegebenen Zahl a^2 erhält man die gedachte Zahl.

   Diese Art Spiel kann unbegrenzt getrieben werden. Man gewinnt dadurch Übung im Gebrauch der Symbole und der Faktorenzerlegung. Einige weitere Beispiele mögen hier folgen.

2. Man denke sich eine Zahl kleiner als 10. Multipliziere mit 2. Addiere 3. Multipliziere das Ergebnis mit 5. Addiere eine weitere Zahl kleiner als 10. Nenne das Ergebnis.

   Um sagen zu können, welche Zahlen gedacht wurden, subtrahiere man vom bekanntgegebenen Ergebnis 15. Dann ist die Zehnerziffer die zuerst gedachte Zahl und die Einerziffer die zweite gedachte Zahl.

   In algebraischer Sprache: $(2a + 3) 5 + b = 10a + b + 15$.

3. Man denke sich eine Zahl. Quadriere sie. Subtrahiere 9. Dividiere das Ergebnis durch die Zahl, die um 3 größer ist als die zuerst gedachte Zahl. Nenne das Ergebnis. Welches ist die gedachte Zahl? Begründe das in der algebraischen Sprache.

4. Man denke sich eine Zahl. Addiere 2. Quadriere das Ergebnis. Subtrahiere davon das Vierfache der ersten Zahl. Nenne das Ergebnis. Welches ist die gedachte Zahl? Begründe das und bilde weitere Beispiele dieser Art.

5. Drücke in symbolischer Form folgende Aussage aus: ist jede von zwei verschiedenen Zahlen teilbar durch eine ganze Zahl x, so ist ihre Summe und auch ihre Differenz durch x teilbar.

Versuche folgende Regeln für dekadisch geschriebene Zahlen zu begründen:
a) Eine Zahl ist durch 5 teilbar, wenn ihre letzte Ziffer 5 oder 0 ist.
b) Eine Zahl ist durch 3 teilbar, wenn die Summe ihrer Ziffern durch 3 teilbar ist; und durch 9, wenn die Summe ihrer Ziffern durch 9 teilbar ist.
c) Eine Zahl ist durch 4 teilbar, wenn die aus den letzten beiden Ziffern gebildete Zahl durch 4 teilbar ist. Sie ist durch 8 teilbar, wenn die aus den letzten drei Ziffern gebildete Zahl durch 8 teilbar ist; und schließlich ist sie durch 16 teilbar, wenn die aus den letzten vier Ziffern gebildete Zahl durch 16 teilbar ist. NB. Wende b) und c) im letzten Beispiel an, um eine Regel für die Teiler von 6 und 12 zu erhalten.
d) Die Tatsache, daß 1001 durch 7, 11 und 13 teilbar ist, begründet folgende Regel: Eine sechsstellige Zahl ist durch eine dieser Zahlen teilbar, wenn die Differenz zwischen den Zahlen, die durch die ersten drei und die letzten drei Ziffern (in der angegebenen Reihenfolge) dargestellt werden, durch diese Zahlen teilbar ist. Dehne die Regel auf Zahlen mit mehr als 3 Stellen aus.

Übungen zum Kapitel VII

1. Wie groß sind Deklination und Rektaszension der Sonne am 21. März, am 21. Juni, am 23. September und am 21. Dezember?
2. Wie groß ist ungefähr die Rektaszension der Sonne am 4. Juli, am 1. Mai, am 1. Januar, am 5. November? (Benutze die vier angegebenen Daten in der einen oder anderen Richtung. Kontrolle durch ein astronomisches Jahrbuch.)
3. Mit einem selbstverfertigten Sternhöhenmesser (Astrolabium), siehe Fig. 25, Kapitel I, sind folgende Beobachtungen am 25. Dezember an einem gewissen Ort gemacht worden:

| Zenitdistanz der Sonne (süd- | Greenwicher Zeit |
lich)	
$74\frac{1}{2}°$	12.18
$74°$	12.19
$74°$	12.20
$73\frac{1}{2}°$	12.21
$73\frac{1}{2}°$	12.22
$74°$	12.23
$74\frac{1}{2}°$	12.24

Welche geographische Breite und welche geographische Länge hatte der Ort? (Suche ihn auf der Karte auf.)

4. Ermittle angenähert die R. A. der Sonne am 25. Januar und hieraus die Ortszeit, um die Aldebaran (R. A. 4 Stunden 32 Minuten) den Meridian in dieser Nacht passieren wird. Wenn nun das Schiffschronometer diesen Zeitpunkt mit 23 h 15 min Greenwicher Zeit angibt, auf welcher geographischen Länge befindet sich dann das Schiff?

5. Man ermittle die geographische Breite des Beobachtungsschiffes, wenn man weiß, daß die Deklination des Aldebaran 16° N (auf Grade genau) und die Höhe beim Meridiandurchgang 60° über dem Südpunkt beträgt.

6. Die R. A. des Sternes α im Großen Bären ist nahezu 11 Stunden. Seine Deklination beträgt 62°5′N. Von einem Schiff aus beobachtet man am 8. April um 1 h 10 min den Durchgang dieses Sternes durch den Meridian 4° nördlich vom Zenit (Zeit des Schiffschronometers). Welches war die Position des Schiffes?

7. Angenommen, der Leser sei auf eine Insel verbannt worden, habe aber eine Armbanduhr und ein astronomisches Jahrbuch bei sich. Nachdem er seine Uhr durch Beobachtung des Sonnenschattens auf 12 Uhr gerichtet hat, stellt er fest, daß der Stern α im Großen Bären um 11 h nachts seine untere Kulmination ausgeführt hat. Angenommen, der Leser habe die Tage nicht mehr gezählt. Könnte er aus den gemachten Angaben das ungefähre Datum entnehmen?

8. Am 1. April 1895 betrug die R. A. des Mondes angenähert 23 Stunden 48 Minuten. Gib ungefähr sein Aussehen, die Zeit seines Aufganges und die Kulminationszeit an diesem Datum an.

9. Angenommen, an einem gegebenen Ort des Greenwicher Meridians wären die Sonne und der Große Bär während voller 24 Stunden, und zwar nur einmal im Jahr, sichtbar. Wie ließe

sich hieraus die Entfernung dieses Ortes von London ermitteln, wenn man sich erinnert, daß der Erddurchmesser ungefähr 12750 Kilometer und die geographische Breite von London nahezu 51° betragen?

10. Angenommen, man stelle an einem Orte einmal im Jahre das Verschwinden des Mittagsschattens der Sonne fest, während dieser Schatten an jedem anderen Tage nach Süden zeigt; wie weit ist dann dieser Ort vom Nordpol entfernt?

11. Am 1. Januar erreichte die Sonne ihren höchsten Stand am Himmel in dem Moment, als der Radiosprecher (BBC) 12 h 17 min MEZ ansagte. Sie stand dann 16° über dem Horizont. In welchem Teil Englands geschah das?

12. Die R. A. und die Deklination von Beteigeuze betragen ungefähr 5 Stunden 50 Minuten und $7\frac{1}{2}°$ N. Angenommen, das Bett des Lesers blicke ostwärts und der Leser begebe sich regelmäßig um 23 h 0 min zur Ruhe. Um welche Jahreszeit wird der Leser Beiteigeuze gerade aufgehen sehen, wenn er ins Bett geht?

13. Am 13. April 1937 war der kürzeste Schatten einer Stange gleich der Länge der Stange und zeigte nach Norden. Das geschah in dem Moment, als das auf 12 h 10 min angesetzte Radioprogramm begann. In welchem Lande waren diese Beobachtungen gemacht worden?

14. Mit einem selbstverfertigten Astrolabium wurden am 8. Februar folgende Beobachtungen in Penzence (Breite 50° N, Länge $5\frac{1}{2}°$ W) gemacht:

Kleinste Zenitdistanz	Mittlere Greenwicher Zeit
Beteigeuze $42\frac{1}{2}°$ südlich	21 h 09 min
Rigel $58\frac{1}{2}°$ südlich	20 h 24 min
Sirius $67\frac{1}{2}°$ südlich	22 h 00 min

    Bestimme die R. A. und die Deklination jedes dieser Sterne und vergleiche die Ergebnisse mit der Tafel eines astronomischen Jahrbuches. Beachte, daß die mittlere Greenwicher Zeit nicht die wahre Sonnenzeit ist, die vom Greenwicher Mittag aus gerechnet wird, sondern daß sie sich von dieser um einige Minuten unterscheidet; diese Differenz (»Zeitgleichung«) kann für jeden Tag einem astronomischen Jahrbuch entnommen werden. Am 8. Februar erscheint der wahre Mittag in Greenwich 14 Minuten später als der Mittag der mittleren Greenwicher Zeit.

15. Wenn man unter dem Stundenwinkel *(h)* eines Sternes den Winkel versteht, um den er sich seit dem Durchgang durch den

Meridian gedreht hat (oder bei negativer Angabe: der Winkel, um den er sich noch zu drehen hat, bis der Stern den Meridian erreicht), zeige man an Hand einer Figur, daß folgende Beziehung gilt:

R. A. eines Sternes (in Stunden) = R. A. der Sonne (in Stunden) − Stundenwinkel (in Graden: 15) + Ortszeit (in Stunden).

16. An Hand einer Karte, auf welcher Distanzen auf den Meeren verzeichnet sind, sind die Längen der Schiffswege (Großkreise) zu ermitteln, welche Häfen direkt verbinden. Welches sind die Entfernungen zwischen London und New York, London und Moskau, London und Liverpool?

17. Am 26. April, an welchem Tag die R. A. der Sonne 2 Stunden 13 Minuten betrug, waren die Lagen folgender drei Sterne mit einem selbstverfertigten Instrument ermittelt worden:

	Azimut	Zenitdistanz	Ortszeit
Pollux	80° W vom S.	45°	21 h 29 min
Regulus	28° W vom S.	41°	21 h 39 min
Arktur	7° W vom N.	31°	00 h 50 min

Bestimme die Deklination und die R. A. jedes dieser Sterne und vergleiche diese ungenauen Schätzungen, die an einem Ort von der geographischen Breite $50\frac{3}{4}°$ N gemacht wurden, mit den genauen Angaben eines astronomischen Jahrbuches.

18. Um die genaue Lage des Meridians eines Ortes von der geographischen Breite 43° N zu ermitteln, ist am 4. Juli eine Gerade zwischen zwei Stellen gezogen worden, die in einer Geraden mit der untergehenden Sonne lagen. Welchen Winkel bildet die Mittagslinie mit dieser Linie? (Das astronomische Jahrbuch gibt die Deklination der Sonne am 4. Juli zu 23° N an.) Um wieviel Uhr ging die Sonne unter (ungefähr)?

19. Die R. A. des Sirius beträgt 6 Stunden 42 Minuten und die Deklination $16\frac{3}{5}°$ S. Wann (Ortszeit!) geht Sirius am 1. Januar auf und unter an folgenden Orten:

Gizeh	30° n. B.
New York	41° n. B.
London	$51\frac{1}{2}°$ n. B.

Kontrolle mit dem Planiglob.

Was man sich besonders merken muß

1. Wird die Zenitdistanz nördlich vom Zenit gemessen, dann ist ihr Vorzeichen +, wird sie südlich vom Zenit gemessen, dann ist ihr Vorzeichen −. Wird die geographische Breite oder die Deklination nördlich vom Äquator gemessen, dann ist ihr Vorzeichen +, sonst −. Unter allen Umständen gilt: Deklination = geographische Breite des Beobachters + Kulminations-Zenitdistanz.
2. R. A. eines Sternes = Zeit des Meridiandurchganges + R. A. der Sonne am gleichen Tage des Jahres.
    (R. A. der Sonne   0. Deklin.   0 am 21. März
    R. A. der Sonne 12. Deklin.   0 am 23. September
    R. A. der Sonne   6. Deklin. + $23\frac{1}{2}°$ am 21. Juni
    R. A. der Sonne 18. Deklin. − $23\frac{1}{2}°$ am 21. Dezember)
3. In einem sphärischen Dreieck gilt:
    a) $\cos a = \cos b \cos c + \sin b \sin c \cos A$
    b) $\dfrac{\sin A}{\sin a} = \dfrac{\sin B}{\sin b} = \dfrac{\sin C}{\sin c}$
4. Mißt man den Azimut eines Himmelskörpers vom Südpunkt aus, so gilt
    a) $\sin(\text{Deklin.}) = \cos(\text{Z.D.}) \sin L - \sin(\text{Z.D.}) \cos L \cdot \cos(\text{Azim.})$
    b) $\sin(\text{Stundenwinkel}) = \dfrac{\sin(\text{Z.D.}) \sin(\text{Azim.})}{\cos(\text{Deklin.})}$
    c) Beim Auf- und Untergang ist Z.D. = ± 90°, es gilt dann
    $$\cos(\text{Azim.}) = -\dfrac{\sin(\text{Deklin.})}{\cos L} \text{ (siehe S. 296)}$$
    $$\sin(\text{Stundenwinkel}) = \pm \dfrac{\sin(\text{Azim.})}{\cos(\text{Deklin.})}$$

Übungen zum Kapitel VIII

Bei all diesen Aufgaben über graphische Darstellungen ist es sehr wichtig, an folgendes zu denken, falls man es bei der Lektüre des Textes nicht schon begriffen haben sollte. Wenn wir eine graphische Darstellung entwerfen wollen, um die *Gestalt* einer geometrischen Figur korrekt wiederzugeben, müssen wir immer die gleiche Maßeinheit für x und für y benutzen. So ist $r^2 = x^2 + y^2$ nur dann die Gleichung eines Kreises, wenn x und y beide in denselben Einheiten, z. B. in Zentimetern oder in Zoll, gemessen werden. Wenn wir hingegen eine graphische Darstellung bloß verwenden, um eine Gleichung zu lösen, so brauchen unsere Einheiten nicht die gleiche Länge zu haben. Daher kann es, falls y sehr groß im Vergleich zu x ist, zweckmäßig sein, 1 cm als Einheit für x und 0,01 cm als Einheit für y zu verwenden. Man lasse dann aber nie außer acht, daß einer gegebenen Distanz in der Richtung der x-Achse ein anderer Wert zukommt als der gleichen Distanz in der Richtung der y-Achse. Selbstverständlich gilt das gleiche für graphische Darstellungen physikalischer Gesetze, wobei die Wahl der Einheiten willkürlich ist.

Bevor der Leser die nachfolgenden Beispiele aufgreift, zeige er, daß der Kreis die Figur ist, welche der Gleichung

$$y = \sqrt{25 - x^2}$$

entspricht. Zu diesem Zweck stelle man sich unter Verwendung einer Quadratwurzeltafel eine Tabelle aller y-Werte her, die den x-Werten zugehören, welche eine arithmetische Reihe mit Anfangsglied -5, Endglied $+5$ und der Differenz $\frac{1}{2}$ bilden. So ist für $x = 4\frac{1}{2}$

$$y = \sqrt{25 - \left(\frac{9}{2}\right)^2}$$
$$= \frac{1}{2}\sqrt{19} = \pm \frac{1}{2}(4{,}36) = \pm 2{,}18$$

Man trage also vom Usrprung aus $\pm 2{,}18$ Einheiten auf der y-Achse und $-4\frac{1}{2}$ Einheiten auf der x-Achse ab. Benutzt man 1 cm als Einheit auf Millimeterpapier, so hat man auf der y-Achse praktisch 2 cm 2 mm nach der einen und nach der anderen Seite abzutragen. Man verfahre in gleicher Weise mit allen tabellierten Werten und verbinde die erhaltenen Punkte durch eine glatt (ohne Ecken) verlaufende Linie.

1. Ein Lift eines sechzigstöckigen Hauses macht folgende Fahrten beim untersten Stockwerk beginnend: zwanzig Stockwerke aufwärts, vier abwärts, acht aufwärts, drei abwärts, siebzehn abwärts, zehn aufwärts, eines abwärts, fünf aufwärts, elf aufwärts, vierundzwanzig abwärts. Wo befindet er sich zuletzt?
2. Zeichne in einem Cartesischen Gitter einen Kreis mit 4 cm Radius, wobei der Mittelpunkt a) im Ursprung, b) im Punkte

$x = 2$, $y = 3$ liegt. Wie lautet die Cartesische Gleichung in jedem Falle?

3. Zeige, daß der Tangens des Winkels, den die Tangente in irgendeinem Punkte eines Kreises mit der x-Achse bildet, $-\dfrac{x_r}{y_r}$ ist, wenn x_r und y_r die Koordinaten des Punktes bedeuten.

An Hand der entworfenen Figur suche zu zeigen, daß, wenn ein positiver Winkel a in Radian gemessen wird, sin a kleiner und tg a größer ist als a.

4. Wenn x eine in Zoll gemessene Länge darstellt und y dieselbe, aber in Fuß gemessene Strecke bedeutet, dann besteht die Gleichung
$$12y = x.$$

Man entwerfe nun ein Fünf-Punkte-Schaubild, welches »Zoll« und »Fuß« miteinander verbindet. An der Kurve lese man ab, wie viele Zoll in $1\tfrac{3}{4}$ Fuß, 3,6 Fuß und 4,1 Fuß enthalten sind?

5. Stelle ähnliche graphische Darstellungen her, um

   a) Zoll in Zentimeter (1 Zoll = 2,54 cm)
   b) englische Meilen in Kilometer (1 Meile = 1,609 km)

   zu verwandeln.

6. Zeichne das Schaubild von $y = 3x + 4$; darauf zeichne nach Augenmaß (d. h. ohne zuerst eine Tabelle herzustellen)
$$3y = 5x + 6 \left(\text{d.h. } y = \frac{5x}{3} + 2\right)$$
$$y = 32x + 40$$

7. Das Wasser gefriert bei + 32° Fahrenheit und siedet bei 212° Fahrenheit. In Celsiusgraden angegeben, siedet es bei 100° C und gefriert bei 0° C. Zeige, daß folgende Formel die Umwandlung von Celsiusgraden in Fahrenheitgrade gestattet:
$$F° = \frac{9\,C°}{5} + 32°$$

Zeichne das Schaubild dieser Gleichung und lies darauf die Fahrenheitgrade ab, die der normalen Körpertemperatur (36,9° C) entsprechen.

8. Die Gleichungen zweier Graden sind
   a) $y = x + 3$
   b) $y = x\sqrt{3x} + 2$

Unter welchem Winkel sind sie zur x-Achse geneigt?

9. Was kann man über eine Anzahl von Geraden aussagen, welche durch die Gleichungen beschrieben werden:
$$y = mx + 1$$
$$y = mx + 2$$
$$y = mx + 3$$

10. Was stellt die Größe C in der Gleichung $y = mx + C$ graphisch dar?

11. Wie hieße die Gleichung einer zur x-Achse parallelen Geraden?

12. Mr. Evans macht sich auf den Weg zu einem Bekannten. Er legt 5 km in der ersten, 4 km in der zweiten, 3 km in der dritten Stunde zurück. Nun ruht er dreiviertel Stunden aus und marschiert dann während drei Stunden mit derselben Geschwindigkeit von 3 km pro Stunde weiter. Ermittle an Hand einer graphischen Darstellung die Weglängen, welche Mr. Evans nach $1\frac{1}{2}$, $2\frac{1}{2}$ und $5\frac{1}{2}$ Stunden zurückgelegt hat.

Mr. Davies bricht vom selben Ort aus 2 Stunden später auf als Mr. Evans und radelt mit einer gleichförmigen Geschwindigkeit von 10 km pro Stunde. Stelle die Fahrt von Mr. Davies in der soeben gezeichneten Figur dar und lies die Entfernung vom Aufbruchsort ab, bei der Mr. Davies Mr. Evans einholt.

13. Zeichne die Geraden
$$2y + 3x = 31$$
$$3y + 2x = 39$$

im gleichen Koordinatensystem ein. Lies aus dem Schaubild ab, welche Werte x und y annehmen müssen, damit beide Gleichungen zugleich befriedigt werden. Blättert man bis Kapitel VI, S. 232 ff., zurück, so stellt man fest, daß man auf diese Weise eine graphische Methode zur Auflösung eines Gleichungssystems mit zwei Unbekannten gefunden hat.

14. Löse die Aufgaben in Beispiel 14, Kapitel VI, graphisch und vergleiche die Ergebnisse mit den früher gewonnenen.

15. Entwirf sorgfältig das Schaubild von $y = x^2$ für Werte zwischen -10 und $+10$, wobei die Einheit auf der y-Achse gleich der Einheit auf der x-Achse sein soll. Verwende diese graphische Darstellung:
   a) zur Herstellung einer Tafel der Quadratwurzeln aller ganzen Zahlen von 1 bis 100;
   b) zur Herstellung einer Tafel der Quadrate aller ganzen Zahlen von 1 bis 100.

16. Zeichne Schaubilder, welche die Beziehungen zwischen folgenden Größen wiedergeben:

a) der Fläche eines gleichseitigen Dreiecks und der Länge der Seite;
b) der Fläche eines gleichschenkligen Dreiecks mit den Basiswinkeln 45° und seiner Grundlinie;
c) der Fläche eines rechtwinkligen Dreiecks, von dem ein spitzer Winkel 30° beträgt, und der Hypotenuse.

17. Für die Länge eines Pendels (in cm gemessen) und für die Zeit (in Sekunden), welche eine vollständige Pendelschwingung benötigt, fand man folgende Werte:

Zeit	0,7	0,8	0,9	0,5	0,6	0,4
Länge	49	64	81	25	36	16

    Kontrolliere diese Ergebnisse mit einem Kleiderknopf, einem Faden und einer Uhr, indem man in jedem Fall den Durchschnittswert von zehn vollständigen Schwingungen bestimmt. Zeichne das Schaubild. Wie heißt die Gleichung?

18. Ermittle die Formel, welche die Fläche *(y)* und den Radius *(x)* eines Kreises miteinander verknüpft, indem man ein Schaubild zeichnet, das sich auf die Methode der Quadratzählung einer Fläche stützt (Japanische Methode von S. 181). Nachdem man sich überzeugt hat, da die genaue Formel dafür
    $$y = cx^2$$
    ist, lese man aus dem Schaubild die Bedeutung von *c* ab.

19. Löse folgende Gleichungssysteme graphisch:

    a) $xy = 0$ b) $x^2 + y^2 = 25$ c) $(x - y)^2 = 1$
        $3x + 4y = 12$ $x + y = 7$ $(3x - 5y)^2 = 1$

20. Bestimme die Kurven, deren Gleichungen sind

    $$y = \pm \frac{5}{4} \sqrt{16 - x^2}$$

    $$y = \pm \frac{4}{7} \sqrt{49 - x^2}$$

    Auf welche Maße in der Figur beziehen sich die Zahlen?

21. Stelle die Cartesische Gleichung und die Polargleichung der Ellipse, deren große Achse 3 und deren kleine Achse 2 Längeneinheiten beträgt, graphisch dar.

22. Setze $\sin 180° = \sin (90° + 90°)$, $\cos 180° = \cos (90° + 90°)$, $\sin 270° = \sin (180° + 90°)$ usw. Zeige mit Hilfe der Formeln für $\sin (A + B)$ und $\cos (A + B)$, daß
    a) $\sin 180° = 0$ $\sin 270° = -1$ $\sin 360° = 0$
    b) $\cos 180° = -1$ $\cos 270° = 0$ $\cos 360° = +1$

Durch Einsetzen dieser Werte zeige, daß

$\sin(90° + A) = + \cos A$, $\qquad \cos(90° + A) = -\sin A$,
$\qquad \operatorname{tg}(90° + A) = -\operatorname{cotg} A$
$\sin(180° + A) = -\sin A$, $\qquad \cos(180° + A) = -\cos A$,
$\qquad \operatorname{tg}(180° + A) = +\operatorname{tg} A$
$\sin(270° + A) = -\cos A$, $\qquad \cos(270° + A) = +\sin A$,
$\qquad \operatorname{tg}(270° + A) = -\operatorname{cotg} A$
$\sin(360° + A) = +\sin A$, $\qquad \cos(360° + A) = +\cos A$,
$\qquad \operatorname{tg}(360° + A) = +\operatorname{tg} A$

23. Mit Hilfe der Formeln für $\sin(A - B)$ und $\cos(A - B)$ (Kapitel VIII) zeige, daß gilt:

$\sin(90°-A) = +\cos A$, $\qquad \cos(90°-A) = +\sin A$,
$\qquad \operatorname{tg}(90°-A) = +\operatorname{cotg} A$
$\sin(180°-A) = +\sin A$, $\qquad \cos(180°-A) = -\cos A$,
$\qquad \operatorname{tg}(180°-A) = -\operatorname{Tg} A$
$\sin(270°-A) = -\cos A$, $\qquad \cos(270°-A) = -\sin A$,
$\qquad \operatorname{tg}(270°-A) = +\operatorname{cotg} A$
$\sin(360°-A) = -\sin A$, $\qquad \cos(360°-A) = +\cos A$,
$\qquad \operatorname{tg}(360°-A) = -\operatorname{tg} A$

24. An Hand einer Zeichnung interpretiere Folgendes und kontrolliere die erhaltenen Ergebnisse, indem man $\sin(-A) = \sin(0-A)$ setzt usw.:

$\sin(-A) = -\sin A$, $\cos(-A) = \cos A$, $\operatorname{tg}(-A) = -\operatorname{tg} A$

25. $\qquad \sin 130° = \sin(2n·90°-50°)$ [wobei $n = 1$ ist]
$\qquad\qquad\qquad = \sin(180° - 50°)$
$\qquad\qquad\qquad = \sin 50°$
oder $\sin 130° = \sin[2n + 1)90° + 40°]$ (wobei $n = 0$ ist)
$\qquad\qquad\qquad = \cos 40°$
$\qquad\qquad\qquad = \sin 50°$

Auf dieselbe Art suche zwei verschiedene Methoden zur Bestimmung von

$\qquad \operatorname{tg} 210° \qquad \sin 230° \qquad \cos 300°$
$\qquad \operatorname{tg} 120° \qquad \sin 150° \qquad \cos 100°$

26. Löse die folgenden quadratischen Gleichungen und kontrolliere das Ergebnis
    (I) $\qquad 5x^2 + 2x = 7$
    (II) $\qquad 8x^2 - 2x - 3 = 0$
    (III) $\qquad 5x^2 - x - 6 = 0$

27. Stelle sin x und tg x graphisch dar für die Werte $x = 0°, 30°, 45°, 60°, 90°$. Lies die angenäherten Werte für

    sin 15°   sin 35°   sin 75°
    tg 15°   tg 35°   tg 75°

aus dem Schaubild ab und vergleiche sie mit den Tafelwerten.

28. Zeichne das Schaubild von $y = x^3$ und stelle daraus eine Tafel der Kubikwurzeln und Kuben aller ganzen Zahlen von 1 bis 20 her.

29. Zeichne die Schaubilder von
$$y = 2^x \quad y = 1{,}5^x \quad y = 3^x \quad y = 1{,}1^x$$
Daraus ermittle die Werte von
$$2^{3{,}5} \quad (1{,}5)^{1{,}5} \quad 3^{2{,}5} \quad (1{,}1)^{0{,}5}$$

30. Zeichne die Schaubilder von
$$y = x^4 \quad y = x^5 \quad y = x^6 \quad y = x^7$$

31. Zeichne die Schaubilder von
$$xy = 4 \text{ und } x^2 - y^2 = 8$$
Man nennt diese Kurve eine Hyperbel.

32. Zeige an Hand einer Zeichnung, daß die Gleichung einer Kugel mit dem Zentrum im Nullpunkt des Koordinatensystems
$$x^2 + y^2 + z^2 = r^2$$
lautet.

33. Suche in den Tafeln den Sinus, Cosinus und den Tangens folgender Winkel auf: $-20°, -108°, 400°, -500°$.

34. Halte in einer graphischen Darstellung den Betrag (y) fest, auf welchen 100 DM oder 100 £ in x Jahren bei einem Zinsfuß von 2, $2\frac{1}{2}$, 3, $3\frac{1}{2}$, 4, 5 Prozent anwachsen, a) bei einfacher Verzinsung, b) mit Zinseszins.

Was man sich besonders merken muß

1. Die Gleichung des Kreises
$$r^2 = (x - a)^2 + (y - b)^2$$
2. Die Gleichung der Geraden
$$y = x \operatorname{tg} A + b$$
3. Die Gleichung der Parabel
$$y = ax^2$$
4. Die Gleichung der Ellipse
$$\frac{x^2}{M^2} + \frac{y^2}{m^2} = 1 \text{ oder } r = \frac{m^2}{M(1 + e \cdot \cos a)}$$

5. Die Gleichung der Hyperbel
$$y = Kx^{-1}$$

6. $\sin(-\Theta) = -\sin\Theta \qquad \cos(-\Theta) = \cos\Theta$
   $\sin(90° - \Theta) = \cos\Theta \qquad \cos(90° - \Theta) = \sin\Theta$
   $\sin(90° + \Theta) = \cos\Theta \qquad \cos(90° + \Theta) = -\sin\Theta$
   $\sin(180° - \Theta) = \sin\Theta \qquad \cos(180° - \Theta) = -\cos\Theta$
   $\sin(180° + \Theta) = -\sin\Theta \qquad \cos(180° + \Theta) = -\cos\Theta$

7. $$\sin[n\pi + (-1)^n\alpha] = \sin\alpha$$
   $$\cos(2n\pi \pm \alpha) = \cos\alpha$$
   $$\operatorname{tg}(n\pi + \alpha) = \operatorname{tg}\alpha$$

   $$\sin\left[\frac{2n+1}{2}\pi \pm \alpha\right] = (-1)^n \cos\alpha \text{ usw.}$$

Es ist sehr wichtig, mit den Verhältniswerten allgemeiner Winkel vertraut zu sein. Man kann sie sich an Hand einer Zeichnung leichter ins Gedächtnis zurückrufen als durch Auswendiglernen der Formeln. Beachte, daß in den Aufgabengruppen 5 und 6 die griechischen Buchstaben α und Θ zur Bezeichnung von Winkeln verwendet wurden. Dies ist ein allgemeiner mathematischer Brauch ähnlich wie x zur Bezeichnung einer unbekannten Größe und a, b, c zur Bezeichnung bekannter Größen in einer Gleichung verwendet werden.

8. Unterscheide die Formeln
   $$\sin(A - B) = \sin A \cdot \cos B - \cos A \cdot \sin B$$
   $$\cos(A - B) = \cos A \cdot \cos B - \sin A \cdot \sin B$$

9. Kehre folgende Funktionen um:
   $$\sin^{-1} b = A \equiv \sin A = b$$
   $$\cos^{-1} b = A \equiv \cos A = b$$
   $$\operatorname{tg}^{-1} b = A \equiv \operatorname{tg} A = b$$

10. Beziehung zwischen Polar- und cartesischen Koordinaten
    $$r = \sqrt{x^2 + y^2} \text{ und } a = \operatorname{tg}^{-1}(y : x)$$

ÜBUNGEN ZUM KAPITEL IX

Wir müssen uns noch einige Einzelheiten des Vorgehens beim Gebrauch einer Logarithmentafel merken. Jede beliebige Zahl kann als Produkt einer Zahl zwischen 1 und 10 und einer gewissen Zehnerpotenz geschrieben werden.

ÜBUNGEN ZUM KAPITEL IX

Beispielsweise stellen wir 9876 so dar: $9{,}876 \cdot 10^3$. Nun wissen wir, daß der Logarithmus einer Zahl zwischen 1 und 10 ein positiver Bruch ist, und der Logarithmus von 10^3 ist 3. Man sieht leicht ein, daß der Logarithmus einer beliebigen Zahl aus einer ganzen Zahl besteht, die nach kurzer Prüfung niedergeschrieben werden kann, und einem Bruch, welcher für alle Zahlen, die in der Ziffernfolge übereinstimmen, derselbe ist.

Somit $\quad \log 9{,}876 = 0{,}9946$
$\quad\quad\quad \log 98{,}76 = \log 10 + \log 9{,}876$
$\quad\quad\quad\quad\quad\quad\;\; = 1{,}9946$
$\quad\quad\quad \log 987{,}6 = \log 10^2 + \log 9{,}876$
$\quad\quad\quad\quad\quad\quad\;\; = 2{,}9946$
und $\quad \log 0{,}9876 = \log 10^{-1} + \log 9{,}876$
$\quad\quad\quad\quad\quad\quad\;\; = -1 + 0{,}9946$
$\quad\quad\quad \log 0{,}09876 = \log 10^{-2} + \log 9{,}876$
$\quad\quad\quad\quad\quad\quad\;\; = -2 + 0{,}9946$

Die letzten beiden Logarithmen werden wie folgt geschrieben:
$\quad\quad \log 0{,}9876 = \bar{1}{,}9946$
$\quad\quad \log 0{,}09876 = \bar{2}{,}9946$

Dies ist bloß ein Weg, die Rechnung leichter zu gestalten. Zum Beispiel

$$\log \frac{182{,}3}{0{,}021} = \log 182{,}3 - \log 0{,}021$$
$$= 2{,}2608 - (\bar{2}{,}3222)$$
$$= 2 + 0{,}2608 - (-2 + 0{,}3222)$$
$$= 2 + 0{,}2608 + 2 - 0{,}3222$$
$$= 4 - 0{,}0614$$
$$= 3{,}9386$$
$$\therefore \frac{182{,}3}{0{,}021} = 8682$$

Der positive gebrochene Teil des Logarithmus heißt *Mantisse,* und der ganze Teil, welcher positiv oder negativ sein kann, trägt den Namen *Kennziffer.*

Um den Logarithmus von 9,876 zu finden, geht man wie folgt vor. Auf der linken Seite der Tafel steht eine Kolonne zweiziffriger Zahlen, beginnend mit 10. Hier suchen wir die Zahl 98 auf. Am oberen Ende der Seite sehen wir als Kolonnenüberschriften die Zahlen 0 bis 9. Wir fahren also entlang der Zeile, die mit 98 beginnt, weiter, bis wir bei der Kolonne ankommen, die mit 7 überschrieben ist. Die Zahl, welche an dieser Stelle steht, ist 9943, und dies ist die Mantisse des Logarithmus von 9,87. Um die letzte

Ziffer 6 noch zu berücksichtigen, schauen wir auf die rechte Hälfte
der Seite, wo wir eine Anzahl Kolonnen antreffen die mit Ziffern
von 1 bis 9 überschrieben sind. Die Zahlen in diesen Kolonnen
geben an, wieviel zum abgelesenen Logarithmus hinzugefügt
werden muß, will man noch die vierte Ziffer in Berücksichtigung
ziehen. Im vorliegenden Falle haben wir die richtige Mantisse für
9,870 erhalten und wünschen noch zu wissen, wieviel wir für 9,876
noch zu addieren haben. Schaut man entlang der Zeile 98, so
erblickt man an ihrem äußersten rechten Ende in der Kolonne 6
die Zahl 3. Die gewünschte Mantisse hat also den Wert 0,9943 +
0,0003, d. h. 0,9946.

Ist der Logarithmus einer Zahl bekannt, so ermitteln wir diese
Zahl, indem wir umgekehrt vorgehen. Zum Beispiel wollen wir die
Zahl finden, deren Logarithmus 2,6276 ist. Betrachten wir zuerst
die Mantisse 0,6276, so können wir den zugehörigen Wert aus
einer Logarithmen- oder aus einer Antilogarithmentafel ablesen,
nämlich 4242. Die Kennziffer besagt, daß die Zahl zwischen 100
und 1000 liegt. Die gesuchte Zahl heißt demnach 424,2.

1. Multipliziere folgende Zahlen miteinander
    a) mittels der Formel
       $\sin A \cos B = \frac{1}{2} \sin (A + B) + \frac{1}{2} \sin (A - B)$
    b) mittels der Formel
       $\cos A \cos B = \frac{1}{2} \cos (A + B) + \frac{1}{2} \cos (A - B)$
    c) mittels einer Logarithmentafel
       I $2{,}738 \cdot 1504$ III $5{,}412 \cdot 368$
       II $8{,}726 \cdot 3471$ IV $2{,}1505 \cdot 46{,}12$
    Prüfe die Resultate durch direktes Ausmultiplizieren nach.

2. Berechne folgendes mit Hilfe von Logarithmen:
   $(78{,}91)^2$ $(1{,}003)^3$

   $\sqrt{68990{,}3 : 0{,}0271}$ $\sqrt[3]{0{,}0731}$

   $9{,}437 : 484$

   $\dfrac{\sqrt{273} \cdot (1{,}1)^3}{0{,}48}$

3. Ermittle die zehnte Wurzel aus 1024, die achte Wurzel aus 6561
   und die achte Wurzel aus $25\frac{161}{256}$ und prüfe die gewonnenen
   Ergebnisse durch Multiplizieren.

4. Zeichne die Kurve $y = \log_{10} x$.

5. Vergiß nicht, daß die Logarithmen ein Hilfsmittel zum rasche-
   ren Multiplizieren und Dividieren sind. Es gibt kein einfaches

Gesetz über die Berechnung von log $(a + b)$. Will man zum Beispiel $\sqrt{31{,}01} - \sqrt[3]{1{,}01}$ berechnen, so muß jedes Glied für sich ausgerechnet werden.

Man ermittle den Wert von

I $\qquad 23{,}91^3 + 48{,}24^3$

II $\qquad \sqrt[4]{1001} - \sqrt[3]{101}$

III $\qquad \dfrac{0{,}4573^2}{0{,}5436^2 - 0{,}3276^2}$

6. Berechne das Folgende an Hand einer Logarithmentafel:
   I Ermittle den Zinseszins, den DM 1000 in 6 Jahren zu 4% ergeben.
   II Wie lange muß eine Summe auf Zins liegen, um sich bei einem Zinsfuß von 10% zu verdoppeln?
   III Berechne den Zinseszins, welchen DM 400 bei einem Zinsfuß von $3\frac{1}{2}$% in $5\frac{1}{2}$ Jahren abwerfen, wenn der Zins halbjährlich verrechnet wird.
7. Man nehme für e den Wert 2,718 an und berechne
   $\log_e \sqrt{2} \qquad \log_e 1{,}001 \qquad \log_e 3789$
8. Bei einem Versuch ergaben sich für die Variablen x und y die folgenden Werte

x	1,70	2,24	2,89	4,08	5,63	6,80
y	320	411	491	671	903	1050
x	8,42	12,4	16,3	19,0	24,3	
y	1270	1780	2250	2520	3180	

   Zeichne zwei Schaubilder, wovon das eine den Zusammenhang zwischen x und y und das andere denjenigen zwischen $\log x$ und $\log y$ darstellt. An Hand des zweiten zeige, daß die Beziehung zwischen $\log x$ und $\log y$ durch die Gleichung
   $$\log y = 0{,}876 \log x + 2{,}299$$
   angenähert wiedergegeben wird.
   Aus dieser Gleichung erschließe eine Gleichung für x und y.
9. Entwickle nach der binomischen Reihe $(1 + 0{,}05)^{-4}$. Berechne den Wert der Potenz durch Summierung der ersten fünf Glieder. Zeige, daß der dabei begangene Fehler weniger als 0,0000163 beträgt.
10. An Hand der »unendlichen« Reihen für $\sin a$ und $\cos a$ berechne $\sin 1°$ und $\cos 1°$. Wie viele Glieder benötigt man, um für $\sin 1°$ und $\cos 1°$ die Werte zu erhalten, die man in der vierstelligen Tafel ablesen kann?
11. An Hand der »unendlichen« Reihen für $\sin na$ und $\cos na$ und

unter Verwendung der eben gewonnenen Ergebnisse für sin 1°
und cos 1° stelle eine Tabelle der Sinus- und Cosinuswerte von
1°, 2°, 3°, 4°, 5° auf und vergleiche mit den Tafelwerten.

Was man sich besonders merken muß

$$\sin A \cos B = \tfrac{1}{2} \sin (A + B) + \tfrac{1}{2} \sin (A - B)$$
$$\cos A \cos B = \tfrac{1}{2} \cos (A + B) + \tfrac{1}{2} \cos (A - B)$$
$$\log_{10} 100 = 2$$
$$\log_{10} 10 = 1$$
$$\log_{10} 1 = 0$$
$$\log_{10} 0,1 = -1$$
$$\log_{10} 0,01 = -2$$

$$e = 1 + 1 + \frac{1}{2!} + \frac{1}{3!} + \frac{1}{4!} + \frac{1}{5!} + \ldots$$

$$(\cos a + i \sin a) = \cos na + i \sin na$$
$$\sin 3A = 3 \sin A - 4 \sin^3 A$$
$$\cos 3A = 4 \cos^3 A - 3 \cos A$$

$$\sin a \text{ (Radian)} = a - \frac{a^3}{3!} + \frac{a^5}{5!} - \frac{a^7}{7!} + \ldots$$

$$\cos a \text{ (Radian)} = 1 - \frac{a^2}{2!} + \frac{a^4}{4!} - \frac{a^6}{6!} + \ldots$$

Übungen zum Kapitel X

1. Mit Hilfe der Reihe für $\log_e (1 + x)$ berechne $\log_e 10$, $\log_e 2$, $\log_e 3$, $\log_e 4$, $\log_e 5$.
   Daraus stelle eine Tabelle für $\log_{10} 2$, $\log_{10} 3$, $\log_{10} 4$, $\log_{10} 5$ her.
2. Berechne π mit Hilfe zweier verschiedener Methoden auf 3 Dezimalstellen genau.
3. Zeichne sehr sorgfältig und genau das Schaubild von
$$y = \tfrac{1}{5} x^2$$
Miß die Steigung dieser Kurve an Punkten, die drei verschiedenen x-Werten entsprechen, und vergleiche an Hand einer Tangenstafel die erhaltenen Maßzahlen mit den Werten, die man durch Einsetzen der entsprechende Zahlen in den Differentialquotienten $\tfrac{2x}{5}$ erhält.

Bestimme durch Auszählen der Quadrate den Inhalt der von der Kurve, der x-Achse und den y-Koordinaten in den Punkten $x = 5$ und $x = 10$ begrenzten Fläche, und vergleiche das Ergebnis mit der durch das Integral berechneten Fläche

$$\int_{5}^{10} \frac{1}{5} x^2 \cdot dx = \left[\frac{x^3}{15}\right]_{5}^{10} = \frac{10^3}{15} - \frac{5^3}{15}$$

4. Zeichne das Schaubild von $y = \sqrt{36 - x^2}$.

   Bestimme $\frac{dy}{dx}$ für $x = 1, 2, -2$.

   Zeichne die Tangenten ein und vergleiche mit den Ergebnissen der Differentiation.

5. Zeichne das Schaubild von $y = \frac{1}{x}$ zwischen $x = 0$ und $x = 4$ und bestimme $\frac{dy}{dx}$ für $x = 1$ und $x = 2$.

6. Bestimme auf Grund der Definition $\frac{dy}{dx}$, wenn $y = x + \frac{1}{x}$

7. Bestimme $\frac{dy}{dx}$ für $y = x^{3,6}$, $5\sqrt{x}$, $x^{-\frac{2}{3}}$, $\sqrt{x^7}$, $\frac{3}{\sqrt{x^{-\frac{1}{3}}}}$

8. Wie heißt $\frac{dy}{dx}$, wenn $y = x^5 - 5x^2 - 4x + 3$

9. Wenn $pv = k$, wobei k eine Konstante bedeutet, zeige, daß
$$\frac{dp}{dv} = -\frac{p}{v}$$

10. Bestimme die Wendepunkte der Kurve $y = x^3 - 3x$ und zeichne die Kurve mit besonderer Markierung dieser Punkte.

11. Bestimme das maximale Volumen eines zylindrischen Gefäßes, wenn Länge und Umfang zusammen nicht mehr als 6 Dezimeter betragen dürfen.

12. In einem Dynamo ist x das Gewicht des Ankers und y das der übrigen Teile. Die Betriebskosten (c) sind durch die Gleichung gegeben:
$$c = 10x + 3y$$
Die Energie ist proportional zu xy. Bestimme die Beziehung, welche bei festen Betriebskosten x und y verbindet, so daß die gewonnene Energie möglichst groß wird.

13. Bezeichnet man in einem Rechteck den unveränderlichen Umfang mit $2L$ und eine Seite mit x, so ist die andere Seite $(L - x)$ und der Flächeninhalt F beträgt $F = x(L - x)$. Dieser

wird ein Maximum, wenn $\frac{dF}{dx} = 0$. Zeige, daß das Quadrat dasjenige Rechteck ist, das bei gegebenem Umfang den größten Flächeninhalt besitzt.

Beweise, daß das größte einem Kreise einbeschriebene Rechteck ein Quadrat ist.

14. Welches sind die Werte von y, die zu den folgenden Werten von $\frac{dy}{dx}$ gehören?

   (I) $4x^3$ (II) $\frac{3}{x}$ (III) $\frac{x^n}{4}$

   (IV) $\sqrt{x}$ (V) $3x^2 + 2x + 1$

15. Bestimme y, wenn $\frac{d^2y}{dx^2}$ gleich ist:

   (I) $2x$ (II) 5 (III) $\sqrt{x}$

16. Drücke p als Funktion von v aus, wenn $\frac{dp}{dv} = \frac{-700}{v^{2,4}}$ ist und $p = 18{,}95$ für $v = 20$ beträgt.

17. Berechne $\frac{dy}{dx}$ für folgende Funktionen:

   (I) $y = \cos a^2 x$ (II) $y = 4 \sin 3x$ (III) $y = a \sin nx + b \cos nx$

18. Zeichne das Schaubild von $y = \operatorname{tg} x$ zwischen $x = 0$ und $x = 1{,}2$. Zeige, daß $\frac{dy}{dx} = \sec^2 x$ für $y = \operatorname{tg} x$. Verifiziere dies an der graphischen Darstellung.

19. Zeichne das Schaubild von $y = e^x$ so, daß die Einheiten der y-Achse ein Zehntel derjenigen der x-Achse sind. Zeichne in einem beliebigen Punkte P der Kurve die zur x-Achse senkrecht stehende Gerade PM, welche diese im Punkte M schneidet. Nimm einen Punkt T auf der x-Achse an, der um eine x-Einheit links von M liegt.

   Zeige, daß PT Tangente an die Kurve in P ist.

20. Berechne nach der Methode von Seite 435 die von $y = 4x + 3$, der x-Achse und den y-Koordinaten in den Punkten (I) $x = 4$, $x = 8$, (II) $x = 2$, $x = 10$, (III) $x = 5$, $x = 6$ begrenzte Fläche.

21. Berechne die Fläche, die von $y = 2x^2 + 3x + 1$, $y = 0$, $x = 3$ und $x = 7$ begrenzt ist.

22. Berechne folgende Integrale und prüfe vor dem Einsetzen der numerischen Werte von x das Ergebnis durch Differenzieren:

(I) $\int_{2}^{7} (2x^2)\, dx$ (II) $\int_{-1}^{1} (ax^2 + bx + c)\, dx$ (III) $\int_{1}^{8} \frac{1}{\sqrt[3]{x}}\, dx$

(IV) $\int_{-3}^{5} 7\, dx$ (V) $\int_{1}^{2} \left(x + \frac{1}{x^2}\right) dx$

23. In der Vermessungskunde wird die Fläche eines von einer geschlossenen Kurve begrenzten Grundstückes manchmal nach der Simpsonschen Regel berechnet. Die Regel heißt: Teile die Fläche mit einer ungeraden Zahl von Ordinaten in eine gerade Anzahl Streifen gleicher Breite; die Größe der Fläche beträgt dann 1 × Breite eines Streifens × {Summe der äußersten Ordinaten
    + zweimal Summe der anderen ungeraden Ordinaten
    + viermal Summe der geraden Ordinaten}
Unter der Annahme, daß die Fläche durch eine Kurve vom Typus $y = p + px + rx^2 + sx^3$ begrenzt wird, suche die Simpsonsche Regel als Näherungsregel für die Flächenberechnung nachzuweisen.
Berechne die Fläche, die von $y = 0$, $x = 2$, $x = 10$ und der Kurve $y = x^4$ eingeschlossen wird:
    a) nach der Simpsonschen Regel mit drei Ordinaten,
    b) nach der Simpsonschen Regel mit neun Ordinaten,
    c) durch Integration.
24. Berechne die von $y = x^3 - 6x^2 + 9x + 5$, der x-Achse, der Maximum- und der Minimum-Ordinate eingeschlossene Fläche.
25. Die Geschwindigkeit eines Körpers nach t Sekunden wird durch die Gleichung gegeben
$$v = u + at$$
Zeige, daß der in t Sekunden durchlaufene Weg
$$ut + \tfrac{1}{2} at^2$$
beträgt.
26. Berechne die Expansionsarbeit einer Dampfmenge, die anfangs unter einem Druck von 400 Kilogramm pro Quadratdezimeter steht und sich von 50 Kubikdezimeter auf 250 Kubikdezimeter Volumen ausdehnt. (Man verwandle das Resultat in Meterkilogramm!) Volumen und Druck sind durch folgende Gleichung miteinander verknüpft:
$$pv^{0,9} = K \text{ (konstant)}$$

ÜBUNGEN ZUM KAPITEL X

27. Berechne das Volumen eines Kegels mit dem Grundkreisradius 5 Zentimeter und der Höhe 12 Zentimeter.
28. Berechne das Volumen einer Scheibe, die durch zwei parallele Ebenen aus einer Kugel herausgeschnitten wird. Radius der Kugel 12 Zentimeter, Abstände der Ebenen vom Kugelzentrum 3 und 6 Zentimeter.

29. Berechne $\quad \int_0^{\pi} \sin x \, dx \qquad \int_0^{\pi/2} \cos x \, dx$

30. Ebenso (I) $\int_0^{\pi/2} \sin 2x \, dx$ (II) $\int_{-\pi/2}^{\pi/2} \cos 2x \, dx$

(III) $\int_0^{\pi} x \sin x \, dx$

31. Manchmal kann eine Funktion als Produkt zweier einfacherer Funktionen aufgefaßt werden, wie z. B. $y = x^2 \log x$.
Angenommen, y lasse sich in die Form uv bringen, wobei u und v zwei einfachere Funktionen von x sind. Wird u zu $u + \Delta u$ und v zu $v + \Delta v$, dann wird auch y zu $y + \Delta y$; zeige, daß

$$\frac{dy}{dx} = u \frac{dv}{dx} + v \frac{du}{dx}$$

Prüfe diese Formel auf ihre Richtigkeit durch Differentiation von x^7 und x^5 auf die gewöhnliche Art, und dann, indem man x^7 und x^5 erst als Produkt darstellt: $x^7 = x^5 \cdot x^2$ und $x^5 = x^7 \cdot x^{-2}$
Differenziere
   (I) $x \sin x$ (II) $\cos x \, \text{tg} \, x$ (III) $(2x^2 + x + 3)(x + 1)$
erst als Produkt und dann auf die gewöhnliche Art, indem man ausmultipliziert.

32. Mit Hilfe derselben Methode zeige, daß für $y = \frac{u}{v}$, wobei u und v Funktionen von x, und v ungleich null ist,

$$\frac{dy}{dx} = \frac{v \dfrac{du}{dx} - u \dfrac{dv}{dx}}{v^2}$$

Differenziere

(I) $\dfrac{x}{x+1}$ (II) $\dfrac{\sin x}{x}$ (III) $\dfrac{1}{\cos x}$ (IV) $\text{tg} \, x$

ÜBUNGEN ZUM KAPITEL X

33. Manchmal kann eine Funktion von x (wie $\cos^2 x$) als eine Funktion einer einfacheren Funktion von x aufgefaßt werden (in diesem Fall $\cos x$). Wenn y eine Funktion von u und u eine einfachere Funktion von x ist, dann gilt

$$\frac{dy}{dx} = \frac{dy}{du} \cdot \frac{du}{dx}$$

Beweise, daß diese Beziehung richtig ist. Dies kann zur Differentiation von Ausdrücken wie $y = \cos^2 x$ verwendet werden.

Es ist
$$\frac{dy}{dx} = \frac{d(\cos^2 x)}{d \cos x} \cdot \frac{d \cos}{dx}$$
$$= 2 \cos x \cdot (-\sin x)$$
$$= -2 \sin x \cos x$$

Prüfe diese Formel auf ihre Richtigkeit durch Differentiation von $\log_e x^3$, einmal als Funktion von x^3 und das andere Mal als $3 \log_e x$.

Auf diese Weise differenziere man
  (I) $\sqrt{\sin x}$ (III) $\sin(ax + b)$
  (II) $(ax + b)^n$ (IV) $\log_e(ax^2 + bx + c)$

34. Wenn $y = A \cos x + B \sin x$ ist, zeige daß $\frac{d^2 y}{dx^2} + y = 0$.

35. Löse die folgenden Gleichungen:

  (I) $\frac{d^2 y}{dx^2} + 4y = 0$ (II) $\frac{d^2 y}{dx^2} - 4y = 0$

Drücke y durch x aus, wenn $y = 5$ und $\frac{dy}{dx} = 4$ für $x = 0$ ist.

Merktafeln

1.

y	$\dfrac{dy}{dx}$
$ax^n + b$	nax^{n-1}
$a^x + b$	$(\log_e a)\, a^x$
$a \log_e(x + b) + c$	$\dfrac{a}{x + b}$
$\sin(ax + b)$	$a \cos(ax + b)$
$\cos(ax + b)$	$-a \sin(ax + b)$
e^x	e^x

2.

y	$\int_p^q y \cdot dx$
$\dfrac{a}{b+x}$	$a \log_e \dfrac{b+q}{b+p}$
ax^n	$\dfrac{a}{n+1}(q^{n+1} - p^{n+1})$
$\cos ax$	$\dfrac{1}{a}(\sin aq - \sin ap)$
e^{cx}	$\dfrac{1}{c}(e^{cq} - e^{cp})$

Volumen des Zylinders $= \pi r^2 h$

Volumen der Kugel $= \dfrac{4}{3} \pi r^3$

ÜBUNGEN ZUM KAPITEL XII

A Lineare Permutationen – Alle Objekte sind zu unterscheiden

1. Auf wieviel verschiedene Weisen kann man sieben Bücher auf einem Bücherbrett ordnen?
2. Auf wieviel verschiedene Weisen können zehn Kinder an einer Seite eines Tisches nebeneinander sitzen?
3. Auf wieviele Weisen kann man ein Glockenspiel von 8 Glocken läuten?
4. Wieviele Permutationen von je zwei Vokalen kann man aus a, e, i, o, u bilden?
5. Wieviel verschiedene Gruppen von vier Buchstaben kann man aus den Buchstaben C, F, H, K, N, P bilden?
6. Wieviel verschiedene Anordnungen von fünf Buchstaben kann man aus dem ganzen Alphabet machen?
7. Wieviel verschiedene fünfstellige Telefonnummern (bei jeweils fünf verschiedenen Ziffern) lassen sich aus den Ziffern 1 – 9 einschließlich bilden?
8. Wieviele Zahlen gibt es zwischen 10 und 100, wenn man 11 und die Vielfachen von 11 wegläßt?

ÜBUNGEN ZUM KAPITEL XII

9. Wieviele Zahlen sind zwischen 100 und 1000, die jede Ziffer nur einmal enthalten?
10. Wieviele vierstellige Zahlen gibt es, die aus je vier ungeraden Ziffern zusammengesetzt sind?
11. Wieviele Gruppierungen von drei der vier höchsten Herzkarten (As, König, Dame, Bube) lassen sich vornehmen? Probiere an einem Pack Karten aus.
12. Wieviele Gruppierungen von fünf Karo-Karten lassen sich aus den 13 Karo-Karten eines Spieles bilden, wenn keine Karte mehr als einmal vorkommt?
13. Wieviele Vierergruppen der 16 höchsten Karten sind möglich?
14. Eine Gans, ein Truthahn, ein Mastferkel und eine Gummiente sind die Preise in einem Wettbewerb. Keiner kann mehr als einen Preis gewinnen. 20 Bewerber sind vorhanden. Wieviele Resultate sind möglich?
15. Zwölf Kinder beteiligen sich am Hundertmeterlauf. Auf wieviele verschiedene Weisen können Belohnungen für die ersten vier Plätze angesetzt werden?

B Lineare Permutationen – Einige Objekte sind nicht zu unterscheiden

1. Suche die Anzahl von Permutationen der Buchstaben folgender Wörter:
   a) Peripatetik
   b) Mordbrenner
2. Tue das Gleiche mit
   a) der chemischen Verbindung
      Dihydrocholesterol
   b) der wallisischen Stadt
      Llanfairpwllgwyngyllgogerychwyrndrobwllllantysiliogogogoch
3. Ein Blatt von 13 Karten enthält 1 Kreuz-, 3 Karo-, 4 Herz- und 5 Pik-Karten. Auf wieviele Weisen kann man ihre Permutationen pro Farbe klassifizieren?
4. Auf wieviele Weisen kann man in einer Reihe anordnen: 3 Pfennigstücke, 7 Groschenstücke, 8 Markstücke?
5. Wieviel verschiedene Zahlen kann man aus den zehn Ziffern 1, 2, 2, 3, 3, 3, 4, 4, 4, 4 bilden?
6. Wieviele verschiedene Anordnungen kann man mit 4 Apfelsinen, 6 Zitronen, 8 Äpfeln, 10 Pfirsichen machen?

7. Ein Bücherbrett trägt 15 Bücher: viermal Hamlet, zweimal Physik, dreimal die drei Musketiere, sechsmal die Bibel. Wieviel verschiedene Gruppierungen sind möglich?

C Die Schlüssel-Formel

Es folgen nun einige Aufgaben, zu deren Lösung die Formeln a) mit Rückgabe, b) ohne Rückgabe benötigt werden.

Wieviele Anordnungen, in einer Reihe und aufgedeckt, sind gleichbedeutend mit der Zusammenstellung folgender Klassen von Gruppen, die aus einem vollen Spiel gezogen werden?
1. Zweier-Gruppe aus 2 Assen?
2. Dreier-Gruppe aus 1 As und 2 Bildkarten?
3. Vierer-Gruppe aus 1 roten As und 3 schwarzen Bildkarten?
4. Vierer-Gruppe aus 1 Herz-, 2 Karo-, 1 Kreuz-Karten?
5. Vierer-Gruppe aus 3 roten Karten und 1 schwarzen As?

D Beispiele ohne Rückgabe

Es ist die mathematische Wahrscheinlichkeit anzugeben für einen einzigen Zug aus einem vollständigen Spiel Karten, wenn gefordert wird:
1. Ein Pik-As
2. Eine Zehn beliebiger Farbe
3. Eine rote Dame
4. Eine beliebige schwarze Karte
5. Eine königliche Karte (*entweder* König *oder* Dame)
6. Ein As, König, Dame oder Bube
7. Ein schwarzes As oder eine beliebige königliche Karte
8. Herz-As oder eine schwarze königliche Karte
9. Eine rote Karte 2 – 9 einschließlich
10. Eine rote Zehn oder ein schwarzer Bube

E Die Additionsregel

a) Ein Beutel enthält 3 blaue, 4 grüne und 2 schwarze Kugeln.
   Suche die Chance, *eine* Kugel herauszuziehen:
   1. eine blaue *oder* eine rote Kugel
   2. eine blaue *oder* eine grüne Kugel

3. eine farbige Kugel
4. eine schwarze *oder* eine blaue Kugel

b) Ein sechsseitiger Würfel wird einmal geworfen. Welche Wahrscheinlichkeit besteht, daß die Zahl der geworfenen Augen
1. eine Eins *oder* eine Sechs ist?
2. eine gerade Zahl ist
3. weniger als 3 ist
4. weniger als 5 ist

F Die Subtraktionsregel

1. Wie groß ist die Wahrscheinlichkeit, in einem gleichzeitigen Zug aus den 2 Packen der Fig. 185 wenigstens 1 Kreuz zu ziehen?
2. wenigstens ein As?
3. wenigstens eine Karte unter 6?
4. wenigstens eine schwarze Karte
5. Wie groß ist die Wahrscheinlichkeit, in einem gleichzeitigen Wurf mit 2 Würfeln wenigstens bei einem Würfel 3 Augen zu erhalten?
6. wenigstens 4 Augen?
7. Zwei Beutel enthalten je 3 gelbe, 4 blaue, 5 rote, 6 grüne und 2 schwarze Kugeln. Wie groß ist die Wahrscheinlichkeit, bei gleichzeitiger Entnahme wenigstens eine schwarze Kugel zu erhalten?
8. wenigstens eine grüne Kugel?
9. wenigstens eine rote oder eine grüne Kugel?
10. wenigstens eine blaue oder eine schwarze?

G Gemischte Beispiele

Zur Übung kann man die Übersichtstabelle vervollständigen und dann versuchen, mit Hilfe der Schlüsselformel und des Treppenmodells herauszufinden, wie groß die Wahrscheinlichkeit für einen Doppelzug aus demselben Pack ohne Rückgabe ist bei folgender Spezifizierung:
1. 2 Pik aus einem Pack bestehend aus 1 Herz, 3 Pik
2. Pik und Karo aus einem Pack, bestehend aus 2 Herz, 3 Pik, 1 Karo

3. 2 Karo aus einem Pack, bestehend aus 3 Herz, 4 Pik, 2 Karo, 1 Kreuz
4. Herz und Pik aus einem Pack, bestehend aus 1 Herz, 2 Pik, 3 Kreuz
5. 2 Kreuz aus einem Pack, bestehend aus 2 Pik, 3 Karo, 4 Kreuz
6. eine *rote* und eine *schwarze* Karte aus einem Pack, bestehend aus 2 Herz, 3 Pik
7. *zwei rote* Karten aus einem Pack, bestehend aus 4 Kreuz, 3 Herz, 1 Karo
8. *zwei schwarze* Karten aus einem Pack, bestehend aus 2 Pik, 3 Kreuz, 4 Herz

H Die Binomial-Verteilung

Wie groß ist die Wahrscheinlichkeit (mit [wenn möglich] und ohne Rückgabe)
1. 0, 3 oder 5 rote Karten in einem gleichzeitigen Zug aus jedem von 7 vollständigen Spielen zu erhalten?
2. 1, 2 oder 4 Bildkarten in einem gleichzeitigen Zug aus jedem von 5 vollständigen Spielen zu erhalten?
3. 8, 10 oder 12 Bildkarten aus jedem von 12 vollständigen Spielen in einem gleichzeitigen Zug zu erhalten?
4. Eine ungerade Zahl von königlichen Karten aus jedem von 6 vollständigen Spielen in einem gleichzeitigen Zug zu erhalten?
5. Eine gerade Zahl von Assen aus jedem von 6 vollständigen Spielen in einem gleichzeitigen Zug zu erhalten?
6. 1 Herz, 2 Pik, 1 Kreuz und 3 Karo in 7 Zügen aus einem vollständigen Spiel zu erhalten?
7. 2 rote und 2 schwarze Kugeln in einem gleichzeitigen Zug aus 6 Beuteln zu erhalten, deren jeder 1 rote, 2 gelbe, 3 grüne, 4 blaue und 5 schwarze Kugeln enthält?
8. 2 gelbe, 1 blaue und eine schwarze Kugel in 4 Zügen aus einem der Beutel in 7) zu erhalten?
9. 3 rote, 4 grüne, 1 blaue Kugel in 8 Zügen zu erhalten?
10. 2 rote, 3 grüne, 5 blaue Kugeln in 10 Zügen zu erhalten?

Lösungen zu gestellten Aufgaben

Man erinnere sich daran, daß gewisse numerische Lösungen oft nur angenähert sind, so daß der Leser nicht unbedingt genau das gleiche haben muß. Andererseits sollten sich die Lösungen nicht zu viel voneinander unterscheiden.

Kapitel II

4. a) $x^2 + 3xy + y^2$; b) $6x + 6y + 10z$; c) $3a^2 + 12a + 12 = 3(a+2)^2$; d) $2x - 3$; e) $a^2 - 2ab - b^2$; f) $x^2yz + xy^2z + xyz^2 = xyz(x + y + z)$; g) $6a^3b^4$; h) $2x^6$; i) $-a^2 - 4x^2$; j) $\frac{1}{2}xy^3$; k) $3ab$; l) $\frac{1}{3}ad$
6. a) 12; b) 12; c) 14; d) 5; e) 2; f) 6; g) 3; h) $\frac{1}{2}$; i) 3; j) 18; k) 1; l) 5; m) 2; n) 6a; o) $2a + b$; p) $a - b$
7. DM 285; DM 255
8. DM 342; DM 171; DM 114
9. Tom holt ihn nach $1\frac{1}{2}$ Stunden ein.
10. 12
11. Auf 6000 km braucht A 212 Kannen und B 165 Kannen Öl und Benzin
12. DM 1,80 pro kg.

Kapitel III

7. $3x + 7y$; $2a - 5b$; $4a - 9b$; $a + 3$; usw.
9. $(x - 1)(x + 1)$; $(a + b - c)(a + b + c)$; $(a + b - c)(a - b + c)$; $(a - b)(a + b)(a^2 + b^2)$; $(9 - x)(9 + x)$; $(a - b - c)(a + b + c)$; $(x + y - 1)(x + y + 1)$; $(x - y)(x + y)(x^2 + y^2)(x^4 + y^4)$; $(a + b - 1)(a + b + 1)$; $(x + y - 2)(x + y + 2)$; $3(2x + 1)$
10. (I) 90°; (II) 60°; (III) 50°; (IV) 10°; (V) 78°
12. 60°; 49°; $38\frac{1}{2}°$
13. $46\frac{1}{2}°$; $43\frac{1}{2}°$; $57\frac{1}{2}°$; $32\frac{1}{2}°$; 68°; 22°
15. $3\sqrt{3} = 5{,}2$ m; 6m
16. 68,2°
17. $3\sqrt{3} = 5{,}2$ m
18. 45,14°
20. 42 m.

Kapitel IV

1. 5,196; 4,243; 3,464; 4,899; 3,162; 5,477
2. $\frac{1}{4}\sqrt{7}$; $\frac{1}{3}\sqrt{5}$; $\frac{3}{5}$

LÖSUNGEN ZU GESTELLTEN AUFGABEN

5. $z = a + (n - 1) d$, usw.

7. a) $2n - 1$; n^2;   b) $3n - 2$; $\frac{1}{2}n(3n - 1)$;   c) $5n$; $\frac{5n(n+1)}{2}$;

   d) $\frac{1}{2}n$; $\frac{1}{4}n(n+1)$;   e) $4n - 10$; $2n^2 - 8n$;   f) $-(n-2)a$;

   $\frac{1}{2}a(3n - n^2)$;

   g) $\frac{1}{3}(14 - 5n)$; $\frac{23n - 5n^2}{6}$; 3; 2

8. $\frac{1}{2}n(n+1)$

9. $7\frac{4}{5}$; $9\frac{3}{5}$; $11\frac{2}{5}$; $13\frac{1}{5}$

10. $1\frac{1}{2}$; 2; $2\frac{1}{2}$

11. Der Unterschied zweier aufeinanderfolgender Glieder beträgt

$$\frac{z-a}{n+1}$$

14. a) 2^{n-1}; $2^n - 1$;   b) $(0,9)^n$; $10\{0,9 - (0,9)^{n+1}\}$;

   c) $\frac{3}{2^{n+1}}$; $\frac{3}{2}\left(1 - \frac{1}{2^n}\right)$;

   d) $a^{n-1} x^{6-n}$; $x^{6-n} \frac{x^n - a^n}{x - a}$;   e) 3^{n-1}; $\frac{1}{2}(3^n - 1)$

15. 25;   125

16. $\frac{2}{9}$; $\frac{4}{27}$; $\frac{8}{81}$

17. Das Verhältnis zweier aufeinanderfolgender Glieder beträgt

$$\left(\frac{z}{a}\right)^{\frac{1}{n+1}}$$

20. $\frac{2}{3}$; $\frac{25}{99}$; $\frac{791}{999}$

21. 2; $1\frac{1}{4}$

22. $4! = 24$; $8! = 40320$; $12! = 479001600$; $16!$

23. 56;   495;   4368
24. 720
25. 16;   26
26. 5040;   720;   48;   24
27. 15;   3

Kapitel V

11. 1,57 km
12. ca. 5110 m
13. 60,9 m
14. 13,65 km
15. 9 km
16. $\sin 2A = 2 \sin A \cos A$
    $\sin 3A = 3 \sin A \cos^2 A - \sin^3 A = 3 \sin A - 4 \sin^3 A$
    $\cos 2A = \cos^2 A - \sin^2 A$
    $\cos 3A = \cos^3 A - 3 \cos A \sin^2 A = 4 \cos^3 A - 3 \cos A$
22. QK = 12543 km; KP = 8214 km; PQ = 20757 km
23. AM = 4813 km;   AZ = 7845 km;   MZ = 3034 km
24. 6635 km
25. 68 km

27. $33° 53\frac{1}{2}{}'$ oder $28° 6\frac{1}{2}{}'$

30. a) $\frac{3}{4}\{1 - (-3)^n\}$; b) $\frac{1}{6}[1 - (-2)^{-n}]$; c) $\frac{27}{20}\left\{1 - \left(-\frac{2}{3}\right)^n\right\}$;

    d) $\frac{3}{5}\left\{1 - \left(-\frac{2}{3}\right)^n\right\}$

31. $-ar^{2n-1}$; ar^{2n}

Kapitel VI

2. a) $(a + 4)(a + 6)$;   b) $(p + 2)(p + 3)$;   c) $(x - 1)(x - 2)$;
   d) $(m + 1)(m + 3)$;   e) $(x - 2)(x - 8)$;   f) $(f + 5)(f - 4)$;
   g) $(t + 5)(t - 8)$; usw.
3. a) $(x + 6)(x - 6)$;   b) $(3x + 5)(3x - 5)$;   c) $4(x + 5)(x - 5)$;
   d) $25(2y + 1)(2y - 1)$; usw.
   i) $(16t + 13s)(16t - 13s)$; ...;   o) $(\sqrt{3} + x)(\sqrt{3} - x)$;
   p) $(\sqrt{2} + \sqrt{3}x)(\sqrt{2} - \sqrt{3}x)$; usw.

LÖSUNGEN ZU GESTELLTEN AUFGABEN

4. a) $(x+3)(3x+1)$; b) $(2x+5)(3x+2)$; c) $(2p+1)(3p+1)$;
   d) $(t+5)(3t+7)$; ...; f) $(2q-1)(3q-2)$; ...;
   h) $(4x^2+1)(5x^2-1)$; i) $(3+2x)(5-2x)$;
   j) $(2n-3)(3n+4)$; usw.

5. a) $(2a+3x)(3a-x)$; b) $(3a-5bc)(5a+3bc)$;
   c) $(a-7b)(6a+5b)$; d) $(a+b)(2a-9b)$; usw.

6. a) und b) $\frac{1}{x+y}$; c) d) und e) $\frac{1}{x-y}$; f) $\frac{3x}{4z}$; g) $\frac{x+1}{x+3}$;
   h) $\frac{x+1}{x+2}$; i) $\frac{x+1}{2x+5}$; j) $\frac{3x+7}{x+7}$; k) $b\frac{a+b}{a}$; l) $\frac{4a^2+2a+1}{2a-1}$;
   m) $\frac{2x-3}{x-2}$

7. a) $a\frac{b+c}{bc}$; b) ab; c) $-2x+3y$; d) $\frac{a^2}{a-2b}$; e) $\frac{5a}{4(x+1)}$;
   f) $\frac{a+17b}{12}$; g) $\frac{a}{4(x+2y)}$; h) $y^2\frac{y-x}{y+x}$

8. a) $\frac{2x}{x^2-1}$; b) $\frac{-2}{x^2-1}$; c) $\frac{2b}{a^2-b^2}$; d) $\frac{a^2+2ab-b^2}{a^2-b^2}$; usw.
   h) $\frac{2}{(y-4)(y-6)}$; i) $\frac{2x}{x+y}$; ...; k) $\frac{12}{(t-1)(t+3)(t-5)}$; usw.

10. a) 19; b) $a+2b$; c) $\frac{12}{13}$; d) $2\frac{1}{2}$; e) $-\frac{3}{4}$; f) $\frac{10}{7}$

11. a) $4\frac{1}{3}$ Kilometer; b) 30 Kilometer

12. a) 10; -21; b) 11; -8; c) $1\frac{1}{4}$; $-1\frac{1}{3}$; d) $\frac{2}{3}$; $-\frac{3}{8}$; e) 8; $-\frac{17}{3}$;
    f) 1; $-\frac{1}{2}$; g) a; $b-a$; h) 2; -4

13. a) 5; 6; 7; oder -7; -6; -5; b) $\frac{1}{2}(3+\sqrt{2081})$ Meter;
    c) $\frac{1}{2}$; $\frac{7}{11}$ Meter

14. a) $x=10; y=2$; b) 3; 4; c) 6; 2; d) 9; 15; e) 11; 12; 13;
    f) 3; 6; 1

15. a) $20\frac{4}{7}$; b) $-\frac{17}{64}$; c) $l=18; b=12$ Meter; d) 25; e) 30

16. (I) $n(2n-1)$;   (II) $\frac{1}{2}n^2(n+1)$;   (III) $n(3n^2-2)$;

   (IV) $3n^2-3n+1$;   (V) $\frac{1}{2}(3n^2-3n+2)$;   (VI) $2n^2-2n+1$

18. (I) 1,1249;   (II) 0,9039;   (III) 1,5735;   (IV) 128,7876

Kapitel VII

3. Breite 50°N., Länge $5\frac{3}{8}$°W (angenähert)
4. 20 h 28 min; 20 h 01 min; $48\frac{1}{2}$°W
5. 46°N
7. 23. September
8. Mondsichel, im Abnehmen begriffen; 5h 08 min; 11 h 08 min
10. Ungefähr 12600 km
11. Nord-Devon
12. Ungefähr am 24. September
18. 57,7°; 19h 33 min
19. In Gizeh um 6 h 40 min und 17 h 20 min;
    In New York um 7 Uhr und 17 Uhr;
    In London um 7 h 28 min und 16 h 32 min.

Kapitel VIII

2. a) $x^2+y^2=16$; b) $x^2+y^2-4x-6y=3$
8. a) 45°; b) 60°
9. Sie sind parallel und stehen in gleichen Abständen voneinander.
11. $y=C$
17. $l=100\,t^2$
19. a) $x=0; y=3$, oder $x=4; y=0$;   b) $x=3; y=4$, oder $x=4; y=3$;   c) $x=2; y=1$, oder $x=3; y=2$, oder $x=-3; y=-2$, oder $x=-2; y=-1$
26. (I) 1 oder $-1,4$;   (II) $\frac{3}{4}$ oder $-\frac{1}{2}$; (III) 1,2 oder -1

Kapitel IX

1. (I) 4118; (II) 30288; (III) 1992; (IV) 99,18
2. 6227; 9692; 0,01950; 45,82; 1,009; 0,4181
3. 2; 3; $\frac{3}{2}$
5. (I) 125930; (II) 0,968; (III) 1,111
6. (I) £ 265; (II) 7 bis 8 Jahre; (III) £ 84
7. 0,0010; 0,3466; 8,240

Kapitel X

1. Wink: Man setze $-\log_e(1 + \frac{1}{80}) = 4\log_e 3 - 4\log_e 2 - \log_e 5$; $\log_e(1 - \frac{1}{25}) = 3\log_e 2 + \log_e 3 - 2\log_e 5$; usw.

6. $1 - \frac{1}{x^2}$

7. $3{,}6x^{2.6}$; $\dfrac{5}{2\sqrt{x}}$; $-1\tfrac{1}{2}x^{-2\frac{1}{2}}$; $\tfrac{7}{2}x^{\frac{5}{2}}$; $\tfrac{1}{3}x^{-\frac{8}{9}}$

8. $5x^4 - 15x^2 + 10x - 4$
10. $x = -1$; $y = 2$; und $x = 1$; $y = -2$

11. $\dfrac{8}{\pi}$ Kubikdezimeter

12. $10x = 3y = \tfrac{1}{2}c$

14. (I) $x^4 + C$; (II) $3\log_e x + C$;

    (III) $\dfrac{\tfrac{1}{4}x^{n+1}}{(n+1)} + C$;

    (IV) $\tfrac{2}{3}x^{\frac{3}{2}} + C$; (V) $x^3 + x^2 + x + C$

15. (I) $\tfrac{1}{3}x^3 + Ax + B$; (II) $\tfrac{5}{2}x^2 + Ax + B$; (III) $\tfrac{4}{15}x^{\frac{5}{2}} + Ax + B$

16. $p = 11{,}41 + 500v^{-1,4}$
17. (I) $-a^2\sin a^2 x$; (II) $12\cos 3x$; (III) $na\cos nx - nb\sin nx$
20. $A = 2x^2 + 3x + C$; (I) 108; (II) 216; (III) 25
21. 380

22. (I) $223\tfrac{1}{3}$; (II) $\tfrac{2}{3}a + 2c$; (III) $4\tfrac{1}{2}$; (IV) 56; (V) 2

23. (I) $20266\tfrac{2}{3}$; (II) $19994\tfrac{2}{3}$; (III) $19993{,}6$ genau

24. 14
26. 3500 Meterkilogramm
27. 100π Kubikzentimeter

30. (I) 1; (II) 0; (III) $[\sin x - x\cos x]_0^\pi = \pi$

31. (I) $x\cos x + \sin x$; (II) $\cos x \sec^2 x + \sin x \operatorname{tg} x = \cos x$;
    (III) $6x^2 + 6x + 4$

LÖSUNGEN ZU GESTELLTEN AUFGABEN

32. (I) $\dfrac{-1}{(x+1)^2}$; (II) $\dfrac{x\cos x - \sin x}{x^2}$; (III) $\dfrac{-\sin x}{\cos^2 x}$; (IV) $\sec^2 x$

33. (I) $\dfrac{1}{2}\dfrac{\cos x}{\sqrt{\sin x}}$; (II) $na(ax+b)^{n-1}$; (III) $a\cos(ax+b)$;

(IV) $\dfrac{2ax+b}{ax^2+bx+c}$

35. (I) $y = A\cos 2x + B\sin 2x$; (II) $y = Ae^{2x} + Be^{-2x}$;

Zweiter Teil: (I) $y = 5\cos 2x + 2\sin 2x$; (II) $y = \tfrac{1}{2}(7e^{2x} + 3e^{-2x})$

Kapitel XII, A

1. 5040
2. 3628800
3. 40320
4. 20 oder 25
5. 360 oder 1296
6. 7893600
7. 30240
8. Wenn man 10 und 100 einbezieht: 82
   Wenn man 10 und 100 ausklammert: 80
9. 648
10. 120
11. 24 oder 64
12. 154440
13. 43680 *ohne* Rückstellung
14. 116280
15. 11880

Kapitel XII, B

1. a) 2494800
   b) 1663200
3. 360360
4. 349188840
5. 12600
7. 6306300

Kapitel XII, C

1. 16 und 12
2. 1728 und 1584
3. 1728 und 960
4. 342732 und 316368
5. 140608 und 124800

Kapitel XII, D

1. $\dfrac{1}{52}$
2. $\dfrac{1}{13}$
3. $\dfrac{1}{26}$
4. $\dfrac{1}{2}$
5. $\dfrac{2}{13}$
6. $\dfrac{4}{13}$
7. $\dfrac{5}{26}$
8. $\dfrac{5}{52}$
9. $\dfrac{4}{13}$
10. $\dfrac{1}{13}$

Kapitel XII, E

a) 1. $\dfrac{4}{7}$ 3. $\dfrac{6}{7}$ b) 1. $\dfrac{1}{3}$ 3. $\dfrac{1}{3}$

   2. $\dfrac{1}{2}$ 4. $\dfrac{5}{14}$ 2. $\dfrac{1}{2}$ 4. $\dfrac{2}{3}$

Kapitel XII, F

1. $\dfrac{7}{10}$ 4. 1 7. $\dfrac{19}{100}$ 10. $\dfrac{51}{100}$

2. $\dfrac{7}{10}$ 5. $\dfrac{8}{9}$ 8. $\dfrac{51}{100}$

3. $\dfrac{4}{5}$ 6. $\dfrac{3}{4}$ 9. $\dfrac{319}{400}$

Kapitel XII, G

1. $\dfrac{1}{2}$ 3. $\dfrac{1}{45}$,   5. $\dfrac{1}{6}$ 7. $\dfrac{3}{14}$

2. $\dfrac{1}{5}$ 4. $\dfrac{2}{15}$ 6. $\dfrac{3}{5}$ 8. $\dfrac{5}{18}$

Kapitel XII, H

1. $\dfrac{1}{128}$; $\dfrac{35}{128}$; $\dfrac{21}{128}$ 6. $\dfrac{420}{16384}$

2. $\dfrac{150000}{371293}$; $\dfrac{90000}{371293}$; $\dfrac{4050}{371293}$ 7. $\dfrac{1}{1215}$

4. $\dfrac{2354580}{4826809}$ 8. $\dfrac{64}{3375}$

5. $\dfrac{313201}{4826809}$ 9. $\dfrac{224}{6328125}$

Tafeln

Bemerkungen zum Gebrauch der Tafeln

1. *Tafel I* enthält einige recht nützliche Beziehungen zwischen Gewichten und Maßen. Im metrischen System sind die Einheiten der Länge, des Gewichtes und des Fassungsvermögens: Meter, Gramm, Liter. Jede dieser Einheiten ist in gleicher Weise unterteilt. Der hundertste Teil wird durch Vorsetzen von zenti-, der tausendste durch Vorsetzen von milli-, und das Tausendfache durch Vorsetzen von kilo- angedeutet.

2. *Tafel III*. Die Benutzungsweise der Differenzenkolonne ist bereits erläutert worden. Mit Hilfe der Proportionalteile findet man Werte, die zwischen den in der Differenzenkolonne tabellierten Werten liegen. Es soll beispielsweise 28,756 ins Quadrat erhoben werden. Der Tafel entnimmt man 826,5 als Quadrat von 28,75. An dieser Stelle der Differenzenkolonne entspricht einem Unterschied von 1 in der zu quadrierenden Zahl ein solcher von 6 bei der Quadratzahl. Daher entspricht einem Unterschied von 0,6 ungefähr ein solcher von 6 · 0,6, also ca. 4. Für das gewünschte Quadrat erhält man daher 826,9. Tafel III kann auch zum Aufsuchen von Quadratwurzeln verwendet werden. Sei beispielsweise die Quadratwurzel aus 123,2 zu ziehen. Durch einfache Überlegung stellt man fest, daß die Quadratwurzel aus dieser Zahl zwischen 11 und 12 liegt. In den Tafeln erscheint nun 1232 zweimal, das eine Mal entspricht diese Zahl der Ziffernfolge 111, das andere Mal der Ziffernfolge 351. Die Quadratwurzel aus 123,2 ist demnach 11,1. Hätten wir die Quadratwurzel aus 12,32 gesucht, so wäre sie zu 3,51 gefunden worden.

3. *Tafeln IV und V*. In den meisten Tafeln für Winkelfunktionen sind die Teile eines Grades durch Minuten ausgedrückt, so daß die Tafeln von 6 Minuten zu 6 Minuten fortschreiten. Es bildet sich aber immer mehr die Gewohnheit heraus, mit dezimalen Teilen eines Grades zu arbeiten und die Tafeln dementsprechend einzurichten.

Die Sinus-Tafel kann auch zur Aufsuchung von Cosinuswerten verwendet werden, indem man die Beziehung cos A = sin (90° − A) ausnützt; um z. B. cos 31,5° aufzusuchen, schaut man bei sin 58,5° nach.

4. *Tafel VI*. Von einer Antilogarithmentafel wurde aus Gründen der Sparsamkeit abgesehen. Die Tafel VI kann zur Aufsuchung

von Zahlen benutzt werden, deren Logarithmen bekannt sind, und zwar durch bloßes Umkehren des Vorgehens beim Aufsuchen des Logarithmus einer Zahl. Eine Gebrauchsanweisung ist auf Seite 584 f. vorhanden, ferner ist die Bemerkung auf Seite 588 zu berücksichtigen.

I
Englische Gewichte und Maße

1760 Yards	= 1 Meile
4840 Quadratyards	= 1 Acker
640 Acker (acre)	= 1 Quadratmeile
112 Pfund (englische)	= 1 Zentner (cwt)
20 cwts	= 1 Tonne (engl.)
8 Pints (Schoppen)	= 1 Gallone
1 Gallone (gallon)	= 277 Kubikzoll
1 Kubikfuß	= 6,23 Gallonen

Metrische Gewichte und Maße

10 Millimeter	= 1 Zentimeter
100 Zentimeter	= 1 Meter
1000 Meter	= 1 Kilometer
1000 Gramm	= 1 Kilogramm
100 Liter	= 1 Hektoliter
1 Liter	= 1000 Kubikzentimeter

Umrechnungsbeziehungen

1 Zoll	= 2,54 Zentimeter
1 Pfund (engl.)	= 454 Gramm
1,09 Yards	= 1 Meter
0,621 Meilen	= 1 Kilometer
2,20 Pfund (engl.)	= 1 Kilogramm
0,22 Gallone	= 1 Liter

II
Konstanten

$\pi = 3{,}1416$ $\qquad\qquad \log_{10}\pi = 0{,}4971$
1 Radian = 57,296 Grade
$e = 2{,}7183$ $\qquad\qquad \log_{10}e = 0{,}4343$
$\log_e N = 2{,}3026 \log_{10} N$
$\log_{10} N = 0{,}4343 \log_e N$
Mittlerer Erdradius = $6{,}371 \cdot 10^8$ cm = 6370 km
g = 981 cm pro sec.
1 Kubikzentimeter Wasser bei 4°C wiegt 1 Gramm

III. QUADRATTAFEL

	0	1	2	3	4	5	6	7	8	9	1	2	3	4	5	6	7	8	9
10	1000	1020	1040	1061	1082	1103	1124	1145	1166	1188	2	4	6	8	10	13	15	17	19
11	1210	1232	1254	1277	1300	1323	1346	1369	1392	1416	2	5	7	9	12	14	16	18	21
12	1440	1464	1488	1513	1538	1563	1588	1613	1638	1664	2	5	7	10	12	15	17	20	22
13	1690	1716	1742	1769	1796	1823	1850	1877	1904	1932	3	5	8	11	13	16	19	22	24
14	1960	1988	2016	2045	2074	2103	2132	2161	2190	2220	3	6	9	12	14	17	20	23	26
15	2250	2280	2310	2341	2372	2403	2434	2465	2496	2528	3	6	9	12	15	19	22	25	28
16	2560	2592	2624	2657	2690	2723	2756	2789	2822	2856	3	7	10	13	16	20	23	26	30
17	2890	2924	2958	2993	3028	3063	3098	3133	3168	3204	3	7	10	14	17	21	24	28	31
18	3240	3276	3312	3349	3386	3423	3460	3497	3534	3572	4	7	11	15	18	22	26	30	33
19	3610	3648	3686	3725	3764	3803	3842	3881	3920	3960	4	8	12	16	19	23	27	31	35
20	4000	4040	4080	4121	4162	4203	4244	4285	4326	4368	4	8	12	16	20	25	29	33	37
21	4410	4452	4494	4537	4580	4623	4666	4709	4752	4796	4	9	13	17	21	26	30	34	39
22	4840	4884	4928	4973	5018	5063	5108	5153	5198	5244	4	9	13	18	22	27	31	36	40
23	5290	5336	5382	5429	5476	5523	5570	5617	5664	5712	5	9	14	19	23	28	33	38	42
24	5760	5808	5856	5905	5954	6003	6052	6101	6150	6200	5	10	15	20	24	29	34	39	44
25	6250	6300	6350	6401	6452	6503	6554	6605	6656	6708	5	10	15	20	25	31	36	41	46
26	6760	6812	6864	6917	6970	7023	7076	7129	7182	7236	5	11	16	21	26	32	37	42	48
27	7290	7344	7398	7453	7508	7563	7618	7673	7728	7784	5	11	16	22	27	33	38	44	49
28	7840	7896	7952	8009	8066	8123	8180	8237	8294	8352	6	11	17	23	28	34	40	46	51
29	8410	8468	8526	8585	8644	8703	8762	8821	8880	8940	6	12	18	24	29	35	41	47	53
30	9000	9060	9120	9181	9242	9303	9364	9425	9486	9548	6	12	18	24	30	37	43	49	55
31	9610	9672	9734	9797	9860	9923	9986	1005	1011	1018	6	13	19	25	31	38	44	50	57
											1	1	2	3	3	4	5	5	6

III. QUADRATTAFEL

	0	1	2	3	4	5	6	7	8	9	1	2	3	4	5	6	7	8	9
32	·5051	5065	5079	5092	5105	5119	5132	5145	5159	5172	1	3	4	5	7	8	9	11	12
33	·5185	5198	5211	5224	5237	5250	5263	5276	5289	5302	1	3	4	5	6	8	9	10	12
34	·5315	5328	5340	5353	5366	5378	5391	5403	5416	5428	1	3	4	5	6	8	9	10	11
35	·5441	5453	5465	5478	5490	5502	5514	5527	5539	5551	1	2	4	5	6	7	9	10	11
36	·5563	5575	5587	5599	5611	5623	5635	5647	5658	5670	1	2	4	5	6	7	8	10	11
37	·5682	5694	5705	5717	5729	5740	5752	5763	5775	5786	1	2	3	5	6	7	8	9	10
38	·5798	5809	5821	5832	5843	5855	5866	5877	5888	5899	1	2	3	5	6	7	8	9	10
39	·5911	5922	5933	5944	5955	5966	5977	5988	5999	6010	1	2	3	4	5	7	8	9	10
40	·6021	6031	6042	6053	6064	6075	6085	6096	6107	6117	1	2	3	4	5	6	7	9	10
41	·6128	6138	6149	6160	6170	6180	6191	6201	6212	6222	1	2	3	4	5	6	7	8	9
42	·6232	6243	6253	6263	6274	6284	6294	6304	6314	6325	1	2	3	4	5	6	7	8	9
43	·6335	6345	6355	6365	6375	6385	6395	6405	6415	6425	1	2	3	4	5	6	7	8	9
44	·6435	6444	6454	6464	6474	6484	6493	6503	6513	6522	1	2	3	4	5	6	7	8	9
45	·6532	6542	6551	6561	6571	6580	6590	6599	6609	6618	1	2	3	4	5	6	7	8	9
46	·6628	6637	6646	6656	6665	6675	6684	6693	6702	6712	1	2	3	4	5	6	7	7	8
47	·6721	6730	6739	6749	6758	6767	6776	6785	6794	6803	1	2	3	4	5	5	6	7	8
48	·6812	6821	6830	6839	6848	6857	6866	6875	6884	6893	1	2	3	4	4	5	6	7	8
49	·6902	6911	6920	6928	6937	6946	6955	6964	6972	6981	1	2	3	4	4	5	6	7	8
50	·6990	6998	7007	7016	7024	7033	7042	7050	7059	7067	1	2	3	3	4	5	6	7	8
51	·7076	7084	7093	7101	7110	7118	7126	7135	7143	7152	1	2	3	3	4	5	6	7	8
52	·7160	7168	7177	7185	7193	7202	7210	7218	7226	7235	1	2	2	3	4	5	6	7	7
53	·7243	7251	7259	7267	7275	7284	7292	7300	7308	7316	1	2	2	3	4	5	6	6	7
54	·7324	7332	7340	7348	7356	7364	7372	7380	7388	7396	1	2	2	3	4	5	6	6	7

III. QUADRATTAFEL

	0	1	2	3	4	5	6	7	8	9	1	2	3	4	5	6	7	8	9
55	·7404	7412	7419	7427	7435	7443	7451	7459	7466	7474	1	2	2	3	4	5	5	6	7
56	·7482	7490	7497	7505	7513	7520	7528	7536	7543	7551	1	2	2	3	4	5	5	6	7
57	·7559	7566	7574	7582	7589	7597	7604	7612	7619	7627	1	2	2	3	4	5	5	6	7
58	·7634	7642	7649	7657	7664	7672	7679	7686	7694	7701	1	1	2	3	4	4	5	6	7
59	·7709	7716	7723	7731	7738	7745	7752	7760	7767	7774	1	1	2	3	4	4	5	6	7
60	·7782	7789	7796	7803	7810	7818	7825	7832	7839	7846	1	1	2	3	4	4	5	6	6
61	·7853	7860	7868	7875	7882	7889	7896	7903	7910	7917	1	1	2	3	4	4	5	6	6
62	·7924	7931	7938	7945	7952	7959	7966	7973	7980	7987	1	1	2	3	3	4	5	5	6
63	·7993	8000	8007	8014	8021	8028	8035	8041	8048	8055	1	1	2	3	3	4	5	5	6
64	·8062	8069	8075	8082	8089	8096	8102	8109	8116	8122	1	1	2	3	3	4	5	5	6
65	·8129	8136	8142	8149	8156	8162	8169	8176	8182	8189	1	1	2	3	3	4	5	5	6
66	·8195	8202	8209	8215	8222	8228	8235	8241	8248	8254	1	1	2	3	3	4	5	5	6
67	·8261	8267	8274	8280	8287	8293	8299	8306	8312	8319	1	1	2	3	3	4	5	5	6
68	·8325	8331	8338	8344	8351	8357	8363	8370	8376	8382	1	1	2	3	3	4	4	5	6
69	·8388	8395	8401	8407	8414	8420	8426	8432	8439	8445	1	1	2	2	3	4	4	5	6
70	·8451	8457	8463	8470	8476	8482	8488	8494	8500	8506	1	1	2	2	3	4	4	5	5
71	·8513	8519	8525	8531	8537	8543	8549	8555	8561	8567	1	1	2	2	3	4	4	5	5
72	·8573	8579	8585	8591	8597	8603	8609	8615	8621	8627	1	1	2	2	3	4	4	5	5
73	·8633	8639	8645	8651	8657	8663	8669	8675	8681	8686	1	1	2	2	3	4	4	5	5
74	·8692	8698	8704	8710	8716	8722	8727	8733	8739	8745	1	1	2	2	3	4	4	5	5
75	·8751	8756	8762	8768	8774	8779	8785	8791	8797	8802	1	1	2	2	3	3	4	5	5
76	·8808	8814	8820	8825	8831	8837	8842	8848	8854	8859	1	1	2	2	3	3	4	5	5

III. QUADRATTAFEL

	0	1	2	3	4	5	6	7	8	9	1	2	3	4	5	6	7	8	9
77	5929	5944	5960	5975	5991	6006	6022	6037	6053	6068	2	3	5	6	8	9	11	12	14
78	6084	6100	6115	6131	6147	6162	6178	6194	6209	6225	2	3	5	6	8	9	11	13	14
79	6241	6257	6273	6288	6304	6320	6336	6352	6368	6384	2	3	5	6	8	10	11	13	14
80	6400	6416	6432	6448	6464	6480	6496	6512	6529	6545	2	3	5	6	8	10	11	13	14
81	6561	6577	6593	6610	6626	6642	6659	6675	6691	6708	2	3	5	7	8	10	11	13	15
82	6724	6740	6757	6773	6790	6806	6823	6839	6856	6872	2	3	5	7	8	10	12	13	15
83	6889	6906	6922	6939	6956	6972	6989	7006	7022	7039	2	3	5	7	8	10	12	13	15
84	7056	7073	7090	7106	7123	7140	7157	7174	7191	7208	2	3	5	7	8	10	12	14	15
85	7225	7242	7259	7276	7293	7310	7327	7344	7362	7379	2	3	5	7	9	10	12	14	15
86	7396	7413	7430	7448	7465	7482	7500	7517	7534	7552	2	3	5	7	9	10	12	14	16
87	7569	7586	7604	7621	7639	7656	7674	7691	7709	7726	2	4	5	7	9	11	12	14	16
88	7744	7762	7779	7797	7815	7832	7850	7868	7885	7903	2	4	5	7	9	11	12	14	16
89	7921	7939	7957	7974	7992	8010	8028	8046	8064	8082	2	4	5	7	9	11	13	14	16
90	8100	8118	8136	8154	8172	8190	8208	8226	8245	8263	2	4	5	7	9	11	13	14	16
91	8281	8299	8317	8336	8354	8372	8391	8409	8427	8446	2	4	5	7	9	11	13	15	16
92	8464	8482	8501	8519	8538	8556	8575	8593	8612	8630	2	4	6	7	9	11	13	15	17
93	8649	8668	8686	8705	8724	8742	8761	8780	8798	8817	2	4	6	7	9	11	13	15	17
94	8836	8855	8874	8892	8911	8930	8949	8968	8987	9006	2	4	6	8	9	11	13	15	17
95	9025	9044	9063	9082	9101	9210	9139	9158	9178	9197	2	4	6	8	10	11	13	15	17
96	9216	9235	9254	9274	9293	9312	9332	9351	9370	9390	2	4	6	8	10	12	14	15	17
97	9409	9428	9448	9467	9487	9506	9526	9545	9565	9584	2	4	6	8	10	12	14	16	18
98	9604	9624	9643	9663	9683	9702	9722	9742	9761	9781	2	4	6	8	10	12	14	16	18
99	9801	9821	9841	9860	9880	9900	9920	9940	9960	9980	2	4	6	8	10	12	14	16	18

IV. SINUSTAFEL

	.0°	.1°	.2°	.3°	.4°	.5°	.6°	.7°	.8°	.9°
0°	.0000	0017	0035	0052	0070	0087	0105	0122	0140	0157
1	.0175	0192	0209	0227	0244	0262	0279	0297	0314	0332
2	.0349	0366	0384	0401	0419	0436	0454	0471	0488	0506
3	.0523	0541	0558	0576	0593	0610	0628	0645	0663	0680
4	.0698	0715	0732	0750	0767	0785	0802	0819	0837	0854
5	.0872	0889	0906	0924	0941	0958	0976	0993	1011	1028
6	.1045	1063	1080	1097	1115	1132	1149	1167	1184	1201
7	.1219	1236	1253	1271	1288	1305	1323	1340	1357	1374
8	.1392	1409	1426	1444	1461	1478	1495	1513	1530	1547
9	.1564	1582	1599	1616	1633	1650	1668	1685	1702	1719
10	.1736	1754	1771	1788	1805	1822	1840	1857	1874	1891
11	.1908	1925	1942	1959	1977	1994	2011	2028	2045	2062
12	.2079	2096	2113	2130	2147	2164	2181	2198	2215	2233
13	.2250	2267	2284	2300	2317	2334	2351	2368	2385	2402
14	.2419	2436	2453	2470	2487	2504	2521	2538	2554	2571
15	.2588	2605	2622	2639	2656	2672	2689	2706	2723	2740
16	.2756	2773	2790	2807	2823	2840	2857	2874	2890	2907
17	.2924	2940	2957	2974	2990	3007	3024	3040	3057	3074
18	.3090	3107	3123	3140	3156	3173	3190	3206	3223	3239
19	.3256	3272	3289	3305	3322	3338	3355	3371	3387	3404
20	.3420	3437	3453	3469	3486	3502	3518	3535	3551	3567
21	.3584	3600	3616	3633	3649	3665	3681	3697	3714	3730

IV. SINUSTAFEL

	.0°	.1°	.2°	.3°	.4°	.5°	.6°	.7°	.8°	.9°
22	.3746	3762	3778	3795	3811	3827	3843	3859	3875	3891
23	.3907	3923	3939	3955	3971	3987	4003	4019	4035	4051
24	.4067	4083	4099	4115	4131	4147	4163	4179	4195	4210
25	.4226	4242	4258	4274	4289	4305	4321	4337	4352	4368
26	.4384	4399	4415	4431	4446	4462	4478	4493	4509	4524
27	.4540	4555	4571	4586	4602	4617	4633	4648	4664	4679
28	.4695	4710	4726	4741	4756	4772	4787	4802	4818	4833
29	.4848	4863	4879	4894	4909	4924	4939	4955	4970	4985
30	.5000	5015	5030	5045	5060	5075	5090	5105	5120	5135
31	.5150	5165	5180	5195	5210	5225	5240	5255	5270	5284
32	.5299	5314	5329	5344	5358	5373	5388	5402	5417	5432
33	.5446	5461	5476	5490	5505	5519	5534	5548	5563	5577
34	.5592	5606	5621	5635	5650	5664	5678	5693	5707	5721
35	.5736	5750	5764	5779	5793	5807	5821	5835	5850	5864
36	.5878	5892	5906	5920	5934	5948	5962	5976	5990	6004
37	.6018	6032	6046	6060	6074	6088	6101	6115	6129	6143
38	.6157	6170	6184	6198	6211	6225	6239	6252	6266	6280
39	.6293	6307	6320	6334	6347	6361	6374	6388	6401	6414
40	.6428	6441	6455	6468	6481	6494	6508	6521	6534	6547
41	.6561	6574	6587	6600	6613	6626	6639	6652	6665	6678
42	.6691	6704	6717	6730	6743	6756	6769	6782	6794	6807
43	.6820	6833	6845	6858	6871	6884	6896	6909	6921	6934
44	.6947	6959	6972	6984	6997	7009	7022	7034	7046	7059

IV. SINUSTAFEL

	.0°	.1°	.2°	.3°	.4°	.5°	.6°	.7°	.8°	.9°
45°	.7071	7083	7096	7108	7120	7133	7145	7157	7169	7181
46	.7193	7206	7218	7230	7242	7254	7266	7278	7290	7302
47	.7314	7325	7337	7349	7361	7373	7385	7396	7408	7420
48	.7431	7443	7455	7466	7478	7490	7501	7513	7524	7536
49	.7547	7559	7570	7581	7593	7604	7615	7627	7638	7649
50	.7660	7672	7683	7694	7705	7716	7727	7738	7749	7760
51	.7771	7782	7793	7804	7815	7826	7837	7848	7859	7869
52	.7880	7891	7902	7912	7923	7934	7944	7955	7965	7976
53	.7986	7997	8007	8018	8028	8039	8049	8059	8070	8080
54	.8090	8100	8111	8121	8131	8141	8151	8161	8171	8181
55	.8192	8202	8211	8221	8231	8241	8251	8261	8271	8281
56	.8290	8300	8310	8320	8329	8339	8348	8358	8368	8377
57	.8387	8396	8406	8415	8425	8434	8443	8453	8462	8471
58	.8480	8490	8499	8508	8517	8526	8536	8545	8554	8563
59	.8572	8581	8590	8599	8607	8616	8625	8634	8643	8652
60	.8660	8669	8678	8686	8695	8704	8712	8721	8729	8738
61	.8746	8755	8763	8771	8780	8788	8796	8805	8813	8821
62	.8829	8838	8846	8854	8862	8870	8878	8886	8894	8902
63	.8910	8918	8926	8934	8942	8949	8957	8965	8973	8980
64	.8988	8996	9003	9011	9018	9026	9033	9041	9048	9056
65	.9063	9070	9078	9085	9092	9100	9107	9114	9121	9128
66	.9135	9143	9150	9157	9164	9171	9178	9184	9191	9198

IV. SINUSTAFEL

	.0°	.1°	.2°	.3°	.4°	.5°	.6°	.7°	.8°	.9°
67	.9205	9212	9219	9225	9232	9239	9245	9252	9259	9265
68	.9272	9278	9285	9291	9298	9304	9311	9317	9323	9330
69	.9336	9342	9348	9354	9361	9367	9373	9379	9385	9391
70	.9397	9403	9409	9415	9421	9426	9432	9438	9444	9449
71	.9455	9461	9466	9472	9478	9483	9489	9494	9500	9505
72	.9511	9516	9521	9527	9532	9537	9542	9548	9553	9558
73	.9563	9568	9573	9578	9583	9588	9593	9598	9603	9608
74	.9613	9617	9622	9627	9632	9636	9641	9646	9650	9655
75	.9659	9664	9668	9673	9677	9681	9686	9690	9694	9699
76	.9703	9707	9711	9715	9720	9724	9728	9732	9736	9740
77	.9744	9748	9751	9755	9759	9763	9767	9770	9774	9778
78	.9781	9785	9789	9792	9796	9799	9803	9806	9810	9813
79	.9816	9820	9823	9826	9829	9833	9836	9839	9842	9845
80	.9848	9851	9854	9857	9860	9863	9866	9869	9871	9874
81	.9877	9880	9882	9885	9888	9890	9893	9895	9898	9900
82	.9903	9905	9907	9910	9912	9914	9917	9919	9921	9923
83	.9925	9928	9930	9932	9934	9936	9938	9940	9942	9943
84	.9945	9947	9949	9951	9952	9954	9956	9957	9959	9960
85	.9962	9963	9965	9966	9968	9969	9971	9972	9973	9974
86	.9976	9977	9978	9979	9980	9981	9982	9983	9984	9985
87	.9986	9987	9988	9989	9990	9990	9991	9992	9993	9993
88	.9994	9995	9995	9996	9996	9997	9997	9997	9998	9998
89	.9998	9999	9999	9999	9999	1·000	1·000	1·000	1·000	1·000

V. TANGENSTAFEL

	.0°	.1°	.2°	.3°	.4°	.5°	.6°	.7°	.8°	.9°
0°	0·0000	0017	0035	0052	0070	0087	0105	0122	0140	0157
1	0·0175	0192	0209	0227	0244	0262	0279	0297	0314	0332
2	0·0349	0367	0384	0402	0419	0437	0454	0472	0489	0507
3	0·0524	0542	0559	0577	0594	0612	0629	0647	0664	0682
4	0·0699	0717	0734	0752	0769	0787	0805	0822	0840	0857
5	0·0875	0892	0910	0928	0945	0963	0981	0998	1016	1033
6	0·1051	1069	1086	1104	1122	1139	1157	1175	1192	1210
7	0·1228	1246	1263	1281	1299	1317	1334	1352	1370	1388
8	0·1405	1423	1441	1459	1477	1495	1512	1530	1548	1566
9	0·1584	1602	1620	1638	1655	1673	1691	1709	1727	1745
10	0·1763	1781	1799	1817	1835	1853	1871	1890	1908	1926
11	0·1944	1962	1980	1998	2016	2035	2053	2071	2089	2107
12	0·2126	2144	2162	2180	2199	2217	2235	2254	2272	2290
13	0·2309	2327	2345	2364	2382	2401	2419	2438	2456	2475
14	0·2493	2512	2530	2549	2568	2586	2605	2623	2642	2661
15	0·2679	2698	2717	2736	2754	2773	2792	2811	2830	2849
16	0·2867	2886	2905	2924	2943	2962	2981	3000	3019	3038
17	0·3057	3076	3096	3115	3134	3153	3172	3191	3211	3230
18	0·3249	3269	3288	3307	3327	3346	3365	3385	3404	3424
19	0·3443	3463	3482	3502	3522	3541	3561	3581	3600	3620
20	0·3640	3659	3679	3699	3719	3739	3759	3779	3799	3819
21	0·3839	3859	3879	3899	3919	3939	3959	3979	4000	4020

V. TANGENSTAFEL

	.0°	.1°	.2°	.3°	.4°	.5°	.6°	.7°	.8°	.9°
22	0·4040	4061	4081	4101	4122	4142	4163	4183	4204	4224
23	0·4245	4265	4286	4307	4327	4348	4369	4390	4411	4431
24	0·4452	4473	4494	4515	4536	4557	4578	4599	4621	4642
25	0·4663	4684	4706	4727	4748	4770	4791	4813	4834	4856
26	0·4877	4899	4921	4942	4964	4986	5008	5029	5051	5073
27	0·5095	5117	5139	5161	5184	5206	5228	5250	5272	5295
28	0·5317	5340	5362	5384	5407	5430	5452	5475	5498	5520
29	0·5543	5566	5589	5612	5635	5658	5681	5704	5727	5750
30	0·5774	5797	5820	5844	5867	5890	5914	5938	5961	5985
31	0·6009	6032	6056	6080	6104	6128	6152	6176	6200	6224
32	0·6249	6273	6297	6322	6346	6371	6395	6420	6445	6469
33	0·6494	6519	6544	6569	6594	6619	6644	6669	6694	6720
34	0·6745	6771	6796	6822	6847	6873	6899	6924	6950	6976
35	0·7002	7028	7054	7080	7107	7133	7159	7186	7212	7239
36	0·7265	7292	7319	7346	7373	7400	7427	7454	7481	7508
37	0·7536	7563	7590	7618	7646	7673	7701	7729	7757	7785
38	0·7813	7841	7869	7898	7926	7954	7983	8012	8040	8069
39	0·8098	8127	8156	8185	8214	8243	8273	8302	8332	8361
40	0·8391	8421	8451	8481	8511	8541	8571	8601	8632	8662
41	0·8693	8724	8754	8785	8816	8847	8878	8910	8941	8972
42	0·9004	9036	9067	9099	9131	9163	9195	9228	9260	9293
43	0·9325	9358	9391	9424	9457	9490	9523	9556	9590	9623
44	0·9657	9691	9725	9759	9793	9827	9861	9896	9930	9965

V. TANGENSTAFEL

	.0°	.1°	.2°	.3°	.4°	.5°	.6°	.7°	.8°	.9°
45°	1·0000	0035	0070	0105	0141	0176	0212	0247	0283	0319
46	1·0355	0392	0428	0464	0501	0538	0575	0612	0649	0686
47	1·0724	0761	0799	0837	0875	0913	0951	0990	1028	1067
48	1·1106	1145	1184	1224	1263	1303	1343	1383	1423	1463
49	1·1504	1544	1585	1626	1667	1708	1750	1792	1833	1875
50	1·1918	1960	2002	2045	2088	2131	2174	2218	2261	2305
51	1·2349	2393	2437	2482	2527	2572	2617	2662	2708	2753
52	1·2799	2846	2892	2938	2985	3032	3079	3127	3175	3222
53	1·3270	3319	3367	3416	3465	3514	3564	3613	3663	3713
54	1·3764	3814	3865	3916	3968	4019	4071	4124	4176	4229
55	1·4281	4335	4388	4442	4496	4550	4605	4659	4715	4770
56	1·4826	4882	4938	4994	5051	5108	5166	5224	5282	5340
57	1·5399	5458	5517	5577	5637	5697	5757	5818	5880	5941
58	1·6003	6066	6128	6191	6255	6319	6383	6447	6512	6577
59	1·6643	6709	6775	6842	6909	6977	7045	7113	7182	7251
60	1·7321	7391	7461	7532	7603	7675	7747	7620	7893	7966
61	1·8040	8115	8190	8265	8341	8418	8495	8572	8650	8728
62	1·8807	8887	8967	9047	9128	9210	9292	9375	9458	9542
63	1·9626	9711	9797	9883	9970	0057	0145	0233	0323	0413
64	2·0503	0594	0686	0778	0872	0965	1060	1155	1251	1348
65	2·1445	1543	1642	1742	1842	1943	2045	2148	2251	2355
66	2·2460	2566	2673	2781	2889	2998	3109	3220	3332	3445

V. TANGENSTAFEL

	.0°	.1°	.2°	.3°	.4°	.5°	.6°	.7°	.8°	.9°
67	2·3559	3673	3789	3906	4023	4142	4262	4383	4504	4627
68	2·4751	4876	5002	5129	5257	5386	5517	5649	5782	5916
69	2·6051	6187	6325	6464	6605	6746	6889	7034	7179	7326
70	2·7475	7625	7776	7929	8083	8239	8397	8556	8716	8878
71	2·9042	9208	9375	9544	9714	9887	0061	0237	0415	0595
72	3·0777	0961	1146	1334	1524	1716	1910	2106	2305	2506
73	3·2709	2914	3122	3332	3544	3759	3977	4197	4420	4646
74	3·4874	5105	5339	5576	5816	6059	6305	6554	6806	7062
75	3·7321	7583	7848	8118	8391	8667	8947	9232	9520	9812
76	4·0108	0408	0713	1022	1335	1653	1976	2303	2635	2972
77	4·3315	3662	4015	4373	4737	5107	5483	5864	6252	6646
78	4·7046	7453	7867	8288	8716	9152	9594	0045	0504	0970
79	5·1446	1929	2422	2924	3435	3955	4486	5026	5578	6140
80	5·671	5·730	5·789	5·850	5·912	5·976	6·041	6·107	6·174	6·243
81	6·314	6·386	6·460	6·535	6·612	6·691	6·772	6·855	6·940	7·026
82	7·115	7·207	7·300	7·396	7·495	7·596	7·700	7·806	7·916	8·028
83	8·144	8·264	8·386	8·513	8·643	8·777	8·915	9·058	9·205	9·357
84	9·51	9·68	9·84	10·02	10·20	10·39	10·58	10·78	10·99	11·20
85	11·43	11·66	11·91	12·16	12·43	12·71	13·00	13·30	13·62	13·95
86	14·30	14·67	15·06	15·46	15·89	16·35	16·83	17·34	17·89	18·46
87	19·08	19·74	20·45	21·20	22·02	22·90	23·86	24·90	26·03	27·27
88	28·64	30·14	31·82	33·69	35·80	38·19	40·92	44·07	47·74	52·08
89	57·29	63·66	71·62	81·85	95·49	114·6	143·2	191·0	286·5	573·0

VI. LOGARITHMENTAFEL

	0	1	2	3	4	5	6	7	8	9	1	2	3	4	5	6	7	8	9
10	·0000	0043	0086	0128	0170	0212	0253	0294	0334	0374	4	8	12	17	21	25	29	33	37
11	·0414	0453	0492	0531	0569	0607	0645	0682	0719	0755	4	8	11	15	19	23	26	30	34
12	·0792	0828	0864	0899	0934	0969	1004	1038	1072	1106	3	7	10	14	17	21	24	28	31
13	·1139	1173	1206	1239	1271	1303	1335	1367	1399	1430	3	6	10	13	16	19	23	26	29
14	·1461	1492	1523	1553	1584	1614	1644	1673	1703	1732	3	6	9	12	15	18	21	24	27
15	·1761	1790	1818	1847	1875	1903	1931	1959	1987	2014	3	6	8	11	14	17	20	22	25
16	·2041	2068	2095	2122	2148	2175	2201	2227	2253	2279	3	5	8	11	13	16	18	21	24
17	·2304	2330	2355	2380	2405	2430	2455	2480	2504	2529	2	5	7	10	12	15	17	20	22
18	·2553	2577	2601	2625	2648	2672	2695	2718	2742	2765	2	5	7	9	12	14	16	19	21
19	·2788	2810	2833	2856	2878	2900	2923	2945	2967	2989	2	4	7	9	11	13	16	18	20
20	·3010	3032	3054	3075	3096	3118	3139	3160	3181	3201	2	4	6	8	11	13	15	17	19
21	·3222	3243	3263	3284	3304	3324	3345	3365	3385	3404	2	4	6	8	10	12	14	16	18
22	·3424	3444	3464	3483	3502	3522	3541	3560	3579	3598	2	4	6	8	10	12	14	15	17
23	·3617	3636	3655	3674	3692	3711	3729	3747	3766	3784	2	4	6	7	9	11	13	15	17
24	·3802	3820	3838	3856	3874	3892	3909	3927	3945	3962	2	4	5	7	9	11	12	14	16
25	·3979	3997	4014	4031	4048	4065	4082	4099	4116	4133	2	3	5	7	9	10	12	14	15
26	·4150	4166	4183	4200	4216	4232	4249	4265	4281	4298	2	3	5	7	8	10	11	13	15
27	·4314	4330	4346	4362	4378	4393	4409	4425	4440	4456	2	3	5	6	8	9	11	13	14
28	·4472	4487	4502	4518	4533	4548	4564	4579	4594	4609	2	3	5	6	8	9	11	12	14
29	·4624	4639	4654	4669	4683	4698	4713	4728	4742	4757	1	3	4	6	7	9	10	12	13
30	·4771	4786	4800	4814	4829	4843	4857	4871	4886	4900	1	3	4	7	7	9	10	11	13
31	·4914	4928	4942	4955	4969	4983	4997	5011	5024	5038	1	3	4	6	7	8	10	11	12

VI. LOGARITHMENTAFEL

	0	1	2	3	4	5	6	7	8	9	1	2	3	4	5	6	7	8	9
32	1024	1030	1037	1043	1050	1056	1063	1069	1076	1082	1	1	2	3	3	4	5	5	6
33	1089	1096	1102	1109	1116	1122	1129	1136	1142	1149	1	1	2	3	3	4	5	5	6
34	1156	1163	1170	1176	1183	1190	1197	1204	1211	1218	1	1	2	3	3	4	5	5	6
35	1225	1232	1239	1246	1253	1260	1267	1274	1282	1289	1	1	2	3	4	4	5	6	7
36	1296	1303	1310	1318	1325	1332	1340	1347	1354	1362	1	1	2	3	4	4	5	6	7
37	1369	1376	1384	1391	1399	1406	1414	1421	1429	1436	1	2	2	3	4	5	5	6	7
38	1444	1452	1459	1467	1475	1482	1490	1498	1505	1513	1	2	2	3	4	5	5	6	7
39	1521	1529	1537	1544	1552	1560	1568	1576	1584	1592	1	2	2	3	4	5	5	6	7
40	1600	1608	1616	1624	1632	1640	1648	1656	1665	1673	1	2	2	3	4	5	6	7	7
41	1681	1689	1697	1706	1714	1722	1731	1739	1747	1756	1	2	3	3	4	5	6	7	8
42	1764	1772	1781	1789	1798	1806	1815	1823	1832	1840	1	2	3	3	4	5	6	7	8
43	1849	1858	1866	1875	1884	1892	1901	1910	1918	1927	1	2	3	4	4	5	6	7	8
44	1936	1945	1954	1962	1971	1980	1989	1998	2007	2016	1	2	3	4	5	5	6	7	8
45	2025	2034	2043	2052	2061	2070	2079	2088	2098	2107	1	2	3	4	5	6	6	7	8
46	2116	2125	2134	2144	2153	2162	2172	2181	2190	2200	1	2	3	4	5	6	7	8	9
47	2209	2218	2228	2237	2247	2256	2266	2275	2285	2294	1	2	3	4	5	6	7	8	9
48	2304	2314	2323	2333	2343	2352	2362	2372	2381	2391	1	2	3	4	5	6	7	8	9
49	2401	2411	2421	2430	2440	2450	2460	2470	2480	2490	1	2	3	4	5	6	7	8	9
50	2500	2510	2520	2530	2540	2550	2560	2570	2581	2591	1	2	3	4	5	6	7	8	9
51	2601	2611	2621	2632	2642	2652	2663	2673	2683	2694	1	2	3	4	5	6	7	8	9
52	2704	2714	2725	2735	2746	2756	2767	2777	2788	2798	1	2	3	4	5	6	7	8	9
53	2809	2820	2830	2841	2852	2862	2873	2884	2894	2905	1	2	3	4	5	6	7	8	10
54	2916	2927	2938	2948	2959	2970	2981	2992	3003	3014	1	2	3	4	5	6	8	9	10

VI. LOGARITHMENTAFEL

	0	1	2	3	4	5	6	7	8	9	1	2	3	4	5	6	7	8	9
55	3025	3036	3047	3058	3069	3080	3091	3102	3114	3125	1	2	3	4	6	7	8	9	10
56	3136	3147	3158	3170	3181	3192	3204	3215	3226	3238	1	2	3	5	6	7	8	9	10
57	3249	3260	3272	3283	3295	3306	3318	3329	3341	3352	1	2	3	5	6	7	8	9	10
58	3364	3376	3387	3399	3411	3422	3434	3446	3457	3469	1	2	4	5	6	7	8	9	11
59	3481	3493	3505	3516	3528	3540	3552	3564	3576	3588	1	2	4	5	6	7	8	10	11
60	3600	3612	3624	3636	3648	3660	3672	3684	3697	3709	1	2	4	5	6	7	8	10	11
61	3721	3733	3745	3758	3770	3782	3795	3807	3819	3832	1	2	4	5	6	7	9	10	11
62	3844	3856	3869	3881	3894	3906	3919	3931	3944	3956	1	3	4	5	6	8	9	10	11
63	3969	3982	3994	4007	4020	4032	4045	4058	4070	4083	1	3	4	5	6	8	9	10	12
64	4096	4109	4122	4134	4147	4160	4173	4186	4199	4212	1	3	4	5	7	8	9	10	12
65	4225	4238	4251	4264	4277	4290	4303	4316	4330	4343	1	3	4	5	7	8	9	11	12
66	4356	4369	4382	4396	4409	4422	4436	4449	4462	4476	1	3	4	5	7	8	9	11	12
67	4489	4502	4516	4529	4543	4556	4570	4583	4597	4610	1	3	4	6	7	8	9	11	12
68	4624	4638	4651	4665	4679	4692	4706	4720	4733	4747	1	3	4	6	7	8	10	11	12
69	4761	4775	4789	4802	4816	4830	4844	4858	4872	4886	1	3	4	6	7	8	10	11	13
70	4900	4914	4928	4942	4956	4970	4984	4998	5013	5027	1	3	4	6	7	8	10	11	13
71	5041	5055	5069	5084	5098	5112	5127	5141	5155	5170	1	3	4	6	7	9	10	11	13
72	5184	5198	5213	5227	5242	5256	5271	5285	5300	5314	1	3	4	6	7	9	10	12	13
73	5329	5344	5358	5373	5388	5402	5417	5432	5446	5461	1	3	4	6	7	9	10	12	13
74	5476	5491	5506	5520	5535	5550	5565	5580	5595	5610	1	3	4	6	7	9	10	12	13
75	5625	5640	5655	5670	5685	5700	5715	5730	5746	5761	2	3	5	6	8	9	11	12	14
76	5776	5791	5806	5822	5837	5852	5868	5883	5898	5914	2	3	5	6	8	9	11	12	14

VI. LOGARITHMENTAFEL

	0	1	2	3	4	5	6	7	8	9	1	2	3	4	5	6	7	8	9
77	.8865	8871	8876	8882	8887	8893	8899	8904	8910	8915	1	1	2	2	3	3	4	4	5
78	.8921	8927	8932	8938	8943	8949	8954	8960	8965	8971	1	1	2	2	3	3	4	4	5
79	.8976	8982	8987	8993	8998	9004	9009	9015	9020	9025	1	1	2	2	3	3	4	4	5
80	.9031	9036	9042	9047	9053	9058	9063	9069	9074	9079	1	1	2	2	3	3	4	4	5
81	.9085	9090	9096	9101	9106	9112	9117	9122	9128	9133	1	1	2	2	3	3	4	4	5
82	.9138	9143	9149	9154	9159	9165	9170	9175	9180	9186	1	1	2	2	3	3	4	4	5
83	.9191	9196	9201	9206	9212	9217	9222	9227	9232	9238	1	1	2	2	3	3	4	4	5
84	.9243	9248	9253	9258	9263	9269	9274	9279	9284	9289	1	1	2	2	3	3	4	4	5
85	.9294	9299	9304	9309	9315	9320	9325	9330	9335	9340	1	1	2	2	3	3	4	4	5
86	.9345	9350	9355	9360	9365	9370	9375	9380	9385	9390	1	1	2	2	3	3	4	4	5
87	.9395	9400	9405	9410	9415	9420	9425	9430	9435	9440	0	1	1	2	2	3	3	4	4
88	.9445	9450	9455	9460	9465	9469	9474	9479	9484	9489	0	1	1	2	2	3	3	4	4
89	.9494	9499	9504	9509	9513	9518	9523	9528	9533	9538	0	1	1	2	2	3	3	4	4
90	.9542	9547	9552	9557	9562	9566	9571	9576	9581	9586	0	1	1	2	2	3	3	4	4
91	.9590	9595	9600	9605	9609	9614	9619	9624	9628	9633	0	1	1	2	2	3	3	4	4
92	.9638	9643	9647	9652	9657	9661	9666	9671	9675	9680	0	1	1	2	2	3	3	4	4
93	.9685	9689	9694	9699	9703	9708	9713	9717	9722	9727	0	1	1	2	2	3	3	4	4
94	.9731	9736	9741	9745	9750	9754	9759	9763	9768	9773	0	1	1	2	2	3	3	4	4
95	.9777	9782	9786	9791	9795	9800	9805	9809	9814	9818	0	1	1	2	2	3	3	4	4
96	.9823	9827	9832	9836	9841	9845	9850	9854	9859	9863	0	1	1	2	2	3	3	4	4
97	.9868	9872	9877	9881	9886	9890	9894	9899	9903	9908	0	1	1	2	2	3	3	4	4
98	.9912	9917	9921	9926	9930	9934	9939	9943	9948	9952	0	1	1	2	2	3	3	4	4
99	.9956	9961	9965	9969	9974	9978	9983	9987	9991	9996	0	1	1	2	2	3	3	3	4

Personen- und Sachregister

A
Abakus 32
 – des einarmigen Menschen 211
Abkühlungsgesetz 336
Ableitung 408
 Anti – 426
Abstand zwischen zwei Punkten im dreidimensionalen Raum 340
Achilles
 – und die Schildkröte 8, 10
 Wettlauf des – 227
Additionsregel 506
Adelard von Bath 207
ad-hoc-Methoden 434
Aeschylos 56
Ägypter 48
Agricolas 17
Ahmes 55
 – Papyrus 180
Alexander der Große 169
Alexandria 24, 169
Algebra 24, 221
Algorithmus 25, 204
Al Kahi von Samarkand 220
Alkarismi 204, 206
Al Khwarismi 204, 206
Almagest 173
Amplitude 328
Analysis 25
Anaxagoras 24
Ankathete 106, 541
Antilogarithmus 198, 358
Appolonius 203, 317
Äquatorial 257
 – stern 291
Äquinoktiallinie 50
Aquinoktien 50
 Vorrücken der – 253

Arbeit 446
 thermische Äquivalent der – 448
Archimedes 62, 102, 169
 Sandrechnung des – 197
 Archimedische Spirale 300
 Archimedische Schraube 170
Aristarch 172
Arithmetik 142
 – der Grundzahl 2, 212
 – der Griechen 221
arithmetisches Mittel 71
Ascensionskreise 253
Astrolabium 54
Astronomie 52, 62
asymptotisch 312, 409
Azimutalkreise 270
Azimut eines Sternes 271

B
Babbage 212
Bagdad 205
Barrow 409
Berkeley 450
Bernoulli 150, 342, 486
Beteigeuze 266
Bevölkerungsstatistiken 498
Bewegung
 einfache harmonische – 329
 brachistochrone und tautochrone – 342
Beweis 55, 56, 150
binäre Addition und Multiplikation 213
Binärsystem 212
Binomialkoeffizienten 163
Binomial-Theorem 93, 150
Binompotenz 248
binomischer Lehrsatz 244

Bogenmaß 542
Boyle 448
Brahe 354
Brahmagupta 205
Breitenkreise 255
Briggs 354, 362
Brüche 81, 218
   endliche Dezimal – 91
   gewöhnliche – 91
   Sexagesimal – 173
   Stamm – 218
   stetige – 95
   unendliche – 91
Bungus 146
Bürgi 354

C
Cabot 301
Calandri 216
Calculus 398
Catena 394
Characteristikum 365
Chih, Tsu Chung 180
Chronometer 125
Chrystal 27
Clavius 354
Cobbet 12, 19
Cosinus 108, 541
   – Tafel 118
   graphische Darstellung 327
Craft of Nombrynge 214
Cycloid 342
   Entstehung des – 343

D
Darwin 138
Deklination 256, 260
   – eines Planten 284
Deklinationskreise 253
de Mère, Chevalier 486
Demokrit 57
Demonstration 104
Descartes 25, 222, 302, 398

Determinante 464
   allgemeine – 473
   Auflösung einer – n-ter Ordnung 474
   geometrische Anwendung 480
   Minor einer – 472
   numerische Bestimmung 475
   – nregel 466
   Regeln für die – 476
   Zerlegung einer – 472
Diagonalregel 80
Diderot 7
Differentialquotienten 407
Differentialrechnung 398
Differentiation 407, 415
   Anti – 428
   Methoden 419
   Regeln 419
Dimension 158
Diophant 24, 150, 221
Direktkurs eines Schiffes, Berechnung des – 282
Direktrix 319
Division 86
Drake 13
Drehung 312
Dreieck 38, 58
   ähnliche – e 106
   Berechnung von – en 191
   Berechnung von sphärischen – en 278
   Berechnungsformel für sphärische – e 279
   Eigenschaften des rechtwinkligen – s 105
   Flächeninhalt 39, 104
   gleichschenkliges – 112
   gleichschenklig rechtwinkliges – 47
   gleichseitiges – 47, 112
   gleichwinklige – e 105
   kongruente – e 102
   Lösungsverfahren für – e 187

rechtwinkliges – der Tempelbaumeister 44
– s-Regel 103
sphärische – 273
Stern – 285
Teilungsregel für rechtwinklige – e 106
wie man ein – zeichnet 61
winkelgleiche – e 106

E
e 374
– als unendliche Reihe 96
Einstein 18, 158
Eklipse
 Lunar – 52
 Solar – 52
Ekliptik 254
 Schiefe der – 65
 Ekzentrik 319
Eliminationsmethode 465
Ellipse 317, 321
 Gleichung der – 583
 Methode, um eine – zu
 zeichnen 322
Energie
 kinetische – 448
 potentielle – 448
Entfernungen 138, 139
– Erde-Mond 193
Eratosthenes 24, 170
Erde
 Kugelform der – 62
 Volumen der – 446
Erdumfang 122, 138, 172
 Röhrenmethode zur Bestim-
 mung des – s 138
Etrusker 30
Eudoxus 57, 88, 102
Euklid 13, 18, 56, 101
 -sche Geometrie 41, 60
 -sche Konstruktionen 59
 -sches Theorem 132
 -s Optik 169

Euler 7
Exponenten-Gesetz 334
Exponentialkurven 334
Exponentialreihe 374, 382

F
Fakultät 162
Fermat 398, 486, 499
Fibonacci, Leonardo 207
 -sche Reihe 207
Figurate, ebene – 75
Fisher, R. A. 505
Flachprojektionen 253
Flamsteed 352
Fluß, Messung der Breite 114
Focus 319
Folge 73
Französische Revolution 11
Frisius, Gemma 301
Frühlingsäquinoktium 262
Funktion 302
 hyperbolische – 393
 Normal – 440
 stetige – 307

G
Galilei 301
Gaußsche Kurve 525
Gegenkathete 106, 541
Geldverleihgeschäfte 500
Gematria 145
Geographie
 – des antiken Mittelmeer-
 raums 26
 Bestimmung der geographi-
 schen Breite 122, 284
 Bestimmung der geographi-
 schen Länge 124
 wissenschaftliche – 251
Geometrie 69
 Euklidsche – 41
 Koordinaten – 77, 302
 platonische – 69
 Projektions- 174, 302

Regeln der griechischen
 − 102
wissenschaftliche − 122
Zeichenbrett − 62
Geometrische Mittel 115
Gerade, Gleichung einer
 -n 331, 583
Gerhard von Cremona 207
Gitterverfahren 464
Gleichlinigkeit von drei
 Punkten 480
Gleichung
 Balancieren einer − 83
 graphische Lösung einer
  − 342
Gleichungssystem
 Auflösung eines -s 232
 Lösung von -en 464
 Lösung von -en mit Determi-
  nanten 468
Glücksspiele 499
Gobar-Ziffern 206
Gradienten 333
Grammatik, Regel der − 224
Graphik auswerten 306
gregorianischer Kalender 172
Gregory, James 452
Größensprache 7, 9, 19, 22, 222
Großkreise 254

H
Halbachse 321
Halleysche Sterblichkeitsta-
 belle 499
Hanno, Karthager 64
Hebelgesetz 169
Heinrich der Seefahrer 252
Heron 170, 192
Himmelskörper, Bewegung der
 − 122
Himmelskugel, Drehung der
 − 258
Himmelsmessung 193
Himmelspol 64

Hipparch 130, 173
Histogramm 524
Höhenkreise 270
Hooke 448
Hyperbel 317, 320
 Gleichung der − 584
Hypothenuse 541
Hypsieles 173

I
imaginäre Einheit 383
imaginäre i 349
imaginäre Teil 350
indische Mathematik 205
Induktion 98
Infinitesimalcalculus 400
Inflexionspunkt 408
Inkommensurablen 72, 88
Inkreis 126
Integer 90
Integral
 Anwendungsmöglichkeiten
  des bestimmten -s 441
 bestimmes − 434
 definites − 437
 indefinites − 425
 unbestimmtes − 428
Integralrechnung 398
Integration 426
 Reihen − 431
Integrationskonstante 427
Integrationsregeln 427
Interpolation 556
Heration 93, 348
iterative Lösungen 348

J
Jordanus 221

K
kabbalistisches Kreuz 145
Kalkulationstafeln 356
Kanone 301

Kanonenkugel 341
  Bahn der - 307, 411
Kant 18
Kartenspiele 499
Kartographieren 190
  - der Erde 255
Kegel 341
  cartesische Gleichung des
  -s 339
  Volumen des -s 44
Kegelschnitte 202, 300
  allgemeine Gleichung der
  - 319
Kei, Chu Schi 243
Kennziffer 585
Kepler 317
Khayyam, Omar 25, 150, 206
  Omar -sches Dreieck 244
King, Tschau Pei Suan 45
Klammern 68
Kleinkreise 255
Koeffizienten 235
Kolumbus 301
Kombinationen 167, 487, 501
kommutativ 78
Konvergenzkriterien 372
konvergieren 195
Koordinaten, krummlinige 352
Koordinatensysteme 338
  Beziehung zwischen -n 584
Kreis
  cartesische Gleichung des
  -es 304, 340
  Durchmesser 104
  Fläche 55, 136
  Fläches des Einheits -es 442
  Gleichung des -es 320, 583
  Segmente eines -es 104
  Sehne eines -es 103
  Umfang eines -es 135
Kreuzproduktschema 467
kubische Gleichung 346
Kubikwurzel 70

Kubus 70
Kugel 341
  Volumen der - 444
Kulminationspunkt 262
Kultur, muselmanische 24, 69
Künste, nautische und mechanische - 24
Kurz 500

L
Landmesser 187
Längenkreise 254
Laplace 212
Leibniz 372
  -sche Symbole 450
Leonardo von Pisa 221
Limit 91
Linie, Gleichung der geraden
  - 329
Lilavati von Aryabhata 205, 229
Logarithmen 197, 358
  Regeln für das Multiplizieren
  mit Hilfe von - 362
Logarithmentafel 361, 366
  Gebrauch einer - 584
  Konstruktion einer - 358
logarithmische Kurve 367
logarithmische Skalen 460
logarithmisches Millimeterpapier 460
Logarithmus, natürliche - 374
Lösung durch Wiederholung 348
Lösung, graphische - von Gleichungen 342

M
Maclaurin 399, 482
Magellan 301
Magneteisenstein 21
Mahavira 218
Mantisse 585
Marinus 173

mathematische
- Ausdrücke 68
- Induktion 98, 151
- s Vokabular 70
- Zeichensetzung 68
Matrix 463
Matsunaga 185
maurische Universitäten 205, 206
Maya 34
- -Schrift 35
Maxima, Maximum 328, 401
Mechanik 446
Mercator 302
Meridiane 254
Messung 35
Minima, Minimum 328, 401
Minus-Zeichen 82
Mittagslinie, Festlegung der - 49
Modelle 68
Moivre 383
Mollweide 352
Mond, Umlaufbahn des -es 323
Mondfinsternis 126, 267
Moslems 175
Multiplikation 85
alexandrinische - stafel 200
Muster, figurierte 68

N
Näherungsformel für binomische Reihen 376
Napier 147, 354, 383
Navigation 251
Needham 204
Newton 101, 399
- sche Kraft 447
Nikomachus 144
Null 204
Nullstammdreieck 156
Numerus 198

O
Obelisk 292
Operation 78
inverse - 80
Ordinate 435
Oresmus 209, 302, 306
Orthodrome 284
Oszillation, gedämpfte 334

P
Pacioli 222
Padua, Universität von 206
Parabel 307, 317, 583
Paradoxon
griechische - von Achilles 8, 12
- von Zenon 8, 12
Parallaxe 553
geozentrische - 195
Parallelen 59
Parallel-Regel 103
Parallelogramm 104
parametrische Gleichungen 341
Pascal 486, 499
- sche Dreieck 243
Pelazzi von Nizza 220
Pendelbewegung 328
Perikles 24
Perimeter 89
Periode 91, 328
Permutation 487, 501
Buch der -en 142
Lineare -en 166, 487
Phoenizier, Handelsschrift der 31
π 89, 135, 431
Annäherungswerte für den numerischen Wert 137
Bestimmung des Wertes von 180
japanische Methode 180
Tabelle der Näherungswerte für - 185

Planetenbahnen 268
Planiglob 265
Plato 13, 14, 18, 57
 Metaphysik 15
 – nische Schule 57
 Timaeus 14
Polar-Koordinaten 303
Polarstern 123, 254
Polygon 135
Poseidonius 24
Produktregel 507
Progressionen 357
Proportion 87
Proportionalitätskonstante 87
Ptolemäus 169, 173
 Weltkarte des – 173
Pyramide, Höhe der Großen 48, 108
Pythagoras 56, 122
 Schüler des – 142
 Theorem des – 115
Pythagoräer, Freimaurertum der 13
Pythagoräische Bruderschaften 15, 73, 142
Pythias 64

Q
Quadrat 38, 58
 magisches – 142
 Richtungs – 42
quadratische Ergänzung 235
quadratische Gleichungen 236
Quadratwurzel 52, 149

R
Radian 177, 542
 – messung 176
 – tafel 179
Rang 95
Ranggewinn, -verlust 533
Rangkoeffizient 534
Rechenbrett 32
Rechenrahmen 32

Rechenschieber 370
Rechteck 104
 Flächeninhalt eines -s 104
Record 223
Reformation, protestantische 11
Regiomontanus 222
Reihe 73, 95, 242
 arithmetische – 77, 357
 Aufbau von -n 152
 Bildungsgesetze 154
 bionomische – 366, 376
 Exponential – 374, 382
 -nfamilie 160
 geometrische – 97, 357
 Grenzwert einer – 373
 infinite – 93
 – n-Integration 431
 Regeln für –n 357
 –n für Sinus und Cosinus 387
 Summe unendlicher geometrischer -n 195
 – n zur Herstellung von Tafeln 366
 unendliche – 93, 366
Rektaszension 256
Relation 78
Revolution, Französische – 11
Rhind 47
 – -Papyrus 55
Richtungsquadrat 42
Riese, Adam 220

S
Sandzeichen 70
Schattenuhr 125, 292
Schiffahrt, flämische – 499
Schiffslinien 283
Schwingungen
 Kurve abnehmender – 337
 ungedämpfte – 328
Schwingungsbewegung 324
Sechseck, regelmäßiges – 47
Sequenz 76

Simpsonsche Regel 591
Sinus 108, 541
– -Tafel 118, 130
Skalar 394
Sokrates 17
Solstitium
　Sommer – 65
　Winter – 65
Sonnenfinsternis 259
Sonnenuhr 124
　– -Dreieck 293
　Herstellung einer – 294
　maurische – 292
　Theorie der – 291
Sosigenes 172
Spearmanscher Rangkoeffizient 534
Speidell 383
Sputnik 317
Steigung einer Kurve 402
Sterndreieck 285
Sterne 122
　Rotation der – 63
　Aufgangs- und Untergangszeiten 289
Sternhöhenmesser 54
Sternkarte, Konstruktion einer 254, 265
Sternkunde 29
Stevenius 220, 222
Stifel 146, 208, 357
Stirling, James 399
Substitution 430
Subtraktionsregel 512
Sukzessionsregel 81
sunya 205
Symbole 67

T
Tafeln 607
Tangens 109, 541
　– tafel 119
Tangente 120, 402
Tempelbaumeister 43, 44
Tempelbezirke des Irak 49
Tetraktys 144
Thales 21, 46, 55, 113
Theodolit 54
Theon 24, 198
　– s Differential-Methode zur Quadratwurzelbestimmung 201
Theoreme 104
Thompson, D'Arcy 353
Transversale 103
Triangulation 76
Trigonometrie
　alexandrinische – 176
　Entwicklung der – 174
　indische und moderne – 175
　Ptolemäus – 175
trigonometrische Verhältnisse
　Aufstellung einer Tabelle, einer Tafel 113, 116, 127, 131, 186
　– im Einheitskreis 120
　– in den vier Quadranten des cartesischen Koordinantensystems 325

U
Unabhängigkeit 514
unendlich 137

V
Vandermondesches Theorem 519
Vektoren 395
　Größe von – 395
　– als komplexe Zahlen 395
Venus 268
Veränderliche 88, 303
Verb, mathematisches 20
Vermögensstatistiken 498
Vernier 109, 110
　– -Skala 110
Versicherungen 499
Vertikalkreise 270

Vibration, gedämpfte 334
Vieleck 130
  Konstruktion eines regelmäßigen – s 126
Vieta 185, 222
Villalon 500
Vlacq 354, 362
Volumen 444
Vorzeichen-Regel 83

W
Wählbarkeit, proportionale 501
Wahrscheinlichkeit
  – in Flächendarstellung 524
  Grundregeln der – 506
  mathematische – 503, 521
  praktische – 521
Wallace 138
Wasseruhren 170
Wendekreis 66
Wendepunkt 401, 408
Widder 262
Widmann 222
Winkel 40
  Elevations – 560
  – im Halbkreis 46, 113
  Konstruktion eines rechten – s 43
  Peripherie – 127
  rechte – 41
  – regeln 41, 103
  sphärische – 273
  Stunden – 288
  trigonometrische Verhältnisse großer – 296
  trigonometrische Verhältnisse kleiner – 116
  Zentri – 127
Winkelmessung, Methoden der 274
Winterstern 264

Wittich 354
Wortquadrat 147

Z
Zahlen
  befreundete – 144
  Dimensionen figurierter – 154
  Dreiecks – 73, 97, 145, 152
  figurierte – 76
  Fünfecks – 153
  Gebrauch von – 78
  imaginäre – 242, 383
  irrationale – 49, 93
  komplexe – 350, 394
  Kubik – 153
  magische – 145
  männliche – 92, 143
  moralische Eigenschaften der – 142
  natürliche – 75, 153
  nicht-rationale – 91
  positive – 82
  Prim – 147
  Pyramidial – 76, 154
  pythagoräische – 73
  Quadrat 76, 153
  – quadrate 146
  rabionale – 90
  römische – 30
  Sechsecks – 153
  – symbolismus 144
  tetraedische – 73, 75
  tranzendente – 93
  Vielecks – 155
  vollkommene – 144
  weibliche – 92, 143
Zahlenreihe 30
Zahlensprache 9, 11
Zahlensymbole, indische – 25
Zahlensystem, attisch griechische – 197
Zahlschriften 30, 31, 36

Zeichendreieck der Tempelarchitekten 43
Zenit 51
– distanz 51
Zenon, Paradoxon des – 8
Zeremonienkalender 30
Zinseszinsen 460
Zylinder, Volumen des – s 444